普 通 高 等 学 校 规 划 教 材

石油和化工行业"十四五"规划教材（普通高等教育）

第 **3** 版

植物组织培养

巩振辉　申书兴　主编

化 学 工 业 出 版 社

·北京·

内容简介

《植物组织培养》（第 3 版）根据教育部对大学生"四新学科"的培养要求，融合农学、生物学、医学、发酵工艺学、信息学等多学科理论与应用技术。全面系统地介绍了植物组织培养的概念、原理、方法与应用技术。全书分为理论篇和应用篇共 18 章，理论篇包括绪论、植物组织培养的基本原理、实验室的布局及设备、植物组织培养的基本技术、植物器官培养、植物组织培养技术、植物细胞培养等内容，阐述了植物组织培养的基本概念、基本原理、基本方法与技术、历史、发展方向与最新技术；应用篇包括植物原生质体培养、植物胚培养、植物离体快繁、人工种子、植物脱毒苗培育、植物体细胞无性系变异及筛选、次生代谢产物生产和生物转化、植物种质资源的离体保存、植物单倍体培养、体细胞杂交、植物遗传转化等内容，详细介绍了植物组织培养在农业、林业、工业等方面的应用方法与技术，一定程度上反映了国内外最新的研究成果与动态，并重点描述了八十多项经典或最新应用实例。

本书概念准确，内容丰富，资料翔实，信息量大，技术方法详细具体，图文并茂，理论与实践并举，可作为植物生产类、草业科学类、森林资源类、环境生态类及生物科学类等各专业高年级本、专科生及研究生教材，也可供相关的科研人员与生产者使用。

图书在版编目（CIP）数据

植物组织培养/巩振辉，申书兴主编. —3 版. —北京：化学工业出版社，2022.2（2024.11重印）

普通高等学校规划教材

ISBN 978-7-122-40470-1

Ⅰ. ①植…　Ⅱ. ①巩…②申…　Ⅲ. ①植物组织-组织培养-高等学校-教材　Ⅳ. ①Q943.1

中国版本图书馆 CIP 数据核字（2021）第 256866 号

责任编辑：尤彩霞　　　　　　　　　　　文字编辑：张春娥
责任校对：田睿涵　　　　　　　　　　　装帧设计：张　辉

出版发行：化学工业出版社（北京市东城区青年湖南街 13 号　邮政编码 100011）
印　　刷：三河市航远印刷有限公司
装　　订：三河市宇新装订厂
787mm×1092mm　1/16　印张 22¼　字数 582 千字　2024 年 11 月北京第 3 版第 5 次印刷

购书咨询：010-64518888　　　　　　　　售后服务：010-64518899
网　　址：http://www.cip.com.cn

凡购买本书，如有缺损质量问题，本社销售中心负责调换。

定　　价：59.00 元

第 3 版编写人员名单

主　　编　巩振辉　申书兴

编写人员　（以姓氏拼音排序）

成善汉（海南大学）

杜晓华（河南科技学院）

巩振辉（西北农林科技大学）

顾爱侠（河北农业大学）

郭　佳（西北农林科技大学）

郭仰东（中国农业大学）

李铁梅（东北农业大学）

刘珂珂（河南农业大学）

申书兴（河北农业大学）

汤浩茹（四川农业大学）

王军娥（山西农业大学）

王　萍（内蒙古农业大学）

王志刚（西北农林科技大学）

轩淑欣（河北农业大学）

闫见敏（贵州大学）

张菊平（河南科技大学）

张喜春（北京农学院）

张雪艳（宁夏大学）

前　言

　　植物组织培养技术发展至今仅有 100 多年的历史，但已被广泛应用于农业、工业和医药业等生物相关学科的各个领域。它是当代生物学科中最有生命力的重要学科之一，它既是植物遗传工程、生理生态研究的重要工具，又是植物遗传育种、植物种子学、植物生产学的一种实用性极强的高新技术，已经发展成为植物生产类、草业科学类、森林资源类、环境生态类，以及生物科学类的重要课程，成为这些专业本科生和研究生需要掌握的重要技术之一。

　　《植物组织培养》（第 2 版）自 2013 年 4 月出版以来，得到了国内各高等院校广大师生的高度评价，其间多次重印以满足广大师生、科研与技术人员在教学、科研与应用技术方面的需求，尤其在教学中发挥了重要的纽带作用，并已成为许多高校农业、林业、生物等相关专业的骨干教材。近年来，随着植物组织培养技术的不断完善，建立在此基础之上的植物快速繁殖与脱毒、种质保存、次生物质生产、人工种子生产、细胞工程和基因工程等技术成果大量涌现。为了及时总结学科发展理论与应用技术，着力本科生、研究生创新能力培养，以适应植物组织培养学教学与科研的需要，我们组织了全国 14 所高校 18 位在一线从事教学工作的教授编写了这本《植物组织培养》（第 3 版）。

　　针对普通高等教育"十三五"规划教材——《植物组织培养》（第 2 版）进行的修订，在结构与内容的处理上有保留也有新增，一是保持了第 2 版的内容体系与章节安排；二是保留了每章的小结与复习思考题，以及书后附有的参考文献等内容，便于学生自学参考。在修订更新上，一是更注重植物组织培养应用实例的遴选，除经典实例外，绝大多数实例选用了近年的最新科研成果；二是根据学科发展以及新形态教材的要求，在章节适当的地方增加了二维码，读者扫描二维码，可学习与观看彩图或视频，从而进一步拓展教材内容，增加了实验场景、实验方法与技术、试材处理、仪器设备使用的可视性与直观性；三是在编写过程中，更加重视多接口的自学内容和便于研究生进一步学习的空间。总而言之，修订后的第 3 版全面、系统地介绍了植物组织培养的概念、原理、方法与应用技术。全书概念准确，内容丰富，资料翔实，信息量大，理论叙述清晰，方法、技术详细具体，图文并茂，实用性强，且通俗易懂。全书分理论篇和应用篇，前者阐述了植物组织培养的基本概念、基本原理、基本方法与技术、历史、发展方向与最新技术，后者详细介绍了植物组织培养在农业、林业、工业等方面的应用方法与技术，一定程度上反映了国内外最新的研究成果与动态，并重点描述了八十多项经典或最新应用实例。

　　全书共分 18 章，书末附有附录与参考文献。由于第 3 版是在第 2 版的基础上进行修订，为了同时体现第 2 版作者的工作，以下列出每一章第 2 版编写者（括号内）以及第 3 版修订者，即第 1 章由巩振辉（巩振辉）、第 2 章由张菊平（张菊平）、第 3 章由杜晓华（逯明辉与巩振辉）、第 4 章由王萍（王萍）、第 5 章由闫见敏（张喜春）、第 6 章由张菊平（琚淑明）、第 7 章由李铁梅（韩德果）、第 8 章由王志刚（杜晓华）、第 9 章由申书兴和顾爱侠（张成合与顾爱侠）、第 10 章由王军娥（张雪艳）、第 11 章由成善汉（成善汉）、第 12 章由汤浩茹（汤浩茹）、第 13 章由张喜春（张恩让）、第 14 章由郭佳（逯明辉与巩振辉）、第 15 章由张雪艳（石磊）、第 16 章由申书兴和轩淑欣（申书兴与轩淑欣）、第 17 章由郭仰东（徐凌飞）、第 18 章由刘珂珂（刘珂珂与巩振辉）、附录由巩振辉（巩振辉）编写与修订。全书由巩振辉、申书兴统稿和定稿。

植物组织培养所涉及的领域广泛，由于编者教学与科研的局限性，书中的遗漏和不妥之处在所难免，恳切希望使用本教材的师生和读者不吝赐教，提出宝贵意见，以利再版时修正。

巩振辉

2021 年 2 月

第1版前言

植物组织培养技术的研究与应用是生命科学的重要组成部分，已渗透到植物生理学、病理学、药学、遗传学、育种学以及生物化学等生命科学的各个领域，成为许多基础理论深入研究必要的方法和手段，并广泛应用于农业、林业、工业、医药业等多种行业，产生了巨大的经济效益和社会效益，已成为当代生物科学中最具生命力的学科。

《植物组织培养》是植物生产类、草业科学类、森林资源类、环境生态类及生物科学类等各专业本科生的重要课程。自从20世纪80年代以来，国内外出版了不少有关植物组织培养方面的著作、教材，这些著作、教材无疑对推动植物组织培养的教学、科研和应用发挥了重要作用。但是，真正能适应教学需要的优秀教材很少。此外，近二十年来，植物组织培养在理论上不断完善和创新，在实践上，应用范围迅速扩大，应用技术也在不断革新。基于此，我们组织了西北农业科技大学、河北农业大学、东北农业大学、南京农业大学、四川农业大学、内蒙古农业大学、宁夏大学、海南大学、河南科技大学、贵州大学、四川师范学院、徐州工学院、北京农学院和莱阳农学院等高等院校的19位长期从事植物组织培养教学和科研的专家教授编写了这本教材。希望本教材对各高校相关专业本、专科生和研究生的学习有所帮助，为科研人员、开发应用人员提供参考。

本书分理论篇和应用篇：理论篇全面、系统地介绍与论述了植物组织培养的基本概念、基本原理、基本方法与技术、历史、发展方向与最新技术；应用篇详细介绍了植物组织培养在农业、林业、工业、医药业等方面的应用方法与技术，全面地反映了国内外最新研究成果，并重点描述了74项应用实例。同时，每章都有小结、思考题，便于学生自学。本书概念准确，内容丰富，资料翔实，信息量大，技术方法详细具体，图文并茂，实用性强，通俗易懂。

全书共18章，书末附有附录与主要参考文献。绪论由巩振辉和张菊平编写；第1章植物组织培养的基本原理由李群和张菊平编写；第2章植物组织培养的设备和基本技术由吴震编写；第3章植物器官培养由张喜春和巩振辉编写；第4章植物组织培养由琚淑明和张菊平编写；第5章细胞培养由霍俊伟编写；第6章植物无糖组织培养技术由黄炜和巩振辉编写；第7章植物胚培养和第14章单倍体培养由申书兴和张成合编写；第8章植物离体快繁由平吉成和巩振辉编写；第9章人工种子由成善汉和巩振辉编写；第10章植物脱毒苗培育由汤浩茹编写；第11章体细胞无性系变异及筛选由张恩让和巩振辉编写；第12章次生代谢产物生产和生物转化由逯明辉和巩振辉编写；第13章植物种质资源的离体保存由石岭和巩振辉编写；第15章原生质体的分离与培养由孙世盟编写；第16章体细胞杂交由王飞编写；第17章植物的遗传转化由陈银华和巩振辉编写；附录由巩振辉和张菊平编写。全书由巩振辉和申书兴统稿和定稿。

本书在编写过程中，崔鸿文教授对全书进行了系统审阅并提出宝贵修改意见，西北农林科技大学吕元红同志对全书图表进行了编辑和绘制。谨在此表示衷心地感谢！

巩振辉
2007 年 3 月

第2版前言

植物组织培养是当代生物学科中最有生命力的重要学科之一，它既是植物遗传工程、生理生态研究的重要工具，又是植物遗传育种、植物种子学、植物生产学的一种实用性极强的高新技术，已经发展成为植物生产类、草业科学类、森林资源类、环境生态类，以及生物科学类专业的重要课程，成为这些专业本科生和研究生需要掌握的重要技术之一。

《植物组织培养》（第1版）自2007年8月出版以来，得到了国内各高等院校广大师生的认可，发挥了其在教学中的重要纽带作用，并已成为许多高校相关专业的骨干教材。

《植物组织培养》（第2版）基本保持了第1版的内容体系。在章节安排上，根据各个高校教学一线反馈的意见，一是将1版中"植物组织培养和基本技术"一章分为"植物组织培养实验室的布局及设备"与"植物组织培养的基本技术"两章；二是将1版中"植物无糖组织培养技术"一章并入"植物离体快繁"一章；三是注重植物组织培养应用实例的遴选，除经典实例外，绝大多数实例选用了近年的最新科研成果；四是为了便于同学自学，每章有小结、复习思考题与推荐读物，书后附有参考文献。同时，在编写过程中，体现了多接口的自学内容和研究生进一步学习的空间。总之，修订后的第2版全面、系统地介绍了植物组织培养的概念、原理、方法与应用技术。全书概念准确，内容丰富，资料翔实，信息量大，理论叙述清晰，方法、技术详细具体，图文并茂，实用性强，通俗易懂。全书分理论篇和应用篇，前者阐述了植物组织培养的基本概念、基本原理、基本方法与技术、历史、发展方向与最新技术，后者详细介绍了植物组织培养在农业、林业、工业、医药业等方面的应用方法与技术，全面地反映了国内外最新研究成果与动态，并重点描述了75项经典或最新应用实例。

全书共18章，书末附有附录与主要参考文献。绪论由巩振辉编写；第1章由张菊平编写；第2章、第13章由逯明辉和巩振辉编写；第3章由王萍编写；第4章由张喜春编写；第5章由琚淑明编写；第6章由韩德果编写；第7章由杜晓华和巩振辉编写；第8章由张成合和顾爱侠编写；第9章由张雪艳编写；第10章由成善汉编写；第11章由汤浩茹编写；第12章由张恩让编写；第14章由石磊编写；第15章由申书兴和轩淑欣编写；第16章由徐凌飞编写；第17章由刘珂珂和巩振辉编写；附录由巩振辉编写。全书由巩振辉、申书兴统稿和定稿。

本书在编写过程中，西北农林科技大学崔鸿文教授对全书进行了系统审阅并提出宝贵修改意见，西北农林科技大学吕元红同志对全书图表进行了编辑和绘制。谨在此表示衷心地感谢！

植物组织培养所涉及的领域广泛，由于作者们的教学与科研的局限性，遗漏和不妥之处在所难免，恳切希望使用本教材的师生和读者不吝赐教，提出宝贵意见，以利再版时修正。

巩振辉

2012年11月

目录

理 论 篇

第3章　植物组织培养实验室的布局及设备　　31

第4章　植物组织培养的基本技术　　43

第5章 植物器官培养 66

第6章 植物组织培养技术 82

第7章　植物细胞培养　94

应 用 篇

第8章　植物原生质体培养　111

第 11 章　人工种子　163

第 12 章　植物脱毒苗培育　181

第17章　植物体细胞杂交 ●**276**

第18章　植物遗传转化 ●**297**

理论篇

第1章

绪　　论

植物组织培养（plant tissue culture）是以植物生理学为基础发展起来的一门重要的生物技术学科，其发展的理论基础是植物细胞全能性（totipotency）及植物生长调节剂（growth regulator）的应用。植物组织培养是现代生物技术中最为活跃、应用最为广泛的技术之一，已渗透到植物生理学、病理学、药学、遗传学、育种以及生物化学等各个研究领域，成为现代植物生物技术和农业生产上的重要研究技术和手段之一，广泛应用于农业、林业、工业、医药卫生等行业，并产生了巨大的经济效益和社会效益，已成为当代生物科学中最有生命力的一门学科。

1.1　植物组织培养的简介

1.1.1　植物组织培养的概念

植物组织培养是指在无菌和人工控制的环境条件下，利用人工培养基，对植物的胚胎（如成熟胚、幼胚等）、器官或器官原基（如根、茎、叶、花、果实、种子、叶原基、花器原基等）、组织（如分生组织、形成层、木质部、韧皮部、表皮、皮层、薄壁组织、髓部、花药组织等）、细胞（如体细胞、生殖细胞等）、原生质体等进行精细操作与培养，使其按照人们的意愿增殖、生长或再生发育成完整植株的一门生物技术学科。在植物组织培养中，由活体（in vivo）植物体上分离出来，接种在培养基上的无菌植物胚胎、器官、组织、细胞和原生质体等均称为外植体（explant）。由于外植体已脱离了母体，因此，植物组织培养又称植物离体培养（plant culture in vitro）。

无菌操作（asepsis）是进行植物组织培养的基本要求，它是指使培养器皿、器械、培养基和外植体等处于无真菌、细菌、病毒等有害生物状态，以保证外植体在培养器皿中正常增殖、生长和发育。人工控制的环境条件是指对光照、温度、湿度、气体等条件进行人工调控，以满足培养材料在离体条件下的正常生长和发育。

愈伤组织（callus）常见于植物体的局部受到创伤刺激后，在伤口表面新生的一团不定形的组织，它可帮助伤口愈合；在嫁接中，可促使砧木与接穗愈合，并由新生的维管组织使砧木和接穗沟通；在扦插中，从伤口愈伤组织可分化出不定根或不定芽，进而形成完整植株。在植物器官、组织、细胞离体培养时，条件适宜也可以长出愈伤组织。其发生过程是：外植体中的活细胞经诱导，恢复其潜在的全能性，转变为分生细胞，继而其衍生的细胞分化为薄壁组织而形成愈伤组织。从植物器官、组织、细胞离体培养所产生的愈伤组织，在一定条件下可进一步诱导器官再生或培养成胚状体而形成植株。

1.1.2 植物组织培养的类型

1.1.2.1 根据培养对象分类

① 植株培养（plant culture） 对完整植株材料的离体无菌培养，如幼苗及较大植株的培养。

② 胚胎培养（embryo culture） 指以从果实或子房中分离出来的成熟胚或幼胚为外植体的离体无菌培养技术。

③ 器官培养（organ culture） 以植物的根、茎、叶、花、果等器官为外植体的离体无菌培养技术。常见的培养器官有根尖、根段、茎尖、茎段、叶原基、叶片、子叶、叶柄、叶鞘、花瓣、雄蕊、胚珠、子房、果实等。

④ 组织培养（tissue culture） 对植物体的各部分组织，如茎尖分生组织、形成层、木质部、韧皮部、表皮组织、皮层组织、胚乳组织、薄壁组织和髓部等，或由植物器官培养产生的愈伤组织进行的无菌培养，二者均通过再分化诱导形成植株。

⑤ 细胞培养（cell culture） 对植物器官、组织或愈伤组织上分离出的单细胞、花粉单细胞或很小的细胞团进行无菌培养，形成单细胞无性系或再生植株的技术。

⑥ 原生质体培养（protoplast culture） 指以采用酶、物理等方法除去植物细胞壁的、裸露的、有活性的原生质体为外植体进行的无菌培养技术。

1.1.2.2 根据培养过程分类

① 初代培养（primary culture） 将外植体接种后的第一次培养，称为初代培养。初代培养的目的在于获得无菌材料和无性繁殖系。初代培养时，常用诱导或分化培养基，即培养基中含有较多的细胞分裂素和少量的生长素。

② 继代培养（subculture） 外植体或培养物培养一段时间后，为了防止培养的细胞老化，或培养基养分利用完而造成营养不良及代谢物过多积累毒害的影响，或改变培养物增殖、生长、分化的方式，要及时将其转接到新鲜培养基中，继续进行培养，以使其能够按照人们的意愿顺利地增殖、生长、分化乃至长成完整的植株。这一过程称为继代培养。根据继代培养的次数，可分为 1 次继代培养、2 次继代培养和多次继代培养等。继代培养次数对不同培养材料的影响不同，如葡萄（*Vitis vinifera* L.）、黑茶藨子（*Ribes nigrum* L.）、月季（*Rosa chinensis* Jacq.）和倒挂金钟（*Fuchsia hybrida* Hort. ex sieb. et Voss.）等植物，长期继代培养可保持原来的再生能力和增殖率；香蕉等植物随继代培养次数增加而其变异频率随之提高，实践表明，香蕉（*Musa nana* Lour.）组织培养苗继代培养不能超过 1 年。还有一些植物长期继代培养，会逐渐衰退，丧失形态发生能力，具体表现为生长不良、再生能力和增殖率下降等。

继代培养常应用于增殖培养，根据外植体分化和生长的方式不同，继代培养中培养物的增殖方式也各不相同。主要的增殖方式有：①多节茎段增殖。将顶芽或腋芽萌发伸长形成的多节茎段嫩枝，剪成带 1～2 枚叶片的单芽或多芽茎段，接种到继代培养基进行培养。②丛生芽增殖。将顶芽或腋芽萌发形成的丛生芽分割成单芽，接种到继代培养基进行培养。③不定芽增殖。将能再生不定芽的器官或愈伤组织块分割，接种到继代培养基进行培养。④原球茎增殖。将原球茎切割成小块，也可以给予针刺等损伤，或在液体培养基中振荡培养，来加快其增殖进程。⑤胚状体增殖。通过体细胞胚的发生来进行无性系的大量繁殖。一种植物的增殖方式不是固定不变的,有的植物可以通过多种方式进行快速繁殖。如葡萄可以通过多节茎段和丛生芽方式进行繁殖;蝴蝶兰(*Phalaenopsis aphrodite* H. G. Reichenbach)可以通过原球茎和丛生芽方式进行繁殖。实践中,具体应用哪一种方式进行增殖,主要看它们的增殖系数、增殖周期、增殖后芽的稳定性及是否适宜生产操作等因素而定。

1.1.2.3　根据培养基的物理状态分类

① 液体培养(submerged culture)　把植物细胞或植物体的一部分置于液体培养基中,不断振荡,使之均匀地在悬浊液中发育的一种培养方法。该方法可用于单细胞或由少数细胞构成的细胞团的培养和原生质体的培养,或以迅速得到大量培养细胞为目的的培养。

② 固体培养(solid culture)　在液体培养基中加入琼脂、明胶等凝固剂使培养基呈固体状态的培养,称为固体培养。固体培养常用的凝固剂是琼脂,其主要成分为多聚半乳糖硫酸酯,植物组织、细胞不能直接利用,其在培养基中仅起支撑作用。琼脂的熔点约为98℃,凝固点为42℃,其1.5%~2%的水溶液在一般培养温度下呈凝胶状态。

1.1.3　植物组织培养的优越性

植物组织培养的优越性在于既可以不受植物体其他部分的干扰,也可以不受外界环境条件的影响来研究植物的器官、组织、细胞、原生质体的生长和分化规律。同时,它在离体繁殖诱变、种质资源保存、无毒苗生产、快速繁殖、周年生产等方面具有十分突出的特点。

① 外植体材料来源单一,无性系遗传特性一致　由于植物组织培养材料是细胞、组织、器官、小植株等,个体微小,均可来自同一植物个体,遗传性状高度一致,培养中获得的各种水平的无性系(即克隆,clone)具有相同的遗传背景,能保持原有品种的优良性状,可获得大量的规格统一、高质量的苗木,对于品种的保质、保纯与扩繁具有特殊作用。

② 环境条件可控,误差小　培养基中各种成分,以及环境条件如温度、光强、光质、光周期、变温处理等完全可以人为控制,试验处理易于安排调配,处理间误差很小,非常利于高度集约化和高密度工厂化生产。

③ 生长快、周期短,可重复性强　植物组织培养是根据不同植物不同外植体的不同要求而提供不同的培养基与培养条件,营养与环境条件优越且一致,外植体生长、分化快,可控程度高,重复性好。

④ 离体繁殖诱变,可避免嵌合体的形成　用诱变剂直接处理悬浮培养物的单细胞和原生质体,筛选所需要的突变体,可以避免或限制嵌合体的形成,具有不受环境条件限制,节省大量人工、财力和时间,能扩大变异谱和提高变异率等优点。

⑤ 植物种质离体保存,占用空间小,可长期保存　常规种质资源保存代价高,占用土地、空间大,保存时间短,而且易受环境条件的限制。植物组织培养结合超低温保存技术,给植物种质保存带来一次大的飞跃。因为保存一个细胞就相当于保存一粒种子,但所占的空间仅为原来的几万分之一,而且在-196℃的液氮中可以长时间保存,不像种子那样需要年年更新或经常更新。同样,离体保存在濒危植物资源的延续和保存上具有独特的意义。

⑥ 短期获得无毒苗,提高植物品质与产量　采用茎尖培养的方法或茎尖培养结合热处理可除去绝大多数植物的病毒、真菌和细菌,使植株生长势变强、抗逆性提高、产品品质提升、产量增加。

⑦ 繁殖速度快,效率高　用组织培养快繁技术繁殖,可节约繁殖材料,只取原材料上的一小块组织或器官就能在短期内生产出大量市场所需的优质苗木,每年可以繁殖出几万甚至数百万的小植株,与盆栽、田间栽培等相比,组织培养省去了中耕除草、施肥、灌溉、防治病虫

害等一系列繁杂劳动，大大节省了人力、物力及田间种植所需要的土地。

⑧ 可连续运行、周年试验或生产，利于自动化控制　组织培养采用的植物材料完全是在人为提供的培养基质和小气候环境条件下进行生长，摆脱了大自然中四季、昼夜的变化以及灾害性气候的不利影响，且条件均一，对植物生长极为有利，便于稳定地进行周年培养生产，也利于自动化控制生产。

⑨ 经济效益高　植物组织培养快速繁殖由于种苗在培养瓶中生长，呈立体摆放，所以所需要的空间小，节省土地。生产可按一定的程序严格执行，生产过程可以微型化、精密化，能最大限度地发挥人力、物力和财力的作用，取得很高的生产效率，如在一个 $200m^2$ 的培养室内一年可生产上百万株兰花试管苗，其产值每年超过百万元。

1.1.4　植物组织培养的任务

植物组织培养的任务在于：研究离体条件下，细胞、组织、器官培养所需的营养条件和环境条件以及培养技术；细胞、组织、器官的形态发生和代谢规律；再生个体的遗传和变异；植物幼胚、远缘杂种胚、子房、胚珠、胚乳培养的方法与技术；植物脱毒的方法和机理；人工种子制备的方法与技术；珍贵植物特别是一些繁殖系数低的植物大量快速繁殖的方法与技术；体细胞变异的获得与筛选；次生代谢产物的生产与生物转化；种质资源的离体保存机理和方法；细胞融合的方法和机理；遗传转化细胞、组织的再生与培养等。通过以上的植物组织培养，可以改良植物品种，创造新的植物种类，加速珍贵植物品种的繁殖，从而为人类造福。

1.2　植物组织培养与生物科学的关系

由于科学技术的进步，尤其是外源激素的应用，使得组织培养不仅从理论上为相关学科提出了可靠的实验证据，而且其一跃成为一种大规模、批量工厂化生产种苗的新方法，并在生产上得到广泛的应用。植物组织培养既是一门相对独立的学科，同时又与其他生物学科有着密切的联系，它为植物学、植物生理学、植物遗传育种学、胚胎学、解剖学、分子生物学、细胞生物学、生物工程等许多学科研究植物生长发育、抗性生理、激素及器官发生与胚胎发生等提供了良好的试验材料和有效、快速的方法途径。

① 植物组织培养学科的建立依赖于相关学科理论的发展　植物组织培养的重要理论基础是植物生理学、植物学、遗传学、发育学以及微生物学等学科。没有这些基础学科的指导，就不可能建立植物组织培养学科。只有对生物细胞的结构、机能以及发育特性等有了深入了解，才可能对其进行控制培养。只有对细胞遗传物质的本质具有清楚认识，才有可能对其进行定向培养。由于植物组织培养是一个综合性的实验技术体系，每一项技术均要涉及其他有关领域，它的研究和利用需要相关技术的协作和补充。

② 植物组织培养为生物学研究提供了新的实验体系　植物组织培养技术使人们可以在人工控制和模拟条件下对植物进行研究和改造，这不仅免除了自然环境中不可预测性因素的干扰，而且还可以大大缩短研究周期，加速相关学科的研究进程。组织培养在理论上是研究细胞学、植物学、遗传学、基因工程、发育学、生物化学和药物学等学科的重要手段。细胞融合、核移植为人类定向改造生物遗传性状提供了有效技术途径。

细胞培养使多细胞生物的单细胞生命活动研究成为可能，从而促进了人类对生命活动的认识。植物试管内传粉受精技术、子房培养技术、利用未成熟花药进行单倍体育种、细胞悬浮培养技术、看护培养技术以及植物茎尖脱毒快速繁殖技术等都极大地丰富了植物学研究的手段，拓展和加深了植物学研究的广度与深度。用单细胞培养研究植物光合代谢是非常理想的，在细胞生化合成研究中，通过组织培养查明了尼古丁在烟草中的部位。在植物病理学中，可用单细胞或原生质体培养快速鉴定植物的抗病性、抗逆性等，几天内就可获得抗性结果。

③ 植物组织培养与其他生物技术相结合能更好地发挥作用　植物生物技术是按人类的意愿有目的地改良植物的一种新技术，它是当前世界新技术革命的一个重要组成部分。植物遗传转化技术属于生物技术的组成部分，虽然不直接属于植物组织培养，但与组织培养有着密不可分的关系。植物组织培养既是遗传转化的基础，又是遗传转化获得种质材料并用于生产的桥梁。在基因表达及其调控的研究中，组织培养技术为其提供了有效方法，通过对转化组织、器官、细胞、原生质体的培养与再生，可揭示基因的表达与功能、基因之间的互作关系，以及植物体内物质信号的传递规律等。

1.3　植物组织培养的发展简史

植物组织培养技术是在细胞学、植物生理学、微生物无菌培养技术的基础上建立与发展起来的，其研究历史从 1902 年 Haberlandt 首次进行离体细胞培养实验以来，经过了近 120 年漫长而艰难的发展，已成为理论基础完备、实验手段先进、应用成效显著的生物科学重要分支。它的发展过程大致分为以下三个阶段。

1.3.1　探索阶段

从 1902 年 Haberlandt 首次进行离体细胞培养实验至 20 世纪 30 年代初为植物组织培养理论探索和开创阶段。在这一阶段，细胞学说的产生和细胞全能性的提出为组织培养技术的产生奠定了理论基础。在这些理论的指导下所开展的有关实验，对组织培养技术的建立进行了有益的探索。

1838～1839 年，德国的植物学家 Schleidon 和动物学家 Schwann 创立了细胞学说（cell theory），其核心内容是：一切生物都是由细胞构成的，细胞是生物体的基本结构单位，细胞只能由细胞分裂而来。细胞学说的创立是人类认识生命历史上的里程碑，被认为是 19 世纪自然科学的三大发现之一，细胞学说理论也为植物组织培养理论的建立提供了理论基础。在细胞学说的指导下，1902 年，德国著名植物生理学家 Haberlandt 提出了高等植物的器官和组织可以不断分割直至单个细胞的观点，并预言植物细胞在适宜的条件下，具有发育成完整植株的潜力，即植物细胞全能性设想的萌芽。为了论证这一观点，他首次在加入蔗糖的 Knop's 溶液中培养小野芝麻（*Matsumurella chinense*）栅栏细胞、凤眼蓝（*Eichhornia crassipes*）的叶柄木质部髓细胞、紫鸭跖草（*Setcreasea purpurea* cv. Purple）的雄蕊绒毛细胞、虎眼万年青（*Ornithogalum caudatum*）植物的表皮细胞等。遗憾的是限于当时的技术和水平，结果仅观察到细胞的生长、细胞壁的加厚和淀粉形成等，而未看到细胞分裂。然而，作为植物细胞组织培养的开创者，Haberlandt 的贡献不仅在于首次进行了离体细胞培养实验，而且在其 1902 年发表的"植物离体细胞培养实验"报告中还提出了胚囊液在组织培养中的作用和看护培养法等科学的预见。

1904 年，Hannig 在无机盐和蔗糖溶液中培养了萝卜（*Raphanus sativus* L.）和辣根 [*Armoracia rusticana*（Lam.）P. Gaertner et Schreb.] 的胚，并使这些胚在离体条件下长到成熟。这是世界上胚胎培养最早获得成功的一例。1908 年，Simon 研究毛白杨（*Populus tomentosa* Carr.）嫩茎在培养中的发育，观察到愈伤组织的发生和根、芽的形成。1922 年，德国的 Kotte 采用了无机盐、葡萄糖、蛋白胨、天冬酰胺及添加各种氨基酸的培养基，以及 Robbins 用含无机盐、葡萄糖或果糖的琼脂培养基，培养了长度为 $1.45 \sim 3.75cm$ 的豌豆 (*Pisum sativum* L.)、玉米 (*Zea mays* L.) 和陆地棉 (*Gossypium* spp.) 的茎尖和根尖，形成了一些缺绿的茎和根。这是有关根尖培养的最早的实验。1922 年和 1929 年，Kundson 先后采用胚胎培养获得了大量的兰花幼苗，解决了兰花种子发芽困难的问题。Laibach (1925, 1929) 将由亚麻种间杂交形成的幼胚在人工培养基上成功培养获得了种间杂种，从而证明了胚培养在植物远缘杂交中利用的可能性。

1.3.2 奠基阶段

从 20 世纪 30 年代中期至 50 年代末期为植物组织培养的奠基阶段。此阶段植物组织培养领域出现了两个重要发现：一是认识 B 族维生素对植物生长的重要意义；二是发现了植物激素控制器官形成。

1933 年中国的李继侗和沈同首次报道了利用天然提取物进行植物组织培养的研究。他们利用加有银杏 (*Ginkgo biloba* L.) 胚乳提取物的培养基，成功地培养了银杏的胚。

1934 年，美国的 White 利用包含无机盐、酵母浸出液 (yeast extract，YE) 和蔗糖的培养基进行番茄 (*Lycopersicum esculentum*) 根的离体培养，建立了第一个活跃生长并能继代增殖的无性繁殖系；1937 年，他用三种 B 族维生素 (吡哆醇、硫胺素和烟酸) 取代了酵母浸出液并获得成功。White 的工作是开创性的，直到今天他提出的吡哆醇、硫胺素和烟酸仍是许多培养基中不可缺少的成分。同一时期，法国学者 R. J. Gautheret (1934) 在山毛柳 (*Salix permollis* C. Wang et C. Y. Yu) 和黑杨 (*Populus nigra*) 等形成层组织的培养中发现，虽然在含有葡萄糖和盐酸半胱氨酸的 Knop 溶液中，这些组织可以不断增殖几个月，但只有在培养基中加入了 B 族维生素和吲哚乙酸 (IAA) 后，山毛柳形成层组织的生长才能显著增加。这一时期的另一个重要事件是 1926 年，荷兰科学家 P. W. Went 发现了可以促进植物子叶鞘生长的物质，后来 Kogl 等 (1934) 从玉米油、根霉、麦芽等材料中分离和提取出能促进植物生长的物质，经鉴定是吲哚乙酸 ($C_{10}H_9NO_2$)，简称 IAA。

由于生长素 (auxin) 物质的发现和它在控制生长中的作用不断被认识，以及 White 发现了 B 族维生素的作用，使得 Gautheret (1937, 1938) 在他使用的培养基中加入了这些生长因子，结果使得柳树的形成层的生长大为增加。与此同时，Nobecourt (1937, 1938) 培养了胡萝卜 (*Daucus carota* var. *sativa* Hoffm.) 根的外植体并使细胞增殖获得成功。1939 年，Gautheret 连续培养胡萝卜根形成层也获得成功。同年，White 由烟草 (*Nicotiana tabacum* L.) 种间杂种幼茎切段的原形成层组织建立了类似的连续生长的组织培养物。因此，Gautheret、White 和 Nobecourt 一起被誉为植物组织培养的奠基人。现在所用的若干培养方法和培养基，基本上都是在这三位科学家建立的方法和培养基基础上的演变。当时这三位科学家所使用的组织都包含了分生细胞。诱导成熟和已高度分化的细胞发生分裂和分化的研究直到后来发现了细胞分裂素才成为可能。

1941 年，J. R. Van Overbeek 等首次把椰子汁作为附加物引入到培养基中，使心形期曼陀罗 (*Datura stramonium* L.) 幼胚离体培养至成熟。到 20 世纪 50 年代初，由于 Steward 等在胡萝卜组织培养中也使用了这一物质，从而使椰子汁在组织培养的各个领域得到了广泛应用。

1942 年，Gautheret 在植物愈伤组织培养中观察到次生代谢物质。

1943 年，White 出版了第一本专著《植物组织培养手册》。

1944 年，中国的罗士韦研究菟丝子 (*Cuscuta chinensis* Lam.) 的茎尖培养，于 1946 年发表了茎尖分化成花芽的报告，开创了用组织培养方法研究植物成花生理学的先河。

1951 年，Skoog 和崔澂等发现腺嘌呤或腺苷不但可以促进愈伤组织的生长，而且能解除培养基中 IAA 对芽形成的抑制作用，诱导芽的形成，从而确定了腺嘌呤与生长素的比例是控制芽和根形成的主要条件之一。

1952 年，Morel 和 Martin 首次证实通过茎尖分生组织的离体培养，由已受病毒侵染的大丽花（*Dahlia pinnata* Cav.）中获得去病毒（virus-free）的植株。

1953 年，Tulecke 利用银杏花粉粒进行培养获得了单倍体愈伤组织。

1953～1954 年，Muir 进行单细胞培养获得初步成功。方法是把万寿菊（*Tagetes erecta* L.）和烟草的愈伤组织转移到液体培养基中，放在往复式摇床上振荡，使组织破碎，形成由单细胞或细胞聚集体组成的细胞悬浮液，然后通过继代培养进行繁殖。Muir 等还用机械方法从细胞悬浮液和容易散碎的愈伤组织中分离得到单细胞，把它们置于一张铺在愈伤组织上面的滤纸上培养，使细胞发生了分裂。这种"看护培养"技术揭示了实现 Haberlandt 培养单细胞设想的可能性。

1955 年，Miller 等从鲱鱼精子 DNA 热压水解产物中，发现了有高度活力的促进细胞分裂和芽形成的物质，鉴定了其结构式，并把它定名为激动素（kinetin, KT）。现在，具有和激动素类似活性的合成的或天然的化合物已有多种，它们总称为细胞分裂素（cytokinin, CTK）。

1957 年，Skoog 和 Miller 提出了植物激素控制器官形成的概念，指出在烟草髓组织培养中，根和茎的分化是生长素对细胞分裂素比率的函数，通过改变培养基中生长素和细胞分裂素的比例，可以控制器官的分化，即生长素和细胞分裂素比例高时促进生根，比例低时则促进芽的分化，相等时倾向于愈伤组织生长。后来证明，激素可调控器官发生的概念对于多数物种都可适用，只是由于在不同组织中这些激素的内源水平不同，因而对于某一具体的形态发生过程来说，它们所要求的外源激素的水平也会有所不同。

1958 年，Steward 等以胡萝卜为材料，首次通过实验证实了 Haberlandt 关于细胞全能性的设想，成为植物组织培养研究历史中的一个里程碑。同年，Wickson 和 Thimann 发现采用外源细胞分裂素可促成在顶芽存在的情况下处于休眠状态的腋芽启动生长。这意味着，当把茎尖接种在含有细胞分裂素的培养基上以后，将可使侧芽解除休眠状态，而且能够从顶端优势下解脱出来的不只是那些存在于原来茎尖上的腋芽，还有由原来的茎尖在培养中长成的侧枝上的腋芽，结果形成微型多枝多芽的小灌木丛状结构，将嫩梢切割，可在短期内重复这一过程，嫩梢也能转到生根培养基上生根，这样可不断复制出大量的小植株。后来，Murashige 发展并优化了这一技术，该技术已广泛应用于植物的快速繁殖中。

1958～1959 年，Reinert 和 Steward 分别报道，由胡萝卜直根髓的愈伤组织制备的单细胞，经悬浮培养产生了大量的体细胞胚（somatic embryo）。这是一种不同于通过芽和根的分化而形成植株的再生方式。现在知道有很多物种都能形成体细胞胚。对于有些植物如胡萝卜和毛茛（*Ranunculus japonicus* Thunb.），由植物体的任何部分都可以获得体细胞胚。

在这一发展阶段，通过对培养条件和培养基成分的广泛研究，特别是对 B 族维生素、生长素和细胞分裂素在组织培养中作用的研究，已经实现了对离体细胞生长和分化的控制，从而初步确立了组织培养的技术体系，为其迅速发展奠定了坚实的基础。

1.3.3　迅速发展和应用阶段

20 世纪 60 年代至现在，植物组织培养技术得到了迅速发展，一是由于有了前 60 年建立的理论和技术基础；二是由于这项技术开始走出了植物学家和植物生理学家的实验室，通过与常规育种、良种繁育和遗传工程技术相结合，在植物改良中发挥了重要作用，并且在很多方面已经取得了可观的经济效益。目前，关于植物组织培养技术的研究工作更加深入和扎实，并已经走向大规模应用阶段。

1960 年，英国学者 Cocking 等用真菌纤维素酶、果胶酶等从番茄幼根分离得到大量有活性的原生质体，从此开创了植物原生质体培养和体细胞杂交的研究；1968 年，Takebe 第一个应用商品酶分离出烟草叶肉原生质体。同年，Power 等用一步法分离出原生质体。1971 年，Takebe 等首次将烟草叶肉原生质体培养出再生植株，这不但在理论上证明了除体细胞和生殖细胞之外，无壁的原生质体同样具有全能性，而且在实践中为外源基因的导入提供了理想的受体材料。1972 年，Carlson 等利用硝酸钠进行了烟草种间原生质体的融合实验，获得了第一个体细胞杂种。1976 年，Power 等实现了矮牵牛属间（*Petunia hybrida* × *P. parodii*）杂种的原生质体融合；Melchers 和 Lalib（1978）通过属间原生质体融合获得了番茄与马铃薯的属间杂种；植物原生质体的成功融合将植物遗传物质的交流范围从有性杂交扩展到了整个生物界，植物细胞不仅可以和各种类型的植物细胞融合，也可以和动物、微生物细胞融合。1975 年，Davey 用爬山虎冠瘿瘤组织细胞原生质体与酵母原生质体融合，融合率达到 20%；Fowke（1979）使胡萝卜原生质体与莱茵衣藻（*Chlamydomonas reinhardtii*）细胞成功融合，含莱茵衣藻细胞器的胡萝卜原生质体再生了细胞壁。1982 年，Zimmermann 开发了原生质体电击融合法，这是原生质体融合技术的新方法。目前已在多个物种间诱导了不同种间、属间甚至科间及界间的细胞融合，获得了一些具有优良特性或抗性的种间或属间杂种。同期，Zelcer 等（1978）用 X 射线照射普通烟草（*Nicotiana tabacum* var. *samsurm*）的原生质体与林烟草（*Nicotiana sylvestris*）原生质体融合，在再生植株中发现供体亲本（普通烟草）的染色体全部丢失，这是首次通过非对称融合获得了胞质杂种。这一技术的成功，开创了植物原生质体融合转移外源染色体和外源基因的新领域。目前，重要植物的原生质体的融合研究与利用已取得了重要进展。

Morel（1960）利用兰花的茎尖培养，实现了脱毒和快速繁殖双重目的，该技术导致欧洲、美洲和东南亚许多国家兰花工业（orchid industry）的兴起。1965 年，Morel 进行兰花离体培养获得原始球茎。目前，应用类似的方法已成功地将 66 属以上的兰科植物纳入了试管繁殖的体系。

1962 年，Murashige 和 Shoog 发表了促进烟草组织快速生长的培养基的成分，此培养基就是目前广泛使用、卓有成效的 MS 培养基。这一时期的另一个重要工作是 Bergmann（1968）首创了植物细胞平板培养技术（petri dish plating technique），这一技术是将悬浮培养细胞以较低的细胞密度均匀地分散在一薄层固体培养基中进行培养。平板培养使得对植物进行单细胞克隆和培养成为可能，这一技术已作为目前植物单细胞无性系建立的主要方法而广泛应用于植物细胞和原生质体培养中。

1964 年，印度学者 Guha 和 Maheshwari 在曼陀罗花药培养（anther culture）中，首次由花粉诱导得到了单倍体（haploid）植株，开创了花粉培育单倍体植物的新途径。1967 年，Bourgin 和 Nitsch 通过花药培养获得了烟草的单倍体植株。1974 年和 1979 年，Sunderland 利用花药漂浮在液体培养基上能自行开裂、散落出花粉的特性，建立了散落花粉系列培养法，此法对禾谷类作物的花粉培养最有效。1975 年，Keudr 和 Thomas 分别利用白菜型油菜和甘蓝型油菜的花药诱导出胚状体及再生植株。由于单倍体在突变选择和加速杂合体纯合化过程中的重要作用，这一领域的研究在 20 世纪 70 年代后得到了迅速发展，先后在小麦（*Triticum aestivum*）、油菜（*Brassica rapa* var. *oleifera*）、高粱 [*Sorghum bicolor*（L.）Moench]、玉米等主要农作物以及许多蔬菜、果树、花卉、林木品种等 160 余种物种上获得成功。随着花药培养培养基的改进及花药培养相关理论的完善，目前许多植物，包括主要的农作物、十字花科蔬菜的作物通过花药培养技术培育出了优良品种。花药培养也是植物分子遗传学研究群体

——DH（双单倍体，doublehaploid）群体构建的重要途径，利用花药培养构建的 DH 群体已在作物抗旱、抗逆、高产、抗早衰等数量性状基因座（QTL）分析定位及抗病、优良性状等重要性状的分子标记、遗传作图、基因克隆等方面发挥重要作用。

1973 年，Nitsch 和 Norreel 成功培养了游离的烟草和曼陀罗的小孢子，对单倍体个体进行了加倍，获得了纯合二倍体并得到了种子。模式高等植物游离小孢子的培养成功，使植物单倍体细胞培养成为可能。1982 年 Lichter 等首次进行了甘蓝型油菜游离小孢子培养并获得了再生植株。1988 年，Pechan 等培养大麦小孢子获得成功；1989 年，Coumans 培养玉米的小孢子也获得成功。随后，人们在绝大多数芸薹属作物及主要农作物的小孢子培养，如结球甘蓝（*Brassica oleracea* var. *capitata*）、青花菜（*Brassica oleracea* L.）、芥蓝（*Brassica oleracea* var. *albiflora* Kuntze）、小麦游离小孢子的培养获得成功。由于小孢子培养的效率比花药培养效率高得多，它在实践上的应用潜力更大。

被子植物离体授粉技术（*in vitro* pollination）始于 20 世纪 30 年代，Dahlgren（1926）在离体条件下通过切除卵叶党参（*Codonopsis ovata*）全部雌蕊花柱并在子房顶部切口上授粉以实现受精及种子发育的过程。1963 年，Kanta 和 Maheshwari 将切下带整个胎座或部分胎座的烟草胚珠接种在人工培养基上，在离体条件下授粉后，很多胚珠发育为种子并在试管内萌发。随后，众多科学家通过截去柱头、子房部分组织以及裸露胚珠的离体授粉方法获得了多种植物的种子。植物离体授粉受精技术的创立，为那些由于生理或生殖障碍而难以获得远缘杂种的植物提供了创制远缘杂种的新途径。Dulifu（1966）培养获得 *Nicotiana rustica* 与 *N. tabacum* 的离体授粉杂交种，Hess 等（1974）给离体培养的锦花沟酸浆（*Minulus luteus* L.）胚珠授以蓝猪耳（*Torenia fournieri*）花粉，得到了 1% 的锦花沟酸浆单倍体；Reed 和 Collins（1978）用胚珠培养和离体授粉产生种间不亲和性杂种 *N. tabacum* 与 *N. stocktonii*、*N. nesophila* 和 *N. repanda*；Inomata（1979）利用离体授粉子房培养成功获得油菜与甘蓝种间杂种；1990 年管启良等进行大麦和硬粒小麦属间试管受精，得到了试管种子和幼苗。Germana 等（2001）通过给柑橘（*Citrus reticulata* Blanco）的离体柱头授以三倍体柚子栽培品种 'Oroblanco' 的花粉，后期结合胚珠培养获得了柑橘的单倍体植株。随着植物性细胞分离技术与显微技术的发展，一些学者借助显微操作等技术，将分离的带雄核和带雌核的原生质体在体外融合，进行了离体受精工作，开创了受精工程的新领域。首例离体受精中的精、卵细胞融合是 Kranz 等（1991）采用电融合方法在玉米中获得成功的。用同样的方法，他们也尝试了精细胞与中央细胞、精细胞与助细胞、精细胞与体细胞以及精细胞与精细胞的融合。在精细胞与精细胞的融合试验中，融合率可高达 85%（Kranz 等，1991）。后来在小麦离体受精试验中，KovÁcs 等（1995）、Kumlehn 等（1996）采用相同的融合方法使精、卵细胞的融合率达到 30% 左右，最高可达到 55%。这些重要技术的创立，为植物离体受精与合子培养技术的建立和发展奠定了基础。

在胚胎培养方面，Hanning（1904）首先成功地培养了萝卜和辣根的胚，并提前萌发形成小苗；李继桐等（1934）成功地培养了银杏的离体胚；Smith（1960）从不能得到植株的早熟桃（*Prunus persica* L.）的胚胎培养中得到了植株；Ramming（1981）通过先培养胚珠，然后取出胚再培养的方法，成功地培养挽救了无籽葡萄胚胎，并使其发芽长成植株。随后，这一技术在果树早熟、无核特性育种中得到了广泛应用。随着离体胚培养技术的成熟，科学家们开始利用离体胚培养技术挽救远缘杂种胚胎。1983 年中国农科院棉花研究所的研究人员用陆地棉（*Gossypium hirsutum*）与中棉（*G. arboreum*）进行了种间杂交，在授粉后 15~18 天取出幼胚培养，获得了杂种后代，从而使中棉的早熟、抗逆性强等优良性状转移到了陆地棉。此后，人们先后获得了大白菜×甘蓝、萝卜×大白菜、栽培棉×野生棉、栽培大麦×普通小麦等十多个种属间或种间的杂种植物。胚乳培养作为通过三倍体途径而获得可产生无籽果实植株的一种手段，早已引起园艺学家的广泛兴趣。Srivastava（1973）首次从罗氏核实木胚乳培养中获得三倍体植株。1982 年，桂耀林对中华猕猴桃（*Actinidia chinensis* Planch）胚乳培养获得了三倍体植株。之后，人们从玉米、大麦（*Hordeum vulgare* L.）、苹果（*Malus pumila* Mill.）等多种植物上先后获得了三倍体植株。

植物组织培养过程中常出现的体细胞无性系变异（somaclonal variation）开创了植物细胞突变体选择与利用研究的新领域。1959 年，Melchers 和 Bergmann 首次进行了以金鱼草（*Antirrhinum majus* L.）悬浮培养细胞筛选温度突变体的工作。1969 年，Heinz 等观察到甘蔗（*Saccharum officinarum* L.）细胞培养中染色体数目、形态和酶发生了变化，再生植株形态也发生了变异。1970 年，Carlson 通过离体培养筛选得到烟草生化突变体；1975 年，Gengenbachand Green 利用玉米愈伤组织培养筛选抗病突变体。在此基础上，Larkin 和 Scowcroft（1981）提出了体细胞无性系变异的术语，极大地推动了利用体细胞无性系变异筛选抗病、抗逆、抗除草剂等突变体研究领域的发展。

1958 年，Steward 等从胡萝卜悬浮细胞系中获得体细胞胚。次年 Reinert 从固体培养的胡萝卜愈伤组织中获得体细胞胚。体细胞胚的培养成功促进了"人工种子"的研究发展。1978 年，Murashige 在第四届国际植物组织细胞培养大会上首次提出"人工种子"的概念。1984 年，Redenbaugh 等首次使用透水性好的海藻酸钠包埋胡萝卜体细胞胚，制成了含单个胚的胡萝卜人工种子。日本学者 Kamada（1985）将人工种子的概念延伸，认为使用适当的方法包埋组织培养所获得的具有发育成完整植株功能的分生组织（芽、愈伤组织、胚状体和生长点等）可取代天然种子播种的颗粒体均为人工种子。中国科学家陈正华等（1998）将人工种子的概念进一步扩展为：任何一种繁殖体，无论是涂膜胶囊中包埋的、裸露的或经过干燥的，只要能够发育成完整植株的均可称之为人工种子。目前，虽然人工种子的大量生产还有许多理论和技术问题需要解决，但为通过无性克隆繁殖以及高效、工厂化生产植物繁殖材料——"植物种子"开创了一个新领域。

1956 年，Routier 和 Nickell 首次提出利用植物细胞培养进行工业合成天然产物（次生代谢产物）的生产，并于 1959 年开发出一个 20L 的植物细胞培养系统。1962 年，Byrne 和 Koch 用 New Brunswick 发酵罐成功进行了植物细胞的发酵培养。1973 年，Furuya 和 Ishii 发现，人参（*Panax ginseng* C. A. Meyer）培养细胞可以产生人参皂苷。在小鼠身上的药学实验表明，愈伤组织提取物的作用与人参根提取物的作用基本相同，开创了植物体内有效成分生产的新途径。1977 年，Noguchi 等在 20000L 生物反应器中培养烟草细胞；同年，Zenk 建立了悬浮细胞培养的两步培养基技术体系。1978 年，Tabata 等利用植物细胞工业化发酵生产次生代谢物质紫草素获得成功。1979 年，Brodelius 等利用藻酸盐固定植物细胞应用于植物转化和次生代谢物质的生产中。这些研究工作使得植物细胞培养由试验进入生产阶段。利用植物细胞培养可生产上万种植物次生代谢物质，包括黄酮类、醌类、萜类化合物、生物碱、胺类、生氰苷、多炔类、有机酸等。这些植物次生代谢物质在医药、食品、轻化工业等领域具有重要价值。人们已经利用毛地黄培养细胞进行强心苷生物转化，利用细胞培养商业化生产紫草宁、长春花新碱、除虫菊酯、紫杉醇、白藜芦醇等重要物质。

大量植物组织、器官、细胞离体再生的事例促进了植物组织培养技术与基因工程技术的结合，开创了植物遗传转化的新领域。1976 年，Bomhoff 等提出章鱼碱和胭脂碱的合成和降解是由 Ti 质粒调控的；1979 年，Marton 等完善了农杆菌介导的原生质体转化的共培养程序。1982 年，Krens 等实现了原生质体的裸露 DNA 转化。1983 年，Zambryski 等采用根癌农杆菌介导转化烟草，在世界上首次获得转基因植物，使农杆菌介导法成为双子叶植物的主要遗传转化方法。Paszkowski（1984）和 Potrykus（1985）利用体外重组、携带表达启动子与选择标记基因的重组 DNA 在 PEG 诱导下转化烟草原生质体，并且获得了转化植株的再生植株。1985 年，Fromm 和 Langridge 等首次利用电激法（electroporation）、Lawrence 等（1985）以及 Crossway（1986）应用微注射法（microinjection）技术将外源 DNA 转入原生质体并在转化体上获得表达。1987 年，美国的 Sanford 等发明了基因枪法用于单子叶植物的遗传转化，后来，此技术广泛应用于水稻（*Oryza sativa* L.）、小麦、玉米等主要的单子叶植物的遗传转化中。

1991 年，Gould 等利用农杆菌转化玉米茎尖分生组织获得转基因植株。1993 年，Chan 等利用农杆菌介导法转化水稻的未成熟胚获得转基因植株。1997 年，Cheng 等在小麦、Tingay 等在大麦等单子叶植物上转化未成熟胚相继获得成功。到目前为止，已有 200 余种植物获得转基因植株，其中 80% 是通过农杆菌介导实现的。转基因抗虫棉花、抗虫玉米、抗虫油菜、抗除草剂大豆等一批植物新品种（系）已在生产上大面积推广种植。据国际农业生物技术应用服务组织发布的《2018 年全球生物技术/转基因作物商业化发展态势》报道，2018 年全球共有 26 个国家和地区种植转基因作物，种植面积达到 $1.917 \times 10^9 \, hm^2$，较 2017 年的 $1.898 \times 10^9 \, hm^2$ 增加 $0.019 \times 10^9 \, hm^2$，约是 1996 年的 113 倍；另有 44 个国家和地区进口转基因农产品，以上表明全球转基因作物种植面积持续增长。

从组织培养发展简史可以看到，像任何其他科学一样，植物组织培养在开始时也只是一种纯学术性的研究，用以回答有关植物生长和发育的某些理论问题。但其深入发展的结果，却显示出巨大的应用价值，某些技术已经在生产中直接或间接地产生了显著的社会效益和经济效益，并将产生更大的社会效益和经济效益。

1.4　植物组织培养的应用及展望

植物组织培养研究领域的形成，不仅丰富了生物科学的基础理论，而且还在实际应用中表现出巨大的价值，显示了植物组织培养的广阔应用空间。

1.4.1　植物组织培养的应用

1.4.1.1　在植物育种上的应用

植物组织培养已广泛应用于植物育种，在增加植物遗传变异性、改良植物种性、培育新品种或创制新种质、缩短育种周期、提高育种效率方面发挥了独特的优势。

① 单倍体育种　离体花药或花粉培养的单倍体育种（haploid breeding）法，与常规方法相比，可以在短时间内得到作物的纯系，从而缩短育种年限，节约人力、物力，加快育种进程，较快地获得优品种。自从印度科学家 Guha 和 Maheshwari（1964）获得世界上第一株曼陀罗花粉单倍体植株以来，目前世界上已有 300 种以上植物成功获得花粉植株。1974 年，中国农业科学院烟草研究所率先开展单倍体育种，育成了世界上第一个作物新品种——"单育1号"烟草品种。据不完全统计，我国用花药或花粉培育出的植物已超过 22 科 52 属 160 个种，尤其在水稻、小麦、烟草、侧柏 ［*Platycladus orientalis*（L.）Franco］、橡胶树（*Hevea brasiliensis*）、辣椒（*Capsicum annuum* L.）、大白菜（*Brassica rapa*）等植物的单倍体育种工作中，处于领先地位；并且已培育出许多著名品种，如小麦'花培1号''京花1号'；水稻'中花1号''花8号'、辣椒'海花1号'、油菜 H165 和 H166 等，同时也已大面积推广应用。

② 培育远缘杂种　在植物种间杂交或种以上的远缘杂交中，受精后障碍导致杂交不育给远缘杂交带来了许多困难，采用胚、子房、胚珠培养和试管受精等手段，可以使杂种胚正常发育并成功地培养出杂交后代，并通过无性系繁殖获得数量多、性状一致的群体。最早成功的例子是 Laibach（1925）利用杂种胚培养克服了亚麻属（*Linum*）的两个栽培种 *L. perenne* × *L. austriacum* 的杂交胚败育，并获得种子。目前这一技术已在桃、柑橘、菜豆（*Phaseolus vulgaris* L.）、南瓜（*Cucurbita moschata* Duch. ex Poiret）、百合（*Lilium brownii* var. *viridulum* Baker）、鸢尾（*Iris tectorum* Maxim）等50多个科、属的远缘杂种胚中获得成功。如大白菜×甘蓝的远缘杂交种"白兰"，就是通过杂种胚的培养而得到的。荔枝（*Litchi chinensis* Sonn.）幼胚、蝴蝶兰的种子内部没有胚乳，种子的萌发缺乏营养物质，发芽率极低。利用组织培养的手段给蝴蝶兰种子以外部营养，促使其萌发。采用胚乳培养可以获得三倍体植株，为诱导形成三倍体植物开辟了一条新途径。玉米的离体子房培养，经体外授粉可以得到种子。对早期发育幼胚因太小难以培养的种类，还可采用胚珠和子房培养来获得成功。利用胚珠和子房培养也可进行试管受精，以克服柱头或花柱对受精的障碍，使花粉管直接进入胚珠而完成受精。

体细胞杂交（somatic hybridization）是打破物种间生殖隔离、实现有益基因的交流、改良植物品种、创造植物新类型的有效途径。通过原生质体融合，可部分克服有性杂交不亲和性，从而获得体细胞杂种，创造新物种或新类型。通过这一途径，目前已成功育成了细胞质雄性不育烟草与水稻、野生稻与栽培稻体细胞杂种、马铃薯栽培种与其野生种的杂种、番茄栽培种与其野生种的杂种、甘薯栽培种与其野生种的杂种、马铃薯与番茄的杂种、甘蓝与白菜的杂种以及柑橘类杂种等一批新品种（系）和育种新材料，获得了上百个种间、属间甚至科间的体细胞杂种或愈伤组织，有些还进一步分化成苗。

③ 筛选培育突变体　在细胞和组织培养进程中，培养的细胞无论是愈伤组织还是悬浮细胞均处在不断分生的状态，容易受培养条件和外界压力（如射线、化学物质等）的影响而产生变异。因此，人们采用紫外线、X射线、γ射线对培养物照射，或者在培养基中加入叠氮化合物等化学诱变剂，以诱导和提高突变频率及选择效率。利用单细胞诱变，具有便于筛选和无嵌合性等特点，可极大地提高育种的速度与效率，使其成为从细胞水平来改良植物品种的重要途径。此外，花药、原生质体、愈伤组织也可作为诱发突变的外植体，20世纪70年代以来，人们已诱发筛选出植物抗病虫性、抗寒、耐盐、高赖氨酸、高蛋白质、矮秆高产、抗除草剂、生理生化变异等所需要的大量突变体，有的已培育成新品种，如抗花叶病毒的甘蔗无性系、抗1%～2% NaCl 的野生烟草细胞株系、抗除草剂的白三叶草细胞株系等。

④ 转基因育种　转基因育种（transgenic breeding）就是用分子生物学方法把目标基因分割下来，通过克隆、表达载体构建和遗传转化使外来基因整合进植物基因组的育种方法。这种技术克服了植物育种中的盲目性，提高了育种的预见性，已成功应用于植物抗病虫性、抗逆性、品质及农艺性状改良等方面。目前通过转基因育种已获得马铃薯（*Solanum tuberosum* L.）、番茄、水稻、瓜类、棉花、大豆（*Glycine max*）等一大批植物新品种，并已大面积应用于生产，2018年全世界种植转基因植物面积高达 $1.917×10^9 hm^2$。

⑤ 种质资源的保存　种质资源（germplasm）是植物育种的基础，而自然灾害、生物间竞争和人类活动已经和正在造成大量物种已经或面临消失，尤其是一些珍贵濒危植物资源的绝迹更是一种不可挽回的损失，但常规的田间保存耗费大量的人力、物力和土地，使得种质资源流失的情况时有发生。利用组织培养技术保存植物种质，可大大节约人力、物力和土地；保存手续简便，极易长途运输，便于地区间及国际间交流；还可以用来生产和保存无病原的植物种质资源。例如胡萝卜和烟草等植物的悬浮培养细胞，在−196～−20℃的低温下保存半年之久，

置于常温条件时又能恢复生长，并分化出植株；柳橙胚愈伤组织所产生的胚状体和茎芽，经过三年半的继代培养，仍能保持较高的分化能力，且染色体未发生任何变异；草莓茎尖在 4℃ 黑暗条件下，茎培养物可以保持生活力达 6 年之久。

1.4.1.2 在植物脱毒和快速繁殖上的应用

① 无病毒苗（virus-free）的培养 病毒病是植物的严重病害之一，种类多达 500 种以上，常常会给生产造成很大的经济损失。研究发现，病毒在植物体内的分布是不均一的，老叶、老的组织和器官病毒含量高，幼嫩的、未成熟组织和器官病毒含量较低，生长点几乎不含病毒或病毒很少。因此，利用茎尖分生组织培养，再生的植株有可能不带病毒，从而获得无病毒小苗，再用脱毒苗进行繁殖，获得的植株就不会或极少发生病毒病，显著地提高了植物的产量和品质。目前茎尖脱毒技术在主要经济作物如甘蔗、菠萝（*Ananas comosus* Merr.）、香蕉、草莓（*Fragaria×ananassa* Duch.）、甘薯［*Dioscorea esculenta*（Lour.）Burkill]、马铃薯等，在园林观赏植物如菊花（*Chrysanthemum × morifolium* Ramat.）、香石竹（*Dianthus caryophyllus* L.）、唐菖蒲（*Gladiolus gandavensis* Van Houtte）、水仙（*Narcissus tazetta* var. *chinensis* M. Roener）、郁金香（*Tulipa gesneriana* L.）、百合、大丽花、白鹤芋（*Spathiphyllum kochii* Engl. et Krause）等上已大量应用，取得了明显的经济效益和社会效益。因此，不少地区都建立了无病毒苗的生产中心，开展无病毒苗的培养、鉴定、繁殖、保存、利用和研究，形成了一套规范的系统程序，极大地促进了无毒苗木的产业化发展。

② 快速繁殖种苗 快速繁殖（rapid propagation）是植物组织培养在生产上应用最广泛、最有效的一项技术。它可通过茎尖、茎段、鳞茎盘等产生大量腋芽，或通过根、叶等器官直接诱导产生不定芽，或通过愈伤组织培养诱导产生不定芽。由于组织培养具有周期短、增殖率高并能全年生产等特点，加上培养材料和试管苗的小型化，可在有限的空间短期内培养出大量的幼苗。以一个茎尖或一小块叶片为基数，经组织培养一年内可增殖到几万到几百万个植株。因此，对于一些繁殖系数低、不能用种子繁殖的"名、优、特、新、奇"的植物品种，以及脱毒苗、新育成苗、新引进苗、稀缺种苗、优良单株、濒危植物和转基因植株等都可通过离体快速繁殖，即短期内极大地提高其繁殖系数。目前，观赏植物、园艺作物、经济林木、药用植物等无性繁殖植物部分或大部分都实现了离体快速繁殖，试管苗已形成产业化并大量涌现国际市场。如美国的 Wyford 国际公司年产组织培养苗 3000 万株，包括花卉、蔬菜、果树及林木；以色列的 Benzur 苗圃，年产组织培养苗 800 万株。据统计，我国快速繁殖的植物已超过 443 种，进入工厂化生产的主要有香蕉、甘蔗、桉（*Eucalyptus robusta* Smith）、葡萄、苹果、脱毒马铃薯、脱毒草莓、非洲菊（*Gerbera jamesonii* Bolus）、芦荟（*Aloe vera*）等。

1.4.1.3 在植物有用次生产物生产上的应用

利用组织或细胞的大规模培养，几乎可生产出人类所需的一切天然有机化合物，如蛋白质、脂肪、糖类、天然药物、香料、生物碱、橡胶、色素及其他活性化合物等。这些化合物许多都是高等植物的次生代谢物，有些化合物还不能大规模人工合成，而靠植物产生这些化合物极其有限，远不能满足社会需求。因此，利用组织培养方法，培养植物的某些器官或愈伤组织，并筛选出高产、高合成能力、生长快的细胞株系，进行工业化生产，是一条行之有效的途径。目前，用单细胞培养生产蛋白质，将给饲料和食品工业提供广泛的原料生产来源；用组织培养方法生产微生物以及人工不能合成的药物或有效成分，如已从 200 多种植物的培养组织或细胞中获得了 500 多种有效代谢化合物，包括一些重要药物（表 1-1）。有 40 余种化合物在培养细胞中的含量超过原植物，如粗人参皂苷含量在愈伤组织为 21.4%、在冠瘿组织为 19.3%、

在分化根为 27.4%，都高于天然人参根的含量（4.1%）。特别是天然植物蕴藏量少、含量低但临床效用高的成分，如紫杉醇（taxol）、长春花新碱等，利用组织培养进行大规模生产，具有巨大的经济效益和社会效益。

表 1-1　植物组织培养产生的部分药用物质

药用植物名称	组织类型	药用成分	研究者
人参（*Panax ginseng* C. A. Meyer）	愈伤组织、悬浮培养细胞	人参皂苷	朱蔚华,1978
三七（*Panax notoginseng*）	愈伤组织	三七皂苷元	Tomita et al,1976
盾叶薯蓣（*Dioscorea zingiberensis*）	愈伤组织	薯蓣皂苷	罗士韦,1978
獐牙菜（*Swertia bimaculata*）	愈伤组织	獐牙菜苦苷	向凤宁等,1998
毛地黄（*Digitalis purpurea* L.）	愈伤组织	强心内酯	Buchnex,1964
刺甘草（*Glycyrrhiza echinata*）	悬浮培养细胞	海胆啶	Furuya et al,1976
颠茄（*Atropa belladonna*）	愈伤组织	颠茄碱	West et al,1957
曼陀罗（*Datura stramonium* L.）	愈伤组织、悬浮培养细胞	托平生物碱	Sairm et al,1971
三分三（*Anisodus acutangulus*）	愈伤组织	莨菪碱、东莨菪碱	郑光植等,1976
烟草（*Nicotiana tabacum* L.）	愈伤组织	烟碱	Fabata et al,1971
喜树（*Camptotheca acuminata*）	愈伤组织	喜树碱	Misawa et al,1973
日本黄连（*Coptis japonica*）	愈伤组织	盐酸小檗碱	Furuya et al,1972
罂粟（*Papaver somniferum*）	愈伤组织、悬浮培养细胞	鸦片碱	Furuya et al,1972
长春花（*Catharanthus roseus*）	愈伤组织、悬浮培养细胞	蛇根碱、阿吗碱	Carew et al,1977
日本粗榧（*Cehalotaxus harringtonia*）	愈伤组织	粗榧碱	Puha et al,1971
萝芙木（*Rauvolfia verticillata*）	愈伤组织	降压灵、利血平	郑光植等,1978
飞龙掌血（*Toddalia asiatica*）	愈伤组织	喹啉、呋喃类生物碱	司书毅,2000
黄麻（*Corchorus capsularis* L.）	悬浮培养细胞	甾醇	Tarng et al,1975
番泻树（*Cassia senna*）	愈伤组织	游离蒽醌	Rai et al,1978
掌叶大黄（*Rheum palmatum*）	愈伤组织	蒽醌	Furuya et al,1975
紫草（*Lithospermum erythrorhizon*）	愈伤组织、悬浮培养细胞	紫草宁	Tabata et al,1974
苦瓜（*Momordica charantica*）	果实、种子	胰岛素	Khanna et al,1974
油麻藤（*Mucuna sempervirens*）	悬浮培养细胞	L-多巴	Brain et al,1976
商陆（*Phytolacca acinosa*）	悬浮培养细胞	抗生素	Misama et al,1974
灰毛豆（*Tephrosia purpurea*）	悬浮培养细胞	鱼藤酮	Sharma et al,1975
中国红豆杉（*Taxus wallichiana var. chinensis*）	悬浮培养细胞	紫杉醇	吴蕴祺等,1978
柴胡（*Bupleurum falcatum*）	愈伤组织	花色素	Hiraoka et al,1986
肉桂（*Cinnamomum cassia*）	悬浮培养细胞	黄烷酮	Yazaki et al,1993
来檬（*Citrus×aurantiifolia*）	愈伤组织	黄酮	Berhow,1994
银杏（*Ginkgo biloba*）	悬浮培养细胞	黄烷酮醇、藻蓝素	Stafford et al,1986
玫瑰茄（*Hibiscus sabdariffa*）	愈伤组织、悬浮培养细胞	花色素	阮茜等,1996
紫苜蓿（*Medicago sativa*）	悬浮培养细胞	异黄酮	Edwards et al,1991
水母雪莲（*Saussurea medusa*）	愈伤组织、悬浮培养细胞	黄酮	赵德修等,1998
钩藤（*Uncaria rhynchophylla*）	愈伤组织、悬浮培养细胞	黄酮	Das et al,1993

1.4.1.4　在植物遗传、生理生化和植物病理研究上的应用

植物组织培养推动了植物遗传、生理生化和病理学的研究，已成为这些领域研究中的常规方法之一。

花药和花粉培养获得的单倍体和纯合二倍体植株是研究细胞遗传的极好材料，在单倍体条件下更易获得遗传变异，便于遗传操作，较其他方法更易获得大量变异材料。同时，利用细胞途径进行染色体操作，可以有目的地创造作物的附加系、代换系和易位系等新类型，为染色体工程研究开辟新途径。利用花粉单倍体加倍获得纯合系的方法，已成为有性繁殖植物的遗传分离群体构建的有效方法，为遗传图谱构建、基因定位等提供了稳定的基础材料，其应用又促进了遗传学的发展。

植物细胞和组织培养为研究植物生理活动提供了一个理想的技术体系。植物组织培养有利于植物的矿质营养、有机营养、生长活性物质等方面的研究。用单细胞培养研究植物的光合代谢是非常理想的，近年来，光自养培养研究取得了有益进展。在细胞的生物合成研究中，细胞培养为物质代谢途径及其调控研究奠定了基础。细胞培养现已在许多物质的合成代谢途径研究中取得了进展，为生物大分子物质的代谢调控奠定了基础。如在研究番茄离体根培养时发现，植物根的生长需要维生素 B_1，只要供给番茄离体根形成维生素 B_1 的两个组成部分——嘧啶和噻唑，便可以合成维生素 B_1。植物生长调节物质对愈伤组织诱导、器官分化及植株再生的重要作用的发现，促进了人工合成植物生长调节物质的研究，如人工合成的细胞激动素——6-苄基氨基嘌呤（BAP），在植物组织培养中的应用十分广泛；从玉米胚乳中提取分离的玉米素（zeatin，ZT），在猕猴桃的各类组织培养中，效果甚为显著；吲哚丁酸（IBA）、萘乙酸（NAA）、2,4-二氯苯氧乙酸（2,4-D）以及大量合成的新的生长素，在植物组织培养中发挥了重要作用。除生长素和细胞分裂素外，赤霉素（gibberellins，GA）、脱落酸（abscissic，ABA）等也在植物组织培养中不同程度地发挥了作用。这些植物生长调节物质的合成，加速了人们对植物生长调节物质在植物生长发育中作用的认识，并已成为研究植物生理学的重要手段。同时，人们在组织培养中发现，植物组织对生长调节物质具有良好的适应性，这对促进人们认识植物的形态建成与植物根瘤形成的生理机理及进一步开展其相关研究具有重要意义。

植物细胞培养体系为植物病理学的深入研究提供了便利条件。在人工培养条件下对植物抗病性进行研究，免除了环境条件的干扰，使得结果更加可靠。同时，在细胞水平上对抗性的研究，能够更好地揭示植物的抗性本质，从而促进植物病理学的发展。

1.4.1.5 在细胞生物学和发育生物学研究中的应用

植物不同组织、细胞培养获得再生个体，及其在此过程中所形成的调控技术本身，进一步揭示了植物细胞全能性学说的本质和内涵，是对细胞生物学领域的重要贡献。原生质体培养体系的建立为植物细胞的单细胞研究提供了良好的实验体系。目前，利用原生质体系统在植物细胞分裂周期调控、细胞分化等细胞生物学领域的研究取得了重要成就，不仅分离出与这些细胞学现象相关的基因，而且通过原生质体系统明确了这些基因在细胞中的表达调控机理，从而明确了相关细胞生物学现象的本质。

离体培养的器官发生和体细胞胚发生及其调控已成为植物形态建成的良好实验体系，从而加速了发育生物学研究的发展。利用人工细胞突变体，可以定向观察某一性状突变体所产生的生物学效应，分离出与发育相关的基因，为揭示生物发育的遗传调控机理奠定基础。

1.4.2 植物组织培养的展望

近30年来，植物组织培养取得了很大的进展，许多成果与技术已应用于生产和科研中，有的解决了其他方法不易解决的难题，有些难题则可能在不久的将来可以突破。无疑，这将鼓舞人们更加信心百倍、不屈不挠地去对植物组织培养技术进行研究探索。随着近代细胞培养技术的不断完善，显微分辨力的提高，以及分子生物学、分子遗传学的进展，必将推动应用科学的迅速发展。如用原核生物作材料来生产胰岛素、干扰素等，利用植物的细胞甚至原生质体来代替目前仍然是遗传工程中最重要的细菌，将固氮基因导入非豆科植物并能固氮等。展望未来，无论是在理论上或是在实际应用中，植物组织培养无疑将会在植物器官、组织、细胞培养的技术与方法，无性系快速繁殖，无病毒苗的工厂化生产，新品种新物种的创造和培育，突变体的选择和利用，体细胞杂交，基因转移，次生代谢物质生产，人工种子技术以及建立真正的植物基因库或有价值的基因型的基因文库等各个方面的研究更加深入；涉及的植物种类、品种，尤其是一些珍贵植物和在人类社会发展中的重要植物会更多；应用的范围和前景也更加广泛和广阔。有理由相信，随着科学技术的不断进步，植物组织培养这门崭新的技术将会日益普及和深入，展现出诱人的前景，必将成为现代生产中重要的技术手段之一。

小　结

植物组织培养是指在无菌和人工控制的环境条件下，利用人工培养基，对植物的胚胎、器官、组织、细胞、原生质体等进行精细操作与培养，使其按照人们的意愿增殖、生长或再生发育成完整植株的一门生物技术学科。

根据培养对象可将组织培养分为植株培养、胚胎培养、器官培养、组织培养、细胞培养和原生质体培养；依据培养过程可分为初代培养和继代培养；还可分为固体培养和液体培养。组织培养具有外植体材料来源单一，无性系遗传特性一致；环境条件可控，误差小；生长快、周期短，可重复性强；离体繁殖诱变，可避免嵌合体的形成；植物种质离体保存，占用空间小，可长期保存；短期获得无毒苗，提高植物品质与产量；繁殖速度快，效率高；可连续运行、周年试验或生产，利于自动化控制以及经济效益高等优越性。

植物组织培养诞生的理论基础是细胞的全能性，并随着基础科学的发展而逐渐成熟和发展成为一门相对独立的学科，但又与其他生物学科有着密切的联系，它为植物学、植物生理学、植物遗传育种学、胚胎学、解剖学、分子生物学、细胞生物学、生物工程等许多学科研究植物生长发育、抗性生理、激素及器官发生与胚胎发生等提供了许多良好的试材和有效、快速的方法途径。植物组织培养大体走过了探索阶段、奠基阶段和迅速发展和应用3个阶段。目前已成为现代生物技术中最活跃、应用最为广泛的技术之一，在植物育种、植物脱毒、快速繁殖、次生代谢物质生产、细胞生物学及发育生物学研究与应用中发挥着重要作用，取得了巨大的经济效益和社会效益，并已在农业、林业、工业、医药业等领域展现出诱人的前景。

思　考　题

1. 简述植物组织培养的概念、类型及其特点。
2. 简述植物组织培养发展的阶段及各阶段的标志性成就。
3. 简述植物组织培养的应用及其主要作用。
4. 简述植物组织培养的发展前景。

第2章

植物组织培养的基本原理

植物细胞全能性理论是植物组织培养的理论基础。在一个完整的植株上，各部分的体细胞只能表现一定的形态，承担一定的功能，这是由于受具体器官或组织所在环境影响的缘故。但是，植物体的一部分一旦脱离原来所在的器官或组织成为离体状态，则在一定的营养、激素、外界条件下，植物细胞就会脱分化、再分化，进而表现出全能性。

2.1 植物细胞的全能性

植物是由细胞构成的，细胞是生物结构和生命活动的基本单位。细胞能够分裂、繁殖和分化出不同形态、执行不同功能的组织和器官，从而使种族不断繁衍。高等植物就是由无数具有不同形态、不同生理生化特点及执行不同功能的细胞所构成的。其中一部分细胞继续保持分生能力，称为分生组织（meristem）；而另一部分细胞失去分生能力而执行其他功能，处于不分裂状态，称为永久组织（permanent tissue）。那么植物组织培养不仅能使处于分生状态的细胞继续保持分裂能力，同时也可使永久组织的细胞恢复分裂能力，如同生殖细胞和合子胚一样，其原因何在呢？这主要在于植物细胞具有全能性特点。

植物细胞全能性（cell totipotency）是指任何具有完整细胞核的植物细胞（不管是性细胞还是体细胞），都拥有形成一个完整植株所必需的全部遗传信息，在特定的环境下能进行表达，产生一个独立完整的个体。换句话说，植物细胞只要有一个完整的膜系统和一个有生命力的核，即使已经高度成熟和分化的细胞，也还保持着恢复到分生状态的能力。其恢复过程取决于该细胞原来所处的自然部位及生理状态。

实际上，全能性只是一种可能性，要把这种可能性变为现实性须满足两个条件：一是要把这些细胞在植物体其余部分的抑制性影响下解脱出来，即必须使这部分细胞处于离体的条件下。处于整体植株中的细胞接受其周围细胞所产生的种种影响，会妨碍其全能性的表达；而一旦割断胞间连丝，就为全能性的表达创造了条件。这是因为在整体植物中，某些细胞的发育取决于其周围组织发出的一组信号。如果终止这些信号，例如孤立，而给予其他某种信号，有可能转变其发育方向，乃至表达全能性；而许多信号的接受与位于膜上的受体有关，因此，全能性的表达与膜结构有着非常重要的关系，这一点有待于更多膜研究结果的揭示。二是要给予它们适当的刺激，即给予一定的营养物质，并使它们受到一定激素的作用。一个已分化的细胞要表现它的全能性，必须经历脱分化和再分化两个过程。多数情况下，脱分化是细胞全能性表达的前提、再分化是细胞全能性表达的最终体现。植物组织和细胞培养的目的就是人们设计培养基和创造培养条件来促使植物组织和细胞完成脱分化和再分化，进而实现全能性的表达。

2.1.1 细胞全能性的绝对性与相对性

不是所有基因型的所有细胞在任何条件下都具有良好的培养反应；即使对于植物细胞而言，细胞全能性也并不意味着任何细胞均可以直接产生植物个体；动、植物细胞全能性的表现程度存在明显差异。

尽管理论上每个生活的植物细胞都具有全能性，但其实际表达的难易程度却随植物种类、组织和细胞的不同而异，通常受精卵或合子、分生组织细胞和雌雄配子体细胞较易表达其全能性。

2.1.2 植物细胞全能性表现

根据细胞类型不同，其全能性的表现从强到弱依次为：营养生长中心＞形成层＞薄壁细胞＞厚壁细胞（木质化细胞）＞特化细胞（筛管、导管细胞）；根据细胞所处的组织不同，其全能性的表现从强到弱依次为：顶端分生组织＞居间分生组织＞侧生分生组织＞薄壁组织（基本组织）＞厚角组织＞输导组织＞厚壁组织。

2.2 植物细胞的分化与脱分化

细胞分化与脱分化是关系到植物组织细胞培养和细胞工程发展的根本问题。分化是细胞通过分裂产生结构和功能上的稳定性差异的过程。脱分化被认为是"已有特定结构和功能的植物组织，在一定的条件下，其细胞被诱导改变原有的发育途径，逐步失去原有的分化状态，转变为具有分生能力的胚性细胞的过程"。分化的实质是基因的表达问题，而脱分化的实质是使已关闭的基因重新打开的过程。细胞全能性的表达是通过细胞脱分化与再分化实现的。植物细胞的脱分化与再分化是大量基因差异表达、协同作用的结果，也是基因与培养条件互作的结果。

2.2.1 植物细胞的分化

细胞分化（differentiation）是指导致细胞形成不同结构、引起功能改变或潜在发育方式改变的过程（图 2-1）。一个细胞在不同的发育阶段可以有不同的形态和机能，这是在时间上的分化；同一种细胞后代，由于所处的环境（如部位）不同而可以有不同的形态和机能，这是在空间上的分化。单细胞生物仅有时间上的分化，如噬菌体的溶菌型和溶源型。多细胞生物的细胞不但有时间上的分化，而且由于在同一个体上的各个细胞所处的位置不同，因而发生机能上的分工，于是又有空间上的分化，如一个植物个体在其顶端、根、茎、叶等不同部位具有不同的细胞。细胞分化是组织分化和器官分化的基础，是离体培养再分化和植株再生得以实现的基础。

图 2-1 高等植物细胞分化示意

从分化的遗传控制角度讲，细胞分化是各个处于不同时空条件下的细胞基因表达与修饰差异的反应，所以，分化也是相同基因型的细胞由于基因选择性表达所反映的各种不同的表现型。细胞分化的本质是基因选择性表达的结果。一个成熟已分化的细胞中，通常仅有 5%～10% 的基因处于活化状态，所以，细胞分化的基本问题就是一个具有全能性的细胞是通过什么方式使大部分遗传信息不再表达，而仅有小部分特定基因活化，最终使细胞表现出所执行的特定功能？目前，这个问题还没有得到清楚阐明，但利用离体培养技术已揭示了细胞分化的某些规律和机理，主要表现在：

① 细胞分化基本上分为形态结构分化及生理生化分化两类。形态结构分化之前往往先出现生理生化分化，因为不同基因活化的结果往往表现为合成不同的酶或蛋白质分子。

② 发育中的植物不存在部分基因组永久关闭的情况，即不同组织的细胞保持潜在的全能性，只要条件合适，这种全能性即可表现出来。

③ 细胞分化可分为两个阶段。

a. 决定（determination） 通常是指胚胎细胞在发育过程中发生的不可逆的特化现象。决定就是细胞发育途径的确定，它是细胞分化的早期过程；

b. 分化细胞特征逐渐表现 在大多数情况下，细胞从决定到表现特定细胞特征通常需要经过几代细胞的传递（细胞分裂）。在完整植株中，细胞发育的途径一旦被"决定"，通常不易改变，但离体培养可通过脱分化而丧失这种"决定"。

④ 极性（polarity）与分化关系密切。极性是植物分化的一个基本现象，通常是指植物的器官、组织甚至单个细胞在不同轴向上存在的某种形态结构和生理生化上的梯度差异。极性一旦建立，在一般情况下难以逆转。如茎切段再生芽，往往只能在形态学上端（远基端）分化形成；根切断形成芽，则发生在近基端。在很多情况下，细胞的不均等分裂是细胞极性建立的标志。极性的建立和维管成分的产生，是植物细胞分化的基本特征。

⑤ 生理隔离或机械隔离在细胞分化中的促进作用。此在低等植物中表现明显并已证实，在高等植物中证据尚不足，有待研究。

⑥ 细胞分裂对细胞分化具有重要作用。特定环境下进行的细胞分裂可导致特定的细胞分化，由不等分裂形成的分化细胞说明了细胞质在细胞分化中的作用。

⑦ 植物生长调节剂在细胞分化中具有明显的调节作用。可能是通过在转录或翻译水平上的调节作用而影响相关基因的表达从而调控细胞分化。它与细胞分化的一些过程如细胞生长和分裂等密切相关。在对根和芽分化的研究中发现，根或芽分化取决于生长素与细胞分裂素量的比值，即比值高时促进生根、比值低时促进茎芽分化，二者相等时倾向于无结构方式生长，这就是著名的控制器官分化的激素模式。此外，赤霉素（GA_3）、脱落酸（ABA）、乙烯等也在细胞分化中起到一定的调节作用。

⑧ 细胞核染色体和 DNA 的变化对细胞分化的作用。在细胞分化中，最常见的是染色体多次复制而细胞不分裂所形成的核内多倍性（endopolyploid）和多线染色体（polyteny）。

2.2.2 植物细胞的脱分化

脱分化也称去分化（dedifferentiation），是指离体培养条件下生长的细胞、组织或器官经过细胞分裂或不分裂逐渐失去原来的结构和功能而恢复分生状态，形成无组织结构的细胞团或愈伤组织或成为具有未分化细胞特性的细胞的过程（图 2-2）。大多数离体培养物的细胞脱分

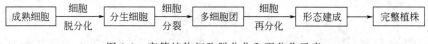

图 2-2 高等植物细胞脱分化和再分化示意

化需经过细胞分裂形成细胞团或愈伤组织;但也有一些离体培养物的细胞不需经细胞分裂,而只是本身细胞恢复分生状态,即可再分化。

离体培养的外植体细胞要实现其全能性,首先要经历脱分化过程使其恢复分生状态,然后进行再分化。脱分化是分化的逆过程。与细胞分化一样,脱分化的机理尚未得到清楚阐明,但人们已经积累了诱导脱分化期间的细胞学以及生理生化方面的一些经验,如膜透性的改变、细胞核的增大、内质网范围扩大、多核糖体形成、气体交换率增加、不同基因活化引起的生长激素的分解或合成、过氧化物酶增加、蛋白质和酚类物质合成活跃、乙烯产物增加等。这些变化改变了细胞原有的生理状态,引起细胞分裂。

植物离体培养中,细胞脱分化与外植体本身及环境条件有关,影响的因素主要有:①损伤。外植体由于切割损伤的刺激,导致细胞内一系列生理生化变化,促使细胞增殖,这可能是生命的一种自我调节机制。②生长调节剂。主要是生长素类起作用,因而在诱导愈伤组织时常加入生长素类,但同时配合使用细胞分裂素,则效果可能更好。③光照。弱光或黑暗条件常有利于脱分化中的细胞分裂。④细胞位置。外植体本身的各类细胞可能对培养条件的刺激有不同的敏感性。⑤外植体的生理状态。不同生理年龄和不同季节都会有不同的培养反应。⑥植物种类。不同种类的材料脱分化难易有所区别,一般双子叶植物比单子叶植物及裸子植物容易,而与人类生活关系密切的禾本科植物脱分化则较难。

2.2.3 植物细胞的再分化

离体培养的植物细胞和组织可以由脱分化状态重新进行分化,形成另一种或几种类型的细胞、组织、器官,甚至形成完整植株,这个过程(现象)称为再分化(redifferentiation)(图2-2)。

从理论上讲,各种植物体的活细胞都具有全能性,在离体培养条件下均可经过再分化形成各种类型的细胞、组织、器官以及再生植株,但实际上,目前还不能让所有植物的所有活细胞都再生植株,主要原因是:①不同植物种类再分化的能力差异很大;②对某些植物的植株再生条件还没有完全掌握。影响细胞再分化的因素与影响脱分化的因素基本一样。

2.3 植物的形态建成

植物细胞脱分化、再分化和形成完整植株是植物细胞全能性理论实现的基础。在组织培养过程中,由于与外植体形态、结构相关的基因按特定时空顺序进行表达,从而导致其外部形态和内部结构均发生显著变化,如细胞的分裂、分化及形态建成等。形态特征的变化是生理生化变化的外部反映,决定着分化和形态建成的方向。分生细胞的分化是愈伤组织再生的细胞学基础,而细胞内生理生化变化是分生细胞分化的前提。植物的形态建成包括愈伤组织诱导和器官分化以及植物体细胞胚胎发生两条途径。

2.3.1 愈伤组织诱导与器官分化

2.3.1.1 愈伤组织诱导

愈伤组织的诱导形成是一个内、外环境因素相互作用的复杂过程,可分为诱导期、分裂期和分化期。

① 诱导期 又称启动期,是指细胞准备进行分裂的时期。它是愈伤组织形成的起点。外

植体上已分化的活细胞在外源激素和其他刺激因素的作用下，内部会发生复杂的生理生化变化，如合成代谢加强、迅速进行蛋白质和核酸的合成等。诱导期的长短因植物种类、外植体的生理状况和外部因素而异，如菊芋（*Helianthus tuberosus*）的诱导仅需 1 天，胡萝卜则要几天。

② 分裂期　外植体的外层细胞出现分裂，中间细胞常不分裂，故形成一个小芯。由于外层细胞迅速分裂使得这些细胞的体积缩小并逐渐恢复到分生组织状态，细胞进行脱分化。处于分裂期的愈伤组织的共同特征是：细胞分裂快，结构疏松，缺少有组织的结构，颜色浅而透明。如果在原培养基上培养，细胞将不可避免地发生分化，产生新的结构，而将其及时转移到新鲜培养基上，则愈伤组织可无限制地进行细胞分裂，维持其不分化的状态。

③ 分化期　停止分裂的细胞发生生理代谢变化而形成由不同形态和功能细胞组成的愈伤组织，在细胞分裂末期，细胞内开始发生一系列形态和生理变化，导致细胞在形态和生理功能上的分化，出现形态和功能各异的细胞。

需要指出的是，虽然根据形态变化把愈伤组织的形成分为 3 个时期，但实际上它们并不是严格区分的，特别是分裂期和分化期，往往可以在同一组织块上几乎同时出现。

2.3.1.2　器官分化

植物离体器官发生即器官分化，是指培养条件下的组织或细胞团（愈伤组织）分化形成不定根（adventitious roots）、不定芽（adventitious shoots）等器官的过程。

（1）离体培养中器官发生的方式　通过器官发生形成再生植株大体上有 4 种方式：①先形成芽，后在芽基部长根，如小麦、芦荟、苹果等；②先形成根，再形成芽，如枸杞、苜蓿等；③在愈伤组织不同部位分别形成芽和根，然后根、芽的维管束接通形成完整植株，如胡萝卜、石刁柏（*Aaparagus officinalis* L.）等；④仅形成芽或根，如茶树［*Camellia sinensis*（L.）O Ktze］的花粉愈伤组织诱导器官分化时，往往只形成根，而芽的发生却十分困难。愈伤组织也可通过体细胞胚胎发生方式再生植株。

（2）器官分化的过程　在离体条件下，经过愈伤组织再分化器官一般要经过 3 个生长阶段：①外植体经过诱导形成愈伤组织。②"生长中心"的形成。当把愈伤组织转移到有利于有序生长的条件下后，首先在若干部位成丛出现类似形成层的细胞群，称为"生长中心"或拟分生组织，它们是愈伤组织形成器官的部位。③器官原基及器官形成。生长中心形成后，按照其已确立的极性，某些细胞开始分化形成管状细胞，进而形成微管组织；某些细胞开始形成不同的器官原基，进而分化出相应的组织和器官。

在有些情况下，外植体不经过典型的愈伤组织即可形成器官原基，这一途径有两种情况：一是外植体中已存在器官原基，进一步培养即形成相应的组织器官进而再生植株，如茎尖、根尖分生组织培养；二是外植体形成分生细胞团后在分生细胞团上直接形成器官原基。一般认为，芽和茎原基通常起源于培养组织中比较表层的细胞，即外起源，而根原基发生在组织较深处，是内起源。

2.3.2　植物体细胞胚胎发生

在植物组织培养中，没有经过受精过程，起源于一个非合子细胞，但经过了胚胎发生和胚胎发育过程形成具有双极性的胚状结构，统称为胚状体（embryoid）或体细胞胚（somatic embryo）。这表明：①体细胞胚不同于合子胚，因为它不是两性细胞融合的产物；②体细胞胚不同于孤雌胚或孤雄胚，因为体细胞胚不是无融合生殖的产物；③体细胞胚不同于组织培养中通过器官发生途径形成的茎、芽和根，因为它的形成须经历与合子胚相似的发育过程，而且成熟的胚状体是一个双极性的结构。

植物组织培养细胞产生胚状体的过程称为体细胞胚胎发生，植物体细胞胚胎发生具有普遍性，已从200多种植物上观察到胚状体的发生，包括被子植物几乎所有重要的科和一些裸子植物。在被子植物上，不仅能够从根、茎、叶、花、果实等器官的组织培养物中诱导产生二倍性胚状体，还能从花粉、助细胞和反足细胞中诱导产生单倍性胚状体，从胚乳细胞中诱导产生三倍性胚状体。

2.3.2.1　植物体细胞胚胎发生的方式

离体培养的胚胎发生方式可分为直接途径和间接途径。前者就是从外植体某些部位直接诱导分化出体细胞胚胎，这种"胚性细胞"是在胚胎发生之前就已"决定"了的，可以直接诱导出体细胞胚胎。后者有两种情况：一是在固体培养中外植体先脱分化形成愈伤组织，再从愈伤组织的某些细胞，即重新"决定"为胚性细胞的细胞分化出体细胞胚胎；二是细胞悬浮培养中先产生胚性细胞团再形成体细胞胚。多数体细胞胚胎的形成是通过间接途径产生的。

体细胞胚从外植体上直接发生的报道大多是在以叶片为外植体的培养中，体细胞胚的直接形成可分为两个阶段：第一阶段为诱导期，在此阶段，叶片表皮细胞或亚表皮细胞感受培养刺激，进入分裂状态；第二阶段是胚胎发育期，在这一阶段，形成的瘤状物继续发育，经过球形胚、心形胚、鱼雷形胚等发育过程，最后形成体细胞胚（图2-3）。

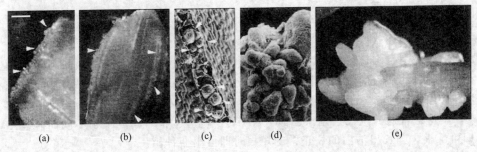

| (a) | (b) | (c) | (d) | (e) |

图2-3　兰草叶片体细胞胚直接形成的过程（引自Chen等，1999）

（a）、（b）叶片表面形成小的瘤状突起；（c）、（d）由瘤状突起发育形成的早期体细胞胚；
（e）在叶片上直接形成的体细胞胚

经过愈伤组织的体细胞胚胎发生需要三个培养阶段：第一阶段是诱导外植体形成愈伤组织；第二阶段是诱导愈伤组织胚性化；第三阶段是体细胞胚的形成。但在以幼胚、胚以及子叶为外植体时，通常可以直接诱导胚性愈伤组织产生，进而发生体细胞胚。因此，经过愈伤组织的体细胞胚胎发生，胚性愈伤组织的诱导形成是培养的关键。

细胞悬浮培养的体细胞胚胎发生：在胡萝卜细胞悬浮培养中，其培养物中存在两种类型的细胞，一是自由分散在培养基中的大而高度液泡化的细胞，这类细胞一般不具备胚胎发生潜力；二是成簇成团的体积小而细胞质致密的细胞，这类细胞具有成胚能力，称为胚性细胞团。胚性细胞团转移到适宜的胚胎发生培养基上后，其外围的许多细胞开始第一次不均等分裂，靠近细胞团方向的一个细胞较大，以后发育成类似胚柄的结构，另一个细胞则继续分裂形成类似原胚的结构，以后经过类似于体内的发育过程，经球形期、心形期等发育阶段形成完整的体细胞胚。通过悬浮细胞系再生体细胞胚，由于胚性细胞可以继代增殖，因此可提高胚胎的生产效率。

2.3.2.2　植物体细胞胚胎的结构与发育特点

与合子胚相比，合子胚在发育初期具有明显的胚柄，而体细胞胚一般没有真正的胚柄，只有类似胚柄的结构。特别是那些发育初期类似于动物胚胎发育途径的体细胞胚，这一点更为明显。合子胚的子叶是相当规范的，可以作为分类的依据，而体细胞胚的子叶常不规范，有时具有两片以上的子叶。与相同植物比较，体细胞胚的体积明显小于合子胚。此外，体细胞胚没有休眠期，在适宜条件下可直接形成植株。合子胚在胚胎发育完全进入子叶期以后，经过一系列的物质积累和脱水就进入休眠。

与器官发生形成个体的途径相比，体细胞胚发育再生植株有两个明显特点：一是双极性（double polarity），二是与母体细胞或外植体的维管束系统联系较少，处于较为孤立的状态，即存在生理隔离（physiological isolation）。

① 体细胞胚胎发生的极性　单个胚性细胞与合子胚一样，具有明显的极性，第一次分裂多为不均等分裂，顶细胞继续分裂形成多细胞原胚，基细胞进行少数几次分裂形成胚柄。体细胞胚发生中极性获得的诱导因子是植物激素和外界刺激。

② 体细胞胚胎发生的生理隔离　细胞学观察显示，胚性细胞在发育过程中，出现细胞壁加厚、胞间连丝消失等变化。胚性细胞分裂形成的多细胞原胚始终被厚壁所包围，与周围细胞形成明显的界限，只是通过胚柄类似物与外植体或愈伤组织连接。随着体细胞胚的发育，周围细胞似乎处于解体状态，其生理隔离更加明显，因而很容易与原组织分离。

2.3.3　离体器官诱导

根和茎（包括其变态器官）器官的发生可使植株重建。

在离体根培养中，多数植物根的诱导只需要一次培养，但有少部分植物的生根必须经过多次培养才能达到目的。一般认为矿物元素浓度较高时有利于茎叶生长，而浓度较低时有利于生根，所以多采用 1/2 或 1/4 量的 MS 培养基，全部去掉或仅用很低的细胞分裂素，并加入适当的生长素，用得最普遍的生长素是萘乙酸（NAA）。诱导生根时间因植物不同而有差异，一般 2～4 周即可生根，当长出洁白的、正常的短根时即可出瓶种植。

一般来说，一些具有变态根或茎器官的植物，离体培养时易形成相应的变态器官，如百合和水仙鳞茎切块培养中常见由分化的芽形成的小鳞茎；山药离体培养时易获得微块茎。花器官的分化和发育是高等植物从营养生长转向生殖生长、实现世代交替的关键环节。由于植物在离体条件下培养较易进行环境和生理方面的调控，因而近几年来，离体成花的研究报道逐渐增多，应用也日趋广泛。离体培养条件下的成花有三种方式：①外植体直接分化形成花芽；②外植体形成明显的愈伤组织后，再由愈伤组织直接分化形成花芽；③外植体再生营养枝（苗）后，再生枝在试管内再形成花芽。植物在试管条件下开花的研究不但有助于揭示植物开花机理的奥秘，而且可应用于试管育种以及试管花卉的生产。

2.3.4　影响植物离体形态发生的因素

植物离体培养中，外植体的基因型和生理状态、培养基（culture medium）、培养条件等是影响离体形态发生的主要因素。离体形态发生过程中的不同生长发育阶段，要求的培养基和培养条件往往是不同的。

2.3.4.1　植物种类和基因型

不同物种和同一物种的不同基因型，其形态发生能力往往有巨大差异。如柑橘类中，甜橙

[*Citrus sinensis*（L.）Osbeck]的离体胚胎发生能力强，宽皮橘（或橘）次之，柚类则较难。植物离体培养的基因型依赖性是一个非常突出的问题，对于再生能力差的基因型，应根据其具体代谢上的特点来确定相应的培养条件。但有一点值得注意，遗传上或亲缘上越相近的培养材料，其形态发生的条件要求也越类似。

2.3.4.2　培养材料的生理状态

①植株的发育年龄　一般情况下，幼态组织比老态组织具有较高的形态发生能力，特别是生根能力。如欧洲云杉[*Picea abies*（L.）Karst.]只有用小于2年生实生苗上的芽为外植体时，才能在适宜培养基上生长并再生植株（生根）；某些植物成花器官越往植株下部，越易形成营养芽；许多热带、亚热带木本果树植物，幼年外植体再生能力很强，越过童期的成年接穗品种，再生能力极差。但在有些情况下，取休眠芽作为外植体可能比嫩叶更好。

②培养器官或组织类型　同一植物的不同器官、组织或细胞，其形态发生的能力和方向常有所不同。如种子、幼胚和下胚轴较容易形成胚状体，而茎段、叶片则比较困难。一般来说，双子叶植物形态发生常用的外植体依次为叶、茎、胚轴、子叶等；单子叶植物特别是禾本科植物，细胞分裂旺盛的分生组织或器官，如叶基部、茎尖、幼胚、胚珠、幼花序轴等是极好的外植体；而裸子植物则大部分以子叶为外植体。另外，同一器官不同部位的组织，其再生器官能力也不同，如百合鳞茎片基部再生能力强、中部较弱、顶部则几乎无再生能力。

③培养时间和细胞倍性　愈伤组织培养时间过长或继代次数太多，往往会推迟形态发生或降低形态发生的能力，所以一般均取处于旺盛生长期的愈伤组织材料来诱导器官的形成。但是，对于某些植物的胚状体发生，往往需要愈伤组织培养较长时间或多次继代培养，如咖啡叶的愈伤组织要培养70天才能出现胚状体，檀香（*Santalum album* L.）经过5次继代培养才能诱导出胚状体，香蕉的胚状体诱导也存在类似现象。

细胞倍性也影响形态发生能力。在花药培养中，单倍体花粉细胞和二倍体花药壁细胞对渗透压要求不同。在高渗透压条件下，容易启动花粉粒单倍性细胞生长和分化，较易得到单倍体花粉胚状体，而花药壁来源的二倍体细胞的生长和分化都受到明显抑制。

2.3.4.3　培养基

（1）植物营养　一般培养基中的铵态氮和K^+有利于胚状体形成，提高无机磷的含量可促进器官发生，不加还原氮有利于根的形成等。用于茎尖培养和芽诱导的培养基主要是MS及其改良配方和B5培养基。MS培养基对农作物的茎尖培养效果较好，但木本植物茎尖培养时如果在诱导芽之后反复使用MS培养基，可引起芽生长的退化。茎尖培养的起始培养基和芽增殖的培养基往往是不同的，特别是无机盐成分常需进行调整。用于体细胞胚发生常见的培养基有MS、B5、SH等，它们都是含盐量较高的培养基（MS含盐量比White高10倍）。MS培养基中较高水平的NH_4NO_3和螯合铁对体胚发生有一定的作用，如在胡萝卜球形胚培养中，如果缺少螯合铁将不能发育到心形胚阶段。

（2）植物生长调节剂（plant growth regulator）　植物生长调节剂是影响植物离体形态发生的最关键因素。其用量虽然微小，但作用很大。

①生长素（auxin）　植物离体形态发生过程中，生长素促进外植体生长、生根，并与细胞分裂素共同作用诱导不定芽分化及侧芽的萌发与生长。由于植物外植体中原有的内源激素种类和浓度不同，需添加的激素种类及浓度也就不尽相同。有些外植体诱导芽或无根苗形成时，培养基需补加一定量的生长素或细胞分裂素或生长素与细胞分裂素按一定比例一起补加才显出作用。不同的生长素不但对生根的数量有影响，而且对根的形态也有影响，生长素可能主要在

根的诱导中起作用。

常用的生长素有吲哚乙酸（IAA）、萘乙酸（NAA）、吲哚丁酸（IBA）、2,4-二氯苯氧乙酸（2,4-D）。2,4-D 是被广泛用于诱导体细胞胚胎发生的生长素物质。较高浓度的 2,4-D 可诱导体细胞胚的发生，但抑制体细胞胚的继续发育。所以，体细胞胚诱导后需转入含较低浓度生长素的培养基中，使之进一步发育。

② 细胞分裂素　植物离体形态发生过程中，细胞分裂素促进分化和芽形成，抑制根发育及衰老。6-苄基腺嘌呤（6-BA）在不定芽诱导过程中起重要作用。但也有相当一部分植物，特别是单子叶和双子叶植物，其无根苗的形成需要细胞分裂素和生长素相互配合使用，甚至有的只需生长素，有的不需外加任何激素。

③ 赤霉素类　赤霉素类（GA 类）在整株植物水平上控制着植物细胞伸长并与植物开花反应密切相关。组织培养时 GA 类对芽的诱导和形成有促进作用。如马铃薯、苹果、甜菜等茎尖分生组织培养时，在芽分化的培养基中需加 0.01～0.5mg/L 的 GA。此外，樱桃（*Prunus pseudocerasus* G. Don）、李（*Prunus salicina* Lindl.）、猕猴桃、核桃（*Juglans regia* L.）和枇杷（*Eriobotrya japonica* Lindl.）等也需一定浓度的 GA。

④ 乙烯　乙烯对组织培养物芽的诱导和形成有促进或抑制作用，这与组培的植物种类及处理时间有关。愈伤组织黑暗生长比光下生长形成乙烯多，根据外加乙烯利和用 NaOH 溶液除去 CO_2 的实验表明，乙烯在芽形成中有两个相反的作用，在培养的早期（0～5 天）内源或外源乙烯抑制芽器官发生，而在后期（5～10 天）外源乙烯或增加内源乙烯可提早芽原基的发生，使芽的发育更快和更同步。乙烯对组织培养物根的发生有抑制作用，CO_2 常对乙烯的形态建成影响有促进作用。

2.3.4.4　培养条件

光照和温度对离体材料的形态建成有重要的调控作用，且两因素往往互相作用。

① 光照　光照对培养物的增殖、器官分化、胚状体形成都有重大影响。不同植物及同一植物的不同材料对光照强度的要求不同。一般情况下，植物所需的光照强度为 1000～5000lx。光照时间的长短常表现出光周期的反应。

② 温度　不同植物要求的最适温度不同，大多数植物适宜生长的培养温度是（25±2）℃。温度对器官分化和胚状体的形成也有密切关系，如四季橘（*Citrus microcarpa*）花药培养中，26～30℃时无胚状体发生，20～25℃时出现胚状体。有些植物的培养还要求变温。

2.4　植物基因表达与位置效应及器官分化信息的传递

2.4.1　基因表达与位置效应

2.4.1.1　基因表达

基因表达（gene expression）是指储存遗传信息的基因经过一系列步骤表现出其生物功能的整个过程。不同的植物种间，其生长特点一般均有较大的差异。然而，同一植物种类的不同基因型，有时组织培养特点甚至比不同植物种间差异还要大，这点往往为人们所忽视。组织培养的经验表明，要想获得再生植株，基因型的选择十分重要，尤其对花卉来说更是如此。因为它们绝大多数并非自然界中所存在的植物原种，大都是经过长期培育所获得的品种，对同一环境条件的反应往往迥然不同，其组织培养的结果差异很大。

根据植物细胞全能性理论，外植体上任何一个部位的细胞都能够分化出某种器官，或形成完整植株，然而在实际的植物组织培养过程中，这种情况很少遇到。因为许多研究表明，只有被培养外植体的细胞处于某种生理状态，才有可能出现某种外在形态反应。具体来说，只有把处于能分化芽状态的外植体接种在适宜的培养基上，才能分化出芽丛；只有把处于能分化花状态的外植体接种在适宜的培养基上，才能分化出花芽；只有把处于能分化根状态的外植体接种在适宜的培养基上，才能分化出根系。而试图诱导花蕾上分化根，或试图诱导根上分化花蕾，对于绝大多数植物来说，目前还是可望而不可即的事，这些现象都对植物细胞全能性提出了质疑。在对细胞分化进行探索的过程中，研究者往往强调基因的作用而忽视了基因的表达载体——细胞的作用，这在很大程度上妨碍了人们对生命本质的深入了解。很多事实表明，细胞本身对周围环境的反应能够促进或抑制基因的表达，这种信息反馈差异所造成的结果或许正是导致植物生长、分化、发育状况不同的本质所在。可以认为，在分化过程中，细胞发育的不均一性使得某些细胞发育超前或滞后，这些保持一定发育状态的细胞，由于群聚效应形成了体积较大的细胞团，而后它们进一步发育成组织或器官。在这个过程中，基因所起的作用是提供表达模板；而细胞所起的作用是有序聚集，这样就最终导致了分化发生、形态建成。也就是说，基因是信息载体，而细胞是表达实体，植株的发育状况则是二者相结合的产物。在上述过程中，能够发送信息并使其他细胞聚集起来，导致分化发生的细胞称为指令细胞。指令细胞可根据环境的变化进行信息反馈，再影响某些细胞的基因表达，因此，它的生理状态在很大程度上决定着植物体的生长、分化、发育方向。

基因在特定的时间内表达。各种具有不同功能的细胞所表达的基因产物也有很大差别。基因表达的程序、时间和位置是在不同层次上受不同的调节因素控制的，这种控制机制不仅决定基因表达的水平，也决定基因表达的时空顺序。在多细胞生物的生长发育过程中，相应的基因按一定的时间顺序开启或关闭，决定细胞向特定的方向分化和发育。多细胞生物同一基因产物在不同的组织器官中的分布是不同的，某些基因在一种组织细胞中暂不表达或永不表达，而另外一些基因则可能是相反的情况。细胞分化是基因选择表达或受控表达的结果，所以，基因表达是细胞正常生长、发育和分化的基础，也与生物体对环境的适应紧密相关。

植物的体细胞脱分化后再分化为胚性细胞是受细胞内外多种因子所调控的，而这些因子作用的实质是调节特定基因的表达。在胚性细胞分化、体细胞发育过程中都伴随着特定遗传信息的表达，其分化与发育过程的实质是基因按顺序表达调控的结果，是相应基因产物作为胚性细胞形成和体细胞胚发育的分子基础，基因表达的调控有转录水平、转录后水平、转译水平和转译后修饰水平等多层次的调控。

2.4.1.2　位置效应

一般来说，基因不管占有哪个位置，其遗传效应均不变。但少数也有因为基因所处的位置不同而改变其表型的。基因由于变换在染色体上的位置从而改变表型效应的现象称为位置效应（position effect）。位置效应决定着细胞分化的方向。在花卉组织培养过程中，经常会发现即使是采用同一母株上的同类外植体进行培养，而且管理条件完全相同，这些外植体的分化状况却还是有较大差别。根据现代遗传学基本理论，某种植物的任一器官的细胞都携带着母体的全套基因，当给予它们适宜的条件时，就可以发育成一个与母体完全相同的新植株。因此，上述差异的出现可以认为是由于外植体的生理状态不同所致。

一般认为，位置效应的现象可能与植物激素的分布梯度有关，当植物体内的某些激素以一定状态的相对浓度存在时，可能会导致某些器官的发生。即由于植物体的内源激素分布不均，最终导致了基因表达的不一致。实际上，位置效应现象在很大程度上与细胞本身生理状态有着重要的联系。在经典植物生理学中，并未过多地注意到细胞本身生理状态对分化所造成的影响，而是较多地强调基因表达与激素调控之间的关系。这种关系在某种程度上并没有全面地反映出植物细胞在组织、器官分化上所起的作用。位置效应现象也可用指令细胞的生理状态来加以解释，处于某种特定发育水平的指令细胞在短期内无法进行信息反馈，从而影响着其他细胞朝着另外的方向进行生长、发育。因此在组织培养过程中，要特别注意不同部位所取的外植体与培养结果间的相互关系，只有这样才能更好地达到预期的培养效果。

将银杏不同部位的茎段分别培养后，其生长和分化存在位置效应，即带有顶芽的上段、带有腋芽的中段、带有子叶的下段，在培养过程中器官发生存在较大差异：顶芽段（上段）一般只长高，展叶；中段先诱导出腋芽或不定芽，再长高；下段一般能诱导出 2～3 个子叶腋芽和不定芽。

2.4.2 器官分化信息的传递

植物细胞信息系统可分为两类：一类是预先在细胞中进行编码的遗传基因信息系统，植物细胞全能性的发现，证明了高等植物的细胞含有植物的全套遗传信息，这是以蛋白质、核酸为主的生物大分子信息系统；另一类是环境刺激-细胞反应偶联信息系统。当植物受到环境条件的影响时，会将环境信号转化为植物体内的信号，这些信号会对植物的生长发育起到调控作用。当植物受到环境刺激（如光、温度、重力、风、雨、电场、磁场、声、辐射、机械损伤等）后，会形成物理信号（physical signals）和化学信号（chemical signals），其中的化学信号是指植物体内的一些在胞外或胞内进行信息传递的物质。化学信号可分成胞外通信信号分子与胞内通信信号分子两类。当植物体受到刺激后，首先会产生胞外化学信号，当其到达细胞受体（receptor）后，再通过胞内化学信号将信息传递到胞内的特定部位，从而产生细胞反应。受体和信号物质的结合是细胞感应胞外信号，并将此信号转变为胞内信号的第一步。通常一种类型的受体只能引起一种类型的转导过程，但一种外部信号可同时引起不同类型表面受体的识别反应，从而产生两种或两种以上的信使物质。

2.4.2.1 胞外通信信号分子

胞外通信信号分子又称第一信使（primary messenger）。在植物细胞外的通信信号分子，例如植物激素主要通过维管束系统在细胞与器官间进行调节。它在植株的某些发育阶段，于特定部位发生作用。植物激素信号为位于膜或其他部位的受体所接受，进一步直接或间接地影响基因表达。当植物激素以直接的形式影响基因表达时，就会产生在翻译、转录等水平上的不同反应，从而控制酶的合成，影响代谢变化，最终产生某些生理反应。当植物激素以间接的形式左右基因表达时，主要体现为植株受到环境因素如水分、盐渍、伤害等影响时，会进一步影响激素的合成和运输。当植物激素与受体结合后，经过转换，启动了第二信号系统，这些信号经过多级放大，最终会影响酶蛋白的合成，从而引起植物生长发育的变化。

2.4.2.2 胞内通信信号分子

胞内通信信号分子又称第二信使（secondary messenger）。在植物体内，它们主要通过钙信号系统、磷酸肌醇信号系统等发挥作用，其中磷酸肌醇信号系统是以磷酸肌醇代谢为基础进行信号转移的。

① 钙信号系统　植物细胞内的游离钙离子（Ca^{2+}）是细胞信号转导过程中重要的第二信使。Ca^{2+} 在植物细胞信息的传递调节上，是与钙调素（calmodulin，CaM）紧密相关的。钙调素是最重要的多功能 Ca^{2+} 信号受体，是由 148 个氨基酸组成的分子量较小的耐热性可溶性球

蛋白（分子量为 17000～19000）。作为植物细胞钙信号的受体，钙调素只有和 Ca^{2+} 结合后才能显示出生理活性。钙调素可通过两种方式发挥其作用，一是直接与靶酶结合，通过诱导靶酶的活性构象而调节它们的活性；二是钙调素首先将与钙有关的蛋白激酶活化，然后在它的作用下使一些靶酶磷酸化，从而间接影响其活性，这种方式在 Ca^{2+} 信号传递中起着重要作用。目前关于钙信号系统在植物生理反应中的作用已有较多的证明，例如 Ca^{2+} 信号在对植物光周期反应、茎的向重力弯曲性以及细胞对胁迫环境的反应等方面均有着重要的作用。这些与植物的基因表达有着紧密的联系。

② 磷酸肌醇信号系统　　当胞内信号为膜受体接受后，会同时产生 1,4,5-三磷酸肌醇（IP3）和二酰基甘油（diacylglycerol，DG）两种胞内信号分子，IP3 和 DG 分别激动两个信号传递途径，即 IP3/Ca^{2+} 和 DG/PKC 途径。一般认为，IP3 的靶器官为液泡，当其与液泡膜上的受体发生作用后，使其内部的 Ca^{2+} 释放，引起胞内 Ca^{2+} 水平的增加，从而启动胞内的钙信号系统，即通过依赖 Ca^{2+}、钙结合蛋白（如 CaM）的酶类活性变化来调节和控制一系列的生理过程。DG 的受体蛋白为蛋白激酶 C（PKC），它可以催化蛋白质的磷酸化。两条途径相辅相成，又互相制约。在一般情况下，细胞膜上并无游离状态的 DG，只有当 Ca^{2+} 与磷脂存在时，Ca^{2+}、DG、磷脂就会与 PKC 相结合，从而产生一系列生理反应。

小　　结

植物细胞全能性是植物组织培养的理论基础，是指任何具有完整的细胞核的植物细胞都拥有形成一个完整植株所必需的全部遗传信息，在特定的环境下能产生一个独立完整的个体。植物细胞全能性的实现要经历脱分化和再分化两个过程。脱分化是离体培养条件下生长的细胞、组织或器官经过细胞分裂或不分裂逐渐失去原来的结构和功能而恢复分生状态，形成无组织结构的细胞团或愈伤组织或成为具有未分化细胞特性的细胞的过程。离体培养的植物细胞和组织可以由脱分化状态重新进行分化，形成另一种或几种类型的细胞、组织、器官，甚至形成完整植株。多数情况下，脱分化的结果产生愈伤组织。愈伤组织的诱导可分为诱导期、分裂期和分化期。

离体培养中再生植株的主要途径是器官发生和胚胎发生。植物体细胞胚胎发生过程与合子胚胎发生过程类似，但具有双极性和生理隔离两个明显特点。根和茎器官的发生可使植株重建。外植体的基因型和生理状态、培养基、培养条件等是影响离体形态发生的主要因素。

在多细胞生物的生长发育过程中，相应的基因按一定的时间顺序开启或关闭，决定细胞向特定的方向分化和发育。基因不管占有哪个位置，其遗传效应不变。但少数也有因为基因所处的位置不同而改变其表型的，称为位置效应。位置效应现象与细胞本身生理状态有联系，也与植物激素的梯度分布有关。植物细胞信息系统分为以蛋白质、核酸为主的生物大分子信息系统和环境刺激-细胞反应偶联信息系统两类。当植物受到环境条件的影响时，会将环境信号转化为植物体内的信号，这些信号会对植物的生长发育起到调控作用。

思　考　题

1. 名词解释：细胞全能性；愈伤组织；极性；离体器官发生；细胞分化；脱分化；再分化；胚状体。
2. 细胞全能性学说的基本内容是什么？
3. 植物材料与细胞全能性表达有何关系？对培养中的选材有何指导意义？

4. 培养条件下的器官发生有哪些方式？影响其发生的因素有哪些？

5. 简述离体条件下生长素与细胞分裂素在细胞分化中的作用。

6. 分析完整植株再生的方式有哪些？

7. 愈伤组织诱导分哪三个阶段？每个阶段各有什么特点？

8. 试述植物体细胞胚与合子胚在形成途径和结构上的异同。

9. 什么是位置效应？基因表达与位置效应有什么关系？

10. 植物细胞器官分化的信号系统有哪些？

第3章

植物组织培养实验室的布局及设备

植物组织培养是在无菌条件下对植物的器官、组织和细胞进行离体培养，其对环境条件的要求非常严格。由于绝大多数操作程序是在无菌条件下进行的，因此对环境条件的要求首先是无菌。培养材料的生长发育和分化过程要求具备适宜的光照、温度、湿度等微生态条件，这就要求培养条件应能在一定程度上进行调控。为了创造无菌操作环境和适宜的培养条件，必须按功能对操作区间进行合理划分，同时配备必需的仪器设备。

3.1 实验室布局

植物组织培养实验室，简称组培室是用于植物组织培养操作的场所，即用来进行培养基配制、灭菌、培养材料接种和培养的地方。以试管苗规模化生产为目的的大型组织培养实验室也称组培车间或组培工厂。完整的组织培养实验室是由一组执行不同功能的区间组成，一般应包括准备室、接种室、培养室、驯化室等，其布局的总体原则是便于隔离、便于操作、便于灭菌和便于观察，这些功能区间的设置和排列必须遵循植物组织培养的操作程序，避免某些环节倒排，引起日后工作混乱。图 3-1 为植物组织培养实验室的布局模式图，图 3-2 为植物组织培养实验室各主要组成部分的实物图。

3.1.1 准备室

准备室也称化学实验室或通用实验室，一般由洗涤室、药品室、称量室、培养基配制室和灭菌室构成。植物组织培养操作过程中所用的各种器具的洗涤、干燥和保存，药品的称量、配制，培养基的制备、分装和灭菌，植物材料的预处理，培养材料的观察分析等操作都在准备室中进行。

① 洗涤室　主要用于培养容器、玻璃器皿、接种用具和培养材料的清洗。新购进的玻璃器皿一般应先用 1‰的盐酸除去可溶性无机物，再用中性洗涤剂洗涤；使用中的玻璃器皿可用洗涤剂清洗，以自来水冲净；对较难洗涤的器皿，如移液管等应用洗液进行洗涤。洗涤室应备有工作台、上水管和下水管、水池、电源、干燥架、鼓风干燥箱以及各种清洗器具的洗涤剂等。洗涤室要求地面光滑坚硬，并有良好的排水设施。如果条件有限而无法建立单独的洗涤室，可在准备室远离天平和冰箱的一角设置洗涤区。

② 药品室　主要用于存放无机盐、维生素、氨基酸、糖类、琼脂、生长调节物质等化学

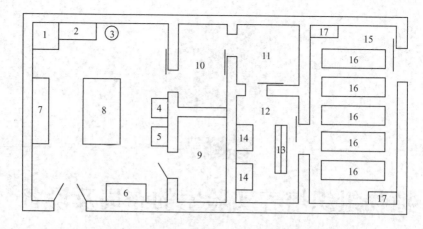

图 3-1　植物组织培养室的布局（改绘自潘瑞炽，2000）

1—水池；2—晾干架；3—污物箱；4—烘箱；5—冰箱；6~8—工作台；9—药品及称量室；

10—灭菌室；11—缓冲室；12—接种室；13—紫外灯；14——超净工作台；

15—培养室；16—培养架；17—空调

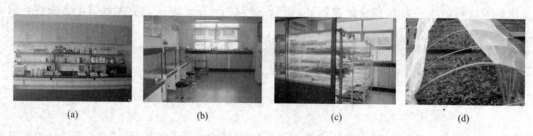

图 3-2　植物组织培养室的主要组成部分

（a）准备室；（b）接种室；（c）培养室；（d）驯化室

药品。要求室内干燥、通风、避光，并配有药品柜、冰箱等设备。各类化学药品应按要求分类存放，需要低温保存的药剂应置于冰箱保存，特殊药剂应置于冷冻箱保存。有毒药品如升汞等应按相应规定存放和管理，以确保使用安全。药品室最好设计在阴面的房间，这样对需避光保存的药品有利。

③ 称量室　主要用于化学药品的称量。要求干燥、密闭、无直射光照。应配备 1/100 普通天平、1/1000 和 1/10 000 的电子天平。除电源外，应设有固定的防震台座，以安放天平。称量室最好与药品室相邻。条件有限时也可将药品室与称量室合并。

④ 培养基配制室　主要进行母液的配制，培养基的配制、分装，培养瓶的包扎和灭菌前的暂时存放。室内应配有各种烧杯、量筒、容量瓶、移液管、移液器等称量器具，以及水浴锅、微波炉、电磁炉、过滤装置、酸度计、分装器以及贮藏母液的冰箱、纯水机或蒸馏水器等设备。在条件允许的情况下，配制室的面积宜大不宜小，并设有实验台以及存放药品和器皿的药品柜、器械柜、物品存放架。如果实验室面积有限，可与灭菌室合并在一起。

纯水机

⑤ 灭菌室　主要进行培养用的器皿、器械、封口材料和培养基的消毒灭菌。要求墙壁清洁、耐湿、耐高温，最好有排气装置。室内需备有高压灭菌设备及其相应的二相或三相电源，以及摆放和存放器皿、培养基的架子和橱柜，并且供水、排水设施齐全，另外还要配备钟表和计时器。灭菌室应邻近接种室，避免灭菌后长距离搬运培养基而增加污染机会。

3.1.2 接种室

接种室是在无菌状态下进行操作的场所，也称无菌操作室，主要用于植物材料的表面消毒、外植体接种、培养材料的继代接种、转移接种以及其他一切需要进行无菌操作的技术程序。接种室无菌程度的高低对植物组织培养的成功与否起着至关重要的作用。

由于平房易吸潮，容易引起污染，所以有条件的接种室应选择楼房，最好在二层或二层以上。为减少工作人员进出时带进杂菌，接种室外应设置缓冲间，供操作人员更换工作服、帽、鞋之用，并且接种室和缓冲间的门要错开。缓冲间与接种室之间最好以玻璃相隔，便于观察和参观。缓冲间也需要配有自来水和紫外灯。接种室的基本要求是：洁净、无菌、密闭、空气干燥、光线良好。最好安装移动式推拉门，以保证工作人员进出时空气不会剧烈流动，并且防止外界尘埃及菌物侵入。此外，还要求地面、天花板和四周墙壁密闭、平整、光滑，便于清洁和消毒；在室内上方和门口安装1~2支紫外线灯用以辐射灭菌；并且能安装一台小型空调，使室温可控，以紧闭门窗，减少与外界的空气对流。接种室应配有超净工作台、移动式载物台（医用平板推车）、广口瓶、酒精灯、接种工具等，其面积可大可小，小型接种室在5~8m²即可，大型的可达20~30m²，甚至100m²以上。

此外，接种室内不应存放与接种无关的物品，也不要形成紫外灯无法照射到的死角。

3.1.3 培养室

培养室是人工环境条件下对接种到培养器皿中的植物材料进行培养的场所，主要用于为植物培养材料的生长提供适宜的温度、湿度、光照和气体等条件。因此，培养室应至少配备放置培养器皿的培养架和环境条件的自动监测和调控设备。为了充分利用培养室空间，应设置多层培养架。还应准备摇床、转床、光照培养箱等培养设备，以满足不同培养材料和培养方法的要求。

培养室温度一般应保持在20~27℃，并要求均匀一致。室内温度变动太大，易使培养材料遭受菌类污染，最好保持恒定。为防止培养基变得干燥或受到菌类污染，相对湿度以保持在70%~80%为好。温、湿度的保持可用空调机或加湿器进行控制。培养室的光照强度一般控制在1000~5000lx，光周期8~20h，在实际工作中应根据不同的要求灵活掌握。

培养室主要用电调节温度和补充光照，用电量大。为节省能源，降低成本，其设计以充分利用空间和节省能源为原则。培养室可选在南面，两面采光，加大窗户，并采用双层玻璃以利隔热和防尘。培养室的墙壁要求有隔热、防火的性能。

培养室大小可根据生产规模、培养架数量及其他附属设备而定。一般设计成多个小的培养室比设计成一个大的培养室效果好，小的培养室容易控制温度、光照等环境条件，特别是培养材料较少时节能效果更为明显。培养多种植物时的优点更为突出，不同植物所需的培养温度、光周期不同，在一个大的培养室同时培养多种植物，所设定的培养温度和光周期不可能适合培养的每一种植物。如果是小型组培室也最好将培养室设计成一大一小两间，用大的培养室大量繁殖苗木，小的培养室用于实验研究和材料保存。

为避免菌类污染，培养室应保持整洁，禁止栽培植物和堆放无关物品，有条件可安装空气过滤装置，可以有效控制污染。

3.1.4 驯化室

驯化室主要用于组培苗移栽前的炼苗。组培苗由于是在无菌、有完全营养供给、适宜光照和温度以及近100％的相对湿度环境条件下生长的，对外界自然环境适应性较差，直接从培养容器移入田间，很难成活。因此，在移栽之前应在适宜场所，通过控水、减肥、增光、降温等措施，创造与移栽后生长条件相似的环境进行一段时间的适应，使组培苗在生理、形态、组织上发生相应的变化，使之更适合于自然环境，有利于提高移栽成活率，这个场所称为驯化室。驯化室的环境条件应介于组织培养室和移栽温室（大棚）之间，应具有一定的控温、保湿、遮阴条件，一般要求温度在15～25℃，相对空气湿度在70％以上，避免强光。普通温室或塑料大棚经过适当的改造均可使用，室内应配有弥雾装置、遮阳网、防虫网、移植床、营养钵及移栽基质等。

3.1.5 其他部分

① 细胞学实验室（显微工作室）　为了进行细胞学研究，观察和记录培养物的生长发育与分化状态和过程，如生长点、愈伤组织、不定芽、不定根、胚性细胞在形态解剖方面的变化，需要设立细胞学实验室（又称显微工作室，简称细胞室）。细胞学实验室由制片室和显微观察室组成，制片室应设有工作台、切片机、磨刀机、恒温箱、通风橱及样品处理和染色设备；显微观察室应配备显微镜、解剖镜、显微照相机等设备。细胞室应保持安静、清洁、明亮，并保证光学仪器不振动、不受潮、无灰尘。

② 生化分析实验室　以培养细胞产物为主要目的的实验室，应建立相应的生化分析实验室（简称分析室），随时对培养物成分进行取样检测。分析室需配备高速甚至超速离心机、高压液相色谱仪、氨基酸成分分析仪、毛细管电泳仪、PCR仪等分析设备。分析室环境要求与细胞室相同。

③ 物品贮存室　对于暂时不用的器皿和用具等物品，为了防止破损及查找方便，最好设置物品贮存室专门存放。物品贮存室应设计在背阴、通风的房间，并按物品种类设置专门货架。室内应保持干燥、清洁，温度不宜太高，物品应易于进出和搬运。

④ 温室（大棚）　组培苗移栽应在温室或大棚内进行，以保证其对外界环境有一个过渡和适应。温室和大棚在冬季应有加温条件，夏季应能遮光和降温。温室（大棚）除应配备有一定的供水设施外，还要有弥雾装置、移植床、栽培容器和栽培基质及其他一些环境调控设备。温室（大棚）也可用作组培苗光培养或瓶内炼苗使用。

3.2　基本仪器设备

植物组织培养实验室常用的仪器设备按其功能可分为灭菌设备、接种设备、培养设备、检测设备、驯化设备及其他辅助设备等。

3.2.1　灭菌设备

植物组织培养成功的关键是无菌，因此灭菌设备对于组织培养是必需的。主要的灭菌设备为高压蒸汽灭菌器（图3-3），此外，还有烘箱、紫外灯、过滤器、电热灭菌器等。

3.2.1.1　高压蒸汽灭菌器

高压蒸汽灭菌器是植物组织培养实验室必不可少的灭菌设备之一，主要用于培养基、蒸馏水和接种器械的灭菌消毒。其工作原理是在密闭的蒸锅内，在0.1MPa的压力下，锅内温度达

高压灭菌锅

图 3-3 灭菌设备

1—手提式高压灭菌器；2—全自动高压灭菌器；3—恒温干燥箱；4—微孔滤膜过滤器；5—电热灭菌器

到 121℃，在此蒸汽温度下，可以很快杀死各种细菌及其高度耐热的芽孢。高压蒸汽灭菌器按结构可分为大型卧式、中型立式、小型手提式等不同类型，大型效率高，小型方便，实际应用中可根据生产规模来选用；按控制灭菌压力、温度和时间的方式可分为手动控制、半自动和全自动，其中由微电脑控制的全自动高压蒸汽灭菌器的使用越来越普遍。

3.2.1.2 烘箱

烘箱属于干热灭菌设备，一般用于玻璃器皿和接种器械的灭菌消毒，但不能用于培养基灭菌。烘箱包括恒温干燥箱和鼓风干燥箱。恒温干燥箱通过分布在内胆三个面上的加热器加热，使箱内的温度达到设定的恒定温度；鼓风干燥箱在加热的同时通过风机在箱内产生空气循环，并不断地吸入箱外空气，并排出工作室内潮湿空气。因此，鼓风干燥箱的温度不仅更均匀，而且干燥效率要好于恒温干燥箱。烘箱用于干热灭菌的温度是 160～180℃，把烘箱温度设置在 80～100℃时也可用于洗净玻璃器皿的干燥。

3.2.1.3 紫外灯

紫外灯主要用于空气和环境的表面灭菌。其杀菌原理是紫外灯发出的紫外线（波长 220～300nm，其中 260 nm 的杀菌力最强）照射微生物时，紫外线会穿透微生物的细胞膜和细胞核，破坏 DNA 的分子键，使 DNA 链上相邻的嘧啶碱分子形成嘧啶二聚体，抑制了 DNA 的复制；另外，空气在紫外线照射下可以产生臭氧，臭氧也有一定的杀菌作用。紫外灯功率选购按 1.5W/m³ 计算。目前也有用臭氧机代替紫外灯消毒的，其寿命长、安全、消毒彻底。

3.2.1.4 微孔滤膜过滤器

微孔滤膜过滤器主要用于在高温灭菌条件下容易分解并丧失活性的生长调节剂和有机附加物等的除菌，如玉米素、吲哚乙酸、GA、椰子汁、维生素等。其除菌原理是利用微孔滤膜滤掉溶液中大于滤膜直径的细菌的细胞和真菌的孢子等微生物，从而达到无菌的目的。用于植物组织培养的微孔滤膜的孔径有 0.45μm 和 0.22μm 两种，过滤器的材质有玻璃和不锈钢两种。

3.2.1.5 酒精灯和电热灭菌器

它们的灭菌均属于干热灭菌，主要用于接种器械的灭菌。酒精灯是利用酒精燃烧产生火焰的高温进行灼烧灭菌，而电热灭菌器则是将电能转换成热能进行灼烧灭菌。目前常用的电热灭菌器有玻璃珠灭菌器和红外线灭菌器。玻璃珠灭菌器是将石英玻璃微珠加热，以高温石英玻璃微珠作传热介质进行灭菌，而红外线灭菌器则是采用红外线热能进行灭菌。电热灭菌器是新发展起来的灭菌设备，与传统的酒精灯相比，具有操作方便、对环境无污染、无明火、不怕风等优点，用于接种器械的消毒可完全代替酒精灯。

3.2.2 接种设备

在植物组织培养中，需要在专门的场所将外植体或培养物接种到培养容器内的培养基上，这就需要有专门的接种设备和工具（图3-4）。

其他接种
设备彩图

图3-4 接种设备

1—超净工作台；2—解剖镜；3—接种工具；4—封口膜

3.2.2.1 超净工作台

超净工作台是最常用、最普及的无菌操作设备，一般由鼓风机、过滤器、工作台、紫外光灯和照明灯等部分组成，可以除去大于 $0.3\mu m$ 的尘埃、真菌孢子和细菌等。其工作原理是通过风机送风，送入的空气经滤板滤除尘埃和微生物后，

超净工作台

再流经到工作台面，便在台面形成了无菌无尘的高洁净度工作环境。超净工作台的优点是操作方便自如，比较舒适，工作效率高，准备时间短，开机 10min 即可操作，基本上可随时使用。

超净工作台按操作结构分为单面操作及双面操作两种形式，按操作人员数分为单人超净台和双人超净台，按气流流动的方向，可分为水平流和垂直流两种类型。水平流是使净化后的空气面向操作者流动，因而外方气流不致混入操作区，洁净度高，但如进行有害物质实验操作则对操作者不利；垂直流是空气从上往下流动经过操作人员和工作台时将污染物带走，并在操作人员和工作台之间形成无菌风幕。

超净工作台的安放位置是否恰当，将直接影响其使用效果和使用寿命。超净工作台应放在空气干燥、干净无尘的地方，远离有震动及噪声较大的地方，并注意门窗的密封，以免外界污染空气对室内的影响。超净工作台主要是用高效过滤器来净化空气的，使用时间过长会积累大量尘埃，从而引起过滤膜堵塞，造成风速减小，应及时清洗和更换滤板。

3.2.2.2 接种工具

外植体接种或培养物转接时常用的接种工具有：

（1）解剖显微镜 又称实体显微镜或立体显微镜，其特点是能形成正立像，立体感强，常用于胚培养、茎尖培养时剥取外植体。

（2）镊子 小型尖头镊子用于夹取植物组织、茎尖、细胞团等，枪形镊子由于其腰部弯曲，可用于转移外植体和培养物。

（3）剪刀 有大、小解剖剪和弯头剪，用于剪取外植体材料。弯头剪特别适合于试管内剪取茎段。

（4）解剖刀　有活动和固定两种，前者可以更换刀片，用于分离培养物；后者则用于较大外植体的解剖。

（5）接种针和接种环　它们是接种菌块的必备工具。接种针通常是在铅棒的前端，附加一段镍铬合金的接种钩制成，而接种环前面附加的是镍铬合金小环。接种针也用来转移细胞和愈伤组织。

（6）酒精灯和灭菌器　用于金属接种工具的灼烧灭菌。

3.2.2.3　封口材料

培养器皿可用多种方法封口，以达到防止培养基干燥和杂菌污染的目的。传统的封口方法是用棉塞，有时在棉塞外层包被一层纱布或牛皮纸，用皮筋或线绳扎住，可反复多次使用，经济合算。利用耐高温高压的透明聚丙烯塑料膜封口，也是一种经济有效的办法。目前广泛使用的封口材料还有封口膜、铝箔、双层硫酸纸、耐高温的塑料纸、塑料盖等。一种高分子材料封口膜"PARAFILM"是培养皿封口的适宜材料。

3.2.3　培养器皿与设备

植物组织培养中狭义的培养设备是指摆放培养容器的设备（如培养架和摇床），广义的培养设备还包括培养器皿、环境调控设备等。

3.2.3.1　培养器皿

在组织培养中，培养基和培养物均需装在一个无菌、透明、相对密闭、结实耐用、耐高温高压的容器中，这就是培养器皿（图3-5）。最常用的培养器皿均是由碱性溶解度小的硬质玻璃制成。根据培养目的和要求不同，可选用不同类型的培养器皿。

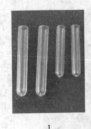

图3-5　培养器皿
1—试管；2—培养皿；3—三角瓶；4—果酱瓶；5—广口瓶

（1）试管　所占空间小，单位面积可容纳的数量较多，但放置不稳，需要用支架固定。试管多在最初消毒材料转接和初代培养时使用，特别适合于用少量培养基及试验各种不同配方时选用，在茎尖培养及花药和单子叶植物分化长苗培养时更显方便。试管有平底和圆底两种，一般要求试管口径较大、高度较低，通常以2.0cm×15cm、2.5cm×15cm、4.0cm×15cm为好。

三角瓶

（2）三角瓶　又叫锥形瓶，因其培养面积大，受光好，瓶口较小不易失水、有利减少污染，易放置，利于培养物生长，在植物组织培养中最常用。三角瓶适用于进行固体培养、液体培养、静置培养、振荡培养、大规模培养或一般培养等多种类型的培养。三角瓶按容积大小有50mL、100mL、250mL、300mL等规格，口径一般要求2cm以上。初代培养时常用50mL的三角瓶，一般情况下用100mL，工厂化生产时可选用150mL或更大规格，大规模的振荡液体培养，通常使用 300mL。三角瓶的缺点是价格较贵，易破损，且瓶矮，不适宜作单子叶植物的高苗培养研究。购置三角瓶时，应选瓶口较大、口壁平滑较厚的，这种三角瓶比较耐用。

（3）培养皿　适合于单细胞固体平板培养以及原生质体、胚和花药及花粉等的静置培养、看护培养等，无菌种子的发芽、植物材料的分离及滤纸等材料的灭菌也利用培养皿。常用的规格为直径 4cm、6cm、9cm、12cm 等，培养皿的选购要求上、下部分能密切吻合。

（4）其他　培养器皿还可采用一些代用品，例如果酱瓶、罐头瓶与太空玻璃杯。果酱瓶和罐头瓶的特点是价格便宜，成本低；瓶口大，可减少转接时培养材料受到的损伤，操作方便，工作效率高；空间大、透光性好。生产中应用较多的是 200mL 的果酱瓶，配半透明的塑料盖。太空玻璃杯是采用耐热聚合高分子材料聚碳酸酯为主要原料生产的，具有在高压灭菌条件下反复使用而不破裂、不变形、使用寿命长、透光率高等特点，其不易破碎，可以机械化洗瓶，适于工厂化生产。

3.2.3.2　培养设备

培养器皿需要合理摆放，才能合理利用光照，使组培苗生长良好，因此，需要有专门的培养设备，如固定式培养架、光照培养箱和摇床等（图 3-6），以满足不同器官、愈伤组织、细胞和原生质体的固体和液体培养需要。

（1）培养架　进行固体培养和组培苗大量繁殖时，培养材料通常摆放在培养架上。培养架制作时要考虑使用方便、节能，并能充分利用空间，以及安全可靠。培养架材料可为金属、铝合金或木制品，但应漆成白色或银灰色。隔板可用玻璃板、木板、纤维板、金属网等。玻璃板和铁丝网具有透光性能好，上层培养物又不受热的特点。为防止灯光造成的热量在培养架间聚集，每层顶部的一端装有一个小风扇，把风吹入架在两端之间的塑料管中，管上打有小孔，使风均匀流动以利散热。为使用方便和提高利用率，培养架通常设计为 5～7 层，最低一层离地面高约 20cm，以上每层间隔 30cm 左右，培养架高 1.7～2.3m。一般在每层上方装置日光灯或 LED 光源以供补充光照，培养架长度通常根据日光灯的长度及培养室的空间设计。

生化培养箱

摇床

图 3-6　培养设备
1—培养架；2—光照培养箱；3—恒温摇床；4—大型摇床

（2）振荡培养装置　包括摇床及旋转床。在进行液体培养时，培养材料浸入溶液中，会引起氧供应不足。为改进通气条件，常使用振荡培养装置。旋转床是将培养器皿固定在缓慢垂直旋转的转盘上，作 360°旋转，通常每分钟转一周。随着转盘的旋转，培养材料时而浸入培养液里、时而露于空气中。摇床作水平往复式振荡，每分钟约 120 次，通过振荡促进空气的溶解，同时培养材料的上下翻动，消除植物向重力。振荡培养装置最好单独安放在另外的房间，以降低由人员走动而引起的污染。

（3）光照培养箱和生化培养箱　二者实际上均为小型培养室，光照培养箱是具有光照功能的高精度恒温设备，主要是模拟植物生长所需的光照条件，更适合植物组培材料的培养。而生化培养箱更偏重于对温度和湿度的控制，对于细胞培养、原生质体培养及转基因植物培养的某些环节比较适用。光照培养箱也可在组培苗驯化过程中使用，为了提供更适宜的培养条件，对于一些环境条件要求严格的培养物，应使用能自动调控温度、湿度、光照、气压和气体成分等因素的"人工气候箱"。

（4）生物反应器　也叫发酵罐，是指利用植物细胞或酶所具有的生物功能，在体外进行生化反应的装置系统，一般用于细胞的大规模培养或利用细胞培养生产植物次生代谢物质。生物反应器的主要类型及特点详见本书第14章"次生代谢产物生产和生物转化"。

3.2.3.3　环境调控设备

为了满足培养材料的生长、发育、繁殖所需的温度、光照、湿度和通风等条件，培养室必须要有温度控制设备、照明设备、光周期控制设备和湿度控制设备。

（1）节能日光灯与 LED 光源　为植物组培苗的生长提供适宜光照。

（2）定时器　用于控制光照时间，为植物组培苗的生长提供适宜的光周期。

（3）空调　在夏季高温和冬季低温季节，用于培养室的降温和升温，为植物组培苗的生长提供适宜的温度。

（4）加湿器和去湿机　用于改善培养室的湿度状况。

3.2.4　检测设备

在植物组织和细胞培养过程中，常需随时检测培养材料的细胞学和形态解剖学的变化，故需配备进行组织切片、细胞染色、显微观察的相关设备。

3.2.4.1　组织切片设备

组织切片设备用于植物培养材料待检测组织的切片和染色，主要包括：

（1）切片机　用于将经石蜡固定后的植物培养材料组织切成薄片（$3\sim5\mu m$ 为最佳切片效果）。切片机有轮转式和平推式两种类型，其主要构造包括标本台（也叫材料推进器）、刀片和持刀架、厚度调节器（调节切片厚度，以 μm 为单位，范围为 $1\sim30\mu m$ 或 $1\sim60\mu m$）。

（2）磨刀机　用于切片刀的磨快与磨光。包括圆盘式和磨刀式，前者是刀动磨石不动，后者是刀不动磨石动。

（3）烤片机　一种平整石蜡切片和对固定在显微镜载玻片的细胞组织切片进行平整和脱蜡处理的加热设备，工作温度为室温至 $99℃$。

（4）染缸　用于盛放染液，对固定在载玻片上的植物组织进行染色的容器。缸内两端有槽，以隔开载玻片以免粘连。染缸有两种，一种是 10 片装，也称卧式染缸；另一种是 5 片装，也称立式染缸。

3.2.4.2　显微观察设备

显微观察设备主要包括各种显微镜和血细胞计数板（图3-7）。

（1）双目体视显微镜　用于剥离茎尖以及在瓶外观察培养物生长分化情况。

（2）倒置显微镜　可从培养器皿的底部观察培养物，也可用于液体培养材料的观察。

（3）相差显微镜　可以观察到细胞中透明物的微结构及凹凸面。

（4）干涉显微镜　可以测定各种细胞结构的光程差，据此测定细胞和组织的干重。

（5）电子显微镜　可进行更精细结构的观察。显微镜上可配带有监视器和照相装置，便于根据需要随时对所需材料进行摄影记录。

（6）血细胞计数板 一种特制的厚型载玻片，载玻片上有四个槽构成三个平台，用于测定单位体积培养液中的细胞数目。

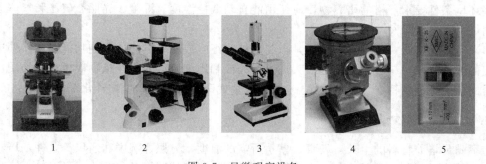

图 3-7 显微观察设备
1—双目体视显微镜；2—倒置显微镜；3—相差显微镜；4—干涉显微镜；5—血细胞计数板

3.2.5 驯化设备

驯化室需配备的基本设备应包括：

（1）驯化容器 一般使用营养钵和穴盘。前者占地大，基质用量多，但幼苗不用移栽，后者需要二次移苗，但省空间、省基质。营养钵的规格有 5cm×5cm 至 12cm×12cm 不等，穴盘的规格有 50～200 穴不等。可根据组培苗的大小和驯化室的面积选用合适的驯化容器。

（2）移植床 用于摆放驯化容器，其骨架可用木材或钢材制成，表面用钢丝或铁丝编成网状，以便驯化容器中多余的水分能够排出。高度以方便工作人员操作为宜。

（3）移栽基质 要求具有透气性、保湿性以及一定的肥力，容易灭菌处理，并不利于杂菌滋生，一般可选用珍珠岩、蛭石、砂子等。

（4）弥雾装置 用于驯化初期对组培苗的喷雾补水，减少组培苗叶面的水分蒸发，降低因失水导致的死亡率。现均为自动控制，可定时喷雾。如果驯化规模较小，也可用喷壶定时补水。

（5）遮阳网 用于驯化初期对组培苗的遮阳减光，以防阳光灼伤小苗和增加水分的蒸发。组培苗较少时也可用报纸代替。遮阳网的密度有 2～9 针，其遮阳率为 40%～95%，可根据实际情况选用。

3.2.6 其他辅助设备

3.2.6.1 盛装容器

在培养基配制中，需要一些盛装容器用以盛装母液，溶解、盛装和分装培养基等。

（1）烧杯 常用的烧杯规格有 25mL、50mL、100mL、250mL、500mL 和 1000mL，一般小烧杯用于药品的溶解，大烧杯用于培养基的溶化。由于玻璃烧杯易碎，最好选用硬质玻璃材质的，但价格较贵。用于配制和熬制培养基时，一般可用搪瓷锅、不锈钢锅等代替。

（2）试剂瓶 用于盛放溶液和试剂，规格从 50～1000mL 不等。其材质有玻璃和塑料，颜色有棕色和无色，瓶口有广口和细口、磨口和无磨口等种类，广口瓶用于盛放固体试剂，细口瓶用于盛液体试剂；棕色瓶用于避光的试剂，具磨砂塞磨口瓶能防止试剂吸潮和试剂外漏。瓶口带有磨口滴管的叫滴瓶，盛装酸液或碱液，用于调节培养基的 pH 值。目前绝大多数实验室使用的是德国生产的蓝盖试剂瓶，可整瓶灭菌。

（3）分装器 配制好的培养基按一定量注入到培养容器中需要借助分装器完成。最简单的分装装置是在铁架上固定一个漏斗，通过漏斗直接分装。分装器也可由直径为 4～6cm 的大型滴管、漏斗、橡皮管及铁架组成。还有量筒式的分装器，上有刻度，便于控制。定量分装还可以采用注射器。现在有专用的培养基分装器，使用方便、定量准确。借助于恒流泵连接大烧杯也可做成使用效果很好的分装器，其特点是操作简单、体积控制准确。

（4）离心管　用于通过离心将液体培养的细胞或制备的原生质体从培养液中分离出来，并进行采集。为保证无菌操作，瓶口应加盖橡皮塞或塑料盖。离心管有 0.2～100mL 不等的规格，可根据材料多少选择合适大小。

3.2.6.2　称量容器

在培养基配制中，母液的配制以及药液的分装、吸取常需要进行液体称量而使用适当的称量仪器。

（1）容量瓶　用于配制培养基时液体的定容，规格有 50～1000mL 不等。

（2）移液管和移液枪　用于吸取各种母液和激素溶液。移液管规格有 0.1～10mL，移液枪（器）有 1～5000μL 不等（图 3-8）。

（3）量筒　用于称量不同数量的液体，规格有 5～5000mL 不等（图 3-8）。

（4）量杯　培养基配制和分装时，用以液体定量和培养基盛装。

图 3-8　量筒、移液管、移液枪

按精确度依次分为移液枪、移液管、容量瓶、量筒、量杯。精度高的一般用于少量或微量移取。

3.2.6.3　天平

天平用于药品及琼脂等物品的称量，在组织培养实验室中，一般需配备以下三种天平：

（1）分析天平　精确度为 0.0001g，主要用于称量微量元素、植物生长调节剂和微量附加物。

（2）电子天平　精确度为 0.001g，用于大部分化学药品的称量。

（3）普通天平　精确度为 0.01g，用于称量大量元素、琼脂、蔗糖等。

天平

3.2.6.4　细胞器分离设备

植物单细胞培养、原生质体培养和体细胞融合及单倍体培养，需要进行细胞破碎、细胞分离以及细胞计数，要求有专门的仪器和设备。

（1）研钵　用于机械法进行细胞和小孢子分离。

（2）过滤网　以机械法或酶法对细胞分离后，可以用过滤网进行细胞过滤，可以是尼龙网，也可以是金属网。

（3）低速离心机　在细胞培养中，为了进行细胞分离、调整细胞密度、收集细胞、去除杂质等，均需要进行离心。一般配置 1000～4000r/min 离心机即可，速度太高可能会破坏细胞。

3.2.6.5　其他

（1）冰箱和冰柜　用于试剂和母液的贮藏以及细胞组织和试验材料的保存，某些材料的低温预处理也需使用冰箱。可以使用家庭用冰箱，但最好使用专用的低温冰柜。

（2）**酸度计**　也叫 pH 计 [图 3-9（a）]，用于精确测定和调整培养基的 pH 值，既可在配制培养基时使用，也可测定培养过程 pH 值的变化。若是用于大规模生产，通常还采用 pH 值为 5.0～7.0 的精密试纸来代替。

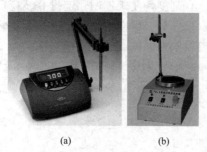

（a）　　　　　　　（b）

图 3-9　酸度计（a）与磁力搅拌器（b）

（3）**磁力搅拌器**　有些化学试剂较难溶解，最好借用搅拌器溶解，需要高温溶解时也可进行加热 [图 3-9（b）]，代替了传统的玻璃棒搅拌。

（4）**蒸馏水器和离子交换器**　水中常含有许多无机和有机杂质，对培养效果有严重影响，必须有效去除。植物组织培养中经常使用的水是蒸馏水或去离子水，蒸馏水可用金属蒸馏水器大批制备，如果要求更高，可用硬质玻璃蒸馏水器制备；去离子水是用离子交换器制备的，成本低，但不能去掉水中的有机成分。目前常用的纯水机可分别供纯水和超纯水，即开即用，方便、安全。

（5）**水浴锅、电磁炉和微波炉**　用于溶解难溶药品、琼脂等。

pH 计

小　结

　　植物组织培养对环境条件的要求非常严格，必须按功能对实验室的操作区间进行合理划分，并配备必需的仪器设备，创造无菌条件和适宜培养材料生长的微生态条件。

　　植物组织培养实验室是由一组执行不同功能的区间组成，一般应包括准备室、接种室、培养室、驯化室等，其布局的总体原则是便于隔离、便于操作、便于灭菌和便于观察。准备室主要用于器皿的洗涤、药品的称量、培养基的制备与灭菌、植物材料的预处理等；接种室主要用于植物材料的表面消毒、外植体接种、继代接种、转移接种等需要进行无菌操作的技术程序；培养室主要用于为植物培养材料的生长提供适宜的温度、湿度、光照和气体等条件；驯化室主要用于组培苗移栽前的炼苗。完整的植物组织培养实验室还应包括细胞学实验室、生化分析实验室、物品贮存室以及温室（大棚）等。

　　植物组织培养实验室常用的仪器设备按其功能可分为灭菌设备、接种设备、培养设备、检测设备、驯化设备及其他辅助设备等。灭菌设备主要包括高压蒸汽灭菌器、烘箱、紫外灯、过滤器、酒精灯等；接种设备主要包括超净工作台、接种工具等；狭义的培养设备是指摆放培养容器的设备（如培养架和摇床），广义的培养设备还包括培养器皿、环境调控设备等；检测设备主要包括组织切片设备与显微观察设备；驯化设备主要包括驯化容器、移植床、弥雾装置、遮阳网等；其他辅助设备主要包括盛装容器、称量容器、天平及细胞器分离设备等。

思　考　题

1. 植物组织培养实验室的基本构成和基本要求有哪些？
2. 植物组织培养需要的主要仪器设备有哪些？
3. 植物组织培养中常用的灭菌设备有哪些？分别适用于什么情况？
4. 植物组织培养中常用的接种工具有哪些？分别适用于什么情况？
5. 植物组织培养中常用的培养器皿有哪些？分别适用于什么情况？

第4章

植物组织培养的基本技术

植物组织培养除需要具备最基本的实验设备条件外，还必须熟练掌握植物组织培养的基本操作技术，这是培养成功的前提条件。植物组织培养一般包括以下几个步骤（图4-1）：

（1）准备阶段　查阅相关文献，根据已成功培养的植物或亲缘关系密切植物的研究结果，结合实际制订出切实可行的试验方案。然后根据试验方案配制适当的化学消毒剂以及不同培养阶段所需的培养基，并经高压灭菌或过滤除菌后备用。

（2）外植体选择与消毒　选择合适的部位作为外植体，样品经过适当的预处理，然后进行消毒处理。将消毒后的样品在无菌条件下切割成外植体——一定大小的小块，或剥离出茎尖、挑出花药等，接种到初代培养基上。

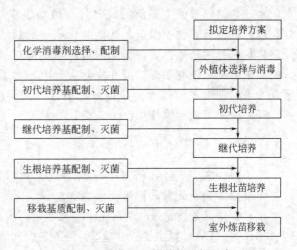

图 4-1　植物组织培养的一般程序

（3）初代培养　接种后的材料置于培养室或光照培养箱中培养，促使外植体中已分化的细胞脱分化形成愈伤组织，或顶芽、腋芽直接萌发形成芽。然后将愈伤组织转移到分化培养基，分化成不同的器官原基或形成胚状体，最后发育形成再生植株。

（4）继代培养　分化形成的芽、原球茎数量有限，采用适当的继代培养基经反复多次切割转接。当芽苗繁殖到一定数量后，再将一部分用于壮苗生根，另一部分保存或继续扩繁。进行脱毒苗培养需要提前进行病毒检测。

（5）生根壮苗培养　刚形成的芽苗往往比较弱小，多数无根，此时可降低细胞分裂素浓度或不加外源细胞分裂素，提高生长素浓度，促进小苗生根，提高其健壮度。

（6）炼苗移栽　选择生长健壮的生根苗进行室外炼苗，待苗适应外部环境后，再移栽到疏松透气的基质中，注意保温、保湿、遮阴，防止病虫为害。经环境适应性驯化后的组培苗即可移于大田用于生产。

4.1 培养基的成分与配制技术

　　培养基（culture medium）是人工配制的，是组织培养中离体材料赖以生存和发展的营养基质。植物组织培养的成功与否，除与培养外植体本身有关外，其次就是培养基。在离体培养条件下，不同种类植物对营养的要求不同，甚至同一种植物不同部位的组织以及不同培养阶段对营养要求也不尽相同。因此，筛选合适的培养基是植物组织培养极其重要的内容。

4.1.1 培养基的成分

　　培养基分为固体培养基和液体培养基。固体培养基的主要成分包括水分、无机营养成分、有机营养成分、植物生长调节物质、天然物质、矿源、凝固剂等，液体培养基与固体培养基相同，但不添加凝固剂。

4.1.1.1 水分

　　水分是培养基的主要组成成分，在植物组织培养中，水分既是培养物生命活动必需的成分，也是各种营养物质溶解和代谢的介质。配制培养基母液时要用蒸馏水或纯水，以保持母液及培养基成分的精确性，防止贮藏过程中发霉变质。研究培养基配方时尽量用蒸馏水，以防成分的变化引起结论有偏差。但在实际生产中，为了节约成本，常用自来水代替蒸馏水，但要注意自来水的硬度和酸碱度，如自来水中含有大量的钙、镁、氯和其他离子，最好将自来水煮沸，经过冷却沉淀后再使用。

4.1.1.2 无机化合物

　　除了碳、氧、氢外，已知还有 14 种元素对植物的生长是必需的。根据植物生长需求量将这些元素分为大量元素和微量元素两类。

　　(1) 大量元素（macroelement） 包括氮（N）、磷（P）、钙（Ca）、钾（K）、镁（Mg）、硫（S）、氯（Cl）。氮主要以硝态氮（NO_3^-）和铵态氮（NH_4^+）两种形式被使用，常使用的含氮化合物有硝酸钾（KNO_3）、硝酸铵（NH_4NO_3）或硝酸钙 $[Ca(NO_3)_2]$。大多数培养基将硝态氮和铵态氮两者混合使用，以调节培养基的离子平衡，利于细胞生长发育。当作为唯一的氮源时，硝酸盐的作用好于铵盐，但时间长了会对培养物产生毒害作用，若在硝酸盐中加入少量的铵盐，会阻止这种危害的发生。磷常用磷酸盐来提供，常用的有磷酸二氢钾（KH_2PO_4）或磷酸二氢钠（NaH_2PO_4）。钾与碳水化合物合成、转移以及氮素代谢等有密切关系，在培养基中含量要求较高，常用的含钾化合物有氯化钾（KCl）或硝酸钾（KNO_3）。钙、镁、硫也是培养基必需的大量元素，浓度以 $1 \sim 3 \, mmol/L$ 为宜，常以 $MgSO_4$ 和钙盐的形式供给。

　　(2) 微量元素（microelement） 包括铁、硼、锰、锌、铜、钴、钼等。虽然植物生长对微量元素需要量很少，但也是必需的，一般用量为 $10^{-7} \sim 10^{-5} \, mol/L$，稍多即会发生毒害。微量元素是许多酶和辅酶的重要组成成分，其生理作用主要体现在酶的催化功能和细胞分化、维持细胞的完整机能等方面。微量元素中，铁盐是用量较多的一种微量元素，铁对叶绿素的合成和延长生长起重要作用，铁元素不易被植物直接吸收和利用，通常以硫酸亚铁（$FeSO_4$）和乙二胺四乙酸二钠盐（Na_2-EDTA）的形式添加，以避免 Fe^{2+} 氧化产生氢氧化铁沉淀。

4.1.1.3 有机化合物

对于植物组织培养中幼小的培养物而言，由于其光合作用的能力较弱，为了维持培养物正常的生长、发育与分化，培养基中除了提供无机营养成分外，还必须添加糖类、维生素、氨基酸等有机化合物。

（1）糖类（sugar） 植物组织培养中幼小的培养物不同于完整的植株，由于其自养能力较弱，培养基中的糖类物质就成了其生命活动中必不可少的碳源和能源。除此之外，糖类的添加还有调节培养基渗透压的作用。常用的糖类有蔗糖、葡萄糖、果糖和麦芽糖等，其中蔗糖使用最为普遍，浓度一般为2%～5%。蔗糖在高温高压灭菌时，会有一小部分分解成葡萄糖和果糖。不同的糖类对培养物生长影响不同，一般来说，以蔗糖为碳源时，离体培养的双子叶植物的根生长更好，而以葡萄糖为碳源时，单子叶植物的根生长更好。在大规模生产中，蔗糖价格较贵，常用食用绵白糖、白砂糖代替蔗糖，但在不同的植物种类上，其使用的可行性及其浓度范围需要做小规模的生产性实验。

（2）维生素（vitamin） 维生素直接参与生物催化剂即酶的形成，以及蛋白质、脂肪的代谢等重要生命活动。由于大多数植物细胞在培养过程中不能合成足够的维生素，所以在培养基中必须补充一种或几种维生素，这样有利于植物细胞的生长发育。常用的维生素浓度为0.1～1.0mg/L，主要有硫胺素（维生素 B_1）、烟酸（维生素 B_3）、盐酸吡哆醇（维生素 B_6）、抗坏血酸（维生素 C），有的培养基还需添加生物素（维生素 H）、叶酸（维生素 B_9）、核黄素（维生素 B_2）等。其中维生素 B_1 可全面促进植物生长，维生素 C 可防止褐变，也可以用谷胱甘肽、半胱氨酸、硫乙醇等防止培养物褐化，维生素 B_6 能促进根的生长。

（3）肌醇（inositol） 又名环己六醇，通常可由磷酸葡萄糖转化而成，还可进一步生成果胶物质，用于构建细胞壁。肌醇能促进愈伤组织的生长以及胚状体和芽的形成，对组织和细胞的繁殖、分化有促进作用，在糖类的相互转化中起重要作用。一般使用浓度为50～100mg/L。

（4）氨基酸及有机添加物（amino acid and organic addition） 氨基酸作为一种重要的有机氮化合物，可直接被细胞吸收利用。它除了是蛋白质的组成成分外，还具有缓冲作用和调节培养物体内平衡的功能，对外植体的芽、根、胚状体的生长分化有良好的促进作用。组织培养中常用的氨基酸有甘氨酸，其他有精氨酸、谷氨酸、谷氨酰胺、丝氨酸、酪氨酸、天冬酰胺及多种氨基酸的混合物，如水解乳蛋白（LH）、水解酪蛋白（CH）等。氨基酸类物质不仅为培养物提供有机氮源，同时也对外植体的生长以及不定芽、不定胚的分化起促进作用。在有些培养基中还加入一些天然的化合物，如椰乳（CM）（100～200g/L）、酵母浸出物（0.5%）、番茄汁（5%～10%）、土豆（马铃薯）泥（100～200g/L）等，其有效成分为氨基酸、酶、蛋白质等，这些天然化合物对细胞和组织的增殖和分化有明显的促进作用，但对器官的分化作用不明显，由于其成分复杂且不确定，因而在培养基配制中应尽量使用已知成分的合成有机物。

4.1.1.4 植物生长调节物质

植物生长调节剂（plant growth regulator）是培养基中的关键性物质，其用量虽然微小，但作用很大，根据组织培养的目的、外植体的种类、器官的不同和生长表现来确定植物生长调节剂的种类、浓度和比例关系，可以调节植物组织的生长发育进程、分化方向和器官发生。植物生长调节物质对植物组织培养起着决定性作用，它们也是培养基的"秘诀"。植物生长调节剂包括生长素类、细胞分裂素类及赤霉素（GA）、脱落酸（ABA）、多效唑等多种，它们在植物组织培养中具有不同的作用。

（1）生长素类（auxin） 在植物组织培养中，生长素的主要作用有促进细胞分裂和伸长，诱导愈伤组织的产生，促进茎尖生根，还会诱导某些植物不定胚的形成。常用的生长素有吲哚乙酸（IAA）、萘乙酸（NAA）、吲哚丁酸（IBA）、2,4-二氯苯氧乙酸（2,4-D）等。生长素与细胞分裂素配合使用，共同促进不定芽的分化、侧芽的萌发与生长。但是2,4-D往往会抑制芽的形成，适宜的用量范围较窄，过量又有毒害，一般用于细胞启动脱分化阶段；而诱导分化和增殖阶段一般选用IAA、NAA、IBA。它们作用的强弱依次为2,4-D＞NAA＞IBA＞IAA，常用的浓度为0.1~10mg/L。生长素一般溶于95%酒精或0.1mol/L的NaOH（KOH）溶液中，后者溶解效果较好。

（2）细胞分裂素类（cytokinin） 细胞分裂素的主要作用有促进细胞分裂和扩大，诱导胚状体和不定芽形成，延缓组织衰老，促进蛋白质合成。在植物组织培养时，细胞分裂素/生长素的比值控制器官发育模式，若增加生长素浓度，有利于根的形成；而增加细胞分裂素浓度，则促进芽的分化。

（3）赤霉素（gibberellins，GA） 天然的赤霉素有100多种，在培养基中添加的主要是GA$_3$。其作用有促进细胞生长和打破休眠。一般情况下，GA对组织培养中器官和胚状体的形成有抑制作用，在器官形成后，可促进器官或胚状体生长。GA虽易溶于水但溶于水后不稳定，容易分解，因此，最好用95%酒精配制成母液在冰箱中保存。

（4）脱落酸（abscissic acid，ABA） 脱落酸有抑制生长、促进休眠的作用，在植物组织培养中，适量的外源ABA可明显提高体细胞胚的数量和质量，抑制异常体细胞胚的发生。在植物种质资源超低温冷冻保存时，可以用ABA促使植物停止生长和形成抗寒力，从而保证冷冻保存的顺利进行。

（5）其他类 除上述生长调节物质外，在植物组织培养中应用的还有多胺（polyamines，PA）、多效唑（PP333）、油菜素内酯（brassinolide，BR）、茉莉酸（jasmonic acid，JA）及其甲酯以及水杨酸（salicylic acis，SA）等，由于多胺对植物的生长发育、形态建成及抗逆性有重要调节作用，常可用于调控部分植物外植体的不定根、不定芽、花芽、体细胞胚的发生发育以及延缓衰老、促进原生质体分裂及细胞形成等。多效唑具有控制生长、促进分蘖和生根等生理效应，可促使试管苗壮苗、生根，提高抗逆性及移栽成活率。茉莉酸及其甲酯以及水杨酸对诱导试管鳞茎、球茎、块茎及根茎等变态器官的形成有促进作用。

4.1.1.5 培养基中其他成分及其作用

除以上培养基中所加的成分外，由于培养目的和培养材料不同，往往还需加入一些其他成分，如培养基的凝固剂、活性炭、抗生素、抗氧化物质、诱变剂等。

（1）凝固剂（coagulant） 在培养基的组成中，除上述营养成分外，为使培养材料在培养基上固定和生长，需要加入凝固剂，形成固体培养基（solid media），如果未加入凝固剂，则称为液体培养基（liquid media）。琼脂（agar）是常用的凝固剂，它是一种由海藻得来的多糖类物质，本身不提供任何营养成分，仅溶于95℃的热水中，温度降到40℃以下时凝固，一般使用浓度为3~10g/L。培养基中琼脂浓度不同，则培养基呈现不同的凝固程度，可以根据培养目的来选择（表4-1）。若其浓度过高，培养基就会变硬，使培养材料不容易吸收培养基中的营养物质；而如浓度过低，则培养基硬度不够，培养材料在培养基中不易固定，易发生玻璃化现象。琼脂有琼脂条、琼脂粉等产品，与琼脂条相比，琼脂粉虽价格较高，但杂质少、透明度好、使用方便。琼脂糖（agarose）也是一种较好的凝固剂，其透明度好、用量少，在原生质体培养中应用较多。

表 4-1 琼脂浓度和培养基 pH 对培养基凝固程度的影响

pH	琼脂浓度/(g/L)					
	2.5	3.0	3.5	4.0	6.0	8.0
2.0	0 级	0 级	0 级	0 级	0 级	0 级
4.0	0 级	1 级	2 级	2 级	2 级	3 级
5.0	1 级	2 级	3 级	3 级	4 级	4 级
5.8	1 级	2 级	3 级	3 级	4 级	4 级
6.2	1 级	2 级	3 级	3 级	4 级	4 级
8.0	2 级	2 级	3 级	4 级	4 级	4 级

注：0 级表示未凝固；1 级表示轻微晃动培养基即碎裂；2 级表示轻微晃动培养基不易碎裂；3 级表示用力晃动培养基易碎裂；4 级表示用力晃动培养基不碎裂。引自杜永光等，2005。

固体培养基的优点是所需设备简单，使用方便，只需一般化学实验室的玻璃器皿和可调控温度及光照的培养室。但其也存在缺点，即将培养物固定在一个位置，培养物与培养基接触面积小，各种养分在培养基中扩散慢从而影响养分的吸收利用，同时培养物生长过程中合成的有害物质会积累，造成自我毒害，必须及时转接。对于某些试验体系来说，液体培养基的效果可能比固体培养基更好，培养时需要转床、摇床等设备，通过振荡培养，给培养物提供良好的通气条件，有利于外植体生长，避免了固体培养基的缺点。

（2）活性炭（active carbon）　培养基中添加活性炭的主要作用是利用其吸附能力，吸附由培养物分泌的抑制物质及琼脂中所含的杂质，减少一些有害物质的影响，防止酚类物质引起组织褐变而死亡。此外，活性炭还可促进某些植物生根；降低玻璃化苗的产生频率，对防止产生玻璃化苗有良好作用。但活性炭对物质吸附无选择性，既吸附有害物质，也吸附必需的营养物质，因此使用时应慎重考虑，不能过量，一般用量为 0.5%～3%。

（3）抗生素（antibiotics）　向培养基中添加抗生素可防止菌类污染，减少培养材料损失。使用抗生素时应注意以下四个问题：①不同抗生素能有效抑制的菌种具有差异性，因此必须有针对性地选择抗生素种类；②在有些情况下，无论单独使用哪一种抗生素对污染皆无效，必须是几种抗生素配合使用才能取得较好效果；③当所用抗生素的浓度高到足以消除内生菌时，有些植物的生长发育往往也同时受到抑制；④在停用抗生素后，污染率往往显著上升，这可能是原来受抑制的菌类又滋生起来造成的。

常用的抗生素有青霉素、链霉素、土霉素、四环素、氯霉素、卡那霉素、庆大霉素等，用量一般为 5～20mg/L，且大部分抗生素需要过滤除菌。

（4）硝酸银　离体培养中植物组织会产生和散发乙烯，而乙烯在培养容器中的积累会影响培养物的生长和分化，严重时甚至导致培养物的衰老和落叶。硝酸银通过竞争性结合细胞膜上的乙烯受体蛋白，从而起到抑制乙烯活性的作用。因此，在许多植物组织培养中，在培养基中加入适量硝酸银，能起到促进愈伤组织器官发生或体细胞胚胎发生的作用，并使某些原来再生困难的物种分化出再生植株。此外，硝酸银对克服试管苗玻璃化、早衰和落叶也有明显效果。但也有研究指出，硝酸银并非总能抑制乙烯的积累。由于低浓度的硝酸银能引起细胞坏死，从而产生的乙烯大于同一组织内非坏死细胞所产生的数量，因此，不要把培养物长期保存在含硝酸银的培养基上，否则，会导致再生植株畸形。硝酸银的使用浓度一般为 1～10mg/L。

4.1.1.6　培养基 pH 值

培养基的 pH 在高压灭菌前一般调至 5.0～6.0，最常用的 pH 值为 5.8～6.0。当 pH 高于 6.0 时，培养基会变硬；低于 5.0 时，琼脂凝固效果不好。高压灭菌后，培养基的 pH 值稍有下降。因此，培养基分装前必须进行 pH 调整，一般用 1mol/L 的 HCl 或 NaOH 进行调整。

4.1.2 培养基的类型

根据营养水平不同，把培养基分为基本培养基和完全培养基。基本培养基只含有大量元素、微量元素和有机营养物。完全培养基是在基本培养基的基础上，根据试验的不同需要，附加一些物质，如植物生长调节物质和其他复杂有机添加物等。基本培养基的配方种类很多，根据培养基的成分及其浓度特点，可将其分为以下四类。

（1）高盐成分培养基　包括 MS、LS、BL、BM、ER 培养基。其特点是：无机盐浓度高，尤其是钾盐、铵盐和硝酸盐含量均较高；微量元素种类较全，浓度较高，元素间的比例较适合；缓冲性能好，营养丰富，不需再加入水解蛋白等有机成分。其中 MS 培养基应用最广泛，其营养成分和比例均比较合适，广泛用于植物的器官、细胞、组织和原生质体培养，也常用在植物脱毒和快繁等方面。

（2）硝酸盐含量较高的培养基　包括 B5、N6、LH 和 GS 培养基等。其特点是除含有较高的钾盐外，还含有较低的铵态氮和较高的盐酸硫胺素，B5 培养基较适合南洋杉、葡萄、豆科及十字花科等植物的培养；N6 培养基适用于单子叶植物的花药培养，也适宜柑橘类的花药培养。

（3）中等无机盐含量的培养基　其特点是大量元素含量约为 MS 培养基的一半；微量元素种类减少而含量增加，维生素种类比 MS 培养基多，如增加了生物素、叶酸等。该类培养基适用于花药培养和枣类植物的培养，主要有 H、Nitsch 和 Miller 培养基等。

（4）低无机盐类培养基　此类培养基大多数情况下用于生根培养，其特点为无机盐含量很低，一般为 MS 培养基的 1/4 左右，有机成分含量也很低。该类培养基包括以下几种，如改良 White、WS（Wolter 和 Skoog，1966）、克诺普液和 HB（Holly 和 Baker，1963）培养基等。

4.1.3 培养基的选择

常用的基本培养基有 MS 培养基、B5 培养基、White 培养基等，各种培养基配方见附录 4。

（1）MS 培养基　1962 年由 Murashige 和 Skoog 为培养烟草组织而设计的，是目前应用最广泛的一种培养基。其特点是无机盐浓度高，具有高含量的氮、钾，尤其是铵盐和硝酸盐的含量很大，能够满足快速增长的组织对营养元素的需求，有加速愈伤组织和培养物生长的作用，当培养物长久不转接时仍可维持其生存。但它不适合生长缓慢、对无机盐浓度要求比较低的植物，尤其不适合铵盐过高易发生毒害的植物。在使用中，可以将 MS 培养基的大量元素减少到原来的 1/2、1/3 甚至 1/4，以降低无机盐的含量。

与 MS 培养基基本成分较为接近的还有 LS 培养基、RM 培养基，LS 培养基去掉了甘氨酸、盐酸吡哆醇和烟酸；RM 培养基把硝酸铵的含量提高到 4950mg/L，磷酸二氢钾提高到 510mg/L。

（2）White 培养基　1943 年由 White 设计的培养基，1963 年做了改良，提高了 $MgSO_4$ 含量，增加了硼素。这是一个低盐浓度培养基，它的使用也很广泛，无论是对生根培养还是胚胎培养或一般组织培养都有很好的效果。

（3）N6 培养基　是 1974 年由中国科学院植物研究所朱至清等学者为水稻等禾谷类作物花药培养而设计的，其中 KNO_3 和 $(NH_4)_2SO_4$ 含量高，不含钼，成分较简单。目前该培养基在国内已广泛用于小麦、水稻及其他植物的花药、细胞和原生质体培养中。

（4）B5 培养基 是 1968 年由 Gamborg 等为培养大豆组织而设计的。它的主要特点是含有较低的铵盐、较高的硝酸盐和盐酸硫胺素。铵盐可能对不少培养物的生长有抑制作用，但它适合于某些双子叶植物特别是木本植物的生长。

培养基对药品、糖、琼脂和水质有一定的要求，特别是进行科学实验时一般采用分析纯（AR，二级）或化学纯（CP，三级）试剂，以防含有有毒有害杂质而影响培养效果，但一般的生产性育苗可以用食用白糖代替分析纯蔗糖。

4.1.4 培养基的制备

在组织培养过程中，配制培养基是基本工作之一，根据配方要求，每种培养基往往需要十多种化合物，浓度不同，性质各异，特别是微量元素和植物生长调节物质的用量极少，称量不易准确且容易出现误差。为减少工作量，经常使用的培养基，可先将各种药品配成浓缩一定倍数的母液（stock solution），放入冰箱内保存，用时再按比例稀释，这样比较方便，且精确度高。

4.1.4.1 母液的配制与保存

母液的配制常常有两种方法，一种是将培养基的每个组分配成单一化合物母液，这种方法便于配制不同种类的培养基；另一种是配成几种不同的混合液，主要用于大量配制同种培养基。配制培养基所用药品应采用纯度等级较高的分析纯或化学纯，以免带入杂质和有害物质而对培养材料产生不利影响，药品称量、定容都要准确。配制母液用水要用纯度较高的蒸馏水或去离子水。配制好后，在容器上贴上标签。应将母液置于冰箱低温（2~4℃）保存，尤其是生长调节物质与有机物更应如此。在配制母液时应注意防止沉淀产生，一旦出现沉淀或有可见微生物的污染，应立即停止使用，重新配制。母液一般配成大量元素、微量元素、铁盐、植物生长调节剂、有机物质等几种，其中维生素、氨基酸类可以分别配制，也可以混合配制。琼脂、蔗糖是用量大的有机物质，不需要配制母液，配制培养基时按量称取，随取随用。

（1）大量元素母液 指含有 N、P、K、Ca、Mg、S 六种元素的混合溶液，一般配成 10 倍或 20 倍的母液。配制时要防止在混合各种盐类时产生沉淀，为此各种药品必须在充分溶解后才能混合。在混合时要注意加入的先后次序，把 Ca^{2+} 与 SO_4^{2-}、PO_4^{3-} 错开以免产生 $CaSO_4$、$Ca_3(PO_4)_2$ 沉淀。另外在混合各种无机盐时，其稀释度要大，慢慢地混合，同时边混合边搅拌。

（2）微量元素母液 除 Fe 以外的 B、Mn、Cu、Zn、Mo、Cl 等盐类的混合溶液一般配成 100 倍或 200 倍的母液。配制时分别称量、分别溶解，充分溶解后再混合，以免产生沉淀。

（3）铁盐母液 铁盐容易发生沉淀，需要单独配制。铁盐以螯合物的形式容易被吸收，一般用硫酸亚铁（$FeSO_4 \cdot 7H_2O$）和乙二胺四乙酸二钠（Na_2-EDTA）配成 100 倍或 200 倍的铁盐螯合剂母液，比较稳定，不易沉淀，配制时称取定量 $FeSO_4 \cdot 7H_2O$ 和 Na_2-EDTA，分别充分溶解，再将两种溶液混合在一起，调整 pH 值至 5.5，定容后放在棕色瓶中保存比较稳定。

（4）有机物母液 主要是维生素、氨基酸类物质，按配方分别称量、溶解，混合后加水定容，一般配成 100 倍或 200 倍的母液。

（5）植物生长调节剂母液 由于每一种植物生长调节剂对培养物生长发育的作用不同，在培养系统中使用的浓度也不同，每一种植物生长调节剂必须单独配制母液，母液浓度一般为 1mg/mL 或 0.1mg/mL，用时稀释，一次可配成 50mL 或 100mL。

绝大多数生长调节物质不溶于水，可以加热并不断搅拌促使其溶解，必要时加入稀酸或稀碱等物质促溶。各类植物生长调节物质的用量极小。常用的生长调节物质的溶解方法如下所述。

① NAA、IBA、IAA、2,4-D NAA、IBA、IAA 一般多用少量 95％乙醇溶解，然后用加热的蒸馏水定容。2,4-D 溶解于 95％的乙醇或 0.1mol/L 的 NaOH 中，用去离子水或蒸馏水定容，贮于棕色瓶中，低温保存。

② 细胞分裂素类 如激动素（KT）、6-苄基氨基嘌呤（6-BA）可先用少量 1mol/L 盐酸溶解，然后用加热的蒸馏水定容；N-苯基 N-1,2,3-噻二唑-5-脲（TDZ）溶于浓度小的 NaOH 中，然后用蒸馏水定容。玉米素（ZT）先溶于少量 95％乙醇，然后用蒸馏水定容，贮于棕色贮液瓶中，贴好标签后放入冰箱低温保存。

③ GA 最好用 95％的乙醇配制成母液保存于冰箱。使用时用去离子水或蒸馏水稀释到所需的浓度。

④ ABA 难溶于水，易溶于甲醇、乙醇，可用 95％乙醇或甲醇溶解，由于光照易造成 ABA 生理活性降低，因此，配制时最好在弱光下进行。

⑤ 其他 a. 三十烷醇。取 0.1g 三十烷醇溶于 5mL 二氯甲烷中，再加入 10mL 吐温-80，搅拌至溶解后加蒸馏水至 100mL，继续高速搅拌至乳白色，即成 0.1％乳液，存于冰箱中备用。若贮存时间过长发生乳析现象，应先猛烈振荡再使用。b. 叶酸。叶酸需先用少量氨水溶解，再用去离子水或蒸馏水定容。c. 多胺常以盐的形式存在，易溶于水，用水直接配制；多效唑和油菜素内酯可用甲醇或乙醇溶解。

母液配制前应根据培养基配方及所需母液量制成母液配制表，然后按表逐项配制，表 4-2 为常见的 MS 基础培养基的 4 种母液成分配制表。

表 4-2 MS 基本培养基母液配制表

母液名称	化合物成分	分子量	使用浓度/(mg/L)	配置母液用量 浓缩 20 倍/(g/500mL 水)	配置 1L 培养基吸取母液的量/mL
大量元素	硝酸钾	101.11	1900	19	50
	硝酸铵	80.04	1650	16.5	
	磷酸二氢钾	136.09	170	1.7	
	硫酸镁	246.47	370	3.7	
	氯化钙(2H$_2$O)	147.02	440	4.4	
	无水氯化钙	110.99	332.2	3.32	
				浓缩 200 倍/(g/500mL 水)	
微量元素	碘化钾	166.01	0.83	0.083	5
	硼酸	61.83	6.2	0.62	
	硫酸锰(4H$_2$O)	223.01	22.3	2.23	
	硫酸锰(1H$_2$O)	169.01	16.9	1.69	
	硫酸锌	287.54	8.6	0.86	
	钼酸钠	241.95	0.25	0.025	
	硫酸铜	249.68	0.025	0.025	
	氯化钴	237.93	0.025	0.0025	
铁盐	乙二胺四乙酸二钠	372.25	37.3	3.73	5
	硫酸亚铁	278.03	27.8	2.78	

续表

母液名称	化合物成分	分子量	使用浓度/(mg/L)	配置母液用量 浓缩20倍/(g/500mL 水)	配置1L培养基吸取母液的量/mL
有机成分	肌醇		100	10	
	甘氨酸		2	0.2	
	盐酸硫胺素(维生素 B₁)		0.1	0.01	5
	盐酸吡哆醇(维生素 B₆)		0.5	0.05	
	烟酸(维生素 B₃ 或维生素 PP)		0.5	0.05	
蔗糖		342.31	30g/L		
琼脂			7g/L		
茎尖分生组织培养基再加入以下三种				浓缩200倍/(g/100mL 水)	
NAA(萘乙酸)			0.1	0.002	
6-BA(细胞分裂素)			0.1	0.002	5
GA₃(赤霉素)			0.1	0.002	

所有的贮备母液都应贮存于适当的塑料瓶或玻璃瓶中，分别贴上标签，标注母液名称、配制倍数、日期及配制 1L 培养基时应取的量（mL），置于冰箱中低温（2~4℃）保存，母液最好在一个月内用完。特别注意生长调节物质与有机类物质，贮存时间不能太长。应注意某些生长调节物质，如吲哚乙酸、玉米素（ZT）、ABA、GA 以及某些维生素等遇热不稳定的物质不能与其他营养物质一起高温灭菌，而要进行过滤灭菌。

4.1.4.2 培养基的配制

配制培养基时应做好以下准备工作：

准备好包括不同型号的烧杯、容量瓶、三角瓶等玻璃器皿及酸度计、高压灭菌锅、电炉等仪器设备。所有盛装培养基的试管、玻璃瓶都应做好标记，以免高压灭菌和长期贮存后混淆。试剂和药品的准备，除母液以外还要准备好培养基中添加的碳源、凝固剂等其他成分，根据配制培养基的体积和母液浓缩的倍数计算所需母液和其他附加物的量，应把各种成分及所需要的量都记录下来，配制时加一种就标记一种，以免漏加或多加。配制时吸取母液的体积（V_0）＝配制培养基体积（V_1）/母液浓缩倍数（T），培养基配制的具体步骤如下：

（1）准备工作　按培养基配方及所配培养基体积计算所需成分的数量，按计算好的量称取凝固剂、蔗糖。将配制好的各种母液按顺序排列，并逐一检查是否有沉淀或变色，避免使用已失效的母液。准备好配制过程中所用的称量器具和溶解器具。

（2）吸取母液　先取适量的蒸馏水放入容器内，然后根据母液倍数或浓度计算和吸取相应量的大量元素、微量元素、铁盐、有机物、生长调节剂等各种母液及其他添加物，再将琼脂（如为琼脂条，则应预先单独加热熔解）和糖加入其中，加热溶解混匀。吸取母液应用专用的移液器，由于某些特殊原因而必须在高温高压灭菌后加入的植物生长调节剂和某些维生素，可通过过滤灭菌的方法加入。加蒸馏水定容至所需体积。为了避免由于加热而引起水分蒸发导致培养基体积变化，可先做好标记，在培养基煮好后按标记进行定容。

（3）调节培养基 pH 值　培养基配制好后，应立即调节培养基 pH 值，最好用酸度计测试调整，准确度高。也可直接用精密 pH 试纸进行测试。根据不同植物的要求调节培养基的 pH 值，一般用 1mol/L HCl 或 1mol/L NaOH 调节 pH 至所需值。

（4）培养基分装　将调节好的培养基趁热分装到经洗涤并晾干的培养容器中，若为固体培养基，琼脂在大约 40℃时凝固。分装时要掌握好分装量，一般分装到培养容器中的培养基应占该容器容积的 1/4～1/3 为宜。根据不同的培养目的确定培养基的多少，操作过程应尽量避免将培养基粘到容器内壁及容器口，否则容易引起污染。对不同配方的培养基要做好标记，以免混淆。

（5）封口　分装后立即用封口材料封口，以免引起培养基水分蒸发和污染。常用的封口材料有棉花塞、铝箔、硫酸纸、耐高温塑料薄膜等。

4.2　灭菌技术

灭菌操作是植物组织培养中的关键技术之一，培养基由于含有丰富的营养物质，如高浓度蔗糖，所以不但能为培养材料提供营养，同时也能供养很多微生物如细菌和真菌的生长。这些微生物一旦接触培养基，其生长速度一般都比培养的组织快得多，最终将把组织全部杀死。这些污染的微生物不但消耗了大量的营养物质，而且在其生长代谢过程中也会产生很多有毒害的物质，直接影响培养植物组织的生长发育，有些微生物甚至会直接利用植物组织作为代谢原料，使所培养组织坏死直至其失去培养价值。

培养基本身、外植体、培养容器、接种过程中使用的器械、接种室的环境、培养室的环境带菌都会导致培养基污染。因此，无菌的培养环境以及培养过程中的无菌操作都会影响植物组织培养的成败。

4.2.1　环境灭菌

为确保植物组织培养环境的无菌，应对环境进行定期或不定期的灭菌。无菌操作室（接种室）主要用于外植体的消毒、接种以及继代培养物的转移等，是植物组织培养研究中的关键部分。无菌操作室的清洁会直接影响培养物的污染率以及接种工作的效率，因此，应经常进行灭菌。培养室提供适宜的温度、光照、湿度、气体等条件来满足培养物的生长繁殖，要保持干净，并定期进行灭菌。准备室主要用于一些常规的实验操作，准备室不清洁也会导致植物组织培养物的污染，故也要对其进行定期灭菌。

环境灭菌的目的是消灭或明显减少环境中的微生物基数，防止污染发生，常用的方法有物理灭菌法和化学灭菌法。物理灭菌法主要采用空气过滤和紫外线照射。对要求严格的工厂化组织培养育苗可采用空气过滤系统对整个车间进行空气过滤灭菌，操作要求严格而且资金投入高，一般较少采用。

对无菌操作的微环境进行过滤灭菌是现代组织培养中常常采用的一种方法，其中最常用、最普及的操作装置是超净工作台。最简单的灭菌方法是利用紫外灯照射杀死微生物，从而消灭污染源。准备室、无菌操作室、培养室等均可用紫外灯进行灭菌。超净工作台除采用空气过滤灭菌的方法外也可配合使用紫外灯照射灭菌，一般照射 20～30min 即可。但紫外光对生物细胞有较强的杀伤作用，亦是物理致癌因子之一，使用时应注意防护。紫外线的穿透能力差，一般的普通玻璃就可以阻挡。

利用化学杀菌剂进行环境灭菌，主要是利用 70%～75%酒精或 0.1%新洁尔灭进行喷洒，其中 70%～75%酒精具有较强的杀菌力、穿透力和湿润作用，一方面可直接杀死环境中的微生物，另一方面也可使飘浮在空中的尘埃下落，防止尘埃上面附着的微生物污染培养基和培养材料。对于超净工作台，在紫外灯灭菌后，还需用 70%酒精对操作平台表面进行擦拭。如果污染严重，可对环境进行彻底熏蒸灭菌，方法是用福尔马林或福尔马林配合高锰酸钾进行熏蒸。一般每立方米空间用福尔马林 2mL＋高锰酸钾 0.2g 混合，密闭熏蒸 24h，然后开窗通风排除甲醛气体。

4.2.2 培养基灭菌

因培养基原料和盛装容器均带菌，而且在分装和封口过程中也会引起污染，故分装封口后的培养基一定要立即进行灭菌，否则会造成培养基的污染。培养基灭菌一般采用高温湿热灭菌，特殊情况下也可采用过滤灭菌。

4.2.2.1 湿热灭菌法

湿热灭菌法是指用饱和水蒸气、沸水或流通蒸汽进行灭菌的方法，其原理是在密闭的高压锅内产生蒸汽，由于蒸汽潜热大，穿透力强，容易使蛋白质变性或凝固，在 0.105MPa 压力下，锅内温度可达 121℃。在此温度下，可以很快杀死各种真菌、细菌及其高度耐高温的芽孢，所以湿热灭菌法的灭菌效率比干热灭菌法高。高压蒸汽灭菌的操作程序如下：

先将装好的培养基放入高压灭菌锅的消毒桶内，灭菌锅内添加适量水，盖好灭菌锅盖。拧紧锅盖控制阀，检查排气阀有无故障，然后关闭排气阀，打开电源加热。当压力指针达 0.05MPa 时，打开排气阀，排除锅内的冷空气，待压力表指针归零后，再关闭排气阀，此时锅内的水蒸气变热。当高压锅的温度达 121℃，压力为 0.105MPa 时，保持此压力 15～25min 进行灭菌。然后切断电源慢慢冷却，当压力降到 0.05MPa 时，缓慢打开排气阀放气。待压力指针恢复到零后，打开压力锅并取出培养基，在室温下冷却。如果用的是自动灭菌锅，则只需设定好灭菌程序就会自动按设定程序进行灭菌，待温度降到 90℃时就可打开灭菌锅取出培养基。多数情况下要求培养基表面保持水平，因此应平放。固体培养基如需做成斜面，冷却前斜放即可。

使用高压蒸汽灭菌锅时应注意以下几点：①使用前应仔细阅读说明书，严格按要求操作。②先在高压蒸汽灭菌锅内加水，加水量应按说明书上的要求。③不可装得太满，否则因压力与温度不对应，造成灭菌不彻底。④增压前必须排除锅内的冷空气，保证高压锅内升温均匀。⑤在高压灭菌过程中，要保持压力恒定，不能随意延长灭菌时间和增加压力。培养基要求比较严格，既要保证灭菌彻底，又要防止培养基中的成分变质或效力降低，影响培养基的有效成分，同时也易使培养基的 pH 发生较大幅度的变化；压力过低或时间过短则灭菌不彻底，达不到灭菌的最佳效果。不同体积的培养基对灭菌时间要求可参考 Biondi 等（1981）的研究结果（表 4-3）。⑥当冷却被消毒的溶液时，必须高度注意，如果压力急剧下降，超过了温度下降的速率，就会使液体滚沸，从培养容器中溢出；所以要务必缓慢放出蒸汽，才不会使压力降低太快，以免引起激烈的减压沸腾，使容器中的液体四溢，培养基沾污棉塞、瓶口等造成污染。当压力降低到零后，才能开启压力锅，避免产生危险。⑦高压锅在工作的时候必须有人看守，如果出现异常情况，应采取应急措施，避免发生安全事故。

表 4-3 不同体积培养基高压蒸汽灭菌所需最短时间

实际体积/mL	121℃下所需最短时间/min	实际体积/mL	121℃下所需最短时间/min
20～50	15	1000	30
75	20	1500	35
250～500	25	2000	40

为了使培养基灭菌更加安全和可靠，可使用操作方便的智能型蒸汽灭菌锅，只要按要求设定所需灭菌时间和温度，就能自动完成整个灭菌过程。除了培养基外，外植体消毒处理用的无

菌水、玻璃器皿和接种器械也可采用高压蒸汽灭菌，但灭菌时间要比培养基长。

4.2.2.2　过滤灭菌法

有些物质在高温条件下不稳定或容易分解，如植物生长调节物质、抗生素等的溶液，应采用过滤灭菌。然后把经过灭菌的药液加入经高压灭菌后的培养基中，混合均匀后分装。

过滤灭菌的原理，是空气或液体通过过滤膜后，杂菌的细胞和芽孢等因大于滤膜口径而被阻，通过滤膜的液体是无菌的，从而达到灭菌的目的，但其不能除去病毒小分子。对于不耐热的溶液（如生长素、GA 等）常用细菌过滤灭菌器进行过滤灭菌，此法也可用于液体培养基和蒸馏水的灭菌。过滤灭菌使用的滤膜孔径通常为 $0.2\mu m$ 或 $0.45\mu m$。如果过滤溶液量较大，常常使用抽滤装置；过滤液量小时，可用注射器。使用前将过滤器（或注射器）、滤膜（预先灭菌）、接液瓶等包装好后先用高压灭菌锅灭菌，然后在超净工作台上按无菌操作的要求安装过滤器、滤膜，将需要过滤的溶液装入滤器（或注射器）中进行真空抽滤（或推压注射器活塞杆过滤）灭菌。

一般灭菌后的培养基在使用前应先验证灭菌效果，确定已彻底灭菌后再使用，以免实验材料被污染。方法是：将培养基置于培养室中放置 3 天，如没有出现污染，说明灭菌可靠，可以使用。灭菌后的培养基应及早使用，不宜长期保存。常温保存的培养基最好在 7 天内用完。暂时不用的培养基应妥善保存，防止培养基中某些成分如 IAA 和 GA_3 等被分解。培养基应避免光线的照射，以保证培养基的质地和成分不受影响，如果盛装培养基的容器上积累了灰尘等应使用 75% 的酒精把表面擦拭干净，否则带有细菌、真菌的灰尘流入培养容器，会造成培养基污染。

4.2.3　外植体灭菌

除操作人员对无菌操作流程技术掌握熟练之外，外植体本身灭菌彻底，会有效减少污染的发生。外植体的种类、取材的季节、取材部位和预处理方法及消毒方法等都会关系到外植体的带菌情况。在对材料进行表面消毒之前，应依照材料种类选择不同的消毒剂。不同材料对消毒剂的耐受力（如消毒剂种类、浓度、消毒时间）不同，选择合适的消毒剂才能达到预期效果。由于植物材料本身具有生命力，而消毒剂使用不当会在一定程度上对其造成破坏，因此，对外植体进行灭菌的原则是以不损害或轻微影响植物材料生命力且完全杀死植物材料表面的全部细菌为宜。

灭菌药剂有化学药剂和抗生素两种。常用的化学药剂主要是对外植体进行表面灭菌，特殊情况下，采用抗生素灭菌。灭菌药剂要求本身灭菌效果好，容易被蒸馏水冲洗掉或本身具有分解能力，对人体无害，对环境无污染。常用的灭菌药剂有以下几种（表4-4）：

表 4-4　常用灭菌药剂的使用和效果

消毒剂	使用浓度/%	消除难易程度	消毒时间/min	灭菌效果
次氯酸钠	2	易	5～30	很好
次氯酸钙	9～10	易	5～30	很好
漂白粉	饱和溶液	易	5～30	很好
升汞	0.1～1	较难	2～10	最好
酒精	70～75	易	0.2～2	好
过氧化氢	10～12	最易	5～15	好
溴水	1～2	易	2～10	很好
硝酸银	1	较难	5～30	好
抗生素	4～50mg/L	中	30～60	较好

（1）酒精 是最常用的表面灭菌药剂。70%～75%的酒精杀菌能力强、穿透力强，并且具有一定的湿润作用，可排除材料上的空气，利于其他消毒剂的渗入，与其他消毒、灭菌药剂配合使用效果极佳，配合使用时间常为10～30s。但应严格掌握对植物材料的处理时间，否则酒精的穿透力会危及植物自身组织细胞。酒精对人体无害，亦可使用作为接种者的皮肤消毒及环境灭菌。

（2）升汞 即氯化汞（$HgCl_2$），是剧毒的重金属杀菌剂，汞离子与带负电荷的蛋白质结合，使菌体蛋白质变性、酶失活而达到消毒灭菌效果。升汞的使用浓度一般为0.1%～0.2%，处理6～12min，灭菌效果极好。但由于升汞对人畜具有强烈的毒性，处理不当会对环境造成污染，故不优先选择其作为杀菌剂。

（3）次氯酸钠（NaClO） 它是利用有效氯离子来杀死细菌，是一种较好的表面灭菌剂。常用浓度是有效氯离子为1%，灭菌时间5～30min。市售商品名称为"安替福尼"，可用其配制2%～10%的NaClO溶液，处理后再用无菌水冲洗4～5次即可。其分解后产生的氯气对人体无伤害，在灭菌之后易于除去，不残留，对环境也无污染，使用范围较广泛。次氯酸钠具有强碱性，长期处理植物材料会对植物组织造成一定的破坏，故使用者应严格注意消毒时间。

（4）漂白粉 是一种常用的低毒高效消毒剂，其有效成分为次氯酸钙[$Ca(ClO)_2$]，能分解产生杀菌的氯气，并挥发掉，灭菌后很容易除去，对植物组织无毒害作用，一般将植物组织浸泡到5%～10%或其饱和溶液[$Ca(ClO)_2$的含量为10%～20%]中20～30min即可达到消毒的目的，处理后植物组织用无菌水冲洗3～4次。漂白粉应密封储存，防止吸潮失效，以现配现用为宜。

（5）双氧水 即过氧化氢溶液，利用其强氧化性达到灭菌效果，且它在外植体表面易除去，叶片的灭菌中应用普遍，使用浓度一般为6%～12%，但会影响人体呼吸系统，使用时应注意防护。

（6）新洁尔灭 是一种广谱型表面活性灭菌剂。它对绝大多数植物外植体伤害很小，灭菌效果很好，性质稳定，可贮存较长时间。使用时一般稀释200倍，将外植体浸入30min或更久亦可。

植物的基因型、栽培条件、外植体的来源、取材季节、取材大小和操作者的技术水平等均会影响外植体带菌情况。因此，在植物组织培养中选择合适的灭菌剂以及合适的灭菌方法对获得无菌外植体极为重要。在灭菌时，一般应首先设计灭菌实验，以选择最适灭菌剂、最适浓度和灭菌时间。有时，为使植物材料充分浸润，达到更好的灭菌效果，还需在消毒剂中加入一定量的黏着剂或润湿剂，如吐温（Tween)-20或吐温-80。有时还可配合使用磁力搅拌、超声振动、抽气减压等方法使消毒剂的消毒效果更好发挥。

消毒前材料先要用自来水冲洗10min左右，有的材料较脏，要用洗衣粉等洗涤，把泥土等清洗干净。有的地下部等组织，带须根多的还要用小刀削光滑，以利于彻底灭菌。有的材料表面着生较多的茸毛，若不经处理易造成消毒不彻底从而造成污染，对此类材料应采用流水冲洗1～2h，并且用洗衣粉或洗洁精溶液洗涤，必要时用毛刷充分刷洗，可大大提高消毒剂的消毒效果。

洗涤后的材料用滤纸吸干水分，然后浸入灭菌药剂中，灭菌时间、灭菌剂使用浓度依材料而定。一般选择两种灭菌剂配合使用。例如先用70%的酒精浸10～20s，再浸入10% NaClO溶液5～15min，随后用无菌水冲洗3～5次。

4.2.4　用具灭菌

4.2.4.1　常用器皿及用具灭菌

　　常用的灭菌方法有紫外辐射、表面杀菌剂杀菌、干热灭菌、高压蒸汽灭菌等。金属器械也可以用干热灭菌法灭菌，即将拭净或烘干的金属器械用锡箔纸包好，盛在金属盒内，放于烘箱中在120℃温度下灭菌2h，取出后冷却并置于无菌处备用。

　　高压蒸汽灭菌比干热灭菌耗能少、节约时间，灭菌效果也比干热灭菌好，因此经常采用高压蒸汽灭菌。具体方法是将需要灭菌的接种器械、玻璃器皿包扎好后，置入蒸汽灭菌器中进行高温高压灭菌，灭菌温度为121℃，维持20~30min。也可以不经预先灭菌，采用火焰灭菌法，即把金属器械放在95%的酒精中浸一下，然后放在火焰上燃烧灭菌，待冷却后再使用。这一步骤应当在无菌操作过程中反复进行，以避免交叉污染。每次使用超净工作台的时候都得把要用到的器具、器皿和材料预先放入超净工作台。

4.2.4.2　玻璃器皿、塑料器皿灭菌

　　玻璃培养容器常常与培养基一起灭菌。若培养基已灭菌，而只需单独进行容器灭菌时，玻璃器皿可采用湿热灭菌法，即将玻璃器皿包扎好后，置入蒸汽灭菌器中进行高温高压灭菌，灭菌的温度为121℃，维持20~30min。

　　也可采用干热灭菌法，干热灭菌是在烘箱内对器皿进行杀菌处理，是一种彻底杀死微生物的方法，灭菌时间为150℃ 40min或120℃ 120min。若发现有芽孢杆菌，则应为160℃ 90~120min。干热灭菌的缺点是热空气循环不良和穿透很慢，因此，干热灭菌时，玻璃容器在烘箱内不应堆放得太满、太挤，以妨碍空气流通，造成温度不均匀，而影响灭菌效果。灭菌后冷却速度不能太快，以防玻璃器皿因温度骤变而破碎，应等到烘箱冷却后，方能打开烘箱门取出玻璃容器；否则，外部的冷空气就会被吸入烘箱，使里面的玻璃器皿受到污染，甚至有炸裂的危险。

　　有些塑料器皿也可以采用高温灭菌的方法，如聚丙烯、聚甲基戊烯、同质异晶聚合物等可在121℃下反复进行高压蒸汽灭菌。而以聚碳酸酯为原料的塑料器皿经过反复的高压灭菌之后机械强度会有所下降，因此每一次灭菌时间不应超过20min。

4.2.4.3　实验服、帽子、口罩、手套的灭菌

　　工作服、口罩、帽子等布质品均用湿热灭菌法，即将洗净晾干的布质品用牛皮纸包好，放入高压灭菌锅中进行高温湿热灭菌。也可用紫外线照射灭菌。

4.2.5　污染的类型及克服方法

　　污染是组织培养中经常会遇到的问题，连同褐变、玻璃化被称为植物组织培养的三大难题。在初培养中外植体污染的问题解决不好，后续的工作就无法开展。在培养过程中出现污染，特别是出现大规模的污染会导致组织培养的失败。

4.2.5.1　污染的原因和危害

　　污染的原因主要来自两个方面：一是由于外植体材料带入的病菌；二是组织培养过程中各技术环节操作不规范如培养基、培养容器和接种器具消毒不彻底，接种室和培养室不合要求、操作时不遵守操作规程等，上述原因都可能导致污染。

污染带来的危害有很多，比如导致初代培养失败、继代培养增殖系数低、试管苗死亡或是生长速度慢、玻璃化加剧、移栽困难、成活率低甚至失败。

4.2.5.2 污染的类型

按病原污染可分为两大类，即细菌污染和真菌污染。

（1）细菌污染 细菌污染的特点是菌斑呈黏液状物，一般接种2～3天即可发现。细菌污染主要是在培养材料附近出现黏液状物，或出现浑浊的水渍状痕，或出现泡沫的发酵状等情况，或是在材料附近的培养基中出现浑浊和云雾状痕迹等。

细菌污染除可能是外植体带菌或培养基灭菌不彻底造成外，操作人员的不慎也是造成细菌污染的主要原因。比如工作人员使用了没有充分灭菌的工具及呼吸时呼出的细菌造成污染，也可能是超净工作台灭菌不彻底，还有可能是手接触材料或器皿边缘，使细菌落入材料或器皿而造成的污染。

（2）真菌污染 真菌污染的特点是培养瓶内培养基上长霉，往往会出现白、黑、黄和绿等不同颜色的菌丝块，一般在培养3～10天就会出现。

真菌性污染一般多由接种室内的空气不清洁、超净工作台的过滤装置失效以及操作不慎等原因引起。在接种的时候由于培养瓶的口径过大，使瓶口边缘的真菌孢子落入瓶内或去掉封口膜的橡皮筋时扬起了真菌的孢子，导致接种室的空气污染。

4.2.5.3 污染的控制方法

组织培养中防止污染是关键，着重要注意以下环节：

（1）植物材料的选择 用于植物组织培养的外植体，通常应选择生长健壮、无杂菌感染、无病虫害的植株，杂菌感染与外植体的大小、植物种类、植物栽培状况、分离的季节及操作者的技术有关，不能一概而论。一般是田间生长的材料比室内的材料带菌多；带泥土的材料比干净的材料带菌多；多年生木本材料比1～2年生草本植物带菌多；一年中雨季期间的植物带菌多，一天中阳光最强时的材料带菌少。

因此，在选择材料时应尽可能选择室内培养的材料。田间取得的材料先在培养室内培养长出新芽时，取其新长出的部分；对于木本植物材料，可将取回的枝条插入清水中使其萌动；对于一些较易污染的材料，可在取材前用杀菌剂、抗生素等处理。由于有些污染在短时间内不会被发现或是表现出来，所以还要对培养物做进一步的检测和处理。

（2）彻底消毒灭菌 培养基灭菌时，要检查高压蒸汽灭菌锅的温度、压力、时间和正确使用情况，保证灭菌彻底。过滤灭菌要检查过滤膜的膜孔径、过滤灭菌器的灭菌处理及过滤灭菌器操作是否正确。采用微波灭菌要检查微波频率是否稳定。

对于灭菌较困难的材料，在不伤害外植体活性的前提下可以进行多次灭菌，将切好的外植体先后两次放入不同种灭菌液中灭菌一段时间。一般采用这种方法既可以达到彻底灭菌的目的，又可以减轻对外植体表面的伤害。对于一些经过两次灭菌效果还不太理想的材料可进行3次或3次以上灭菌，以达到灭菌效果。

一般的化学药剂只能杀灭外植体表面的菌，对外植体内部所带菌的消灭通常较难。为了达到内部灭菌的目的，可在培养基中添加抗生素来解决，参考浓度为链霉素10～15mg/L、青霉素20mg/L、盐酸土霉素5mg/L、夹竹桃霉素20mg/L、杆菌肽50mg/L、新霉素1～2mg/L。

（3）控制培养环境和规范操作 培养室和接种室应保持清洁、干燥、密闭，要定期进行灭菌。可采用紫外灯照射、甲醛熏蒸、75%酒精或5% NaClO喷雾等方法灭菌，操作人员要注意手的消毒和操作规范。进行大规模的组织培养最好安装能过滤空气的装置，如能灭菌的空调等。

使用超净工作台前，先用 75％酒精擦拭台面，放入接种要用到的物品，开启换气开关和紫外灯 25～30min。接种前操作人员必须认真把手洗干净，再用 75％酒精棉球擦拭双手。接种用的镊子和解剖刀或接种针也要经常在酒精灯的火焰上灼烧灭菌，或是在灭菌器里灭菌 15s，再放入 75％的冷却酒精中冷却。接种的时候一定要戴口罩，避免口中的微生物吹入。接种完后，将瓶口置于酒精灯火焰上转动，使瓶口各部分都被灼烧，目的是固定或杀死留在瓶口上的病菌和微生物，然后再封口。

4.3 外植体的种类及其接种技术

外植体（explant）是由活体生物上切取下来的那一部分用于离体培养的器官、组织或细胞，能否选择合适的外植体在很大程度上影响着植物组织培养的成败。将外植体接种到培养基上是植物组织培养的第一步，通常把这一步骤称初代培养（primary culture）。

4.3.1 外植体的种类

虽然理论上植物的一切器官、组织和细胞都具有发育成为完整植株的潜力，即植物细胞具有全能性，但在实际中，不同的植物种类、同一植物的不同器官甚至同一器官的不同生理状态，对外界的诱导反应能力和其本身的再分化能力都是不同的。故依据培养目的不同，选取外植体应有针对性。

（1）带芽外植体　如茎尖、侧芽、原球茎、鳞芽等，利用此类外植体进行培养有两个目的，一是诱导茎轴伸长，为此需要在培养基中添加植物生长素和 GA；二是抑制主轴的发育，促进腋芽最大限度生长，以产生丛生芽，为此则应在培养基中加入细胞分裂素。这类外植体产生植株成功率高，而且很少发生变异，容易保持材料的优良特性。

（2）胚　胚培养是指对在自然状态和在试管中受精形成的各个时期的胚进行离体培养。胚由大量分生组织细胞构成，其生长旺盛易于成活，是重要的组织培养材料。胚培养主要分为成熟胚培养和幼胚培养。

（3）分化的器官和组织　如茎段、叶、根、花茎、花瓣、花萼、胚珠、果实等，这类外植体大多由已分化的细胞组成。由这类外植体接种的材料，常常要经过愈伤组织阶段再分化出芽或胚状体而形成植株，因此，由这类外植体形成的后代可能有变异。有些器官还可以不经愈伤组织直接形成不定芽或体细胞胚胎。如叶是植物进行光合作用的自养器官，又是某些植物的繁殖器官，对其进行离体培养通常可以建立快速无性繁殖体系，以便研究植物光合作用、叶绿素形成等理论问题，不容易污染，操作方便，在植物遗传育种中应用普遍。

（4）花粉及雄配子体中的单倍体细胞　这些细胞里只有体细胞中一半的染色体，可以作为外植体进行组织培养。小孢子培养在植物细胞组织培养中应用普遍，并收到了很好的效果。

4.3.2 外植体的选择

在植物组织培养中，外植体的选择是植物组织培养中的关键因素之一。适宜的外植体在离体条件下容易培养。因此，有必要对外植体进行选择。选择外植体应注意以下原则：

（1）再生能力强　从健壮植株上选取生长发育正常的组织或者器官作为外植体，这样的组织或器官生长代谢旺盛，再生能力强。同样生长良好的细胞或组织，分化程度越高其再生能力越弱，越不易进行脱分化。应尽量选择分化程度低的植物材料作为外植体。一般情况下，年幼的组织优于年老组织，幼年组织比老年组织有更好的形态发生能力。在季节方面，应尽量在植株生长旺盛的季节取材，这样选择的材料其内源激素含量较高，有利于再分化。

（2）材料易得且遗传稳定 确定取材部位时，一方面要考虑培养材料的来源是否丰富，另一方面也要考虑外植体材料经过脱分化产生愈伤组织是否会引起不良变异，丧失原品种的优良性状，从而做到保质保量。因此，应选择容易取得且变异少的材料作为外植体。

（3）灭菌容易 为减少植物组织培养中来自外植体的污染，入选的外植体材料要尽量少带菌。通常，植物地上组织比地下组织灭菌容易，一年生组织比多年生组织灭菌容易，幼嫩组织比老龄组织灭菌容易。温室材料比田间材料带菌少，在人工光照培养箱里萌发的材料其灭菌效果更好。

（4）外植体大小 在许多植物材料的组培中发现，外植体材料大，灭菌工作很难彻底，容易产生污染，而且浪费植物材料；外植体材料太小，多形成愈伤组织，成活率较低，除非用于去除病毒，否则外植体不宜过小。一般茎尖培养存活的临界大小应为一个茎尖分生组织带 $1 \sim 2$ 个叶原基，大小为 $0.1 \sim 0.5mm$；叶片、花瓣等为 $0.5 \sim 1.0cm^2$；茎段长 $0.5 \sim 1.0cm$。

4.3.3 外植体的接种

视频 4-1
接种前准
备工作

视频 4-2
外植体的
接种过程

在无菌条件下，将消过毒的外植体切割成所需大小并将其转移到适宜培养基上的过程，叫做外植体接种。

4.3.3.1 接种前的准备

每次接种前要对接种室进行全面消毒，可使用70%的酒精对空气中的细菌和真菌孢子进行沉降，超净工作台应先使用70%的酒精擦拭，之后用紫外灯照射20min以上，有条件的情况下还可使用臭氧发生器对接种室进行消毒，接种过程中所使用的所有器械如镊子、解剖刀等都要事先进行高压灭菌处理，使用灭菌器时应提前打开，使接种时温度已上升到设定值。操作中，使用过的器械应经常灼烧灭菌并注意冷却以免灼伤外植体。

操作人员使用的接种服、帽子、口罩等要保持干净清洁并定期进行消毒处理，在接种时，操作人员也应时刻注意对手和双臂用70%的酒精进行消毒。接种时应戴口罩，不与他人交谈，动作要轻，以免带入杂菌导致污染的发生（二维码视频4-1）。

4.3.3.2 外植体的接种

外植体的接种步骤如下（二维码视频4-2）：

（1）在无菌条件下切取消过毒的植物材料，较大的材料可肉眼直接观察切离；较小的材料需要在双筒实体显微镜下操作。切取材料通常在无菌培养皿或载玻片上进行。

（2）将试管或三角瓶等培养容器的瓶口靠近酒精灯火焰，瓶口倾斜，将瓶口外部在火焰上灼烧数秒，然后轻轻取出封口物（如铝箔、棉塞等）。

（3）将瓶口在火焰上旋转灼烧后，用灼烧后冷却的镊子将适宜大小的外植体均匀分布在培养容器内的培养基上。

（4）将封口物在火焰上灼烧数秒，然后将接种好外植体的接种容器口再次灼烧并封住瓶口。

（5）接种后要在接种容器上注明接种物名称、接种日期、处理方法、接种人等，便于以后的区分和观察。

4.4　培养条件及其调控技术

外植体接种后，需在适宜的条件下对其进行培养。对外植体进行培养的条件也称微环境条件，它一般包括温度、光照、湿度、气体、培养基渗透压及 pH 等。

4.4.1　温度

温度对植物组织培养有重要影响。一个培养室内要培养多种不同植物，但不同植物所需最适温度不同，通常控制在 25℃左右的恒温条件下培养，以最高不超过 35℃、最低不低于 15℃为宜。植物种类繁多，其起源和生存的生态环境不同，培养温度也应依照培养材料种类进行调整。例如，山葵在 18℃左右、马铃薯在 20℃、倒挂金钟在 22～24℃、菠萝在 28～30℃较适宜。如果利用智能型光照培养箱，还可依照植物生态习性采用变温培养。

4.4.2　光照

光照对植物细胞、组织、器官的生长和分化有着极其重要的作用，主要表现在光照强度、光质、光周期等方面。

一般情况下，培养室的光照要求在 1000～6000lx，常用的光照强度在 3000～4000lx，不同植物或同一植物的不同生长时期对光照强度的要求不同，但大多数植物在有光的情况下均生长分化良好。天竺葵愈伤组织诱导不定芽时每天 15～16h 光照效果较好；而在一些植物的组织培养中，已表明其器官的形成并不需要光，如烟草、荷兰芹等。另外，在有些植物组织培养中，为了消除光对根形成的抑制作用，需要在培养基中加入活性炭，提高根的形成率。

光质影响细胞分裂和器官的分化，对愈伤组织的诱导、增殖及器官分化也有显著影响。不同的光质对植物器官分化影响不同，例如，红光对杨树愈伤组织有明显促进作用，而蓝光则对其有抑制作用。研究表明，蓝光条件下，绿豆下胚轴愈伤组织形成良好，远优于白光和黑暗条件。蓝光对烟草愈伤组织的分化也有明显促进作用，红光对烟草的芽苗分化起促进作用。

光周期是影响外植体分化的条件之一。长日照和短日照植物对不同光周期的反应差异较大，大多数植物对光周期敏感。在葡萄茎段组织培养中，对短日照敏感的品种，仅在短日照培养条件下形成根，而对日照不敏感的品种则在不同光周期下均可形成根。光周期在一定程度上影响培养物的形态建成，例如，在天竺葵组织培养中，芽的诱导以 15～16h 光照发生最多，连续光照会使愈伤组织变绿，不能形成芽。光周期对大蒜鳞茎、马铃薯块茎等变态器官的形成也有显著作用。植物组织培养中常使用的光周期是光照 16h、黑暗 8h。

4.4.3　气体

无论采用固体培养或者是液体培养，培养物均不宜完全陷入培养基，这样会导致培养物缺氧致死。继代培养中烘烤培养容器口时间过长、培养基中的激素含量过高等均会诱导乙烯的合成。高浓度的乙烯会抑制培养物的生长和分化，培养细胞会呈现无组织和结构的增殖现象，导致培养物不能进行正常的形态发生。除此之外，植物生长代谢过程中产生的二氧化碳、乙醇、乙醛等物质，浓度过高也会对培养物的生长发育造成抑制和毒害作用。

4.4.4 湿度

湿度对组织培养的影响主要表现在培养容器内湿度和培养环境湿度两个方面。在组织培养初期，培养容器内的湿度几乎达到100％，而培养环境湿度却变化很大，它会影响培养基的水分蒸发，从而会影响培养容器的湿度，因此，环境湿度一般要求70％～80％。湿度过低会导致培养基失水干枯致使其组分浓度发生变化，不能满足植物生长要求；湿度过高培养基容易滋生霉菌等，造成污染。

4.4.5 培养基的渗透压

培养基的渗透压主要影响植物细胞对养分的吸收，只有当培养基中组分的浓度低于植物细胞内浓度时，根据渗透作用，植物细胞才能从培养基中吸取养分和水分。

糖有调节培养基渗透压的作用，常用的是蔗糖，有时候也可用葡萄糖和果糖代替。培养基中糖的浓度应依照培养要求确定，多数植物对糖浓度的要求在2％～6％，根分化只需2％～3％即可满足要求。体细胞胚胎的发生需要大量的糖，一般最高可达15％。高浓度蔗糖对百合、大蒜等试管鳞茎诱导有一定促进作用。

4.4.6 培养基pH值

培养基pH的调节对植物组织培养有重要意义，不同植物材料对pH的耐受性不同，范围也有很大差距。pH值不但影响培养基的硬度，还影响着植物对培养基组分的吸收，因此，配制培养基时有必要调节其pH。

大多数植物对微酸性环境适应性较好，配制培养基的pH值在5.6～5.8较好。生长在酸性土壤上的植物可适当降低培养基pH值，但不可过低。随着植物对培养基中营养物质尤其是金属离子的吸收，pH值会随之降低，因此，在植物培养一段时间后应选择更换培养基，也可在条件允许的情况下，增加培养基数量，并尽量选用营养吸收较均匀的培养基类型。

4.5 继代培养技术

4.5.1 继代培养的作用

植物材料长期培养中，若不及时更换培养基则会出现以下情况：培养基营养丧失，对植物生长发育产生不利影响，造成生长衰退现象；培养容器体积充满，不利于植物呼吸和导致植物生长受限；培养过程中积累大量代谢产物，对植物组织产生毒害作用，阻止其进一步生长，故当培养基使用一段时间后有必要对培养物进行转接，即进行继代培养（subculture）。

对培养材料进行继代培养的主要目的是使培养物增殖，快速扩大培养物群体，有利于工厂化育苗的进行。

4.5.2 继代培养中的驯化现象和衰退现象

在植物组织培养的早期研究中，发现一些植物的组织经长期继代培养会发生一些变化，在开始的继代培养中需要生长调节物质的植物材料，其后加入少量或不加入生长调节物质就可以生长，这就是组织培养中的驯化现象。如在胡萝卜薄壁组织培养过程中，在初代中加入6～10mg/L的IAA，才能达到最大生长量，但经多次继代培养后，在不加IAA的培养基上也可达到同样生长量，一般在一年以上，或继代培养 10 代以上出现驯化现象。在蝴蝶兰和蕙兰的继代培养中也存在相似现象。

对驯化现象的解释，可能是由于在继代培养中细胞积累了较多的生长物质，可供自身的生长发育，时间越长，对外源激素的依赖越小。因此，在继代培养中应注意继代培养代数，并根据继代培养代数的增加适当减少外源生长调节物质的加入。但长期的"驯化"不一定好，如卡特兰实生苗在长期的加香蕉的培养基中继代，最后造成只长芽不长根，芽的增长倍数很高，但芽又细又弱，不利于生根壮苗。为了调整这种状况，需要转入增加了生长素的培养基中过渡培养，经过一至几次继代才可长出较多的根。

培养材料经多次继代培养，而发生形态能力丧失、生长发育不良、再生能力降低和增殖率下降等现象，称为衰退现象。衰退现象的发生原因目前并不明确，一种解释是由于长期的愈伤组织分化使得"成器官中心"（拟分生组织）丧失；另一种是形态发生能力的减弱和丧失，与内源生长调节物质的减少或产生调节物质的能力丧失有关。此外，也可能是细胞染色体出现畸变，数目增加或丢失，导致分化能力和方向的变异。衰退现象还可能与下列因素有关：

（1）植物材料的影响　继代繁殖能力与培养植物的种类、品种、器官和部位密切相关。一般是草本＞木本；被子植物＞裸子植物；年幼材料＞老年材料；刚分离组织＞已继代的组织；胚＞营养体组织；芽＞胚状体＞愈伤组织。

（2）培养基及培养条件　培养基及培养条件对继代培养影响很大，故常改变培养基和培养条件来保持继代培养，如在水仙鳞片基部再生子球的继代培养中，加活性炭的培养基中再生子球比不加活性炭的要高出一至几倍。

（3）继代培养次数　继代培养次数因培养材料而异，有的材料长期继代可保持原来的再生能力和增殖率，如矮牵牛、非洲菊、蝴蝶兰等。有的经过一定时间继代培养后才有分化再生能力；而有的随继代时间加长，分化再生繁殖能力降低，如杜鹃茎尖外植体，通过连续继代培养，产生小枝数量开始增加，但在第四代或第五代则下降，虽可用光照处理或在培养基中提高生长素浓度以减慢下降，但无法阻止，因此必须进行材料的更换。在保持生长量和增殖倍数的同时，应尽量减少继代培养的代数，防止变异现象发生而改变植物原有特性。

（4）培养季节　有些植物材料能否继代与季节有关。百合鳞片分化能力的高低，表现为春季＞秋季＞夏季＞冬季。球根类植物组织培养繁殖和胚培养时，就要注意继代培养不能增殖，是因其进入了休眠状态，可通过加入 GA 和低温处理来打破休眠。

（5）增殖倍数调控　一般能达到每月继代增殖 3～10 倍，即可用于大量繁殖。盲目追求过高的增殖倍数，一是所产生的苗小而弱，给生根、移栽带来很大困难；二是可能会引起遗传不稳定。因此，合理控制增殖倍数，形成有效试管苗，以达到最佳效果。

4.6　试管苗驯化移栽技术

在试管苗的组织培养生产和实验中，往往容易出现组培苗移栽不成功的情况，或者移栽的成活率过低，或者移栽后试管苗生长差，甚至移栽后的试管苗全部死亡。为了提高移栽试管苗的成活率，在移栽前对其进行驯化是很有必要和很奏效的措施。

4.6.1　试管苗特点

由于试管苗生长培养的环境条件与外界的自然环境不同，试管苗与田间苗的形态和生理特征存在着差异。其主要特点是试管苗生长在高湿、低透气性、弱光照、恒温、充足养分的条件下。在这样的生长环境条件下形成了试管苗根、茎、叶特有的形态结构和生物学特性。脱离这样的环境，如果直接移栽到田间或是与田间相近的环境中，极容易因失水发生萎蔫，或是染病等导致死亡。

（1）根 最先表现为试管苗的根与运输系统连接不畅。有些试管苗的根是通过愈伤组织形成的，与茎叶维管束系统不相通，需将芽切下转移到生根培养基上再生根，才与茎的维管束相通，移栽才能成活；此外，经过愈伤形成的次生根容易在与愈伤组织的连接处断裂。其次根系没有根毛或是根毛很少，这样就造成了根系的吸收能力和效率极低，根系的水分难以满足试管苗的蒸腾作用的消耗，养分也不能充分输送到各个器官，小苗体内的水分和养分都难以达到平衡。

（2）叶 在高湿、弱光和低透气条件下分化和生长的叶，导致出现保卫组织细胞数量少等现象，使叶面保护组织不发达甚至完全缺失，容易失水萎蔫。在这样的条件下长成的叶片叶绿素含量不高，叶片嫩而且比较薄，所以试管苗的光合能力极低，容易被自然光灼伤。

（3）组织 试管苗的茎比较细弱，组织幼嫩、结构不紧密，细胞的含水量很高，内含物比较少，机械组织很不发达，移栽过程中容易发生机械损伤而降低成活率。试管苗生长在无菌的培养瓶内，抗病虫害能力特别低，容易染病，导致出现烂根、烂茎等症状。

4.6.2 试管苗驯化

植物组织培养中获得的小植株，长期生长在试管或三角瓶内，体表几乎没有什么保护组织，生长势弱，适应性差，要露地移栽成活，完成由"异养"到"自养"的转变，需要一个逐渐适应的驯化过程（acclimatization），在移栽前要对试管苗进行适当的锻炼，使植株生长健壮、叶片浓绿、抗性和对外界环境的适应能力增强，以提高移栽成活率。

试管苗驯化主要有三个阶段：第一阶段是在试管苗出瓶之前，逐渐加强光照，打开封口增加通气性，逐步适应外界的环境条件，这个驯化过程在驯化室或是组织培养室进行，注意试管苗不能离开培养瓶，在此期间驯化室或组织培养室需5～7天灭菌1次，这个过程称为"瓶内驯化"，一般需要10～20天；第二阶段是从培养室移出后，用25℃左右的清水洗去培养基，再用低浓度生根粉溶液浸泡根部5min左右；第三阶段是将试管苗移栽至营养钵或苗床，要经过一段保湿和遮光阶段，这个阶段称为"瓶外驯化"。

不同的植物组培苗，是经过不同程序、不同培养基、不同继代次数及不同的发生方式而来的。健壮苗要求根与茎的维管束相连通，不是从愈伤组织中间发生，而是从茎木质部上发生的。同时不仅要求植株根系粗壮，还要求有较多的不定根，以扩大根系的吸收面积，增强根系的吸收功能，提高移栽成活率。试管苗驯化的时间、时机和方式因不同植物而异，通常情况是经过继代培养的芽或茎段接种至生根培养基或是MS培养基以后，就可以将长出根的试管苗从培养室移出，放置于较强的光下进行光照锻炼。试管苗的驯化应注意以下事项：

（1）培养时间 马铃薯在生根培养基中一般需要培养20～28天，大花飞燕草需要10～15天，八宝剑凤梨一般在生根培养基上培养1个月后再炼苗。总之要根据不同的植物灵活掌握。

（2）生根 马铃薯的试管苗根长度长到2～3cm，根系发达时炼苗正合适；而对大樱桃砧木，则根长到0.5cm时最好，并不是根系越长越多驯化时机越好。

（3）光照强度 通常情况，培养室的日光灯的强度为2000～4000lx，而春夏中午室外的自然光照度可达30000lx以上。一些喜光的植物如枣、刺槐、马铃薯等可在全光下进行炼苗，玉簪、白鹃芋、绿帝王等耐阴植物则需要在光照强度较弱的地方炼苗，萱草、月季等可以在50%～70%的遮阴网下进行炼苗。

（4）驯化时间 一般情况下驯化时间在7天左右。不同植物需要的时间有差异，马铃薯一般为5～7天，枇杷需要自然光锻炼20天左右，欧洲甜樱桃和草莓温室自然光下炼苗5～10天，葡萄、枣树一般为2周左右。

（5）驯化温度　脱毒马铃薯试管苗的温度不要超过 25℃，草莓驯化时温度控制在 15～25℃。

（6）容器开口的控制　枣树、绿巨人直接打开瓶口就行，而刺槐、霞草极易枯萎，所以应控制培养室的湿度，逐渐打开瓶口，并且揭盖最好选在空气湿度开始增加的傍晚，以便逐渐适应外界环境。马铃薯、草莓则是逐渐打开封口膜直到封口膜完全去掉，开口过程一般小于 3天，因为瓶内苗接触外界时间长了，培养基容易感染病菌而污染，降低苗的成活率，因此培养室最好每天灭一次菌。

4.6.3　试管苗移栽

组培试管苗经过一段时间的驯化后，对自然环境已经有了一定的适应能力，即可进行移栽。移栽的方式有容器移栽和大田移栽。

驯化后的试管苗先移栽到带蛭石的穴盘、营养钵等育苗器中，称为容器移栽。根据幼苗的大小选择不同的穴盘，如 72 穴、128 穴等。穴盘移栽的优点在于每株幼苗处于一个相对独立的空间，如果发生病害，则不会快速蔓延到临近植株，引起其他植株的死亡。在育苗器中当苗长到商品苗的要求时，就可以进行出售或定植。对有些试管苗，如树木试管苗容器移栽后经过一段时间的培育，幼苗长大后还要移到大田中，称为大田移栽。移栽基质的选择要有利于疏松透气，同时有适宜的保水性，容易灭菌处理，不利于杂菌滋生等。常用的基质有粗粒状的蛭石、珍珠岩、粗沙、炉灰渣、谷壳、锯末、腐殖土或营养土等，根据植物的种类特性，将它们以一定的比例混合应用。而兰科植物试管苗最好用草苔。具体方法是：移栽时，首先将试管苗从所培养的瓶中取出，取时要用镊子小心地操作，切勿把根系损坏，然后在 20℃左右的清水中浸泡 10min 并换水 2～3 次，直到把根部黏附的琼脂全部除去，而且动作要轻，以减少伤根伤苗。

试管苗的移栽应注意以下几个问题：

（1）从瓶中取苗时，为了防止折断苗根，损伤植株，应注意用力不能太猛。如果培养基太干燥可以先用清水浸泡一段时间，等培养基变软了再取苗。

（2）清洗试管苗时，用力要轻，将附于其上的培养基和松散的愈伤组织清理干净，否则，可能会导致霉菌污染而烂根；用剪刀剪掉试管苗根的过长部分，蘸上生长素（50～100mg/L 吲哚乙酸或萘乙酸）或生根粉后移入苗盘。

（3）选择的育苗基质要疏松、排水性和透气性好，常用蛭石、珍珠岩、粗沙、炉灰渣、谷壳和锯末，最好使用理化性质好的复合型基质。使用基质时一定要彻底消毒，特别是重复使用过的基质更应注意，可以用 0.3%～0.5% 的高锰酸钾，也可以通过 175℃高温消毒。基质的湿度也不能太大，基质水分过多会导致通气不良而影响根的发育，进而可能导致烂根以及秧苗死亡。

（4）移植试管苗，应在无风阴湿的天气，尤其是一些移栽成活率较低的植物，空气湿度和光照条件是其能否成活的重要影响因子。刚移栽的小苗，应该进行短期遮阴。经过一段时间的生长后，才能逐步加强光照，使试管苗慢慢适应自然环境。

（5）移栽时先在营养钵或穴盘中装入基质至 1/4 处，左手轻拿试管苗，右手将苗均匀分布于营养钵中。

（6）对于一些移栽难以成活的试管苗可以采用特殊方法，增加移栽成活率。张倩等（2012）为降低牡丹试管苗移栽风险，提出"无菌容器育苗法"，即生根、移栽一步法，在特制的微型容器内填装栽培基质，置入培养瓶内，加入液体培养基，灭菌，接种，培养使之形成微型容器苗，炼苗后不经过移栽直接进入驯化阶段，不定根得到有效保护，牡丹矮化品种"明星"小植株成活率至少比试管内生根的高 15%。

（7）移栽后的管理，组培苗从无菌异养培养，转入到温度高、湿度小的自养环境中，由于组织幼嫩，易滋生杂菌，造成组培苗霉烂或根茎处腐烂而死亡。因此，必须保证较大的空气湿度（75％左右），如果光照强度过大应该进行适当遮阴，温度也不能太高，如有良好的设备或配合适宜的季节，使基质温度略高于空气温度 $2\sim3℃$，则更有利于生根和促进根系的发育，提高成活率。生长环境应保持清洁，并在整个生长期每间隔 $7\sim10$ 天轮换喷1次杀菌剂，如多菌灵、百菌清、甲基托布津等预防病菌危害。组培苗移栽1周后，可施些稀薄的肥水，视苗大小，浓度逐渐由 $0.1％$ 提高到 $0.3％$ 左右，也可用 $1/2$ 的 MS 大量元素的水溶液作为追肥，以加快组培苗的生长与成活。

小　结

　　培养基是培养物生长分化的基质，是植物组织培养成功的关键，培养基依据其组成成分分为基本培养基和完全培养基：基本培养基仅含有无机营养、有机营养和水分；而完全培养基是在基本培养基的基础上，添加了各种植物生长调节剂以及附加物等。生长调节物质（植物激素）是培养基中的关键物质，在植物组织培养中起着决定性作用。培养基有固体培养基和液体培养基之分，其区别在于是否加入凝固剂（如琼脂）。培养基种类很多，但较常用的有 MS、B5、White 和 N6 培养基。培养基种类和激素配比直接影响培养材料的生长发育和分化。因此，在植物组织培养中，要根据培养材料的特点和培养目的，选择合适的培养基。配制培养基时要预先配制好一系列母液，母液的配制方法有两种，即单一化合物母液和几种不同化合物的混合液，培养基的配制要严格按照配制工艺流程进行操作。

　　植物组织培养的特点是无菌，要保证培养环境的无菌和培养过程的无菌操作，可利用物理的和化学的方法对培养的环境和使用的培养基及用具等进行灭菌。培养基常采用高温湿热灭菌法，外植体常采用化学药剂法进行灭菌。外植体是指用于植物组织培养的植物材料。进行组织培养时要尽量选择本身带菌少、容易灭菌、遗传稳定的材料。

　　植物组织培养和栽培植物一样，也受温度、光照、培养基的 pH 值和渗透压等各种环境因素的影响，因此需要严格控制培养条件。此外，由于植物的种类、取样部位及时间的不同，其要求也有差异。在培养基中养分被消耗殆尽时，需要对植物材料进行继代培养，继代培养可迅速增殖培养物，增加繁殖率，培养多代后，可能出现植物自身的驯化现象，即不使用初代培养所用激素就可满足植物生长发育要求；但若用之不当则会产生衰退现象，使得培养物形态发生能力丧失、生长发育不良，不能正常进行生理活动。当培养材料增殖到一定数量后，就要使部分培养物分流到生根培养阶段，并进行进一步的驯化移栽，使其适应外界的栽培环境，以获得高质量的商品苗。

思　考　题

1. 培养基的主要成分有哪些？各有什么作用？
2. 常用的植物生长调节物质有哪几种？它们的主要作用是什么？
3. 常用培养基的类型有哪些？如何对培养基进行选择？
4. 试述培养基配制的过程。
5. 主要的灭菌方法和特点及其应用有哪些？
6. 常用外植体灭菌的杀菌剂有哪些？灭菌原理都是什么？
7. 组织培养中的污染主要有哪几类？如何控制组织培养中的污染问题？
8. 如何选择合适的外植体？
9. 继代培养中植物材料会出现哪两种常见的现象？产生此情况的原因可能是什么？
10. 试管苗移栽的时候应注意哪些问题？

第5章

植物器官培养

植物器官培养（plant organ culture）是指在离体条件下利用植物根、茎、叶、花及果实等器官作为外植体（explant）的无菌培养（asepsis culture）。器官培养的重要特点是能够保持原有器官的遗传组成。在组织培养（tissue culture）研究中，以器官作为外植体应用最为广泛，并经常能够取得预期效果。通过器官培养不仅可以研究植物组织培养中器官分化、植株再生等的机理和基本理论，最重要的是可以通过器官培养快速大量地繁殖苗木、脱去植物体内的病毒、对苗木进行更新复壮、保存和繁殖珍稀植物材料等。以下重点介绍离体根段培养、茎段培养、叶培养、花器官培养和幼果培养。

5.1 植物器官培养的程序

5.1.1 外植体的选择、消毒及其接种

5.1.1.1 外植体的选择

（1）取材部位 应选择器官和组织上相对幼嫩的部分，例如，在茎段培养中，与上端相比，茎尖以下年龄较老的节段培养效果不好，消毒也相对困难。同时，植物的基本器官，如根、茎、叶、叶柄、花器官和果实等均可作为器官培养中快速繁殖的外植体（图 5-1）。如在花椰菜的无性繁殖中，Crisp 等使用了尚未展开的花序切段，它们含有大量的分生组织，这些分生组织在培养中能恢复为营养芽，并形成带叶片的枝条；在对根状茎植物，如草莓等进行微繁时，通常是使用匍匐枝的茎尖；在叶片培养中，通常选择嫩叶作为外植体。

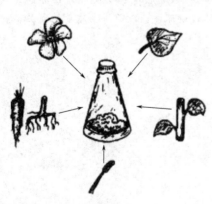

图 5-1 植物器官培养的不同外植体

（2）外植体的生理状态 切取外植体时，母体植株的生理状态对于芽的分化有明显影响。在生长季开始时（如春天）由活跃生长的枝条上切取茎尖等外植体，其诱导器官培养成功的可能性较高；使用温室或培养室中的植株作为外植体的培养效果也可能比露地材料的效果好。

（3）植物种类和品种（基因型）　不同植物种类培养效果不同，一般木本植物较草本植物困难。对于某种植物来说，可能是某一种外植体较易成功，而其他外植体则效果差，因此要进行外植体种类筛选。在茎培养中，茎尖、腋芽或小茎段应作为快速繁殖的首选外植体。

5.1.1.2　材料的消毒

（1）消毒剂　可以应用 10%～12% H_2O_2 消毒 5～10min，或 0.1%～1% $HgCl_2$ 消毒 2～10min，或饱和漂白粉溶液消毒 10～30min，或 1% 硝酸银消毒 5～30min，或 0.1% 次氯酸钠消毒 10～20min 等。消毒时，常将 70% 酒精与其他消毒剂配合使用。例如：猕猴桃的叶片消毒，在 70% 酒精中漂一下再放入 0.1% $HgCl_2$ 中消毒 5min，效果较好，但 $HgCl_2$ 有毒，容易造成环境污染，应尽量减少使用。

（2）影响消毒效果的因素

① 消毒剂种类和消毒时间　要针对不同的外植体，选择合适的消毒剂。消毒时间是影响消毒效果的重要因素，要经过实验，筛选出合适的消毒时间，时间过长容易造成外植体死亡或分化能力下降，过短则容易造成外植体污染。

② 消毒方法　对于包在很多成熟叶片中的茎尖或鳞茎中央的鳞片来说，只要把芽或鳞茎用 70% 酒精消毒，并小心剥掉外层结构，解剖出来的即是无菌的。种子消毒，可以直接进行，不必切割；如果叶片过大，应该切割后消毒；茎段、茎尖或带有鳞片的芽消毒，应切割后进行。茎段切成 2～5cm 的小段。花序应该在未展开之前消毒。

③ 接种室　接种室应保持无菌状态，定期用紫外灯等方法进行消毒，避免不必要的人员流动等。

④ 材料所处地点及取材时间　如果采用温室植株，可能比室外植株易消毒，春季取材比秋季取材易消毒。

⑤ 外植体处理　例如，采用切枝水培方法，为避免木本植物的污染，可以先剪下木本植物枝条，放入室内水中，长出嫩的枝叶后取外植体，效果非常好，其污染频率会大大降低。

5.1.1.3　外植体的接种

经过消毒的外植体，在无菌条件下接种到培养基中进行离体培养。

5.1.2　形态发生

外植体可以通过各种不同的途径，形成完整植株，归纳起来有以下几种：不定芽（adventitious bud）途径、胚状体（embryoid）途径、其他特殊器官（原球茎、小鳞茎等）途径等。

5.1.2.1　通过"不定芽"途径形成再生植株

凡是在叶腋和茎尖以外任何其他部位，所形成的芽统称为不定芽。在组织培养产生再生植株过程中，不定芽途径是比较常见的一种，因为在组织培养中所形成的大量的芽，既不在叶腋，也不在苗端，而是在愈伤组织（callus）上，其不定芽形成过程包括以下步骤：

（1）愈伤组织形成　以油橄榄的嫩茎段在怀特（White）基本培养基上附加 NAA 4mg/L 培养时，经过切片观察表明，茎段的表皮、皮层、髓部薄壁细胞、木质部薄壁细胞、韧皮部薄壁细胞等均能起动，经脱分化（dedifferentiation）而形成愈伤组织。其形成过程大致可分为以下 3 个时期。

① 诱导期　这些已经分化了的细胞改变了原来的发育途径，失去了原有的生理功能，细

胞内的 RNA 含量急剧增加，细胞质逐渐稠密，液泡变小，细胞核和核仁变大，并移动至细胞中央，细胞的形状趋于圆形，结果细胞重新恢复到分生状态，并具有胚性的分生细胞。即细胞"返老还童"，细胞被起动，脱分化，细胞体积变小。

② 分裂期　已脱分化的细胞全面进行活跃的细胞分裂，形成大量的薄壁细胞，核仁和核更大，RNA 含量继续上升，进而形成了肉眼可见的愈伤组织球体。

③ 愈伤组织形成期　愈伤组织进一步发展，细胞分裂较多出现在愈伤组织的周缘近表面部分形成愈伤组织形成层，其形成层内部的细胞显著长大，液泡变大，细胞质减少，核和核仁变小，移动至细胞周缘，RNA 含量急剧下降，此时愈伤组织已经长得很大，在外植体切口处可明显见到一团愈伤组织。

以上对愈伤组织形成过程的划分并不具有严格的意义，实际上，特别是分裂期和形成期的愈伤组织往往出现在同一块组织上，另外一些研究者反复指出：细胞脱分化的结果虽然大多数情况下是形成愈伤组织，但这绝不意味着所有的细胞脱分化结果都必然形成愈伤组织。越来越多的实验证明，一些外植体的细胞脱分化后，可直接分化为胚性细胞而形成体细胞胚。

(2) 不定芽形成　将愈伤组织接种到分化培养基上，如油橄榄愈伤组织在 White 基本培养基上附加 6-BA 2mg/L、NAA 0.2mg/L 之后培养，就可以进行组织和器官的分化。器官发生过程中，愈伤组织内部进行活跃分裂的细胞形成一团团的分生细胞，叫分生组织结节（meristemoid）。分生组织结节分化的结果是形成一堆堆维管组织，叫维管组织结节（vascular tissue）。外围的细胞进行平周分裂形成类似形成层的层状细胞，内部分化为管胞或导管。而起源于愈伤组织表面的散生分生细胞团产生单向极性，分生细胞数量逐渐增加，并向外扩展到愈伤组织的表面，形成苗端分生组织。苗端分生组织细胞，其原生质稠密，细胞核显著增大，从而进一步分化为叶原基而形成芽。

5.1.2.2　通过"胚状体"途径形成再生植株

胚状体的形成过程，是从离体培养的外植体，经细胞起动脱分化开始的。但是其整个发育过程与不定芽的形成方式不同，而与合子胚的形成过程类似，经历原胚（proembryo）、球形胚（globular embryo）、心形胚（heart-shaped embryo）、鱼雷胚（torpedo-shaped embryo）和成熟胚（mature embryo）5 个发育时期。

在非洲紫罗兰的叶片培养中，就是通过胚状体途径得到了大量优质种苗。离体叶片培养在 MS＋6-BA 2mg/L＋NAA 0.2mg/L 时，经过 10～15 天，叶片逐渐变大、肥厚，并形成愈伤组织，然后，肿胀突起部分的表面出现密集的小突起，这与一般的芽点不同，呈绿色球形小点，这些球形小点就是胚状体的球形胚期。发育经过心形胚阶段后，逐渐出现两极分化，既有苗端的生长又有根的生长，并将形成根芽齐全的幼胚，这是鉴定胚状体的一个重要特征。然后是形成鱼雷胚期。胚状体进一步长大，子叶伸长，开始有苗端分生组织的发生，最后从愈伤组织上游离出来，形成完整的幼苗。

胚状体形成除可以从愈伤组织上产生外，也可以由组织或器官等外植体直接产生，可以由外植体的表皮细胞，也可以由游离的单细胞（如胡萝卜根组织的悬浮培养细胞）产生。但究竟是什么原因能促使胚状体产生，其机理虽然还不完全清楚，但已明确了有以下因素会影响体细胞胚状体的形成。

(1) 培养基中激素的种类和浓度　在离体胡萝卜细胞悬浮培养和咖啡组织培养中，将产生的愈伤组织由含有 2,4-D 的培养基上转移到不含 2,4-D 的培养基时，会产生胚状体。在南瓜中，NAA 和 IBA 组合能促进胚胎发生。据报道，在胡萝卜和柑橘组织培养中，IAA、ABA 和 GA 组合抑制胚胎发生，由此推测，可能是 GA 抑制胡萝卜和柑橘的胚胎发生。

（2）氮源种类和比例　在胡萝卜叶柄培养时，在以硝酸钾为唯一氮源的培养基上建立起来的愈伤组织，必须在培养基中加入生长素才能形成胚状体。但是，如果在含有（55mmol/L）KNO_3 的培养基中加入少量（5mmol/L）NH_4Cl 时，即使培养基中不加生长素，也会形成胚状体，说明硝态氮中加入少量铵态氮会增加（NH_4^+ 还原态氮）胚状体发生的百分率。在胡萝卜中，NH_4^+ 和 NO_3^- 的比例影响体细胞胚胎发生。若 NH_4Cl 和 KNO_3 分别为 10mmol/L 和 40mmol/L 时，每 2mL 悬浮细胞培养物产生的胚状体数目可达 1131 个，而当只含有 95mmol/L KNO_3 时，2mL 中仅含 11.3 个胚状体。若只以 NH_4Cl 作氮源，也可以产生大量胚状体，但会影响培养基的 pH 值，使培养基的 pH 值由 5.4 降到 3.5，从而抑制胚状体的发生。尽管 NH_4^+ 对于产生胚状体十分重要，但也可以用加入水解酪蛋白、谷氨酰胺和丙氨酸等物质来部分取代 NH_4^+ 的作用。

（3）影响体细胞胚胎发生的其他因子　实验证明，培养基中加入 20mmol/L K^+ 对胚状体的发生是必需的。此外，培养基中加入 ATP 可以使胚状体增加。

5.1.2.3　通过形成其他特殊器官途径产生再生植株

例如，兰花茎尖分生组织培养通过分化形成"原球茎"的途径产生再生植株，在培养基上可以产生原球茎。这是 20 世纪 60 年代初莫赖尔（Morel）开始的工作，它导致了兰花栽培的变革，建立了兰花工业，实现了当今兰花生产的工厂化和商品化。其具体方法是：将茎尖培养于 White 或 MS 培养基上，附加适量的 CM、NAA 和 6-BA，经 26℃暗培养，在外植体上分化出乳白色原球茎。将原球茎切成数块继代培养到相同的液体培养基中继续振荡培养，在补充光照、26℃条件下，就可以形成大量的原球茎。将丛生的原球茎再转接于固体培养基上，可以进一步大量增殖，并抽叶生根，形成完整的兰花种苗。

有的植物通过变态茎（如鳞茎、球茎、块茎等）形成再生植株，例如，百合器官分化通过分化形成"小鳞茎"途径形成再生植株，其鳞茎的鳞片在 MS＋6-BA 0.5mg/L＋NAA 0.1mg/L 的培养基上，经过 4～5 天的培养，就会于鳞片的近轴面切口处，出现明显的膨大，8～9 天后，形成小白点，并逐渐长大形成小鳞茎。每块鳞片外植体至少有 3～4 个多则有 8～9 个小鳞茎，继续培养 35～40 天后，小鳞茎在光下就能抽叶成苗，并在基部发生根系，形成完整百合植株。

5.1.3　诱导生根与再生植株的移栽

通过不定芽途径产生的试管苗，都只有苗端，而没有根端，而且这两个途径又是产生再生植株的重要途径，因此，要想得到有根的秧苗还必须对产生的再生植株进行生根诱导。

5.1.3.1　生根方法及其影响因素

（1）试管苗生根常用的两种方法

① 采用固体培养基诱导生根　当试管苗长到 5～8cm 高时，将它从基部切下来，一般转移到只含有生长素的培养基中，如 1/2MS（大量元素减半）＋0.2～0.5mg/L NAA 或 IAA、IBA 的培养基中生根，也可以在含有该生长素的培养基中生长 7～10 天，再转入无生长素的培养基中生根。这样可以防止试管苗在含生长素的培养基中其基部生成愈伤组织，从而影响试管苗移栽的成活率。

② 采用浸泡法诱导生根　把再生植株小苗浸泡在 20～25mg/L 生长素溶液中 1～2h，再把苗取出，转入不含任何激素的 MS 或 1/2MS（大量元素减半）基本培养基中，一周后即可生根。当试管苗具 4～5 条长至 1～2cm 的根时，即可移栽。

（2）光照和温度对试管苗生根的影响　增强光照有利于生根，且对成功地移栽到盆钵中有良好作用，但应避免强光直接照射根部，否则会抑制根的生长，所以在诱导生根培养时，最好在培养基中加入 0.3% 的活性炭，可促进根的生长。生根应保持在适合的温度下。

5.1.3.2　试管苗移栽方法

试管苗是在恒温、保湿、营养丰富、光照适宜、激素适当和无病虫侵染的优良环境中生长的，其组织发育程度不佳，植株幼嫩柔弱，抗不良环境能力差。因此，当要取出试管苗移栽时，环境条件发生了改变，最主要的是在强光或干燥条件下会发生组织失水死亡，或因湿度过大等原因造成病菌感染而引起试管苗死亡。因此，移栽措施要以防失水、防感染、尽快生根为中心。具体移栽方法如下：

（1）移栽准备　移栽前，打开瓶盖锻炼 3～7 天，用镊子将试管苗取出，用自来水洗去根部琼脂。

（2）移栽基质　将沙子、蛭石、石英砂、煤渣、草炭土和菜园土等基质按一定比例混合而成，例如：蛭石：石英砂＝1：1，草炭土：菜园土：蛭石＝1：1：1，菜园土：草木灰：沙子＝1：1：1 等。如果移栽基质的用量不多，可用高压锅于 121℃ 0.06622kPa 消毒 1h 左右。如果移栽苗用土量大时，可用 5% 的福尔马林或 0.3% 硫酸铜稀释液浇于土壤中，然后盖上塑料布闷一周，再打开塑料布把土翻动几遍，使溶液的气味挥发掉后再进行移栽。

（3）影响试管苗移栽能否成功的关键因子　最主要的是温度和湿度的控制。移栽后第一次浇水一定要浇透，保持空气有较大的湿度，在移栽后的一周或两周内，要用玻璃器皿或塑料布把苗木罩起来，保持相对湿度在 80%～90%，同时要注意透气，否则试管苗会发霉死亡，直到移栽苗长出新叶后，才可以去掉玻璃器皿或塑料布。新移栽试管苗不要在阳光下直射，最好放在荫棚下，移栽以 23～25℃ 为宜。

器官培养的基本程序为：取材（根、叶、茎等器官）→自来水冲洗 0.5～1h→蒸馏水冲洗 2～3 次→滤去多余水分→采用一定浓度的消毒剂消毒一定时间（依据消毒剂种类、消毒时间和浓度而不同）→用无菌水冲洗 3～5 次→无菌滤纸吸去水分→无菌接种→培养室培养→不定芽或胚状体等器官发生→继代培养→生根培养→完整植株→移栽。

5.2　植物营养器官培养

5.2.1　植物根段培养

在植物组织培养的研究中，离体根培养在培养方法的历史上占有一定的地位。离体根是组织培养中一种较重要的外植体，但是，由于根系的分化能力在诸多的条件下不够理想，因此，根的培养多用来探索植物根系的生理及其代谢活动。如研究碳源供给和氮源代谢过程、无机营养的需求、维生素的合成与作用、生物碱合成与分泌等。还包括根系形成层中细胞的分裂、分化与伸长、芽和根形成的相关性等方面的研究工作。这些研究不但丰富了植物生理学和植物营养学等学科的知识内容，也为植物组织及细胞培养的研究以及了解器官分化机理提供了有用的资料。此外，离体根培养可以建立快速生长的根无性系。在用组织培养方法生产有用药物的过程中，如果有些化合物只能在根中合成，就可以采用生产离体根的方法来生产该药物。

5.2.1.1　离体根的培养方法

（1）外植体的选择和消毒
① 离体根培养外植体的选择　选择合适的外植体，是进行培养的基础，因此，需要分

不同植物根离体生长状况，选择满足培养目的的植物离体根。不同植物的根在培养过程中的反应不同。具有大量强壮侧根的植物，例如番茄、烟草、马铃薯、黑麦、小麦、三叶草和曼陀罗等，这些材料在培养中可进行连续继代培养而无限生长；有些植物的根能进行较长时间的培养，但由于生长下降和只长出稀疏的侧根以致常常失去生长能力，这类材料有向日葵、萝卜、芥菜、旋花、豌豆、百合、矮牵牛等；有些植物的根很难生长，如一些木本植物的离体根。

② 离体根外植体的消毒　在离体根培养中，首先要解决外植体消毒问题，因为在自然条件下，根生长在土壤中，要进行彻底的表面消毒是比较困难的。除采用自然生长的根系外，人们经常采用无菌苗的根作为培养材料。

为获取适合离体培养的根外植体，可以采用两种方法：一是对所选取的植物种子进行表面消毒，接种到 MS 无激素培养基（MSO）上，在无菌条件下萌发，待根伸长后从根尖一端切取根系作为外植体；二是所选的应是生长良好的植物根，由于其生长在土壤中，首先要用自来水充分洗涤，对于较大的根应该用软毛刷刷洗，要尽量选用无病虫害根系，用刀切去受损伤部位，用滤纸吸干后，再用 95% 酒精漂洗。然后依据根系大小放在 0.1%～0.2% $HgCl_2$ 中 5～10min 或放在 2% NaClO 溶液中消毒 15～20min，再用无菌水冲洗 3～5 次，冲洗后用无菌纸吸干，在无菌条件下切下根尖进行培养。

(2) 培养基的类型和培养方法

①离体根的固体培养法　在离体根的培养过程中，向培养基中加入琼脂进行固体培养（solid culture）。将根接种在固体培养基上，根依靠培养基中的养分和生长物质不断生长。也有的学者设计了专门的固体装置，例如，Torrey（1963）将一个盛有有机成分的琼脂试管放在铺有一层内含无机盐成分的琼脂培养皿上进行固体培养。

②离体根的液体培养法　把根尖接种在无琼脂的液体培养基中，振荡使根获得充足空气。离体根的液体培养（liquid culture）一般应采用 100mL 或 200mL 三角瓶，内装 20～40mL 的培养液，将根尖接种到培养液中，在温度 25～27℃ 的条件下进行暗培养。如果要进行较长时间的培养，可用盛有 500～1000mL 培养液的发酵瓶进行培养。根据需要可在瓶中添加新鲜培养液继续培养或将根进行分割后进行继代培养。为了避免培养过程中培养基成分变化对生长的影响，可采用振荡或旋转培养的方法。

③ 固体-液体法　就是把根基部插入固体琼脂培养基中，根尖浸在液体培养基中，根尖部生长而根不断伸长和分枝。

5.2.1.2　基本培养基的选择及培养基成分对根段培养的影响

离体根的培养要求培养基中应具备植物生长所需要的大量元素和微量元素，不同种类以及不同状态的离体根生长时对营养的需要是不同的，离体根培养所用的培养基多为无机盐浓度较低的 White、N_6 等培养基，其他常用的培养基如 MS、B_5 等也可采用，但大量元素一般将其浓度稀释到 2/3 或 1/2，以降低培养基中的无机盐浓度。

通过研究不同氮源种类对离体根培养的影响表明，以硝态氮的效果最好，用硝酸盐为氮源时，根的重量最重、长度最长。加入含各种氨基酸的水解酪蛋白，能促进离体根的生长。除氮源外，离体根的培养同样需要微量元素，主要包括铁、硫、锰、硼和碘等元素，在离体根的培养中所需的量很少，但其影响很大，与土壤栽培一样，缺少微量元素就会在培养过程中出现各种缺素症。例如，缺铁会导致细胞中蛋白质合成的破坏，致使细胞无法分裂和增殖。另一方面，铁又是血红蛋白以及许多酶（过氧化物酶、过氧化氢酶等）的组成成分，缺铁时，酶的活性受阻，进而破坏根系的正常活动。缺硫会使离体根生长停滞。缺锰时会出现缺铁时的类似症状。缺硼会降低根尖细胞的分裂速度，阻碍细胞生长。缺碘会导致生长停滞，如缺碘时间过长，转入到合适的培养基中也难以恢复生长。维生素 B_1 是番茄离体培养所不可缺少的，所需浓度一般在 $0.1\sim1.0mg/L$。就离体根培养来说，在碳源方面，以蔗糖的效果最佳，蔗糖的效果比葡萄糖要好，蔗糖使用浓度一般为 $2\%\sim3\%$。

5.2.1.3　植物激素对根段培养的影响

对离体根的生长而言，生长素的效果最为明显。一般情况下，加入适量的生长素能促进根的生长，其反应和需要量因植物种类而异。植物激素对不同植物离体根的生长所起的作用是不同的，主要有以下几种情况：

(1) 生长素　离体根对生长调节物质的反应，因植物种或品种的不同而有差异。在各类植物激素中，以生长素研究得较多。生长素促进离体根的生长（如白羽扇豆、矮豌豆、玉米和小麦等）；离体根的生长依赖于生长素的作用（如黑麦等）；生长素抑制离体根的生长（如樱桃和番茄等）。

(2) 激动素　能增加根分生组织的活性，有抗老化的作用。

(3) GA　能明显影响侧根的发生与生长，加速根分生组织的老化。

5.2.1.4　根无性繁殖系的建立及植株再生

将种子进行表面消毒，在无菌条件下接种到培养基上萌发，待根伸长后从根尖一端切取长 $1.0cm$ 的根尖，接种于培养基中。这些根的培养物生长很快，番茄根每天约生长 $10mm$，几天后发育出侧根。待侧根生长约一周后，即可切取侧根的根尖进行扩大培养，它们又迅速生长并长出侧根，又可切下进行培养，如此反复，就可得到从单个根尖衍生而来的离体根的无性系。培养条件为黑暗下 $25\sim27℃$。再将根段的无性系转移到分化培养基上进行分化培养。这种根也可用来进行根系生理生化和代谢方面的实验研究。

5.2.1.5　培养实例

以番茄无菌实生苗根培养为例介绍根培养的具体过程：用 70% 酒精将番茄种子表面消毒 $1min$；用饱和漂白粉溶液消毒 $10min$ 或用 0.1% $HgCl_2$ 溶液消毒 $3\sim5min$；用无菌水冲洗 $3\sim5$ 次；在无菌条件下将 20 粒种子放入盛有 MS 基本培养基或铺有一层经过消毒的滤纸的培养瓶或培养皿中；直至胚根长至 $2\sim3cm$；切取 $1cm$ 长的根尖接种于固体培养基中，在 $25℃$ 下培养直到长出侧根。在固体培养基暗培养条件下，培养 4 天有侧根发生，$7\sim10$ 天后又可以切下侧根的根尖作为新的培养材料再进行扩大培养；由此形成离体根无性系。培养番茄离体根常使用改良的怀特培养基（表 5-1）。

表 5-1　番茄离体根怀特（White）培养基成分

成分	用量/(mg/L)	成分	用量/(mg/L)
$Ca(NO_3)_2$	143.90	KI	0.38
Na_2SO_4	100.00	$CuSO_4$	0.002
KCl	40.00	MoO_3	0.001
$NaH_2PO_4 \cdot H_2O$	10.60	甘氨酸	4.00
$MgSO_4 \cdot 7H_2O$	368.50	烟酸	0.75
$MnSO_4 \cdot 4H_2O$	3.35	维生素 B_1	0.10
$Fe_2(SO_4)_3$	2.50	维生素 B_6	0.10
$ZnSO_4 \cdot 7H_2O$	1.34	蔗糖	15000
H_3BO_3	0.75	pH	5.2

注：引自潘瑞炽主编《植物组织培养》（第 2 版），广东高等教育出版社，2001。

培养基中的氮源以硝酸盐的效果为好,以蔗糖为双子叶植物离体根培养的碳源效果较好。与怀特培养基相比,改良培养基降低了大量元素的浓度,但增加了甘氨酸和烟酸的用量,硫胺素(维生素 B_1)和吡哆醇(维生素 B_6)对离体根培养的作用明显。在这个培养基中增加了碘的成分,因为碘有利于番茄根的生长。表 5-2 列出了部分离体根培养获得再生植株的植物。

表 5-2　离体根培养获得再生植株的植物(部分)

植物名称	再生方式	研究者
菊苣	不定芽	Margara 等,1967
灯心草粉苞苣	不定芽	Kcfford 等,1972
甘薯	不定芽	Nakajima 等,1969
甘蓝	不定芽	Dauckwardt-Lilliestrom,1957
药用蒲公英	不定芽	Bowes,1971
欧洲山杨	不定芽	Winton,1971
雀巢兰属	原球茎	Champagnate,1971
柳芽鱼	不定芽	Charlton,1965
秘鲁番茄	不定芽	Norton 等,1954

注:引自颜昌敬编著,植物组织培养手册,上海科学技术出版社,1990。

离体根脱离植物个体,在人工控制的环境与营养条件下生长,在试管内受到基因型、培养条件、激素等众多因素的影响,因此必须综合分析,通过实验确定离体根生长的最佳途径与方法。

5.2.2　植物茎段培养

茎段培养是指对不带芽和带有腋(侧)芽或叶柄的茎切段进行离体培养,包括幼茎和木质化的茎切段。一般情况下,不带芽茎段培养必须要有植物激素的参与,而带芽茎段培养可以没有植物激素的参与,也可以加入少量的植物激素,但为了促进腋芽的伸长,细胞分裂素的浓度要高于生长素的浓度(图 5-2)。

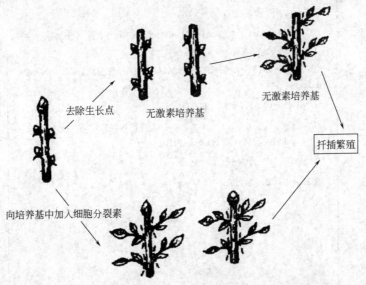

图 5-2　植物茎段培养示意

　　茎段培养是苗木工厂化生产最重要的手段之一，在很多国家已成为一种新兴的产业。通过茎段培养进行苗木的试管繁殖生产技术已日臻完善，并逐步成为一种常规生产技术。茎段培养具有培养技术简单、繁殖速度较快、繁殖系数高等优点，在一年的时间内由一个外植体可增殖大量的植株；同时可以加速良种和珍贵植物的保存和繁殖；所繁殖的苗木变异少，繁殖系数高，苗木质量好；解决不能用种子繁殖的无性繁殖植物的繁殖问题；可节省种株；试管苗便于运输和防止病虫害传播，有利于国际间的种质资源交流；同时试管苗可用于保存某些难以用种子保存的种质资源。目前，已有大量的植物通过茎段培养获得了再生植株（表 5-3）。

表 5-3　部分通过茎段培养获得再生植株的植物

植物品种	外植体	培养基配方	研究者
金合欢	茎段	①MS(3/4 大量元素)＋0.2 2,4-D＋1.0 BA＋0.2 NAA ②MS(3/4 大量元素)＋0.5 BA＋0.2 NAA ③MS(1/2 大量元素)＋0.5 BA＋0.2 NAA	翟应昌等,1984
糖槭	侧芽	①②MS＋0.2 2,4-D＋0.1～0.2 NAA＋500 LH ③MS(1/2 大量元素)＋0.1 BA＋0.2 NAA＋500 LH	彭得芳,1981
南蛇藤	茎段	①②MS＋2.0 BA＋0.5 NAA	王凯基等,1981
变叶木	茎段	①MS＋1.5 BA＋0.15 NAA；②MS＋2.5 BA＋0.1 NAA 或 IAA；③MS＋0.5 NAA	谭文澄,1984
银杏	茎段	①改良 WH＋0.8 BA＋0.5 NAA 或 N₆＋3.0 2,4-D＋1.0 BA＋1.0 NAA	罗紫娟,1985
唐菖蒲	腋芽	①②MS＋2.0 KIN＋0.1 NAA；③MS＋0.5 NAA＋0.3 AC	Ziv,1979
美登木	幼茎	①MS＋6.0 2,4-D；②MS＋2.0 BA＋0.2 2,4-D(或 IAA)；③1/8MS＋0.2 NAA 或 0.2 IAA	程治英等,1984
柳	茎段	①②MS＋0.1BA＋0.2NAA；③MS＋0.2 NAA	Bhojwani,1980
北美红杉	茎段	①②WH＋0.5 KIN＋0.1 NAA；③WH＋0.5 BA	王凯基等,1981
薄荷	茎段	①MS＋2.0 BA；②MS＋2.0 BA	杨乃博,1980
马兜铃	茎段	①MS＋2.0BA＋0.2～0.4 IAA；②MS＋2.0 BA＋0.2 IAA；③MS	程治英等,1983
矢车菊	茎	①Bonner＋0.7 2,4-D	Forrey,1975
大丽菊	侧芽	①MS＋1.0BA＋1.0NAA；②MS＋1.5 BA＋0.2 NAA；③MS＋0.5～1.0 NAA	藤野守弘,1978
雪松	茎段	①②MS＋2KT＋0.5 NAA＋0.05 2,4-D；③1/2MS＋0.2 NAA＋0.1 IBA	刘敏等,1983
茴香	茎	①Nitsch＋0.2 KT＋6.0 2,4-D	Maheshwari 等,1965
白兰瓜	茎段	①MS(或 H)＋0.5 KT＋0.2 2,4-D；②MS(或 H),N6(或 H)＋3.0 KT＋1.0 IAA；③MS(或 H)＋3.0 IBA	郑涛等,1982
黄瓜	腋芽	①②MS＋0.1 KIN＋0.1 NAA	Handley 等,1979
洋葱	鲜茎	①B₅＋1.0 2,4-D；②B₅＋1.0 2ip	Fridborg,1971
垂枝桦	茎段	—	Huhtinen 等,1974
番木瓜	茎段	—	Yie,1977
美国皂荚	茎	—	Rogozinska,1968
苦丁茶	茎段	—	刘国民等,1997
M-9 砧木	茎段	—	陈维纶等,1979
台湾泡桐	茎	—	Fu,1978

植物品种	外植体	培养基配方	研究者
银白杨	枝切段	—	林静芳等,1980
春榆	茎段	—	林静芳等,1981
翠菊	嫩茎	MS+2.0 BA+0.2 NAA;MS+2.0 BA+0.2 2,4-D	顾梅仙,1986
凤尾鸡冠花	带节茎段	MS+0.1～0.4 BA+0.1～0.5 IAA	倪德祥等,1987
贴梗海棠	茎段	MS+2.0 BA+1.0 ZT+0.1～0.5 IAA	刘敏,1986
无花果	腋芽	MS+0.5～1.0 BA+0.5～1.0 2,4-D	尹怀约等,1988
番红花	球茎	MS(或 B$_5$)+2.0 KIN+0.2 NAA+0.5 IAA+0.1 肌醇	陈薇等,1980
栀子花	嫩茎	MS+0.02 KT+2.0 IAA	李启任等,1985
紫薇	带腋芽茎段	1/2MS(大量元素减半)+0.01 KT+1.0 BA+0.1 生物素+0.1 泛酸钙+300 CH	黄钦才,1984
桂花	幼茎	MS+1.0 BA+0.05 NAA	秦新民,1988
蝶瓣天竺葵	茎段	MS+1.0 BA+0.05 NAA+100 CH	彭东升等,1986

注：①为诱导培养基；②为分化培养基；③为生根培养基。LH 为水解乳蛋白；WH 代表怀特（White）培养基；KIN 为激动素；2ip 为异戊烯基腺嘌呤；Bonner、H、B$_5$ 均为培养基名称。

表中数据单位为 mg/L。

5.2.2.1 茎段培养方法

（1）外植体的选取和消毒 在外植体选择方面，就木本植物来说，茎段培养一般采用幼嫩的一年生茎段培养比多年生茎段容易成功。取生长健壮、无病虫、正在生长的幼嫩茎段进行培养。茎的基部比顶部切段、侧芽比顶芽的成活率低，所以应优先利用顶部的外植体，但是每个新梢仅一个顶芽，也应利用腋芽，茎上部的腋芽培养效果也很好。植物的芽有休眠期和生长期之别，不应当在休眠期取外植体，否则成活率甚低。如苹果在 3～6 月份取材的成活率为 60%，7～11 月份下降到 10%，12 月至次年 2 月份都在 10% 以下。对于带有变态茎（球茎、鳞茎）的球根类花卉的茎段培养，其繁殖可用分球或鳞片进行离体培养，可达到大量增殖的目的。球根类通常是在地下培育，污染率比较高。对百合的鳞茎消毒时，要把外面几层的鳞片剥去，用水清洗 30～40min 后，再将鳞茎基部脏的部分用刀切去，在超净工作台上用 70% 酒精表面消毒 20～30s，然后在 1% NaClO 溶液中浸泡 2min，经重蒸水冲洗 3～4 次，用消毒的滤纸吸干表面水分，切取鳞片接种于培养基上，通过芽的诱导、增殖、成球与生根，培养成完整植株。

（2）接种 在无菌条件下，用无菌的小刀，将茎段切成 0.5～1.0cm 的带节切段，若是鳞茎则切取带小段鳞片的底盘，再切开底盘，使每块底盘上都带有腋芽。然后接到培养基上。

（3）培养基 常用的培养基为 MS 培养基，附加 2%～4% 蔗糖，用 0.7% 琼脂。经培养后，茎段的切口特别是基部切口上会长出愈伤组织，呈现稍许增大。而芽开始生长长大，有时出现丛生芽，从而得到无菌苗。

5.2.2.2 植物激素对茎段培养的影响

（1）生长素 带芽的茎段培养一般不需要外源生长素，但加入适量生长素对芽的生长是有利的，常用的生长素为 IAA、IBA、NAA 和 2,4-D，其中 NAA 使用最多，其次为 IBA 和 IAA，2,4-D 使用最少。

（2）细胞分裂素　培养的茎段能合成少量细胞分裂素，但不能为茎段芽的生长发育提供足够的内源细胞分裂素，因此供给外源激素是必需的。通用的为6-苄基腺嘌呤（6-BA）、激动素（KT或KIN）和异戊烯基腺嘌呤（2ip）等，其中6-BA最有效，使用最多，其次为KT，第三为2ip，至于玉米素（Zeatin，Zt）则使用较少。外源细胞分裂素对建立不定芽的分化是必需的，但仍有个别实例无需加入细胞分裂素，仍然能够分化。

在一般情况下，细胞分裂素同生长素的比值较大时，有利于芽的产生和生长；而当其比值较小时，则有利于根的产生和生长。在生根培养时一般不需要添加细胞分裂素，或者使用极低浓度的细胞分裂素，如降到0.02mg/L以下。而生长素是必需的，且需较高浓度。6-BA对促进腋芽增殖最为有效，生长素虽不能促进腋芽增殖，但可改善苗的生长（图5-3）。

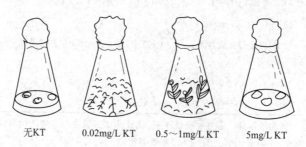

无KT　　0.02mg/L KT　　0.5～1mg/L KT　　5mg/L KT

图5-3　烟草愈伤组织形成与植物激素关系
（IAA浓度均为2mg/L，细胞分裂素的浓度分别为0mg/L、0.02mg/L、0.5～1mg/L和5mg/L）

（3）GA　大多数植物外植体可以合成足够量的GA，所以仅少部分的成功试验使用了外源GA。它的主要作用是对芽的伸长有效，其浓度以小于1mg/L为宜。

5.2.2.3　影响茎段培养褐变的因素

（1）防止褐变和有害物质的积累　褐变对于木本植物，特别是对于一些含酚类物质较多的木本植物尤为重要。为了解决这一问题，经常在培养基中加入适量活性炭（0.5%～1%），可以吸附部分有害物质，降低不利影响。

（2）向培养基中加入抗变色剂　如5%的H_2O_2、0.2～0.4mg/L维生素C、0.7% PVP（聚乙烯吡咯烷酮）等。

（3）降低培养室的光强度　可以降低酚类物质的氧化速度。

5.2.2.4　培养实例

一般情况下，将经过表面消毒的茎段在无菌条件下，切成几厘米长带节的节段，接种在固体培养基上。经过培养后，带芽茎段可由腋芽直接萌发成苗，或经诱导脱分化形成愈伤组织，再经过再分化形成不定芽。把再生苗进行切割，转接到生根培养基上培养，便可得到完整的植株。

不同部位茎段消毒需要的时间不相同。可以采用50% NaClO溶液灭菌10～20min，也可以采用升汞、饱和漂白粉等消毒液。一般先在两端切口处边缘形成白色突起，形成愈伤组织，以后从突起部位可能形成不定芽，30～40天形成高3～5cm的具绿色叶片的小苗。茎段愈伤组织的形成和不定芽的产生与培养基中生长素和细胞分裂素的比例有关，在含高浓度生长素的培养基中，通过茎切段直接形成愈伤组织的频率较高；而在细胞分裂素浓度高的培养基中，通过愈伤组织形成不定芽的频率较高。下面以猕猴桃茎段培养为例介绍茎段培养的具体步骤。

（1）培养基的选择　在培养软毛猕猴桃时，脱分化及芽的诱导培养基为MS基本培养基，附加 1～3mg/L Zt、3％蔗糖，愈伤组织诱导率可达 92.6％～100％，材料不经转移可直接分化出芽（黄贞光等，1980）。刘敏等认为较理想的分化培养基是：MS＋NAA 0.01mg/L＋BA 0.5mg/L＋玉米素 1mg/L，或 MS＋NAA 0.5mg/L＋BA 2mg/L＋玉米素 1mg/L，另加蔗糖 3％。

（2）材料的选择、灭菌和接种　选用猕猴桃优良单株为材料，选取一年生的硬枝或当年生的嫩枝。选用的枝条要求表面光滑，无病虫害。在材料灭菌过程中，一年四季都可以剪取枝条接种。枝条剪成约 10cm 长，于 0.1％ $HgCl_2$ 溶液中表面消毒 15min，然后用无菌水冲洗 5 次。削去芽眼，剥去皮层，露出形成层，这样就可以除去寄生在芽眼和皮层内的微生物，降低感染率。经灭菌剥皮的枝条用剪刀沿纵向劈成 4～8 瓣，再横剪成 1～1.5cm 长的小段，接种于培养基上。

（3）继代培养　分化的材料可长期继代培养，每代 30～40 天。继代培养基与分化培养基可以相同。由于材料内源激素的积累，分生能力强的植物材料需降低玉米素浓度。实践表明，选用中等分生能力的材料进行继代培养，并适当降低玉米素浓度至 0.5mg/L，是培育壮苗的关键。

（4）根系的诱导　将幼苗长至 3～4cm 长的芽苗，从基部剪下诱导生根。生根时可将小苗基部浸于 50mg/L IBA 溶液中 3h 后转入大量元素浓度减半、附加 1％蔗糖以及 0.5％活性炭的无激素 MS 培养基上（黄贞光等，1983），1 个月左右形成良好根系即可移栽于土壤，其生根率达 93.3％。

（5）植株的移栽　为了提高猕猴桃组织培养苗移栽成活率，必须在继代培养过程中注意培育壮苗，而移栽后必须控制好苗床土壤的含水量、空气湿度、光照强度等因素。在良好的控制条件下，可获得相当高的移栽成活率。细沙是一种理想而经济的移栽基质，它有良好的通透性，又有一定的保水能力。将生根小苗或生根不良的苗移栽于铺有细沙的苗床上，上盖塑料薄膜，并适当遮阴。移苗后的 15 天内，密封的膜内空气的相对湿度为 90％～100％，沙的绝对含水量在 10％以上。苗床内夏天中午光强度控制在 2500lx 左右，而冬天则在 5000lx 左右。移栽 15 天以后，逐步揭开薄膜进行炼苗，并降低沙的含水量，加强光照强度。一个月以后小苗成活、长出 3～4 片新叶，即可去掉塑料膜。猕猴桃适宜的移栽温度为 20～25℃。

5.2.3　植物叶培养

离体叶培养是指包括幼嫩叶片、成熟叶片、叶柄、子叶、叶鞘、叶尖组织、叶原基等叶组织作为外植体的无菌培养。由于叶片是植物进行光合作用的重要器官，又是某些植物的繁殖器官，因此离体叶培养在植物器官培养中占有重要地位。很多植物的叶具有强大的再生能力，能从叶片产生不定芽。在离体叶培养中，水稻、小麦、油菜、番茄、杨树、菊花、百合、猕猴桃等百余种作物的叶组织已经再生并形成完整植株。

5.2.3.1　叶片培养的方法

（1）材料的选择　要选用易培养成功的叶组织，如幼叶比成熟叶易培养、子叶比叶片易培养。个体发育早期的幼嫩叶片较成熟叶片分化能力高。例如，烟草成株期叶组织脱分化和再分化需要的时间较长，而且叶片膨大、体积较大，多在刀口处形成大量的愈伤组织和分生细胞团，不定芽大多发生在这些分生细胞团和结构致密的愈伤组织上，不像幼叶那样可以直接从不同部位成苗。基因型不同的植物种类在叶组织培养特性上有一定的差异，同一个物种的不同品种间叶组织培养特性也不尽相同。

在离体叶片再生中，叶脉的作用也是明显的。不少植物常从叶柄和叶脉的切口处（如杨树、中华猕猴桃等）形成愈伤组织和分化成苗。

（2）消毒灭菌和接种　叶片从枝上摘取后，用水冲洗 1～2h，将叶表面洗干净，再进行表面消毒，一般先用 70%酒精浸泡 30s，然后用 0.1% HgCl₂ 溶液浸泡 3～6min，或在饱和漂白粉液中浸 8～15min，用无菌水冲洗 3～5 次，消毒后的叶片转入铺有滤纸的无菌培养皿内，在无菌条件下切割成 0.5cm×0.5cm 左右的小块接种。注意将完成表面消毒的叶片叶面朝上接种在固体培养基上培养。例如，在烟草某些品种离体叶片培养时，叶背面朝上放置，则不生长、死亡或只形成愈伤组织，而没有器官的分化。

消毒时间根据供试材料的情况而定，特别幼嫩的叶片消毒时间宜短。注意要通过预备试验确定消毒时间，消毒时间略长，叶片容易缩水、发脆；消毒时间略短，材料去污染效果不好。叶片在培养基的生长状况大多依赖于叶片离体时的成熟程度，一般来说，幼叶比近成熟的叶生长潜力大。叶片经过分化培养发育成苗，再将苗移至含有生长素的生根培养基上诱导形成根，从而发育成完整植株。很多植物的叶组织在离体培养条件下先形成愈伤组织，然后通过愈伤组织再分化出胚状体、不定芽和根。

5.2.3.2　培养基及植物激素对叶片培养的影响

常用的培养基有 MS、B₅、White 和 N₆ 等。培养基中的碳源一般都使用蔗糖，浓度为 3%左右。培养基中附加椰子汁等有机添加物，有利于叶片组织在培养基中的形态发生。

叶的培养比胚、茎尖和茎段培养难度大，因此生长激素的选用是十分重要的，生长素或细胞分裂素的配合使用，较有利于叶组织的脱分化和再分化。Heide 等发现较高浓度的激动素能促进秋海棠叶组织芽的形成，而 IAA 能够抑制叶组织芽的形成。对大多数双子叶植物的叶组织培养来说，细胞分裂素，特别是 KT 和 6-BA 有利于芽的形成；而生长素，特别是 NAA 则抑制芽的形成而有利于根的发生。2,4-D 是一种作用强烈的植物激素，有利于产生愈伤组织。

许智宪等（1986）在烟草叶片培养中，比较了不同浓度的 6-BA 和 NAA 对培养的叶组织增殖和器官形成的影响，在附加 6-BA 2mg/L 和 6-BA 2mg/L 与 NAA 0.02mg/L 及 6-BA 2mg/L 与 NAA 0.1mg/L 的三种组合中，均能形成大量的芽，以含有 NAA 者茎叶生长较好。在这三种培养基中很少有根的形成。当 NAA 2mg/L 与低浓度的 6-BA 配合时，则能明显地促进根和愈伤组织的形成。陈耀锋等（1987）研究了 2mg/L 6-BA、KT 与不同浓度的 NAA、IAA 配合对烟草离体叶片组织脱分化和再分化的影响。结果表明，在保持 KT 浓度为 2mg/L 不变的情况下，NAA 在所试验的范围（0.1～4mg/L）内随 KT/NAA 配比的递增，芽苗和愈伤组织的梯度变化非常明显。当 KT/NAA 配比为 20 时，形成大量的苗；随 KT/NAA 配比的降低，芽苗分化率下降，愈伤组织生长量逐渐增大。当 KT/NAA 配比为 1 和 0.5 时，促进了根的发生。2mg/L 6-BA 与不同浓度的 IAA（0.1～4mg/L）配合使用对烟草离体叶组织芽苗的形成均有积极的作用。6-BA/NAA 比值在 0.5～2.0，均有利于芽苗的分化，无根的发生，随着培养基中 IAA 浓度的升高，脱分化产生的愈伤组织量有所增加。

5.2.3.3　培养实例

很多植物如非洲紫罗兰、香叶、天竺葵、秋海棠等的叶片具有很强的再生能力，由于取材方便、数量多且再生均一性强，经常作为叶片培养的外植体。离体叶片在诱导愈伤组织的培养基上培养，一般从切口处或叶脉处容易发生愈伤组织。当转接到分化培养基上培养时，从愈伤组织处形成不定芽。采用非洲紫罗兰嫩叶作为外植体，培养完整再生植株的过程如下：选取非洲紫罗兰嫩叶，用 70%酒精漂洗一下，再用 0.1% HgCl₂ 溶液消毒 5～6min，用无菌水冲洗 5次，切成 0.5cm×0.5cm 的小块接种于 MS+1mg/L 6-BA+0.1mg/L NAA 的固体培养基上，于光照条件下培养，35 天后叶片可直接分化出许多丛生不定芽，诱导率为 100%。将丛生芽转接于 1/2 MS+0.2mg/L IBA 的培养基上诱导生根，10 天后，叶片明显增大，根的诱导率达到 98%以上，两周后即可移栽。

5.3 植物繁殖器官培养

5.3.1 植物花器官培养

花器官培养是指整个花器及其组成部分如花托、花瓣、花丝、花柄、子房、花茎和花药等的无菌培养。花器培养技术是由 Nitsch（1949）建立的，他将番茄、烟草、蚕豆等的离体花器培养成果实。目前已能从花器的各个部分培养物诱导再生成植株，而且发现花器细胞的再生能力较大，是研究细胞形态发生的好材料。因此，花器官培养无论在理论研究和生产应用上都有重要价值，可用于花的性别决定研究。离体花芽培养，有助于了解整体植物和内外源激素在花芽性别决定中所起的作用，从而人为地控制性别分化，用于果实和种子发育研究。了解内外源植物激素在果实和种子发育过程中的调控作用，通常无菌培养形成的果实、种子的发芽率较低，表明离体条件尚不能充分满足种子、果实发育的要求。植物花器官培养可用于苗木快速繁殖和生产，加速稀有珍贵品种的繁殖和保存。

据报道，由花茎、花丝等花器官培养而再生的植株在栽植后出现了提早开花现象，这可能是由于花器官隶属于生殖器官的缘故，具体原因有待探讨。有关花器官培养成功的报道已有不少，例如油菜的花茎、子房、苔段等花器官的培养，菊花的花瓣、花托的培养，非洲菊的花萼，羽衣甘蓝的花托、花茎，大岩桐的花序梗，唐菖蒲的花茎，萱草的花序，百合的子房、花丝、花梗、萼片、花瓣，风信子的花序、子房，非洲菊的花梗等。

5.3.1.1 取材、消毒和接种方法

（1）取材和消毒 从健壮植株上摘取未开放的花蕾（已开花的不宜用于培养，因为消毒和培养都较困难），先用 70%酒精消毒 20s，再用饱和漂白粉溶液浸 10～20min，或用 0.1% $HgCl_2$ 消毒 4～6min，再用无菌水冲洗 3～5 次。

（2）接种培养 用整个花蕾培养时，只需把花梗插入固体培养基中。若用花器的某个部分，则分别取下，切成 0.3～0.5cm 的小片，接种到培养基中，放到培养室内培养。

5.3.1.2 培养基及植物激素对花器官培养的影响

常用的培养基有 MS、B5。要把授粉的花培养成果实，只需简单的培养基就可以了，若要把未授粉的花培养成果实，就要在培养基中加入 0.1mg/L 2,4-D 或 1mg/L NAA，或者在取花之前在花上滴一滴 100mg/L NAA，经过 24h，将花放在培养基上培养就可发育成果实。若要把花器部分培养成小植株，则要加入生长激素诱导形成胚状体或愈伤组织，再分化培养成植株。

5.3.1.3 培养实例

现以菊花花托培养为例介绍花器官培养的方法。

（1）材料的选择和消毒 先从母株上取下还未开放的花蕾，以小的为好，然后在清水中冲洗，把萼片与花柄上的表皮毛轻轻擦去，再在流水中冲洗几次之后，再用蒸馏水冲洗，在无菌超净工作台上，用 70%酒精表面消毒 30s，再在饱和漂白粉溶液中消毒 20min 左右，取出后用

无菌水冲洗 3～4 次。

（2）接种培养及植株再生 用镊子把花蕾上的萼片与花瓣、雌蕊、雄蕊去掉，并切下花托接种于 MS＋6-BA 1mg/L＋NAA 0.22mg/L 的培养基上，然后培养在温度为 26℃左右、光照强度为 1500lx、光照时间为 10h 的培养室内。约两周后即可形成少量愈伤组织，约一个月便分化出绿色芽点，并抽茎展叶长大成苗。也可将这些组织块切割成几个小块，转接在相同成分的新鲜培养基上，又可分化出大量的不定芽并抽叶成苗。将无根苗从愈伤组织基部切下移植到不含任何激素的 White 培养基上，三周后就能长成完整的植株。

5.3.2　植物幼果培养

果实培养（fruit culture）即利用果皮、果肉组织或细胞进行培养的组织培养工作。研究报道不多，幼果培养主要用于进行果实发育和种子形成等方面的研究。不同发育阶段的幼果经过灭菌、切割和接种等程序后，可能形成成熟果实、愈伤组织和不定芽等。葡萄浆果培养获得了愈伤组织，苹果、梨、草莓、葡萄、柑橘、柠檬、越橘和朱顶红等果实培养获得了成功，同时对某些植物果实生长发育过程中的生理生化等方面也进行了深入研究。1963 年，美国学者 Nitsch 就预言，果实的成熟生理学、果实中特殊化合物的代谢生理和微生物所致的果实病害等问题可借助该手段加以解决。离体条件下的对草莓幼果的研究结果表明，IAA 对草莓果实发育的促进作用大于 GA_3；CTK 延缓幼果的发育；ABA 浓度增加可缩短草莓幼果成熟所需时间，与适宜的昼夜高温（32℃/25℃）的催熟机理相一致，即高温促进了 ABA 的积累而导致幼果成熟。下面以朱顶红幼嫩蒴果为材料，简要介绍幼果培养方法。

摘取朱顶红幼嫩蒴果，用自来水冲洗 30min，以蒸馏水冲洗 2 次，淋去水分，放到饱和漂白粉溶液中消毒 20min，然后纵切成两半，再切成 2mm 的小段，接种于 MS＋2,4-D 2～6mg/L＋6-BA 0.5mg/L 或 MS＋NAA 1～5mg/L＋6-BA 0.5mg/L 的培养基上。一周后，蒴果切段开始膨大，果皮呈深绿色。三周后，在含 2,4-D 和 6-BA 的 MS 培养基上的切段，由表皮及切口处长出淡黄色颗粒状的愈伤组织，其中以 2,4-D 3～4mg/L、6-BA0.5mg/L 的激素组合对诱导愈伤组织最好，但未分化。而在含 NAA 1mg/L 及 6-BA 0.5mg/L 的培养基上，虽不产生愈伤组织，但可直接从果皮上形成白色小突起，六周后由这些白色突起形成绿芽。当 NAA 浓度提高至 2～5mg/L 时，则不分化芽，只分化出大量粗壮的根，粗根上密生白色根毛。

小　结

植物器官培养主要指在离体条件下利用植物根、茎、叶、花及果实等器官作为外植体的无菌培养。其特点是能够保持原有器官的遗传组成。在生产上，植物器官培养具有极其重要的应用价值。首先，通过离体器官培养开发的植物快速繁殖技术，可在短期内提高繁殖效率，加速优良品种和濒危、名贵品种的繁殖速度。其次，利用茎尖培养可以得到脱毒的试管苗，解决无性繁殖植物，如马铃薯、甘薯、草莓等一些植物品种的退化问题，提高作物的产量和品质。此外，还可将植物器官进行诱变处理，利用器官培养得到突变株，进行细胞突变育种。由于植物器官的种类不同，所采用的培养方法、培养条件也不一样。对植物器官进行离体培养时，除茎尖能够继续生长外，一般要经过脱分化过程，即首先要经过愈伤组织阶段，再在愈伤组织中，形成分生细胞团，随后分化出器官原基，最终培养形成完整植株。

在器官培养中，避免污染和选择合适的植物激素种类及其浓度是植物器官培养成功与否的关键。在根段、茎段、叶片、花器官和果实培养过程中，应注意各器官培养的特殊性。根段培养除用于苗木繁殖和保存外，还可以作为植物生理生化研究的试材。茎段培养、叶片培养可用于苗木的快速繁殖、细胞脱分化和再分化机理等方面的研究。理论上，利用器官培养不仅可研究器官的功能及器官之间的相关性、器官的分化及形态建成等问题，还有助于人们认识植物生命活动的规律，控制植物的生长发育，从而更好地为生产服务。

思 考 题

1. 简述植物器官培养的概念和意义。
2. 简述植物器官培养采用的消毒剂种类和影响消毒效果的因素。
3. 植物激素对器官发生（再分化）有哪些影响？
4. 植物器官培养过程中植株再生的途径有哪些？
5. 简述植物根培养外植体选择、消毒和接种方法。
6. 简述植物茎段培养方法。
7. 简述植物叶片培养的基本方法和步骤。
8. 简述花器官培养的基本方法和步骤。

植物组织培养技术

植物组织培养的概念有广义和狭义之分，本章所涉及的植物组织培养是狭义的组织培养，是指对植物组织（包括分生组织、形成层、木质部、韧皮部、表皮、皮层组织、薄壁组织、髓部等）及其培养产生的愈伤组织进行离体培养的技术。通过组织培养可以对不同类型组织的起源、形态发生、器官发生、植株再生等进行研究。

6.1 植物分生组织培养

发育中的分生组织细胞，可取自分生组织、茎尖、嫩茎、幼叶、花等，用它们进行无性繁殖能将一些植物无法通过有性繁殖保存的遗传性状保留下来。

6.1.1 植物分生组织培养的概念和意义

植物分生组织培养（meristem culture）是指对植物体的分生组织进行离体培养。分生组织包括茎尖分生组织（apical meristem）、居间分生组织和侧生分生组织。植物组织培养中研究应用最多的是茎尖分生组织培养。植物连续的器官分化是由顶端分生组织来完成的。分生组织细胞具有持久的分裂能力和很强的生命力，离体培养时易发生细胞分化，再生完整植株，并且幼嫩的分生组织（茎尖、根尖的分生组织）没有输导组织，病毒难以侵入，有利于获得无病毒植株。

罗士韦是最早研究茎尖的学者，他在1945年利用合成培养基进行了石刁柏茎尖的连续培养。Ball在1946年成功培养了40～60μm长带有1～2个叶原基的旱金莲属和羽扇豆属的幼小茎尖。Morel和Martin在1952年的研究揭示了茎尖培养在园艺和农业上的应用前景。1960年，Morel采用兰属的茎尖培养，实现了去病毒和快速繁殖两个目的。这是经过茎尖—原球株—小植株的方式而再生的。按照Morel的方法，1年内可由1个兰花茎尖很容易繁殖出400万株具有相同遗传性的健康植株，其后这一技术引发了欧洲、美洲兰花工业的兴起。近年来应用类似的方法成功地将66属以上的兰科植物纳入了试管繁殖体系。

6.1.2 分生组织培养的方法

6.1.2.1 茎尖分生组织培养的方法

茎尖分生组织是植物顶端的原生分生组织（promeristem）和它衍生的分生组织，具有非常旺盛的细胞分裂能力和很强的生命力。茎尖分生组织培养仅指长度不超过 0.1mm 茎尖的顶端圆锥区组织的培养，但因为外植体太小，培养很难成功。目前茎尖分生组织培养的材料包括顶端圆锥区及其以下的 1~3 个叶原基，既可以是 10~100μm 的茎尖分生组织，也可以是几十毫米的茎尖或更大的芽。

茎尖分生组织培养的方法主要包括植物材料的表面消毒、茎尖剥离、茎尖培养等步骤。

（1）芽的表面消毒　一般来说，茎尖分生组织由于有彼此重叠的叶原基的严密保护，只要进行解剖，无需进行表面消毒就可获得无菌的外植体，消毒处理有时反而会增加培养物的污染率。尽管茎尖分生区是高度无菌的，但在切取外植体之前需对茎芽进行表面消毒。

取材时可先从植株的主茎或侧枝上切取 1~2cm 的顶芽；对于某些田间种植的材料，可以采取插条插入 Knop 溶液中令其长大，由这些插条的腋芽长出的枝条，要比由田间植株上直接取来的枝条污染小得多。或者取茎段培养成无菌试管苗直接剥取茎尖；对于块根（如甘薯）或块茎（如马铃薯）类植物，可将它们种植在温室中使其萌发，然后切取萌发的芽。为避免过多土壤杂菌的污染，先用漂白粉的饱和溶液（漂白粉∶水＝1∶24）浸泡球茎或块茎 15min，或用其他杀菌剂消毒块茎或块根，然后使它们在无菌条件下萌发，再切取芽使用。在 95% 的酒精中浸泡极短时间，再将它们用 0.1% $HgCl_2$ 或 0.5% NaClO 溶液消毒 5~8min，然后用无菌水冲洗 3~4 次，即可剥取其中的茎尖，进行接种。

植物不同，消毒方法也有一定的差异。叶片包被严紧的芽，如菊花、兰花，将从植物上采取的芽外部的大叶片除去，只需用 75% 酒精浸蘸一下即可，而叶片包被松散的芽，如香石竹、马铃薯等，则要严格灭菌，经自来水冲洗后，在 75% 酒精中浸 30s，再浸入 0.1% NaClO 中 10min 或 0.1% $HgCl_2$ 溶液中 5~8min，用无菌水冲洗 3~4 次，以消毒滤纸吸干水分备用。鳞茎类植物（如百合），先剥去外部的鳞叶，用 70% 的酒精消毒鳞茎表面，然后在超净工作台上用消过毒的解剖工具取出位于鳞茎中心部分的休眠芽，直接接种到培养基上。

（2）茎尖的分离与接种　进行茎尖分生组织培养时除了需要植物组织培养所需的一般工具，以及一套进行茎尖剥离的解剖针和解剖刀外，还需要一台带有适当光源的体视显微镜，因为外植体太小，很难靠肉眼进行操作。解剖时必须注意防止由于超净工作台的气流和解剖镜的碘钨灯散发的热使茎尖变干，因此茎尖暴露的时间越短越好。使用冷源灯（荧光灯）或玻璃纤维灯效果更好。在垫有无菌湿润滤纸的培养皿内进行解剖，有助于防止外植体变干。也可配制 1%~5% 的抗坏血酸溶液，将切下的茎尖材料浸入处理一下。

在剖取茎尖时，把茎芽置于解剖镜下，一手用尖头镊子将其按住，另一只手用解剖针将叶片和叶原基剥掉，解剖针要常常蘸 70% 酒精，并用火焰灼烧以进行消毒。但要注意解剖针的冷却，可蘸入无菌水进行冷却。圆润的生长点充分暴露出来之后，用注射针的针头侧刃或解剖针，切取所需分生组织，随即将其接种到培养基上，放入培养室进行培养。由于茎尖培养的成活率及分化生长能力与茎尖大小呈正相关，故不可取材过小。一般脱病毒苗的茎尖要求小于 1mm，快速繁殖的茎尖可取数毫米。如从感染芋头嵌纹病毒和彩色海芋黄化轮点病毒的尖尾芋（*Alocasia cucullata* Schott）植株上切取 0.5~1.0mm 的茎尖进行培养，成活率为 100%，脱毒率为 81.7%，获得了大量无病毒尖尾芋苗。

解剖镜台应垫载玻片或培养皿，并且每剥离一个茎尖应以酒精棉团擦拭，手也应经常用 75% 酒精擦拭。

（3）腋芽的生长与增殖　在适合的培养基上，茎尖在短期内会萌动并逐渐伸长，1~3 个月后可以形成小的植株，有的会长出愈伤组织，再分化长出不定芽，经增殖培养扩大繁殖。

茎尖培养主要是通过腋芽增殖来扩大芽的群体，达到快速繁殖的目的。目前已有马铃薯、香蕉、草莓、苹果、葡萄、非洲菊和百合等近百种植物用这种方法实现了快速繁殖。腋芽增殖方法的最大优点是培养物不容易产生变异，可以长时间大量提供遗传上同质的试管苗。

培养的芽经过一段时间的生长，在其下部发育出潜在的腋芽，但由于顶芽的顶端优势，这些腋芽的萌动和生长受到抑制。一般用细胞分裂素（如 6-BA 或 KT）来打破顶端优势，促使腋芽萌动。有些植物的顶端优势即使在外源细胞分裂素的作用下也不能打破，结果是培养的茎尖只能长成一根不分枝的枝条。在这种情况下，可以用切断法来繁殖，即将枝条切成包含一个芽的茎段，接种到新鲜培养基上来扩大芽的群体。

当向茎尖培养基中加入一定量的细胞分裂素时，离体芽中的潜伏腋芽便可以长成枝条，新产生枝条的腋芽在细胞分裂素的作用下又可生长，这样反复数次，就可以形成丛生芽或丛生的枝条。将丛生芽切割成带有几个芽的小块，一次又一次地转移到同样的培养基上，就可以在短时间内产生大量的芽。腋芽增殖的速度随植物种类而异，一般 1～2 个月可以增加 3～10 倍。少数植物增殖的速度更快，如草莓 7 天芽数即可增加 10 倍。腋芽的增殖速度不仅与植物种类和培养基成分有关，还受到外植体生理状态的影响。

（4）茎尖接种后的生长及调节　茎尖接种后的生长情况主要有以下 4 种：

① 生长正常　生长点延长，基本无愈伤组织形成，1～3 周内形成小芽，4～6 周长成小植株。

② 生长停止　接种物不增大，渐变褐色，至枯死。此情况多因剥离操作过程中茎尖受伤。

③ 生长缓慢　接种物增大缓慢，渐转绿，成一绿点。说明培养条件不适，要迅速转入高浓度生长素培养基，并适当提高培养温度。

④ 生长过速　生长点不伸长或略伸长，并形成大量疏松愈伤组织，需转入无激素培养基或采取降低培养温度等措施。

（5）诱根与移栽　茎尖培养的生根培养和移栽与一般器官培养相同，这里不再赘述。

6.1.2.2　根尖分生组织培养的方法

根尖是植物根部的顶端分生组织，是从胚胎中保留下来的，有不断生长的潜力，易于分化，是植物组织培养中广泛使用的材料。

根尖培养有两种方法：①将种子表面消毒后，在无菌条件下，待种子萌发伸长后，从根尖一端切取 10mm 长接种于培养基中进行暗培养，等长出的侧根伸长后切取侧根根尖作为新的培养材料进行扩大培养，获得由一个单个根尖衍生来的无性系。或将侧根根尖接种于愈伤组织诱导培养基上，待愈伤组织形成后，再转移到分化培养基上诱导芽的分化。②直接切取植株的根尖进行表面灭菌后，诱导愈伤组织。根是合成细胞分裂素的主要场所，所以生长素的效应最为明显，在一般情况下，加入适量的生长素便能促进根的生长。

6.1.3　影响分生组织培养的因素

6.1.3.1　培养基

通常以 White、Morel 和 MS 作为分生组织培养的基本培养基。提高培养基中钾盐和铵盐的浓度有利于茎尖的生长。由于 MS 培养基的无机盐含量过高，适合于大多数单子叶和双子叶植物的茎尖培养的是不加肌醇并将维生素 B_1 提高到 1mg/L 的 1/2MS 培养基。也有专门为木本植物茎尖培养设计的培养基，如 WPM 培养基（wood plant medium）。

碳源一般用蔗糖，含量为 2%～4%。在有些培养中发现，麦芽糖、葡萄糖或果糖较蔗糖效果好，能使许多组织很好地生长。有时蔗糖与麦芽糖结合使用效果更好，但对多数植物组织来说，蔗糖和葡萄糖是良好的碳源。

虽然较大的植物茎尖（$500\mu m$ 或更长）在不含生长调节物质的培养基中也能再生成完整植物，但一般来说，含有少量（$0.1\sim0.5mg/L$）的生长素或细胞分裂素，或二者兼有常常是有利的。在被子植物中，茎尖分生区不能自我提供所需的生长素。据研究，生长素可能是由第2对幼叶原基形成的。在洋紫苏（*Coleus scutellarioides*）、旱金莲（*Tropaeolum majus* L.）及一些百合属植物中，要能成功地培养不带任何叶原基的分生组织外植体，外源激素的存在是必不可少的。在香石竹离体顶端分生组织培养中，既需要生长素，也需要细胞分裂素。分析认为凡是只需要生长素的植物，其分生组织中的内源细胞分裂素的水平较高。在各种不同的生长素中，应当避免使用 2,4-D，因为它通常诱导外植体形成愈伤组织。

GA_3 在茎尖培养中的作用，最初是由 Morel 等（1968）证实的。据他们报道，在大丽花中，加入 $0.1mg/L$ GA_3 能抑制愈伤组织的形成，有助于茎尖更好地生长和分化。GA_3 与 BAP（6-苄氨基嘌呤）、NAA 搭配使用，对于木薯（*Manihot esculenta* Crantz）离体茎尖（$200\sim500\mu m$）形成完整植株是必不可少的。然而也有研究发现，GA_3 并没有什么显著的作用，在高浓度时甚至有抑制效应。

在茎尖培养中，一般使用 0.8% 琼脂固化培养基。在避免"玻璃化现象"时，常增加琼脂用量，但也有人指出琼脂的使用量与培养基的硬度呈线性相关，并可能影响培养基的一些物理性质，也可能降低细胞分裂素的活性。例如苎麻[*Boehmeria nivea*（L.）Gaudich.]茎尖在初代培养时采用液体培养要比固体培养好，主要原因是苎麻茎尖在组织培养过程中分泌大量的酚类等有害物质，聚集于茎尖周围，固体培养基不利于酚类物质的扩散，造成毒害，而液体培养基有利于酚类等有害物质扩散，不会对茎尖造成毒害，同时还有利于茎尖对营养物质的吸收，所以，液体培养方式比固体培养的好。

培养基的 pH 值会影响培养物对营养物质的吸收和生长速度。一般培养基经过高压灭菌后 pH 值会略有降低，另外，在高压灭菌后 pH 值降得越低，培养基的渗透压升高得就越多。这样就会影响培养物对营养物质的吸收。大多数植物茎尖培养时，培养基的 pH 值应控制在 $5.6\sim5.8$ 之间。

6.1.3.2　外植体的大小

在最适培养条件下，茎尖剥离体的大小对其存活率影响较大。茎尖较大，污染率也高，外植体也不能过小，非常小的外植体的存活率很低。菊花分离茎尖大小和成活率的关系见表 6-1。一般被剥取的茎尖越大，越容易产生再生植株。在木薯中，只有 $200\mu m$ 长以上的茎尖能够形成完整的植株，再小的茎尖只能形成愈伤组织，或是只能长根。除了茎尖的大小外，叶原基的存在与否也影响分生组织形成植株的能力。紫叶大黄（*Rheum palmatum* L.）离体分生组织必须带有 $2\sim3$ 个叶原基。含有必要的生长物质的培养基，有助于茎尖分生组织在植株重建过程中迅速形成双极性轴。一般根的形成出现于叶原基分化之前，根的发育是轴向的，而不是侧向的。以香石竹离体茎尖培养中植株的发育过程为例，在 7 天之内根和茎轴形成，10 天后出现叶片。一旦根与茎之间的轴建立起来，进一步的发育与种子苗发育的方式相同。脱毒培养多用较小的外植体，如麝香石竹（*Dianthus caryophyllus* L.）用 2mm 大的外植体时只生成根，而用 0.75mm 的外植体培养则不能脱去病毒。此外，外植体的大小与褐化率和玻璃化均有关。如在卡德兰新茎的培养中外植体越小，切面与体积的比率越大，伤害及褐变的比率就越大，新茎大则褐化率低、成活率高。

表 6-1　菊花分离茎尖大小与成活率的关系

茎尖大小/mm	培养数	成活率/%
<0.4	43	33
0.5～0.6	116	37
>0.7	58	50

6.1.3.3　培养条件

茎尖培养的条件包括温度、湿度和光照。在茎尖培养中，通常离体芽的生长、分化和增殖需要一定强度的光照，植物光照培养的效果通常比暗培养效果好，光照强度为 1000～2000lx。每天 16h 照明、8h 黑暗的光周期，或者 24h 连续光照，有利于大多数植物的茎尖培养。如马铃薯茎尖培养时，当茎已长到 1cm 高时，光照强度应增加到 4000lx。又如在多花黑麦草（*Lolium multiflorum* Lam.）茎尖培养时，光照 6000lx 条件下培养有 59% 的茎尖再生植株，而在暗培养时只有 34% 的茎尖再生。有些植物在培养过程中需要一个完全黑暗的时期，在进行天竺葵（*Pelargonium hortorum* Bailey）培养时，一个完全黑暗的时期有助于减少多酚植物的抑制作用。

培养室的湿度应保持较低的状态，以免室内生长霉菌。在北方空气过于干燥的季节，可以用保湿性较好的封口膜封口，以维持培养容器中较高的湿度，使培养物能够正常生长。一般周围环境相对湿度为 70%～80% 较适宜。

茎尖组织培养，温度的设定主要由植物的种类、起源和生态类型决定。茎尖培养通常采用标准的培养室温度（25±2）℃，有时因植物种类的不同需要较高或较低的温度。一般喜温性植物如兰科、蔷薇科植物，以 26～28℃ 为宜；而喜冷凉的如菊科、十字花科植物一般适宜温度为 18～22℃。通常茎尖培养均置于恒定的温度下进行，有时对于一些特殊的植物则采用变温培养较好。

6.1.3.4　外植体的生理状态

茎尖最好要由活跃生长的芽上切取，在香石竹和菊花中，培养顶芽茎尖比腋芽茎尖效果好，但在草莓中，二者基本无差别。

取芽的时间也很重要，一般处于萌动期较好，因为这时外植体受微生物侵染比较少，生理年龄小，接种到培养基上容易恢复生活力。如在某些温带木本观赏植物中，植株的萌芽只限于春季，此后很长时间，茎尖处于休眠状态，直到满足低温条件下打破休眠为止，如 Boxus 和 Quoirin（1974）指出，在李属植物中，取芽培养之前必须把茎保存在 4℃ 下近 6 个月之久。茎尖培养的效率除取决于被剥取茎尖的存活率、丛生苗的发育程度、脱毒过程的难易外，还取决于茎的生根能力。在香石竹中，虽然冬季培养的茎尖产生的茎最易生根，但夏季得到无毒植株的频率最高。

6.2　植物愈伤组织培养

植物愈伤组织培养（callus culture）是指在人工培养基上诱导植株外植体产生一团无序生长的薄壁组织细胞及对其培养的技术。植物的各种器官及组织经培养都可产生愈伤组织，并能不断继代繁殖。愈伤组织可用于研究植物脱分化和再分化、生长和发育、遗传和变异、育种及次生代谢物的生产等，它还是悬浮培养的细胞和原生质体的来源。

6.2.1　愈伤组织培养的基本过程

6.2.1.1　愈伤组织形成的条件

愈伤组织形成主要需要离体和外源激素两大条件。一个完整的生物体是一个有机整体，其形态和机能都是协调和统一的，每一个器官、组织、细胞都是在与周围的成员互相协调和制约之中发挥本身应有的作用。这种协调和制约包括生理和遗传两个方面，生理上如植物的顶端优势是由于内源激素、光合产物等的分配不均造成的；遗传上的制约主要是基因表达受时空调节。一个植物体的每一个体细胞都含有相同的染色体和植物体的所有遗传信息，但基因的表达是受严格的时空控制的，即基因只在特定的细胞（空间）、特定的时间内表达，这种调控的机制使得植物的生长发育处于一种协调和有序的状态。在生理和遗传的制约下，虽然细胞具有全能性，但由于这种制约也不可能都表达而发育成一个完整的植株，只有离开这种制约，才有可能表达出全能性。

高等植物几乎所有的器官和组织离体后在适当条件下都能诱导出愈伤组织，这表明愈伤组织的形成与外植体来源关系不是很大，只有从植株上分离开来，离开整体水平的生理、遗传制约，就有可能形成愈伤组织。在培养条件中最关键的是激素，没有外源激素的作用，外植体不能形成愈伤组织。诱导愈伤组织常用的激素有 2,4-D、NAA、IAA、KT 和 6-BA 等。

6.2.1.2　愈伤组织的形成过程

外植体细胞在外源激素的诱导下，经过脱分化形成愈伤组织，其过程一般可分为启动期（诱导期）、分裂期和分化期（或形成期）。

（1）启动期　外植体刚从植株分离下来时，细胞一般都处于静止状态，在诱导期进行细胞分离的准备。该时期外植体细胞大小没有明显变化，但细胞内的代谢很活跃，是蛋白质及核酸的合成代谢迅速增加的过程，此时期细胞的特点是：①呼吸作用加强，耗氧量明显增加；②核酸的合成代谢增加并大多形成多聚核糖体；③RNA 和蛋白质的量迅速增加，如到细胞有丝分裂前，菊芋（*Helianthus tuberosus* L.）的 RNA 和蛋白质含量分别增加 300% 和 200%。这一时期的长短因植物而异，如胡萝卜诱导期要几天，新鲜的菊芋块茎需 22h，但菊芋块茎贮藏 5 个月后，诱导期需要 40h 以上。

（2）分裂期　诱导期后，外植体细胞从开始分裂到迅速分裂，使细胞数目大量增加，如一块菊芋外植体在 25℃ 下 7 天之内细胞数目可增加 10 倍以上，由于此时期细胞的分裂速度远大于生长速度，因而细胞体积变小。当细胞体积最小、核和核仁最大、RNA 含量最高时，标志着细胞分裂进入高峰期，从外部形态看，外植体形成层细胞迅速分裂。分裂期的愈伤组织的共同特征是细胞分裂快，结构疏松，缺少组织结构，维持其不分化的状态。

（3）分化期　经诱导期和分裂期后，外植体形成无序结构的愈伤组织，这些细胞的大小、形态、液泡化程度、胞质含量、细胞壁特性等通常具有很大的差异。愈伤组织细胞是分化的，但还没有形成组织上的结构。进入分化期，进一步发生一系列生理和形态变化，如多种酶的活性加强、累积淀粉、RNA 和组蛋白合成速度加快。分化期的特征是细胞形态大小保持相对稳定，体积不再减小，成为愈伤组织的生长中心。

以上对愈伤组织形成过程时期的划分并没有严格的界限，往往分裂期和形成期出现在同一块组织上。

6.2.1.3 愈伤组织的生长

如果在原始培养基上继续培养，细胞将不可避免地发生分化，产生新的结构，但是把它及时转移到新鲜的培养基上，则愈伤组织可无限制地进行细胞分裂，而维持其不分化的状态。愈伤组织可以用继代培养的方式长期保存，也可以通过悬浮培养而迅速增殖，用作无性系转移的愈伤组织应有适当的体积，过大或过小都不利于转移后的生长。一般愈伤组织块的直径以 5～10mm 为好，质量以 20～100mg 为宜。继代培养一般要求在 3～4 周更换一次新鲜培养基，但具体转移时间要根据愈伤的生长速度而定。有人测定了愈伤组织的生长速度，从转到新鲜培养基时算起，1～8 天为平稳生长恢复期，9～22 天为快速增长期，21～28 天为慢速增长期，前 8 天和后 8 天平均每天的增重只及中间 12 天平均增重的 1/5 左右。这表明要想迅速增加愈伤组织的数量，必须三周左右转移一次，以保持愈伤组织始终处于旺盛生长状态。选择愈伤组织的正常健康部分进行转移，而非全部愈伤组织。转移过程中如果将愈伤组织原来靠近培养基的面仍然靠近培养基，则愈伤组织的生长比较快。

对某些植物来说，诱导启动细胞分裂和使细胞继续保持分裂能力可能需要相同的条件，即在不改变培养基成分和培养条件下，既可使外植体细胞完成脱分化过程，又能启动并连续进行活跃的分裂。而另外一些植物则不同，诱导启动细胞分裂和保持分裂要求不同的培养基成分和培养条件。一般来说，诱导启动阶段需要较高浓度的生长素和细胞分裂素，细胞分裂阶段需要适当降低激素浓度，有的则需去掉生长素或细胞分裂素或二者都不加。

产生愈伤组织的速度与数量是一个值得考虑的问题，因为愈伤组织产生的量与再生植株的速度有关系，但又不是正相关，也不是负相关。如果愈伤组织生长过快，则表示激素浓度较高，很可能不利于下一步的植株再生，但愈伤生长太慢，也可能是激素浓度过低或过高，因为过高时可能对生长起抑制作用，出现与浓度过低时相似的现象。

根据愈伤产生的速度和形成愈伤的类型，可判断愈伤的质量，即产生再生植株的可能性。质量较好的愈伤组织多呈淡黄（绿）色或无色，疏密程度适中；过于紧实或过于疏松的愈伤都很难再诱导分化产生植株。但这种判断只能凭经验和感觉，很难量化，也不能对所有的植物一概而论。愈伤组织结构应该是不均匀者为好，就是说在整团愈伤组织中应有一些颗粒状或成簇的小细胞团，这些小细胞团往往是分化产生植株的核心，有的称其为芽点或原始胚状体，在光照培养下会逐渐显现出绿色，预示着有望会分化出芽或形成胚状体。如果整团愈伤组织从一开始形成时就十分紧密结实，且呈现浓厚的绿色，则表明这种愈伤组织质量不好，很难再分化出再生植株。如果愈伤组织一开始就呈白色的极度蓬松状，则预示着这种愈伤组织毫无用处，可能是由于缺乏某些成分或培养基的渗透压不合适造成的。如果愈伤组织呈现红色、紫红色等，则可能是由于花青素的积累造成，这说明由于培养基不合适而造成培养的植物组织碳氮代谢失调，碳水化合物积累较多，引起细胞 pH 值降低。

6.2.1.4 愈伤组织的分化和形态发生

愈伤组织的形态学和解剖学研究表明，绝大部分培养植物产生的愈伤组织都不是完全由薄壁细胞组成的，而是在其中分化产生了管胞分子、筛管分子、栓化细胞、分泌细胞和腺毛等。这些现象告诉人们，一团愈伤细胞虽然可能是由一个细胞分裂产生的，但其中的每一个细胞所接受的微环境可能有差异，从而导致不同基因表达和形态建成上的差异，而正是由于这种原因，人们才可能从愈伤组织中诱导出再生植株。许多观察表明，再生植株如通过器官发生途径，则愈伤组织中管胞分子的分化是必不可少的，即管胞分子的产生是其器官发生的基础。

当外界条件满足时，愈伤组织可以再分化成为芽和根的分生组织并由其发育成完整植株。

该过程主要受外植体自身条件（如遗传性状、来源部位、年龄等）、培养基（如是固体还是液体、生长素、细胞分裂素、其他营养等）和培养条件（温度、光质与光照强度、光周期、气体成分与量）等因素影响。

愈伤组织形态发生有器官发生型和体细胞胚发生型两种类型。在组织培养中，通过器官发生型产生再生植株有以下4种基本方式：①愈伤组织仅有芽或根器官的分别形成，即无芽的根或无根的芽。②先分化芽，等芽伸长后其幼茎基部长根，形成完整的小植株，大多数植株属于这种情况。③先分化根，再在根上产生不定芽而形成完整植株。这在双子叶植物中较为普遍，而单子叶植物很少有这种情况。④在愈伤组织的不同部位分别形成芽和根，然后二者的维管组织互相连接，成为具有统一的轴状结构的小植株。体细胞胚发生型有两种方式：①从培养中的器官、组织、细胞和原生质体直接分化成胚，中间不经过愈伤组织阶段。②外植体先愈伤化，然后由愈伤组织细胞分化形成胚。其中由愈伤组织产生胚状体最为常见。

在培养中先形成根的，往往抑制芽的形成，而先产生芽的，则在以后较易产生根。一般来讲，芽或茎叶原基起源于培养组织中比较表层的细胞，即与整体植物中一样是外起源的，而根原基则发生在组织较深处，是内起源的。

在许多木本植物的愈伤组织再生植株的培养过程中，常常是将诱导不定芽与诱导不定根分两步完成。即利用分化培养基，愈伤组织形成不定芽。当不定芽长大出现叶片后，再将伸长的苗从基部切下，转入含生长素的生根培养基上诱导生根。这是一种较为常见的器官发生方式。在培养或插条中容易再生的植物，其器官或组织在离体培养下也容易再生。

6.2.2 影响愈伤组织培养的因素

6.2.2.1 外植体

外植体的选择对愈伤组织诱导的成功与否非常重要。理论上所有的植物都有被诱导产生愈伤组织的潜力。但不同植物种类被诱导的难易程度大不相同。如烟草、碧冬茄（*Petunia* × *hybrida*，矮牵牛）、胡萝卜等容易诱导器官形成，而禾谷类、豆类、棉花等诱导比较困难；一般而言，蕨类植物、裸子植物以及进化水平较低级的苔藓植物较难诱导，进化水平较高的被子植物则较容易诱导。与草本植物相比，木本植物不容易诱导。在一种植物中，外植体细胞分化程度越高，脱分化越困难，所需时间就可能越长，需要的培养基及培养条件也就越苛刻。同一种植物有的部位容易诱导，有的部位却较难诱导，如紫草（*Lithospermum erythrorhizon* Sieb et Zucc.）的根、茎、叶都可以作为外植体，但以根的诱导效果最好。一般茎尖或胚诱导的愈伤组织容易分化形成器官，这可能与这些愈伤组织有顶端分生组织的分生细胞有关，而经脱分化诱导的愈伤组织如果很少或较难形成分生细胞团，其发生器官或组织分化的难度就大。一般应选择幼嫩组织、弱光下生长的组织、富含营养但碳水化合物较少的组织，如幼嫩的马铃薯块茎、萝卜、甘薯、胡萝卜的幼嫩贮藏根，大豆的幼嫩子叶，芹菜（*Apium graveolens*）和烟草茎的髓薄壁细胞等都是很好的材料。成熟种子在无菌条件下萌发产生的幼嫩植株的各个部分，包括子叶、幼芽、幼根、胚轴等，也是较为理想的外植体。木本植物、禾本科植物的硅质化较高的组织，以及多酚氧化酶活性较高的植物组织，都不宜作为外植体。

6.2.2.2 培养基

很多培养基都能诱导出愈伤组织，但不同类型的材料对培养基的反应是不同的。一般无机盐浓度较高的MS等培养基均可用于愈伤组织的诱导，高盐浓度似乎对愈伤组织的生长有利，例如在北美短叶松下胚轴和子叶的愈伤组织诱导中，随着培养基中盐浓度的下降，愈伤组织的生长量也随之下降。

就培养基的形态而言，液体培养基常需要振荡，在气体交换和养分吸收方面均优于固体培养基，因此液体培养基要比固体培养基好。同时在液体条件下愈伤组织很容易分离成细胞和细胞团进行悬浮培养，产生较大的吸收面积。在液体培养基中愈伤组织易于增殖和分化，如在石刁柏和胡萝卜的培养过程中，需要改变培养基的形式，其方法是：第一阶段诱导形成愈伤组织，应用固体培养基；第二阶段细胞和胚状体增殖，应用液体培养基；第三阶段由胚状体发育成可移植的植株，应用固体培养基。

糖类的浓度大小不仅影响出愈率，而且影响愈伤组织的质地和结构。当糖类（蔗糖或葡萄糖）浓度由 4% 降到 1% 时，西黄松（*Pinus ponderosa* Douglas ex C. Lawson）子叶愈伤组织由原来的致密、干燥状变为松软包围一层黏液膜的软湿状。在对洋桔梗［*Eustoma grandiflorum* (Raf) Shinners］花药培养过程中，在相同激素的配比条件下，含 30g/L 蔗糖的 MS 培养基比 60g/L 的培养基更利于愈伤组织的诱导。山梨醇作为一种糖源可以支持苹果或其他蔷薇科植物愈伤组织的生长。因此，在进行植物组织培养时，选用合适的糖浓度并且配以适当的激素，不仅会提高胚性愈伤组织的诱导率，改善愈伤组织的质量，而且可以控制植株的再生途径，从而提高组织再生的频率。

6.2.2.3 植物生长调节剂

（1）对愈伤组织发生的影响　一般认为诱导愈伤组织的成败主要在于培养条件，其中，植物生长调节剂是极为重要的因素。常用的生长素有 2,4-D、IAA、NAA，其浓度为 0.01～10mg/L；常用的细胞分裂素有 KT、ZT、6-BA，其浓度为 0.1～10mg/L。

在诱导愈伤组织生长时，要注意根据植物材料来源不同采用不同的植物生长调节剂，并选用适宜的浓度。在禾谷类植物中，多数情况下，单独使用 2,4-D 就可以成功地诱导愈伤组织的发生，使用 2,4-D 的浓度过低，愈伤组织生长缓慢，而使用 2,4-D 浓度过高，又完全抑制了愈伤组织的生长。有时不同生长素类配比使用比单独使用某类生长素效果要好。如以东北红豆杉（*Taxus cuspidata* Sieb. et Zucc.）的扦插苗幼茎为外植体诱导愈伤组织时，在 MS 培养基中 2,4-D、NAA 同时存在时诱导愈伤组织的效果比 NAA 单独存在要好 1.5～2 倍。同时细胞分裂素对保持愈伤组织的快速生长也是非常必要的，特别是与生长素有效结合时，能更强烈地刺激愈伤组织的形成。如黄花乌头［*Aconitum coreanum* (Lévl) Rapaics］花药愈伤组织的诱导以 MS 培养基添加 2,4-D 2.0mg/L ＋ KT 0.2mg/L 效果最佳。以黄檗（*Phellodendron amurense* Rupr.）无菌苗叶片为外植体诱导愈伤组织时，单独使用 NAA 和 2,4-D 愈伤诱导率不高，且愈伤质量差。当生长素与细胞分裂素配合使用时，以 6-BA 1.5mg/L＋2,4-D 2.0mg/L 激素组合愈伤组织诱导率高达 100%，生长最旺盛。在双子叶植物培养中，当培养基中生长素与细胞分裂素浓度的比例高时，愈伤组织仅形成根，生长素与细胞分裂素浓度比例低时，则产生芽，而当两种激素的比例适中时，产生愈伤组织。如仙客来（*Cyclamen persicum* Mill.）叶片在 MS＋6-BA 1.0mg/L＋2,4-D 2.0mg/L 的固体培养基上培养时，形成的愈伤组织颗粒大、发生早。

（2）对愈伤组织形态发生的影响　在培养愈伤组织形成再生植株的过程中，常常是将诱导不定芽与诱导不定根分两步进行，即先利用分化培养基使愈伤组织形成不定芽，然后继代培养增加芽的繁殖系数。当不定芽长到一定大小时，再将试管苗从基部切下转入生根培养基中培养诱导不定根生成。影响试管苗茎芽分化的植物生长调节剂主要有 6-BA、KT 等。影响试管苗不定根发生的植物生长调节剂主要有 IBA、NAA、IAA、2,4-D 等生长素类和 PP333 等生长延缓剂。例如在花叶万年青［*Dieffenbachia picta* (Lodd.) Schott］无性快速繁殖时，首先用 MS 附加不同浓度的 6-BA、KT，促进芽的形成，然后将抽枝的小植株转移到 MS 附加不同浓度的 NAA 培养基上培养，诱导根的发生和生长。生长素对维管束组织分化具有显著影响。一般情况下，生长素浓度和木质部发生之间存在着负相关，低浓度的生长素能刺激木质部的发生。另外，生长素对维管组织分化所起的作用在很大程度上取决于糖的存在，含糖量不同所形成的维管组织的部位也不同。在愈伤组织木质部形成中，IAA、ABA、GA$_3$ 等可抑制体细胞胚的发生。

6.2.2.4 培养环境条件

光对器官的作用是一种诱导作用。一定的光照对芽的形成、根的发生、枝的分化和胚状体的形成有促进作用。弱的光照条件下（1500lx），愈伤组织的色泽没有太大的变化；强的光照条件下（3000lx），愈伤组织的色泽有较大的变化，并且愈伤组织褐变情况加重。

温度对愈伤组织的诱导和生长影响也很大。一般植物采用 22～25℃的恒温条件进行培养都可以较好地形成芽和根，但很多资料表明，温度高低对器官发生的数量和质量仍有影响。如温度对东北红豆杉外植体愈伤组织诱导率有很大的影响，25℃时东北红豆杉愈伤组织诱导率最高，长势很旺盛，而在 15℃、30℃下也能产生愈伤组织，但诱导率较低，不适于东北红豆杉愈伤组织的诱导。

6.3 其他组织培养

6.3.1 植物薄层组织培养

植物薄层组织培养是指对植物的薄壁细胞层组织进行离体培养的技术。植物的薄壁组织培养是研究离体组织形态发生机理和影响因素以及遗传变异产生机理的良好实验体系。

灭菌后的植物器官，切取薄细胞层（3～6 层细胞），在一定的环境中，可以获得不同的器官，如烟草花序轴 3～6 层表皮及表皮下细胞组成的薄层组织，在 MS 或 Hoagland 培养基中添加不同浓度的蔗糖、生长素和细胞分裂素，其再生器官的类型不同（表 6-2）。研究还表明，器官的形成还受到糖的种类和浓度、光照强度和时间、水势、温度等因素的影响。

表 6-2 烟草花序轴表皮薄层组织不同类型分化的最适条件

再生器官类型	蔗糖浓度/(g/L)	生长调节剂浓度/(mg/L)
花芽	30	IAA1.0＋KT 1.0
营养芽	30	IAA1.0＋6-BA 10.0
根	10	IBA 10.0＋KT 1.0
愈伤组织	30	2,4-D 5.0＋KT 1.0

大王秋海棠（*Begonia rex* Putz）叶片主脉切取的表皮和相邻厚角组织 5～6 层细胞组成的薄壁组织，在 22℃下培养于稀释 6 倍的 Hoagland 溶液中，附加 IAA 1.0mg/L＋6-BA 1.0mg/L＋蔗糖 1%＋琼脂 1%，培养 4 天、5 天、7 天时，可以观察到表皮细胞的变化和表皮毛的形成。表皮细胞和表皮下细胞都具有完善的器官形成能力。

6.3.2 植物髓组织培养

髓组织培养是以植物的髓部为外植体的离体培养。下面以枸杞（*Lycium chinense Miller*）为例介绍髓组织培养。

　　取当年生长的具有明显分化成髓组织的枸杞枝条，摘除并丢弃叶子、侧芽和枝条顶端100mm。把外植体的切端蘸熔蜡封住伤口，防止 $HgCl_2$ 和酒精等消毒液进入髓组织内部使髓细胞遭到破坏。然后浸入 70% 酒精中消毒 20s，再转入 0.1% $HgCl_2$ 溶液中 8~10min，用无菌水冲洗 3 次。最后用无菌吸水纸吸干水分，用解剖刀从茎的两端各切取 10mm，余下部分切成 20mm 的小段，用无菌镊子夹住茎的切段，用瓶塞打孔器从枝条切段一端的髓组织中切取 1 个髓组织圆柱体。将其转移到直径为 90mm 的无菌培养皿中，用解剖刀切成 2~3mm 厚的小圆片，接种至 MS+6-BA 0.1mg/L+NAA 0.5mg/L 固体培养基上诱导愈伤组织发生。在此培养基上获得的愈伤组织为淡黄色松散型，这种愈伤组织再经过多次继代培养，就会更加松散，颗粒小，分散性能好，而且胚性细胞多，分化频率高。将其转移到 MS+6-BA 0.2mg/L 的培养基上得到快速繁殖。繁殖系数 50~150 株/(芽·月)。选健壮的丛生芽，切除底部的叶片，只保留上部 2~3 片叶，在 MS+NAA 0.2mg/L 培养基上形成完整植株。

6.3.3　植物韧皮组织培养

　　植物韧皮组织培养是以植物的韧皮部为外植体的离体培养。其外植体的获得一般有两种方式：一种是选取健壮无病植物的枝条或根，在自来水下冲洗干净，用吸水纸吸去水分，在超净工作台上用 75% 酒精消毒 30s，然后用消毒液消毒，以无菌水漂洗 3~4 次，再用解剖刀取其韧皮部，切成适宜大小，接种到培养基进行初代培养；另一种是把韧皮部先预处理，即选取健壮无病植株的枝条或根，在自来水下冲洗干净，用解剖刀取其韧皮部，接着在消毒液中消毒，用无菌水冲洗后，把韧皮部与消毒液接触的部分切除，切割适宜大小的韧皮部组织接种到培养基中。

　　在进行韧皮部组织培养时常带有一定数量的形成层，愈伤组织形成率高，其原因可能是带形成层的韧皮部中含有薄壁细胞，此薄壁细胞分化水平低，有较大的发育可塑性，细胞分裂潜能强，细胞分裂是脱分化形成愈伤组织的前提，因此形成愈伤组织所需要的时间短，所以植物韧皮部是诱导形成愈伤组织合适的外植体。

　　采用韧皮部外植体培养时污染率低，其原因可能是形成层位于皮下，不直接接触外部环境，携带病菌污染物概率相对较低所致。相反，直接裸露于外部大环境中的外植体，表面携带大量病菌污染物，即使彻底消毒，亦很难消除干净。因此，从降低污染率角度来看，尽量采用形成层作为外植体。

小　　结

　　狭义的植物组织培养是指以分离出植物各部分的组织或已诱导的愈伤组织为外植体的离体无菌培养，主要包括分生组织培养、愈伤组织培养、输导组织培养和薄壁组织培养等。

　　离体植物组织培养的基本程序为无菌外植体的获得、初代培养物的建立、形态发生和植株再生、培养产物的观察记载等。它对研究植物的形态发生、器官发生、植株再生、植株脱毒等十分有利，在整个离体培养中占有十分重要的地位。

　　茎尖分生组织培养主要用于脱毒和快繁。茎尖分生组织培养的方法主要包括植物材料的表面消毒、茎尖剥离、茎尖培养等步骤。影响分生组织培养的因素主要是培养基（培养基的成分和物理状态）、外植体大小、培养条件（温度、湿度和光照）等。愈伤组织的培养是一种最常见的培养形式，通过愈伤组织诱导和分化可获得大量小植株。但快繁材料易产生非整倍体和其他变异。愈伤组织形成主要需要离体和外源激素两大条件，愈伤组织的形成过程一般可分为启动期、分裂期和分化期。愈伤组织形态发生有器官发生型和体细胞胚发生型两种类型。影响愈伤组织培养的因素主要有外植体、培养基、植物生长调节剂和培养环境条件等。

思 考 题

1. 植物组织培养的基本程序是什么？如何获得无菌培养材料？
2. 植物茎尖分生组织培养如何进行？培养后将出现怎样的培养反应？
3. 植物薄层组织培养有何意义？
4. 茎尖培养在农业上有何意义？
5. 简述植物生长调节剂在愈伤组织培养中的作用。
6. 愈伤组织形态发生的途径是什么？

第7章

植物细胞培养

植物细胞培养（plant cell culture）是指在离体条件下对植物单个细胞（single cell）或小的细胞团（cell aggregate）进行培养，使其增殖并形成单细胞无性系或再生植株的技术。这种培养方式具有操作简便、重复性好、群体量大等优点，而且通过植物单细胞的克隆，可以产生遗传组成基本一致的单细胞克隆系。植物单细胞培养始于20世纪初，迄今为止，在该领域的研究已经取得了巨大进展，不仅能够培养游离的植物细胞，还能使培养在完全隔离的环境中的单个细胞进行分裂，并再生出完整的植株。目前，该培养方式已被广泛应用于突变体的筛选、遗传转化、次生代谢产物的生产等诸多方面。

7.1 植物单细胞的分离

7.1.1 由植物器官分离单细胞

用于植物细胞培养的细胞可以直接从外植体中分离得到。从外植体中分离植物细胞通常有机械法和酶解法两种方法。

7.1.1.1 机械法

机械法分离植物细胞是先将叶片等外植体轻轻捣碎，然后通过过滤和离心分离细胞。在现有的外植体材料中，叶片组织的细胞排列比较松弛，是常用的分离单细胞的材料之一。1965年波尔（Ball）等、1967年乔希（Joshi）等、1968年乔希（Joshi）和波尔（Ball）等曾先后多次从花生成熟叶片中直接分离得到了离体细胞。其分离过程如下：先撕去叶片表皮，使叶肉细胞暴露，然后用小解剖刀把细胞刮下来。这些离体细胞可直接在液体培养基中培养。在培养中很多游离细胞都能成活，并持续分裂。

1969年，格那南姆（Gnanam）和库兰戴维鲁（Kulandaivelu）从几个物种的成熟叶片中分离出具有光合活性和呼吸活性的叶肉细胞。同年，罗西尼（Rossini）介绍了一种由旋花（*Calystegia sepium*）叶片中大量分离出游离薄壁细胞的机械方法，采用此分离方法，哈瑞德（Harada）成功地进行了石刁柏等植物的叶片细胞分离。其步骤如下：①用95%的乙醇和7%的$Ca(ClO)_2$溶液对叶片进行表面消毒，之后用无菌水洗净。②把叶片切成小于$1cm^2$的小块。③将切成的小块1.5g放入玻璃匀浆管中，用10mL液体培养基制成匀浆。④将制成的匀浆通过两个无菌金属滤器过滤，滤器的孔径分别为$61\mu m$和$38\mu m$。⑤通过低速离心将滤液中细微的碎屑除掉。离心时游离细胞会沉降在底层，弃去上清液，把细胞悬浮在一定容积的培养基中，使达到所要求的细胞密度。⑥将细胞植板置于固体培养基或在液体培养基中培养。

与以下将要介绍的酶解法相比，机械法分离植物细胞具有两个比较明显的优点：一是获得的植物细胞没有经过酶的作用，不会受到较大伤害；二是不需经过质壁分离，有利于进行生理和生化研究。但是，机械法分离细胞并不常用，因为只有在薄壁组织排列松散、细胞间接触点很少时，用机械法分离细胞才容易取得成功。用机械法分离的植物细胞，细胞结构还是会受到一定的伤害，获得完整的细胞团或细胞数量少，且不易获得大量的活性细胞，所以使用不普遍，用于生理生化等基础研究时可采用此方法。

7.1.1.2 酶解法

酶解法是叶片组织分离单细胞的常用方法。酶解法分离植物细胞是利用果胶酶、纤维素酶等处理外植体材料，分离出具有代谢活性的细胞。生物化学家和植物生理学家用酶解法分离植物单细胞已有相当一段历史，该法不仅能降解中胶层，而且还能软化细胞壁。所以用酶解法分离细胞的时候，必须对细胞给予渗透压保护，可加入一些渗透压调节剂，如加入适量的甘露醇、山梨醇，适宜的浓度为 0.4～0.8mol/L，也可以加入葡萄糖、蔗糖、果糖、半乳糖等。另外，在酶液中适当加入一些硫酸葡聚糖钾有利于提高游离细胞的产量。

1968 年，塔克贝（Takebe）等首次报道，用果胶酶处理烟草叶细胞，从中获得了大量具有代谢活性的叶肉细胞。1969 年，塔克贝（Takebe）等将这种方法应用于其他 18 种草本植物上获得成功。以烟草为例，酶解法分离叶肉细胞的具体方法步骤如下：

①从烟草 60～80 日龄的植株上取充分展开的叶片，然后进行表面消毒，方法是先将叶片投入 70％的乙醇中 30s，再用含有 0.05％表面活性剂的 3％ NaClO 溶液消毒 30min。②用无菌水洗净叶片，用消过毒的镊子撕去下表皮。③用消过毒的解剖刀将叶片切成 4cm² 的小块。④取切好的叶片 2g 置于 100mL 三角瓶中，瓶中预先装有 20mL 无菌酶液（含 0.5％离析酶、0.8％甘露醇和 1％硫酸葡聚糖钾）。⑤真空抽气，使酶液渗入叶片。⑥将三角瓶置于一个往复式摇床上，摇动速度 120r/min，温度 25℃，时间 2h。⑦在摇动期间每 30min 更换酶液一次，将第一次更换出的酶液弃去，第二次酶液中主要含海绵薄壁细胞，第三次和第四次酶液主要含栅栏细胞。⑧分别收集细胞，用培养基洗两次后进行培养。

用酶解法分离植物细胞具有以下特点：细胞的结构一般不会受到大的伤害，相比于机械法能够获得完整的细胞或细胞团的数量较多，在某些情况下，有可能得到海绵薄壁细胞或栅栏薄壁细胞的纯材料。使用此法分离叶肉细胞，对酶的用量要求比较严格，否则很容易造成细胞损伤。但在一些物种中，特别是小麦、玉米等禾谷类农作物中，用酶解法分离叶肉细胞是非常困难的。

7.1.2 由培养组织中分离单细胞

由离体培养的植物愈伤组织分离单细胞不仅方法简便，而且适用广泛。将从经过表面消毒的植物器官上刚刚取下来的一小块组织，置于含有适当激素的培养基上，经过一段时间之后，外植体愈伤组织化，把愈伤组织由外植体上剥离下来，转移到成分相同的新鲜培养基上，通过反复继代培养，获得松散的愈伤组织。之后可按以下操作步骤进行单细胞的分离：①将植物的愈伤组织转移到装有适当液体培养基的三角瓶中，然后将三角瓶置于水平摇床上以 80～100r/min 的速度进行振荡培养，获得悬浮细胞液。②用孔径约 200μm 的无菌网筛过滤，除去其中的大块细胞团；之后再以 4000r/min 速度离心，除去比单细胞小的残渣碎片，获得较为纯净的植物细胞悬浮液。③用孔径 $60\sim100\mu m$ 的无菌网筛过滤细胞悬浮液，再用孔径为 $20\sim30\mu m$ 的无菌网筛过滤；然后将滤液进行离心，除去细胞碎片。④回收获得的单细胞，并用液体培养基洗净，即可用于培养。

7.2　植物单细胞的培养

植物细胞具有群体生长的特性，当经过分离，获得单细胞后按照常规的培养方法，往往达不到细胞生长繁殖的目的。为此，发展起植物单细胞培养（single cell culture）技术。单细胞培养具有以下重要意义：第一，建立单细胞无性系。正常的植物细胞间在遗传、生理生化上存在着种种差异，这些差异，反映在它们的产量、品质、抗逆性等诸多方面。如果能够把对某种物质合成能力强的细胞筛选出来，使它们增殖成为单细胞系，又称"细胞株"，这些具有高抗、高产、高品质的突变细胞株，将会给农业生产带来显著的效益，也会给医药、酶以及天然色素工业带来巨大的变化。第二，人工诱变突变细胞。通过一定的方法，高效地将突变细胞筛选出来，并增殖成为细胞系，然后诱导器官分化形成可能具有耐高温或低温、抗病、抗虫、抗盐、抗旱等特性的植株。第三，排除体细胞的干扰。在花药培养中，在细胞水平上对花粉进行离体培养，可以排除体细胞的干扰所带来的影响，降低花粉再生植株群体的复杂性，具有很大的优越性。第四，可以用于建立遗传转化受体，提高转化效率。

7.2.1　单细胞培养方法

在植物单细胞的培养中，常见的方法主要有平板培养法、看护培养法、微室培养法和条件培养法等。

7.2.1.1　单细胞平板培养法

平板培养法（plating culture，plating method，plating technique）是指将制备好的一定密度的单细胞悬浮液接种到 1mm 厚的固体培养基上进行培养的方法。因为实际上接种过程是一个琼脂或琼脂糖培养基与细胞悬浮液混合植板的过程，而植板后细胞被包埋在固体培养基中形成一个平板，所以该方法被称为平板培养法。细胞平板培养技术首先是由伯格曼（Bergman）在 1960 年创建的，由于该方法具有筛选效率高、筛选量大、操作简单等优点，因而被广泛应用于遗传变异、细胞分裂分化和细胞次生代谢物合成的种细胞筛选等各种需要获得单细胞克隆的研究中。其具体操作过程如图 7-1 所示。

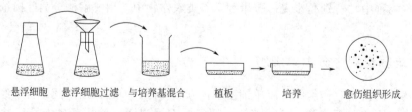

悬浮细胞　　悬浮细胞过滤　　与培养基混合　　　植板　　　　培养　　　愈伤组织形成

图 7-1　平板培养法示意

（1）单细胞平板培养的基本过程

① 单细胞悬浮液的密度调整　　通过外植体分离法、愈伤组织分离法或原生质体再生法等获得的单细胞悬浮液中的细胞密度是各不相同的。为了有利于细胞的生长繁殖并且获得由单细胞形成的细胞系，用于单细胞平板培养的单细胞悬浮液必须调整细胞的密度。

大量研究表明，在单细胞平板培养过程中，植板的细胞（即接种于平板培养基中的细胞）必须达到临界密度，细胞才能顺利地生长繁殖。而为什么细胞培养中需要一个适宜的植板密度，其中的原因尚不清楚，推测可能与培养的植物细胞分泌到细胞外的内源植物激素有关，可能因为植物细胞能够合成某些对细胞分裂必需的物质，只有当这些物质的内生浓度达到一个临界值时，细胞才能进行正常的分裂活动。而且在细胞培养过程中不断地将它们所合成的这些物质释放到培养基中，直至这些物质在细胞和培养基之间达到平衡时，这种释放作用才能停止。当细胞浓度较高时达到平衡所需的时间比细胞浓度较低时要早得多，因此在后一情况下，培养较长时间后细胞才能开始分裂。

当植板的细胞密度过低时，分泌到细胞外的内源化合物的总量较少，浓度达不到一定的水平，就达不到这种平衡状态，所以细胞的生长繁殖就会受阻；如果培养基是含有这些代谢产物的条件培养基时，在相对低的细胞密度下也能促使细胞发生分裂。当细胞密度达到临界密度以上时，各个细胞产生的这些内源化合物总量多，能够很快达到细胞生长繁殖所需的浓度和平衡状态，从而促进各个细胞的生长繁殖。单细胞平板培养的细胞临界密度一般为 10^3 个/mL，通过血细胞计数器计数可以得到单细胞悬浮液中的细胞密度。当细胞密度过高时，则可用一定量的无菌蒸馏水进行稀释；如果细胞的密度过低，则可以采用膜过滤等方法进行浓缩。经过细胞密度调整，可将单细胞悬浮液中的细胞密度达到临界密度以上，控制在 $10^3 \sim 10^4$ 个/mL。如果在琼脂培养基上或液体培养基中的植板细胞初始密度过大，达到 $10^4 \sim 10^5$ 个/mL，则植板后由相邻的细胞形成的细胞团常会连在一起，而且这种显现出现得很早，给后续的分离纯单细胞无性系带来很大的困难。只有将细胞植板密度控制在合适范围内，才可以培养出独立的细胞团。

在正常的条件下，每个物种都有一个最适的植板密度，同时也有一个临界密度，当低于这个临界密度时，细胞就不能分裂。为了在低浓度下进行细胞培养，或者培养完全独立的单个细胞，研究者设计了几种特殊的培养方法，即看护培养法、微室培养法等。

② 固体培养基的配制　可根据植物种类的不同，选取适宜的培养基，琼脂浓度一般控制在 1.4% 左右。

③ 接种单细胞　将调整好细胞密度的单细胞悬浮液与 50℃ 左右的固体培养基按照体积比1∶1混合均匀，分装于无菌的培养皿中，水平放置，冷却，即为单细胞培养平板。

④ 培养　将上述单细胞培养平板置于培养箱中，在一定条件下培养若干天。单细胞生长繁殖形成细胞团。

⑤ 继代培养　选取生长良好的由单细胞形成的细胞团，接种于新鲜的固体培养基上进行继代培养，获得由单细胞形成的细胞系。

（2）单细胞平板培养效率的检测　用平板培养法培养单细胞或原生质体时，通常用植板率（plating efficiency）来表示单细胞平板培养的效果。植板率是指通过平板培养后形成细胞团的单细胞数占接种细胞总数的百分比，可用下列公式计算：

植板率(%)＝平板中形成的细胞团数/平板中接种的细胞总数×100%

如果植板率较低，就表明有较多的细胞未能生长繁殖形成细胞团，此时就要从培养基、培养条件、细胞的分散程度、接种的单细胞密度等方面进行调节，以提高植板率。也可在培养基中添加一些含有复合成分的有机物如酵母提取物、椰乳和水解酪蛋白等。

平板培养是优良单细胞株选择的常用方法。因为由平板培养所增殖而来的细胞团，大多来自一个单细胞，因此是突变体筛选中必不可少的培养方法。另外，平板培养用的是 1mm 厚的薄层固体培养基，可在显微镜下对细胞的分裂和细胞团的增殖状况进行追踪观察。

7.2.1.2 看护培养法

看护培养法（nurse culture），又称"哺育培养法"，是指用一块活跃生长的愈伤组织块来看护单细胞，使单细胞持续分裂和增殖，而获得由单细胞形成的细胞系的培养方法（图7-2）。这是由缪尔（Muir）等于1953年首先创立的植物单细胞培养方法。

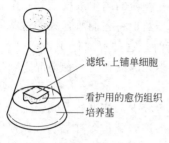

滤纸，上铺单细胞
看护用的愈伤组织
培养基

图7-2　看护培养法示意

看护培养的基本过程如下：

①在培养器中配制好适宜于愈伤组织继代培养的固体培养基。②将生长活跃的愈伤组织块植入固体培养基的中间部位。③在愈伤组织块的上方放置一片面积为1cm² 左右的无菌滤纸，滤纸下方紧贴培养基和愈伤组织块。④取一小滴经过稀释的单细胞悬浮液接种于滤纸上方。⑤置于培养箱中，在一定的温度和光照条件下培养若干天，单细胞在滤纸上进行持续分裂和增殖，形成细胞团。⑥将在滤纸上由单细胞形成的细胞团转移到新鲜的固体培养基中进行继代培养，获得由单细胞形成的细胞系。

愈伤组织块可以促进单细胞的生长和繁殖，但其机理目前尚未明了，推测可能是由于愈伤组织的存在给植物的单细胞传递了某些生物信息，或为单细胞的生长繁殖提供了某些物质条件，如植物激素等内源化合物。

看护培养效果较好，现已在单细胞培养中广泛采用，其不足之处是不能在显微镜下直接观察细胞的分裂和细胞团的形成过程。

用看护培养法曾得到烟草单细胞系（Muir，1954）和番茄花粉单倍性细胞系（Sharp，1972）。后来发展的胚胎培养中胚乳的看护培养常应用于禾本科植物的种、属以上杂交幼胚的培养，如小麦×大麦的杂交种幼胚即可用小麦的胚乳组织进行看护培养。

7.2.1.3 微室培养法

微室培养法（micro-chamber culture）也称"双层盖玻璃法"，是将接种有单细胞的少量培养基，置于微室中进行培养，使单细胞生长繁殖的培养方法。运用这种技术可对单细胞的生长与分化、细胞分裂的全过程及胞质环流的规律等进行连续观察和深入分析。这一方法同样也可用于培养原生质体，以观察细胞壁的再生和细胞分裂全过程。

1955年，德若普（DeRopp）首次将接种有单细胞的一小滴液体培养基，在微室中进行细胞悬浮培养。虽然未能见到单细胞生长和增殖，但在显微镜下观察到了细胞团中细胞的分裂现象。

此后，有不少学者进行了相关的研究，并对微室培养方法进行了一些改进。1957年，托利（Torry）用一滴固体培养基滴在盖玻片中央，中间接种一小块愈伤组织，再将单细胞接种于固体培养基周围，然后将盖玻片翻转，置于有凹槽的载玻片上，培养基正对凹槽中央，用石蜡将盖玻片密封、固定之后置于培养箱中，在一定的条件下进行培养（图7-3）。这种培养方式将微室培养法与看护培养技术结合在一起，由于有愈伤组织块的看护，单细胞可以生长、分裂和繁殖，因此被称为微室看护培养法。

微室培养也可将接种有单细胞的一小滴液体培养基或固体培养基滴在培养皿盖上，制成悬滴，然后再密封培养。

微室培养还可以将接种有单细胞的少量液体培养基置于培养皿中，形成一薄层，在静置条件下进行培养，这种微室培养方法又称为液体薄层培养法。液体薄层静置培养所使用的培养基

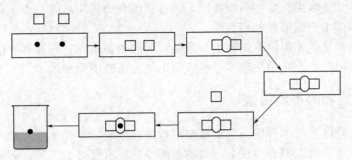

图 7-3　微室培养法分步图解

是含有各种营养成分的液体培养基。接种的单细胞密度必须达到临界细胞密度以上，如果密度过低，单细胞无法进行生长繁殖；而密度过高，则可能形成的细胞团混杂在一起，难以获得单细胞形成的细胞系。

微室培养的优点是能在显微镜下追踪观察单细胞分裂增殖形成细胞团的全过程，但缺点是培养基少，营养和水分难以保持，pH 值变动幅度大，培养的细胞仅能维持短期分裂。

7.2.1.4　条件培养法

条件培养（condition culture）是指将单细胞接种于条件培养基中进行培养，使单细胞生长繁殖，从而获得由单细胞形成的细胞系的培养方法。条件培养基是指含有植物细胞培养上清液或静止细胞的培养基。条件培养是在平板培养和看护培养的基础上发展起来的单细胞培养方法。研究者发现看护培养中的愈伤组织块可以提供单细胞生长繁殖所需的物质条件，从中得到启发，推测植物细胞培养上清液或静止细胞也可能得到相同或相似的效果。试验的结果证实了植物细胞的培养上清液和静止细胞不仅可以促进植物同种单细胞的生长和繁殖，而且对异种细胞也具有促进效果。条件培养的基本过程和操作步骤如下：

（1）植物细胞培养上清液或静止细胞悬浮液的配制　首先将群体细胞或者细胞团接种于液体培养基中进行细胞的悬浮培养，在一定条件下培养若干天以后，在无菌条件下，将培养液移入无菌的离心管中进行离心分离，分别得到植物细胞培养上清液和细胞沉淀。得到的细胞沉淀在 $60℃$ 条件下处理 $30min$，或者采用 X 射线等照射处理，得到没有生长繁殖能力的细胞，即为静止细胞或称为灭活细胞。将静止细胞悬浮于一定量的无菌水中，即可得到静止细胞悬浮液。

（2）条件培养基的配制　将培养植物细胞的上清液或者静止细胞悬浮液与 $50℃$ 左右含有琼脂浓度为 1.5% 的固体培养基混合均匀后，分装于灭菌后的培养皿中，水平放置使其冷却，即制得条件培养基。

（3）接种　条件培养的接种方式有多种，可分别仿照看护培养和平板培养法而得到以下几种接种方法：①将一小片滤纸置于条件培养基上，然后在滤纸上方接种植物单细胞；在一定条件下培养，单细胞可在滤纸上面生长繁殖，形成细胞团。②将单细胞直接接种于条件培养基的表面上，经过特定条件的培养，单细胞直接在培养基表面生长繁殖，形成细胞团。③在配制条件培养基时，取一定量的单细胞悬浮液一起加入，混合均匀即可。经过培养，植物单细胞在条件培养基中生长繁殖，就会形成细胞团。④先配制好条件培养基，待其凝固之后，在条件培养基的上表面铺上一层含有单细胞的固体培养基。这样下层培养基提供单细胞生长繁殖所需的物质条件，单细胞在上层培养基中进行生长繁殖，形成细胞团。

（4）培养　将上述已经接种的条件培养基置于培养箱中，在适宜的条件下进行培养，单细胞进行生长繁殖，形成细胞团。

（5）继代培养　选取生长良好的细胞团，转移到新鲜的固体培养基中，在适宜的条件下进行继代培养，获得由单细胞形成的细胞系。

条件培养由条件培养基提供单细胞生长繁殖所需的物质条件，兼有看护培养和平板培养的特点，因而应用范围扩大、实用性较广，在植物单细胞培养中经常用到。

7.2.2　单细胞培养的影响因素

植物细胞具有群体生长的习性，单个细胞很难进行分裂，因此单细胞培养相对于愈伤组织培养和悬浮细胞的培养更为困难和复杂，对培养条件的要求就更加苛刻，必须根据物种的需要控制好各种培养条件，才能获得成功。影响单细胞培养成功与否的因素有培养基、细胞密度、植物激素、温度、pH 值和 CO_2 含量等。

7.2.2.1　培养基

不同种类的植物单细胞对营养成分的要求各不相同，要根据不同的要求调整培养基的种类以及培养基中有机成分和无机元素的浓度。此外，由于植物细胞具有群体生长的特性，单细胞难于生长、繁殖，所以用于单细胞培养的培养基中往往还需要加入一些特殊的成分，例如，看护培养基中需要植入愈伤组织块，添加酵母提取物、椰乳和水解酪蛋白等，条件培养基含有一定量的静止植物细胞或植物细胞培养上清液等，才能使植物单细胞进行正常的生长、分裂和繁殖。在陈克贵（1999）等的研究中发现，椰乳和酵母汁能明显促进甘薯细胞系的生长，而水解酪蛋白对其生长的促进作用不大。

7.2.2.2　细胞密度

单细胞培养对于接种的细胞密度有着比较严格的要求，一般平板培养要求达到临界细胞密度（10^3 个/mL）以上。如果细胞密度过低，则不利于细胞的生长繁殖；而细胞密度过高时，形成的细胞团容易混杂在一起，难以获得单细胞系。

7.2.2.3　植物激素

细胞分裂素和生长素是植物组织培养中的重要植物激素，也是植物细胞培养中主要的激素。植物激素的种类、绝对浓度和相对浓度与植物单细胞的生长和增殖关系密切，尤其是在单细胞的密度较低的情况下，如适当补充一些植物激素，可以显著提高植板率。

7.2.2.4　温度

植物单细胞培养的温度与细胞悬浮培养和愈伤组织培养的温度基本相似，因物种的不同而稍微有所不同，但一般控制在 25℃ 左右。在许可的范围内适当提高培养温度，可以加快单细胞的生长速度。

7.2.2.5　pH 值

植物单细胞培养基的 pH 值一般控制在 5.2～6.0 的范围之内，根据情况可适当调节培养基的 pH 值，也会有利于植板率的提高。

7.2.2.6　CO_2 含量

植物细胞培养系统中的 CO_2 含量对细胞生长繁殖也有一定的影响。植物细胞可以在通常的空气中（CO_2 的含量约占 0.03%）生长繁殖；如果人为地降低培养系统中的 CO_2 含量（例如用氢氧化钾等吸收系统中的CO_2），细胞的分裂就会减慢甚至停止；相对地，如果将培养系统中的CO_2含量提高到1％左右，则对细胞的生长具有促进作用；再提高CO_2的含量至2％，则对细胞生长有较明显的抑制作用。

各种培养条件之间经常是协同作用的，如在单子叶植物玉米的单细胞培养研究中发现，改良的1/2MN培养基，在1.0～2.0mg/L的2,4-D及1000mg/L的肌醇存在下，可适合所有不同基因型玉米自交系悬浮细胞的生长和细胞成活率的提高，如果大量元素减半和0.5～1.0mg/L的2,4-D用于玉米单细胞培养，能获得良好的细胞分裂和生长效果（贾景明等，2001）。

7.3　植物细胞的悬浮培养

细胞悬浮培养（cell suspension culture）是指将游离的植物单细胞或细胞团按照一定的细胞密度，悬浮在液体培养基中进行培养的方法。植物细胞的悬浮培养是从愈伤组织的液体培养基础上发展起来的，自20世纪50年代以来，从试管的悬浮培养发展到大容量的发酵罐培养，从不连续培养发展到半连续和连续培养。80年代以来，植物细胞悬浮培养作为生物技术的一个重要组成部分，已发展成为一门新兴的科技产业体系。细胞悬浮培养是一种十分有用的实验体系，在液体状态下便于细胞和营养物质的充分接触和交换，细胞状态可以相对保持一致，因此有利于在细胞水平上进行各种遗传操作和生理生化活动的研究，同时为植物细胞的大规模培养提供了前期技术基础。

细胞悬浮培养的主要特点是：能大量提供比较均一的植物细胞，即同步分裂的细胞；细胞增殖的速度比愈伤组织更快，适宜大规模培养和工厂化生产，已成为细胞工程中独特的产业；需要特殊的设备，如大型摇床、转床、连续培养装置、倒置式显微镜等，成本较高。

7.3.1　细胞悬浮培养方法

植物细胞的悬浮培养可大致分为分批培养、半连续培养和连续培养三种类型。

7.3.1.1　分批培养

分批培养（batch culture）是指将一定量的细胞或细胞团分散在一定容积的液体培养基中进行培养，当培养物增殖到一定量时，转接继代，目的是建立单细胞培养物。分批培养所用的培养容器一般是100～250mL的三角瓶，每瓶装有20～75mL的培养基。在培养过程中，除了气体和挥发性物质可以与外界有一定交换外，基本上处于封闭状态。当培养基中主要的营养物质耗尽时，细胞即停止生长和分裂。为了使分批培养的细胞能不断增殖，必须及时进行继代。继代培养的方法可以是取出培养瓶中的一小部分细胞悬浮液，转移到成分相同的新鲜培养基中［稀释比例为1:（5～7）］。也可用纱布或不锈钢网进行过滤，滤液接种，这样可提高下一代培养物中单细胞的比例。所用的培养基虽因物种而异，但是凡是适合愈伤组织生长的固体培养基，除去其中的琼脂，均可作为悬浮细胞的培养基。

在分批培养中，细胞数目会随着培养时间不断变化，呈现细胞生长周期，其增加的变化趋势大致呈"S"形曲线（图7-4）。在细胞接种最初的时间内细胞很少分

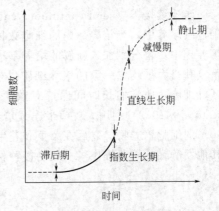

图7-4　细胞生长周期

裂，数目不增加或增长缓慢，称为滞后期（1ag phase）；之后进入指数生长期（exponential phase），特点是细胞分裂活跃，数目迅速增加；到了细胞增殖最快的时期，单位时间内细胞数目增长大致恒定，此为细胞数目迅速增殖的直线生长期（linear phase）；随后由于培养基中某些营养物质耗尽，或是有毒代谢物积累，细胞增殖逐步减慢进入减慢期（progressive deceleration phase）；最后生长趋于完全停止，进入静止期（stationary phase）。在分批培养中，细胞繁殖一代所需的最短时间因物种不同而异，烟草一般为48h、蔷薇（*Rosa* ssp.）为36h、菜豆为24h。

缩短滞后期和延长指数生长期可极大提高细胞产量。滞后期的长短主要取决于继代时培养细胞的成长状态即所处的生长期和转入的细胞数量，当转入细胞数量较少时，不但滞后期较长，而且在一个培养周期中细胞增殖的数量较少。另外，如果缩短继代培养的时间间隔，如每2～3天继代一次，即可使悬浮培养细胞一直保持对数生长，如果使处于静止期的细胞悬浮液保持时间过长，则会引起细胞的大量死亡和解体。因此，当细胞悬浮液达到最大干重后，即在细胞增殖刚进入静止期时，必须及时进行继代培养。

在继代培养中，一些操作上的细节对于建立理想的悬浮培养物是至关重要的。在对悬浮培养进行继代时可使用吸管或注射器，但其进液口的孔径必须小到仅可通过单细胞和小细胞团（2～4个细胞），而不能通过较大的细胞团。继代前应先将摇床里拿出的三角瓶静置数秒，以便让大的细胞团沉降下去，然后再由上层吸取悬浮液。对于较大的细胞团，在继代时可将其在不锈钢网筛中用镊子尖端轻轻磨碎后，再进行培养，可以获得良好的效果（Liu等，2001）。

在分批培养中，使培养细胞充分分散非常重要。为了获得充分分散的细胞悬浮液，最主要的是最初用于悬浮培养的愈伤组织应尽可能是易散碎的。另外，选用适宜的培养基和继代方法，也可提高细胞的分散程度。例如，加入适量的2,4-D、果胶酶、纤维素酶、酵母提取物等，也能促进细胞分散。此外，也可以采取隔日添加新鲜培养基的方式，使悬浮培养细胞长期保持在对数生长的晚期（Negrutiu和Jacobs，1977）。

分批培养是植物细胞悬浮培养中常用的一种培养方式，其所用设备简单，只要有普通摇床即可；而且操作简便，重复性好，往往能获得理想的效果，特别适合于突变体筛选、遗传转化等研究。然而分批培养对于研究细胞的生长代谢并不是一种理想的培养方式，因为在这种培养中，由于细胞的生长和代谢，培养基的成分不断发生改变，没有一个稳定的生长期，相对于细胞的数目、代谢产物和酶的浓度也不能保持恒定，这些问题在某种程度上可以通过半连续培养和连续培养加以解决。

7.3.1.2 半连续培养

半连续培养（semi-continuous culture）是利用培养罐进行细胞大量培养的一种方式。在半连续培养中，当培养罐内的细胞数目增殖到一定量后，倒出一半细胞悬浮液至另外一个新的培养罐中，再分别加入新鲜的培养基进行培养，如此这样频繁地进行再培养。半连续培养能够重复获得大量均匀一致的培养细胞供生化研究之用。Graebe等（1966）采用此方法培养玉米胚乳细胞，使它们长时间保持对数生长状态，每天培养液中的细胞鲜重增加3.6～4.5g/L。Kato等（1972）利用大规模半连续培养方法培养烟草细胞，培养5天后，每天可收获和取代50%的细胞培养物。之后在菜豆和花生等多种植物上进行了半连续培养，为小规模成批培养或其他发酵罐的培养提供了一致的接种材料。

7.3.1.3 连续培养

连续培养（continuous culture）是利用特制的培养容器进行大规模细胞培养的一种培养方

式。连续培养的特点是：在连续培养中不断注入新鲜的培养基，排掉用过的旧培养基，故在培养物的体积保持恒定的情况下，培养液中的营养物质能够不断得到补充，不会出现悬浮培养物发生营养亏缺的现象。连续培养可在培养期间使细胞长久地保持在对数生长期中，细胞增殖速度快。连续培养适于大规模工厂化生产，有封闭型和开放型之分。

（1）封闭型连续培养　封闭型连续培养是指在培养的过程中，新鲜培养液和旧培养基以等量进出，保持平衡，从而使培养系统中营养物质的含量总是超过细胞生长的需求量。同时把悬浮在排出液中的细胞经机械方法收集后，再放回到培养系统继续培养，因此在培养系统中，随培养时间延长，细胞数目和密度不断增加。Wilson等（1971）用此方法培养假挪威槭（*Acer pseudoplatanus*）细胞获得成功，在4L的培养系统中进行，然后用虹吸法把旧的培养液吸出，并不断注入新鲜培养基以保持容积不变。

（2）开放型连续培养　开放型连续培养是指在连续培养期间，注入新鲜培养液的速度等于排出细胞悬浮液的速度，细胞也随悬浮液一起排出，当细胞生长增殖达到稳定状态时，流出的细胞数基本相当于培养系统中新细胞的增加数。因此，培养系统中的细胞密度保持恒定，同时培养细胞的生长速度一直保持在一个稳定状态。为了保持开放型连续培养中细胞增殖的稳定性，可以采用以下两种方式加以控制：

① 浊度恒定式　在浊度恒定式培养中，新鲜培养基是间断注入的，受由细胞密度增长所引起的培养液浑浊度的增加所控制。可以预先设定一种细胞密度，当超过这个密度时使细胞随培养液一起排出，因此就能保持细胞密度的恒定。在浊度恒定的连续培养装置中，有一个细胞密度观测窗，用比浊计或分光光度计来测定培养液中细胞的浑浊度。新鲜培养液流入量和旧培养液的流出量都会受到光电计自动控制。当培养液中细胞密度增加时，光透量降低，即给培养液入口信号，加入一定量的新培养液，同时流出等量的旧培养液，以保持体积不变。

② 化学恒定式　在这种模式的培养中，为了使细胞的密度保持恒定状态，可采用两种方法，一种是以固定速度注入新鲜培养基，将培养基中的某种选定营养成分（如氮、磷或葡萄糖）的浓度被调节成为一种生长限制浓度，从而使细胞的增殖保持在一种稳态之中。在这样的培养基中，除生长限制成分以外的所有其他成分的浓度，皆高于维持所要求的细胞生长速率的需要，而生长限制因子则被调节在这样一种水平上，它的任何增减都可由相应的细胞增长速率的增减反映出来。另外一种是控制培养液进入的速度，使细胞稀释的速度正好和细胞增殖的速度相同，因此培养液中的细胞密度保持在恒定的水平。化学恒定式的最大特点是通过限制营养物质的浓度来控制细胞的增长速度，此法在大规模培养的工业上有巨大的应用潜力。

连续培养是植物细胞培养技术中的一项重要进展，这种技术对于植物细胞代谢调节的研究、对于决定各个生长限制因子对细胞生长的影响以及对于次生物质的大量生产等具有重要意义。然而，连续培养并未被植物组织培养工作者广泛利用，原因可能在于它所需要的设备比较复杂，需要投入的资金和精力也较多。

7.3.2　培养基

适合愈伤组织培养的培养基，不一定完全适合悬浮细胞培养，但能用来诱发和建立生长快、易散碎的愈伤组织的培养基，可以作为确定最适合建立该物种的悬浮培养的依据，只是培养基中不加琼脂。一般来说，N_6、MS、B_5培养基适合于单子叶植物细胞进行悬浮培养，而对于双子叶植物细胞悬浮培养，MS、B_5、LS和SL等培养基都是适用的，当培养的植物细胞发生褐变、生长缓慢或停止时，应及时更换或调整培养基。悬浮培养基中需附加椰子汁、水解酪蛋白、脯氨酸等，而条件培养基更适合于单细胞培养和低密度细胞培养。

为了提高植物培养细胞的分散程度，常对细胞分裂素和生长素的比例做一些调整。1971

年，Davey 等发现，在颠茄的细胞悬浮培养的试验中，细胞的分散性与 KT 浓度有关，当加入 NAA 浓度为 2mg/L 时，培养细胞的分散性决定于 KT 浓度：KT 为 0.1mg/L 时分散性好，而 KT 为 0.5mg/L 时分散性就不好。1996 年，Carrier 等对银杏胚愈伤组织进行悬浮培养的试验结果表明，在 MS 培养基中添加 1.0mg/L 的 NAA 和 0.1mg/L 的 KT，细胞生长速度较快，液体培养基 B$_5$ 或 MS 中增加 NAA 的浓度可促进细胞生长（Byun 等，2001）。KT 与 NAA、NAA 与 6-BA 组合能使细胞干重和黄酮糖苷含量同时提高；但是 NAA 与 ZT 组合或仅添加 GA$_3$ 可促进细胞干重增加，而对黄酮糖苷含量无影响（Carrier 等，1990）。

在生长活跃的植物悬浮培养体系中，无机磷酸盐的消耗速度很快，不久就变成了一个主要的限制因子。1977 年，Noguchi 等试验证明，若把烟草的悬浮培养物保存在一种含有标准 MS 无机盐的液体培养基中，培养起始后的 3 天之内磷酸盐就消耗殆尽，其浓度几乎下降到零。即使人为地把培养基中磷酸盐的含量提高到原来 3 倍的水平，5 天之内也几乎被烟草细胞全部用光。因此，为了进行高等植物的细胞悬浮培养，研究者特别设计了 ER 和 B$_5$ 两种特殊的培养基。但是一般来说，这两种培养基和其他一些合成培养基，也只有在细胞群体的初始密度约为 5×10^4 个细胞/mL 或更高时才适用。当植物细胞密度过低时，在培养基中还必须加入各种其他成分或使用条件培养基如 KM8P 培养基等才能获得成功。

在植物细胞的悬浮培养中，为了改善液体培养基的通气状况，同时使愈伤组织破碎成单细胞和小细胞团，并使其均匀地分布于液体培养基中，需要对培养物进行振荡培养。在植物细胞的分批悬浮培养过程中，一般是将培养瓶放在摇床、转床或者旋转培养架上来实现培养基的振荡培养。

① 旋转式摇床　这是一种水平往复式摇床，至今仍在分批悬浮培养中广泛应用。摇床的载物台上装有瓶夹，可以调换不同大小的瓶子，以适应不同大小的培养瓶，并且转速也可以调节。对于大多数的植物组织来说，以转速 60～150r/min，冲程范围 2～3cm 为宜，转速过高或冲程过大会造成细胞破裂。

② 慢速转床　这种转床是 1952 年 Steward 进行胡萝卜细胞培养时首次设计的。转床的基本构造是在一根倾斜度为 12°的轴上平行安装若干转盘，转盘上装有固定瓶夹，转盘向一个方向转动时，培养瓶也随之转动，这样瓶子中的培养物交替暴露于空气或液体培养基中，转速为 1～2r/min，培养时如需要光照，可在床架上安装日光灯。

③ 自旋式培养架　适合于大容积的悬浮培养。转轴与水平面成 45°角，转速为 80～100r/min，这种装置上可以放置两个 10L 的培养瓶，每瓶可装 4.5L 培养液。而在连续培养的过程中，通常要在培养装置上安装搅拌器，来完成培养基的搅拌。

7.3.3　悬浮培养细胞的同步化

细胞同步化（synchronization）是指同一悬浮培养体系中的绝大多数细胞都能同时通过细胞周期（G$_1$、S、G$_2$ 和 M）的各个阶段，同步性的程度以同步百分数表示。由于植物细胞在悬浮培养中的游离性较差，容易团聚并进入不同程度的分化状态，因此要达到完全同步化很难实现。这种差异使得植物悬浮细胞的分裂、代谢和生理生化状态等更趋于复杂化。所以研究者一直希望通过一定的技术手段，使同一培养体系中的植物细胞能保持相对一致的生理学和细胞学状态。然而到目前为止，仍缺乏十分有效的技术手段来实现和控制细胞同步化。但可以通过一些物理方法和化学方法处理，实现部分细胞同步化。物理方法主要是通过对细胞的物理特性（细胞或者细胞团的大小）或者生长环境条件（光照、温度等）的控制实现同步化。化学方法的原理是使培养的细胞遭受某些营养饥饿或通过加入某些生化抑制剂来阻止细胞完成其正常的细胞分裂周期。目前主要采用以下几种方法：

（1）分选法　通过细胞体积大小分级，将悬浮培养细胞分别通过 20 目、30 目、40 目、60 目的滤网过滤，直接将处于相同周期的细胞进行分选，然后将同一状态的细胞于同一培养体系中继代培养，之后再过滤，重复几次后即可获得一致性较高的同步化细胞。该方法的优点是操作简便，且维持了细胞的自然生长状态。常规的分选方法还有梯度离心法，但由于植物细胞具有团聚性，培养中由于细胞壁的影响使其形状也不规则，从而使分选精细程度较差。因而可使用流式细胞仪来大幅度提高分选效率和精确度。

用分级仪筛选胚性细胞可得到发育比较一致的体细胞胚，其原理就是根据不同发育时期的体细胞胚在溶液中的浮力不同，设计方法分选而来。筛选液一般用 2% 的蔗糖，进样速度为 15mL/min，经过几分钟的筛选后，体细胞即可分为几级，由此获得一定纯度的成熟胚。

（2）低温处理　冷处理后，DNA 的合成受阻或停止，细胞趋于 G_1 期，当温度恢复至正常后，大量的细胞进入 DNA 合成期，从而提高了培养体系中细胞同步化的程度。Okamura 等（1980）曾采用此途径使胡萝卜悬浮细胞较好地同步化。梅兴国等（2001）采用 4℃ 低温处理红豆杉悬浮培养细胞 24h，再恢复培养 24h 后，也获得较明显的同步化效果。另外，李涛等（2000）应用流式细胞术分析烟草细胞在交变应力作用下细胞周期的变化时发现，交变应力直接影响细胞周期或细胞分裂的同步化，促进 S 期的 DNA 合成，有助于细胞的有丝分裂，如声波频率在 400～800Hz 的强声波下使得细胞 S 期明显增加，有助于获得较明显的同步化植物细胞。

（3）饥饿法　饥饿也是调整细胞同步化的重要方法。在悬浮细胞培养体系中，如果细胞生长的基本营养成分丧失，则导致细胞因饥饿而分裂受阻，从而停留在某一分裂时期。当在培养基中加入所缺的成分或者将饥饿细胞转入完整培养基中继代培养时，细胞分裂又可重新恢复。饥饿导致的细胞分裂受阻，常常使细胞不能合成 DNA，即不能进入 S 期；或细胞分裂不能进行，即不能进入 M 期。因此，通过饥饿法可以获得处于 G_1 和 G_2 期的同步化细胞。Komamine 等（1978）在长春花悬浮细胞培养中先使细胞受到磷酸盐饥饿 4 天，然后再转入含有磷酸盐的培养基中，结果获得了同步化。Smith 等（1999）通过 N、P 同时饥饿处理一种海藻培养细胞，Jouanneau 等（1971）使烟草 Wisconsin38 的悬浮细胞遭受细胞分裂素饥饿，Bayliss（1977）使胡萝卜细胞受到生长素饥饿，这些试验都获得成功，得到细胞同步化的效果。

（4）抑制剂法　通过使用 DNA 合成抑制剂，如 5-氨基尿嘧啶、羟基脲、FUdR（氟尿苷）和胸腺嘧啶脱氧核苷等，也可使培养细胞同步化。当用这些化学药物处理细胞后，细胞周期只能进行到 G_1 期为止，细胞都滞留在 G_1 期和 S 期的边界。把这些 DNA 合成抑制剂去掉之后，细胞即进入同步分裂。用羟基脲处理小麦、玉米、西芹等植物的悬浮培养细胞均获得细胞同步性。据报道，用氮气或乙烯注入大豆的化学恒定培养物中，也能诱导细胞的同步性。但应用这种方法取得的细胞同步性只限于一个细胞周期。

值得注意的是，上述四种细胞同步化处理方法对于细胞本身也有一定的伤害，如果是被处理的细胞没有足够的生命力，不仅不能获得理想的同步化效果，还容易造成细胞的大量死亡。因此在进行同步化处理之前，对预处理的细胞应进行充分的活化培养，提供其生命力。而一般来说，处于对数生长期的细胞适宜用同步化处理。

7.3.4　细胞增殖的测定

植物悬浮细胞的增殖可通过测定得到，细胞鲜重、干重、密实体积和数量可以作为细胞增殖的衡量标准。

7.3.4.1　细胞鲜重

将悬浮培养物倒在下面架有漏斗的已知重量的湿尼龙丝网上，用清水洗去培养基，然后真空抽滤以除去细胞外附着的多余水分，称重，即可求得细胞鲜重（fresh weight）。

7.3.4.2　细胞干重

用已知重量的干尼龙丝网依上法收集悬浮培养细胞，在60℃下干燥48h或在80℃下干燥36h，待细胞干重恒定后再称重，即得到细胞干重（dry weight），以每毫升培养物或每10^6个细胞的重量表示。

7.3.4.3　细胞密实体积

为了测定细胞密实体积（packed cell volume，PCV），将一已知体积的均匀分散的悬浮液（10～20mL）放入一个刻度离心管（15～50mL）中，在2000～4000r/min下离心5min。细胞密实体积以每毫升培养液中的细胞总体积（mL）表示。

当悬浮液的黏度较高时，常出现一些细胞不沉淀的情况，这种情况下可以用适量水稀释。但是，当用水稀释后渗透压过于下降时，会出现细胞变形，从而影响PCV的真实性，所以用水稀释时尽可能最低限度进行，并且动作要迅速。所用离心机的转头，应是悬式水平转头，这样沉淀物表面就不会出现斜面，以便测定准确。在测定细胞体积时，有时也可采用这样的方法：使细胞自然沉淀，测定其体积，所测值称为沉淀体积（settled cell volume）。

7.3.4.4　细胞计数

计算悬浮细胞数即细胞计数（cell number），通常用血细胞计数板。计算较大细胞数量时，可使用特制的计数盘（counting chamber）。

由于在悬浮培养中总存在着大小不同的细胞和细胞团，因而通过由培养瓶中直接取样很难进行可靠的细胞计数。如果先用铬酸（5％～8％）或果胶酶（0.25％）对细胞和细胞团进行处理，使其分散，则可提高细胞计数的准确性。Street及其同事计数假挪威槭细胞的方法是：把1份培养物加入到2份8％三氯化铬溶液中，在70℃下加热2～15min，然后将混合物冷却，用力振荡10min，再用血细胞计数板进行细胞计数。用这些物质处理时，有时细胞会被破坏，或者出现变形，所以对每种材料应研究其最适宜的处理方法。

7.3.5　悬浮培养细胞的植株再生

在所用培养基适合、继代培养及时的情况下，悬浮培养的植物细胞能够保持较长的植株再生能力。据报道，水稻悬浮细胞每3天继代一次，悬浮培养18个月之后，其植株再生能力仍然高达90％。

由悬浮培养细胞再生植株的途径通常有两种：一种是由悬浮细胞直接形成体细胞胚，如在胡萝卜的细胞悬浮培养中，在含有2,4-D的MS液体培养基中进行悬浮振荡培养，悬浮培养细胞团能够高频率（80％）直接形成体细胞胚。譬如甘薯的悬浮培养细胞首先活跃分裂，形成球形胚，之后经过心形胚、鱼雷形胚，最后发育形成具有子叶和幼根的成熟胚，然后在培养条件适当的情况下继续发育形成正常的植株。另一种是先将悬浮培养细胞（团）转移到半固体或固体培养基上诱导形成愈伤组织，然后再由愈伤组织再生成一个独立的植株。后一种情况下，如果悬浮培养体系中的细胞团较大，则可将培养瓶短时间静置令细胞团自然沉降后，用无菌吸管将细胞团转到半固体或固体培养基上培养，这种培养基的组成成分基本上与继代培养基一致，但也必须视情况做调整，尤其在激素方面做一定的调整。但对于单细胞、低密度悬浮细胞或是过于消毒细胞团，不宜直接把它们转到半固体或固体培养基上培养，而是要参照原生质体或单细胞培养方法，先对它们进行液体浅层培养或看护培养，待形成较大的细胞团后，再转到半固体培养基上诱导愈伤组织。

7.3.6 影响细胞悬浮培养的因素

7.3.6.1 基本培养基的组成

(1) 氮 硝酸盐是最常用的氮源。Redinbaugh 和 Campbell（1991）提出了一个模型，认为在植物中存在一个组成型表达的硝酸根相应途径，该途径包括一个硝酸根受体和硝酸根初级相应基因转录激活调控蛋白。在以 NH_4^+ 和 NO_3^- 作为氮源的培养中，氮吸收常取决于培养基的 pH 值和培养物的年龄。例如，矮牵牛悬浮细胞在 pH 4.8～5.6 下培养起始吸收的 NO_3^- 比 NH_4^+ 多，可是在许多情况下，NH_4^+ 只能是在低 pH 值的培养基中被利用。低浓度的总氮通过刺激分裂导致大量小细胞形成，而高浓度的总氮往往利于细胞生长。

(2) 磷 植物细胞通过各种方式吸收磷，其浓度常常是细胞分裂和生长的限制因子，它与由核苷酸库（ATP、ADP、AMP）所引起的细胞的能量水平及 RNA 和 DNA 合成直接相关（Ashihara 等，1986，1988）。磷通常抑制游离氨基酸的积累（Ikeda 等，1987）。起始磷浓度也常常影响到碳、氮等营养元素的吸收及糖分的累积等（姜绍通等，2006）。

(3) 硫 硫的缺失会使所有蛋白质的合成自动停止。如果含硫的氨基酸不能继续产生，则不能参加蛋白质的合成。用硫代硫酸盐、谷胱甘肽、L-甲硫氨酸和 L-半胱氨酸代替无机盐，能使烟草悬浮细胞充分生长；而 D-甲硫氨酸、D-半胱氨酸和 DL-高半胱氨酸只能维持烟草悬浮细胞的基本生长。

(4) 镁、钾、钙 相关报道表明，在细胞培养过程中这些大量元素都是绝对必要的，有关这些元素如 K^+ 的最适浓度（矮牵牛和烟草为 20mmol/L、胡萝卜为 1mmol/L）的研究认为，不必考虑不同培养物在吸收能力方面的可能差异。譬如，在大豆等高等植物的培养中，在培养期间几乎所有的 K^+ 都被培养细胞所吸收；相反在烟草的细胞培养过程中，发现即使是在培养末期仍有最初浓度（20mmol/L）一半的 K^+ 留在培养基中未被利用（Kato 等，1977）。

(5) 氯 Cl^- 通常影响液泡形成体的 ATP 酶及光系统 II 的酶类的活动，干扰细胞的渗透调节（osmoregulation）。在许多情况下，Cl^- 可由 Br^- 或 I^- 等所代替。

(6) 微量元素 微量元素的影响与所用的材料密切相关。例如，锰对芸香（*Rutagraveolens*）是必需的，对水稻则无影响，对胡萝卜悬浮细胞的生长有明显的促进作用。缺铁则常导致细胞生长中途停止，然而高浓度的铁（1mmol/L）通常有抑制作用（Mizukami 等，1977）；在大多数情况下，铁浓度以 0.05～0.2mmol/L 为宜。同时，我们还应当考虑各种元素之间对吸收的互作效应。例如，极少量的钛（Ti）有助于所有大量元素和微量营养成分的吸收，而硼特别影响葡萄糖的吸收。

7.3.6.2 有机成分

(1) 氨基酸类 除赖氨酸和精氨酸外，添加作为氮源—NO_3^- 的替代物的氨基酸，通常会抑制细胞的生长（Zenk 等，1975）。在某些情况下，精氨酸还能够补偿其他氨基酸的抑制作用（Behrend 和 Mateles，1978）；但在颠茄的愈伤组织培养中，精氨酸却是一种抑制剂，但若以 NH_4^+ 作为氮源，精氨酸的抑制作用就会消失。此外，不同氨基酸之间也是相互影响的。例如，在烟草细胞悬浮培养中，半胱氨酸的吸收受 L-精氨酸、L-亮氨酸、L-脯氨酸和 L-酪氨酸的抑制;而 L-高胱氨酸和 L-半胱氨酸则抑制硫酸盐吸收(Giovandli 等,1980),从而对蛋白质合成和细胞生长产生负面影响。

(2)维生素类 在植物细胞的悬浮培养系统中,对维生素类的需求因物种而异。硫胺素通常是必不可少的(0.1~30mg/L)。在野牵牛(*Convolvulus arvensis*)悬浮培养中,硫胺素缺乏能够诱导细胞显著分裂。在欧亚槭(*Acer pseudoplatanus*)的悬浮培养中,如果硫胺素、胆碱、肌醇和半胱氨酸都缺乏,则悬浮细胞的生长显著下降,但如果仅缺其中的一种,则无影响。在少数情况下,发现添加烟酸和吡哆醇能刺激细胞生长。

7.3.6.3 碳源

(1)碳水化合物 培养物对各种碳水化合物的反应取决于植物的种类和碳水化合物浓度。例如,有些培养物在仅加葡萄糖时便能正常生长,但有些培养物则需要在培养基中加入果糖或蔗糖(2%~3%)才能正常生长。而肌醇对各种培养物都是必需的。

(2)CO_2 为了维持细胞正常生长以及使光自养培养物完全绿化,需要连续提供 2%~5% 的 CO_2(Bergmann,1967)。通常细胞的生长随着 CO_2 质量分数的增加而增加,但也有例外。

7.3.6.4 植物激素

(1)生长素类 生长素类的影响因所培养的植物种类及生长素种类不同而异。2,4-D 特别有利于薄壁细胞的生长,所以在植物细胞悬浮培养中,常加入适宜浓度的 2,4-D。研究发现,含有 2mmol/L 的 2,4-D 的 MS 培养基适合于多数甘薯品种的细胞悬浮培养,可实现高频率的植株再生(Liu,2001)。

(2)细胞分裂素 细胞分裂素效果受到多种因素的影响,因激素种类及浓度、所选用的植物种类不同而异。植物细胞中的细胞分裂素可被细胞分裂素氧化酶所钝化。在烟草中,细胞分裂素的降解似乎受到外源细胞分裂素的调控,后者可导致内源细胞分裂素氧化酶的迅速增加,从而加速细胞分裂素的降解。细胞分裂素诱导细胞的分裂,使细胞数目增加,这种增加是由一种修饰磷脂模式决定的(Connett 和 Hanke,1987)。

(3)乙烯 内源乙烯的产生是细胞旺盛分裂的特征,因此其产生受到生长素类(IAA、NAA、2,4-D 等)的促进。在非光合培养物中,乙烯同其他激素协同作用。乙烯诱导细胞壁增厚。用 2-氯乙烯-磷酸处理细胞团,可释放乙烯,减小液泡体积,从而导致致密的细胞发育。

7.3.6.5 培养基的 pH 值及渗透压

pH 值对铁元素的吸收和悬浮细胞生活力的影响很大。H^+ 浓度的变化常常引起胞内某些代谢特定酶类的活性变化,另外它对于信号在胞间的传导也有作用。在某些悬浮细胞的培养中,细胞生活力的下降可通过添加聚乙烯吡咯烷酮(PVP,1%)或椰子汁(10%)来改善(Robins 等,1987)。

渗透压也会影响植物悬浮细胞的生长。研究发现,在各种植物的悬浮培养中,增加葡萄糖、山梨糖醇、蔗糖,特别是甘露醇的浓度(0.3~0.6mol/L),能够显著增加细胞干重和鲜重,同时使细胞体积变小(Kimball 等,1975)。

7.3.6.6 培养基成分对细胞悬浮培养物组成的影响

现有的研究结果表明,碳源对悬浮培养物的组成影响最显著。而葡萄糖对细胞数、干重、细胞团大小等的增加最有效。

细胞团的数目和生长率也受培养基中 KT 和 NAA 的影响。NAA 浓度由 0.1mg/L 增加到 1.0mg/L，能够导致每个细胞团的细胞数减少，而使细胞团数目增加；而 KT 的作用正好相反。

7.3.6.7　振荡频率

振荡频率（shaking frequency，stirring frequency）对悬浮培养中的细胞团大小、细胞生长和生活力均有影响，且因物种而异。例如，玫瑰细胞在 300r/min 下仍能存活而且不被损伤，可是烟草细胞只能耐受最大 150r/min 的振荡。Liu 等（2001）的研究发现，100r/min 的振荡频率有利于甘薯细胞的悬浮培养。在毛花洋地黄（*Digitalis lanata*）的悬浮培养中，有两个明显的范围：在低振荡频率（80～100r/min），对细胞生长的刺激极小；另一个在 100r/min 以上，则对细胞生长的刺激作用明显。

7.3.6.8　培养条件

光的波长及光照强度对悬浮培养细胞也具有影响。高光照强度能够提高烟草的绿色愈伤组织由来的单细胞植板效率，但抑制无叶绿素的培养物的细胞生长（Logemann 和 Bergmann，1974）。红光对雪莲的细胞生长促进作用最为明显，而蓝光则具有抑制作用。

通常（26±3）℃的温度适合于植物生长，而过高或过低的温度均不利于悬浮细胞增殖。

小　结

植物细胞培养是指在离体条件下对植物单个细胞或小的细胞团进行培养，使其增殖并形成单细胞无性系或再生植株的技术。具体包括单细胞的分离技术、单细胞的培养技术以及细胞的悬浮培养技术等。

由于植物细胞具有群体生长的特性，因此对植物单细胞的培养相对于植物的组织培养和器官培养来说具有更大的难度，分离出有生活力的、完整的单细胞和适宜的培养条件就显得尤为重要。单细胞的培养方法主要包括平板培养法、看护培养法和微室培养法，每种方法都有各自的优缺点，所以要根据培养对象和目的选择适宜的培养方法。此外，单细胞培养对培养条件的要求比较苛刻，必须根据物种的需要控制好各种培养条件，才能获得成功。影响单细胞培养成功与否的因素有培养基、细胞密度、植物激素、温度、pH 值和 CO_2 含量等。

细胞悬浮培养是指将游离的植物单细胞或细胞团按照一定的细胞密度，悬浮在液体培养基中进行培养的方法。悬浮细胞的培养方法大致分为分批培养、半连续培养和连续培养三种类型。培养基的组成和 pH 值以及振荡频率、培养条件等都会影响悬浮细胞的培养。

思　考　题

1. 简述植物单细胞的分离方法及各自的优缺点。
2. 植物单细胞的培养方法主要有哪些？
3. 试述影响植物单细胞培养的因素。
4. 简述植物悬浮细胞培养的方法及影响因素。
5. 衡量植物悬浮细胞培养的增殖量的指标有哪些？
6. 如何使植物细胞悬浮培养实现同步化？
7. 由悬浮培养细胞再生植株的途径有几种？

应用篇

第8章

植物原生质体培养

植物原生质体（protoplast）一词由 Hanstein 在 1880 年提出，是指植物细胞通过质壁分离后可以和细胞壁分开的那部分细胞物质。换言之，植物原生质体即除去了全部细胞壁后被质膜所包围的具有生活力的"裸露细胞"［图 8-1(a)，(b)］。自 1960 年 Cocking 首次用酶解法从

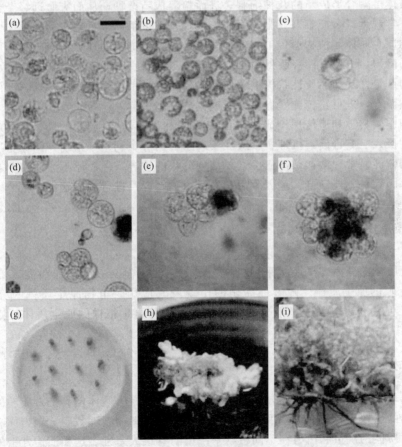

图 8-1　圣约翰草（*Hypericum perforatum*）原生质体的分离和植株再生（引自 Pan 等，2005）
(a) 分离的愈伤组织原生质体；(b) 分离的叶肉原生质体；(c)，(d) 原生质体培养 10 天后的第一次分裂；
(e) 细胞继续分裂；(f) 原生质体培养 4 周后形成克隆体；(g) 培养 16 周后原生质体形成愈伤组织；
(h) 器官发生；(i) 再生完整植株

番茄幼苗的根分离原生质体获得成功，1970 年 Nagata 和 Takeble 报道，自烟草叶肉原生质体经培养获得再生植株以来，原生质体的分离和培养研究蓬勃发展，迄今已有 49 个科 160 多个属的 360 多种植物的原生质体再生植株问世，其与细胞学、分子生物学、遗传学等学科的联系日益紧密，应用前景广阔。

8.1　植物原生质体培养的意义

植物原生质体不仅可作为一个单细胞系统，是细胞生物学、植物生理学、遗传学等基础理论研究的理想材料，同时又是细胞杂交、遗传转化和作物改良的理想材料，对推动细胞生物学、生理学、遗传学、病理学等学科的发展具有重要意义，具体表现如下：

（1）植物原生质体是细胞无性系变异和突变体筛选的重要来源　没有了细胞壁的保护，植物原生质体在培养过程中易受环境影响而产生变异；一小块植物组织经酶解后可得到大量的以单个细胞为单位的原生质体（1g 植物叶片酶解后大约可形成 10^5 个原生质体），因此植物原生质体诱变具有群体大、变异多及无嵌合体等优点，在细胞无性系变异和突变体筛选中占有独特优势。

（2）植物原生质体培养是细胞融合工作的基础　没有了细胞壁的屏障，亲缘关系较远的两个植物原生质体可融合形成新的杂种细胞，进而培养成新杂种，从而克服远缘杂交的不亲和性和子代不育等常规远缘杂交难以克服的障碍，实现基因重组而改良现有品种。

（3）植物原生质体是植物遗传工程的理想受体和遗传饰变的理想材料　植物原生质体由于没有细胞壁的障碍，可以直接吸收外源 DNA，为有目的地引入特定基因、定向改造植物性状，特别是作物的产量性状和品质性状提供了便利条件。通过植物原生质体"裸露"的质膜摄入外源细胞器或细菌等，进行遗传饰变操作，研究其功能和机制。

（4）在细胞生物学和遗传理论研究上的应用　利用游离植物原生质体可研究细胞壁的合成、细胞器的摄入、病毒侵染机理、膜透性及离子转运等。利用一个均一的原生质体群体可以筛选大量不同营养元素和激素条件，探索单细胞分化的诱导条件。原生质体培养在遗传学方面可用来进行基因互补、连锁群、基因激活和失活水平，以及进行基因鉴定等研究。

8.2　植物原生质体的分离

植物原生质体的分离，早期是采用机械去壁的方法，但其只能从那些高度液泡化的细胞中分离得到有限的原生质体。随着商品酶的出现及其应用，植物原生质体的分离已不再受到很多限制，但要获得高活力、能分裂形成愈伤组织并再生植株的原生质体，则受许多因素的影响。

8.2.1　取材

材料的选取不仅影响原生质体分离效果，而且是影响原生质体培养是否成功的关键因素之一。植物材料的选取主要应考虑基因型、材料的类型及材料的生理状态 3 个方面。

分离原生质体的产量和活力在不同植物基因型间有很大差别。这种遗传性上的差异，不仅表现在不同的科、属、种间植物上，甚至同一种内的不同品种间也有差别。在植物原生质体培养再生植株的研究中，研究者们首先在烟草、胡萝卜、矮牵牛等植物上取得了突破，而在豆科和禾本科植物上则经历了较长时间的探索。孙雪梅（2007）报道，马铃薯的 3 种不同基因型原生质体在同一种分化培养基上的分化频率存在明显差异。张芬等（2018）认为下胚轴是作为芸薹属植物原生质体分离及培养效果较好的材料来源。然而，为了使植物原生质体的分离和培养更具典型性和实用性，在植物基因型选择方面，要尽量考虑选择种植面积较大或推广潜力较大的植物种类和品种。

基因型一旦确定下来，就要考虑制备原生质体的起始材料。一般而言，植物的各个器官，如根、茎、子叶、下胚轴、果实、种子及愈伤组织和悬浮细胞等，都可作为分离原生质体的材料。但要获得产量高、质量好且容易分裂的原生质体，则要慎重选择原生质体分离的起始材料。叶片是目前分离原生质体的最常用材料，因其取材方便，且叶肉细胞排列疏松，酶的作用很容易达到细胞壁，易分离出大量形态、结构和发育阶段比较一致的细胞，而又不致使植物遭到致命破坏。但对于单子叶植物和木本植物而言，由于其叶片不易被酶液降解，因而应选择疏松的愈伤组织或悬浮细胞系作为原生质体的分离材料，尤其是胚性愈伤组织和胚性悬浮细胞系。如对于禾本科植物，从幼胚、幼穗、花药（花粉）或成熟胚建立的愈伤组织及其胚性悬浮细胞系分离的原生质体有利于再生植株的形成。

材料的生理状态也十分重要。幼龄植株或新生枝条上充分伸展的叶片制备原生质体往往能取得令人满意的效果。原生质体的产量和活力还受到叶龄和植株生长环境的影响。为此，通常将植株栽种于温室或生长室内，光照强度控制在 $0.3 \sim 1 W/cm^2$（一些物种则需要更高的光强），光周期通常至少需要 6h 的黑暗期，温度 $20 \sim 25 ℃$，相对湿度 $60\% \sim 80\%$，并供给充足的氮肥。离体培养的无菌苗叶片也是很好的材料来源，因其无需表面消毒，且分离的原生质体再生能力更强。从愈伤组织游离原生质体时，宜选用生长活跃的幼龄愈伤组织，因较老的愈伤组织容易产生巨型细胞，壁厚，难以被酶消化。对于悬浮细胞，宜选用频繁继代处于指数生长早期的细胞，其原生质体得率较高。在酶解前有时对材料进行预处理，可改变细胞和细胞壁的生理状态。常采用的方法有：①低温、暗培养处理。以叶片等外植体为试材时，将其置于 4℃下，暗处理 1～2 天，其原生质体的产量高，均匀一致，分裂频率高。②等渗溶液处理。把材料放在等渗溶液（如 13% 甘露醇）中数小时，再放到酶液中分离原生质体，能提高产量和活性，尤其是多酚类含量高的植物，如苹果、梨等。③试剂处理。在细胞悬浮培养基中加入生长素、含硫氨基酸、还原剂或重金属离子，可改变细胞壁的生理状态，利于降解酶发挥作用。

8.2.2 分离原生质体所用的酶类

植物的细胞壁主要由纤维素、半纤维素和果胶质构成。用来使细胞分离并降解细胞壁的常用酶主要有（表8-1）：①果胶酶（pectinase），从根霉和黑曲霉中提取，可以降解胞间层，使细胞从组织中分离出来。主要的商品酶有离析酶（Macerozyme R-10）、离析软化酶（Pectolyase Y-23）和 Pectinase 等，其组分为解聚酶和果胶酯酶，二者均能催化果胶质水解。Pectolyase Y-23 活性最强，使用浓度为 $0.1\% \sim 0.5\%$，处理时间一般不宜超过 8h。Macerozyme R-10 活性稍低，常用浓度为 $0.2\% \sim 5\%$。Pectinase 使用浓度为 $0.2\% \sim 2.0\%$。②纤维素酶（cellulase），是从绿色木霉中提取的一种复合酶制剂，其作用是使细胞壁的纤维素降解，得到裸露的原生质体。商品酶中 Cellulase Onzuka RS 的活性比 Cellulase Onzuka R-10 的活性高，常用浓度为 $0.5\% \sim 2.0\%$。③半纤维素酶（hemicellulase），用以降解植物细胞壁中的半纤维素，主要用于细胞壁中含有半纤维素的植物材料，常用浓度为 $0.1\% \sim 0.5\%$。④崩溃酶（driselase），是一种粗制酶，主要成分为纤维素酶，此外还混有果胶酶、蛋白酶、地衣多糖酶、木聚糖酶和核酸酶。常用浓度为 0.3%。

表 8-1 原生质体分离常用的商品酶

类型	商品酶名称	生产单位
果胶酶	Pectolyase Y-23 Macerozyme R-10 Pectinase Pectic-Acid-Acetyl- Transferase(PATE)	Yakult Pharmaceutical Industry Co.,Ltd Yakult Pharmaceutical Industry Co.,Ltd Sigma-Aldrich Hoechst,German
纤维素酶	EA-867 Cellulase Onzuka R-10 Cellulase Onzuka RS Cellulase	中国科学院上海植物生理生态研究所 Yakult Pharmaceutical Industry Co.,Ltd Yakult Pharmaceutical Industry Co.,Ltd Sigma-Aldrich
半纤维素酶	HemicellulaseH-2125	Sigma-Aldrich
崩溃酶	Driselase	Sigma-Aldrich

选用哪一种酶或哪几种酶组合最好，取决于所采用的组织来源或处理方法。一般来说，以幼嫩叶片、下胚轴等组织为材料时，去壁相对容易，应选用活性一般或较弱的酶，如 Macerozyme R-10、Cellulase Onzuka R-10、Hemicellulase 等，且酶的浓度要低。当以愈伤组织、悬浮培养系为材料游离原生质体时，应选用活性较强的酶组合，如 Cellulase Onzuka RS、Pectolyase Y-23 和 Rhozyme Hp-150，而且酶的浓度也高些。对于草本植物，游离原生质体时，一般采用纤维素酶和果胶酶即可去除细胞壁、释放原生质体。对于某些植物组织来说，除了纤维素酶和离析酶外可能还需要半纤维素酶，如大麦的糊粉层。采用一步法分离原生质体时，崩溃酶最为常用；而对于两步法来说，通常先用离析酶或果胶酶降解胞间层使细胞分开，再用纤维素酶处理降解细胞壁的其他成分。

商品酶制剂中通常含有一些杂质，影响酶的活性及原生质体的质量。因此，常将酶液在 4℃下通过凝胶柱 Bio-Gel P6 或者 Sephadex G-25，使其脱盐纯化。酶制剂也常含有一些有害的水解酶类，如核糖核酸酶、蛋白酶、过氧化物酶等，使用时可采用降低温度或尽量减少酶解时间来提高原生质体的生活力。

8.2.3 酶液的 pH 值与反应温度

酶的活性与酶液的 pH 值紧密相关，酶液的原始 pH 值对原生质体的产量和活力影响很大。按照厂家的说明，纤维素酶 Onzuka R-10 的最适 pH 为 5～6；离析酶 R-10 的最适 pH 为 4～5。而实际上酶溶液的 pH 通常被调节在 4.7～6.0 之间。在酶液中加入适量的 PVP、MES [2-(N-吗啡啉) 乙磺酸] 能稳定酶解过程中的 pH 变化。大多数植物原生质体分离酶发挥活性的最适温度为 40～50℃，但这个温度对植物细胞会造成伤害，因此，一般酶解在 25～30℃ 的条件下进行，以利于保持原生质体的活力。

8.2.4 酶液的渗透压

通常情况下，细胞壁起着维持植物细胞形状和保护细胞的作用。除去细胞壁后，若酶液中的渗透压和细胞内的渗透压不平衡，则原生质体有可能失水皱缩或吸水胀破。为了使原生质体处于一个等渗环境，酶液、原生质体洗液和培养基中的渗透压应基本上与原生质体等渗或比细胞内的渗透压略高些。实际上，轻微高渗溶液可以阻止原生质体的破裂和"出芽"，使得原生质体更加稳定，但对原生质体的分裂可能有抑制作用。

降低渗透势通常是向原生质体分离混合液中及原生质体培养基中加入甘露醇、山梨醇、葡萄糖、半乳糖或蔗糖来实现的。其中，甘露醇和山梨醇是最常用的渗透压稳定剂，它们可分别或结合使用，适宜的浓度因所用的细胞或组织来源而异，一般为 $0.3\sim0.8\text{mol/L}$。其实，将代谢活跃的渗透压稳定剂（如葡萄糖、山梨醇和蔗糖）与代谢不活跃的渗透压稳定剂（如甘露醇）一起使用更有利，因为前者将被原生质体在早期生长和细胞壁再生中逐渐使用而减少，可防止当再生细胞被转移入营养培养基中继续生长时，渗透势的突然变化。酶液中除需要渗透压稳定剂外，还常加入 $CaCl_2 \cdot 2H_2O$（$50\sim100\text{mmol/L}$）、$CaH_4(PO_4)_2$、葡聚糖硫酸钾、KH_2PO_4 等组分。Ca^{2+} 可以大大提高细胞膜的稳定性，有利于原生质体稳定。葡聚糖硫酸钾可以降低酶液中核糖核酸酶活性，有利于原生质膜的稳定。在酶液中添加电解渗透压稳定剂（如 40mmol/L $MgSO_4 \cdot 7H_2O$ 和 335mmol/L KCl）可提高原生质体的活力与纯度。表 8-2 列出了几种植物分离原生质体酶解液的组成。

表 8-2　几种植物原生质体分离酶解液的组成成分

材料	酶解液组分
小麦悬浮细胞	Onzuka RS 2%，Pectolyase Y-23 0.2%，$CaCl_2 \cdot 2H_2O$ 0.01mol/L，KH_2PO_4 0.7mmol/L，MES 3mmol/L，甘露醇 0.55mol/L，pH5.6
水稻悬浮细胞	Onzuka R-10 1%，Onzuka RS 0.5%，Macerozyme R-10 1%，Pectolyase Y-23 0.1%，$CaCl_2 \cdot 2H_2O$ 0.01mol/L，KH_2PO_4 0.7mmol/L，MES 3mmol/L，甘露醇 0.4mol/L，pH5.6
玉米悬浮细胞	Onzuka RS 3%，Macerozyme R-10 0.5%，Hemicellulase 0.5%，Pectolyase Y-23 0.1%，$CaCl_2 \cdot 2H_2O$ 0.01mol/L，KH_2PO_4 0.7mmol/L，MES 3mmol/L，甘露醇 0.5mol/L，pH5.6
棉花愈伤组织	Onzuka R-10 3%，Macerozyme R-10 1%，$CaCl_2 \cdot 2H_2O$ 0.01mol/L，KH_2PO_4 0.2mmol/L，KNO_3 1mmol/L，$MgSO_4 \cdot 7H_2O$ 1mmol/L，$CuSO_4 \cdot 5H_2O$ 0.1μmol/L，KI 10μmol/L，pH 5.8
早熟禾胚性愈伤组织	Onzuka R-10 1%，Macerozyme R-10 1%，Driselase 0.3%，Pectolyase Y-23 1%，KH_2PO_4 0.2mmol/L，KNO_3 1mmol/L，$CaCl_2 \cdot 2H_2O$ 0.01mol/L，$MgSO_4 \cdot 7H_2O$ 1mmol/L，KI 1μmol/L，$CuSO_4 \cdot 5H_2O$ 0.1μmol/L，MES 5.0mmol/L，甘露醇 0.5mol/L，pH 5.8
葡萄叶片	Macerozyme R-10 0.5%，Onzuka RS 1.0%，MES 3mmol/L，$CaCl_2 \cdot 2H_2O$ 0.01mol/L，甘露醇 0.5mol/L，葡聚糖硫酸钾 0.5%，pH 5.6

8.2.5　原生质体的游离

植物原生质体游离的酶液处理方法，可分为一步法和两步法。一步法是将酶溶液与材料放在一起进行一次处理，其中崩溃酶最常用。两步法则是把材料先在果胶酶溶液中处理一定时间，使材料分离成单细胞，然后再在纤维素酶液里去壁。目前一步法最为常用（图 8-2）。

酶解前，对需要酶解的植物材料，除试管苗和培养细胞外，都需要进行表面灭菌。对于叶片要先撕去叶下表皮，然后将去表皮的一面朝下放至酶液中。对于如柑橘叶等的下表皮不易撕掉或很难撕掉的材料，可用金刚砂（246 目）摩擦叶下表面，或将材料切成 $1\sim2\text{mm}^2$ 的小块，然后加入酶液酶解。下胚轴、叶柄、胚性愈伤组织等可直接切成薄片后放入酶液中。对于愈伤组织或悬浮细胞，如果细胞团的大小很不均一，可先用筛网过滤以除去大的细胞团，留下较均匀的小细胞团进行酶解。

酶的种类、浓度和酶解时间因材料来源不同而异。一般来讲，对于子叶、下胚轴和叶片等材料，常选用活性中等的酶，并且用低浓度的酶液进行酶解处理；对于愈伤组织和悬浮细胞等难游离的材料，常用活性较强的酶，采用较高浓度的酶液酶解处理。一般来说，酶的活性越高，对植物细胞的毒害也越大，因此酶处理的时间应相应缩短。酶解的时间从 30min 到 20h

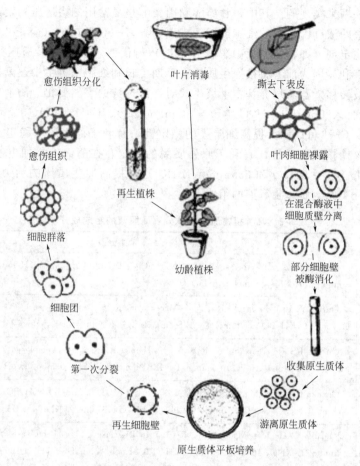

愈伤组织分化　叶片消毒　撕去下表皮

愈伤组织　再生植株　叶肉细胞裸露

细胞群落　在混合酶液中细胞质壁分离

幼龄植株　部分细胞壁被酶消化

细胞团

第一次分裂　收集原生质体

再生细胞壁　游离原生质体

原生质体平板培养

图 8-2　叶肉原生质体的分离、培养和植株再生（引自 Bajaj，1997）

不等，以获得足以满足原生质体培养的数量为准。但是有些细胞能忍耐长时间酶处理，而另一些细胞则不能，酶解时间过长会造成先前已经游离出来的原生质体解体、破碎或融合，所以为了获得大量有活力的原生质体，酶解处理的时间一般不超过 24h。

　　植物材料应按比例和酶液混合，才能经济有效地游离出较高活力的原生质体。一般叶片、子叶和下胚轴需要酶液的量较少，每克材料一般用量为 8～10mL；而愈伤组织和悬浮细胞需要的酶液量较大，每克材料一般用量为 10～20mL。酶解处理一般在 24～28℃、黑暗条件下进行。酶解若与真空处理相结合，可促进酶液充分渗入植物材料，提高酶解效果。段炼等（2014）对水稻茎叶及酶液的混合物进行了真空抽滤，促使了细胞质壁分离，加速了酶液渗透入细胞壁，缩短了酶解时间，防止因解离时间长而对细胞造成过多伤害。检查酶液是否已充分渗入的标准，是当真空处理结束后大气压恢复正常时叶片小块能否下沉。将酶解物置于低速（30～50r/min）摇床上轻轻振荡或每隔一段时间用手轻轻摇动数下，有利于原生质体从组织上游离出来。

8.2.6　原生质体的纯化

　　经酶解处理后，得到的悬浮液中除了完整的原生质体外，还含有亚细胞碎屑如叶绿体、维管成分、未被消化的细胞和细胞团等，因此必须将这些杂质去除，再进行培养。首先用镍丝网（50～70μm）或尼龙网粗过滤除去未消化组织或细胞团块和筛管、导管等较大的碎屑，然后采用沉降法、漂浮法或界面法做进一步纯化。

（1）沉降法 也称过滤离心法，该方法利用密度差异，低速离心使原生质体沉于底部。将镍丝网滤出液置于离心管中，在 $75\sim100g$ 下离心 $3\sim5min$，弃去含细胞碎片的上清液和酶液。然后用原生质体洗液（除不含酶外，其他成分和原生质体分离酶液相同）或液体培养基重新悬浮沉淀物，在 $50g$ 下离心 $3\sim5min$ 再悬浮。如此重复 $2\sim3$ 次。该方法的优点是纯化收集方便，原生质体丢失少，缺点是原生质体纯度不高。

（2）漂浮法 根据原生质体与细胞碎片或细胞器密度的不同来分离原生质体。利用密度大于原生质体的高浓度蔗糖溶液，离心后使原生质体漂浮其上、残渣碎屑沉到管底。具体做法如下：在无菌条件下，将 $20\%\sim25\%$ 蔗糖溶液 $5\sim6mL$ 加入 $10mL$ 离心管中，然后在其上轻轻加入 $1\sim2mL$ 含有原生质体的酶液，用锡箔纸封口，在 $100g$ 下离心 $10min$。碎屑下沉到管底后，一个纯净的原生质体带出现在两液体的界面上。用移液管小心地将原生质体吸出，转入另一个离心管。一般采用酶溶剂或液体培养基洗涤 3 次，经过 3 次离心和重新悬浮后，最后将纯化的原生质体悬浮于 $1\sim2mL$ 的液体培养基中备用。该方法的优点是获得的原生质体纯度高，缺点是原生质体的收率较低。

（3）界面法 采用两种不同密度的溶液，离心后使完整的原生质体处在两液相的界面，此法称为界面法。其具体做法是：在离心管中依次加入溶于液体培养基中的 $171.2g/L$ 与 $47.9g/L$ 的蔗糖溶液、溶于液体培养基中的 $65.6g/L$ 山梨醇溶液和悬浮在酶溶液中的原生质体（其中含有 $54.7g/L$ 山梨醇和 $11.1g/L$ $CaCl_2$），经 $400g$ $5min$ 离心后，细胞碎片等亚细胞结构沉降到管底，一个纯净的原生质体层会出现在蔗糖层上，用吸管吸出即可。该方法的优点是获得的原生质体大小均匀一致，纯度高；缺点是操作繁杂，原生质体的收率不高。

8.2.7 原生质体活力的鉴定

在培养之前，通常要先对原生质体的活性进行检测。原生质体活性测定的常用方法有形态观察法、荧光素二乙酸（FDA）法、酚藏花红染色法和伊文斯蓝染色法。其中 FDA 法最常用。

（1）形态观察法 在显微镜下观察原生质体的形态和细胞质环流状况，有活力的原生质体形态规则完整，颜色鲜艳，富含细胞质；而无活力的原生质体呈现褐色或不透光。

（2）FDA 染色法 FDA 本身无荧光也无极性，但能自由穿越细胞膜进入细胞内部。在活细胞内 FDA 被脂酶分解，产生荧光物质——荧光素，该荧光素不能自由穿越原生质体膜，会积累在活细胞中，因此在荧光显微镜下有活力的细胞便会产生荧光；而荧光素不能积累在死细胞和破损细胞中，因此无活力的原生质体无荧光产生。具体操作程序为：先将 $2mg$ FDA 溶于 $1mL$ 丙酮中作为母液。取纯化后的原生质体悬浮液 $0.5mL$，置于 $10mm\times100mm$ 的小试管中，加入 FDA 储备液使终浓度为 0.01%。混匀、室温放置 $5min$ 后，用荧光显微镜观察。发黄绿色荧光的原生质体为有活力的原生质体，否则为无活力原生质体。

（3）酚藏花红染色法 以 $0.5\sim0.7mol/L$ 甘露醇溶液为溶剂，配制 0.01% 酚藏花红母液。取一滴新鲜母液与原生质体悬浮液等量混匀，室温下染色 $5\sim10min$，在 $527nm$ 和 $588nm$ 波长的荧光显微镜下镜检，呈红色的为活的原生质体，无活性的原生质体因无吸收能力而为无色。

（4）伊文斯蓝染色法 当用 0.025% 伊文斯蓝（Evans blue）溶液对细胞进行处理时，只有死细胞和活力受损伤的细胞能够吸收这种染料，而完整的活细胞不能摄取或积累这种染料因此不染色。

8.3 植物原生质体的培养

原生质体分离纯化后，须在合适的培养基中应用适当的培养方法才能使细胞壁再生，细胞启动分裂，并持续分裂直至形成细胞团，长成愈伤组织或胚状体，分化或发育成苗，最终形成完整植株。

8.3.1 原生质体的培养方法

按照培养基的类型，原生质体培养方法可分为固体培养法、液体培养法及双相培养法 3 类，其又可细分为平板培养法、看护培养法、悬滴培养法、液体浅层培养法、固液双层培养法和琼脂糖珠培养法等。前三种方法可参见第 7 章相关内容。现简要介绍后三种方法。

① 液体浅层培养法　这是最常用的原生质体培养方法之一，许多木本植物如悬铃木、猕猴桃、苹果都采用液体浅层培养获得成功。具体方法为：用含渗透压稳定剂的液体培养基将纯化后的原生质体密度调整到 10^4 个/mL 以上，然后用吸管转移到培养皿中，使培养基厚为 1mm，以石蜡膜带密封后进行暗培养。培养 5～10 天后细胞开始分裂，此时开始降低培养基中的渗透压。每隔一周用刻度吸管吸取不含渗透压稳定剂的新鲜液体培养基置换原液体培养基。当形成大细胞团后，将其转移至无渗透压稳定剂的固体培养基上增殖培养。该方法的优点是操作简单，对原生质体伤害小，可微量培养，能及时降低渗透压并补加新鲜培养基，细胞植板率高；缺点是原生质体沉淀、分布不均匀，形成的细胞团聚集在一起，难以选出单细胞无性系。

② 固液双层培养法　这是应用最广泛的原生质体培养方法，具体程序如下：在培养皿中先制备一层含有 0.7% 琼脂的固体培养基，冷却凝固后，再在上面加入原生质体悬浮液，用石蜡膜带密封后进行暗培养。当细胞开始分裂后，每周用新鲜液体培养基更换原液体培养基 1 次。若在更换的液体培养基中添加 0.1%～0.3% 活性炭，效果尤佳。形成大细胞团后，再转移至无渗透压稳定剂的固体培养基上培养。该方法的优点是原生质体分布均匀，有利于分裂，容易获得单细胞株系，细胞植板率高；缺点是原生质体易受热伤害、易破碎。

③ 琼脂糖珠培养法　也称"念珠培养法"，属于固液结合培养法，由 Shilito 等于 1983 年建立。其做法是，把含有原生质体的琼脂糖培养基切成块放到大体积的液体培养基中，并在旋转摇床上振荡培养以利于通气。该方法不仅提高了一些物种（如番茄）的原生质体植板率，而且使一些原生质体较难分裂的物种如矮牵牛获得了持续的细胞分裂。

8.3.2 原生质体培养基

原生质体培养所需的营养要求与植物组织或细胞培养基本相同。原生质体的培养基多采用 MS、B_5，或由它们衍生的培养基如 KM8P 和 NT 培养基。KM8P、NT 培养基分别是以 B_5 和 MS 培养基为基础改良的。禾谷类植物的原生质体培养基多数是以 MS、N_6、KM、AA 为基本培养基；十字花科和豆科植物则多以 B_5、KM8P、K8P、KM 为基本培养基；茄科植物以 MS、NT、K3 为基本培养基。

① 无机盐　无机盐是构成培养基的主要成分，包括大量元素和微量元素。其中 Ca^{2+} 和 NH_4^+ 对培养基的影响较大。较高的 Ca^{2+} 浓度能提高原生质体的稳定性，但高浓度的 NH_4^+ 对原生质体的生长发育不利。Von Arnold 等（1977）证实高 Ca^{2+}（12mmol/L）浓度能促进豌豆原生质体的存活和细胞分裂。Upadhya（1975）报道 NH_4^+ 可抑制马铃薯原生质体的生长。

因此现在常用有机氮如谷氨酰胺、水解酪蛋白等作氮源来提高原生质体的分裂频率。

② 有机成分 含有丰富有机物质的培养基有利于细胞分裂。在原生质体培养中得到广泛应用的 KM8P 培养基就含有丰富的有机成分，包括维生素、氨基酸、有机酸、糖、糖醇和椰子汁等。已研究证明，在培养基中添加谷氨酸、天冬氨酸、精氨酸、丝氨酸、丙氨酸、苹果酸、柠檬酸、延胡索酸、腺嘌呤、水解乳蛋白、水解酪蛋白、椰子汁、酵母提取物、ABA、尸胺、腐胺、精胺、亚精胺、对甲基苯甲酸、小牛血清和蜂王浆等有机添加物，对于促进原生质体的分裂和细胞团及胚状体的形成都有一定的作用。

③ 激素 原生质体培养中所需要的激素与标准组织培养中的基本相同，均含有生长素和细胞分裂素。最常用的生长素为 2,4-D，细胞分裂素为 BAP、激动素和 2ip。然而，对于不同植物种类或细胞系来源的原生质体，其适合培养的激素种类存在一定的差异。对于烟草而言，NAA 效果优于 2,4-D 和 IAA。对于禾谷类植物原生质体培养来说，单 2,4-D 往往比 2,4-D 与细胞分裂素配合使用效果更好。不同来源的原生质体培养，在激素的浓度和配比方面也存在差异。由活跃生长的培养细胞分离的原生质体，生长素/细胞分裂素比值要高些；由高度分化的叶肉细胞等得到的原生质体，生长素/细胞分裂素比值应低些，原生质体才能恢复分裂。此外，在原生质体的起始分裂、细胞团形成、愈伤组织形成、器官或胚状体发生和植株再生等不同发育阶段，对激素的需求也不同，需要不断地对激素的种类和浓度进行适当调整。一般认为，在培养基中 2,4-D 对原生质体的分裂有促进作用，但对再分化却有抑制作用。因此，自初培养到形成愈伤组织大都使用 2,4-D，而将愈伤组织转入分化培养基时，则需降低或除去 2,4-D，并适量增加细胞分裂素的浓度。此外，在每一步调整激素时，还要考虑到前培养基中激素的后效应。

④ 渗透压稳定剂 在没有再生出一个坚韧的细胞壁之前，原生质体培养基中，需有一定浓度的渗透压稳定剂来保持原生质体的稳定。许多试验证明，糖是原生质体培养中较理想的渗透压稳定剂和碳源，电解质渗透压稳定剂在培养基中使用会抑制细胞壁的再生，导致不能进行正常的有丝分裂。目前培养基中的渗透压大多采用 $500 \sim 600 mmol/L$ 的甘露醇或山梨醇进行调节。然而，植物种类不同，其原生质体培养基中适宜选用糖的类型不同。据 Scott 等（1988）以及 Arnold 和 Eriksson（1976）报道，对于禾谷类植物和豆科豌豆的叶肉原生质体来说，蔗糖或葡萄糖不能取代甘露醇或山梨醇用作培养基中的渗透压稳定剂。卫志明等（1991）发现，在悬铃木叶肉原生质体培养中，使用葡萄糖可提高原生质体的植板率，且对细胞的毒害小。胡家金等（1998）认为在猕猴桃茎段愈伤组织的原生质体培养时，用葡萄糖作碳源优于蔗糖。而低浓度的蔗糖和葡萄糖相结合作碳源，可以有效地促进猕猴桃愈伤组织的原生质体持续分裂和细胞团、小愈伤组织的生长。在禾本科雀麦草的原生质体培养中，表明蔗糖的效果比葡萄糖或甘露醇好。另外，糖浓度要求并非固定不变的，Oliveira（1991）发现对猕猴桃叶片愈伤组织的原生质体进行培养时需要逐步降低糖浓度才能形成愈伤组织。

原生质体培养 $7 \sim 10$ 天后，大部分有活力的原生质体已经再生出了细胞壁并进行了几次分裂，此后需要通过定期添加新鲜培养基，使渗透压稳定剂浓度逐渐降低，促进培养物持续生长，发育成愈伤组织并再生植株。

⑤ pH 值 原生质体培养基的 pH 值一般为 $5.5 \sim 5.9$，pH 值过高或过低都会对原生质体的活力及其分裂产生不利影响。

8.3.3 植板密度

原生质体初始培养密度对植板效率有显著影响，一般为 $10^4 \sim 10^5$ 个/mL，过高或过低均影响其分裂。密度过高会导致营养不良或造成细胞代谢产物过多而影响正常生长；密度过低细胞内代谢产物扩散到培养基中的量较少，导致细胞内代谢产物浓度过低而影响细胞分裂和生长。

8.3.4 培养条件

在培养初期，因为没有细胞壁的保护，植物原生质体极其脆弱，光照、温度、湿度等条件不适往往会引起培养基成分及渗透压的变化，影响原生质体正常生长发育。

(1) 光照　一般而言，对于由叶肉、子叶、下胚轴等分离得到的带有叶绿体的原生质体，培养初期置于弱光或漫射光下培养较好，避免强光导致叶绿素分解而造成细胞死亡；对于由愈伤组织和悬浮细胞脱壁的原生质体，最初的 4～7 天应置于完全黑暗中培养。5～7 天后，当形成完整的细胞壁后，细胞就具备了耐光性，这时可将培养物转移到光下培养。

(2) 温度　植物原生质体的培养温度一般为 (25±1)℃。但不同植物种原生质体的适宜培养温度存在差别，一般喜温植物要求温度稍高，而耐寒植物要求温度稍低。豆科的豌豆和蚕豆的叶肉原生质体培养的适宜温度为 19～21℃，茄科的烟草原生质体培养的适宜温度为 26～28℃，锦葵科的棉花为 28～30℃，十字花科油菜的培养温度首周为 30～32℃，然后转入 26～28℃培养较为有利。

(3) 湿度　植物原生质体培养过程中，保持一定的湿度也很重要。应避免因湿度不适而引起原生质体再生细胞的死亡。

8.3.5 原生质体再生

(1) 细胞壁再生　原生质体培养后，体积增大，叶肉细胞的叶绿体会重排于细胞核周围。当原生质体由球形逐渐变成椭圆形时象征着细胞壁再生。只有形成完整细胞壁的细胞才能进入分裂阶段。细胞壁的形成与植物基因型、供体细胞的分化状态以及培养基成分等有关。野豌豆属蚕豆的原生质体在培养开始 20min 后就开始细胞壁的合成，72h 后形成完整细胞壁。而烟草属、矮牵牛属和芸薹属 (*Brassica*) 的叶肉细胞原生质体在 24h 形成新细胞壁。培养基成分对细胞壁再生起重要作用。据报道，蔗糖浓度超过 0.3mol/L 或山梨醇浓度超过 0.5mol/L 时，抑制细胞壁形成。对于胡萝卜细胞悬浮培养物的原生质体来说，若在培养基中加入 PEG 1500，则可促进细胞壁的发育。

再生细胞壁的存在与否可以用荧光染色法鉴定，常用的荧光素为卡氏白 (Calcafluor white)。具体方法是将卡氏白溶解在 91.1～109.3g/L 的甘露醇溶液中至终浓度为 0.1%，使其与原生质体悬浮液混合。染色 1～5min 后，在 410nm 或 420nm 下用滤光片镜检，如果有细胞壁存在，就能看到蓝色荧光。此外，还可利用电镜技术来观察细胞壁的存在与否。

(2) 细胞分裂和愈伤组织形成　原生质体培养 2～3 天后，细胞质浓稠，DNA、RNA、蛋白质以及多聚糖合成，很快就发生细胞有丝分裂。第一次细胞分裂一般需要 2～7 天，如大白菜、马铃薯为 2～3 天，烟草为 3～4 天，葡萄为 4～5 天。当细胞开始分裂后，要及时降低培养基的渗透压，以减轻培养基对细胞的胁迫作用和满足细胞不断分裂对营养的需要。继续培养，一般 2～3 周可形成细胞团。当细胞团继续分裂生长至 1～2mm 时，可转移到固体培养基上，按一般的组织培养方法进行培养。细胞分裂启动主要受基因型、供体材料的发育状态、原生质体活性以及培养基成分等因素的影响。一般来说，烟草、矮牵牛、龙葵等茄科植物，分裂率高，而禾本科植物分裂率低。

(3) 植株再生　绝大多数植株再生途径是通过愈伤组织形成不定芽，再诱导出不定根，继而形成完整植株。当原生质体形成大细胞团或愈伤组织后，及时转移到芽分化培养基上，诱导出不定芽，再转移到根诱导培养基上诱导出不定根。另一种植株再生途径是由原生质体再生细胞直接形成胚状体，由胚状体发育出完整植株。通过哪种途径再生以及再生率的高低主要受植物基因型、供体材料、培养基成分尤其是激素的种类、浓度及其配比的影响。通过原生质体获得的再生植株大多数集中在茄科、伞形科、十字花科和菊科，而豆科和禾本科植株再生较为困难。从叶肉组织、茎尖、胚性组织细胞分离的原生质体再生的植株能较好地保持原来的倍性，而悬浮培养的细胞特别是长期继代培养的细胞因在遗传学上不稳定较易出现倍性和数目的变化。原生质体分离和培养的主要技术环节见图8-3和图8-4。

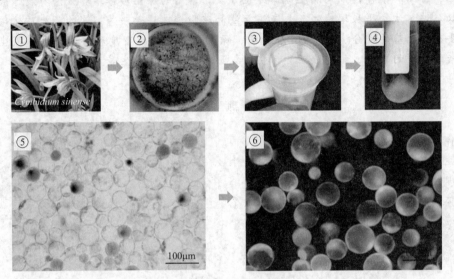

图 8-3 彩图

图 8-3　兰花花瓣原生质体分离（引自 Ren 等，2020）

①兰花花瓣；②用新的手术刀片在无菌滤纸上将兰花花瓣剪成 0.5～1.0mm 的条带，立即将滤纸转移到含有酶溶液的 100mL 烧瓶中；③在 28℃暗培养 5h 后，将含有释放原生质体的溶液通过 150μm 尼龙网过滤到 50mL 圆底管中；④200r/min 离心 2min 后，用洗涤液重新悬浮；⑤在显微镜下观察原生质体的形态和产量；⑥用 FDA 染色法测定原生质体活力。

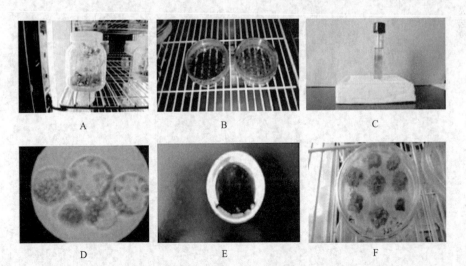

图 8-4 彩图

图 8-4　二倍体野生种马铃薯原生质体培养（引自孙海宏等，2018）

A—野生种 *S. pinnatisectmum*；B—解离中的叶片；C—纯化的原生质体；D—显微镜下的原生质体；
E—液体浅层培养 2 周的原生质体；F—形成愈伤的原生质体

小　结

　　植物原生质体是指去除了细胞壁被质膜所包围的、具有生活力的"裸露细胞"。植物原生质体不仅为育种工作提供了无性系变异来源和克服远缘杂交障碍的途径，它还是植物遗传工程的理想受体和细胞生物学与遗传学等基础理论研究的理想材料。植物原生质体的分离技术包括试材的选择与预处理、细胞壁的酶解、原生质体的游离以及原生质体纯化和活力鉴定等步骤。影响原生质体分离的因素有植物的基因型、预处理的方法、酶的种类、酶液的 pH 值和渗透压、酶解的方法、时间和条件，以及原生质体纯化方法。常用的原生质体培养方法有液体浅层培养法、固液双层培养法、平板培养法、悬滴培养法和琼脂糖珠培养法等。影响原生质体培养成功的因素主要有培养基的成分、pH 值、渗透压、原生质体的植板密度和培养条件。原生质体再生过程包括细胞壁的再生、细胞分裂和愈伤组织形成以及植株再生等主要过程。

思　考　题

1. 原生质体分离在选材上如何考虑？
2. 分离原生质体的酶类主要有哪些？其作用是什么？
3. 为什么原生质体要培养在等渗培养基中？
4. 原生质体的培养方法有哪些？各有何优缺点？
5. 试述影响原生质体培养的因素。

第9章

植物胚培养

植物胚培养（embryo culture）是指在无菌条件下对植物的胚、子房、胚珠和胚乳进行离体培养的方法技术。自从 E. Hanning（1904）首次开展萝卜和辣根菜的成熟胚培养以来，植物胚培养已有 100 多年的历史。20 世纪 20 年代，Laibach 从亚麻种间杂种的种子中分离种胚，利用胚培养技术，克服了杂交不亲和，获得了杂种植株，首次证实了胚培养的重要实用价值。目前，植物胚培养除了用于克服植物远缘杂交不育、不同倍性间杂交不育以及打破种子休眠、提高种子发芽率、解决多胚性干扰等育种工作以外，还用于研究胚胎发育过程中与胚胎发育有关的内外因素，以及与胚胎发育有关的代谢和生理生化变化等问题。

9.1 植物胚培养的类型和意义

9.1.1 植物胚培养的类型

植物胚培养包括成熟胚培养与幼胚培养。成熟胚培养是指剥取成熟种子中的胚进行培养。其目的是克服种子本身（如种皮）对胚萌发的抑制作用。这种培养技术比较容易，所要求的培养基营养成分亦比较简单，一般在只含有无机盐和糖的简单培养基上即可培养成功。幼胚培养是指对未成熟的胚或夭折之前的远缘杂交种胚进行培养。幼胚培养相对比较困难，胚龄越小培养的难度越大，所要求的营养和培养条件也越高。幼胚培养包括剥离的胚胎培养、受精后的胚珠培养和受精后的子房培养。此外，也可以对未受精的胚珠或子房进行培养，它是获得单倍体的途径之一，也是进行离体授粉工作的基础。

9.1.2 植物胚培养的意义

植物胚培养的意义和用途主要有以下几个方面：

（1）克服杂种败育　远缘杂交是培育植物新物种或新类型的重要手段之一，二倍体和四倍体杂交是获得植物三倍体的一条重要途径。但远缘杂交，或二倍体与四倍体间杂交往往不易成功，其主要原因在于杂种胚与胚乳间遗传生理不协调，使胚乳发育不良或提早退化，杂种胚因饥饿而中途败育夭折。采用幼胚培养技术，在杂种幼胚发生败育夭折之前，取出幼胚，进行离体培养，则可以使幼胚得以挽救，从而获得杂种植株。这在许多农作物和园艺作物上已实现。此外，在早熟植物的育种工作中，常常遇到某些早熟品种的杂交种子，由于种胚发育不完善、生活力低下，在自然条件下难以萌发成苗等难题，采用幼胚培养技术，则可以有效解决这一问题。

（2）打破种子休眠　植物种子成熟后，一般都存在一定时间的休眠期。引起种子休眠的原因，因植物种类而异。有些植物（如苜蓿、紫云英、椴树等）种子的休眠是由于种皮透水、透气性差引起的；有些植物（如苋菜）种子的休眠是由于种皮太坚硬，胚不能突破种皮引起的；有些植物（如苹果、桃、梨、樱桃等）种子的休眠是由于种子成熟后仍需要一个较长时间的后熟过程；有些植物（如银杏）种子的休眠是由于果实成熟后胚的发育尚未完成，仍需继续吸收胚乳营养，几个月后才能发育成熟；有些植物（如柑橘、苍耳、鸢尾）种子的休眠是由于果皮、种皮、胚乳中存在着抑制种子萌发的物质。在育种工作中，有时会因种子的休眠期太长，而延误育种工作的进程。通过胚的离体培养可以打破种子休眠或使休眠期缩短，从而加速育种进程，如 Randolph 等通过胚培养使鸢尾（*Iris tectorum* Maxim）的生活周期由 2～3 年缩短到 1 年以下；垂枝山楂（*Crataegus nionogyna* cv. *pendula*）通过胚培养 48h 即开始萌发，而自然情况下 9 个月才能萌发。

（3）提高种子发芽率　一些早熟和极早熟的果树，果实发育时间短，种胚发育不完全，积累的干物质少，因而种子不能萌发或萌发率极低，这是早熟果树育种中的一大难题。通过胚培养可以有效提高萌发率，提高早熟果树育种的效率。

（4）克服珠心胚的干扰　有些植物（如柑橘、芒果、蒲桃、仙人掌等）具多胚性特点，除正常合子胚外，还常常由珠心组织发生多个不定胚。这些不定胚可以侵入胚囊，使合子胚发育受阻，从而影响杂交育种效率。利用幼胚离体培养技术，分离出合子胚进行培养，就可排除不定胚的干扰，从而提高杂交育种的效率。

（5）诱导胚状体及胚性愈伤组织　利用幼胚或其他胚胎组织，通过离体培养可以产生次生胚状体，用于快速无性繁殖，这在难以育苗的山楂等植物上已获得成功（王际轩，1982）。另外，幼胚或其他胚胎组织是人工诱导胚性愈伤组织的优良外植体。

（6）种子生活力测定　木本植物种子后熟期长，打破休眠常常需要较长时间的层积处理。Rahavan（1977）的研究发现，有些木本植物，经层积处理和未经层积处理的种子，在种胚离体培养条件下，萌发速率基本一致。因此，种胚培养可以用于木本植物种子生活力的快速测定。

9.2　植物胚培养的方法

以下主要介绍子房培养、胚珠培养、成熟胚培养、幼胚培养和胚乳培养。

9.2.1　子房培养

子房培养（ovary culture）是指在无菌条件下对子房进行离体培养，使其进一步发育成幼苗的技术。根据授粉与否，子房培养可分为授粉子房培养和未授粉子房培养两种方式。授粉子房培养的主要目的是克服杂种胚的早期败育，获得杂交种子或植株；未授粉子房培养的目的有两个，一是将胚囊中的单倍性细胞诱导成单倍体植株，用于单倍体育种，二是为离体授粉奠定实验基础。

Larue（1942）首次介绍了子房培养的技术，他将授粉的番茄花（带一段花梗）接种在无机盐培养基上，获得了正常的果实；Johro（1963）将葱莲、洋葱等受精后不久的子房接种在只含有无机盐和蔗糖的培养基上进行培养，得到了成熟种子。我国在许多作物上成功地进行了受精后子房培养（表 9-1）。

表 9-1　子房培养获得成功的部分植物

植物名称	授粉后时间	胚发育阶段	基本培养基	研究者
埃塞俄比亚芥×白菜型油菜	5～10 天	—	MS	石淑稳等，1995
埃塞俄比亚芥×甘蓝型油菜	7～12 天	—	MS	石淑稳等，1995
埃塞俄比亚芥×芥蓝型油菜	10～17 天	—	MS	石淑稳等，1995
白菜×白芥	6～8 天	球形胚	White	巩振辉等，1995
芥蓝×诸葛菜	14～18 天	—	MS	殷家明等，1998
白菜型油菜×甘蓝	9～12 天	—	MS,B_5	张国庆等，2003
白菜型油菜×羽衣甘蓝	15 天	—	MS	周清元等，2003
甘蓝型油菜×青花菜	15 天	—	1/2MS	唐征等，2006
$4x$ 大白菜×$2x$ 结球甘蓝	6～8 天	小球形胚	White	顾爱侠等，2006
$4x$ 菜薹×$4x$ 芥蓝	6～8 天	小球形胚	Nitsch	满红等，2006
$4x$ 菜薹×$2x$ 芥蓝	6～8 天	小球形胚	Nitsch	满红等，2006
水稻	2～3 天	—	MS,MT	韦鹏霄等，1996
玉米	15～22h	—	N_6	汤飞宇等，2004
甘蓝型油菜×花椰菜	12 天	—	1/2MS	张小玲等，2006

我国利用未授粉子房培养获得单倍体的技术已应用于育种中，如韩毅科等（2010，2016）利用未受精子房，以及未受精子房培养结合传统育种技术育成黄瓜新品种"津美 3 号"和"津优 409"；Malik 等（2011）、王文和等（2011）、闵子扬等（2016，2019）利用未受精子房培养获得了甜瓜、草莓、南瓜、西瓜等的单倍体植株。

子房培养的方法比较简单，取开花前（未授粉子房培养）和授粉后（授粉子房培养）适当天数的花蕾或子房，用 70% 的酒精表面消毒 30s，再用 0.1% 的氯化汞消毒 8～10min 或用 2% 的 NaClO 消毒 10～15min，以无菌水冲洗 4～5 次，然后在无菌条件下，将子房接种到培养基上进行培养。

培养基、培养条件和附属花器官等对子房培养都有一定的影响。子房培养常用的培养基有 MS、Nitsch、White、B_5、N_6 等。培养基的选择，应根据植物种类、基因型、取材时期、培养目的等具体情况而定。附属花器官（花被、萼片等）对子房生长发育有一定的促进作用，如在蜀葵子房（球形原胚时期）培养时，只有带有完整萼片子房才能生长膨大和结籽，培养基中加入 IAA、IBA、GA、KT 等生长调节物质也不能替代萼片的作用。

9.2.2　胚珠培养

胚珠培养（ovule culture）是指在无菌条件下对受精或未受精的胚珠进行离体培养的技术。同子房培养一样，依据培养目的，亦可分为受精胚珠培养和未受精胚珠培养，目的与子房培养相同。

胚珠培养最初是由 White（1932）在金鱼草进行的，但未能得到种子或植株。Withner（1942）培养兰花的胚珠，得到了成熟种子。Maheshwari（1958）在胚珠培养方面做出了重要贡献，他培养了授粉后 5～6 天的罂粟胚珠（胚囊内含有 2 个细胞的原胚和少量胚乳核），在附加 0.4mg/L KT 的 White 培养基上，获得了植株。此后，胚珠培养获得成功的植物已有多种，部分见表 9-2。

表 9-2 胚珠培养获得成功的部分植物

植物名称	开花前天数	授粉后天数	胚发育阶段	基本培养基	研究者
洋葱	—	13	心形胚	Nitsch	Guha,1966
小油菜	—	1~2	合子胚	Nitsch	Kameya,1970
四季橘	—	50	球形胚	White	Rangaswamy,1959
白菜花	—	4	球形胚	Nitsch	Chopra,1963
凤仙花	—	6	球形胚	Nitsch	Chopra,1963
罂粟	—	6	合子胚	Nitsch	Maheshwari,1961
葱莲	—	5	球形胚	Nitsch	Sachar,1959
葱莲	—	2	合子胚	Nitsch	Kapoor,1959
陆地棉×种棉	—	4~6	—	BT	时香玉等,1999
红麻×玫瑰麻	—	15	—	MS	赵立宁等,1998
葡萄	—	45	—	B_5	亓桂梅,1998
巴西橡胶树	2~3	—	—	MB	杨晓泉等,1997
东方百合'如意'×淡黄花百合	—	55~65	—	MS	郑思乡等,2009
西葫芦	0~1	—	—	MS	王朝阳,2012
南瓜	0~1	—	—	MS	陈玲,2014
西瓜	0	—	—	MS	荣文娟,2015
非洲菊	1	—	—	MS	卢璇,2016
芥蓝×白菜型油菜	—	14	—	NLN	江建霞等,2019

胚珠培养的方法与子房培养基本相同,取开花前(未授粉胚珠培养)或授粉后(授粉胚珠培养)适当天数的花蕾或子房,用70%的酒精表面消毒30s,再用0.1%的氯化汞消毒8~10min或2%的NaClO消毒10~15min,以无菌水冲洗4~5次,用解剖刀切开子房,取出胚珠接种到培养基上,也可以连同胎座一起接种到培养基上进行培养。

影响胚珠培养的因素主要有供体材料的基因型、培养基及其附加成分、胚珠的发育阶段以及是否带有胎座组织等。不同基因型的供试材料对胚珠离体发育诱导成功与否和诱导频率高低具有明显差异。在相同的培养条件下,不同基因型的供体材料也有不同反应,如不同基因型的黄瓜在子房和胚珠培养中胚诱导率有明显差异;胚珠培养所采用的基本培养基多为 White、Nitsch 和 MS 等,Nitsch 使用更普遍。培养基中附加一些氨基酸(如亮氨酸、组氨酸、精氨酸等)、椰子乳、酵母提取液、水解酪蛋白等营养物质,一般有助于胚珠的生长发育;不同发育时期的胚珠对培养基的要求不同,一般来说胚龄越小的胚珠,对培养基的要求越高。如在罂粟胚珠的培养中,若培养合子胚时期的胚珠,即使在附加酵母提取液、水解酪蛋白、细胞分裂素、生长素的 Nitsch 培养基上也不能生长发育,而培养球形胚时期的胚珠,在只添加维生素的 Nitsch 培养基上就能成功;胎座组织对胚珠发育初期有重要作用,如在白菜花的胚珠培养中,将原胚时期的单个胚珠接种在 Nitsch 培养基上,胚珠未能生长发育,而将胚珠连同胎座一起接种在 Nitsch 培养基上,则获得了成熟种子。又如在茄子胚珠培养中,带胎座的胚珠大多能形成愈伤组织,而不带胎座的胚珠则培养不久即变褐死亡。

9.2.3 成熟胚培养

成熟胚培养(mature embryo culture)是指在无菌条件下对成熟种胚进行离体培养的技

术。成熟胚培养比较容易，在比较简单的培养基上，一般便能正常萌发生长。成熟胚培养的主要目的在于：研究种子萌发时胚乳（或子叶）与胚的相互关系，以及胚乳（或子叶）对幼苗初期生长的营养作用；研究成熟胚生长发育过程中的形态建成，以及各种生长物质对其形态建成的影响；打破种子休眠，缩短育种周期。

用于成熟胚培养的外植体，大多为果实或种子，因此，只需进行简单的表面消毒，即可在无菌条件下切开果实，取出种子，把胚剥离出来，置培养基上进行培养。成熟胚由于具有较多的营养积累，形态上已有胚根和胚芽的分化，故对培养基和培养条件要求不高，在只含有大量元素的无机盐和糖的培养基上，一般便可萌发成苗。种胚的生长发育与光、温因子有一定关系。多数植物胚的生长以每天12h光照为宜。范小峰（2011）以七叶树成熟胚为材料，研究了外源植物激素的不同组合及浓度对组织和器官的发育方向的影响，筛选了适宜七叶树胚生长的培养基以及适宜愈伤组织诱导的培养基，获得了再生植株；胡晓旭（2017）以燕麦成熟胚为外植体，探究了燕麦在愈伤组织诱导和再分化过程中的影响要素，获得再生植株，建立并优化了燕麦成熟胚再生体系；孟飞轮（2018）以文冠果成熟胚为试验材料，研究不同生长调节物质对文冠果组织培养体系中生根培养和体细胞胚胎发生体系中诱导愈伤组织的影响；董鲁浩等（2020）以小麦成熟胚为材料，分析不同 N-苯基-N'-1,2,3-噻二唑-5-脲（thidiazuron，TDZ）浓度对小麦成熟胚愈伤组织再生频率的影响，提高了成熟胚再生能力。

9.2.4 幼胚培养

幼胚培养（immature embryo culture）是指在无菌条件下对未成熟胚进行离体培养的技术。自从 Tukey（1933）离体培养桃、梨的幼胚获得成功以来，植物幼胚离体培养研究取得了很大成绩，在多种植物中都获得了成功（表9-3），它有效地解决了杂种胚败育及种子不能萌芽或萌芽率较低的问题，为植物远缘杂交育种，特别是早熟种果树杂交育种开辟了一条新途径。此外，在胚珠以外的环境中进行胚培养，为研究胚在各个时期的营养需要提供了条件。

表 9-3 幼胚培养获得成功的部分植物

植物名称	授粉后天数	胚发育阶段	基本培养基	生长方式	研究者
大白菜×结球甘蓝	—	—	—	直接萌发成苗	赵德培等,1981
柑橘	—	—	—	直接萌发成苗	王元裕等,1981
山楂	—	—	N_6	直接萌发成苗	汪景山等,1982
大白菜	30	倒生胚	MS	直接萌发成苗	贾春兰等,1983
桃	65	—	Tukey	直接萌发成苗	杨增海等,1983
君子兰	—	—	—	直接萌发成苗	刘敏等,1983
萝卜×甘蓝	—	—	—	直接萌发成苗	方智远等,1983
丁香×连翘	50	—	MS	直接萌发成苗	刘玮等,1995
小麦	14~21	—	MS	胚性愈伤组织	王常云等,1996
白菜型油菜	22	—	MS	子叶不定芽	吴沿友等,1996
甘蓝型油菜	22	—	MS	胚性愈伤组织	吴沿友等,1996
小麦×玉米	14~24	—	MS	直接萌发成苗	胡冬梅等,1998
$4x$ 枸杞×$2x$ 枸杞	16~20	—	MS	直接萌发成苗	李健等,2001
百合	50~70	—	MS	直接萌发成苗	曲云慧等,2002
丁香	50	—	MS	直接萌发成苗	周莉等,2003

续表

植物名称	授粉后天数	胚发育阶段	基本培养基	生长方式	研究者
水曲柳	—	子叶形胚	WPM	直接萌发成苗	张惠君等,2003
枣	70	—	MS	子叶不定芽	祁业凤等,2004
银杏	—	>3mm	MK[①]	胚性愈伤组织	郭长禄等,2005
毛百合×有斑百合	30	—	MS	直接萌发成苗	关婧竹,2008
甜玉米	11~14	—	N_6	胚性愈伤组织	陈莉等,2009
野生芝麻	10~13	—	1/2MS	直接萌发成苗	张海洋等,2001
糜子	8~10	—	MS	胚性愈伤组织	吴会琴等,2020
芒果	40	子叶胚	MS	胚性愈伤组织	许文天等,2019
玛瑙红樱桃	25	—	MS	直接萌发成苗	邓彬,2019
中国南瓜×印度南瓜	25	—	MS	直接萌发成苗	宋慧等,2019

① MK 培养基为改良 MS 培养基,其培养基组分中 $MgSO_4 \cdot 7H_2O$ 用量为 3.7g/L, KH_2PO_4 为 1.7g/L,其他同 MS 培养基。

幼胚培养的一般方法是,取授粉后一定天数的子房,经消毒杀菌后,在无菌条件下,切开子房,取出胚珠,剥离珠被,取出完整的幼胚,置培养基上进行培养。分离幼胚时,操作要小心,避免损伤,需在体视显微镜下操作。

幼胚培养的难度较大,而且胚龄越小,对营养的要求越高,培养的难度越大。随着胚龄的增加,对营养的要求逐渐降低,培养的难度逐渐减小。这是因为从营养需求角度来说,胚的发育过程可分为异养和自养两个时期。在球形胚及其以前阶段,胚是异养的,在心形胚以后,随着子叶的分化,胚才从异养逐渐转变为自养。因此,在培养球形胚及其以前阶段的幼胚时,需要比较复杂的培养基成分,配制合适的培养基是首要的条件之一。目前,适宜幼胚培养的培养基主要有 Tukey、Nitsch、White、MS 和 Monnier 等。胚乳看护培养是幼胚培养中的一种有效方法,可显著提高培养的成功率。用以看护培养的胚乳可以取自于同一个种,也可以取自于不同的种。如大麦的幼胚用小麦的胚乳看护,比用自身的胚乳看护培养的效果更好。Lautour 把车轴草×山蚂蝗的杂种幼胚从胚珠中取出,再植入到亲本只含胚乳的胚珠中(图 9-1),然后置培养基上进行培养,获得了成功。Holm 等(1994)用大麦小孢子培养条件下,培养大麦合子胚获得成功。胚乳看护时间可以影响幼胚发育,

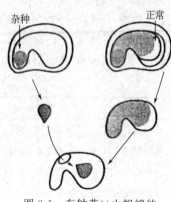

图 9-1　车轴草×山蚂蝗的杂种幼胚培养

合适的时长可以减少畸形苗的发生,多数胚发育成子叶形胚,有利于幼胚沿胚性生长(任海燕等,2021)。

在幼胚培养中,幼胚可以按正常的发育途径(合子胚→球形胚→心形胚→鱼雷胚→子叶胚)形成幼苗;也可能会出现早熟萌发,形成畸形苗,这种畸形苗由于子叶发育不完全、营养积累很少而十分弱小,一般不易存活;还可能会发生脱分化,形成胚性愈伤组织,并由此再分化出胚状体或不定芽。

影响幼胚培养的因素主要有胚龄、营养成分、植物生长调节剂、渗透压、培养条件和胚柄等。

① 胚龄　通常胚龄越小,培养的难度越大,受精后的合子胚或只分裂几次的原胚一般很难培养成功。

② 营养成分 蔗糖是效果最好的碳水化合物之一。培养基中加入蔗糖的主要作用一是为幼胚的生长发育提供碳源和能源，二是保持适当的渗透压，后者对原胚培养尤为重要。因为在自然条件下，原胚最初是生存于充满高渗胚乳液的胚囊中，所以在离体培养时，若将幼胚接种在低渗透压的培养基中，常常会出现幼胚生长停顿，以及早熟萌发等异常现象。随着胚龄的不同，培养基中的渗透压应有所不同。适宜原胚培养的蔗糖浓度一般为 8%～12%，随着胚龄的增长，培养基中的渗透压应逐渐降低。如在曼陀罗离体胚培养中，心形胚前期的幼胚以 8% 的蔗糖浓度为宜，而心形胚后期的幼胚，蔗糖浓度可降至 4% 左右，到鱼雷胚期，则只需 0.5%～1%（Pavis，1953）。又如，在向日葵幼胚培养中，胚长 1mm 左右时，蔗糖浓度为 17.5%，2mm 左右时，蔗糖浓度为 12.5%，10mm 左右时，蔗糖浓度为 6.0%（李映红，1988）。培养基中加入氨基酸或氨基酸复合物对幼胚的生长是有益的。据研究，加入单一氨基酸时，以谷氨酰胺最为有效。谷氨酰胺的常用浓度为 500mg/L。水解酪蛋白被广泛用于幼胚培养，所用浓度因植物种类或基因型而异，如栽培大麦最适浓度为 500mg/L、紫花曼陀罗为50mg/L。维生素对发育初期的幼胚培养是必需的，但随着胚龄的增长，当胚能够合成自身需要的维生素时，培养基中加入维生素可能对其形态发生有抑制作用。常用于幼胚培养的维生素有维生素 B_1、维生素 B_6、烟酸、泛酸钙和生物素等。为了提高原胚培养的效率，有时在培养基中可添加一些天然提取液，如椰子乳、酵母提取液等。此外，在玉米幼胚离体培养的研究中发现，MS 培养基中加入活性炭可以显著促进玉米幼苗的生长与发育（王金萍等，2017）。改变铵态氮和硝态氮的比例显著提高了小麦幼胚胚性愈伤组织的诱导率，增加铵态氮含量有利于其向绿苗进行分化（康爽等，2016）。在某些情况下，降低硝酸盐浓度、提高 K^+ 和 Ca^{2+} 的浓度对幼胚的生长有促进作用，如 Monnier（1978）在培养荠菜幼胚时，通过提高 MS 培养基中的 K^+ 和 Ca^{2+} 浓度、降低 NH_4^+ 浓度，有效地促进了幼胚的存活和生长。

③ 植物生长调节剂 对休眠种胚来说，激素对启动萌发是必要的。对幼胚培养来说，关键问题是使外源激素和内源激素间保持某种平衡，以维持幼胚的胚性生长。有时培养基中添加适宜种类和适宜浓度的激素会促进幼胚的正常生长发育，但有时也会引起幼胚发生脱分化形成胚性愈伤组织。在对野生一粒小麦幼胚外植体培养中，以 MES3 为基本培养基并添加 2.0mg/L 2,4-D 诱导愈伤组织效果最佳（李扬等，2016）。

④ 培养条件 幼胚培养的适宜温度一般为 25℃ 左右，但也有些植物需要较低或较高的温度。如马铃薯以 20℃ 为适，棉花以 32℃ 最好。幼胚培养对光照的需要因植物种类而异。如棉花幼胚先在暗条件下培养，然后在弱光条件下培养较好；荠菜幼胚培养每天以 12h 光照为宜。枣在黑暗条件下幼胚发育率高于光照条件下，而光照条件会诱发幼胚的早熟萌发和畸形。不同放置方式会影响幼胚萌发率，枣幼胚培养过程中胚珠合点端插入培养基的竖放方式可显著促进幼胚生长发育（任海燕等，2021）。

⑤ 胚柄 胚柄位于原胚的胚根一端，是一个短命的结构，当胚达到球形期时，胚柄发育到最大程度。胚柄对胚的早期正常生长发育是必要的。胚柄中具有较高的 GA 活性，如红花菜豆心形胚时期胚柄的 GA 的活性比胚体高 30 倍。在幼胚培养中，胚柄的存在会显著地刺激胚的进一步发育，提高幼胚的存活率。但幼胚的胚柄很小，一般很难与胚体一起完整地分离出来。据研究，培养基中添加一定浓度的 GA（5mg/L）能有效地替代胚柄的作用。

9.2.5 胚乳培养

胚乳培养（endosperm culture）是指在无菌条件下对胚乳组织进行离体培养的技术。在裸子植物中，胚乳由雌配子体发育而来，是单倍体的；在被子植物中，胚乳由两个极核和一个精核受精发育而来，是三倍体的。胚乳培养是人工获得植物三倍体的一条重要途径，在三倍体无籽果实等新品种选育及遗传研究上均具有重要的应用价值。胚乳培养除能够获得三倍体外，还能产生各种非整倍体，从中可以筛选出单体、三体等珍贵的遗传材料。此外，胚乳培养也用于胚乳与胚的关系、胚乳细胞的生长发育及形态建成等方面的研究。

早在 1933 年，Lampe and Mills 就进行了胚乳培养的尝试。1949 年，La Rue 首次由玉米胚乳培养获得了愈伤组织。1973 年，Srivastava 首次由罗氏核实木胚乳培养获得了再生植株，证实了三倍体胚乳细胞的全能性。此后，胚乳培养已涉及大麦、小麦、玉米、苹果、梨、桃、枸杞、枇杷、杨桃、葡萄、柿子、西番莲、猕猴桃、柑橘、枣等多种植物（表 9-4）。

表 9-4　胚乳培养获得成功的部分植物

植物名称	科别	培养状况	研究者
黑麦草	禾本科	愈伤组织	Lampton,1952
黄瓜	葫芦科	愈伤组织	Norstog 等,1960
蓖麻	大戟科	愈伤组织	Satsangi 等,1965
巴豆	大戟科	胚状体	Bhojwani 等,1966
麻风树	大戟科	愈伤组织	Srivastava,1971;侯佩,2006
罗氏核实木	大戟科	植株	Srivastava,1973
大麦	禾本科	愈伤组织	Sehgal,1974
小麦	禾本科	愈伤组织	Sehgal,1974
水稻	禾本科	愈伤组织	Nakano 等,1975
葡萄	葡萄科	愈伤组织	母锡金等,1977
苹果	蔷薇科	植株	母锡金等,1977
柚	芸香科	植株	王大元等,1978
水稻	禾本科	植株	Bajaj 等,1980
大麦	禾本科	植株	孙敬三等,1980
桃	蔷薇科	胚状体	刘淑琼等,1980
马铃薯	茄科	植株	刘淑琼等,1981
小麦×黑麦杂种	禾本科	植株	王敬驹等,1982
玉米	禾本科	植株	李文祥等,1982
梨	蔷薇科	植株	赵惠祥,1983
枸杞	茄科	植株	顾淑荣等,1985、1991
石刁柏	百合科	植株	刘淑琼等,1987
枣	鼠李科	植株	石荫坪等,1988
枣	鼠李科	愈伤组织	张存智,2006
银杏	银杏科	愈伤组织	吴元立等,1988
黄芩	唇形科	植株	王莉等,1991
柿	柿树科	植株	庄东红等,1995
杜仲	杜仲科	植株	朱登云等,1996
高粱	禾本科	植株	田立忠等,2000
枇杷	蔷薇科	植株	彭晓军等,2002

植物名称	科别	培养状况	研究者
柿	柿树科	愈伤组织	陈绪中等,2004
桉树	桃金娘科	愈伤组织	李守岭,2007
乌桕	大戟科	愈伤组织	田良涛,2011
猕猴桃	猕猴桃科	愈伤组织	穆瑢雪等,2018
柑橘	芸香科	愈伤组织	李海林,2019

　　胚乳培养分带胚培养和不带胚培养两种方式,通常带胚比不带胚的胚乳更容易诱导形成愈伤组织。尤其是用干种子的胚乳培养时,由于胚乳的生理活性十分微弱,在诱导其脱分化前,必须借助原位胚的萌发使其活化。胚乳培养的一般过程是:观察确定适宜胚乳培养的发育时期;筛选适宜胚乳培养的培养基;选择胚乳发育适宜时期的果实或种子,消毒杀菌;在无菌条件下,剥开种皮,分离出胚乳组织(带胚或不带胚);接种培养。

　　胚乳培养中,除少数植物可直接从胚乳组织分化出器官外,一般是先形成愈伤组织,然后在分化培养基上,进行胚状体或不定芽的分化。胚乳初生愈伤组织的形态,一般为白色致密型,少数为白色或淡黄色松散型(如枸杞),也有的为绿色致密型(如猕猴桃)。

　　影响胚乳培养的主要因素有供体植株的基因型及胚乳的发育时期、培养基和培养条件等。

　　① 供体植株的基因型　不同基因型植株的胚乳对培养的反应不同,表现在胚乳的愈伤组织诱导率、分化率、胚状体诱导率及植株诱导率等方面的差异。

　　② 胚乳发育时期　被子植物双受精完成后,一般是先进行核分裂,形成游离的胚乳核(核型胚乳期),然后细胞质分裂形成胚乳细胞(细胞型胚乳期)。胚乳培养的关键是要选择合适的胚乳发育时期。研究表明,游离核时期的胚乳一般不易培养成功,细胞型时期的胚乳较容易培养成功,而处于旺盛生长的细胞型胚乳则最容易培养成功。因此,胚乳培养中,胚乳处于旺盛生长时,是取材的最适宜时期。不同植物授粉受精后,胚乳进入细胞型胚乳期的时间差异较大,但在同一种物种上是相对稳定的,如玉米授粉后进入细胞型胚乳期的时间为8~12天,梨20天,小麦8天,黄瓜7~10天,黑麦草7~10天,苹果8~10天,水稻4~7天,大白菜12~14天,甘蓝15~17天。可以通过对授粉后不同天数的胚珠进行显微观察,确定胚乳的适宜发育时期。

　　③ 培养基　胚乳培养常用的培养基有White、LS、MS、MT等,其中以MS使用较多。常用的碳源为蔗糖,浓度一般为3%~5%。在培养基中添加一定种类和浓度的植物生长调节剂,对胚乳愈伤组织的诱导和分化是必要的。有时在培养基中添加一些复合物(如水解酪蛋白和酵母提取物等)也有助于胚乳愈伤组织的诱导和分化。不同植物对激素的反应存在差异,如大麦在有2,4-D的条件下才能形成愈伤组织,猕猴桃在有ZT的条件下效果最好,而荷叶芹则能在无任何激素的培养基上形成愈伤组织。

　　④ 培养条件　胚乳培养的适宜温度一般为25℃左右,对光照的要求因物种而异。如玉米胚乳适合暗培养,蓖麻胚乳在1500lx的连续光照下培养较好,但多数是在10~12h/d的光照条件下进行的。

9.3　植物的离体授粉技术

　　植物离体授粉(*in vitro* pollination)通常是指将未授粉子房或胚珠从母体上分离,进行无菌培养，并以一定的方式授以无菌花粉，使之在试管内实现受精的技术。

　　植物离体授粉的意义和作用主要有以下几点：①克服了杂交不亲和性。远缘杂交中，除遇到杂种不能发育成熟、胚胎提前败育等受精后的障碍以外，还常常遇到花粉在柱头上不能萌发、花粉管生长受到抑制而不能进入胚珠等受精前的障碍。受精后的障碍可通过胚胎培养予以克服，而受精前的障碍，则要借助离体授粉加以解决。②诱导孤雌生殖。单倍体在遗传育种中具有重要价值，目前虽有延迟传粉、远缘杂交、用经辐射处理的花粉授粉，以及对子房进行物理和化学处理等方法诱导孤雌生殖，但获得单倍体的频率都很低。自从 Hess 等（1974）利用离体授粉技术诱导孤雌生殖并获得成功以来，离体授粉已成为人工获得单倍体的一个有效手段。③双受精及胚胎早期发育机理的研究。利用离体授粉受精技术，可以系统研究卵细胞通过受精而被激活的机制，钙在受精中的作用、卵细胞如何防止多精受精，以及早期胚胎发育过程中的基因表达等问题。④克服自交不亲和性。自交不亲和性是植物在长期进化过程中形成的有利于异花授粉，从而保持高度杂合性的一种生殖机制，在育种中有广泛的应用，但自交不亲和材料同样存在保存、繁种困难的问题。目前利用离体授粉技术已经在腋花矮牵牛、菊苣、怀庆地黄、向日葵等自交不亲和材料中成功获得子代，对于研究自交不亲和的机理有裨益。

9.3.1　离体授粉的方法

　　植物离体授粉包括离体柱头授粉、子房内授粉、离体胚珠授粉等方式。其准备工作包括确定开花、花药开裂、授粉、花粉管进入胚珠和受精的时间；去雄后将花蕾套袋隔离；采集花粉粒等。

　　（1）离体柱头授粉　离体柱头授粉是一种接近自然授粉的离体授粉技术，是指在离体培养条件下，对雌蕊柱头授粉并形成果实和种子的过程。其在烟草上首先获得成功，以后又在金鱼草、玉米、小麦、小麦×黑麦草等植物上获得成功。具体操作过程为，取花药尚未开裂的花蕾，表面消毒，在无菌条件下去除花瓣和雄蕊，接种于培养基上，然后在柱头上授以无菌花粉。谈晓林等（2010）利用离体柱头授粉获得了百合杂交种子，其结籽率高于离体子房授粉。

　　（2）子房内授粉　子房内授粉有活体子房内授粉和离体子房内授粉两种方式。活体子房内授粉是直接把花粉引入植株的子房，使花粉粒在子房腔内萌发生长，最后完成受精过程而获得有生活力的种子。离体子房内授粉是指在离体培养条件下，把花粉引入子房、完成受精结实的过程。活体和离体子房内授粉方法基本相同，一般采用两种方法：①引入法。通过子房壁上的切口把花粉引入子房，或通过切除花柱后的切口把花粉引入子房。②注射法。把花粉粒配制成花粉悬浮液，用注射器注入子房。活体子房内授粉工作开展得较多，Kanta 等（1960～1964）用注射法进行子房内授粉，先后在虞美人、罂粟、花菱草等植物上获得成功。具体做法是：选择适宜时期的花蕾，去除雄蕊，用 70％酒精对子房表面进行消毒，然后在子房上钻两个小孔，注入 2mL 左右的 0.01％硼酸的花粉悬浮液，最后用凡士林封闭小孔。通过子房内授粉得到的果实，成熟期与自然授粉的差异不大，但果实一般较小。离体子房授粉工作开展相对较少，1979 年，Inomata 利用离体子房内授粉方法，获得油菜和甘蓝的种间杂种。王劲等（1997）利用脱外壁的花粉，给离体培养的烟草子房授粉，获得了烟草种子。

　　（3）离体胚珠授粉　离体胚珠授粉是指在离体培养条件下，对未受精的胚珠进行授粉并形成种子或植株的过程。离体胚珠授粉是 Kanta 等（1963）在子房内授粉的基础上提出来的。他们将带有胎座的罂粟胚珠接种在 Nitsch 培养基上，并把成熟的花粉直接撒在胚珠的表面，完成受精，得到了种子。以后有许多研究者进行了离体胚珠授粉研究，在花菱草、葱莲、矮牵牛、麝香石竹、甘蓝、水仙等植物上获得了成功（表 9-5）。离体胚珠授粉的一般方法为：取开花前一天的花蕾，表面消毒，在无菌条件下除去雄蕊、花托、花被，剥取单个的胚珠，或带有胎座的胚珠，接种在培养基上；然后，取当天开放的花蕾，表面消毒，在无菌条件下收集花粉。授粉方式有两种，一是在胚珠表面直接撒上无菌的花粉，二是先把无菌的花粉撒播于培养基上，然后再接种胚珠。

表 9-5 胚珠离体授粉获得成功的部分植物

植物名称	科别	研究者
罂粟	罂粟科	Kanta 等,1963
蓟罂粟	罂粟科	Kanta 等,1963
黄花烟草	茄科	Kanta 等,1963
花菱草	罂粟科	Kanta 等,1963
紫花矮牵牛	茄科	Shivanna,1965
金鱼草	玄参科	Usha,1965
甘蓝	十字花科	Kameya 等,1967
月夜花矮牵牛	茄科	Rangaswamy 等,1967
女娄菜	石竹科	Zenkteler,1967
油菜×白菜	十字花科	Kameya 等,1970
黄水仙	石蒜科	Balakova 等,1977
大蒜	百合科	蒋仲仁等,1982
菊苣	菊科	Castaño 等,2000
向日葵	菊科	Popielarska,2005
枣	鼠李科	郝慧等,2005
黄瓜	葫芦科	Skálová 等,2010
甘蓝×白菜	十字花科	Sosnowska 等,2013

（4）体外受精 植物体外受精是指在无菌条件下，精细胞与卵细胞的体外融合，是真正意义上的试管受精。1985 年，胡适宜等就提出了雌雄性细胞体外融合的植物受精工程设想，1991 年 Kranz 等在玉米上首次实现了如同动物体外受精那样，在离体条件下完成精卵融合，并将受精所产生的人工合子培养再生植株。植物体外受精大致可分为三个步骤，一是雌雄配子的分离和纯化，二是雌雄配子的诱导融合，三是人工合子的培养。

① 雌雄配子的分离和纯化。分离雄配子通常采用研磨法、酶解法和渗透压冲击法，使花粉粒或花粉管破裂，释放出精核。精核从花粉（三细胞花粉）或花粉管（二细胞花粉）中释放出来后，一般用过滤离心的方法进行纯化，除去花粉或花粉管的碎屑、营养核及其他内含物，获得纯的精核。分离雌配子比分离雄配子的难度要大得多，主要有：酶解法，即酶解分离出胚囊后，再延长酶解时间，使卵细胞释放出来；酶解-压挤法，即胚珠酶解后再轻压挤出卵细胞；酶解-解剖法，即胚珠酶解后，再从胚珠中解剖卵细胞；显微解剖法，即在解剖显微镜下从胚珠中直接分离出卵细胞。

② 雌雄配子的诱导融合。诱导精、卵融合的方法与植物原生质体的融合方法相同，主要有电诱导融合、高钙-高 pH 诱导融合和 PEG 诱导融合等方法。

③ 人工合子培养。Kranz（1991）将微量的人工合子置于微室中，以玉米悬浮细胞作为饲养物，合子分裂率高达 79%，经胚胎发育途径再生植株。

9.3.2　影响离体授粉的因素

影响离体授粉的因素除不同植物的遗传特性外，主要有子房或胚珠的年龄、授粉方式、花粉萌发状况、母体组织、培养基和培养条件等。

（1）子房或胚珠的年龄　离体授粉的难易与子房或胚珠的年龄有关。如对罂粟开花当天的子房授粉，平均单果结籽 60.6 粒，对开花后 1 天的子房授粉，平均单果结籽 1922.2 粒；又如，黄花水仙取开花后 2 天的胚珠受精效果最好；烟草取开花后 1～3 天的胚珠均可获得较好的效果。

（2）授粉方式　不同授粉方式，离体授粉的效果不同。如花菱草子房内授粉，注射法优于引入法，前者单果结籽 24.8 粒，后者 8.8 粒。

（3）花粉萌发状况　有些植物（如芸薹属植物）的花粉离体萌发比较困难，直接影响离体授粉的效果。对这类植物，用 0.01% $CaCl_2$ 和 0.01% H_3BO_3 浸蘸胚珠，然后再将无菌花粉撒在胚珠上，可有效地提高受精率。

（4）母体组织　一般来说，保留柱头、花柱及花萼等母体组织有利于子房、胚珠的离体授粉。迄今，大部分胚珠离体授粉的成功事例，都是在保留胎座的情况下获得的。

（5）培养基　常用于离体授粉的培养基有 Nitsch、White 和 MS 等，氨基酸、水解酪蛋白等营养成分有利于胚珠的培养；氯化钙、硼酸对花粉的萌发和花粉管的生长有促进作用。

（6）培养条件　影响离体授粉效果的培养条件主要是温度。一般认为，培养温度接近该种植物自然授粉温度时，离体授粉效果最好。

9.4　不同植物的胚培养技术

9.4.1　大田作物胚培养技术

（1）玉米幼胚培养　玉米是重要的粮食作物，通过幼胚培养建立胚性愈伤组织，对玉米细胞工程育种具有重要意义。马丽（2007）对 22 份玉米自交系进行了玉米幼胚培养及影响因素的研究。

① 培养方法　盛花期人工套袋授粉，授粉后 10～13 天选取幼胚大小 1.0～2.5mm 的雌穗，剥去苞叶，在超净工作台内用 70%酒精表面消毒，挑取幼胚，盾片向上接种于 N6 培养基上。愈伤组织经过 3～5 次继代后转移至分化培养基上进行分化。诱导和继代过程在 25～28℃下暗培养，分化再生植株的条件为 26℃、光照 12h。

② 培养结果　基因型和分化培养基以及二者的互作效应对植株分化有显著影响，效应大小为基因型＞培养基＞基因型×培养基，基因型为最重要的影响因子。22 种基因型中，E28、旅 9、齐 319 诱导能力强，胚性率达 85.1%。武 125、黄早 4、502、9801、豫 12 具有中等强度胚性率。

2,4-D 对玉米幼胚胚性愈伤组织的形成是必要的，2～3mg/L 利于诱导出质量较好的具有分化胚状体能力的愈伤组织（淡黄色或黄色，结构松散、易碎，有明显的颗粒状）。4mg/L 2,4-D 对愈伤组织诱导率较高，但为疏松、绵软的非胚性愈伤组织。

Ag^+ 对部分玉米幼胚胚性愈伤组织的形成表现出良好的促进作用，8～12mg/L $AgNO_3$ 显著提高了部分基因型胚性率，改善愈伤组织质量。但不同基因型对 $AgNO_3$ 最适浓度差异明显。

愈伤组织继代次数会对胚性愈伤组织及再生植株的分化产生影响。初始愈伤组织胚性率和分化率不高，经过 3～5 次继代培养，达到最高值；随着继代次数的增加，胚性率和分化率逐渐降低，在 11～19 代（1 年以上）长期继代的结果使胚性率和分化率显著降低；19 代以后胚性率和分化率很低。

（2）大麦幼胚培养　任江萍等（2005）对大麦幼胚进行了培养研究。现以此为例进行说明。

① 培养方法　取幼胚 1.0～1.5mm（花后 10～15 天）的幼穗，先用 70％的酒精表面消毒 1min，再用 0.1％的 $HgCl_2$ 消毒 8min，以无菌水冲洗 4～5 次，在无菌条件下，取出幼嫩种子，剥出幼胚，盾片朝上接种于 MS 培养基上，（25±1）℃暗培养。待愈伤组织形成后，挑选生长良好的胚性愈伤组织，转到分化培养基进行光照培养，光强为 3000lx，每天光照 16h。愈伤组织诱导和分化的基本培养基均为 MS，前者附加麦芽糖 50g/L、琼脂 8g/L、水解酪蛋白 300mg/L 和不同浓度的 2,4-D，后者附加麦芽糖 50g/L、琼脂 8g/L 和不同浓度的 ZT 和 IAA。

② 培养结果　在一定浓度范围内，2,4-D 对大麦幼胚愈伤组织诱导有促进作用。当 2,4-D 浓度为 1～2mg/L 时，两个大麦品种的出愈率均呈现上升趋势，2mg/L 时诱导频率最高。但当 2,4-D 浓度由 2mg/L 升至 5mg/L 时，两个品种的出愈率则呈下降趋势。在较低浓度的 2,4-D 条件下，愈伤组织生长快、致密，多为胚性愈伤组织，而在较高浓度的 2,4-D 条件下，愈伤组织生长慢、松散，无组织结构的分化。

大麦幼胚愈伤组织的分化比较容易，在不加任何激素的培养基上即可分化，但是分化率较低。单独加入细胞分裂素 ZT 能有效提高分化率；若同时加入 ZT 和 IAA，则分化频率可进一步提高。适合大麦愈伤组织分化的激素条件是 ZT 1.0mg/L 和 IAA 0.1mg/L。

（3）花生幼胚培养　董建军等（2019）对花生不同发育时期的幼胚离体培养进行了研究，根据发芽率与成苗率筛选出最短发育时期为果针入土 30 天，其培养条件说明如下。

① 培养方法　取果针入土 30 天的荚果依次用清水冲洗，70％酒精消毒 30s，无菌水冲洗 3～5 次，7.5％ NaClO 浸泡 10min，无菌水冲洗 5～6 次，剥壳后用 0.1％ $HgCl_2$ 消毒浸泡 5min，无菌水冲洗 5～6 次，在无菌水中浸泡 1h 左右，待花生种皮舒展之后，在超净工作台上小心取出种胚，注意不要损伤种胚。将外植体接种于装有 MS 培养基的罐头瓶中，胚根朝下，露出胚芽和胚小叶。（25±2）℃下暗培养 7 天后转入光照培养 16h/d，2500lx 下培养 14 天。培养 21 天后打开罐头瓶盖子炼苗 2 天，然后取出组培苗，用缓水流冲洗根部培养基，移入室内花盆，浇透水分并保湿，放入人工气候培养箱中培养 7 天后，移到室外培养。

② 培养结果　种胚在接种后即开始萌发生长，胚轴伸长，胚小叶开展，7 天后，开始长少量侧根。转入光照培养后茎叶迅速发育，叶片逐渐变绿，并陆续长出大量侧根。21 天后根系更加发达，茎伸长加快，叶片展开，颜色深绿，基本达到移栽条件。移栽后植株生长健壮。

9.4.2　园艺植物胚培养技术

（1）菜心-芥蓝杂种幼胚培养　芥蓝（*Brassica alboglabra*，CC，$2n=2x=18$）和菜心（*Brassica rapa*，AA，$2n=2x=20$）原产于中国，为十字花科芸薹属不同种蔬菜。芥蓝和菜心杂交不育，满红等（2007）、任艳蕊等（2009）借助幼胚培养技术分别获得了二者的异源四倍体和异源三倍体种间杂交种。

① 培养方法　初花期，取 1～2 天后开花的花蕾，人工去雄，进行相互授粉杂交，套袋隔离。采用子房培养方法进行杂种幼胚培养。取授粉后 4 天、5 天、6 天、7 天、8 天、9 天、10 天、11 天、12 天、13 天、14 天的子房，经 70％酒精表面消毒 1min、0.1％氯化汞消毒 8min、无菌水冲洗 4～5 次，基部朝下接种到 Nitsch 和 White 培养基中进行培养。

② 培养结果　子房接种到培养基后，同自然条件下一样，能正常生长膨大，但子房内的

胚珠却大都退化，仅个别保持绿色。培养 20 天左右，剥开子房（荚），取出未退化的胚珠接种到 1/2MS 培养基上，绿色胚珠能直接萌发形成幼苗（图 9-2）。

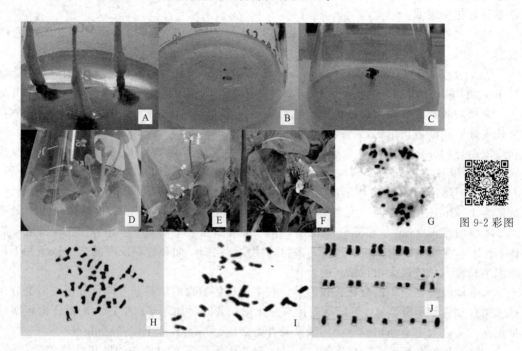

图 9-2 彩图

图 9-2　菜心-芥蓝杂种幼胚培养及细胞学鉴定
A—接入培养基的子房；B—子房培养的胚珠；C—形成的幼苗；D—组培苗；E—三倍体植株；F—异源四倍体植株；
G—异源四倍体减数分裂后期Ⅰ；H—异源四倍体染色体数；I—异源三倍体染色体数；J—异源三倍体核型图

　　在 White 和 Nitsch 培养基上，均有未退化的胚珠，但后者频率稍高。维生素对菜心-芥蓝杂种幼胚的发育是必要的，在不加维生素的两种培养基上，均未得到未退化的绿色胚珠，在添加维生素的 White 和 Nitsch 培养基上，未退化的胚珠平均为 1.83% 和 2.81%；生长素和细胞分裂素对菜心-芥蓝杂种幼胚的发育有一定的促进作用，在含有维生素的两种培养基中，再添加 NAA 0.1mg/L 和 BA 0.5mg/L，未退化的胚珠率均有较明显的提高。

　　取材时间是杂种胚培养的关键，在授粉后 6~9 天（球形胚时期）取材，均可获得未退化的胚珠，而在授粉后 1~4 天或 11 天以后，均未能获得未退化的胚珠。分析其原因可能是 4 天以前的胚珠，胚龄太小，不易培养成功，而 11 天后的幼胚已发生退化。

　　细胞质对杂种胚的发育具有重要作用，无论是四倍体×四倍体，还是四倍体×二倍体，只有菜心作母本才能培养成功，而芥蓝作母本则不能获得成功。在以大白菜为母本与甘蓝的杂交中也表现出同样的现象。

　　（2）枣幼胚培养　枣原产中国，是重要的干果类果树。枣的胚败育问题是阻碍其杂交育种的关键因素。祁业凤等（2004）对枣幼胚进行了离体培养。

　　① 培养方法　取坐果后 10~70 天的果实，用 70% 的酒精表面消毒 1min、0.1% 的氯化汞消毒 10min、无菌水冲洗 4~5 次。在无菌条件下剥出种胚，从远离胚根的一端切开种皮，接种到附加蔗糖 50g/L、琼脂 7g/L、水解乳蛋白 500mg/L、BA 0.1~1.0mg/L、IBA 0.1~1.0mg/L、NAA 0.1mg/L 的 MS 培养基上进行培养，待胚萌发成苗后，转置 MS＋蔗糖 30g/L、琼脂 5g/L 的培养基中培养。

　　② 培养结果　枣幼胚的生长方式有三种：一种是形成愈伤组织，然后由愈伤组织分化形

成植株；另一种是由子叶或下胚轴直接分化出不定芽；第三种是胚直接萌发成苗，胚龄较大的胚（坐果55天以后）通常易直接萌发成苗。

坐果后40～50天是枣幼胚培养成苗的最佳时期，胚龄低于或超过此期的胚，成苗率均下降。坐果后10天的幼胚接种后很快干缩死亡；坐果后30天的幼胚成活率显著提高，但成苗率很低；坐果后40～50天的幼胚成活率和成苗率最高；坐果后70天的胚萌发晚、苗质差。

坐果后55天以内的胚在附加BA 0.1mg/L、IBA 0.5mg/L、NAA 0.1mg/L、水解乳蛋白500mg/L的MS培养基上培养效果最好，55天以后则不需要附加任何激素。

(3) 柿幼胚培养　徐阳等（2017）以长三角地区柿幼胚为材料，优化了甜柿幼胚抢救体系。

① 培养方法　取花后40～77天柿幼胚用自来水冲洗，再用70%酒精浸泡30s，然后用1% NaClO（加入2～3滴Tween-20）浸泡10min，无菌水冲洗3～4次。在无菌条件下剥取幼胚接种于1/2MS+ZT（0.4mg/L）+IBA（0.2mg/L）+活性炭（3g/L）+蔗糖（70g/L）培养基中。在恒温28℃、光照14h、光照强度31.2～39.0μmol/(m² · s)的条件下培养。

② 培养结果　接种4天后，幼胚变得饱满，胚轴开始伸长，胚轴底部出现蓝色分泌物，到接种30天后，子叶才开始正常发育。

花后40～47天的胚培苗成苗率不超10%，到第55天后成苗率达到40%～60%左右；随着胚龄增大，成活率逐渐提高，第62天时，成苗率达到50%～70%；花后69天取胚时，胚培苗成苗率达到最高；然而，到77天取胚时，成苗率略有回落。

在培养基中添加IBA后，胚培苗各指标都得到了提升，特别是生根数显著提升；而添加ZT的培养基中胚培苗萌发率、成苗率、成苗效率显著高于其他培养基，可见ZT和IBA在柿幼胚培养中都发挥着作用。

9.4.3　林木植物胚培养技术

(1) 油松成熟胚培养　油松（*Pinus tabuliformis*）是我国北方最主要的造林树种之一。温伟等（2010）对油松成熟胚进行了培养研究，旨在通过胚芽丛增殖进行油松良种快繁。

① 培养方法　将种子与湿沙（含水量为沙子最大持水量的60%）按1∶3（体积比）混合，置于5℃条件下1个月。灭菌前将去掉外种皮的种子在自来水中浸泡3天，每天换水3～5次，以去除油脂和黏附的灰尘。然后在无菌操作台上用70%酒精浸泡30s，以无菌水冲洗3次；再用0.1% HgCl$_2$消毒15～20min，以无菌水冲洗5次。剥去胚乳，得到完整种胚，最后将完整种胚水平接种在培养基中。培养基中琼脂和蔗糖含量分别为0.6%和3%，pH5.6；培养温度为（25±2）℃；光照强度为1000lx，每天光照时间为12h。

② 培养结果　诱导不定芽的最佳基本培养基为DCR。不同浓度TDZ对油松不定芽的诱导率有显著差异，低浓度促进不定芽的产生，随着浓度升高，诱导率逐渐下降。0.05mg/L与0.1mg/L TDZ对诱导率没有显著差异，但0.1mg/L的增殖系数最高。激素组合为TDZ 0.01mg/L+NAA 1.0mg/L，诱导的不定芽长势最佳。

生根培养基为1/2DCR，IBA 2mg/L+6-BA 0.05mg/L为最佳激素组合，IBA诱导生根效果优于NAA。

(2) 银杏幼胚培养　银杏属裸子植物，组织培养的难度较大，郭长禄（2005）对银杏幼胚进行了培养。

① 培养方法　于9月中旬采收银杏果实，置4℃冰箱储藏1周。果实经消毒杀菌后，在无菌的条件下，取出幼胚，分成大于3mm和小于3mm两组，分别接种在附加BA、2,4-D、NAA、KT的MS和MK培养基上进行培养。培养温度为25℃左右，光照时间16h，光照强

度 2000lx。

② 培养结果　幼胚在接种后 3 天，开始形态上发生变化，逐渐膨大，形成淡绿色愈伤组织，质地均匀、细腻。在 MS 和 MK 两种基本培养基上，无论胚龄大小，都能形成愈伤组织，但大于 3mm 的胚更容易形成愈伤组织和胚状体。在适宜条件下，MS 培养基和 MK 培养基都能诱导出胚状体，但 MK 培养基优于 MS 培养基。

胚状体在愈伤组织上生长到一定阶段便不再生长，将胚状体剥离并接种在无激素的 MS 培养基和 MK 培养基上，胚状体也不能继续生长。椰子乳对胚状体生长发育有促进作用，在添加 10％椰子乳的 MK 培养基上，胚状体的成苗率最高，为 34.5％，幼苗生长健壮，形态正常。

激素种类对银杏幼胚的愈伤组织诱导具有较明显的影响。2,4-D、KT 不利于愈伤组织的诱导，NAA 和 BA 则有利于愈伤组织的诱导。在添加 NAA、BA 的 MS 培养基和 MK 培养基上，大于 3mm 的幼胚，愈伤组织形成频率为 100％。

激素种类和浓度对胚状体的诱导亦有非常明显的作用。在只加生长素 NAA 或细胞分裂素 BA 的情况下，均无胚状体的发生；在同时加有 NAA 和 BA 的情况下，一般能诱导胚状体产生，但产生的频率因浓度和配比而异，如在 NAA 1.0mg/L＋BA 1.0mg/L 培养基上，胚状体诱导率最高，为 53.6％，而在 MK＋NAA 1.5mg/L＋BA 1.0mg/L 的培养基上胚状体诱导率为 10.7％。

胚龄对胚状体的发生亦有一定影响，在相同的培养条件下，大于 3mm 的幼胚，更有利于胚状体的发生。如在 NAA 1.0mg/L＋BA 1.0mg/L 培养基上，大于 3mm 幼胚，胚状体诱导率为 53.6％，小于 3mm 幼胚，胚状体诱导率为 8.5％。

两种基本培养基相比，MK 更有利于胚状体的发生。如同样在附加 NAA 1.0mg/L＋BA 1.0mg/L 的 MS 培养基上，胚状体诱导率为 5.4％，而在 MK 培养基上，为 53.6％。

9.4.4　药用植物胚培养技术

(1) 西番莲胚乳培养　西番莲（*Passiflora edulis*）又名鸡蛋果，为多年生常绿藤本热带和亚热带植物。其果汁香味独特，根、茎、叶、花可入药。张琴等（2000）进行了西番莲胚乳培养研究，并获得了三倍体植株。

① 培养方法　种子用 70％的酒精表面消毒 30s，再用 0.1％的 $HgCl_2$ 消毒 10min，以无菌水冲洗 4～5 次。在无菌条件下，将种子纵剖为两半，剥取胚乳，切成小块，接种在 MS＋BA 0.2mg/L＋NAA 2.0mg/L 的培养基上，诱导愈伤组织；愈伤组织形成后，转入添加不同浓度 BA 和 NAA 的 MS 培养基上，诱导不定芽；当不定芽长到 1.5～2cm 后，再转入含不同浓度 IAA、NAA、IBA 的 1/2MS 培养基中，诱导生根；当生根植株长至 2.5cm 左右时，放置在室温下炼苗，然后移栽。

② 培养结果　胚乳切块培养 20～25 天后，明显膨大、表面产生无色透明的瘤状突起，随后，突起进一步增殖，形成愈伤组织。愈伤组织结构致密、呈乳白色或淡黄色。

将愈伤组织接种到分化培养基上，20～30 天后，出现绿色芽点，一周后绿色芽点形成不定芽。在 MS＋BA 2mg/L＋NAA 0.2mg/L 培养基上，分化频率最高，为 65％，增殖系数为 5.2。

切取 1.5～2cm 的幼芽，接种到添加不同生长素的 1/2MS 培养基上进行生根。30 天后统计生根率，结果表明，在添加 IBA 1.0mg/L 的 1/2MS 培养基上生根频率最高，为 63％，而且根系发达，植株生长旺盛。

采用去壁低渗-火焰干燥法，对胚乳植株的染色体数目进行了鉴定。结果表明，植株约有

95%的细胞为三倍体（$2n=3x=27$），此外还有少量 $2n=18$、24、25、26 和 36 的细胞。

（2）红豆杉的成熟胚培养　红豆杉含有多种紫杉烷类二萜化合物，具有抗癌等功效。成熟的种子一般需经 2 年的休眠期才能萌发，进行胚离体培养可解决种子休眠时间长的问题，还可使胚在 1～2 个月内形成正常幼苗。赵沛基等（2003）开展了云南红豆杉离体胚培养的研究。

① 培养方法　去假种皮和外种皮，经 70%酒精和 0.1% $HgCl_2$ 常规表面消毒后，无菌条件下分离出胚接种于培养基上。培养基 pH5.8（灭菌前），3%蔗糖，0.8%琼脂。培养温度为（25 ± 1）℃，每天光照 12h，光强 2000lx。

② 培养结果　成熟种子的胚在 MS 培养基上的萌发率较高，达 80%。如果培养基中添加一些植物生长调节剂（如 2,4-D 或 BA 等），萌发的胚很容易形成愈伤组织。

剥离胚时不带胚乳，胚的萌发率极低；剥离的胚或多或少带上胚乳，萌发率大大提高，最高可达 86%。

胚萌发率随种子保存时间的延长而下降，从树上采下的种子立即剥离胚进行培养的萌发率最高，达 80%，在 4℃下储存的种子 30 天后，再剥离胚培养的萌发率仅为 40%。

小　结

植物胚培养是指在无菌条件下对植物的胚、子房、胚珠和胚乳进行离体培养的技术。植物胚培养主要包括成熟胚培养和幼胚培养两类。其中，成熟胚培养比较容易，所要求的培养基成分亦比较简单，一般只需含大量元素的无机盐和糖即可；幼胚培养相对比较困难，而且胚龄越小培养的难度越大，所要求的营养和培养条件也越高。

成熟胚培养的主要目的是打破种子休眠，促进种子萌发；幼胚培养的主要目的是克服远缘杂种败育，解决一些早熟和极早熟的果树，因种胚发育不完全而不能萌发或萌发率极低等问题。

胚培养也包括胚珠、子房和胚乳培养。依据授粉与否，胚珠和子房培养分为授粉胚珠、子房培养和未授粉胚珠、子房培养。授粉胚珠、子房培养的目的与幼胚培养相同；未授粉胚珠、子房培养是获得单倍体的一种途径，也是离体授粉的基础；胚乳细胞是两个极核与一个精核的受精产物，是三倍体，通过胚乳培养可以获得三倍体植株。

离体授粉通常是指在离体培养条件下，对子房或胚珠进行授粉并形成种子的过程。离体授粉技术为克服某些植物的自交不亲和性，以及远缘杂交的不亲和性提供了新途径。

思　考　题

1. 名词解释：子房内授粉；胚珠培养；幼胚培养；离体授粉；体外受精。
2. 植物成熟胚和幼胚培养的意义是什么？
3. 未授粉子房和未授粉胚珠培养的意义是什么？
4. 胚乳培养有哪些用途？
5. 离体授粉有哪些用途？
6. 影响幼胚培养的因素有哪些？

第10章

植物离体快繁

植物离体繁殖（plant propagation *in vitro*）又称为植物快繁或微繁（micro-propagation），是指利用植物组织培养技术对外植体进行离体培养，使其短期内获得遗传性一致的大量再生植株的方法。植物离体快繁不仅在农业生产中应用广泛，而且为工厂化育苗提供了现实支撑。植物脱毒苗木不仅去除了病毒，也去除了多种真菌、细菌及线虫病害，使种性得以恢复，植株健壮，抗逆性强，从而减少了化肥和农药施用量，进而降低了生产成本，减少了环境污染。

10.1 植物离体快繁的意义

植物的繁殖（propagation）方式包括有性繁殖（sexual propagation）和无性繁殖（asexual propagation）两大类。有性繁殖是指以种子为繁殖材料进行的繁殖方式。无性繁殖又可分为常规无性繁殖（嫁接、扦插、压条等）、非试管快繁（non-tube rapid propagation）和离体快繁（*in vitro* propagation）。常规无性繁殖是指以营养器官（枝条、根、叶）为繁殖材料，以扦插（cutting）、嫁接（grafting）、压条（layering）等方法进行的繁殖；非试管快繁，是以特定选择的植物器官——茎段，在由计算机智能控制温度、湿度、光照、气体、营养的条件下，用扦插育苗的方法，使植物在最适的环境下快速生根成苗的繁殖方式；离体快繁是以选择的特定植物器官、组织、细胞，经过消毒，在无菌和人工控制条件下，在培养基上分化、生长，最终形成完整植株的繁殖方式。理论上离体快繁可应用于所有植物的繁殖，但在实际应用时，由于繁殖成本较高，主要应用于那些以有性繁殖和常规无性繁殖方式不易繁殖的植物材料，以及植物基因工程产品和脱病毒苗木的下游开发繁殖。

与其他繁殖方法相比较，植物离体快繁主要优点在于：①繁殖系数高，速度快，常规无性繁殖每年仅仅是几倍到几十倍的繁殖系数，而离体快繁可以将繁殖系数提高到几万倍到百万倍；②可以繁殖那些以有性繁殖和常规无性繁殖不易或者不能繁殖的植物；③结合脱病毒技术，可以繁殖无病毒苗木；④管理方便，利于自动化控制。植物材料在离体环境中生长，不仅可以省去田间栽培的繁杂劳动，还可以进行自动化控制。植物离体快繁的缺点主要在于其操作复杂、使用设施和设备昂贵、成本较高等。

10.2 植物离体快繁的方法

植物离体快繁是一个复杂的过程。经过近 50 年世界范围内大规模科学研究，植物离体快繁技术体系已相对成熟，其操作程序一般划分为 5 个阶段：①无菌培养的建立（sterilization）；②初代培养（initial culture）；③继代培养和快速增殖（succeeding culture and proliferation）；④诱导生根（rooting）；⑤驯化移栽（acclimatization and transplantation）。其中初代培养、诱导生根和驯化移栽在第 4 章已有叙述，本节重点介绍无菌培养的建立、茎芽增殖途径和影响茎芽增殖的方法。

10.2.1　无菌培养的建立

目前绝大多数植物组织培养是在富含营养的培养基和适宜温度条件下进行的，外植体（explant）如果带菌，很容易发生污染，因此植物离体快繁的第一步工作是无菌培养的建立。无菌培养体系的建立包括母株（stock plant）和外植体选取、培养基制备以及外植体的消毒和接种。

10.2.1.1　母株和外植体的选取

用来进行繁殖的材料，要选择品质好、产量高、抗病毒性好的品种，其母株应选择性状稳定、生长健壮、无病虫害的成年植株。每种植物器官和组织都可以作为外植体进行快繁，但在实际应用中，选用何种外植体大多与植物的种类有关。通常木本植物、较大的草本植物多采用带芽茎段、顶芽或腋芽作为快繁的外植体；易繁殖、矮小或具有短缩茎的草本植物则多采用叶片、叶柄、花茎、花瓣等作为快繁的外植体。

10.2.1.2　培养基

植物初代培养时常用诱导或分化培养基，培养基中的生长素和细胞分裂素的配比和浓度最为重要，如诱导腋芽生长时，细胞分裂素的适宜浓度为 $0.5\sim1.0mg/L$，生长素的浓度水平为 $0.01\sim0.1mg/L$；诱导不定芽时，需要较高的细胞分裂素；诱导愈伤组织形成时，增加生长素的浓度并补充一定浓度的细胞分裂素是十分必要的。

10.2.1.3　外植体的消毒和接种

外植体大部分取自田间，表面上附着大量的微生物，在材料接种培养前必须将外植体表面的各种微生物杀死，同时为了不影响其生长，又不能损伤或只轻微损伤外植体。因此，根据外植体的种类不同，选择合适的消毒剂和控制适当的消毒时间是植物离体快繁工作中的重要环节之一。

外植体消毒时切不可生搬硬套，要根据材料的大小、幼嫩程度、质地等选择适宜的消毒剂种类、使用浓度和消毒时间，消毒的最佳效果以杀死材料上的所有生物体，而又对材料的损伤最小为好。不同类型外植体的预处理和消毒方法见表 10-1。

表 10-1　外植体的消毒方法

外植体类型	消毒方法
茎尖、茎段及叶片	1. 70%乙醇浸泡 $10\sim30s$，再用无菌水冲洗 1 次； 2. 用 2% NaClO 浸泡 $10\sim15min$ 或 0.1% $HgCl_2$ 浸 $5\sim10min$（消毒时间视材料的老、嫩及枝条的坚硬程度而定）； 3. 若材料有茸毛最好在消毒液中加入几滴吐温； 4. 消毒时要不断振荡，使植物材料或消毒剂充分接触； 5. 最后用无菌水冲洗 $3\sim5$ 次

续表

外植体类型	消毒方法
果实	1. 用乙醇迅速漂洗一下,用无菌水冲洗 1 次; 2. 用 2% NaClO 浸 10min,用无菌水冲洗 2～3 次
种子	用 10% NaClO 浸泡 20～30min 或 0.1% HgCl$_2$ 消毒 5～10min,然后用无菌水冲洗 3～5 次
花蕾	1. 用 70% 乙醇浸泡 10～15s,无菌水冲洗 1 次; 2. 再在漂白粉中浸泡 10min,用无菌水冲洗 2～3 次
根及地下部器官	用 0.1% HgCl$_2$ 浸 5～10min 或 2% NaClO 浸 10～15min,再用无菌水冲洗 3～5 次

造成培养组织污染的原因很多,主要有以下几点:①培养基灭菌步骤不规范,无菌环境不达标,包括超净工作台不合格、接种室与培养室不干净、培养瓶密封不合格等;②操作不规范,包括操作人员技术不熟练、操作不细致、人为操作污染等;③外植体消毒失败。前两种污染可通过加强培养室建设和严格接种操作规范加以限制,外植体消毒失败,则需在了解消毒剂种类、浓度、处理时间以及外植体的带菌状态和外植体取材大小的基础上,有针对性地进行防止与避免。

10.2.2　茎芽增殖的途径

离体快繁经无菌培养的建立和初代培养的启动生长后,进入继代培养和快速增殖阶段。在这一阶段,要求外植体能够大量增殖,并不断分化产生新的丛生苗、不定芽和胚状体。不同植物增殖的途径不同,通常有侧芽增殖(axillary branching)、不定芽增殖(adventitious shoots)和体细胞胚增殖(somaticembryogenesis)3 种。

10.2.2.1　侧芽增殖途径

主要指利用茎尖或侧芽培养而直接获得芽苗或丛芽的方法。高等植物每一片叶子的叶腋部分都有一个或几个腋芽(或侧芽),当进行离体培养时,可以通过加入一定的细胞分裂素来促进它们生长。在有足够的营养时,腋芽会按原来的发育途径,通过顶端分生组织,陆续形成叶原基和侧芽原基。当侧芽发生后它又以相同的方式迅速形成新的叶原基和侧芽原基,从而诱导丛生芽的不断分化与生长,使其在较短时间内通过茎尖或侧芽培养出大量芽苗。

目前,利用侧芽增殖的方法已在草莓、香石竹、唐菖蒲、非洲菊、月季、凤梨、苹果、葡萄、山楂和猕猴桃等植物的离体快繁中得到广泛应用。

10.2.2.2　不定芽增殖途径

除了顶芽及腋芽这些着生位置固定的芽外,其余由根、茎、叶及器官等产生的芽都叫不定芽。自然界中很多植物在特定条件下能产生不定芽,如非洲紫罗兰、秋海棠的叶片,芍药和枣树的根均可扦插产生不定芽。在组织培养条件下,一些在自然条件下不易或不能产生不定芽的器官,也可产生大量不定芽,从而获得再生植株,如一小块非洲紫罗兰的叶片外植体一年中可生产出十万株到百万株试管苗。

离体快繁中不定芽发生途径可分为两类:一类是由外植体直接发生不定芽,如非洲紫罗兰等;另一类是经脱分化形成愈伤组织再发生不定芽,如君子兰、猕猴桃和桉树等。

10.2.2.3　体细胞胚增殖途径

体细胞胚是在离体培养过程中,由外植体或愈伤组织产生的类似合子胚的结构。目前已发现有 43 科 97 属 200 多种通过组织培养产生体细胞胚的植物。

体细胞胚的发生可分为直接体细胞胚发生途径和间接体细胞胚发生途径两种，前者是指从外植体某些部位直接诱导分化出体细胞胚，如白鹤芋花序、百合鳞片等都可以通过直接体细胞胚发生途径再生植株；后者是指外植体先脱分化形成愈伤组织后，再从愈伤组织的某些细胞分化出体细胞胚，如苜蓿、唐菖蒲、仙客来、一品红、满天星和康乃馨等可以通过间接细胞胚发生途径形成体细胞胚，并再生为植株。

10.2.3　影响茎芽增殖的因素

茎芽增殖的速度快，则快繁增殖率高。其增殖速度可用继代培养周期的长短来表示，一般认为 30～45 天比较理想，对于有些植物继代培养的周期可缩短到 20 天。在离体快繁中，常发现由于初代培养的启动生长太慢，不能顺利进入茎芽增殖阶段。影响离体快繁启动生长速度的主要因素有以下几个。

10.2.3.1　植物种类

烟草、非洲紫罗兰等草本植物启动生长的速度非常快，而取自多年生成年木本植物的外植体，如苹果，其启动速度则比较缓慢。

10.2.3.2　外植体的生理状态

当外植体处于活跃的生理状态，如细胞分裂状态、生长状态或幼年状态时，离体快繁时启动速度较快。

10.2.3.3　外植体消毒时受伤害的程度

受消毒剂伤害轻，启动速度快；受消毒剂伤害重，其启动速度慢。因此，在外植体消毒时，用无菌水彻底冲洗是减轻消毒剂毒害的有效方法之一。

10.2.3.4　培养基配方以及激素配比

MS 培养基是植物离体快繁中应用最广泛的一种培养基，通常都用 $0.6\%\sim0.8\%$ 的琼脂固化。在启动阶段，一般选择使用无机盐浓度较低的培养基或者液体培养基，有利培养的建立，如乌饭树的茎芽在 1/4MS 培养基中生长较好；捕虫堇（*Pinguicula vulgaris* L.）进行快繁时，盐的浓度必须减少到 1/5；卡特兰（*Cattleya labiata*）和大多数凤梨科植物只有在液体培养基中才能把培养建立起来。

10.3　植物离体快繁中存在的问题及解决途径

10.3.1　培养物污染

10.3.1.1　病原

污染是指在组培过程中，由于真菌、细菌等微生物的侵染，使培养容器中滋生大量菌斑，导致培养材料不能正常生长和发育的现象。污染带来的危害是多方面的，如导致初代培养失败、降低继代增殖系数、影响培养物生长、加剧玻璃化等。按病原菌不同，可将污染分为细菌污染和真菌污染两大类（表 10-2）。

表 10-2　细菌污染和真菌污染的比较

污染类型	病原菌形态	出现时间	主要症状
细菌污染	杆状或球状	接种后 1～2 天	在培养基表面或材料周围形成黏液或浑浊，多呈乳白色或橙黄色，一些会在培养基中产生气泡
真菌污染	丝状	接种 3 天后	在外植体和培养基表面出现绒毛状、絮状菌落，菌丝初期多为白色，后期形成黑色、蓝色、红色等孢子层

10.3.1.2　污染原因及预防措施

虽然污染的病原主要为细菌和真菌，但引起污染的原因却很多。因此，在组培快繁中要采取严格的预防措施，减少杂菌污染（表 10-3）。

表 10-3　污染发生的原因和预防措施

污染类型	污染原因	预防措施
外植体带菌	外植体表面带菌过多 外植体消毒不彻底 外植体带有内生菌 无菌水、无菌纸灭菌不彻底	选择健壮、无病的外植体，在晴天下午或中午取材 外植体消毒方法要适当 在培养基中加入合适的抗生素 无菌水、无菌纸灭菌要彻底
培养污染	培养环境不清洁 培养室空气湿度过高 培养容器的口径过大 培养室内污染苗过多	培养室要保持清洁，每周喷来苏水消毒 1 次 外人不得随意进入培养室 进入培养室必须穿上干净的工作服 培养室定期通风干燥，湿度不超过 70% 选择口径较小的培养容器 及时挑出污染的材料

10.3.2　褐化

褐化（browning）是指培养材料向培养基中释放褐色物质，导致培养基逐渐变褐，培养材料也随之慢慢变褐甚至死亡的现象。外植体褐化是影响组织培养是否成功的重要因素之一，目前已在许多植物的组培过程中发现材料有褐化现象，尤其是核桃、梨、苹果等木本植物褐化表现明显。

10.3.2.1　褐化的原因

发生褐化是因为植物体内含有较多的酚类化合物，在完整植物体的细胞中，酚类化合物与多酚氧化物分割存在，因此比较稳定。当外植体切割后，切口附近细胞的分割效应被打破，组织中的酚类物质经多酚氧化酶（PPO）氧化后产生棕褐色的醌类物质。褐化产物不仅使外植体、培养基褐变，而且对许多酶有抑制作用，引起其他酶系统失活，导致组织代谢紊乱，从而影响培养材料的生长与分化，严重时甚至导致死亡。

10.3.2.2　影响褐化的因素

（1）植物的基因型　不同植物种类与品种之间的褐化情况存在很大差异。植物材料中单宁类和酚类物质含量高，易引起外植体材料的严重褐化。一般来说，木本植物比草本植物容易发生褐化，多年生草本植物比一年生草本植物容易褐化。

（2）外植体的影响

① 外植体部位　接种不同部位的外植体，其褐化程度也不同。一般幼嫩茎尖比其他部位褐化程度低，木质化程度高的部位褐化现象严重。如荔枝的茎诱导出的愈伤组织褐化频率很低，叶片产生的愈伤组织中度褐化，而根产生的愈伤组织全部褐化；在进行葡萄的组织培养时，发现腋生芽的褐化程度低于顶芽。

② 取材时间　不同的生长季节，植物体内酚类化合物含量和多酚氧化酶的活性不同。试验表明，对于苹果和核桃，早春和秋季取材褐化死亡率最低，夏季取材很容易褐化。

③ 外植体生理状态　一般外植体的老化程度越高，木质素的含量越高，越容易褐化。成龄材料一般均比幼龄材料褐化严重。如用小金海棠、山定子刚长成的实生苗切取茎尖培养，接种后褐化很轻，随着苗龄的增长，褐化逐步加重，而取自成龄树上的茎尖褐化更加严重。

④ 外植体大小　进行枇杷的微茎尖（1mm 以下）培养时，因酚类物质氧化褐化导致培养物死亡，而进行较大的茎尖培养时则褐化现象消失。

⑤ 外植体损伤　外植体切口越大，酚类物质被氧化面积越大，褐化程度也越严重。因此，外植体受损伤程度对褐化产生具有明显的影响，伤口加剧褐化的发生。如仙客来小叶诱导时，整片叶接种较分成多块接种褐化程度要轻。

⑥ 消毒灭菌剂　消毒剂对外植体的伤害也会引起褐化现象。对于不易褐化的种类，用 $HgCl_2$ 消毒后一般不会引起褐化，如用 NaClO 进行消毒则很容易引起褐化发生。

（3）培养基

① 培养基成分　培养基中无机盐浓度过高，会引起酚类物质大量产生，导致褐化。如用 MS 培养基培养油棕（*Elaeis guineensis* Jacq.）外植体易褐化，用降低了无机盐的改良 MS 培养基可获得愈伤组织和胚状体；激素也影响植物材料褐化，6-BA 和 KT 不仅促进酚类化合物合成，还刺激多酚氧化酶的活性，增加褐化程度，而 NAA 和 2,4-D 可延缓多酚合成，从而减轻褐化。

② 培养基 pH　培养基的 pH 会影响植物材料的褐化程度。在水稻体细胞培养中，当 MS 液体培养基 pH 为 4.5～5.0 时，可保持愈伤组织处于良好的生长状态，其表面呈黄白色；当 pH 为 5.5～6.0 时，愈伤组织则严重褐化。

③ 培养基硬度　在云桑（*Morus alba*）的组织培养中，琼脂用量大，培养基硬度大，则褐化率低；随着琼脂用量减少，培养基硬度减小，组织褐化程度加重。

（4）培养条件

① 温度　温度对褐化的发生影响很大。高温能促进酚氧化，培养温度越高褐化越严重，而低温可抑制酚类化合物氧化，降低多酚氧化酶活性，从而减轻褐化发生。在 15～25℃ 培养卡特兰比在 25℃ 以上时褐化程度要轻，在 17℃ 以下培养天竺葵茎尖比在 17～27℃ 褐化要轻。

② 光照　在外植体取材前，如果将材料或母株枝条进行遮光处理，再切取外植体培养，能够有效抑制褐化发生。将接种后的培养材料在黑暗条件下培养，对抑制褐化发生也有一定的效果。遮光抑制褐化的主要原因是因为在氧化过程中的许多反应受酶系统控制，而酶系统活性受光照影响。但是，培养时间过长会降低外植体的生活力，甚至引起死亡。

③ 培养时间　培养时间过长，会引起褐变物的积累，加重对培养材料的伤害。蝴蝶兰、香蕉等随培养时间的延长，褐化程度会加剧，接种材料转接不及时，褐变物的积累甚至会引起培养材料死亡。

10.3.2.3　防止褐化的措施

（1）选择合适的外植体　不同时期和年龄的外植体在培养中褐化的程度不同，选择适当的外植体是克服褐化的重要手段之一。处于旺盛生长状态的外植体，具有较强的分生能力，其褐化程度低。生长在遮阴处的外植体比生长在全光下的外植体褐化率低，腋生枝上的顶芽比其他部位枝的顶芽褐化率低。还应注意外植体的基因型和部位，应选择褐化程度较小的品种和部位作为外植体。

（2）添加褐变抑制剂和吸附剂　在培养基中添加硫代硫酸钠（$Na_2S_2O_3$）、抗坏血酸（维生素C）、PVP等可以减轻外植体的褐化程度；在培养基中添加偏二亚硫酸钠、亚硫酸盐、硫脲等物质可以直接抑制酶的活性，它们与反应中间体直接作用，阻止中间体参与反应形成褐色色素，或者作为还原剂促进醌向酚转变，同时还通过同羧基中间体反应，从而抑制非酶促褐变。柠檬酸、苹果酸和α-酮戊二酸均能显著增强某些还原剂对PPO活性的抑制作用，从而防止褐化发生；活性炭也可以吸附培养物在培养过程中分泌的酚类、醌类物质，从而减轻褐化危害。

（3）对外植体进行处理　对于易褐化的外植体材料进行预处理，可以减轻醌类物质对培养物的毒害作用。外植体经流水处理后，放置在4℃的冰箱中低温处理12～24h，消毒后先接种在只含蔗糖的琼脂培养基中培养5～7天，使组织中的酚类物质先部分渗入培养基中，取出外植体用0.1%漂白粉溶液浸泡10min，再接种到合适的培养基中，褐化现象可以被抑制，如用0.1% 8-羟基喹啉硫酸盐预处理富士苹果、金花梨、金冠茎尖12h，可有效地防止外植体褐化；用PVP预处理甘蔗顶端外植体，获得了防止接种物褐化的良好效果。

（4）筛选合适的培养基和培养条件　培养基的组分如无机盐、蔗糖、激素的水平与组合对褐化发生有一定影响。初期培养在黑暗或弱光下进行，可防止褐化的发生，因为光照会提高PPO的活性，促进多酚类物质氧化。采用液体培养基纸桥培养，可使外植体溢出的有毒物质很快扩散到液体培养基中，效果较好。还要注意培养温度不能过高。

（5）加快继代转接速度　对易发生褐化的植物，在外植体接种后1～2天立即转接到新鲜培养基上，可减轻酚类物质对培养基的毒害作用，连续转接5～6次可基本解决外植体的褐化问题。

10.3.3　玻璃化

玻璃化是指组织培养苗呈半透明状，外观形态异常的现象。玻璃化是试管苗的一种生理失调症状，表现为试管苗茎叶呈透明、海绿色、水浸透明或半透明等现象，出现玻璃化的茎叶表面缺少角质层蜡质，仅有海绵组织，没有功能性气孔，导致细胞丧失持水能力，细胞内水分大量外渗，增加了植株水分的散发和蒸腾，容易引起植株死亡。在苹果、梨、石竹、菊花、月季等的组织培养快繁中均有玻璃化现象发生，已报道出现玻璃化苗的植物近百种。通过延长培养期，玻璃化试管苗偶尔恢复正常，也可通过诱导形成愈伤组织后重新分化成正常苗，但通常玻璃化试管苗恢复正常的比例很低，继代培养中仍然形成玻璃化苗，且玻璃化苗的分化能力较低，生根成苗困难，移栽成活率低。

10.3.3.1　玻璃化苗发生的原因

玻璃化苗是在芽分化启动后的生长过程中，由于碳水化合物、氮代谢和水分状态等发生生理性异常所引起，其实质是植物细胞分裂与体积增大的速度超过了干物质生产与累积的速度，植物细胞含有大量水分，从而表现玻璃化。玻璃化苗绝大多数来自茎尖或茎切断培养物的不定芽，仅极少数玻璃化苗来自愈伤组织的再生芽，已经成长的组织、器官不可能再玻璃化。已玻璃化的组培苗，随着培养物和培养环境在培养过程中的变化有可能逆转，亦可以通过诱导组织形成而再生成正常苗。

10.3.3.2　影响玻璃化苗发生的因素

（1）培养基成分　培养基中琼脂和蔗糖浓度与试管苗玻璃化程度呈负相关，即琼脂或蔗糖的浓度越高，试管苗的玻璃化程度越低。增加琼脂用量可降低容器内湿度，随琼脂浓度的增加，玻璃化苗明显减少。但培养基太硬，影响养分的吸收，使试管苗的生长速度减慢。培养基中氮含量尤其是 NH_4^+ 含量越高，越易导致玻璃化发生。如在 MS 培养基中减少 3/4 NH_4NO_3 或除去 NH_4NO_3，能显著减少月季玻璃化苗的发生；月季品种'杨基歌'和'黄和平'在完全去除 NH_4NO_3 的培养基上未出现玻璃化苗。

（2）生长调节剂浓度及比例　细胞分裂素和生长素的浓度及其比例均影响玻璃化苗产生。高浓度的细胞分裂素有利于促进芽的分化，也会使玻璃化苗的发生比例提高。如细胞分裂素与生长素的比例失调，细胞分裂素的含量显著高于二者之间的适宜比例，使组培苗正常生长所需的生长调节剂水平失衡，也会导致玻璃化苗发生。但不同植物发生玻璃化的生长调节剂水平不同。

（3）培养条件

① 温度　培养温度与玻璃化程度呈正相关，即温度越高，玻璃化程度越高。一般随着培养温度升高，试管苗的生长速度明显加快，但高温达到一定限度后，会对试管苗的生长和代谢产生不良影响，促进玻璃化的发生。变温培养时，温度变化幅度大，温度忽高忽低容易在瓶内形成小水滴，增加容器内湿度，提高玻璃化苗发生率。

② 湿度　瓶内湿度与通气条件密切相关，使用有透气孔的膜或通气较好的滤纸、牛皮纸封口时，通过气体交换，瓶内湿度降低，玻璃化苗发生率减少。相反，如果不用透气的瓶盖、封口膜、锡箔纸封口时，不利于气体的交换，在不透气的高湿条件下，试管苗的长势快，但玻璃化的发生频率也相对较高。一般来说，在单位体积内培养的材料越多，试管苗的长势越快，玻璃化发生的频率越高。

③ 光照　光照影响植物的光合作用和糖类的合成，当光照不足时，再加上高温影响，易引起试管苗的过度生长，从而加速玻璃化发生。

10.3.3.3　防止玻璃化苗发生的措施

（1）提高培养基中琼脂和蔗糖的浓度　适当提高培养基中琼脂的含量，可降低培养基的供水能力，进而减少玻璃化苗。如将琼脂浓度提高到 1.1% 时，洋蓟（*Cynara scolymus* L.）的玻璃化苗可完全消失；适当提高培养基中蔗糖的含量，可降低培养基中的渗透势，减少外植体从培养基获得过多的水分，从而降低玻璃化苗的发生率。

（2）控制培养基中无机营养成分，减少培养基中的氮素含量　大多数植物在 MS 培养基上生长良好，玻璃化苗的比例较低，主要是由于 MS 培养基的硝态氮、钙、锌、锰的含量较高的缘故。适当增加培养基中的钙、锌、锰、钾、铁、铜、镁的含量，降低氮和氯元素的比例，特别是降低铵态氮浓度，提高硝态氮浓度，可减少玻璃化苗的比例。

（3）降低细胞分裂素和 GA 的浓度　细胞分裂素和 GA 可以促进芽的分化，为了防止玻璃化现象，应适当减少其用量或增加生长素的比例。在继代培养时，要逐步减少细胞分裂素含量。

（4）增加光照强度，控制光照时间　在实验室中，玻璃化苗放在自然光下几天后，茎、叶变红，玻璃化逐渐消失。这是因为自然光中的紫外线能促进组培苗成熟，加快木质化；光照时间不宜过长，大多数植物以 8~12h 为宜，光照强度 1000~1800lx 即可满足植物生长的要求。

（5）控制培养温度　培养温度要适宜植物的正常生长发育。培养室的温度过低，应采取增温措施。一般热击处理可防止玻璃化的发生。如用 40℃热击处理瑞香（*Daphne odora* Thunb*）愈伤组织，培养物完全消除其再生苗的玻璃化，同时还能提高愈伤组织芽的分化频率。

（6）改善培养器皿的通风条件　使用棉塞、滤纸片或通气好的封口膜封口，降低瓶内湿度以及乙烯含量，增加容器通风，改善空气交换状况，可有效防止玻璃化苗发生。

（7）添加其他物质　在培养基中加入一些添加物或抗生素，可有效减轻或防止试管苗玻璃化发生。如添加马铃薯提取液可降低油菜玻璃化苗发生频率；用 0.5mg/L 多效唑或 10mg/L 矮壮素，可减少重瓣石竹试管苗玻璃化的发生；青霉素 G 钾可防止菊花试管苗玻璃化发生。

10.3.4　性状变异

自然芽发生的频率一般为 10^{-6} 左右。由于自然芽体较大，变异发生后，会由于层间取代等原因，变异细胞被正常细胞取代，因而表现出来的会更少。在组培条件下，会出现体细胞变异（somaclonal variation），变异发生的频率因繁殖材料不同而异。使用原生质体、单细胞进行培养，变异频率较高，最高可达 90%；使用茎芽、茎段进行培养，变异频率较低，大约为 10^{-5}；使用愈伤组织进行培养，变异频率则介于两者之间。

在自然条件下无性繁殖的速度较慢，突变体繁殖数量少，影响较小。但在离体快繁过程中，由于繁殖速度快，以年生产百万级的速度繁殖，变异培养物很容易表现出来，而且随着继代培养代数的增加，变异试管苗有可能被大量繁殖，容易造成繁殖群体商品性状不一致，从而影响离体快繁植株的商业应用。为了减轻体细胞变异对离体快繁的商业化影响，应尽可能使用以茎尖、茎段为外植体的离体快繁方式。同时，对于已成功建立的无菌培养材料使用有限繁殖代数，定期从原植株上采集新的外植体以更换长期继代的无菌培养材料。

10.3.5　黄化

黄化是指试管苗整株失绿、部分或全部叶片黄化、斑驳的现象，此现象在组培中常见。培养基中铁元素含量不足、激素配比不当、糖分不足或已耗尽，培养条件温度不适、光照不足、通气不良、培养基中抗生素使用不当等都会引起试管苗黄化。因此，必须检查培养基成分是否正确，控制好培养室温度和光照，改善组培瓶内通气情况，减少抗生素的使用。

10.4　植物无糖离体快繁技术

10.4.1　植物无糖组织培养的概念

植物无糖组培快繁技术（sugar-free micropropagation）又称为光自养微繁殖技术（photoautotrophic micropropagation），是指在植物组织培养中改变碳源的种类，以 CO_2 代替糖作为植物体的碳源，通过输入 CO_2 气体作为碳源，并控制影响试管苗生长发育的环境因子，促进植株光合作用，使试管苗由兼养型转变为自养型，进而生产优质种苗的一种新的植物微繁殖技术。

10.4.2　植物无糖组织培养技术

植物无糖组培技术概念是在 1980 年提出的，其技术发明人是日本千叶大学的古在丰树教授。20 世纪 90 年代以后，这一技术成为植物微繁殖研究的新领域，受到广泛的关注，无糖组织培养技术也在各国开始得到推广应用。特别是近几年来，从事这一技术领域研究的科技人员越来越多，技术也逐渐成熟，并开始应用于植物微繁殖工厂化生产。

植物无糖组织培养技术是由传统的培养技术经过改进、演变而来，两者在适宜外植体的选取、消毒、接种及培养等方面具有很多相似之处。但无糖组织培养更加注意环境条件对离体培养的影响以及再生苗的自养能力。一般来说，植物无糖组织培养技术主要包括环境调控、光独立营养培养和驯化移栽三个方面。

10.4.2.1 环境控制

(1) 无糖培养室的设计　常规的植物组织培养的培养室有门窗，属于半开放型，可充分利用自然光。无糖培养室采用了闭锁型，窗口全封闭，门也尽可能密封；墙内加入保温材料，墙面光滑，防潮反光性好；便于清洁灭菌，进行全方位的人工环境控制，不受天气变化带来的温度、湿度、气体浓度变化等外界环境干扰；有效地防止病菌、微生物进入，为植物工厂化周年生产提供较佳条件。闭锁型苗生能有效地降低空调的耗电量，对整个培养室的种苗生产量和运行成本能进行有效的控制和核算。

(2) 无糖培养的容器　在常规的植物培养中，培养基中有糖分存在，为防止微生物污染，一般采用小的培养容器。容器中植株生长在高湿度、低光照强度、稀薄的 CO_2 浓度的条件下，且培养基中高浓度的糖和盐以及植物生长调节剂，有毒物质的累积等，常降低植物的蒸发率、光合能力、水和营养的吸收率；而植物的暗呼吸却很高，导致植株生长细弱瘦小。而无糖培养可以使用各种类型的培养容器，小至试管，大至培养室。昆明市环境科学研究所研发了一种大型的培养容器，用有机玻璃制作，尺寸是根据日光灯管的长度和培养架的宽度来确定，可放在培养架上多层立体培养，能有效地利用光源和培养室面积，进一步降低能耗、投资和运行成本。

(3) 无糖培养室的 CO_2 供给系统　在常规植物组织培养系统中，蔗糖、果糖、葡萄糖和山梨糖等糖类物质是组织培养苗异养生长不可或缺的碳水化合物来源，但在培养基中的糖会降低组织培养苗的光合速率，具有消极作用。无糖组培技术以 CO_2 代替糖作为培养基中植物体的碳源，研究发现，在同时输入 CO_2 的条件下，无糖培养的光合速率是有糖培养的 $3\sim8$ 倍，植株干重迅速增加，有助于减少培养基中由于微生物污染造成的组织培养苗损失，避免由于植株生长调节剂的使用造成的部分组织培养苗生长发育异常。

用 CO_2 代替糖作为培养基中植物体的碳源，单靠容器内存留的 CO_2 远远不能满足植株生长的需求，需要人工输入 CO_2。CO_2 输入的方式有两种：一种是自然换气，培养室的空气通过培养容器的微小缝隙或透气孔进行培养容器内外空气的交换；另一种是强制性换气，利用机械力的作用进行培养容器内气体的交换。在强制性换气条件下生长的植株，一般都比自然换气条件下生长状况好。

国内现在较为成熟的 CO_2 输入系统是箱式无糖培养系统和强制性管道供气系统（图 10-1）。供气系统由 CO_2 源、混合配气装置、消毒、干燥、强制性供气系统、供气管道等构成。该系统适合于工厂化生产，CO_2 浓度、混配气体的构成、气体的流速、气体的灭菌都容易控制。根据培养的植物种类、生长状况以及培养的周期可调节 CO_2 混合气体的输入次数、流速和浓度等。该系统成功应用于非洲菊、康乃馨、满天星、勿忘我、彩色马蹄莲、洋桔梗、草莓、马铃薯等多种植株的生产中，并开展了年 50 万株商品苗的技术示范。

(4) 提高光能利用率的发光设施　传统培养技术采用三角瓶作为培养容器，日光灯集中固定在培养架上，虽然日光灯基本符合培养的要求，但培养容器透光性差、反光强，很多光不能直接照射到植株上，而是反射到培养室的墙壁，因此光能利用率低。无糖组织培养采用透光性

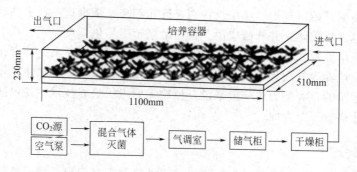

图 10-1　箱式无糖培养系统

好的材料制成的容器，如 PVC 透明软板、玻璃钢波纹板等，并在培养室内增挂反光膜等设备，可最大限度地把光能集中用于植株上，显著提高了光能利用率。据测定，2 支不设置反光设施的日光灯，光照强度为 2200lx，增加反光设备后为 3000lx；4 支不设置反光设备的日光灯，光照强度为 4300lx，增加反光设备后为 6500lx，光能利用率提高了 50%。

10.4.2.2　光独立营养培养

（1）除去培养基中的糖，导入大型培养容器　无糖组织培养除培养基中不含有糖外，培养的植物材料需转入大型容器中进行培养。人们通过自动化、智能化装置实时调控容器中的 CO_2 浓度、光照强度、气体等环境因素。常规的植物组培中，琼脂通常被用作组培苗的培养基质，但植株的根系在琼脂中发育一般瘦小且脆弱，移栽时容易损坏。在大型培养容器中，无糖培养主要采用塑料泡沫、蛭石、珍珠岩、岩棉、陶粒、纤维素等无机材料，这些材料透气性好，有利于试管苗对培养基中营养成分的吸收，且不易变质、价格低廉、可重复利用，极大地降低了生产成本。

（2）调节培养器内的 CO_2 浓度　无糖组织培养利用小叶片也能进行光合作用这一事实为基础，通过提高 CO_2 浓度、增强光照、适当降低温度等措施，为植株提供接近自然的生长环境，使植株能实现自养生长。一般来说，CO_2 浓度与植株的多种形态特征及生理代谢过程有关，增加 CO_2 浓度不但可以促进组培苗对氮的吸收，加速植株的生长，还可以促进叶片、节间和腋芽的生长发育，更能促进含有卷须模式的成熟形态的生长，在较高的 CO_2 浓度条件下，组织培养苗叶片较大、茎节粗壮且根系发达。对菊花组培苗生长发育和光合自养能力的研究发现，向培养容器中增施 CO_2 后，组培苗的株高和节间距比培养基中含有糖且没有增施 CO_2 的要小，且同样在培养基中无糖条件下，增施 CO_2 的组培苗在叶片数、株高、鲜重、干重、叶面积等生长指标方面显著高于没有增施 CO_2 的组培苗，这不仅说明增施 CO_2 可以抑制组培苗徒长，缩短节间距，提高繁殖系数，还说明在无糖条件下，CO_2 同化为光合产物的富集现象的自养过程要比光合兼养过程中显著。因此，增施 CO_2 和加强光照可以大大提高组培苗的光合能力。

（3）提高光照强度　通常光照对植物细胞、组织、器官的生长和分化具有很大的影响，研究表明，当 CO_2 浓度达到 16.1mg/L 以上时，光照才会对植株的生长起到明显的促进作用。在确保 CO_2 浓度的前提下，光照强度、光质、光照时间、光照角度均会对组培苗的光合作用形态建成产生影响。对生菜光合作用与 CO_2 浓度关系的研究表明，提高光照强度可增大组培苗的净光合速率。当每天的光能量累积增多时，生菜的气孔阻抗和叶肉 CO_2 浓度上升，CO_2 吸收速度下降。因此，进行低光强的连续光照和高光强的间歇光照有利于提高植株的光能利用率。对于大容器的植物来说，延长光照时间，并保持高光强和高 CO_2，可使植物快速生长，而不会降低光能利用率。

（4）调节培养容器内的相对湿度　在组培中，如果培养环境湿度过低，培养基水分容易散失，会改变渗透压，从而影响培养材料的脱分化和器官发生；相反，湿度过高会引起组培苗生长异常，叶片成玻璃化，蜡质层发育不良，气孔开闭机能不健全，植株矮小、失绿，很难继续进行继代培养和增殖，移栽后很难成活。由于无糖培养技术可在大型容器中进行，空气流动频繁，因此培养环境湿度变化较大，一般要求相对湿度保持在 $70\% \sim 80\%$，以保证组培苗能够正常生长，增强植株对湿度波动的适应能力。古在丰树等研究表明，无糖培养在黑暗条件下进行变温处理，并适当降低相对湿度，可显著提高组培苗的质量。

（5）加入植物生长调节剂　在无糖组织培养中，由于植株生长健壮，在生根培养阶段，加入生长调节剂或不加入生长调节剂对生根率无显著影响，但在增殖阶段，由于初期外植体叶面积较小，需加入细胞分裂素以促进细胞分裂。

10.4.2.3　驯化移栽

组织培养技术应用于生产实践面临一个重大的问题，即组培苗需要经历一个逐渐适应自然环境驯化炼苗的过程。传统的炼苗方法是在罩有遮阳网的塑料薄膜大棚或温室中进行，可有效抑制水分损失和根系吸收能力不强引起的死苗现象，但这种措施抑制了组培苗的光合作用，驯化期间仍有 $20\% \sim 50\%$ 的组培苗枯萎死亡。无糖培养技术通过开放式培养改善了植株正常生长所需的环境条件，使植株能在一种更加接近自然的环境中生长，因此组培苗的各项生理形态指标与自然移栽植株较为接近，从而增强了植株对外界环境的适应能力，也增强了植株的光合能力，驯化成活率明显提高，因此组培苗驯化过程得以简化甚至被忽略，可直接将组培苗定植到大田，使得驯化周期显著缩短，降低了生产成本。古在丰树等开发了一套驯化方法和驯化设备，用这种装置和方法驯化的草莓（*Fragaria* × *ananassa* Duch.）死苗率仅为 3.5%，而传统方法则高达 20.3%。此外，在芋头（*Colocasia esculenta*）、非洲菊（*Gerbera jamesonii* Bolus）、姜（*Zingiber officinale* Rosc.）、补血草（*Limonium sinense*）等组培苗驯化中，植株生长旺盛，成活率显著增加。

10.4.3　影响植物无糖培养的因素

在植物无糖组织培养中，容器内外空气交换、培养基种类、植物激素配比、培养环境湿度和温度、CO_2 浓度与光照强度等因子共同构成了试管苗生长的微环境，极大地影响着植株的光合能力、种苗品质和培养周期，从而直接关系到离体快繁的生产成本。

10.4.3.1　气体交换

在组织培养中，培养容器内的气体成分影响培养材料的生长与分化。由于容器内外空气是流通的，一般来说，容器中的气体浓度会随不同植株基因型、培养基种类以及容器外的空气浓度而变化。衡量培养容器气体交换是否良好的指标是每小时空气交换次数。科学家发现，培养容器的空气换气次数可以影响容器内的气体、培养基和试管苗间的协同关系，严重影响植株的生长发育和品质，在植物的生长发育中起着重要的作用。容器内的湿度依赖于培养容器的换气次数，如果培养容器换气次数少，则容器中的湿度高，它能抑制蒸发，导致叶片发育异常，产生玻璃化。增加换气次数也能提高容器中空气的流通速度。容器周围的气流速度、容器的大小和形状、容器内的植株及培养基表面的温度对气体吸收有影响。容器外的环境能间接地或直接地影响容器内的环境，即容器内的环境可以通过气体交换直接和外界环境相联系，外部环境间接地影响到容器内的环境。外部环境对内部环境影响的程度，依赖于两环境间气体的交换。换句话说，容器的换气次数决定容器内外气体的交换，影响容器的内部环境，从而影响植株的生长发育。

10.4.3.2　CO_2 浓度与光照强度的相关性

在自然界，植株靠吸收 CO_2 和光能进行光合作用，所产生的各种糖类物质直接参与植物的生理生化活动和能量代谢。因此，通过提高 CO_2 浓度和加强光照可以提高植株的净光合速率，促进植株的生长和发育，在兼顾促进植物生长发育和生产成本的前提下，对不同植物、不同的光照强度和 CO_2 浓度进行研究发现，当外植体含有叶绿素时，外植体自身具有光合能力。在光照期间，通过封口膜进行自然换气，CO_2 的供给会出现不足，会显著影响植株的光合作用，而利用通风装置进行强制性换气，把 CO_2 输入到大型的培养容器中，可以充分保证植株对 CO_2 的需求，显著促进植物的生长发育。在常规的组织培养技术中，植株被迫进行异养和兼养，在低 CO_2 浓度下，提高光照强度可增加植株的净光合速率，加快植株生长发育，缩短组培苗的培养周期。CO_2 浓度和光照强度是植物进行光合作用的两个重要因素。研究认为，在 5000～6000lx 的光照条件下，C_3 植物的 CO_2 浓度以 294mg/m³ 为宜；在 5000～8000lx 的光照条件下，C_4 植物以 392～588mg/m³ 为宜。

10.4.3.3　培养基质

培养基是植物组织培养的关键，它的种类和成分会直接影响培养材料的生长发育。琼脂是植物培养中常用的固化剂，在常温下固化形成固体培养基，可起到较好的保持水分和支撑培养材料的作用。但是如果培养基中琼脂浓度过高，培养基会变硬，营养物质就很难被培养材料吸收，而且组培苗的根系在琼脂中的发育一般瘦小且脆弱，对土壤中养分的吸收功能很弱，当进行驯化移栽时很容易被损坏。在无糖组织培养中，可以完全去除琼脂，而将疏松多孔的无机材料用作培养基质，这不仅有利于促进小植株生长，还可以重复使用。

10.4.3.4　植物激素

植物激素是植物组织培养中不可缺少的关键物质，它们的用量虽少，但对外植体愈伤组织的诱导和根、芽等器官的分化起着明显且重要的调节作用。一般植物体内自身合成的天然激素很少，在很低的浓度时，就能对植株生长发育起到调节作用。在无糖组织培养分化增殖阶段，由于初期外植体叶面积较小，植物激素就显得较为贫乏，必须加入细胞分裂素以促进植物细胞的分裂；在生根培养阶段，植物生长越来越健壮，是否添加生长素对植株的生根率没有显著的影响。

10.4.4　无糖组织培养技术的局限性

无糖组织培养技术使得生产种苗的技术和设备集成度大为提高，缩短了工艺流程，在一定程度上节省了人力、物力和土地，降低了组织培养操作技术难度和劳动强度。但现有的无糖组织培养技术在组织培养苗的生产中仍存在一定的局限性，主要表现如下。

① 无糖组织培养技术的应用需要闭锁性较好的培养室及专用的培养装置，培养室改造及相关设备的安全投资较高，前期投入较大。

② 箱式培养容器相对密闭，不易调控温度。在箱式培养的初期，为了保持培养容器的相对无菌性，在大多数情况下不宜打开容器。但在实际操作中，种苗的不同生长阶段需人工进行温度、湿度的调控，现有的无糖培养设施尚缺乏相关设备，苗期管理不便。

③ 培养容器的面积有限，在一个培养周期内，一个培养箱最多成苗 500~2000 株，一个 28m² 的无糖培养室一个月最多可生产种苗 10 万株，难以适应产业化生产。室内培养空间有限，植株在培养苗盘内采用密植的方式，培养 20 天左右生根后，需进行移栽。

④ 利用箱式培养容器开展无糖组织培养，主要是针对植物组织培养快繁阶段进行的环境调控，因此，在技术操作过程中，强调培养容器、培养基质、操作器具、通入气体及培养容器外界环境的无菌要求，但隔离操作规程较为烦琐。

10.5 不同植物的离体快繁技术

10.5.1 大田作物离体快繁技术

10.5.1.1 马铃薯快繁技术

马铃薯（*Solanum tuberosuml*）属茄科（Solanaceae）茄属（*Solanum*）植物，是一种全球性的重要作物，其在我国分布也很广泛，种植面积占世界第二位。由于其生长周期短，产量高，适应性广，营养丰富，又耐贮藏运输，因而成为高寒冷凉地区的重要粮食作物之一，也是一种调节市场供应的重要蔬菜。马铃薯是大田作物应用离体快繁技术最成功的作物之一。传统上马铃薯用块茎无性繁殖方法进行栽培，用种量大，且容易感染病毒病，引起良种种性退化，产量和品质降低。采用组织培养技术，通过一定的良种繁殖体系，生产优质种薯，是保证马铃薯高产的一项有效措施。

（1）培养基 初代培养培养基有 MS+6-BA 1.0mg/L+IAA 1.0mg/L+琼脂 5.5g/L 和 MS 无激素培养基+琼脂 5.5g/L；快速增殖培养基有 MS+6-BA 1.0mg/L+NAA 0.5mg/L+琼脂 5.5g/L；微型薯生产培养基采用 MS 固体培养基或 MS 液体培养基，激素和蔗糖用量分别为 6-BA 0.5~5.0mg/L 和 8%~12%。

（2）马铃薯脱毒苗生产 从 20 世纪 70 年代开始，利用茎尖分生组织离体培养技术对已感染的良种进行脱毒处理，并在离体条件下生产微型薯和在保护条件下生产小薯再扩大繁育脱毒薯，对马铃薯增产效果极为显著。把茎尖脱毒技术和有效留种技术相结合，建立合理的良种繁育体系，是全面快速提高马铃薯产量和质量的有力保证。

① 材料选择与消毒 在生长季节，可从大田取材，顶芽和腋芽都能利用，顶芽和茎尖生长要比取自腋芽的快，成活率也高。一般直接从大田采下的顶芽或腋芽，接种时污染率高。为了容易获得无菌的茎尖，应把供试植株种在无菌的盆土中，放在温室进行栽培。对于田间种植的材料，还可以切取插条在实验室的营养液中生长，2~3 周后除去顶芽，促进腋芽生长。当腋芽长至 1~2cm 时，剪取腋芽灭菌，剥离茎尖接种。外植体消毒的方法是将顶芽或侧芽连同部分叶柄和茎段一起放在 2% NaClO 溶液中处理 5~10min，或先用 70%酒精处理 30s，再用 10%漂白粉溶液浸泡 5~10min，然后用无菌水冲洗 2~3 次。

② 茎尖剥离与接种 将消毒好的茎尖放在 10~40 倍的解剖镜下进行剥离，一手用镊子将茎芽按住，另一手用解剖针将幼叶和大的叶原基剥离，直至露出圆亮的生长点。用解剖刀切下带有 1~2 个叶原基的小茎尖，迅速接种到培养基上。

③ 茎尖培养 MS、MA、Miller 是马铃薯茎尖培养的基本培养基，添加少量（0.1~0.5mg/L）的激素（GA_3、NAA）或生长素与细胞分裂素（6-BA）配合使用，能显著促进茎尖的生长发育。少量的 GA 类物质（0.8mg/L），在培养前期有利于茎尖成活和伸长，但如果浓度过高或使用时间较长会产生不利影响，使茎尖不易转绿，最后叶原基迅速伸长，生长点并不生长，整个茎尖变褐而死。茎尖培养期间，一般要求培养温度（25±2）℃，光照强度前 4 周

为 1000lx，4 周后增加至 2000lx，茎尖长至 1cm 后为 3000lx，光照时间 16h/d。

（3）马铃薯离体快繁　经病毒检测的马铃薯无病毒试管苗，可作为离体快繁的材料。其方法是将高度超过 5cm 的试管苗，在超净工作台上分割成 1cm 左右的茎段，接种在快速增殖培养基上，温度控制在 25℃ 左右，光照强度 2000lx，光照时间 16h/d，30 天左右转接一次。

10.5.1.2　甘薯快繁技术

番薯（*Ipomoea batatas*），又名甘薯、红薯、地瓜等，为旋花科（Convolvulaceae）番薯属（*Ipomoea*）一年生草本植物，原产热带美洲。甘薯是遗传高度杂合、自交不亲和的无性繁殖作物，传统上利用块根进行繁殖，但薯块体积大、含水量高、易受病毒侵染，导致甘薯的产量和品质降低，而有性杂交等育种方法实施困难、局限性大。因此，利用组织培养快繁技术对甘薯种质资源保存、优质种苗生产和新品种培育工作具有重要的意义。

（1）外植体的选择与消毒　甘薯组培快繁多以茎尖为外植体。先对甘薯的薯块进行催芽，取其顶端部分 3cm 左右，剪去多余的叶片，用流水清洗干净。在无菌条件下，将洗净的顶端用 70% 酒精浸泡 10~30s，再用 0.1% $HgCl_2$ 消毒 5~10min 或 2% NaClO 消毒 8~10min，以无菌水冲洗 3~5 次，在解剖镜下切取带 1~2 个叶原基、长 0.2~0.5mm 的茎尖进行接种。

（2）试管苗的培养　将含有叶原基的茎尖接种在 MS+6-BA 0.1mg/L+IAA 0.2mg/L 培养基上进行培养，待茎尖生长变绿并产生愈伤组织后，转接到 1/2MS+GA_3 0.5mg/L 培养基中，使其进一步分化成苗；将分化的芽苗转移到 1/2MS+IBA 0.5mg/L+GA_3 0.4mg/L 生根培养基中进行生根培养，3 天后茎尖开始膨大，6 天后出现新根，8~10 天后达到生根高峰，15 天后根达到 3~4 条。培养条件为温度 (25±2)℃，光照强度 1500~2000lx，光照时间 12~16h/d。

（3）炼苗移栽　当试管苗长至 3~4cm，具有 4~5 片叶时，即可在温室中进行炼苗，7 天后取出小苗，将根部培养基清洗干净，可移栽到基质中，浇透水，注意覆盖塑料薄膜保温保湿，待有新根生成便可移栽到大田。

10.5.2　园艺植物离体快繁技术

10.5.2.1　果树快繁技术

（1）苹果快繁技术　苹果（*Malus pumila*）属蔷薇科（Rosaceae）苹果属（*Malus*）木本植物，全世界约有 35 种，原产我国的有 23 种。苹果一直采用压条、分株和扦插等方法繁殖营养系砧木，用嫁接方法繁殖苹果品种，这些方法需要繁殖材料多，繁殖速度慢，无法彻底解决病毒感染问题。自 20 世纪 70 年代以来，苹果茎尖培养技术日趋成熟，并取得较大的突破，并在无毒苗生产、矮化砧木和优良品种快繁等方面得到广泛应用，为苹果品种改良和新品种繁育提供了一条高效途径。

① 外植体的选择与消毒

a. 茎尖、茎段　茎尖和茎段是苹果快繁中常用的外植体。茎尖一般在早春叶芽刚萌动或长出 1~1.5cm 嫩茎时剥取，长度 0.5~2.0mm；茎段在春季新梢长至 40~50cm 时，用末端木质化或半木质化部分。茎尖培养的枝条，芽萌动时剥取外鳞片，用抽生的新梢直接消毒；茎段培养枝条剪成带单芽的茎段消毒，其具体消毒的方法是：用 70% 酒精浸泡 10~20s，再用 0.1% $HgCl_2$+0.1% Tween-20 消毒 8~15min（视生理状态而异），用无菌水冲洗 3~5 次备用。也可对休眠枝条在 20~25℃ 条件下水培催芽，待萌动后再剥取茎尖接种。

b. 叶片　剪取试管苗生长健壮、完全展开的整片幼叶，置于无菌纸上，用解剖刀在叶背横划几刀，不切断叶片，背面平放在培养基上；也可用田间或温室中材料，剪取枝条中上部完整叶片，用流水冲洗尘土，用洗洁精浸泡 10min，流水冲 30min，再用 0.1% HgCl$_2$＋0.1% Tween-80 消毒 6～8min，以无菌水冲洗 3～5 次后，将叶片剪成 0.5～1cm^2 方块接种。

② 试管苗的培养 茎尖接种到 MS＋6-BA 2.0mg/L 初代培养基上，培养 7 天后，茎尖开始膨大，然后分化出丛生芽；茎段接种到 MS＋6-BA 0.5～1.5mg/L＋NAA 0.01～0.05mg/L 培养基上，7 天左右芽开始萌动，然后形成新的幼茎；叶片用 MS＋6-BA 3.0～4.0mg/L＋NAA 0.1～0.5mg/L＋KT 0.3～0.5mg/L 培养基培养，首先在叶基或叶块基部中脉处形成愈伤组织，继而再生出芽或直接在伤口处分化丛生芽。将初代培养形成的芽，转移到 MS＋6-BA 0.5～1.0mg/L＋NAA 0.05～1.0mg/L 培养基进行丛生芽诱导或芽伸长生长。丛生芽诱导时，6-BA 浓度越高，芽形成数量越多，但有效芽越少，且容易形成玻璃化苗。试管苗长至 2～3cm 时，转移到 MS＋IBA 0.5～1.0mg/L＋NAA 0.05mg/L 培养基中进行根诱导，10 天左右出现根原基，20～30 天根生长到炼苗移栽所需长度。培养条件除初代培养的叶片进行暗培养 1～15 天外，其他均在温度（25±2）℃、光照强度 1000～2000lx、光照时间 10～14h/d 条件下培养。

③ 炼苗移栽 生根培养 20～30 天，选择具有 3 条根以上、根长 1cm 左右、叶大、浓绿、幼茎粗壮、发育充实的试管苗进行炼苗。将培养瓶转移到日光温室内，直射光下 20 天不打开瓶盖，然后再打开培养瓶盖 3～5 天，取出试管苗，洗去根部培养基，移栽至疏松透气的基质中。移栽后覆盖塑料膜小拱棚，注意保湿、保温和遮阳，待长出新叶和新根后，去除小拱棚，长到 10cm 左右时即可移栽到大田。

(2) 葡萄快繁技术 葡萄（*Vitis vinifera*）为葡萄科（Vitaceae）葡萄属（*Vitis*）落叶藤本植物，原产亚洲西部，现世界各地均有栽培。葡萄传统繁殖方法为扦插、嫁接和压条，其繁殖速度慢、病毒易积累，长期会导致品种严重退化。目前，组织培养技术已在葡萄的种质资源保存、育种、生产等方面得到广泛应用。

① 外植体的选择与消毒

a. 茎段 选取健康植物嫩梢上部的茎段，去掉叶片，用流水冲洗 2～3 次。在无菌条件下，用 70% 酒精消毒 20～30s，再用 0.1% HgCl$_2$ 消毒 5～10min，以无菌水冲洗 3～5 次。将经过消毒处理的茎段剪成 1～2cm 单芽茎段，接种到培养基上进行培养。

b. 茎尖 选取一年生枝条，用流水冲洗 30min。在无菌条件下，剪取 5～6cm 单芽茎段，用 70% 酒精消毒 20～30s，以 0.1% HgCl$_2$ 消毒 5～6min，再用无菌水冲洗 3～5 次，在解剖镜下剥去鳞片和幼叶，用刀切下含有 1～2 个叶原基、长 0.2～0.5mm 的生长点，接种到培养基上。

② 试管苗的培养 将茎尖接种在 1/2MS＋6-BA 1.0mg/L＋NAA 0.2mg/L＋KT 1.0mg/L 培养基上进行培养，30 天左右，茎尖膨大变绿并分化出大量丛生芽；将丛生芽转接到 B$_5$＋6-BA 0.5mg/L＋IAA 0.5mg/L＋KT 0.5mg/L 培养基上进行丛生芽伸长培养；当试管苗长到 2～3cm 时，即可移栽到 1/2MS 生根培养基中进行生根培养，7～15 天开始生根，30 天左右即可形成发达的根系，生根率达到 90% 以上。

③ 炼苗移栽 当试管苗长到 6～7cm、具有 3～5 条根时，即可进行炼苗移栽。葡萄试管苗移栽成活比较困难，移栽前必须进行驯化。一般将培养瓶转入温室，去掉瓶塞，在自然光下炼苗 5～7 天后，再把试管苗从瓶内取出，洗净根部培养基，栽入基质中，盖上塑料薄膜，置于散射光下，炼苗 15 天后揭开塑料薄膜，当幼苗开始长出新叶和新根，即可移栽到大田。

10.5.2.2 蔬菜快繁技术

(1) 蒜快繁技术 蒜（*Allium sativum*）为石蒜科（Amarylidaceae）葱属（*Allium*）草

本植物，原产西亚和中亚。蒜是一种花粉败育型蔬菜，生产上主要用无性繁殖方式进行繁殖，由于病毒侵染、传代等问题导致品种种性退化，造成产量和品质严重下降。自 1973 年对蒜愈伤组织芽的形成进行研究后，科学家们已相继在蒜愈伤组织培养和植株再生方面取得不少研究成果。

① 外植体的选择与消毒　经过病毒检测后不含病毒的脱毒苗可作为种苗进行快繁。蒜快繁时常用的培养材料有鳞茎盘和茎尖。

a. 鳞茎盘　在试管苗的鳞茎盘上部 1cm 处切去假茎及叶片，在贴近鳞茎盘底部切去 0.2～0.3cm 木栓化组织，将切好的带鳞茎盘底部的基部接种到培养基上。

b. 茎尖　蒜瓣表面消毒后，剥取 0.2～1.0mm 长的带 1～2 个叶原基的茎尖，接种到培养基上。

② 试管苗的培养　鳞茎盘在 MS+6-BA 0.1～3.0mg/L+NAA 0.1～0.3mg/L 培养基上，经过 4～6 周培养后，可获得 3～6 株芽簇块，将芽簇块分割成为含 1～2 个芽的小块芽簇块接种到 MS+6-BA 2.0mg/L+NAA 0.1mg/L 培养基进行增殖培养，也可在 MS+IAA 0.1mg/L 培养基上诱导生根；茎尖在 MS+6-BA 1.5mg/L+NAA 1.0mg/L 培养基上培养，1 个月后形成丛生芽，将丛生芽切成单个芽接种于增殖培养基中，增殖 2～3 代后转入生根培养基中诱导生根。培养条件为温度 21～25℃，光照强度 1000～3000lx，光照时间 14～16h/d。

③ 炼苗移栽　当试管苗根长达 2cm 左右时，可移入带纱网的温室或大棚中，打开瓶口进行锻炼，持续 3～5 天，然后直接栽入温室中，诱导产生的蒜头在隔离条件下，连续繁殖 2～3 代后可在生产中推广。

(2) 姜快繁技术　姜（*Zingiber officinale* Rosc.）为姜科（Zingiberaceae）姜属（*Zingiber*）植物，具有一定的辣度，嫩姜脆嫩、味鲜，是人们日常烹调美食的重要调味品。姜在生产中以无性繁殖为主，多年栽培后易引起种性退化，体内侵染和积累病毒，导致姜品质和产量严重降低。采用组织培养快繁技术可以有效解决上述问题，为姜的优质种苗生产提供一条高效途径。

① 外植体的选取与消毒　姜组培多采用茎尖、幼芽作为外植体。选取芽长 2cm 的姜，以流水冲洗干净，用刀削去姜外圈肉，留 1.5cm 左右茎块。在超净工作台上，用 70% 酒精消毒 10～30s，以 0.1% HgCl$_2$ 消毒 8～10min，再用无菌水冲洗 3～5 次。在解剖镜下剥离周围茎块，切取大小为 0.1～0.3mm、带 1～2 个叶原基的茎尖接种。

② 试管苗的培养　将茎尖接种到 MS+KT 1.0～2.0mg/L+NAA 0.1mg/L 培养基上进行培养，40 天后逐渐形成丛生芽；将丛生芽切分成单芽，接种于 MS+KT 1.0mg/L+NAA 0.5mg/L 增殖培养基上进行芽增殖培养，40 天左右可以继代 1 次；姜的组培苗比较容易生根，常采用 MS+IAA 0.2mg/L 生根培养基，16～18 天后，可分化出更多的根。姜组织培养适宜的培养条件为温度（26±2）℃，光照强度 1500～3000lx，光照时间 10～14h/d。

③ 炼苗移栽　试管苗根长到 2～3cm 时移入温室进行炼苗，炼苗过程中逐渐增加光照强度，时间为 5～20 天。炼苗结束后，洗去根部培养基，移栽到疏松透气、营养丰富的基质中。

10.5.2.3　花卉快繁技术

(1) 蝴蝶兰快繁技术　兰科（Orchidaceae）是单子叶植物中最大的一个科，约有 450 个属 20000 余种植物，在世界各地均有分布，特别是在热带、亚热带地区。兰花花色鲜艳，形态各异，品位优雅，备受人们的喜爱。兰花的传统繁殖方法主要靠分株繁殖，繁殖速度慢，致使许多名贵品种不能大量繁殖，进而满足不了市场的需求。兰花长期采用无性繁殖，导致病毒感染，引起品种退化，严重影响了兰花的生长和观赏价值。兰花的种子极小，且胚发育不完全，萌发率极低，也很难满足生产需要。通过组织培养，可在短期内获得大量植株，是一种经济有效的快速繁殖方法，也是实现工厂化育苗的重要途径。因此，利用组织培养快速繁殖优良兰花具有重要意义。下面以蝴蝶兰（*Phalaenopsis aphrodita* Rchb. F.）为例，简述其组培快繁技术工艺流程（图 10-2）。

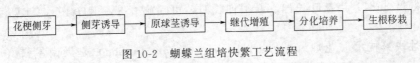

图 10-2　蝴蝶兰组培快繁工艺流程

① 外植体的选择与消毒　蝴蝶兰的种子、花梗侧芽、花梗节间、茎尖、茎段、叶片、根尖等部位均有培养成功的报道，方法各异，难度各有高低。蝴蝶兰是单节性气生兰，只有一个茎尖，如直接从花植株取茎尖或茎段，就会损坏整个植株。常采用花梗侧芽或花梗节间作为外植体。对于花梗侧芽的切割方法有两种：一种是切割芽上 0.5cm 和芽下 1.0cm 带侧芽的茎段，另一种是切下不带花梗组织的茎尖。剪下花梗，冲洗干净，以节为单位切成 1.5cm 长的小段，除去花梗上苞叶。将去除叶的茎用流水洗干净，在解剖镜下切取 2～3cm 茎尖或叶基部侧芽，一般采用 0.1% $HgCl_2$ 消毒 8～10min，用无菌水冲洗 3～5 次。

② 试管苗的培养

a. 初代培养　将花梗节段接种到 MS＋6-BA 3.0～5.0mg/L＋NAA 1.0mg/L＋CM 15% 培养基或 Kyoto 培养基上，在温度 24～26℃、光照强度 1500lx、光照时间 10～16h/d 环境中进行培养，接种到培养基上的外植体 7 天左右侧芽膨大并向外伸长。在 Kyoto 培养基上，侧芽多长成单株小苗，MS 培养基上侧芽萌动形成丛生芽。根据褐变情况，可附加 AC 或 10% 香蕉汁等物质，同时根据褐变程度及时进行转接，抑制褐变所造成的伤害。

通过花梗侧芽诱导出试管小苗后，利用小苗的叶片继续诱导原球茎。将试管苗的嫩叶整片或横切成上、中、下 3 段，接种在 MS＋6-BA 4.0～6.0mg/L＋IBA 0.5～1.0mg/L＋胰蛋白胨 2g，附加 40g 香蕉汁或椰乳汁的培养基上，培养在温度 25～28℃、光照强度 1500～2000lx、光照 10h/d 条件下，经 20 天培养后可见叶片弯曲，嫩叶片基部或断裂口呈现凹凸不平，逐渐出现愈伤组织状的早期原球茎。

b. 原球茎增殖培养　原球茎增殖是蝴蝶兰工厂化生产的关键。不同部位诱导培养所产生的原球茎，均要通过继代培养扩大繁殖，以建立快速无性繁殖系。基本培养基可采用 MS、改良 KC 等培养基，生长调节剂组合为 6-BA 1.0～5.0mg/L＋NAA 0.2～0.5mg/L，6-BA 的浓度对于原球茎的生长和增殖有很大影响，6-BA 浓度较低时，可以明显促进原球茎的分化，而 6-BA 浓度较高时，可以明显促进原球茎的增殖。添加 0.1%～0.3%AC 可减少褐变，有利于原球茎增殖和生长，有机附加物如 10% 椰子汁、香蕉汁、苹果汁也可促进原球茎生长，使原球茎生长饱满且粗壮。

将分化出来的原球茎切割成小块，转入继代培养基上，培养一段时间后，再进行切割继代，通过不断继代可使原球茎成倍增长。切割原球茎的团块时不可过小，每块应在 0.5cm^2 以上，接种块过小会导致生长缓慢，甚至死亡。不需继代的原球茎在继代培养基或生根培养基上延长培养时间可分化出芽，并逐渐长成丛生小植株。切离丛生小植株时，基部未分化的原球茎及刚分化的小芽不要丢弃，收集起来接入另一瓶继代培养基中，一段时间后，将长大的种苗进行生根培养，小苗及原球茎可继续增殖与分化，这样既能得到大量的种苗，又能得到大量不断分化的试管苗。

c. 生根培养　将增殖的健壮芽接种到 1/2MS＋IBA 1.5mg/L＋蔗糖 2% 的生根培养基上，20 天后芽基部长出小根，40 天后根变粗壮，生根率可达 95% 以上。生根培养可选用继代培基，加入一定量复合添加物可促进小植株的生长，如香蕉匀浆或椰子汁等，也可加入少量生长素，以促进根的生长。

③ 炼苗移栽 当试管苗具有 3～4 条粗壮根时，即可移栽。先将试管苗置于炼苗室内，在自然光下一周后取出，洗净根部的培养基，移栽到疏松的苔藓或椰糠基质中，温度保持在 25～28℃，湿度 85%。当新叶长出、新根伸长时，可喷施 0.3% KH_2PO_4 溶液，通常成苗率可达 95% 以上。

(2) 花烛快繁技术 花烛（*Anthurium andraeanum* Linden）是天南星科（Araceae）花烛属（*Anthurium*）多年生常绿草本花卉，又名红掌、安祖花、火鹤花等，原产热带美洲。其根肉质，叶从根茎抽出，花朵独特，单花顶生，明艳华丽，花期长，是近年来新兴的高档盆花和切花，深受消费者青睐。花烛采用传统分株繁殖难以扩大生产，而播种繁殖则需要人工授粉才能获得种子，耗费人力。通过组织培养技术进行花烛的快速繁殖，可以保持其优良品种特性，为花烛产业化生产提供大量的优质种苗。其组培快繁工艺流程如图 10-3 所示。

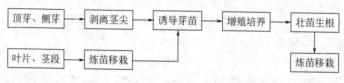

图 10-3 花烛组培快繁工艺流程

① 外植体的选择与消毒

a. 以花烛幼苗刚展开的叶片或茎段作为外植体，将叶片、茎段放在盛有洗洁精的烧杯中搅拌 10min 后，用流水冲洗 15min，除去洗洁精及表面的污物。在无菌条件下，先用 70% 酒精处理 30s，再用 0.1% $HgCl_2$ 消毒 8～10min，以无菌水冲洗 5～6 次，将叶片切成 1.5cm² 小块接种于诱导培养基上。

b. 以茎尖作为外植体，切取植物基部分生的侧芽，去掉多余的叶片，并保留茎尖及 1～2 片嫩叶。将试材用流水冲洗 30min，在超净台上用 70% 酒精浸泡 30s，取出后用 2% NaClO 消毒 10～15min，以无菌水冲洗 3～5 次，最后用无菌吸水纸吸干。一般对于茎尖可预先接种到含有抗生素（如硫酸链霉素）的 MS 培养基上，预培养 14 天后再转接培养。

② 试管苗的培养

a. 初代培养 用茎尖或芽培养可直接诱导出不定芽或侧芽，经切断可以不断增殖。诱导培养基为 MS+6-BA 0.8mg/L+IBA 0.3mg/L；叶片、叶柄或茎段初代培养以诱导愈伤组织为目的，诱导愈伤组织培养基为 ZS（即改良 MS，NH_4NO_3 改为 412mg/L，$FeSO_4 \cdot 7H_2O$ 改为 9.3mg/L）+6-BA 1.0mg/L+2,4-D 0.1mg/L，花烛愈伤组织的诱导及形成十分缓慢，培养 30 天后叶片切口出现少量的黄色泡沫的愈伤组织，45 天后泡沫愈伤组织形成黄色瘤状突起，60 天后扩大连成一片。愈伤组织诱导出来后，转接到同样的培养基上继续进行分化培养，每 5～6 周继代 1 次，可不断增殖，经 2 次以上继代培养以后，部分愈伤组织上可见到红色不定芽分化。一般培养温度为 25～27℃，光照强度 1500～2000lx，光照时间 10～12h/d。

b. 增殖培养 将不定芽剪切接种到 MS+6-BA 1.0mg/L+KT 1.0mg/L 增殖培养基上，培养 2 个月后长成具有明显茎叶结构的新梢，即可采用丛生芽进行扩大繁殖，增殖倍数可达 4.0。

c. 生根培养 当不定芽长到 2.5～3.0cm，具有 3～4 片叶时，可将其切成单芽接种在 1/2MS+NAA 0.2mg/L+IBA 2.0mg/L+AC 0.2% 生根培养基上进行生根培养。

③ 炼苗移栽 当试管苗长出 3～4 条根时，即可在温室内开瓶炼苗，5 天后将试管苗从瓶

中移出，洗净根部附带的培养基，再用 0.5g/L 的高锰酸钾蘸根消毒，移栽到栽培基质中，基质 pH 以 5.5 为宜，空气湿度 80%～95%，温度（25±1）℃，10 天后逐步打开保湿罩，逐渐降低湿度并增加光照，30 天后成活率可达 90% 以上。

10.5.3 林木植物离体快繁技术

10.5.3.1 杨属快繁技术

杨属（*Populus* L.）为杨柳科（Salicaceae）植物，雌雄异株，具有适应性强、生长周期短、树干挺直粗壮等优点，已被广泛用作造林树种。大多数杨属植物可用扦插繁殖，但也有一些不易采用插条法进行繁殖，生根较困难。杨属植物的组织培养研究始于 20 世纪 60 年代，目前，已有数十种杨属植物获得再生植株，部分品种已成功应用于苗木试管快繁的工厂化生产。利用组织培养技术进行快速繁殖，不仅可以保持树种的优良特性，还是一条快速扩大利用优良基因型的重要途径。下面以毛白杨（*Populus tomentosa*）为例，其组培快繁工艺流程如图 10-4 所示。

图 10-4 毛白杨组培快繁工艺流程

（1）外植体的选择与消毒 选取直径为 5mm 左右的当年生枝条，用流水冲洗干净，在无菌条件下，用 70% 酒精消毒 30s，无菌水冲洗 1 次，然后用 5% NaClO 消毒 7～8min，无菌水冲洗 3～4 次，用无菌滤纸吸取残留水分，用解剖刀切成长度为 2mm 左右的节段，每节段带一个休眠芽；也可用茎尖作为外植体，在解剖镜下剥取 2mm 左右、带 2～4 个叶原基的茎尖进行接种。

（2）试管苗的培养

① 初代培养 为防止外植体消毒不彻底，可先将单个茎尖接种到 MS＋6-BA 0.5mg/L＋水解乳蛋白 100mg/L 培养基上预培养 7 天，然后选择无污染的茎尖接种到 MS＋6-BA 0.5mg/L＋NAA 0.2mg/L＋赖氨酸 100mg/L 培养基上，在温度 25～27℃、光照强度 1000lx、连续光照培养 2～3 个月后，部分茎尖可分化出绿色小芽。

② 继代增殖 将经茎尖诱导的幼苗从基部切下，转接到 MS＋IBA 0.25mg/L 继代培养基上，其糖用量减少至 1.5%，培养约一个半月，可长成带 6～7 片叶的完整小植株；选择健壮小苗，切取顶段带 2～3 片叶、以下各段带 1 片叶，继续转接到继代培养基上，待侧芽萌发并伸长至带有 6～7 片叶时，可再次切段培养，经过多次继代培养后，可得到大量的试管苗。

③ 生根培养 当试管苗长至 2～3cm 高时，转接到改良 MS（维生素 B_1 浓度为 10mg/L）＋IBA 0.25mg/L＋蔗糖 1.5% 的生根培养基上培养，7 天后茎基部切口附近开始长出不定根，培养 10～15 天后即可成为完整的小植株。

（3）炼苗移栽 将生根试管苗瓶口揭开，经过 3～5 天炼苗后，即可移栽到河沙：土壤：草木灰＝1∶1∶1 的混合基质中，注意加盖塑料薄膜保温保湿，10 天后可揭去塑料薄膜，植株成活率可达 90% 以上。

10.5.3.2 桉快繁技术

桉（*Eucalyptus robusta* Smith）为桃金娘科（Myrtaceae）桉属（*Eucalyptus*）植物的总

称，原产澳大利亚。因其生长快、适应性强、用途广而被世界上百余个国家和地区广泛引种栽培，是全世界热带、亚热带地区的重要造林树种。桉树为异花授粉的多年生木本植物，种间天然杂交现象非常频繁，其实生苗后代严重分离，用有性繁殖的方法难以保持优良树种的特性。由于桉树的成年树插条生根困难，采用扦插、压条等传统的无性繁殖方法繁殖速度较慢，远远不能满足大面积生产对种苗的需求。因此，组织培养快繁技术在桉树生产上具有重要的应用价值。桉树的种类很多，下面以柠檬桉（*Eucalyptus citriodora* Hook. f.）为例说明其组培快繁工艺流程（图 10-5）。

图 10-5　柠檬桉组培快繁工艺流程

（1）外植体的选择与消毒　取柠檬桉树基部健壮萌芽条嫩枝作材料，先用流水清洗干净，用滤纸吸干表面水分，在超净工作台上用 70％酒精消毒 10s，再用 0.1％ $HgCl_2$ 消毒 10～12min，然后用无菌水冲洗 4～5 次备用。

（2）试管苗的培养

① 初代培养　将消毒后的嫩枝剪成含 1～2 个侧芽的茎段，接种到改良 MS＋6-BA 1.0～2.5mg/L＋NAA 0.1～0.5mg/L 诱导培养基上，置于 22～28℃、光照强度 2000lx、光照时间 12h/d 的条件下培养。由于柠檬桉茎段富含单宁，在培养基中加入适量抗坏血酸或活性炭，有利于提高芽的诱导率。外植体接种 30 天后，腋芽即可伸长至 2～3cm。外植体取材时间影响芽的诱导率，以 3～4 月份取材芽诱导率最高，6～9 月份取材的外植体基本不能诱导侧芽伸长生长。

② 继代增殖　将丛生芽切割成单芽，转接到改良 MS＋6-BA 0.5～3.0mg/L＋NAA 0.1～1.0mg/L 增殖培养基上，经 20～30 天培养，可获得较多数量的无根试管苗。

③ 生根培养　当试管苗长至 3～4cm 时，接种到 1/2MS＋IBA 0.5～2.0mg/L 生根培养基上进行生根，培养条件为温度（27±2）℃、光照强度 1000lx、光照时间 8～10h/d。培养 20 天左右，在试管苗切口处诱导出根。

（3）炼苗移栽　生根试管苗移栽前应该先揭开瓶盖 2～3 天，让幼苗在温室内适应一段时间。移栽时向瓶内倒入一定量清水，并摇动几下松动培养基，然后小心将幼苗取出，用清水冲洗根部的培养基，最后将试管苗移栽于苗床或营养袋中，苗床或营养袋中基质以沙质土壤为好。移栽后浇透水，放在塑料拱棚内，保持空气相对湿度在 85％以上、温度 25～30℃。用遮阳网搭荫棚，避免直射阳光曝晒，并防止膜内温度过高，移栽 15～20 天后逐渐降低湿度到自然条件，幼苗成活后即可把荫棚拆掉，此阶段要加强水肥管理和病虫害防治，移栽成活率可达到 70％以上。

10.5.4　药用植物离体快繁技术

10.5.4.1　枸杞快繁技术

枸杞（*Lycium chinense* Miller）为茄科（Solanaceae）枸杞属（*Lycium*）落叶灌木，其果实甘甜，含有蛋白质、维生素和微量元素等营养物质，有抗衰老的枸杞多糖和铁、铜或锌的过氧化物歧化酶，具有增强造血功能和免疫功能、抗肿瘤、降低血糖和血脂等作用，是一种"药食同源"的植物。要加快枸杞的繁殖速度，通过传统繁殖方法很难实现，只有采用组培技术才有可能满足市场的需求。枸杞的组培快繁工艺流程如图 10-6 所示。

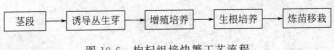

图 10-6 枸杞组培快繁工艺流程

（1）外植体的选择与消毒　在春秋两季取生长健壮、较幼嫩的带叶枝条带回室内，剪去叶片，流水冲洗干净。在无菌条件下，以 70% 酒精浸泡 10～20s，用 0.1% HgCl₂ 消毒 8～10min，以无菌水冲洗 3～5 次，用无菌滤纸吸干水分。将枝条切成长 0.5～1.0cm、带有一个腋芽的小段，接种到初代培养基上。

（2）试管苗的培养　茎段接种到 MS＋6-BA 0.5～1.0mg/L＋NAA 0.1mg/L 培养基上，在温度 25～28℃、光照强度 2000～3000lx、光照时间 10～12h/d 条件下培养，7 天后腋芽开始萌动，14 天后形成绿色丛生芽，随后绿色丛生芽逐渐抽茎长叶；将初代培养所得的丛生芽切分成单个芽或含几个芽的小块，接种到 MS＋6-BA 0.5mg/L＋IAA 0.1～0.2mg/L 继代培养基上，经 30～40 天培养，每块芽又分化出 2～4cm 高的无根苗；将生长健壮的无根试管苗接种到 1/2MS＋IAA 0.1mg/L 培养基上诱导生根，大约 7 天，基部白色突起产生，15 天后长成 1cm 左右的根，形成完整植株。

（3）炼苗移栽　选择根长 1cm，具有 3～4 条根的试管苗移至温室中，放在散射太阳光下 4～5 天，然后再放在直射太阳光下 3～5 天，取出小苗，用清水洗去根部的培养基，待根、叶上没有多余水分再移入腐殖土：蛭石：细沙＝5：3：2 的混合基质中。栽后注意温度不可太高，相对湿度保持在 90% 以上，初期要适当遮光，20～30 天后新根形成便可移栽到大田。

10.5.4.2　半夏快繁技术

半夏 [Pinellia ternata（Thunb.）Breit.] 为天南星科（Araceae）半夏属（Pinellia）草本植物，是一种重要的中药材，其块茎可入药，有祛痰、消肿、镇咳等功效。在自然界，半夏主要由生于叶柄的珠芽进行繁殖，生长缓慢，不能广泛栽培。因此，应用组培快繁技术加速半夏种苗生产具有广阔前景，其组培快繁工艺流程如图 10-7 所示。

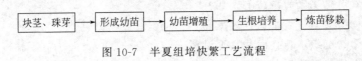

图 10-7 半夏组培快繁工艺流程

（1）外植体的选择与消毒　采集半夏块茎或珠芽，在水中轻轻用刷子将块茎表面泥土清洗干净，然后以流水冲洗 1h。在无菌条件下，剥去块茎外皮，用 70% 酒精浸泡 10～30s（珠芽10s、块茎 30s），用 0.1% HgCl₂ 浸泡 6～10min（珠芽 6min、块茎 10min），以无菌水冲洗3～5 次，将消毒后的块茎切成含有幼芽原基的小块进行接种（珠芽可直接接种）。

（2）试管苗的培养　将含有幼芽原基的块茎小块接种在 MS＋6-BA 0.5～2.0mg/L＋2,4-D0.3～1.0mg/L 的培养基中培养，3 周左右可见块茎切块表层变成绿色，块茎体积膨大，再经过 3～4 周培养，产生不定芽；将不定芽转移到 MS＋IBA 1.0mg/L＋NAA 0.03mg/L 或1/2MS＋NAA 0.3～0.5mg/L 生根培养基上，培养 20 天左右，可见到不定根从小幼芽的基部生成。培养条件为温度（25±2）℃，光照强度 1000～2000lx，光照时间 8～10h/d。

（3）炼苗移栽　当根生长到 1.0cm，即可移至温室内进行炼苗，10～15 天便可移栽到基质中，经 20～30 天新根生成，即可移栽到大田，当年则可收获块茎。

小　结

通过本章的学习，掌握植物离体快繁的概念、程序和影响因素。离体快繁是以选择的特定植物器官、组织甚至细胞，经过消毒，在无菌和人工控制条件下，在培养基上分化、生长，最终形成完整植株的繁殖方式；离体快繁的操作程序通常划分为无菌培养的建立、初代培养、继代培养和快速增殖、诱导生根以及驯化移栽五个阶段。在植物离体快繁中常常出现培养基污染、外植体褐化、试管苗玻璃化、再生植株性状变异、黄化等问题，有效解决这些问题是提高繁殖系数和组培苗质量的关键。

植物无糖组织培养技术是指在组培过程中培养基中不含有糖，而通过输入可控制量的CO_2气体作为碳源，同时将组培的容器由玻璃瓶改为箱式大容器培养，并通过控制培养环境因子，促进植株光合作用，使试管苗由异养型转变为自养型的一种培养技术，主要包括环境控制、光独立营养培养和驯化移栽3个方面。影响无糖组织培养的主要因素有：容器内外气体交换、培养基种类、植物激素配比、培养环境等。无糖组织培养技术在生产中具有许多突出的优点，同时也存在一定的局限性。

离体快繁技术已经成功应用于大田作物、园艺作物、林木和药用植物等中。不同植物种类、同一种植物的不同品种、不同外植体、不同培养基及培养环境等因素在植物离体快繁体系建立中存在一定差异，而掌握这些因素之间的差异是离体快繁技术商业化生产应用的重要问题。目前离体快繁技术研究的重点是如何简化操作、降低成本以及利用无糖培养与非试管快繁技术等。

思　考　题

1. 植物离体快繁的程序通常包括哪些？
2. 简述植物离体快繁时茎芽分化的途径。
3. 影响茎芽增殖的因素有哪些？
4. 简述引起组织发生褐化的原因及其预防措施。
5. 避免出现玻璃化现象的措施有哪些？
6. 如何减轻植物离体快繁中的性状变异？
7. 简述植物无糖组织培养技术的主要过程。
8. 影响无糖组织培养的因素有哪些？
9. 举例说明离体快繁技术在园艺植物中的应用。

植物组织培养

162

第11章

人工种子

种子是种子植物所特有的有性繁殖器官，是植物进行传播的材料，其质量的好坏直接决定植物的未来。一般来讲，自然界中正常的植物种子分为两类：一类是植物经过受精作用后由胚珠发育形成的；另一类是植物不经过受精作用由不定胚直接发育形成的。植物人工种子是植物离体培养条件下创造的自然种子之外的繁殖材料，与植物不经受精作用由不定胚直接发育形成种子很相似，在适宜的条件下也可萌发生长形成完整的植株，且具有繁殖速度快、生产成本低、易运输等优点，因而人工种子的研究受到世界各国的重视，欧洲将其列入尖端技术的"尤里卡"计划，我国在1987年将其列入国家高技术研究与发展计划（"863"计划）中。

11.1 人工种子的概念及研究人工种子的意义

11.1.1 人工种子的概念

人工种子（artificial seeds）又称合成种子（synthetic seeds）、人造种子（man-made seeds），是指利用细胞的全能性，将植物离体培养产生的体细胞胚或具有发育成完整植株能力的分生组织（如胚状体、芽和茎段等）包埋在含有营养物质和具有保护功能的外壳内形成的在适宜条件下能够发芽出苗的颗粒体。

人工种子的研究源于植物体细胞胚的研究，早在20世纪50年代，Steward和Reinert在胡萝卜根组织培养中发现，体细胞胚形成具有胚胎发育过程，其细胞增殖也依次经过原胚、球形胚、心形胚、鱼雷胚和子叶胚等阶段，细胞增殖顺序与受精卵极为相似，而且体细胞胚的维管组织与外植体维管组织不相连，很容易与外植体分开。1978年，Murashige最先在国际园艺植物学术会议上提出，利用植物组织培养体细胞胚发生的特点，把胚状体包裹在胶囊中形成球状结构，使其具有种子的功能并可直接播种于大田的"人工种子"的构想。1982年，Kitto等用聚氧乙烯包裹胡萝卜胚状体首次成功获得人工种子。1984年，Redenbaugh等成功地开发了一种将苜蓿体细胞胚包埋在海藻酸钠中的合成种子生产方法。1987年，Bapat等将桑树的茎芽成功包埋在海藻酸盐和琼脂中，产生代替体细胞胚包埋的人工种子。此后，人们相继在100多种植物中开展了人工种子研究，在水稻、小麦、玉米、棉花、大麦、甘薯、胡萝卜、苜蓿、芹菜、油菜、莴苣、马铃薯、苹果、枣树、柑橘、龙眼、百合、水塔花、长寿花、铁皮石斛、黄连、刺五加、杨树、桑树、云杉、檀香、黑云杉、白云杉、相思树等60多种植物中成功产生人工种子（部分植物人工种子见表11-1）。依据繁殖体来源及包被程度，广义上人工种子可分为三类：

① 微鳞茎（micro-bulb）、微块茎（microtuber）等裸露或休眠繁殖体，在不加包被的情况下也具有较高的成株率。

② 少数体细胞胚（somatic embryos）、原球茎（protocorms）等需要人工包被繁殖体，此类繁殖体不能过度干燥，只需用人工种皮包被即可维持良好的发芽状态，如胡萝卜体细胞胚。

③ 大多数体细胞胚、不定芽（adventitious buds）、茎尖（shoot tips）、茎段（nodal segments）等繁殖体，需要先包埋在半液态凝胶中，再经人工种皮包裹才能避免失水，从而维持良好的发芽能力。

表 11-1 人工种子技术在植物上的应用情况

植物物种	外植体	海藻酸钠浓度	氯化钙浓度	参考文献
大蒜 Allium sativum	愈伤	1.5%	50mmol/L	Kim 和 Park，2002
木薯 Manihot esculenta	节段、茎尖	3%	100mmol/L	Danso 和 Ford-Lloyd，2003
兰考泡桐 Paulownia elongata	体细胞胚	1%、2.5%、3%	50mmol/L、60mmol/L、80mmol/L	Ipekci 和 Gozukirmizi，2003
水稻 Oryza sativa	体细胞胚	4%	1.5%	Kumar 等，2005
轮冠木 Rotula aquatica	体细胞胚	3%	50mmol/L	Chithra 等，2005
展松 Pinus patula	体细胞胚	1.5%、2%、2.5%、3%	100mmol/L	Malabadi 和 Staden，2005
狭叶红景天 Rhodiola kirilowii	腋芽、愈伤组织	4%、5%	50mmol/L	Zych 等，2005
新疆草 Arnebia euchroma	体细胞胚	3%	100mmol/L	Manjkhola 等，2005
芙蓉葵 Hibiscus moscheutos	节段	2.75%	50mmol/L	West 等，2006
石榴 Punica granatum	茎段	1%～6%	50mmol/L、75mmol/L、100mmol/L、125mmol/L	Naik 和 Chand，2006
大叶鹿角藤 Chonemorpha frandiflora	芽尖	3%	50mmol/L	Nishitha 等，2006
印度娃儿藤 Tylophora indica	茎段	1%～5%	25mmol/L、50mmol/L、75mmol/L、100mmol/L、200mmol/L	Faisal 和 Anis，2007
	茎段	2%～5%	75mmol/L、100mmol/L	Gantait 等，2017b
金发草 Pogonatherum paniceum	顶芽	3%	2%	Wang 等，2007
辐射松 Pinus radiata	体细胞胚	1%、2%、3%	50mmol/L、75mmol/L、100mmol/L	Aquea 等，2008
番石榴 Psidium guajava	芽尖	2%～4%	100mmol/L	Rai 等，2008b
山毛榉 Nothofagus alpina	体细胞胚	2%、3%、4%	5.5g/L、14g/L、15g/L	Cartes 等，2009
生姜 Zingiber officinale	微芽	4%	100mmol/L	Sundararaj 等，2010
黄荆 Vitex negundo	茎段	2%～5%	25mmol/L、50mmol/L、75mmol/L、100mmol/L、200mmol/L	Ahmad 和 Anis，2010

续表

植物物种	外植体	海藻酸钠浓度	氯化钙浓度	参考文献
墨旱莲 *Eclipta alba*	茎段	2%～5%	50mmol/L、100mmol/L、150mmol/L	Singh 等,2010
龙葵 *Solanum nigrum*	芽尖	2%～4%	100mmol/L	Verma 等,2010
非洲楝 *Khaya senegalensis*	芽尖	3%	100mmol/L	Hung 和 Trueman,2011
药用鼠尾草 *Salvia officinalis*	芽尖	2%～3%	50mmol/L	Grzegorczyk 和 Wysokińska,2011
伞房桉属杂交种 *Corymbia torelliana × C. citriodora*	芽尖或茎段	3%	100mmol/L	Hung 和 Trueman,2012
芸香 *Ruta graveolens*	茎段	2%～5%	25mmol/L、50mmol/L、75mmol/L、100mmol/L、200mmol/L	Ahmad 等,2012
四叶萝芙木 *Rauvolfia tetraphylla*	微芽	1%～5%	25mmol/L、50mmol/L、75mmol/L、100mmol/L、200mmol/L	Alatar 和 Faisal,2012
蝴蝶豌豆 *Clitoria ternatea*	体细胞胚	3%、4%、5%	75mmol/L、100mmol/L	Kumar 和 Thomas,2012
蛇根木 *Rauvolfia serpentina*	茎段	3%	100mmol/L	Faisal 等,2012
	芽尖	1%～5%	75mmol/L、100mmol/L	Gantait 等,2017a
兰花 *Cymbidium*	原球茎状体	3%、3.5%、4%	100mmol/L	da Silva,2012
金钗石斛 *Dendrobium nobile*	原球茎状体	3%	100mmol/L	Mohanty 等,2013
白鹤灵芝 *Rhinacanthus nasutus*	体细胞胚	4%	100mmol/L	Cheruvathur 等,2013
睡茄 *Withania somnifera*	带芽节段	2%～5%	25mmol/L、50mmol/L、75mmol/L、100mmol/L、200mmol/L	Fatima 等,2013
耳叶马兜铃 *Aristolochia tagala*	微芽	2%、3%、4%	68mmol/L	Remya 等,2013
球根吊灯花 *Ceropegia bulbosa*	节块外植体	1%～5%	100mmol/L	Dhir 和 Shekhawat,2013
印度叶下珠 *Phyllanthus fraternus*	茎段	1%、1.5%、2%、2.5%、3%、4%	25mmol/L、50mmol/L、75mmol/L、100mmol/L、200mmol/L	Upadhyay 等,2014
丁香罗勒 *Ocimum gratissimum*	微芽	1%～5%	25mmol/L、50mmol/L、75mmol/L、100mmol/L、150mmol/L	Saha 等,2014
阿江榄仁树 *Terminalia arjuna*	芽尖	2%～5%	100mmol/L	Gupta 等,2014
黄瓜 *Cucumis sativus*	芽尖	1%～5%	25mmol/L、50mmol/L、75mmol/L、100mmol/L	Adhikari 等,2014
莳萝 *Anethum graveolens*	体细胞胚	1%～5%	75mmol/L、100mmol/L	Dhir 等,2014
卤刺树 *Balanites aegyptiaca*	茎段	2%～5%	25mmol/L、50mmol/L、75mmol/L、100mmol/L、200mmol/L	Varshney 和 Anis,2014
刺梧桐 *Sterculia urens*	茎段	2%、4%、6%	100mmol/L	Devi 等,2014

植物物种	外植体	海藻酸钠浓度	氯化钙浓度	参考文献
塞纳决明 Cassia angustifolia	茎段	1%～5%	25mmol/L、50mmol/L、75mmol/L、100mmol/L、200mmol/L	Parveen 和 Shahzad，2014
非洲白参 Mondia whitei	体细胞胚	1%～4%	75mmol/L、100mmol/L、125mmol/L	Baskaran 等，2015
蔓荆 Vitex trifolia	茎段	1%～5%	25mmol/L、50mmol/L、75mmol/L、100mmol/L、200mmol/L	Ahmed 等，2015
蔓荆 Vitex trifolia	茎段	2%～5%	25mmol/L、50mmol/L、75mmol/L、100mmol/L、200mmol/L	Alatar 等，2017
陆地棉 Gossypium hirsutum	腋芽	1%～5%	25mmol/L、50mmol/L、75mmol/L、100mmol/L、200mmol/L	Hu 等，2015
油点百合属植物 Ledebouria revoluta	体细胞胚	1.5%、3%、4.5%	150mmol/L $Ca(NO_3)_2$	Haque 和 Ghosh，2016
白芨 Bletilla striat	种子	3%	400mmol/L	
马铃薯 Solanum tuberosum	腋芽	2.5%、3%、3.5%	1%、1.5%	Ghanbarali 等，2016
玉露 Haworthia cooperi	花茎茎段	一定浓度	100mmol/L	陈彦羽，2016
垂盆草 Sedum sarmentosum	带腋芽茎段	4%	2%	邢小姣等，2016
杜果姜 Curcuma amada	体细胞胚	1%～4%	100mmol/L	Raju 等，2016
仙茅 Curculigo orchiodes	幼叶诱导的不定芽	3%	2%	张虹等，2017
刺桐 Erythrina variegata	茎段	1%～4%	25mmol/L、50mmol/L、75mmol/L、100mmol/L、200mmol/L	Javed 等，2017
非洲海葱 Urginea altissima	芽尖	3%	100mmol/L	Baskaran 等，2017
紫花苞舌兰 Spathoglottis plicata	原球茎状体	1.5%、3%、4.5%	3% $Ca(NO_3)_2$	Haque 和 Ghosh，2017
山柑属植物 Capparis decidua	茎段	2%～5%	25mmol/L、50mmol/L、75mmol/L、100mmol/L、125mmol/L	Siddique 和 Bukhari，2018
一种吊灯花属植物 Ceropegia barnesii	节	2%、3%、4%	60mmol/L	Ananthan 等，2018
突厥蔷薇 Rosa damascena Miu	腋芽	2%、4%、5%	75mmol/L、100mmol/L	Attia 等，2018
四子柳 Salix tetrasperma	茎段	1%～5%	25mmol/L、50mmol/L、75mmol/L、100mmol/L、200mmol/L	Khan 等，2018
紫花丹 Plumbago rosea	节腋芽	2.5%、3%、4%、5%	50mmol/L、75mmol/L、100mmol/L、200mmol/L	Prakash 等，2018
一种蒲公英属植物 Taraxacum pieninicum	芽尖	3%	100mmol/L	Kamińska 等，2018

续表

植物物种	外植体	海藻酸钠浓度	氯化钙浓度	参考文献
甘蔗 Saccharum officinarum	微芽	2%、3%、4%	25mmol/L、50mmol/L、75mmol/L、100mmol/L、125mmol/L	Badr-Elden，2018
小黄姜 Zingiber offiinale	丛生芽	4%	2.0%	李晋华等，2018
美容杜鹃 Rhndodendron calophytum	腋芽	4%	2.0%	李小玲等，2020
虎头兰 Cymbidium hookerianum	白化茎	3%	100mmol/L	付双彬等，2020

11.1.2 人工种子的结构

与天然种子由合子胚、胚乳和种皮构成类似，完整的人工种子由体细胞胚（或胚类似物）、人工胚乳和人工种皮三部分组成（图 11-1）。广义的体细胞胚由组织培养中获得的体细胞即胚状体、愈伤组织、原球茎、不定芽、顶芽、腋芽、小鳞茎等繁殖体组成。人工胚乳一般由含有供应胚状体养分的胶囊组成，养分包括矿质元素、维生素、碳源以及激素，有时还添加有益微生物、杀虫剂和除草剂等。胶囊之外的包膜称之为人工种皮，是人工种子的最外层部分，有防止机械损伤、控制水分和养分流失、通风透气等作用。而对于海藻酸钠包埋的人工种子来说，关键是需要获得发育时期一致的成熟的体细胞胚胎并控制海藻酸钠胶囊颗粒的大小和硬度。人工种子是类似自然种子的人造颗粒，在外形上它就像一颗颗乳白色、半透明、圆粒状的石榴果实内的小颗粒。

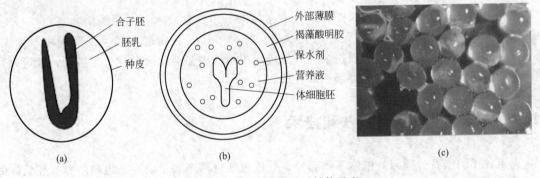

图 11-1 天然和人工种子结构示意

（a）天然种子结构；（b）人工种子结构；（c）番木瓜体细胞胚人工种子（Castillo 等，1998）

11.1.3 研究人工种子的意义

种子是植物传种接代和人类进行植物生产之本。人工种子不仅能像天然种子一样可以贮存、运输、播种、萌发和长成正常植株，而且还有许多独特的优点。

（1）可使在自然条件下不结实或种子昂贵的植物得以快速繁殖 人工种子使得一些自然繁殖困难的名优珍贵品种，如同源或异源多倍体品种、名贵的突变材料、生物工程植株、生长周期长的多年生植物（果树、观赏树木、林木）等可以在短期内提供足够的种源。

（2）固定杂种优势 天然种子靠的是有性繁殖，杂交产生的杂种优势只能体现在杂种第 1 代上，杂种第 2 代则可能由于 F_1 代基因型杂合出现性状强烈分离，从而导致杂种优势的衰退。

而人工种子在本质上属于无性繁殖，其继代群体一般不出现性状分离，即使外植体来自杂合体亦是如此。因此，杂交育种时一旦获得优良基因型，就可通过诱导繁殖体的方法制作成人工种子，从而保持杂种优势，可多年使用而不需三系配套等复杂的制种过程。人工种子与常规育种和良种繁育技术相结合，还可大大缩短育种年限、简化育种过程。

（3）快捷高效的繁殖方式　天然种子在农业生产上受季节限制（一般1年只能繁殖1~2次，一些果树和林木要几年乃至十几年才进入第一次繁殖阶段），而体细胞胚可常年在实验室获得，并可以用生物反应器大规模生产。已有研究表明，用1个体积为12L的发酵罐在适宜的条件下20多天内生产的胡萝卜体细胞胚可制作1000万粒人工种子，可供种植几十公顷地，这样就节约了大量留种地。日本的麒麟公司和美国生物投资、植物遗传公司利用人工种子大量繁殖栽培芹菜、莴苣F_1代杂种和水稻新品种，发现1g愈伤组织培养6个月后，芹菜能形成1000万个胚状体，而莴苣能形成10万个、水稻能形成250个。此外，人工种子的生产还不受季节限制，一年四季都可在室内生产和扩大繁殖，可及时为农业生产提供种源。

（4）是基因工程技术应用到农业生产中的桥梁　目前，植物基因工程的研究飞速发展，在植物抗虫、抗病、抗除草剂和改变植物成分方面，都得到了不少转基因植株，有的已建成品系，如抗病毒的烟草和番茄、抗除草剂的玉米和棉花等。但是，在基因工程的成果开始转向生产的过程中，生物技术的下游工程是一个薄弱的环节。人工种子技术有望成为一座架设在遗传工程与农业生产间的"桥梁"。

（5）可人为控制植物的生长发育与抗逆性　人工胚乳除了含有供胚状体发育成植株所必需的营养物质外，还可以在其中加入除草剂、杀菌剂、杀虫剂、抑制休眠的物质和对植物生长有益的菌类等，使其具备抗逆性和耐贮性等优良特性，也可添加激素类物质以调节植物的生长发育，开展体细胞胚生长、分化、发育等基础生物学理论研究。

此外，与试管苗技术比较，人工种子技术在理论上还具有成本低（节约培养基）、贮藏运输方便（体积小且不需带试管）、无玻璃化缺陷、减少了移栽驯化过程和生产周期短等优点。人工种子还能繁殖大量的从人工授粉杂种和遗传工程植株中筛选出来的优良基因型，也可以为不育的和不稳定的基因型提供一种繁殖的方法。

11.2　人工种子的制备方法和技术

人工种子的制备过程因外植体不同而异，一般包括材料选取、消毒、组织培养、胚状体的诱导与同步化（微鳞茎、微块茎繁殖体等可省）、包裹制作与发芽试验以及形成植株等步骤。用海藻酸钠包裹体细胞胚制作人工种子系统是Redenbaugh等（1986）建立的，其制作流程为：选取目标植物→从合适外植体诱导愈伤组织→体细胞胚的诱导（最好在发酵罐中进行）→体细胞胚的同步化→体细胞胚的分选→体细胞胚的包裹（人工胚乳制作）→包裹外膜（人工种皮制作）→贮藏→发芽成苗试验→体细胞变异程度与农艺研究。

11.2.1　目标植物和外植体的选取

不同植物种类、外植体类型和位置体细胞胚的诱导有难有异，对人工种子的应用前景非常重要。在植物种类上，单子叶植物比双子叶植物体细胞容易发生，同一植物的不同品种之间体细胞胚的诱导率也有较大差异，而幼嫩、生理状态活跃的材料比较容易培养。在外植体类型如茎尖、茎段、叶片、子叶、下胚轴、花瓣等的选取上，因植物种类不同诱导产生体细胞有难有易，如茄子叶和子叶更容易产生体细胞胚、番茄下胚轴更易产生胚状体（Moghaieb 等，1999）。即使同一外植体部位不同，诱导产生体细胞胚潜力也各异，茄子中下胚轴末端比中间更具有成胚能力（Sharma 和 Rajam，1995）。此外，外植体选择与体细胞胚质量有关，沈大棱1991 年在对水稻的研究中观察到，由幼穗诱导的胚性愈伤组织质量最好，其次是有胚或成熟的种子胚，而由其他部分诱导出来的愈伤组织则很难产生体细胞胚。

11.2.2 胚状体和胚类似物的诱导

11.2.2.1 胚状体的诱导

胚状体包括体细胞胚和性细胞胚（如花粉胚状体等），但性细胞胚具有诱导技术繁杂、遗传分离或单倍体不育等缺点，目前人工种子广泛使用的是体细胞胚。作为制作人工种子的核心，胚状体质量的好坏影响到人工种子将来能否萌发和转化成正常的植株。李修庆等（1990）指出高质量胚状体要求满足：①播种后能马上发芽出苗；②胚根与胚芽几乎同时生长；③下胚轴无膨大，无愈伤组织化；④同步化程度较高或经分选后能达到大小基本一致，以使包裹制作的人工种子发芽生长整齐；⑤生活力强，例如本身含的养分较足并在不良环境中存活力强；⑥发芽后幼苗形态与生长基本正常。

植物体细胞胚发生是一个普遍现象，能否产生高质量的体细胞胚是制作人工种子的关键。而从目前的研究结果来看，并不是所有的植物种子都开发出了胚状体培养发生技术。在已开发出诱导体细胞胚技术的 200 多种植物中，多数胚状体质量太低，能成功制作人工种子的作物仅包括紫苜蓿（*Medicago sativa*）、鸭茅（*Dactylis glomerata*）、狼尾草（*Pennisetum alopecuroides*）等数十种。有些植物组织培养中观察到胚状体的发生，但不能继续发育成植株；有的胚状体根系发育不良；有的胚状体早期发育正常，但到后期停止发育，组织学切片可见到胚状体的胚轴部分某些细胞死亡，某些细胞却生长活跃，产生许多类似于次生胚状体的结构（李修庆，1990）。Drew（1979b）在胡萝卜中发现，由同一叶柄愈伤组织得到的两个细胞株系（clone）在加活性炭的培养基中都得到了胚状体，但只有一个细胞株系的胚状体可以发育成植株，另一个却不能。总结前人的研究表明，影响体细胞胚发生的主要因素有以下几种。

（1）遗传基因型 体细胞胚的产生在不同类型的植物间具有明显差异。在已成功获得体细胞胚的植物中，以自然条件下容易产生无融合生殖胚的植物为多，且培养条件相对较为简单，如咖啡属植物、芸香科植物等。即使是同类植物的不同基因型，在体细胞胚诱导的难易、形成时间以及单个外植体产生体细胞胚的数量上也存在明显差异。马铃薯 18 个不同基因型品种的体细胞胚形成能力的比较研究显示，以接种外植体与体细胞胚能否形成的资料统计，有 7 个品种的体细胞胚发生率为 100%，而频率最低的则只有 10%。

（2）培养基及培养条件 影响体细胞胚发生的培养条件主要有氮源、碳源、无机盐、光周期等。氮源被认为是胚胎发生的重要因素，氮的类型与用量不但影响体胚的发生，而且对胚胎发生的同步化也有作用。体细胞胚的产生要求培养基中含有一定浓度的还原态氮，如甘氨酸、氯化铵等在诱导体细胞胚的发生中很有效，而硝态氮效果则不太明显。

碳源在组织培养中起到维持外植体的渗透压和提供体胚发育能源的作用，它对体胚的诱导和转换成苗有一定作用。如在黄连体胚的转换试验中，曾用 1.5% 的果糖、葡萄糖、蔗糖、麦芽糖等进行了比较，结果表明，经滤灭菌后，蔗糖及果糖的效果最好，体胚转换率达 80%以上。但经高压灭菌后，蔗糖、葡萄糖和果糖的效果均有所降低，只有麦芽糖的效果有所增高。Redenbaugh 等（1990）在研究中也得到类似的结果，他认为，麦芽糖可能是一种催熟因子，能诱导停滞在前期的体胚进一步发育成熟，故考虑以麦芽糖为碳源制作人工种子。

光暗条件对体细胞胚的发生也有一定影响，因植物种类而异，如烟草和可可体细胞胚发生要求高强度光照，而胡萝卜和咖啡的体细胞胚发生则要求全黑暗条件，高强度的白光、蓝光抑制胡萝卜悬浮细胞的体胚发生和体胚生长。

此外，一些研究还发现，待球形胚形成后，如果降低培养基的无机盐浓度，可以显著促进体细胞胚的进一步发育。

（3）激素　2,4-D 是应用最为广泛的生长素，对体细胞胚的发生具诱导作用，对其的使用浓度则因植物品种及基因型而异，一般单子叶植物要求浓度较双子叶植物高。在胡萝卜、三叶草及苜蓿悬浮细胞系诱导体细胞胚产生的体系中，体细胞胚发生一般经过两个阶段，第一阶段是在较高 2,4-D 浓度下，外植体细胞的脱分化、愈伤组织的诱导及胚性细胞和细胞团的形成，第二阶段则是在降低 2,4-D 浓度产生早期胚胎，待球形胚形成后，除去生长素促进体细胞胚的继续发育。崔凯荣等（1998）对枸杞体细胞胚发育的研究表明，胚性愈伤组织形成后，如不及时转入降低或去除 2,4-D 的培养基中，则胚性细胞就不能进入体细胞胚胎发育。但在有些植物中，如水稻、玉米等的花药培养，在不添加任何激素的条件下，也能形成胚状体。另外，人参、西洋参、刺五加等不需降低或去除 2,4-D 也可产生大量体胚。这可能与各种植物本身内源激素的不同有关。此外，研究表明，一定浓度范围的激动素（KT）对体细胞胚的发生也具有诱导作用，GA 和乙烯抑制胚胎发生，ABA 则对有些植物胚发生起诱导作用，对另一些植物则表现为抑制作用。TDZ 最初作为棉花落叶剂用于生产，随后发现它具有生长素和细胞分裂素的双重功能，因此 TDZ 被广泛用于体胚的诱导，一般微量的 TDZ 就能促进体胚的发生。

11.2.2.2　胚类似物的诱导

以体细胞胚为包裹材料的人工种子要求高质量的体细胞胚能够大量同步发生，而目前只有少数植物能建立这样的体细胞胚发生系统，如胡萝卜、苜蓿、龙眼、烟草、芹菜、棉花等，许多经济作物还需要进一步提高胚的质量。为此，人们积极探讨用体细胞胚以外的胚类似物来生产人工种子。

胚类似物或非体细胞胚，是指芽、短枝、愈伤组织、花粉胚、块茎、球茎等繁殖体。陈德富还将芽茎段、原球茎、粒状组织、试管苗等也归入芽一类中。据陈德富等（1995）报道，胚类似物的应用比例达到 46.4%。发生这一变化的原因，一是由于目前只有少数植物能建立起高质量的体细胞胚发生系统，并且已建立起良好体细胞胚发生系统的植物，如胡萝卜、苜蓿和芹菜等实际上几乎没有必要用人工种子作为繁殖手段，而只是作为模式植物进行研究。人工种子技术的真正意义体现在那些有较高经济价值的作物上。日本学者 Kamada（1985）认为，若从经济角度考虑，无性繁殖或多年生植物首先具有人工种子的应用潜力，但是这类植物却一般难以得到高质量的体细胞胚，这使得大多数重要经济植物和珍稀濒危植物的人工种子技术应用大大受到限制。二是体细胞胚存在无性系变异、幼苗期较长及苗转化率较低等缺点。

1987 年 Bapat 等首次成功地采用桑树试管苗腋芽制作非体细胞胚的人工种子，此后这方面的研究日益增多。相对于体细胞人工种子来说，非体细胞人工种子有以下优点：①几乎所有粮食作物、经济作物、园艺作物在离体条件下都能以不定芽、原球茎、茎段等方式进行增殖；②诱导植物体细胞胚胎发生难度很大，而以非体细胞胚为包裹材料降低了人工种子制作的难度；③体胚诱导一般需要对外植体进行脱分化与再分化，这个过程中体细胞克隆存在高频率的变异，而通过微芽的方式能把变异的风险降到最低。

1998 年，Standard 等按来源与特性把制作人工种子的非体细胞胚分为以下三类：

（1）天然单极性繁殖体（natural unipolar propagule，NUP）　包括球茎、原球茎等繁殖

体，本身贮藏有较多的营养物质，且具有较强的繁殖能力；制成的人工种子一般不需添加植物生长激素就具有很高的发芽率。例如，铁皮石斛原球茎制成的人工种子发芽率达80%，何奕昆等以半夏小块茎制成的人工种子，在无菌培养基上的萌发率可达70%，在未灭菌泥炭土中约为30%。人工种皮内添加适当激素可促进萌发。

（2）微切段（microcutting，MC）　目前非体细胞胚人工种子主要集中在微切段，包括带顶芽或腋芽的茎节段、不定芽等，1998年冉景盛用含0.2%多菌灵的海藻酸钠包裹日本珊瑚树腋芽，制作成的人工种子在有菌的蛭石上萌发率达67.75%。1999年Gardi等对猕猴桃（*Actinidia deliciosa*）等十种木本植物以微切段进行包裹制作人工种子。虽然微切段繁殖体在无菌培养基上具有较高的发芽率，但由于其没有根或根原基，如果把人工种子播于不添加营养物质和激素的无菌水或其他基质中，萌芽率一般都非常低。在包裹前对微切段进行预培养，将大大提高其萌芽率。例如，Piccioni研究发现，苹果砧木茎节段腋芽在含24.6μmol/L IBA和15g/L蔗糖的培养基上预先暗处理24h，制成的人工种子在无菌水中培养30天的转株率高达90%；而未经处理的只有10%能长成小苗。谷瑞升等对赤桉的微芽进行生根预诱导处理8天，包裹14天后转株率可达81.3%，42天的转株率为83.3%；而未经预处理的材料，42天的转株率只有34.7%。

（3）处于分化状态的繁殖体（differentiating propagule，DP）　包括拟分生组织、细胞团、原基等，由于这类繁殖体处于脱分化状态，一般需在人工胚乳中添加各种营养物质和生长激素，以促进其分化成其他类型的繁殖体（如不定芽、球茎、体胚等）。Uozumi等以辣根（horseradish）根原基为原料进行包裹制成人工种子，放在添加了各种生长调节剂的培养基上进行培养。研究发现，根原基生长到26天时最适合包埋，最终会分化为小苗。Patel等以胡萝卜的细胞团用中空包裹法制作人工种子，细胞团分裂形成胚性愈伤组织，将其再进行培养能诱导出体胚。

在园艺植物上，姜用枝芽、香蕉用茎尖、大花蕙兰用原球茎、蕹菜及甘薯用腋芽、百合用小鳞茎、微型薯用不定芽、紫花苞舌兰（*Spathoglottis plicata*）用种子均成功制作了非体细胞胚人工种子。

11.2.2.3　胚状体或胚类似物的同步化和分选

胚状体大小对人工种子发芽速度和整齐度有很大的影响，因此用于包埋的胚状体或胚类似物需经同步化或制种前的分选。胚状体的同步化是指促使所有培养的细胞或发育中的细胞团块进入同一个分裂时期。只有同步化了的细胞才可能成批地产出成熟胚胎。而在体细胞胚胎发生过程中，细胞分裂和分化往往是不同步的，以致体细胞胚胎的产生也不同步，常常在同一外植体上可以观察到不同发育时期的大小各异的胚状体。体胚的分化也是不同步的。但人工种子又必须要求发育正常、形态上一致的鱼雷形胚或子叶形胚（因为它们比心形胚活力高，发芽率高，耐包裹，做成人工种子后转株率高），为此要对体细胞胚发生进行同步化控制与筛选、纯化。

目前同步化处理或分选的方法主要有：①激素调节法　通过调节培养基中的激素种类和比例来控制，如胡萝卜体细胞胚，把2,4-D从培养基中去掉，便可获得成熟体细胞胚，也有人发现使用ABA有利于体细胞胚的发育。②温度冲击法　在细胞培养的早期对培养物进行适当低温处理若干小时。低温的作用主要是阻碍微管蛋白合成和纺锤体形成，从而使滞留于有丝分裂中期的细胞增多，低温处理后如果再回到正常的培养温度，细胞则可能同步分裂。③饥饿法除去培养基中某些营养成分而导致细胞处于停止生长期。④阻断法　在培养初期加DNA合成抑制剂，如5-氨基尿嘧啶，阻断细胞分裂的G1期。⑤渗透调节法　不同发育阶段的胚状体具有不同的渗透压，通过调节渗透压来控制胚的发育，使其停留于某个阶段。⑥密度梯度离心法　在细胞悬浮培养的适当时期，收取处于胚胎发育某个阶段的胚性细胞团，转移到无生长素的培养基上，使多数胚状体同步正常发育。⑦过滤分选或仪器分选法　一般来说，不同大小的胚状体反映了胚状体的不同发育阶段。选用不同孔径的尼龙网来过滤悬浮培养液中的胚状体，可获得所需阶段的胚状体。由于同步化筛选所需时间长以及操作复杂会增加胚状体的变异程度，所以胚胎发生的同步化与制种前的分选可以结合起来，只要制作的人工种子发芽基本均匀即可。胡萝卜胚状体以 0.9～2mm 大小最适于制种，通常以过滤分选法比较实用、有效和快捷。

11.2.3　人工种子的包埋

人工种皮是指人工种子中胚状体或胚类似物以外的部分的统称。也有文献把包裹胚的营养基质称为人工胚乳，外膜为人工种皮。从形态学来说，外膜相当于天然种子的种皮部分。用作人工胚乳及人工种皮的理想的包埋材料应具备下列特性：①无毒、无害，有生物相容性，能支持胚状体；②有一定的透气性、保水性，既不会造成人工种子在贮藏保存过程中丧失生活力，又能保证其将来正常萌发生长；③有一定的强度，能维持胶囊的完整性，以便于人工种子贮藏、运输和播种；④可容纳和传递胚胎发育所需的营养物质、生长和发育的控制剂，以及为延长贮藏寿命而添加的防腐剂、杀菌剂等。

11.2.3.1　人工胚乳的制备

在自然种子中，胚乳为合子胚发育的营养仓库。制作人工胚乳实质上是筛选出适合该胚状体萌发和生长发育的培养基，最后将筛选出的培养基添加到包埋介质中。不同植物、不同的繁殖体对培养基的要求不同。MS 培养基、N6 培养基、B5 培养基和 SH 培养基等都曾被用作人工种子包被的基本培养基，其中以 MS 培养基最为常用，或以 MS 培养基为基础稍加修改应用。

糖类既可以作为体细胞胚或胚类似物生长的碳源物质，又可以改变包被体系中的渗透势，防止营养成分外泄，还能在人工种子低温贮藏过程中起保护作用。目前用于人工胚乳中的糖类主要有蔗糖、麦芽糖、果糖和淀粉等。其中蔗糖作为碳源应用最为广泛，促进人工种子转化成苗的效果也相对较好。叶志毅等制作桑树（*Morus alba*）体细胞胚人工种子时发现，与果糖相比，蔗糖更利于人工种子的发芽和生长。不同蔗糖浓度对人工种子萌发的影响也不同，一般使用浓度为 3%。Adriani 等在对猕猴桃（*Actinidia deliciosa*）不定芽的包被过程中，发现增加蔗糖的浓度可增加其转化率。但也有研究表明蔗糖的作用不及麦芽糖好。

培养基中各种生长调节剂是建立培养体系的关键，其中起主要作用的有细胞分裂素和生长素两类。常用的细胞分裂素有 6-BA 和 KT，生长素有 IAA、IBA、NAA、2,4-D 等。不同作物中细胞分裂素与生长素配合的种类和浓度有所不同，在百合茎尖分生组织培养时以 MS＋BA 0.5～1.0mg/L＋NAA 0.5mg/L 效果最佳，而无籽西瓜茎尖快速繁殖时，以 MS＋BA 0.5mg/L＋IAA 1.0mg/L 为培养基时芽增殖数增多，发育正常而稳定。在人工胚乳中添加激素虽可提高人工种子的萌发率，却会降低幼苗对环境的适应性。人工胚乳应根据各种不同植物的要求和特点有目的、有选择地配制，而不可随意套用。

此外，还可以在人工胚乳中增加一些金属离子、杀菌剂、防腐剂、农药、抗生素、除草剂等，人为地影响和控制植物的发育与抗逆性。

11.2.3.2 人工种皮的研究

人工种皮一直是人工种子研究的热点之一。Kitto 试验了 8 种水溶性树脂，认为聚氧乙烯可作为内种皮；Redenbaugh 试验了 26 种水溶性胶，结果表明只有海藻酸钠、明胶、树脂、果胶酸钠、琼脂及 Gel-rite TM 可作为内种皮，其中海藻酸钠由于具有生物活性、无毒、成本低、可防止机械碰伤以及工艺简单等诸多优点而被广泛应用，但它也存在不少缺点，如保水性差，水溶性成分及助剂易渗漏，在空气中易失水干燥且干燥到一定程度后不能再吸水回胀，不利于人工种子贮藏和发芽，机械强度差以及胶球粘连等。为克服海藻酸钠的不足，人们进行了两方面的尝试：一是在海藻酸钠中添加一些物质，如加活性炭减少营养物质的渗漏，加滑石粉来解决胶球粘连的问题；二是寻找新的包埋基质和新的包埋工艺来完善人工种子制作技术。Gray 等认为对人工种子的研究应集中在改进胚或胚功能类似物的质量、解决繁殖体的呼吸和休眠以及包埋基质上。许光学等认为对包埋基质的研究应集中在改善透气性来提高胚的转化率，他用一些纤维衍生物与海藻酸钠制成复合性的包埋基质，取得了较为满意的效果。Timbert 等在海藻酸钠中加入多糖、树胶、高岭土可减缓凝胶脱水速度，提高了干化的胡萝卜胚状体的活力。日本麒麟啤酒公司和美国植物遗传公司联合研制出一种新的包埋胶衣，它能在一定条件下自行裂开，以便胚状体能顺利萌发。

为解决单一种皮存在的诸多问题，人们又着手进行外种皮的研究。Redenbaugh 等采用 Elvax4260（10％环己烷）作为外种皮获得成功，并可用种子播种机进行播种，发芽力达 80％，但未见成株报道。Ling-fong Tay 等用壳聚糖作为外种皮的人工种子萌发率达 100％，但在有菌条件下萌发率仍然不高。邓志龙等用聚丙酸酯为外膜，对安祖花人工种子进行再包裹，使用时配成 5％的溶液，经湿热高压灭菌后溶液变成乳白色。再把经无菌水冲洗过的海藻酸钙胶囊放入聚丙酸酯溶液中浸 60min，取出后胶囊外就包裹着一层聚丙酸酯的高分子外膜，并且这层外膜对胚无毒害，也不妨碍其萌发。但是人们还试图寻找其他的制种方式和包裹材料，以完善现有的人工种子制作技术。此后，海藻酸钠包埋制种方式比例大幅下降，聚合物包埋法也略微下降，而新出现的组合包埋法以及其他各种新方法如流体播种、液胶包埋、琼脂包埋、铝胶囊包埋等方法呈现上升趋势；一些新的包埋材料也逐渐在研究利用，如许光学等试验了 19 种聚合物及其组合物，发现 13 种材料可作为包埋材料。

11.2.3.3 人工种子的包埋方法

包埋人工种子的方法主要有液胶包埋法、干燥包裹法和水凝胶法。液胶包埋法是将胚状体或胚功能类似物悬浮在一种黏滞的流体胶中直接播入土壤。Drew 用此法将大量的胡萝卜体细胞胚放在无糖而有营养的基质上，获得了 3 株小植株；Baker 在流体胶中加入蔗糖，结果有 4％的胚存活了 7 天。干燥法是将胚状体经干燥后再用聚氧乙烯等聚合物进行包埋的方法，尽管 Kitto 等报道的干燥包埋法成株率较低，但它证明了胚状体干燥包埋的有效性。水凝胶法是指通过离子交换或温度突变形成的凝胶包裹材料的方法。Redenbaugh 等首先用此法包埋单个苜蓿胚状体制得人工种子，离体成株率达 86％，以后水凝胶法很快成为人工种子包埋的主要方法。在多种水凝胶中，海藻酸钠应用最广。常用的以海藻酸钠来包埋的离子交换法的操作方法如下所述。

在 MS 培养基（含营养物质和生长调节剂等）中加入 0.5％～5.0％的海藻酸钠制成胶状，加入一定比例的胚状体，混匀后，用滴管将胚状体连同凝胶吸起，再滴到 2％ $CaCl_2$ 溶液中停留 10～15min，其表面即可完全结合，形成一个个圆形的具一定刚性的人工种子。而后以无菌水漂洗 20min，终止反应，捞起晾干。

固化剂 $CaCl_2$ 溶液的浓度影响成球快慢，一般 1％的浓度足以成球，浓度升高到 3％成球速度快。在 $CaCl_2$ 溶液中的络合时间以 30min 为宜，再增加浸泡时间，人工种子的硬度也会明显增加。

Patel 等提出了一种新的海藻酸钠包被体系：将植物材料悬浮于 $CaCl_2$ 和羟甲基纤维素混合液中，滴入到摇动的海藻酸钠溶液中进行离子交换形成空心胶囊，这种包被技术可以在繁殖体周围形成液体被膜，以更好地保护植物繁殖体（图 11-2）。胡萝卜（*Daucus carota*）胚性愈伤组织经此方法包被，培养 14 天后，100％的空心颗粒能在液体中萌发，13％的能够突破胶囊。

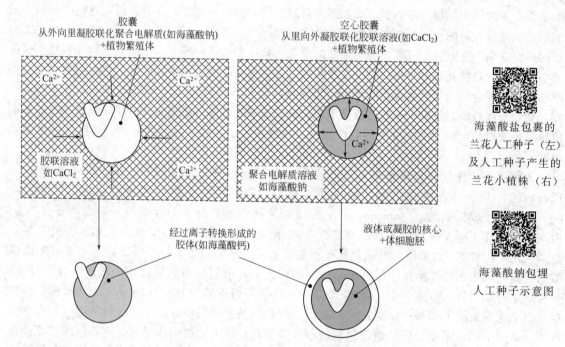

海藻酸盐包裹的
兰花人工种子（左）
及人工种子产生的
兰花小植株（右）

海藻酸钠包埋
人工种子示意图

图 11-2　海藻酸钠传统包被方法（左）与 Patel 等的包被方法（右）（Patel 等，2000）

11.3　人工种子的贮藏与萌发

由于农业生产的季节性限制，人工种子需要贮存一段时间，但人工种子往往含水量大，种球易失水干缩，且种皮内糖分易引起胚腐烂，贮存难度较大。据观察，胡萝卜胚状体置于无糖分的培养基上可存活两年。不包裹的胚状体在贮存过程操作时易受损伤，但包裹的胚状体贮存后成苗率明显降低，降低速度比不包裹的快，因而有必要研究如何有效地贮存人工种子。

11.3.1　人工种子贮藏技术

目前应用于贮藏人工种子的方法有低温法、干燥法、抑制法、液体石蜡法及上述方法的组合等。干燥法和低温法组合是目前应用最多的，也是目前人工种子贮藏研究主要热点之一。由于人工种子的贮藏很大程度上依赖于包埋技术，不同的包埋材料的贮藏方法也不同，以下主要介绍以海藻酸钠为包被材料制作的人工种子的贮藏技术。

（1）低温贮藏技术　低温贮藏是指在不伤害植物繁殖体的前提下，通过降低温度来降低繁殖体的呼吸作用，使之进入休眠状态。常用的温度一般是 4℃。在此温度下体细胞胚人工种子可以贮藏1~2个月。如茶枝柑（*Citrus reticulata*）的人工种子，贮藏1个月仍具很高的转化率。泡桐（*Paulownia elongata*）的人工种子在贮藏30天或60天后体细胞胚的存活率分别是67.8%和53.5%，萌发率分别是43.2%和32.4%。

非体细胞胚人工种子可以在4℃下贮藏更长的时间，Mandal等（2000）对4种罗勒属（*Ocimum*）植物的腋芽进行包被，可保存60天，并使植物耐寒性提高。Datta等（1999）包被濒危植物地宝兰（*Geodorum densiflorum*）类原球体，贮藏120天后，其生存能力与贮藏前相比无明显变化。马铃薯芽尖在MS培养基上培养2天后，用海藻酸钠包埋，贮藏270天、360天和390天后在MS培养基上的萌发率分别是100%、70.8%和25%。但由于人工种子没有像自然种子一样在贮藏前进入休眠状态，随着低温贮藏时间的加长，包埋体系内的含氧量降低，人工种子萌发率会下降。

（2）液体石蜡贮藏技术　液体石蜡作为经济、无毒、稳定的液体物质，常被用来贮藏细菌、真菌和植物愈伤组织。美国已有报道，把人工种子放在液体石蜡中，保存时间可达6个月以上。但李修庆等（1990）研究胡萝卜人工种子的结果表明，人工种子在液体石蜡中短时间保存（1个月）能较为正常地生长，但时间一长（79天），人工种子苗的生长则明显比对照组差；并且发现液体石蜡对幼苗的呼吸和光合作用有一定的阻碍作用。所以，在常温下液体石蜡不能通过抑制发芽来贮藏人工种子。干燥后的人工种子，在2℃的液体石蜡中，2个月后只有2%萌发。陈德富等（1990）对根芹（*Apium graveolens*）体细胞胚人工种子的研究也得到同样结果。Wysokinska等（2002）对梓树（*Catalpa ovata*）不定芽以海藻酸钠包被的人工种子，用石蜡油涂抹后在4℃贮藏28天或42天后，萌发率仅在3%~22%之间。说明用液体石蜡来贮藏人工种子并不能取得较好的效果。

（3）超低温贮藏技术　随着超低温保存技术在种质资源保存方面的发展，其在人工种子保存方面的应用也日渐成熟。超低温一般是指-80℃以下的低温，如超低温冰箱（-150~-80℃）、液氮（-196℃）等。在此温度下，植物活细胞内的物质代谢和生命活动几乎完全停止。所以，植物繁殖体在超低温保存过程中不会引起遗传性状的改变，也不会丢失形态发生的潜能。目前应用于人工种子超低温保存的方法主要是预培养-干燥法，即人工种子经一定的预处理，并进行干燥，然后浸入液氮保存。

（4）干化与贮藏技术　干化能增强人工种子幼苗的活力，有助于贮藏期间细胞结构及膜系统的保持和提高酶的活性，使其具有更好的耐贮性。已有研究发现，在高湿度下缓慢干化，人工种子有较高的发芽率和转化率。据研究，用聚氧乙烯（2.5%）干燥固化法制作的胡萝卜人工种子，在4℃黑暗条件下可存放16天。低温加ABA处理，人工种子存活率可提高20%~58%。Nitzche首次用ABA处理胡萝卜胚状体，经7天干燥后仍具有生命力，并得到再生植株，胡萝卜愈伤组织在15℃及相对湿度25%的条件下存放一年仍可再生。

裸胚干化处理后直接播种已进行过许多尝试。Gray、黄绍兴等的研究结果表明，干化能增强人工种子幼苗的活力；崔红等通过电镜观察、电导值及脱氢酶的比较，发现干化有助于芹菜胚状体贮藏期间细胞结构及膜系统的保持和提高酶的活性，使胚状体具有更好的耐贮性；已有研究发现，在高湿度下缓慢干化，胚状体有较高的发芽率和转化率。目前，有关包埋胚状体的干化处理报道较多。Kitto等将富含胡萝卜胚状体的悬浮培养液包于水溶性塑料薄膜内，形成胶囊在26℃条件下干化4天后，再吸水萌发，从20个胶囊中获得两棵植株；Takahata干化甘蓝胚状体到含水量10%，转化率达48%；Kim等发现利用ABA处理有利于提高胚状体干化后的存活率。他们认为ABA能促进胚状体形态正常化，抑制胚状体过早萌发，有利于干物质的积累，从而提高干化耐受性。Timbert在包埋基质中添加ABA提高了人工种子干化耐受性；Kitto等、Timbert等均发现高浓度的蔗糖预处理胚状体能提高其干化耐受性，延长贮藏时间，提高贮藏后萌发率。Timbert 等研究表明，脯氨酸也能提高胡萝卜胚状体干化耐受性。李修庆发现海藻酸钠包埋的胡萝卜胚状体经干化后其超氧化物歧化酶和过氧化物酶的活性显著提高，从而减轻低温贮藏对胡萝卜胚状体的伤害。

11.3.2 人工种子发芽试验

包裹好的人工种子含水量大，易萌芽，通常要对它进行发芽试验，在无菌条件下和有菌条件下进行培养。把包好的人工种子接于 MS 或 1/2MS 培养基中为无菌培养。有菌条件常用蛭石和砂 1∶1 混合，开放条件下，把人工种子接种于其中，培养条件均为：温度 25℃±1℃，光照 10h/d，光照强度为 1500lx，蛭石与砂要保持一定的湿度，防止人工种子水分很快丧失而使球变硬变小，影响种子萌发。定时观察统计发芽的粒数并计算发芽率。有的人工种子能发芽但不一定能发育成植株。实验中常把胚根或胚芽伸出人工种皮大于 2mm 称为发芽。而把胚芽、胚根部都伸出种皮并长于 5mm 称为成苗。

一般来说，在人工种皮内补充添加剂有利于有菌条件下萌芽，试验表明在蛭石、珍珠岩等基质上发芽率较高。此外，防腐也可以提高人工种子的萌发率，汤绍虎等在甘薯人工种皮中加 400～500mg/L 的先锋霉素、多菌灵、氨苄青霉素或羟基苯酸丙酯，均有不同程度的抑菌作用，萌发率可提高 4%～10%。薛建平等（2005）在半夏人工种子制作基质中加入 1% 多菌灵、0.2% 次氯酸以及 0.1% 壳聚糖，其萌发率提高到 80%。

综上所述，尽管目前人工种子技术的实验室研究工作已取得较大进展，并且已在繁殖遗传工程植物、减数分裂不稳定植物、稀有及珍贵植物的过程中，显示出超常的优势，被国内外报刊称之为生物技术的"明星""超级种子""农业上的革命"。但从总体来看，目前的人工种子还远不能像天然种子那样方便、实用和稳定，主要障碍在于人工种子的质量和成本：①许多重要的植物目前还不能靠组织培养快速产生大量的、出苗整齐一致的、高质量的胚状体或不定芽；人工种子的质量达不到植物正常生长、运输和贮藏的要求；人工种子的制种和播种技术尚需进一步研究。②目前多数人工种子的成本仍然高于试管苗和天然种子。虽然一些研究机构已经建立起大规模自动化生产线，能够生产出高质量、大小一致、发育同步的人工种子，但是它们的成本仍高于天然种子。以苜蓿为例，目前生产 1 粒人工种子所需成本是 0.026 美分，而使用 1 粒天然苜蓿种子的成本是 0.0006 美分，二者相差 40 多倍。因此，人工种子要真正进入商业市场并与自然种子竞争，必须降低生产成本。③由于人工种子是由组织培养产生的，需要一定时间才能很好地适应外界环境，因此人工种子在播种到长成自养植株之前的管理也非常重要，在推广之前必须经过农业试验，并对栽培技术及农艺性状进行研究。由此可见，人工种子要想成为种植业的主导繁殖体，目前仍有相当的困难。但有一点是很明确的，那就是人工种子与试管苗相比，所用培养基量少、体积小、繁殖快、发芽成苗快、运输及保存方便。人工种子的开发利用前景是十分诱人的。这项生物高新技术将在作物遗传育种、良种繁育和栽培等方面起到巨大的推进作用，并将掀起种子产业的一场革命。

11.4 不同植物的人工种子制作技术

11.4.1 大田作物人工种子制作技术

11.4.1.1 水稻人工种子制作技术

水稻人工种子大多是通过体细胞胚方式包埋而成的，秦瑞珍等于 1989 年首次报道了通过不定芽再生的水稻植株。用水稻不定芽无性繁殖系制作人工种子的方法是：剥去稻种颖壳的糙米，以 2mg/L 2,4-D 溶液浸泡过夜，用洗涤剂和自来水反复冲洗后，再用 0.1% $HgCl_2$ 灭菌 15~20min，以无菌水冲洗数遍后将米粒接种在 MS＋2,4-D 2mg/L＋KT 0.5mg/L 诱导培养基上，于 25℃暗培养。2 天后胚芽出现，7 天后胚芽基部开始膨大，切除胚芽后继续培养，25 天后胚性愈伤组织出现，然后将其移至含 IAA 1mg/L＋6-BA 0.5mg/L 的 MS 培养基上，可分化出绿苗。1 个月后，将绿苗的顶端切除，置于 MS＋6-BA 3mg/L＋NAA 0.2mg/L 增殖培养基上，待苗长高后再切除顶部，如此反复继代即可筛选出不定芽。然后对不定芽进行包埋可制作人工种子。

此外，用水稻幼穗也可制作人工种子（邢小黑等，1995），其方法是：取 1cm 左右的水稻幼穗，用 70% 乙醇表面消毒 1min，在超净台上剥开后接种于含 1mg/L 2,4-D、0.5mg/L 6-BA、30g 蔗糖、6.8g 琼脂、pH 值 5.8 的 N6 培养基上，（26±2）℃暗培养。将诱导出的愈伤组织接种含 6-BA 2mg/L、2,4-D 0.2mg/L、45g/L 蔗糖、7g/L 琼脂、pH 值 5.8 的 N6 培养基上，（26±2）℃光培养，光强 1500lx。将分化了的 2~3mm 不定芽置于含 2% 海藻酸钠、100mg/L MS、100mg/L 肌醇、2mg/L 6-BA、0.5mg/L NAA 以及碳源为麦芽糖的 N6 培养基的凝胶液中，在无菌条件下将含有不定芽的凝胶滴入 $CaCl_2$ 溶液中固化成直径为 6mm 的水稻人工种子。

11.4.1.2　甘薯人工种子制作技术

番薯（*Ipomoea batatas* L.），又名甘薯、红薯、地瓜、白薯、甜薯，是中国许多地方重要的粮食作物。我国年留种薯量约为 2.5 亿千克，占甘薯总产量的 0.5%。每年经储藏、运输的烂薯率更高达 50%，损失很大。如果应用甘薯人工种子代替薯块繁殖，可节约种薯，克服储藏烂窖等问题。为此，周丽艳等（2008）成功制作了甘薯的人工种子，基本步骤为：①将甘薯苗剪成长 3~4mm 的带腋芽茎段，将茎段投入到 MS＋4% 海藻酸钠＋3% 蔗糖＋0.5mg/L NAA 中，充分混匀；②用不锈钢小勺均匀地舀出包有海藻酸钠的茎段，快速投入到 2% 的 $CaCl_2$ 溶液中，经 10min 形成一定硬度的白色人工种子胶囊后，倒出 $CaCl_2$ 溶液，用 MS 洗液冲洗 3 次，用无菌滤纸吸去人工种子表面的水分；③ 将人工种子放入 10% 的环己烷（Elvax4260）中，浸泡 1h，取出后用气流吹干，用无菌水冲洗，形成种子外膜；④将制作成的人工种子置于 4℃下贮藏，于 MS 培养基、25℃、12h 光照下发芽。

11.4.2　园艺植物人工种子制作技术

11.4.2.1　铁皮石斛人工种子制作技术

铁皮石斛（*Dendrobium candidum*）乃石斛中的珍品，不仅可观赏，而且可药用，近年来市场需求量不断增加，但其生境苛刻，自然生长繁殖相当缓慢，加之过度采挖，已成为濒危植物。1992 年 Sharma 等研制了大包鞘石斛（*D. wardianum Warner*）的人工种子，1996 年郭顺星等报道了铁皮石斛人工种子制作流程，1997 年朱峰研究了铁皮石斛人工种子凝胶包埋系统，2000 年张铭对铁皮石斛原球茎质量控制进行了研究。2010 年刘宏源和刘星华报道了一种铁皮石斛人工种子制作方法的专利（专利号 CN101849503A），具体技术步骤如下所述。

（1）原球茎的诱导与增殖　选取铁皮石斛成熟未开裂蒴果，以自来水冲洗表面污渍 5min 后，用 70% 酒精棉球擦拭果壳表面沟纹，然后将整个蒴果放入在 0.1% $HgCl_2$ 溶液中灭菌 15~25min，以无菌水冲洗 4~5 次，吸干表面水分。此后，将果实用消毒后手术刀切开，用接种针将粉末状胚接种到种子萌发培养基表面，接种两周后，种子萌发形成原球茎。将种子萌发的原球茎接种于增殖培养基中进行培养,接种量以鲜重计,每瓶 3g,原球茎增殖培养基为 MS+1.0mg/L KT+0.2mg/L NAA,每升培养基添加 50~100mL 椰子汁和 10~20g 纳米 TiO_2。上述步骤中培养基 pH 值为 5.4~5.6,培养温度(25±2)℃,光照强度 2000lx/10h。

(2)铁皮石斛人工种子制作　将增殖后的原球茎转入含有 0.5mg/L ABA 的 MS 培养液内振摇培养(100r/min),每 10 天更换培养液 1 次。30 天后用 6 目尼龙网筛选择长×宽约为 (0.5~1.5)mm×(2.0~3.4)mm 的原球茎作为包埋繁殖体。在超净台上,将原球茎浸入含有 MS+0.5mg/L BA+0.5mg/L NAA+0.3% AC+3% 海藻酸钠+0.3% 百菌清+1.5% 淀粉+1.0% 保水剂+2.0% 纳米 TiO_2 的人工胚乳中,3~5min 后,用吸管将包有原球茎的半凝胶状态海藻酸钠滴到添加 2% 壳聚糖和 1.0%~3.0% 纳米 TiO_2 的 2% $CaCl_2$ 溶液中,15min 后取出用蒸馏水冲洗干净,置于滤纸上吸干表面水分,即可获得人工种子。

(3)人工种子萌发与贮藏　将制作好的人工种子放入灭菌并烘干的三角瓶中,用封口膜封好,在 4℃ 下贮藏,用时将人工种子放在 MS 琼脂糖培养基上萌发率较高。

11.4.2.2　枣树人工种子制作技术

(1)外植体准备　枣树品种"鸡蛋枣"愈伤组织培养产生不定芽,当不定芽长至 1~2cm 时,切取顶部 3~4mm 为人工种子制作的材料。

(2)人工种子制作　将不定芽放入灭菌后的 MS+0.1mg/L ZT+0.5mg/L IBA+4% 海藻酸钠+100U/mL 青霉素+300mg/mL 多菌灵溶液中,制成无菌包埋材料。然后,在超净工作台内,将约 40mL 包埋材料转入盛有繁殖体的 50mL 烧杯中,用内径 4mm 吸管将 1 个繁殖体连同包埋材料一起吸入,滴至 2% $CaCl_2$ 溶液中,每滴体积 0.5mL 左右。10min 后,液滴被固化为人工种子。将人工种子取出,用无菌水冲洗。

(3)贮藏与发芽　将上述人工种子置于 30℃ 下干燥 3 天,贮藏在 5℃ 条件下,以 MS 培养基上的发芽率较高。发芽时,先暗培养 10 天,然后采用光培养,培养条件为光照时间为 14h/d,光强为 2000lx,培养温度为 28℃。

11.4.3　林木植物人工种子制作技术

以下仅介绍相思树人工种子制作技术。

相思树(*Acacia confusa*),又名台湾相思、香丝树、相思仔、假叶豆,为豆科含羞草亚科金合欢属植物,原产于中国南方地区和东南亚一带。因其树冠苍翠绿荫,相思树可作为优良而低维护的遮阴树、行道树、园景树、防风树、护坡树使用。幼树还可作绿篱树,尤适于海滨绿化,花能诱蝶、诱鸟。由于相思树种子紧缺,进口良种成本昂贵,扦插繁殖萌发率低,极大限制了相思树的实践应用,为此,林珊珊(2006)成功研制了相思树的人工种子,其基本步骤如下所述。

(1)外植体准备　以继代 20 天的厚荚相思茎段为材料,切取大小为 2~3mm 的微芽为包埋材料。

(2)人工种子制作　将厚荚相思的微芽与 50mL 含有 100mmol/L $CaCl_2$ 的 3% 羧甲基纤维素钠溶液混合搅匀,用口径为 4mm 的滴管将含有包埋物的羧甲基纤维素钠溶液吸起滴入到 100mL 的 2% 海藻酸钠+30g/L 蔗糖溶液中,进行离子交换,在这个过程中要不断振荡海藻酸钠溶液;用无菌去离子水冲洗两遍,洗掉未交换的海藻酸钠溶液,防止种球相互黏附,之后再用 100mL 的 100mmol/L $CaCl_2$ 固化 20min,用无菌去离子水冲洗两遍。

(3)贮藏与发芽　制作成的人工种子置于 15℃ 下贮藏,贮藏时间越短发芽率越高;将包埋后的种子置于 40mL 沙子+20mL 水的混合基质中,发芽率较高。

11.4.4 药用植物人工种子制作技术

白术人工种子形成的健康植株

11.4.4.1 白术人工种子制作技术

菊科苍术属植物白术（*Atractylodes macrocephala* Koidz.）的干燥根茎，气清香，味甘苦，性温，具健脾益气、燥湿利水、止汗、安胎等多项药用功能，为常用大宗药材之一。利用组培技术进行快繁，虽能克服白术长期以来由于药农只种不选出现的种性退化、药材产量和质量下降问题，但试管苗生产周期长、成本高、不便运输，限制了白术的规模化生产。为此，汪福源等研制了白术人工种子制作技术，具体流程如下所述。

(1) 材料准备　选取1.5～2.0cm大小的白术外植体幼芽，经浓度0.1% $HgCl_2$ 消毒后，接种于含0.5mg/L BA+5.0mg/L病毒唑的MS培养基上，得到无菌试管苗作为试验材料。

(2) 外植体选取与人工种子制作　切取3～5mm直径的单个腋芽，置于湿热灭菌的2.5%海藻酸钠+1/2MS+0.5mg/L IAA+30mg/L蔗糖溶液中，然后采用滴注法，吸取包有小芽的半凝胶状态海藻酸钠滴到2%的 $CaCl_2$ 中，8～10min后捞出，用无菌水浸洗2～3次。

(3) 人工种子萌发　制作好的人工种子播种在铺有无菌水浸润滤纸的培养皿中，25℃、1500lx、16h白天/8h黑夜的条件下发芽。

11.4.4.2 杜鹃兰人工种子制作技术

杜鹃兰［*Cremastra appendiculata*（D. Don）Makino］，别名大白及、三七笋，为兰科杜鹃兰属野生珍稀药用及观赏植物，以假鳞茎入药，其性味辛、涩，可清热解毒，润肺止咳，活血止痛，对痈肿、跌打损伤和蚊虫叮咬等具有良好的治疗效果。由于杜鹃兰生境苛刻，自然生长繁殖极其缓慢，加之过度采挖，已成为濒危植物之一。尽管杜鹃兰已经实现了组织培养和植株再生，然而只有张明生等（2009）第一次报道了杜鹃兰人工种子制作技术，基本步骤如下所述。

(1) 原球茎的诱导增殖及原球茎悬浮系的建立　以幼嫩、健壮的野生杜鹃兰假鳞茎为外植体，经充分消毒后用无菌刀片将其切成带1～2个不定芽眼的小块，接种于高压灭菌后的原球茎诱导培养基上，原球茎诱导培养基组成为MS+BA 2.0mg/L+2,4-D 0.5mg/L+蔗糖30.0g/L+琼脂8.0g/L+PVP 0.5g/L+内生真菌提取物10.0mg/L、pH5.8。培养室温度为(25±1)℃，光照12h/d，光照强度为55μmol/(m^2·s)。待原球茎长出后，将其接种于增殖培养基上，增殖培养基的组成及培养条件均与原球茎诱导相同。待形成足够的原球茎增殖群体后，按5g/瓶鲜重的接种量接种于盛有50mL液体培养基的250mL三角瓶中，培养基组成为1/2MS（大量元素减半）+BA 2.0mg/L+2,4-D 0.5mg/L+蔗糖30.0g/L+内生真菌提取物10.0mg/L、pH5.8，于（25±1)℃、漫射光下，摇床转速为60r/min的条件下培养，每10天更换培养基1次，培养30天后，用尼龙网从原球茎悬浮系中筛选适宜大小的原球茎，用作杜鹃兰人工种子的繁殖体。

(2) 人工种子的制作　以杜鹃兰原球茎为繁殖体，4.0%海藻酸钠+2.0%壳聚糖+2.0% $CaCl_2$ 为人工种皮基质，1/2MS液体培养基+0.2mg/L NAA+0.1mg/L GA_3 +0.5mg/L BA+0.4mg/L青霉素+0.3%多菌灵粉剂+0.2%苯甲酸钠+1.0%蔗糖+10.0mg/L内生真菌提取物为人工胚乳成分，制作杜鹃兰人工种子。

(3) 人工种子的贮藏与萌发　将制作成的杜鹃兰人工种子用parafilm密封后，置于4℃、黑暗条件下保存。待用时，选取人工种子于MS琼脂固体培养基上，于25℃左右、

$55\mu mol/(m^2 \cdot s)$ 强度散射光下萌发，效果较好。

小 结

    植物人工种子技术是 20 世纪 80 年代中期兴起的一项生物技术，一开始就吸引了许多科学家的注意。与天然种子由合子胚、胚乳和种皮构成类似，完整的人工种子由体细胞胚（或胚类似物）、人工胚乳和人工种皮三部分组成，但人工种子却有许多天然种子所没有的独特优点。人工种子的制作主要包括外植体材料的选择、胚状体的诱导与形成及其同步化和分选、人工胚乳的制备、人工种皮的选择、包埋方法及贮藏和发芽等。高质量的体细胞胚能否发生是人工种子制作的关键，影响其发生的主要因素有遗传基因型、培养基及培养条件、生长调节物质等，目前利用芽、愈伤组织、茎段等胚类似物为制种材料的比例逐渐上升。人工胚乳应根据各种不同植物的要求、特点有目的地选择培养基和糖类、抗生素、生长调节剂等物质。人工种皮的研制则由单一种皮向复合种皮发展，目前海藻酸钠应用最广。人工种子的包埋方法主要有液胶包埋法、干燥包裹法和水凝胶法，其中水凝胶法被广泛采纳应用。人工种子的贮藏是当前人工种子研究的热点领域之一，主要目的是延长人工种子的贮藏期、保持人工种子的发芽率，目前报道的方法有低温法、干燥法、抑制法、液体石蜡法等，其中低温法和干燥法相结合是目前报道最多的方法之一。虽然人工种子研究取得了进展，前景也非常诱人，但要进入实用化阶段还面临着诸多困难。

思 考 题

1. 简述人工种子的概念和结构组成。
2. 与天然种子比较，人工种子有哪些优点和局限性？
3. 简述不同繁殖体下人工种子的制作流程。
4. 你认为人工种子制作和工厂化生产还需要攻克哪些技术难题？
5. 对于高质量体细胞胚有哪些要求？怎样制作高质量的体细胞胚？
6. 简述非体细胞胚的定义、优点和种类。
7. 人工种子的贮藏有哪些方法？干化有什么作用？
8. 目前人工种子最适于在哪些方面应用？

第12章

植物脱毒苗培育

12.1 植物脱毒的意义

植物病毒病（virus disease）是指由病毒（virus）和类似病毒的微生物（virus-like organism）如类病毒（viroid）、植原体（phytoplasm）、螺原体（spiroplasma）以及类细菌（bacterium-like organisms）等引起的一类植物病害。目前已发现的植物病毒和类似病毒病害已超过700种，在已知的园艺植物病毒病中，仁果类30余种、核果类100多种、草莓24种、柑橘20种、蝴蝶兰29种、百合21种以及其他观赏植物100多种，几乎每种作物上都有一种至几种甚至十几种病毒危害。病毒和类似病毒侵入植物体后，通过改变细胞的代谢途径使植物正常的生理机能受到干扰或破坏，从而导致植物生活力降低、适应性减退、抗逆力减弱、产量下降、品质变劣甚至死亡等，给农业生产造成巨大损失。据研究报道，病毒及类似病毒病害造成苹果减产15%～45%，马铃薯减产50%以上，葡萄果实成熟期推迟1～2周、减产10%～15%和品质下降20%等。所有植物病毒都可以随种苗或其他营养繁殖材料传播，而有些病毒如马铃薯Y病毒属（Potyvirus）、线虫传多面体病毒属（Nepovirus）和等轴不稳环斑病毒属（Ilarvirus）等的多种病毒还可以通过种子等有性繁殖材料传播。在自然条件下，病毒一旦侵入植物体内就很难根除。国内外的系统研究和生产实践证明，在目前的技术条件下，培育和栽培无病毒种苗是防治作物病毒病害的根本措施。同时，栽培无病毒种苗不仅能增强作物的适应能力和抗逆能力，提高作物的产量和品质，而且还能消减生化农药的使用，对生态环境的保护、健康农产品的生产和农业的可持续发展具有十分重要的意义。

获得无病毒材料主要有两条途径，一是从现有的栽培种质中筛选无病毒的单株，二是采用一定的措施脱除植株体内的病毒。由于作物尤其是营养繁殖作物在长期的繁殖过程中大多积累和感染了多种病毒，获得优良品种的无病毒种质最有效的途径是采用脱毒处理。植物脱毒（virus elimination）是指通过各种物理、化学或者生物学的方法将植物体内有害病毒及类似病毒去除而获得无病毒种苗的过程。通过脱毒处理而不再含有已知的特定病毒的种苗称为脱毒种苗或无毒种苗（virus-free plants or seedlings）。

12.2　植物脱毒的方法

12.2.1　热处理脱毒

热处理（heat treatment）也称温热疗法（thermotherapy）是植物病毒脱除中应用最早和最普遍的方法之一。早在1889年，印度尼西亚爪哇人就发现，患病毒病的甘蔗放在50～52℃的热水中保持30min，甘蔗就可去病而生长良好。以后这个方法得到了广泛应用，并设计出一种处理装置，探索出了热空气处理法。自1954年对马铃薯卷叶病毒（proto leaf roll virus，PLRV）用热处理取得成功以来，到目前为止，除黄化型病毒（yellowing viruses）以外，对多种其他病毒也取得成功。取不带毒的部分进行繁殖即可获得无毒材料。

12.2.1.1　热处理脱毒的原理

热处理是利用病毒类病原与植物的耐热性不同，将植物材料在高于正常温度的环境条件下处理一定的时间，使植物体内的病原钝化或失去活性，而植物的生长受到较小的影响，或在高温条件下植物的生长加快，病毒的增殖速度和扩散速度跟不上植物的生长速度而被抛在其后，植物的新生部分不带病毒。

12.2.1.2　热处理脱毒的方法

热处理脱毒方法有两种，即温汤浸渍和热空气处理。

（1）温汤浸渍　将带病毒的植物材料置于一定温度的热水中浸泡一定的时间直接使病毒钝化或失活。温汤处理对植物体的损害较大，有时会导致植物组织窒息或是呈水渍状。因此，该种方法适合于休眠器官尤其是种子的处理。

（2）热空气处理　将待脱毒的植物材料在热空气中暴露一定的时间，使病原钝化或病毒的增殖速度和扩散速度跟不上植物的生长速度而达到脱除病毒的目的。热空气处理是植物脱毒中最常用的方法之一。

12.2.1.3　热处理脱毒的条件

（1）温度与时间　热处理温度和时间因病毒种类而异。有些病毒在33～34℃条件下处理28～30天即可脱除，另一些病毒必须在39～42℃的条件下处理50～60天才能脱除，而对于那些耐热性的杆状病毒热处理的脱毒效果较差。在植物耐热性允许范围内，热处理的温度越高，脱毒的效果越好。生产实践中，一般多用35～38℃恒温，尤以37℃恒温处理（30±2)天的实例较多。

近年来，为了减少高温对植物体的损伤，改用变温热处理，而且脱毒效果更好。生产实践中以白天40℃处理16h、夜间30℃处理8h的实例居多。如柑橘速衰病毒幼苗黄化株系在38℃恒温条件下处理8周不能脱毒，必须处理12周才能脱毒，而在白天40℃、夜间30℃的变温条件下处理8周即能脱毒。柑橘碎叶病毒38℃处理16周不能脱毒，但在白天40℃、夜间30℃处理6周和白天44℃、夜间30℃处理2周却脱毒成功。

（2）湿度和光照　热处理期间，热处理箱中相对湿度应保持在70%～80%之间。在过分干燥的条件下，热处理的新梢生长不良。此外，在管理上以自然光最好，但在秋冬期间，适当补充人工光照，对新梢伸长有良好作用，有利于脱毒。

（3）热处理的前处理　为了提高植物的耐热性，延长植物在热处理中的生存时间，热处理前往往要进行前处理。通常是在 27～35℃ 下处理 1～2 周后才进行热处理。

植物体的耐热性与植物体各部分组织中的碳水化合物的含量成正相关。因此，应在植物组织成熟的季节进行热处理。另外，为了保证在热处理过程中植株能正常生长，最好用盆栽 3 个月以上的苗木。

12.2.1.4　热处理后的嫩梢嫁接或扦插

热处理后应立即剪取苗木在热处理中长出的新梢顶端嫩枝嫁接到无病毒实生砧木上或扦插于扦插床中。剪取的新梢越小，获得脱毒植株的概率越大，但嫁接或扦插的成活率越低。一般取 1.0～1.5cm 长的新梢进行嫁接。

12.2.2　茎尖培养脱毒

茎尖培养（meristem culture）也称分生组织培养或生长点培养。White（1934）和 Li-masset 等（1949）分别用感染烟草花叶病毒（tobacco mosaic virus，TMV）的番茄根和烟草茎进行研究发现，植物的根尖和茎尖等顶端组织不带病毒。但不含病毒的部分是极小的，不超过 0.1～0.5mm。这样小的无病毒组织，以往无法繁殖利用。自组织培养技术发展以来，这种微小的无病毒组织才可以培养利用。Morel 等（1952）首先从感染花叶病毒和斑萎病毒的大丽花植株上切取茎尖组织进行培养，成功地获得无病毒的植株。目前，采用茎尖培养的方法获得无毒种苗已被广泛应用，并取得了良好效果。

12.2.2.1　茎尖培养脱毒的原理

茎尖培养脱毒的原理是 1934 年 White 提出的"植物体内病毒梯度分布学说"。虽然病毒侵入植物体后是全身扩展的，但不同的组织和部位，病毒的分布和浓度有很大差异。一般而言，病毒粒子随着植物组织的成熟而增加，顶端分生组织是不带病毒的。

12.2.2.2　茎尖培养脱毒的基本程序

茎尖培养脱毒一般包括以下几个步骤：培养基的选择和制备，待脱毒材料的消毒，茎尖的剥离、接种和培养，诱导芽分化和小植株的增殖，诱导生根和移栽。

茎尖培养脱毒的基本程序与常规的组织培养相同。茎尖培养成败的关键在于寻找适合的培养基，尤其是分化、增殖和生根 3 个步骤均需要特殊的培养基。在茎尖培养中最常使用的是 MS 培养基，但各步骤中所需要的植物生长调节剂种类、用量及配比各不相同，需要根据所培养的植物种类或品种（类型）而做适当调整。

12.2.2.3　脱毒与茎尖大小的关系

脱毒成功概率与茎尖大小直接相关，一方面它关系到茎尖培养能否成活，另一方面又决定成活的茎尖是否带毒。一般而言，切取的茎尖越小，脱毒率就越高。草莓切取茎尖为 0.2～0.3mm 时，脱毒率为 100%，而切取茎尖为 1.0mm 时，脱毒率仅为 50%。但茎尖过小，不仅操作难度大，培养成活率低，而且形成完整植株的能力差。Wang 等（2003）利用葡萄茎尖培养脱葡萄 A 病毒时发现，当茎尖大小为 0.1mm 时，茎尖存活率为 0；当茎尖大小为 0.2mm 时，茎尖存活率为 75%，脱毒率 12%；当茎尖大小为 0.4mm 时，茎尖存活率为 100%，脱毒率为 0。在木薯中，小于 0.2mm 的茎尖只能形成愈伤组织或根，而只有大于 0.2mm 的茎尖才能形成完整植株。同时，Shabde 和 Murashige(1977) 指出，许多植物不带叶原基的茎尖培养有可能进行无限生长而不能发育成完整植株。大黄的顶端分生组织必须带 2～3 个叶原基才能发育成完整植株。但叶原基的存在不仅会影响茎尖的大小，而且叶原基还是病毒的储存库，对脱毒效果的影响较大。因此，在采用茎尖培养脱毒时，要兼顾脱毒率、成活率及茎尖发育成完整植株的能力。茎尖应以大到足以脱毒、小到足以发育成完整植株为前提，一般切取长度为0.2~0.5mm、带有1~2个叶原基的茎尖作为培养材料。

为了提高茎尖培养的成活率和脱毒效果，茎尖培养往往与热处理方法结合使用。如康乃馨茎尖大于1.0mm时很难脱除斑驳病毒，而将康乃馨在40℃条件下处理6~8周后切取1.0mm的茎尖培养则可将病毒完全脱除。林治良和陈振光（1995）在罗汉果脱毒中，用38℃处理1周后取2mm大小的茎尖培养不仅获得了与直接取0.1~1.0mm茎尖培养脱毒相同的效果，而且降低了操作的难度，大幅度提高了茎尖成活率。因此，热处理与茎尖培养相结合是脱毒实践中经常采用的方法。另外，二次茎尖培养脱病毒的方法也有应用，即在一次茎尖培养脱毒的基础上，利用一次脱毒的试管苗进行二次茎尖培养脱毒。但就脱毒效果而言，由于还存在一定的分歧而未被广泛使用。

12.2.3　茎尖超低温冷冻脱毒

超低温冷冻脱毒（eradication by cryotreatment），也称超低温疗法（cryotherapy），是指将茎尖置于液氮（−196℃）中进行短暂处理而脱除植物病毒的方法。自1997年Brison等首次采用茎尖超低温处理脱除李痘病毒（plum pox virus，PPV）获得成功以来，该方法已在香蕉、柑橘、葡萄、马铃薯、草莓、树莓、天竺葵等园艺植物上得到了应用（邱静等，2014），它不仅是近年来建立起来的一种新的脱毒方法，而且是一种最有效的方法。

12.2.3.1　超低温脱毒的原理

植物茎尖超低温脱毒原理示意图

超低温冷冻脱毒是建立在种质的超低温保存基础上的一种新型脱毒技术，通过超低温选择性杀伤植物细胞而获得无毒的植物茎尖。其基本原理是：未感染病毒的茎尖分生组织顶部和叶原基基部的细胞体积小，液泡的体积小，核质比较大，对低温的忍耐力较强，不易被超低温冻死；而感染病毒的茎尖分生组织基部和叶原基顶部的细胞体积大，液泡的体积大，核质比较小，对低温的忍耐力较弱，易被超低温冻死。通过恢复培养，即可获得无毒茎尖。

12.2.3.2　超低温冷冻脱毒的方法

超低温冷冻脱毒的方法有多种，主要包括快速冷冻法、慢速冷冻法、分步冷冻法、逐级冷冻法、干燥冷冻法、脱水冷冻法、玻璃化法、包埋脱水法和包埋玻璃化法。玻璃化冷冻法是目前最为常用的方法之一，其操作流程如图12-1所示。

12.2.3.3　影响超低温冷冻脱毒的因素

（1）植物种类　植物种类不同，其组织特异性、含水量以及对超低温的耐受性程度不同。目前，能够利用超低温保存的植物种类不多，在利用超低温脱毒时，最好选用那些已经建立了超低温种质保存的物种，否则，还需对所需脱毒的物种建立合适的实验程序。

（2）茎尖存活率　虽然超低温脱毒利用超低温选择性杀伤那些带病毒的分化成熟细胞而增大了培养茎尖的大小，有效地提升了茎尖的成活率，但是，超低温处理需要对茎尖进行脱水、干燥以及超低温冷冻，这必然会对茎尖造成伤害，从而降低茎尖的存活率。在超低温处理中，脱水会降低茎尖细胞的活性，干燥中所使用的PEG和二甲基亚砜（DMSO）等对植物细胞有毒害。同时，液氮会杀死部分茎尖细胞，使得茎尖的复苏困难或复苏时间延长。

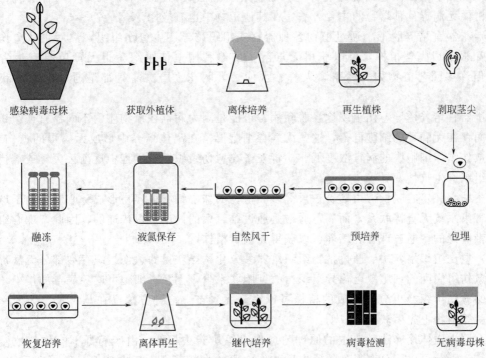

图 12-1 茎尖超低温冷冻脱毒操作流程

12.2.4 抗病毒剂的应用

虽然目前尚未开发出对植物病毒有完全抑制或杀灭作用的化学药剂，但随着人类和动物医学的发展，已研制出大量的能有效控制病毒的抗病毒剂，其中有些化学物质如抗病毒醚（商品名为"Virazole"，化学名为1-β-D-呋喃核糖-1,2,4-三氯唑）和 DHT（2,4-二氧代六氢-1,3,5-三嗪，2,4-dioxohexa-hydro-1,3,5-triazine）等对植物病毒的复制和扩散都有一定的抑制作用。化学物质处理后，病毒的复制和移动被抑制，植物的新生部分可能不带病毒，取不带病毒部分进行繁殖便可获得无病毒植株。

目前，抗病毒醚是一种应用最广和最成功的对植物病毒的复制和扩散有抑制作用的化学物质，它对 DNA 或 RNA 病毒具有广谱作用。Cassels 和 Long（1982）的研究表明，在马铃薯茎尖和原生质体培养中，将抗病毒醚加入培养基中能抑制病毒复制，从而可以从感染病毒的材料中获得无病毒苗。山家弘士（1987）用加有抗病毒醚的培养基对感染苹果茎沟病毒的试管苗进行培养表明，不管抗病毒醚浓度高低都能脱除病毒。Hansen 等（1983）进行苹果茎尖培养时，在培养基中加入抗病毒醚脱除了所有枝条的褪绿叶斑病毒。值得注意的是，抗病毒醚的应用效果会因病毒种类不同而有差异。Sharma 等（2007）用 25mg/L 的抗病毒醚处理脱除了37％的印度柑橘环斑病毒（Indian citrus ringspot virus，ICRSV），而用 DHT 和氮胞苷则没有任何作用。

12.2.5 其他脱毒方法

（1）微体嫁接脱毒 微体嫁接（micro-grafting）是组织培养与嫁接技术相结合而获得无病毒种苗的一种方法。它是在无菌条件下，将切取的茎尖嫁接到试管中培养的砧木苗上，待其愈合发育为完整植株而达到脱毒的目的。这种脱毒方法最初应用于柑橘属不同种的脱毒试验中，是柑橘无病毒良种培育的主要方法，在其他植物中也有应用。

（2）花器官培养脱毒　通过植物各种器官或组织诱导产生愈伤组织，然后再从愈伤组织诱导芽和根形成完整植株，可以获得无毒苗。虽然利用愈伤组织获得无毒苗有产生劣变的危险，但许多园艺植物如马铃薯、大蒜、水仙、大丽花、唐菖蒲等都是通过此方法获得无毒苗的。

通过器官培养诱导愈伤组织途径脱除病毒可能是因为病毒在植物体内不同器官或组织中分布不均而存在无病毒的细胞群落，这些无病毒细胞群落在离体培养中形成无病毒的愈伤组织，或有些愈伤组织细胞中的病毒浓度低，病毒粒子在愈伤组织增殖过程中逐渐丢失，或继代培养的愈伤组织产生抗性变异等。

（3）珠心胚培养脱毒　柑橘、芒果等多胚植物的珠心细胞很容易形成珠心胚。由于珠心细胞与维管束系统无直接联系，而病毒通常是通过维管束的韧皮组织传递的，因此，珠心组织往往是不带病毒的。通过珠心胚培养可以获得无病毒植株。

（4）愈伤组织培养法　通过植物组织培养去分化诱导获得的愈伤组织存在部分无病毒的细胞，且愈伤组织间的细胞缺乏输导组织，故细胞联系少，无病毒细胞可避免病毒的侵染，无病毒部分的愈伤组织经再分化长成的植株可以得到无毒苗。这种方法已在马铃薯、天竺葵、草莓、大蒜等植物上先后获得了成功。

（5）原生质体培养法　该法的原理与愈伤组织培养法相似，由于病毒不能均匀地侵染每一个细胞，因此可以用分离得到的原生质体作为原始材料获得无病毒植株。Nagata 和 Takebe（1971）对烟草叶肉细胞分离及分离后的植株再生技术的改进，促进了原生质体培育无病毒苗技术的发展。

12.3　脱毒苗的鉴定

通过不同途径进行脱毒处理所获得的材料必须经过严格的病毒检测和农艺性状鉴定证明确实是无病毒存在，且是农艺性状优良的株系才能作为无病毒种源在生产上应用。

12.3.1　脱毒效果的检测

检测（indexing）是指用物理、化学或生物学的方法确定植物是否带毒以及带何种病毒的技术。检测是针对脱毒处理而言。检测与诊断和鉴定是不同的。诊断（diagnosis）是指用物理或化学的方法确定植物病害是否是病毒病害以及植物体内是否带病毒与带何种病毒，它是针对病害而言；而鉴定（identification）是指用物理或化学的方法确定一种病毒（病）是与已知的病毒（病）相同还是一种新病毒（病），它是针对病害而言。

常用的病毒检测方法有生物学检测、血清学检测和分子生物学检测等方法。此外，利用电子显微镜直接观察植物病毒及类似病原体形态也有一定的参考价值。

12.3.1.1　生物学检测

生物学检测主要是指示植物检测，是最早应用于植物病毒检测的方法之一。1929 年，美国病毒学家 Holmes 发现，植物病毒都有一定的寄主范围，并在某些寄主上表现特定的症状（局部病斑或枯斑），借此可作为鉴别病毒种类的标准。对某种或某几种病毒及类似病原物或株系具敏感反应并表现明显症状的植物称为指示植物（indicator plants）。常用的指示植物有木本和草本两类。

可作病毒检测的草本指示植物有藜科的昆诺藜（*Chenopodium quinoa*）、苋色藜（*C. amaranticola*）和墙生藜（*C. murale*），豆科的菜豆（*Phaseolus vulgaris*），茄科的心叶烟（*Nicotiana glutinosa*）、普通烟（*N. tabacum var. samsurm*）和克利夫兰烟（*N. clevelandii*），苋科的千日红（*Gomphrena globosa*）和尾穗苋（*Amarantbns candatns*）以及葫芦科的黄瓜（*Cucumis sativa*）等，其中应用最多的是藜科植物，又以昆诺藜和苋色藜最为常用。昆诺藜多用于检测线状病毒，苋色藜多用于检测多面体病毒。用草本指示植物检测植物病毒通常采用的是机械接种法，即通过外力在指示植物体表面（通常是叶片）造成微小伤口使病毒从伤口进入植物细胞引起被接种植株发病的方法。通常是从待检测样品上取一定量的叶片、花瓣或枝皮，加入缓冲液，在低温下研磨后，蘸取汁液在撒有金刚砂的指示植物上轻轻摩擦接种，接种完后立即用蒸馏水轻轻地冲洗干净叶片上残留的汁液。当待检测样品为木本植物时，接种前应向提取液中加入一定浓度的抗氧化剂（如 0.02mol/L 巯基乙醇、0.1%亚硫酸钠、0.1%抗坏血酸、2%尼古丁或2%PVP）等，以降低寄主植物中多酚与单宁类物质氧化对病毒的钝化作用。接种后，将指示植物放在半遮阴、温度为 20～25℃ 条件下，定期观察并记录指示植物症状反应，根据指示植物上症状的有无即可判断待检测样品是否带有已知病毒。苹果主要潜隐病毒的草本指示植物及其症状特征见表 12-1。

表 12-1　苹果主要潜隐病毒的草本指示植物及其症状特征

指示植物	病毒种类	症状
昆诺藜	褪绿叶斑病毒	接种 2～3 天后接种叶产生水渍状斑，以后变为灰白色坏死斑，直径约 2mm，顶部叶片现褪绿环斑及斑驳
昆诺藜	茎沟病毒	接种 3～5 天后接种叶出现针尖大小坏死斑，以后新叶出现褪绿斑驳并皱缩
苋色藜	褪绿叶斑病毒	接种叶产生针尖大小坏死斑点，之后轻微系统花叶
莙达菜	茎沟病毒	症状同昆诺藜，但出现稍晚
莙达菜	褪绿叶斑病毒	接种叶出现直径 0.5mm 的褪绿小环斑，上部叶片轻度斑驳
菜豆	茎沟病毒	接种叶及新叶产生 1～2mm 褪色坏死斑
心叶烟	茎沟病毒	接种后 10～14 天，新叶出现褪绿斑驳
西方烟	茎痘病毒	叶片产生局部坏死斑或系统脉黄症状
西方烟亚种	茎痘病毒	局部坏死斑或叶片坏死
千日红	茎痘病毒	局部坏死斑、斑驳
鸡冠花	茎痘病毒	局部坏死斑

值得注意的是，并非所有的病毒都可通过汁液摩擦接种至草本指示植物，如柑橘速衰病毒还未发现其草本寄主。能够适用于指示植物检测的病毒大多数是属于花叶型或环斑型病毒，而黄化型病毒不易通过机械法接种。同时，大多数草本指示植物对多种病毒都很敏感，且自然条件下大多数植物感染多种病毒，有些病毒很容易通过介体昆虫（如蚜虫、木虱等）传染，因此，草本指示植物应在严格防虫条件下隔离繁殖和检测，以避免交叉感染而影响结果的判断。

除了摩擦接种检测外，有些草本植物如草莓的病毒还可采用嫁接接种法（小叶嫁接）检测（图 12-2）。

木本植物种类较多，所感染的病毒各异，因此，鉴定和检测病毒的指示植物也各不相同。经过试验和筛选，目前国际上各类植物病毒都有一套通用的木本指示植物。苹果、梨和柑橘常用的木本指示植物及其所鉴定的病毒种类如表 12-2 所示。

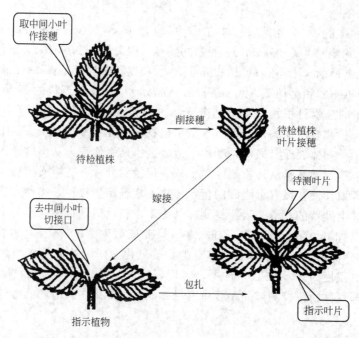

取中间小叶作接穗

待检植株

待检植株叶片接穗

削接穗

嫁接

待测叶片

去中间小叶切接口

指示植物

包扎

指示叶片

图 12-2 指示植物小叶嫁接法示意

表 12-2 常用的木本指示植物及其所鉴定的病毒种类（或病症）

病原植物	指示植物	病毒种类（或病症）
苹果	大果海棠	褪绿叶斑病毒、鳞皮病毒、矮缩病毒
	弗吉尼亚小苹果	茎痘病毒、茎沟病毒
	司派	茎痘病毒、衰退病毒、反卷病毒
	苏俄苹果	褪绿叶斑病毒
	兰蓬王	花叶病毒、软枝病、扁枝病、小果病
梨	杂种榅桲	脉黄化病毒、衰退病、树皮坏死病
	哈代	环纹花叶病毒、裂皮病、树皮坏死病
	鲍斯克	痘病毒
	威廉姆斯	粗皮病、裂皮病、疱状溃疡病
	寇密斯	衰退病、裂皮病
	A_{20}	环纹花叶病毒、脉黄化病毒、疱状溃疡病
柑橘	墨西哥来檬、酸橙、葡萄柚、甜橙	柑橘衰退病毒
	兰普来檬、香橼	柑橘裂皮病毒
	香橼、得威特枳橙、温州蜜柑	温州蜜柑矮缩病毒
	邓肯葡萄柚、墨西哥来檬、甜橙、香橼	柑橘环斑病毒、柑橘鳞皮病毒

　　用木本指示植物检测植物病毒通常都是采用嫁接传染法。木本植物嫁接的方法很多，但在植物病毒鉴定和检测中通常使用双重芽接法（double budding）、双重切接法（double cut grafting）和指示植物嫁接法（grafting of indicator plants）3 种。双重芽接法是 Posnette 和 Cropley 于 1954 年在检测苹果软枝病（rubbery wood）中创立的检测植物病毒的方法，是检测木本植物病毒最主要的方法之一，具体是先将指示植物的芽嫁接到实生苗基砧离地面 10cm

处，然后将待检芽嫁接在指示植物芽下方，两芽相距 2～3cm。成活后，将指示植物接芽 1cm 以上的砧干剪除，除去砧木的萌蘖，加强管理，并控制待检芽的生长和促进指示植物芽的生长（图 12-3）。双重切接是指在休眠期剪取指示植物及待检树的接穗，萌芽前将带有 2 个芽的指示植物和待检树接穗同时切接在砧木上，指示植物接穗嫁接在待检接穗上部（图 12-4）。指示植物嫁接法是先把指示植物嫁接在实生砧木上，繁殖成苗后再在指示植物基部嫁接 1 个待检芽片，接芽成活后剪除指示植物，留 2～3 个饱满芽，使其重新发出旺盛的枝叶。

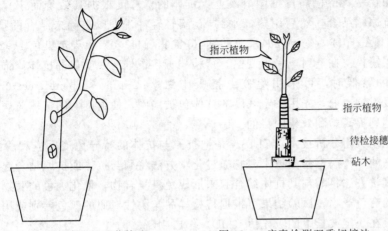

图 12-3　病毒检测双重芽接法　　　　图 12-4　病毒检测双重切接法

指示植物发病情况调查一般从嫁接后第二年 5 月中旬开始，定期观察指示植物的症状反应。根据指示植物的症状反应，确定待检树是否带有某种病毒。由于病毒在树体中分布不均匀，即同一树体上有些芽片不带病毒，加之气候等因素对症状表现的影响，可能会出现漏检现象，故对第一次鉴定未表现症状的待检树，需重复鉴定 1～2 次，确定其真正不带应检病毒时，方可作为无病毒母本树。

生物学检测在植物病毒检测中具有观察的直观性、结果的可靠性和准确反映病毒生物学特性的特点，是病毒检测的传统方法，目前仍在广泛应用。

12.3.1.2　血清学检测

植物病毒是由核酸和蛋白质组成的核蛋白［抗原（antigen）］。当用抗原注射动物后，动物体内便产生一种免疫球蛋白（immunoglobulin，Ig），称为抗体（antibody）。抗体主要存在于血清中，故称含有抗体的血清为抗血清（antiserum）。不同的病毒刺激动物所产生的抗体均有各自的特异性。因此，根据已知的抗体与未知的抗原能否特异结合形成抗原-抗体复合物（血清反应）的情况便可判断病毒的有无。血清学检测植物病毒具有快速、灵敏和操作简便等特点，是植物病毒检测中最为常用和有效的手段之一。

采用血清学技术的前提条件是要获得待检病毒的特异抗体。特异抗体有多克隆抗体（polyclonal antibody，Pab）和单克隆抗体（monoclonal antibody，Mab）2 种。将已知病毒采用单病斑分离法分离纯化后接种于动物（通常是日本大耳兔和半耳垂的雄性家兔）有机体，通过采血分离所获得的抗体称为多克隆抗体。而将纯化的毒源接种于动物（通常是实验用小白鼠）后取其脾细胞与骨髓细胞进行共培养所获得的杂交瘤单细胞系抗体称为单克隆抗体。

沉淀反应和凝聚反应是传统的血清学检测法，由于受其灵敏度的限制，在目前的植物病毒检测中较少应用。随着免疫学理论的深入和发展，自动化、标准化、定量化和快速灵敏的免疫电镜（immuno-electron microscopy，IEM）、酶联免疫吸附（enzyme-linked immuno-sorbent assay，ELISA）和组织免疫印迹技术（tissue printing ELISA，TP-ELISA）等血清学检测技术在植物病毒鉴定、定量和定位分析中得到了广泛应用。

（1）免疫电镜技术　IEM是将抗原与抗体的专化性免疫反应与电镜观察相结合的一种病毒检测方法，具有操作简便、判断结果直观等特点。其具体操作步骤为：①抗原吸附。在铜网覆有薄膜的一面滴一滴待检样品粗提液或将铜网覆有薄膜的一面扣在一滴样品粗提液上，静置5min后用蒸馏水约20滴轻轻冲洗，保留吸附到铜网上的病毒粒子。②免疫修饰。将吸附有病毒粒子的铜网扣在一滴待检病毒抗体溶液上（抗体的稀释度根据其效价而定）保持约30min使抗体与病毒抗原相结合，然后用蒸馏水约20滴轻轻冲洗，以去除未结合的抗体。③染色。用2%醋酸铀（UA，pH4.2）或2%磷钨酸钠（PTA，pH7.0）负染剂染色1～2min后用滤纸吸尽残留液。④镜检。在透射电镜下观察，待检病毒粒子外有一明显的抗体修饰层。

当病毒浓度较低时，可采用免疫电镜吸附法（immuno-sorbent electron microscopy，ISEM），即在吸附抗原前，先用一定浓度的抗体包被铜网，使铜网上的抗体对病毒粒子起到诱捕作用，从而达到提高检测效果的目的。

（2）酶联免疫吸附分析技术　ELISA是把抗原与抗体的特异免疫反应和酶的高效催化作用有机结合起来的一种病毒检测技术。它通过化学方法将酶与抗体或抗原结合起来形成酶标记物，或通过免疫学方法将酶与其抗体结合起来形成免疫复合物，催化无色的底物水解生成可溶性的或不溶性的有色产物，试验结果可根据待检样品与阴性对照的颜色差别或用酶标仪测定反应后的底物溶液在一定波长下的吸光值（OD）作出判断。

由于病毒在植物体内的含量较低，且很不稳定，用经典的血清学方法难以直接检测植株粗汁液中的病毒。1976年，Voller和Clark首次报道了将酶联免疫吸附分析技术应用于植物病毒检测，通过试验认为，该法具有灵敏度高、特异性强、安全、快速和容易观察结果等优点。近几年来，此法已广泛地应用于植物病毒的检测中。

（3）组织免疫印迹技术　TP-ELISA又称组织免疫杂交分析（tissue blot immunoassay，TBIA），是用一种特殊的薄膜代替常规ELISA的微量板作固相支持物，通过酶催化产生的不溶性有色底物沉积在膜上产生印迹来判断病毒有无的方法。该方法不仅灵敏度高、结果可靠、简便和快速，而且能判断病毒存在的部位。该项技术已成功用于柑橘和葡萄冷冻脱毒效果的检测中。

12.3.1.3　分子生物学检测

植物病毒鉴定和检测的传统方法是利用木本和草本指示植物进行生物学检测，但该法需时较长，耗工耗地，而且试验结果易受环境条件的影响。虽然血清学方法能较好地解决病毒生物学鉴定中的问题，但特异性抗血清的获得、病毒含量低和植物中干扰物质的存在等问题依然较难解决，而且对那些没有外壳蛋白的病原性核糖核酸如类病毒还无法用血清学方法进行检测。近几年来发展的一些分子生物学检测方法如双链核糖核酸分析（double strain RNA，dsRNA）、核酸杂交技术（DNA or RNA blot）和聚合酶链式反应（polymerase chain reaction，PCR）技术等在灵敏度、特异性和检测速度等方面都与已普遍采用的血清学方法相当，并可克服血清学方法的某些不足。

（1）双链核糖核酸分析　病毒粒子是由核酸和结构蛋白质亚单位构成的复合体。病毒复制时是以单链RNA(ssRNA)为模板合成双链RNA(dsRNA)的。dsRNA对RNA氧化酶具有较强的抗性，一般不易被RNA氧化酶降解。因此，一旦植物感染病毒，植株体内便有dsRNA的存在，而未受病毒侵染的植株体内没有dsRNA的同源性片段。籍此，取待检样品在液态氮中捣碎，再提取dsRNA，在提取的dsRNA样品中加入脱氧核糖核酸酶和核糖核酸酶降解 DNA 和 ssRNA 后，通过凝胶电泳分析待检样品中是否有 dsRNA 便知是否含有病毒。

（2）核酸杂交技术 核酸杂交（nucleotide hybridization）技术也叫核酸探针（Nucleotide probe）法，是通过人工制备并标记的病原互补核酸链（cDNA 或 cRNA）与病原核酸进行杂交后的放射自显影（同位素标记探针）或酶促反应（非同位素标记探针）结果来检测病原物是否存在，其技术的关键是核酸探针的制备和杂交。

制备病原专化的核酸探针，首先必须获得纯化的目标核酸或其片段，这可通过 PCR 特异扩增、克隆目标片段或直接提取病原 DNA 或 RNA 获得。然后将 DNA 用 1～2 种限制性内切酶酶解和经琼脂或聚丙烯酰胺电泳分离成 DNA 片段，再连接到质粒载体上，然后导入寄主细菌体内，即可获得与病原 DNA 片段互补的 DNA。绝大多数植物病毒都是单链 RNA，则需要用随机 DNA 引物或人工合成的寡聚核苷酸引物，在 RNA 反转录酶作用下，以病原核糖核酸为模板，先合成第一条 DNA 链，然后通过 DNA 多聚酶合成新的 DNA 链。在核酸合成前，核苷酸已通过放射性标记物（如 ^{32}P、^{35}S）、非放射性标记物（如地高辛 Dig）或光敏生物素（biotin）等进行了标记。

核酸杂交一般在固相杂交膜上进行，常用的杂交膜有硝酸纤维素膜和尼龙膜，杂交方式有斑点杂交（dot blot）和转移杂交（*ex situ* blot）。斑点杂交是将病原核酸滴加在杂交膜上，在真空下干燥固定核酸，然后用含有病原的 ^{32}P-cDNA 探针溶液浸泡杂交膜进行杂交反应，再在限定条件下冲洗未杂交的核酸，最后进行放射自显影。根据杂交斑点的有无、深浅及大小判断核酸同源性程度。转移杂交，主要是 Southern 于 1975 年发明的毛细转移法，故也称 Southern 杂交（Southern blot）。它是先采用一种或多种限制性内切酶酶解病原 DNA，并通过琼脂糖或 PAGE 电泳使酶解片段分离，然后将其在原位变性，并从凝胶中转移至杂交膜上。再用病原特异的 DNA 探针与固定于膜上的 DNA 杂交，经放射自显影来确定与探针杂交的 DNA 片段的有无和位置来判断检测结果。

（3）聚合酶链式反应 聚合酶链式反应是美国 Saiki 和 Mullis 等在 1985 年首创的一种体外快速扩增特定的 DNA 片段的技术。PCR 快速扩增 DNA 是在模板 DNA、引物和 4 种脱氧核糖核苷酸存在下利用 DNA 聚合酶的酶促反应，通过 3 个温度依赖性步骤完成的反复循环，可在短时间内使目的 DNA 片段的扩增量达到 10^6 倍。因而利用 PCR 技术，可以检测到单分子或对每 10 万个细胞中仅含 1 个靶 DNA 分子的样品。

由于在 PCR 扩增中是以 DNA 为模板介导互补 DNA(cDNA) 的合成，而大多数植物病毒基因组为 RNA，它们必须在反转录酶的作用下反转录合成 cDNA 才能进行 PCR 检测。因此，植物病毒 PCR 检测常采用的方法是反转录 PCR(reverse transcription PCR，RT-PCR)。

植物病毒 PCR 检测，一般程序可分为三步，第一步，提取病毒 RNA，提纯病毒或昆诺藜病叶粗提液经苯酚-氯仿提取，用无水乙醇沉淀病毒 RNA，沉淀物用 70％乙醇洗涤，真空干燥后悬浮于无 RNA 酶的无菌水中。第二步，RT-PCR 扩增，以病毒 RNA 为模板，加入随机引物经 MMLV 酶［来源于莫洛尼鼠白血病病毒（Moloney murine leukemia virus）］或 AMV 酶［来源于禽成髓细胞性白血病病毒（Avian myeloblastosis virus）］反转录合成 cDNA。再以此反应液为模板进行 PCR 扩增。第三步，电泳和染色，扩增产物用聚丙烯酰胺凝胶电泳，以溴乙锭（EB）或硝酸银染色观察。

RT-PCR 技术的关键是获得病毒基因组核酸。按照常规方法提取核酸不仅操作繁琐，而且有时会因寄主植物成分的氧化和对酶的抑制而严重影响检测效果，特别是 RNA 病毒基因组核酸很容易被 RNA 酶降解。因此，一些简便、快速和灵敏的 PCR 技术不断发明。其中免疫捕获 PCR(IC-RT-PCR) 在植物病毒检测中应用较广。它将病毒的抗原与抗体特异性免疫反应与

PCR 技术相结合，在 PCR 反应时，先在 PCR 管中加入一定稀释度的病毒抗体，孵育一定时间使抗体吸附至管壁，然后加入待检样品，使病毒与抗体特异性结合，再经洗涤除去未结合的物质，加入裂解液释放病毒核酸后，取少量裂解液进行反转录。IC-RT-PCR 不仅避免了常规核酸提取过程中酚类物质对人体的不良影响，同时检测的特异性更强、灵敏度更高。

12.3.2 脱毒苗农艺性状的鉴定

通过脱毒处理获得的无病毒材料，尤其是通过热处理和愈伤组织诱导获得的无病毒材料有可能产生变异。因此，获得无病毒材料后，必须在隔离的条件下对其农艺性状进行鉴定，确保无病毒苗的经济性状与原亲本的性状一致。脱毒苗农艺性状的鉴定主要是在田间以原亲本为对照，选择与亲本相同优良性状的单株，淘汰非亲本性状的劣株，同时发现不同于亲本的优良变异株，再通过单株选择或集团选择获得无病毒原种。

12.3.3 无病毒原种的保存和应用

无病毒原种（pedigree seeds or seedlings）是指经脱毒处理获得的、经检测无毒的原始植株［原原种（initial stocks）］在隔离条件下繁殖出的、用于生产生产种（certified seeds or seedlings）的繁殖材料。

12.3.3.1 无病毒原种的保存

无病毒植株并不具有抗病性，它们有可能很快又被重新感染。无病毒原种的获得极不容易，必须在隔离条件下慎重保存，以免发生病毒再次感染。无病毒原种保存最理想的方法是选择无病毒原种优良株系在离体条件下保存（详见种质资源离体保存一章）。种植保存是保存无病毒原种最常用的方法。首先应建立隔离带，再用 300 目纱网（网眼 0.4~0.5mm）建立防虫网室，苗木种植前土壤必须进行消毒，以保证无毒原种是在与病毒严格隔离的条件下种植。

12.3.3.2 无病毒原种的应用

（1）无病毒原种的繁育　无病毒原种的繁育目前还没有一套完善的制度，一般参照普通良种繁育制度进行，只是在繁育过程中加强隔离、消毒等，严防病毒的再次感染。目前，已有由原农业部柑橘及苗木质量监督检测中心和中国农科院柑橘研究所负责起草的《柑橘无病毒苗木繁育规程》，从 2006 年 4 月起作为农业行业推荐标准（NY/T 973—2006）实行。

（2）无病毒原种的推广　无病毒原种种苗的推广应在发展良种的新区进行才能取得较好的效果。如在老区尤其是病区使用，则应实行统一的防治措施，一次性全区换种才能取得应有的效果。无病毒原种在使用中还应加强管理，特别注意采取严密的防病防虫措施，一旦发现病毒感染应立即淘汰，重新采用无病毒原种种苗。

12.4 不同植物的脱毒苗培育技术

12.4.1 大田作物的脱毒苗培育技术

12.4.1.1 马铃薯脱毒苗培育技术

（1）病毒种类　马铃薯（*Solanum tuberosum*）属茄科茄属植物，是一种适应性广、生育期短、产量高、用途多的粮、菜和饲兼用作物。马铃薯在种植过程中极易感染病毒，而病毒病害一度是马铃薯的不治之症。已报道的马铃薯病毒病多达 30 余种，中国已知的有 10 余种，常见而重要的有马铃薯普通花叶病毒 [马铃薯 X 病毒（potato virus X，PVX）]、马铃薯重花叶病毒 [马铃薯 Y 病毒（potato virus Y，PVY）]、马铃薯卷叶病毒（potato leaf roll virus，PL-RV）、马铃薯潜隐病毒 [马铃薯 S 病毒（potato virus S，PVS）]、马铃薯轻花叶病毒 [马铃薯 A 病毒（potato virus A，PVA）]。此外，还有黄瓜花叶病毒（cucumber mosaic virus，CMV）、烟草脆裂病毒（tomato rattle virus，TRV）和苜蓿花叶病毒（alfalfa mosaic virus，AMV）等。

（2）脱毒技术　常用的脱毒技术包括茎尖培养，及其与热处理结合的茎尖培养脱毒。

① 茎尖培养　马铃薯茎尖培养的方法如下：将欲脱毒的品种块茎催芽，芽长 4～5cm 时，剪芽并剥去外叶，自来水下冲洗 40min 后，用 75％酒精和 5％漂白粉溶液分别消毒 30s 和 15～20min，无菌水冲洗 2～3 次。在无菌室内，于解剖镜下，剥取长度 0.2～0.3mm、带 1 个叶原基的茎尖，接种于 MS＋6-BA 0.05mg/L＋NAA 0.1 mg/L＋GA$_3$ 0.1mg/L(pH5.7) 的培养基中，每试管接种 1 个茎尖。接种的茎尖于 20～25℃、1500～3000lx 光强、16h/d 光照条件下培养。培养 1 个月后，茎尖即可形成无根试管苗，此时可将无根试管苗移入无植物生长调节剂的 MS 培养基中进行继代培养，再培养 3 个月，试管苗则长成 3～4 片叶的小植株。

② 热处理＋茎尖培养　在常规条件下种植欲脱毒品种单芽眼块茎，当其第 1 个芽长至约 15cm 高时，将顶端切下 6～8cm 长，去除基部的 2 个叶片，在切口处涂上生根剂后，把切条植入口径 10cm、内装消毒土壤的盆钵中，用塑料薄膜或大玻璃烧杯保湿 10 天。2～3 周后，将植入切条的盆钵移入热处理箱中，在 3000～4000lx 光强、16h/d 光照、白天 36℃、夜间 33℃下处理 2 周后，摘除幼株的茎尖，以促进腋芽萌发。再经 4 周处理，取腋生枝清洗、消毒后于解剖镜下剥取茎尖进行茎尖培养。

（3）病毒检测　实践证明，马铃薯 X 病毒（PVX）和 S 病毒（PVS）是最难脱掉的病毒。凡是脱除了 PVX 或 PVS 的，其他病毒也会相应地被脱除。但对原来不含 PVX 或 PVS，脱什么病毒就检测什么病毒。常用指示植物千日红进行检测，也可用酸浆和枸杞等检测。经检测无任何反应的茎尖苗即脱毒苗，用作繁殖。

（4）脱毒种薯的繁育

① 繁殖脱毒苗　脱毒苗采用无植物生长调节剂的 MS 培养基进行单切段增殖（single node proliferation）。一般在试管苗长至 6～7 节时，切去顶部，进行单节切段接种。接种 5 天左右试管苗开始生根，幼芽从叶腋发出，10 天后可长成 2～3 片叶的小苗，25～50 天即可形成 6～7 节的小植株，又进行单切段接种。如此反复即可进行脱毒试管苗的增殖。

② 无毒小薯生产　把脱毒苗从试管中移栽到防虫温（网）室进行无毒小种薯生产。为了提高试管苗的移栽成活率，对准备移栽的试管苗在培养基中加入 B9 或矮壮素（CCC）10mg/L，并将培养室温度降至 15～18℃、光强增加至 3000～4000lx 进行壮苗培养后，再将壮苗炼苗 3～5 天后移栽到防虫温（网）室。移栽基质为森林土与珍珠岩（1∶1）混合物。移栽后加强管理，每 25～30 天进行 1 次切段（7～8 节）扦插，每 60 天左右收获小薯 1 次。

③ 无毒微型薯生产　脱毒试管苗通过工厂化切段快繁或温（网）室无土栽培繁殖获得的脱毒小薯称为微型薯（mini-tubers）。微型薯生产有试管生产和温室生产两种方式。试管生产是将茎尖培养获得的无毒苗在无菌条件下切成单茎段接种在继代培养基中进行试管苗的继代扩繁，每 30 天继代培养一次。培养基一般采用 MS 固体或液体培养基，培养条件为温度 20～30℃、光照以自然散射光为好。继代扩繁的试管苗长到 4～5cm 时将其切下，接种在微型薯诱导培养基 MS＋50～100mg/L 香豆素或 50mg/L CCC＋6.0mg/L BA(pH5.8) 上，在温度为 22℃、黑暗条件下培养。温室生产是将继代培养 30 天左右的试管苗放在防虫温（网）室中先

闭瓶炼苗数天后，打开瓶塞开瓶炼苗 3～5 天。取出小苗，洗净根部培养基，移栽到蛭石育苗盘中并浇透水，控制温度 20～30℃，并定期浇施 MS 液体培养基。

12.4.1.2 番薯脱毒苗培育技术

（1）病毒种类 番薯（*Ipomoea batatas*）属旋花科一年生植物，是中国四大主要粮食作物之一，也是饲料和轻工业的重要原料。自 1919 年，Eusign 首次报道番薯病毒病以来，国际上已报道的番薯病毒病有 28 种，中国已发现 5 种，其中中国大陆有 3 种，即番薯羽状斑驳病毒（sweet potato feathery mottle virus, SPFMV）、番薯潜隐病毒（sweet potato latent virus, SPLV）和番薯黄矮病毒（sweet potato yellow dwarf virus, SPYDV）。

（2）脱毒技术 自 Nielson（1960）首次采用茎尖培养获得番薯脱毒植株后，茎尖培养便成为番薯脱毒的主要途径。其茎尖培养脱毒技术包括取材消毒、分离接种、培养和移栽等主要环节。

① 材料准备 将欲脱毒的品种块根或茎尖切苗用杀菌剂和杀虫剂处理后置于有消毒土的生长箱中，在 28℃、连续光照下生长。

② 取材和消毒 取材时选取薯苗顶部大约 3cm 的顶芽，剪去较大的叶片，把幼芽放入烧杯中，用洗衣粉洗涤 10～15min，然后用清水冲洗干净，再用 70% 的酒精和 2% 的 NaClO 溶液分别消毒 30s 和 8～10min，最后用无菌水冲洗 3～4 次。

③ 茎尖分离和接种 把消毒好的幼芽置于超净工作台的解剖镜下剥离茎尖，切取长度 0.2～0.3mm、带有 1～2 个叶原基的茎尖，接种在装有 MS 培养基的试管中，每支试管接种一个茎尖。

④ 培养 接种后的试管，在温度 25～28℃、光照 16h/d、光照强度 1600～3000lx 的条件下培养。15～20 天后茎尖开始膨大变绿，之后将茎尖转入无植物生长调节剂的 MS 培养基中进行继代培养。继代培养 2～3 天后开始生根，随后芽开始生长，10 天左右出现生根高峰，1 个月左右可发育成 2～3 条根系、6～7 片叶的小植株。

⑤ 移栽 生根苗炼苗 7～10 天后便可移栽于土与腐殖土混合的基质，用无植物生长调节剂的 MS 液体培养基浇透，再采用塑料薄膜或大烧杯罩上后置温室内培育。

（3）病毒检测 采用指示植物小叶嫁接检测法（图 12-2）。番薯病毒检测常用指示植物为巴西牵牛（*Ipomoea setosa*）。在防虫条件下培育巴西牵牛至 1～2 片真叶时嫁接。嫁接时，在砧木巴西牵牛的茎部（子叶以下）斜切，将待检样品番薯茎蔓切成 3～5 段（每段带有至少 1 个腋芽），去叶后将底端削成楔形，插入巴西牵牛的斜口内，用封口膜扎紧，置 26～32℃ 防虫网室内遮阴保湿 2～3 天。每个样品重复 3～5 次。同时设阳性对照、阴性对照。嫁接 10～15 天后观察记载症状。

（4）脱毒种薯的繁育 脱毒苗可通过试管和田间两种方式进行繁育。

① 脱毒苗试管繁育 脱毒苗在无植物生长调节剂的 MS 培养基中，于温度 25℃、光照 18h/d 下，1 个茎节 1 个月内即可长成具 5～6 片叶的小植株。

② 脱毒苗田间繁育 在 40 目防蚜网室内，将 5～7 片叶的脱毒试管苗打开瓶口，室温下加光照炼苗 5～7 天。取出小苗，洗净根部培养基，移栽到消毒的基质中，并浇透水，加盖一层小弓棚，控制温度 20～30℃。待苗长至 15～20cm 时剪下蔓头继续栽种、繁殖。

将脱毒试管苗驯化移栽到防蚜网室繁殖生产出的种薯即为原原种。将原原种在隔离温（网）室条件下生产的种薯称为原种。用原种在隔离条件下生产的种薯称为生产种。

需要特别强调的是，番薯病毒主要靠桃蚜（*Myzuspersicae*）、棉蚜（*Aphisgossipii*）和萝卜蚜（*Lipaphis erysimi*）以非持久方式进行传播。因此，在番薯脱毒苗繁育过程中，都要采取隔离措施（40 目防蚜网、500m 以内无普通带毒番薯空间隔离等）和定期喷洒防治蚜虫的药剂来防止蚜虫传毒再侵染。

12.4.2 果树的脱毒苗培育技术

12.4.2.1 柑橘的脱毒苗培育技术

（1）病毒种类 柑橘是芸香科（Rutaceae）柑橘亚科（Acrantioideae）柑橘族（Citreae）柑橘亚族（Citrinae）植物的总称。常见危害柑橘的病毒与类似病毒病有 10 余种，中国已报道的有 7 种。柑橘的病毒病主要有裂皮病（Exocorits）、木质陷孔病（Cachexia）、顽固病（Stubborn）、来檬丛枝病（Lime withes broom）、杂色褪绿病（Variegated chlorosis）、黄龙病（Huanglongbing）、翠叶病（Tatter leaf）、温州蜜柑萎缩病（Satsuma dwarf）、衰退病（Tristeza）、鳞皮病（Psorosis）和石果病（Impietratura）等。

（2）脱毒途径 对已受柑橘裂皮病、木质陷孔病、顽固病、来檬丛枝病、杂色褪绿病、黄龙病感染的植株采用微型嫁接法脱毒；对已受翠叶病、温州蜜柑萎缩病、衰退病、鳞皮病和石果病感染的植株采用热处理结合微型嫁接法脱毒。

（3）脱毒技术

① 微型嫁接 常用枳橙或枳的种子培育砧木，方法是剥去种子内外种皮，经 0.5%NaClO 消毒 10min、无菌水清洗 3～5 次后播种于经高压蒸汽灭菌的试管内 MS 培养基上，置 27℃黑暗下培养 2 周后，将砧木苗取出，切去过长的根（留 4～6cm 长）、茎的上部（留 1～1.5cm 长）子叶和腋芽后，在上胚轴前端切出倒 T 字形缺口备用。然后，取 1～2cm 长的嫩梢，经 0.25%NaClO 消毒 5min、无菌水清洗 3～5 次后切去顶端长 0.14～0.18mm 的生长点（带2～3 个叶原基）嫁接于砧木倒 T 字型缺口上，置高压蒸汽灭菌的试管内的 MS 培养基中，在 27℃、800～1000lx 光强和 16h/d 黑暗下培养成苗。当试管内嫁接苗长出 3～4 片真叶时，将其移栽于盛有消毒基质（椰糠＋塘泥＋腐殖土＋细沙）的盆钵中，用 MS 液体培养基浇透后，罩以塑料薄膜或大烧杯保湿，置温室内培育。

② 热处理＋微型嫁接 供脱毒的植株在 40℃光照下 16h/d 与 30℃黑暗下 8h/d 连续处理 10～60 天后取嫩梢进行微型嫁接，其嫁接方法同前。

（4）病毒检测 通过指示植物双重芽接法检测病毒脱除效果。

（5）脱毒苗繁育 将经检测完全无病毒的植株保存于用 40 目网纱构建的网室内，每品种保存 2～4 株，每年调查 1 次黄龙病、柚矮化病和茎陷点病发生情况和每 5 年检测 1 次鳞皮病、裂皮病、翠叶病、温州蜜柑萎缩病感染情况，并及时淘汰病株。从网室保存的原种植株上剪取枝条建立母本园、采穗圃和繁育圃，按《柑橘无病毒苗木繁育规程》（NY/T 973—2006）进行脱毒苗的繁育。

12.4.2.2 草莓的脱毒苗培育技术

（1）病毒种类 草莓属蔷薇科草莓属植物，是一类全世界均可栽培的小浆果果树。草莓是多年生宿根草本植物，生产中主要靠匍匐茎和分株繁殖。在长期的生产和繁殖过程中，草莓极易感染和传播病毒。目前，世界各国已报道的草莓病毒与类似病毒病害多达 25 种，中国已明确的有斑驳病毒（strew berry mottle virus，StMoV）、轻型黄边病毒（strew berry mild yellow edge virus，StMYEV）、皱缩病毒（strew berry crinkle virus，StCrV）、镶脉病毒（strew berry vein banding virus，StVBV）、丛枝病毒（strew berry rosette virus，StRoV）、拟轻型黄边病毒（strew berry mild yellow edge-associated virus，StMYEaV）和坏死病毒

(strew berry necrosis virus，StNeV) 7 种，其中斑驳病毒、轻型黄边病毒、皱缩病毒和镶脉病毒 4 种危害较重，是草莓脱毒的主要对象。

（2）脱毒技术　草莓脱毒的主要途径有热处理、花药培养和茎尖培养等。

① 热处理　盆栽草莓苗用塑料薄膜保持相对湿度 50%～70%，置温室抚育 1～2 个月后根据需要脱除的病毒种类，选用不同的热处理方法。斑驳病毒需 38℃ 恒温处理 12～15 天；轻型黄边病毒和皱缩病毒需 38℃ 恒温处理 20 天以上。镶脉病毒的耐热性较强，热处理不易脱除。

② 茎尖培养　在生长季节（最好是 8 月份）取田间生长健壮的匍匐茎 4～5cm 长，先用 1% 洗衣粉水刷洗表面污物即绒毛，再用流水冲洗 1h 后，在超净工作台上将材料截成 2～3cm 长的段，用 70% 酒精浸泡 30s、10% $Ca(ClO)_2$ 或 0.1% $HgCl_2$ 消毒 15～20min，无菌水冲洗 3～5 次。然后，将材料置无菌培养皿中，在解剖镜下取 0.2cm 长、带 1～2 个叶原基的茎尖。再将茎尖置 MS+0.1mg/L GA_3+0.2mg/L IBA+1.0mg/L BA(pH5.8) 的分化培养基中，在 (25±1)℃、1500～2000lx 光强、10～12h/d 光照下培养。茎尖在分化培养基中培养 20～30 天后，即开始新芽分化。新芽经 3～4 次转接（继代）后，即可长成 2～3cm 的无根试管苗。最后，取 2～3cm 的无根试管苗置 MS 或 1/2MS 基本培养基中或 MS+0.2mg/L IAA 或 IBA+3g/L AC(活性炭)(pH5.8) 中诱导生根。生根苗炼苗 7～10 天后便可移栽至土与腐殖土混合的基质中，用 MS 液体培养基浇透，并用塑料薄膜或大烧杯罩上后置温室内培育。

③花药培养　于春季草莓现蕾时，取发育为单核期的花蕾（花蕾直径 4mm 左右、花冠未松动、花粉直径 1mm 左右），用流水冲洗 0.5h 后，在超净工作台上（无菌条件下）用 70% 酒精浸泡 30s、10% $Ca(ClO)_2$ 或 0.1% $HgCl_2$ 消毒 15～20min，无菌水冲洗 3～5 次。然后将花药置 MS+4.0mg/L IAA+2.0mg/L BA+2.0mg/L KT(pH5.8) 的分化培养基中，在 (25±1)℃温度、1500～2000lx 光强、10～12h/d 光照时间下培养。在分化培养基中培养 20～30 天后，花药便分化出乳白色的愈伤组织，愈伤组织经转接（继代）或继续培养 20～30 天便分化出小植株。再经 3～4 周培养，即可长成 2～3cm 的试管苗。试管苗炼苗 7～10 天后便可移栽至土与腐殖土混合的基质中，用 MS 液体培养基浇透，并用塑料薄膜或大烧杯罩上后置温室内培育。

（3）病毒检测　草莓病毒检测常采用 Bringhurst 和 Voth(1956) 的指示植物小叶嫁接法。首先从待检测草莓植株上采集生长较嫩的新叶，除去两边的小叶，中间的小叶带 1.0～1.5cm 长的叶柄，把叶柄削成楔形作接穗，而指示植物野生草莓 EMC(*Fragaria vesca*) 或威州草莓 (*F. viriginiana*) 则除去中间小叶，在其叶柄的中央部位切入 1.0～1.5cm，将待检测草莓接穗插入，用线包扎，涂上少量白色凡士林以防干燥。嫁接 1～2 个月后，草莓新叶展开便可观察症状。

（4）脱毒苗繁育　将经检测完全无病毒的植株保存于用 0.4～0.5mm 网眼的网纱构建的网室内，每品种保存 10～20 株，要特别注意蚜虫（茎蚜、根蚜、桃蚜和棉蚜）的防治，其他技术同常规草莓繁殖与管理。

12.4.3　蔬菜的脱毒苗培育技术

12.4.3.1　大蒜脱毒苗培育技术

（1）病毒种类　大蒜（*Allium sativum*）属石蒜科葱属植物，以其鳞茎、蒜薹和幼株供食，是人们喜爱的蔬菜之一。在生产中，大蒜只能采用鳞茎繁殖，病毒容易通过蒜种积累和传播，使得大蒜鳞茎变小、花茎褪绿、商品性降低。据鉴定，目前已知大蒜病毒病和伪病原病毒有 9 种，主要有大蒜退化病毒（Garlic decline virus，GDV）、洋葱黄矮病毒（Onion yellow dwarf virus，OYDV）、大蒜花叶病毒（Garlic mosaic virus，GMV）、大蒜潜隐病毒（Garlic latent virus，GLV）、韭葱黄条病毒（Leek yellow stripe virus，LYSV）、洋葱螨传潜隐病毒（Onion mite-borne latent virus，OmbLV）和青葱潜隐病毒（Shallot latent virus，SLV）。其中以大蒜花叶病毒危害最大，其次是韭葱黄条病毒。此外，还有烟草花叶病毒（TMV）、马铃薯 A 病毒（PVA）、马铃薯 S 病毒（PVS）、马铃薯 M 病毒（PVM）等。

（2）脱毒途径　Mori(1972)用茎尖培养获得脱毒大蒜植株。在生产上，大蒜主要采用茎尖培养脱毒。

（3）茎尖培养脱毒技术

① 催芽及温度处理　对入选的鳞茎首先置于 5～10℃温度下 25～30 天以打破休眠，然后置于 37℃温度下钝化病毒 1～2 个月，必须度过休眠期或采用理、化处理打破休眠，便可以及早地进行茎尖剥离培养。

② 外植体消毒　鳞芽用清水浸泡 1～2h，保湿催芽 24～36h 至鳞芽萌发出现，然后将已萌发鳞茎置于自来水下冲洗 30min，取出浸蘸 70%酒精，在酒精灯上均匀烤干备用。

③ 茎尖剥离与接种　灭菌后的鳞茎在超净工作台上用解剖刀将短缩茎盘的外侧木栓化部分薄薄切下 0.3～0.5mm，然后由此处向芽端移 2～3mm，横切取下。将切下鳞芽块的茎盘的切面向下，放在 40 倍显微镜下，剥去外部鳞片，剥离带 1～2 个叶原基的分生组织，接种到试管内的芽分化培养基上。

④ 培养条件　剥离好的材料接种于培养基上，密封瓶口后，置于培养箱或组培室的培养架上。培养条件为：温度（23±2）℃，光照强度 2500～3000lx，光照时间 13～16h/d，培养 2～3 周成苗。苗长至 1～2cm 高时转入快繁培养基中培养。诱芽培养基以 MS＋0.1～1.0mg/L BA＋0.1～0.2mg/L NAA 为好，初代培养 2～3 周后，将其转移到增殖培养基 MS＋0.1～3.0mg/L 6-BA＋0.01～0.05mg/L NAA 上进行增殖培养。试管苗经过快繁培养后，在生根培养茎 MS＋0.01mg/L NAA＋0.2mg/L 6-BA＋1.5mg/L IBA 中生根培养。

（4）病毒检测

① 指示植物法　病毒的病症常因植物不同而有差异。鉴定大蒜病毒的寄主包括茄科、藜科、十字花科和百合科等植物，它们对某种病毒有化学专一性反应，因此可作为指示植物。如在蚕豆（Vicia faba）和千日红等寄主植物上可分离出 GLV 和 GMV 毒原；利用苋色藜可检测到 SLV；通过人工接种鉴定，在墙生藜和昆诺藜上可分别观察到 OmbLV 和 GLV 病斑。但在植物的不同发育阶段，植株的发病症状也可能表现出差异，给病毒的鉴定造成一定困难。

② 酶联免疫吸附检测法　酶联免疫吸附检测法用于测定液相内的微量蛋白质或其他微量物质，这种固-液抗原抗体反应体系不仅能保证抗原、抗体反应的特异性及定量关系，而且由于标记酶酶促反应的放大作用，其灵敏度高达纳克（ng）甚至皮克（pg）水平。Clark 和 Admas（1977）用微量血凝板诊断植物病毒的 ELISA 技术对 OYDV、LYSV、SLV、TMV、PVY 等病毒进行了鉴定。深见正信（1991）利用免疫斑点试验（dot immuno-binding assay，DIA）检测 OYDV 和 GLV。

③ RT-PCR 法　根据病毒 3-核苷酸序列设计的寡核苷酸引物，进行 PCR 扩增，经 3% 的琼脂糖凝胶电泳，获得带有大蒜病毒特异性 DNA 片段，通过对 RT-PCR 产物进行限制性分析，区分各种大蒜病毒。

④ 直接组织印迹免疫测定法（DTBIA）　将感染病毒的大蒜叶切割后，压印在硝酸纤维素膜上，将吸附在此固相载体上的大蒜病毒与用病毒产生的家兔特异性抗体进行反应，再与碱式磷酸酶（alkaline phosphatase，AP）标记的羊抗兔（Fc）免疫球蛋白抗体进行反应，最后用碱式磷酸酶的反应底物 BCIP/NBT(5-bromo-4-chloro-3-indolyl phosphate/nitro blue tetrazolium，5-溴-4-氯-3-吲哚基-磷酸盐/四唑硝基蓝）进行显色反应，根据颜色的变化，确定病毒的感染程度。

（5）脱毒苗繁殖　将经检测完全无病毒的植株保存于用 80～100 目尼龙网构建的网室内，定期进行检测，发现病株及早拔除，并放入事先备好的塑料袋内，带出田外深埋。然后用酒精擦洗手及工具。抽薹时在网室内选长势健壮、无病的植株作为种蒜，可按株作好标记，收获后单独贮存。

12.4.3.2　生姜脱毒苗培育技术

（1）病毒种类　生姜（*Dioscorea alata*）是药食两用的经济植物，具有栽培容易、产量高、价格高等优点，但是生姜在生产上长期采用无性繁殖，容易感染多种病毒病，感染了病毒病的生姜，品质差，叶子皱缩，生长缓慢，一般减产 30%～80%。生姜感染的病毒常见而且重要的有黄瓜花叶病毒（Cucumber mosaic virus，CMV）、烟草花叶病毒（TMV）和山姜花叶病毒（Alpinina mosaic virus，AlpMV）等三种。

（2）脱毒技术　采用茎尖培养与热处理结合茎尖培养脱毒。

①茎尖培养　生姜茎尖培养脱毒主要包括取材消毒、分离接种和离体培养等步骤。先用手剥姜茎，找出茎尖所在位置后，剥去姜的叶鞘和幼叶，将淡黄色幼叶包裹下的茎尖连同幼叶一起切下，长度约 2cm。自来水下冲洗 40min 后，用 70% 酒精和 0.1% 的 $HgCl_2$ 溶液分别消毒 30s 和 6～8min，无菌水冲洗 3～4 次。然后在无菌室内，于解剖镜下剥取 0.2～0.3mm 长、乳白色、半透明状圆锥体（茎尖）。将茎尖接种于 MS＋1.0mg/L 6-BA＋0.4mg/L NAA（pH5.7）的培养基中，每个试管接种一个茎尖。接种的茎尖培养于温度 24～28℃、光照强度 1600～4000lx、光照时间 14～16h/d 条件下 7 天后，茎尖明显膨大，20 天后变为淡绿色，此时可将无根试管苗转入 MS＋6-BA1.0mg/L＋IAA0.1mg/L 中进行继代培养，再培养 14 天，即有白色根系生成。

②热处理＋茎尖培养　在常规条件下种欲脱毒品种，待第一个芽长出后，切取芽洗净，先经过 50℃ 高温处理 5min 杀死部分病毒，然后在无菌条件下对经过处理的材料在解剖镜下切取分生组织尖端 0.2～0.3mm 生长点进行茎尖培养。

（3）病毒检测　首先是形态学观察，即在大田条件下，在生长季节观察发病情况。二是将获得的脱毒苗和原始姜母同时转入 PDA 培养基中，培养 8～10 天后观察菌落生长状况，一般姜母培养基中会出现大量黄腐病菌落，而脱毒苗不会感菌。三是将脱毒苗和姜母收获的姜分别置沙床上，贮藏 6 个月后计算姜腐率。四是采用酶联免疫吸附法检测，结果用酶标仪测定，根据光密度值分辨合格脱毒苗。

（4）脱毒种苗的繁育　脱毒苗可通过试管和田间两种方式进行繁育。

① 脱毒苗试管繁育　将试管丛生苗分割成单株，重新接种到快繁培养基上进行组培快繁或将试管丛生苗分割成单株后，再将其茎从基部 0.5～1cm 处剪掉，并去掉所有根，仅剩余微型姜转接于 MS＋2.0mg/L KT＋0.5mg/L NAA 快繁培养基上进行组培快繁。

② 脱毒苗田间繁育　将根长 2～3cm 的脱毒试管苗打开瓶盖，加少量水，炼苗 1 天。取出小苗，洗净根部培养基，移栽到泥炭土＋珍珠岩（或粗砂）（体积比为 1：1）的基质上，并浇透水，然后覆膜，注意保湿保温，控制温度在 20～30℃。三周后可移入大田。将脱毒试管苗驯化移栽到防蚜网室繁殖生产出的姜种即为原原种。用姜的原原种在隔离温室条件下生产的姜种称为原种。用脱毒姜原种在隔离条件下生产的姜种称为生产种，其有效期为 3 年。

需要特别强调的是，生姜中的黄瓜花叶病毒可由 60 多种蚜虫以非持久方式传播，易通过机械接种传播。因此，在生姜脱毒苗繁育过程中，都要采取隔离措施和定期喷洒防治蚜虫的药剂来防止蚜虫传毒再侵染。

12.4.4 花卉的脱毒苗培育技术

12.4.4.1 香石竹的脱毒苗培育技术

（1）病毒种类 香石竹（*Dianthus caryophllus*）为石竹科石竹属植物，是世界著名四大切花之一。香石竹主要靠侧芽扦插繁殖。在长期的营养繁殖中，病毒的危害愈来愈重，使得切花质量变劣、花产量降低。引起香石竹病毒病的病毒种类较多，国外已报道的有10余种，我国已发现的有斑驳病毒（Carnation mottle virus，CarMV）、叶脉斑驳病毒（Carnation vein mottle virus，CVMV）、潜隐病毒（Carnation latent virus，CLV）、坏死斑点病毒（Carnation necrotic fleck virus，CNFV）和蚀环病毒（Carnation etched ring virus，CERV）5种。

（2）脱毒技术 主要采用热处理结合茎尖培养脱毒。方法是将带毒植株放在36~40℃的温室培养2个月，使病毒钝化失活，然后再取其茎尖进行培养。其中茎尖培养的具体步骤是：先选取热处理材料的顶芽在清水中冲洗干净，用纱布吸干水分，然后在超净工作台上用75%的酒精消毒30s，再用0.1%$HgCl_2$溶液消毒10min，取出后用无菌蒸馏水冲洗3~5次。将消毒后的材料置于25~50倍的解剖镜下用解剖刀轻轻刮去外层嫩叶，切取0.3~0.5mm的茎尖。再将茎尖接种在MS+0.2mg/L NAA+2.0mg/L 6-BA的分化培养基上，放在温度（25±1）℃、光照强度1000~1500lx、光照时间12~14h/d的条件下培养1周左右，茎尖转绿生叶，20~30天后开始大量长芽。

（3）病毒检测 香石竹病毒检测在生产上多采用指示植物进行鉴定。具体做法是用无菌棉蘸取无菌香石竹幼苗嫩叶汁液的磷酸缓冲液，涂布于苋色藜、昆诺藜、美国石竹和千日红等指示植物被金刚砂磨破的叶片上，于20~25℃下培养1周后检查是否产生症状。若无病症表现，则表示已去除病毒，可确定此试管苗为育苗母株使用，若指示植物出现枯斑或花叶等症状则说明该植株带有病毒。

（4）脱毒苗繁育 将脱毒茎尖转入MS+0.5mg/L 6-BA+0.1mg/L NAA增殖培养基中进行增殖。增殖过程中，将丛生芽切成单株，并及时淘汰玻璃化芽和劣芽。每30~45天继代一次。选粗壮、长势均一的芽进行生根培养。移栽前开瓶驯化2~3天之后，将生根苗移入透气性良好的蛭石或河沙中，温度控制在24~28℃、相对湿度在90%左右，光线太强时需遮阴，2周左右即可成活。

12.4.4.2 百合的脱毒苗培育技术

（1）病毒种类 百合（*Lilium*）为百合科百合属植物，是著名的观赏花卉，全世界约有80余种，其中以麝香百合（*L. longiflorum*）和鹿子百合（*L. speciosum*）等的观赏价值较高。生产中，百合主要靠小鳞茎进行分株繁殖和鳞片扦插繁殖，病毒的积累日趋严重而影响百合的品质。目前，世界各国相继报道的百合病毒病原有14种，其中发生普遍、危害严重的病毒有百合潜隐病毒（Lily symptomless virus，LSV）、黄瓜花叶病毒（CMV）、郁金香碎花病毒（Tulip breaking virus，TBV）、异名百合斑驳病毒（Lily mottle virus，LMoV）和百合丛簇病毒（Lily rosette virus，LRV）5种。

（2）脱毒技术 生产上通常采用茎尖培养的方法进行脱毒。其方法是将百合无菌分株苗接种于MS+0.2mg/L NAA培养基中，并置于光照培养箱，每天在40℃下光照培养12h，光照强度2000lx，同样温度条件下黑暗培养12h，处理5天。在超净工作台上，将百合无菌苗置于解剖镜下，用解剖针将小鳞片和叶原基剥掉，切取晶亮半圆球形的顶端分生组织，将其置于

MS＋1.0mg/L 6-BA＋0.1mg/L NAA 培养基中培养，其中温度为 26℃、光照为 2000lx 左右，光照时间 12h/d。

（3）病毒检测

①指示植物法　根据病毒的不同，用于百合病毒检测的常见指示植物有苋色藜、墙生藜、台湾百合（*L. formosanum*）、麝香百合、克利夫兰烟、菜豆、番杏（*Tetragonia expansa*）、郁金香（*Tulipa gesneriana*）等。具体方法是将百合汁液接种到指示植物上，然后根据指示植物的表现进行检测和鉴定。

②电子显微技术　电子显微技术（EM）主要包括负染色法、超薄切片法、免疫电镜法和胶体金免疫电镜等方法。其主要原理是通过电镜来观察病毒的种类、形态以及存在状态。

③酶联免疫法　酶联免疫吸附法（EusA）和点免疫结合试验（DIA）是检测百合上病毒 CMV、LSV 和 LMoV 的常规方法。

（4）脱毒苗繁育　将经检测无病毒的愈伤组织块和已分化的小鳞茎进行增殖与生根培养。培养基分别为 MS＋0.5～1.0mg/L 6-BA＋0.2～0.5mg/L NAA 与 1/2MS＋0.1～1.0mg/L NAA。其中温度为 24～28℃，光照强度 1500～3000lx，光照时间 10～12h/d。移栽前开瓶驯化 7～10 天，之后将生根苗移入珍珠岩基质中，此时温度应控制在 10～25℃，相对湿度 80% 左右，同时用遮阳网遮阴。

12.4.5　药用植物的脱毒苗培育技术

12.4.5.1　罗汉果脱毒苗培育技术

（1）病毒种类　罗汉果（*Siraitia grosvenori*）属葫芦科罗汉果属多年生植物，是中国特有的药用和甜料植物。目前所发现的病毒病和类菌原体病害有 2 种，即罗汉果花叶病毒（Luohanguo mosaic Virus，LuoMV）和罗汉果疱叶丛枝病（Luo-MLO）。

（2）脱毒技术　罗汉果主要采用茎尖培养与热处理结合茎尖培养脱毒。

①茎尖培养　剪取 50cm 左右欲脱毒的嫩梢，在洗衣粉的水溶液中浸泡数分钟，后用蒸馏水冲洗干净，再在超净工作台上用无菌水冲洗两遍，用 75% 酒精消毒 5s，再用 0.1% HgCl$_2$液消毒 10min，无菌水冲洗 3 次。然后把消毒好的幼芽置于超净工作台的解剖镜下剥离茎尖，切取 0.5～1.0mm 的茎尖分生组织接到培养基中培养。基本培养基为 MS＋1.0mg/L 6-BA＋0.1mg/L IAA(pH5.8)。接种的茎尖培养于温度为 25～28℃，光照强度为 1000lx，光照时间为 12h/d 的培养室中培养。

②热处理＋茎尖培养　将感病苗的茎尖接种在培养基上，长至 5cm 高时，置于 38℃、光照强度约 800lx、光照时间 12h/d 下处理 2～3 周。然后按茎尖培养要求进行培养。

（3）病毒检测

①直接检测　对脱毒处理得到的罗汉果试管苗移栽后与感染花叶病毒的植株进行植物形态比较，脱毒的种苗应生长健壮、无花叶病毒特有的可见症状。

②指示植物检测　以黄瓜作为指示植物，脱毒处理的罗汉果组培苗隔离土培 2 个月后，将未出现染病症状的植株的叶片与明显染病植株的叶片用擦液法接种于黄瓜上，一段时间后观察无病叶接种黄瓜是否有病毒症状从而鉴定相应的植株是否脱毒。

③电镜观察检测　利用电子显微镜直接观察、检查有无病毒颗粒存在以及颗粒的大小、形态和结构，借以鉴定病毒种类。

（4）脱毒苗繁育　将茎尖分生组织培养出的小苗在培养基上长至 5～7cm 高度时进行切段继代培养，每段 0.5cm 左右，带一个节间，继代培养基为 MS＋0.5mg/L 6-BA＋0.1mg/L

IAA＋0.1～0.5mg/L IBA 或 0.1～0.5mg/L NAA。待长出苗后如上述方法再切段培养，继代苗经 4～5 次继代培养后，转入生根培养基 MS＋0.1mg/L NAA 或 MS＋0.1～0.5mg/L IBA 中培养 10 天后，基部长出一圈白色愈伤组织，继续培养 5 天，可陆续生根。培养 30 天左右的植株，叶片宽大呈卵圆形，颜色浓绿，叶柄较长，茎秆粗，生长健壮，此时把苗放到光照条件下炼苗 10 天左右，即可移栽到网室里。移栽的土壤一般用沤熟的塘泥和熟土，有条件的可放入充分风化沤制的有机肥。移栽时温度保持在 25～30℃。也可移栽到蛭石：珍珠岩：熟土＝2：1：1 的基质中假植，温度保持在 25～30℃，保持适宜湿度，成活率可达 90％以上。

12.4.5.2 地黄的脱毒苗培育技术

（1）病毒种类 地黄（*Rehmannia glutinosa*）是玄参科地黄属植物，是中药材中的"四大金刚"之一。多年来，由于病毒的危害，造成地黄产量低而不稳、等级不高、效益下降的问题日趋严重。目前，我国已报道的地黄病毒有 8 种，分别为烟草花叶病毒（TMV）、黄瓜花叶病毒（CMV）、地黄 X 病毒（Dihuang virus X，DVX）、地黄退化病毒（Dihuang decline virus，DDV）、地黄黄斑病毒（Dihuang yellow spot virus，DYSV）、地黄卷叶病毒（Dihuang leaf roll virus，DLRV）、RgV3 和 RgV4 等。其中，地黄退化病毒和地黄黄斑病毒属于烟草花叶病毒组，地黄病毒 3（RgV3）和 4（RgV4）的分类地位还未确定。日本（1981、1989）还检测出马铃薯 X 病毒（PVX）和一种香石竹潜隐病毒的线条状病毒粒子。

（2）脱毒技术 地黄脱毒的主要途径为茎尖培养，其技术要点为：①取材和消毒。将幼苗剪成 2cm 长的茎段，并用洗衣粉溶液浸泡，再用 75％酒精表面消毒及 0.05％$HgCl_2$ 溶液消毒 8～10min 后，以无菌水冲洗干净。在 MS 培养基中培养，获得无菌苗。②茎尖截取。待无菌苗长成 5～6 片叶的小苗时，在解剖镜下切取 0.2～0.4mm 茎尖。③茎尖培养。将茎尖在 MS ＋0.25～1.0mg/L 6-BA 或 MS＋0.5mg/L 6-BA＋0.01mg/L NAA＋0.1mg/L GA_3 的分化培养基（pH 5.8～6.0）中培养。培养温度 25～28℃，光照度 1500～2000lx，光照时间 10～12h/d。茎尖在分化培养基中培养 3～5 天后，便膨大变绿，7 天左右开始形成愈伤组织，20 天左右从愈伤组织分化出丛生苗。④茎尖苗增殖。将获得的丛生苗切分成单个苗，1 个茎尖的增殖系数可达 15～18，接种到增殖培养基 1/2MS＋0.25mg/L 6-BA 中，25 天左右即可成苗，并有根萌发，一般每苗可长根 8～10 条。⑤试管苗移栽。移栽时，打开瓶盖，炼苗 1～2 天左右，冲洗干净苗根部琼脂，移入装有砂子、蛭石、营养土（一般以 1：1：1 比例为宜）组成的培养基质的营养杯中，直接移栽地黄试管苗，并用营养液和消毒液浇灌，覆盖以保持水分，成活率高达 95％以上。

（3）病毒检测

① 指示植物检测 选取不同产地、症状典型和材料新鲜的叶片分别接种于鉴别寄主昆诺阿藜、心叶烟、普通烟、番杏、洋酸浆（*Physalis floridana*）和曼陀罗（*Datura stramonium*）上，逐日观察指示植物出现的症状。

② 电镜检测 将地黄黄叶症状明显的鲜叶抗原提取液，采用 2％磷钨酸负染色，用电镜进行观察。

③ 血清学检测 取待测样品的叶片，与感染已知病毒的寄主叶片（阳性对照）和健康寄主叶片（阴性对照），分别研磨成汁液。把 1％琼脂板制成梅花样孔，将 CMV 病毒抗血清点至中心圆孔，每个待测样品点样的位置两侧都分别设有阳性和阴性对照。室温下放置 24h 后对光观察。

④ RT-PCR 检测 根据 GenBank 中已登录的 TMV 核苷酸序列，设计并合成一对简并引物，利用总 RNA 抽提试剂盒，按其说明书方法，提取表现花叶症状的地黄叶片的总 RNA。

以总 RNA 为模板，利用 RT-PCR 试剂盒，进行反转录和 PCR 反应，反应结束后，经 0.8% 琼脂糖凝胶电泳，回收目的 DNA 片段，克隆目的片段并进行序列分析。

(4) 脱毒苗繁育　试管苗大量快繁时，可将 MS 培养基减为 1/4 大量元素、1/2 微量元素（包括维生素、铁盐），并用食用白砂糖代替蔗糖，用量减为原用量的一半。

12.4.6　林木植物的脱毒苗培育技术

林木与国民经济的许多方面都有密切联系。林木种类繁多，在生产栽培过程中的繁殖方式各异，所感染的病毒种类也不同。下面以泡桐的脱毒苗培育技术为例介绍林木的脱毒苗培育技术。

(1) 病毒种类　泡桐 (*Paulownia*) 属泡桐科落叶乔木，具有生长快、产量高和适应广等特点，是我国重要的速生用材树种、城市绿化树种和行道树种。泡桐的传统繁殖方法是埋根、压条、扦插和分株，这些方法都易传播病毒。目前国内外报道危害泡桐的病毒主要有马铃薯 X 病毒 (PVX)、烟草花叶病毒 (TMV)、烟草脆裂病毒 (TRV)、马铃薯 A 病毒 (PVA)、苜蓿花叶病毒 (AMV)、马铃薯 Y 病毒 (PVY)、黄瓜花叶病毒 (CMV) 及烟草环斑病毒 (TRSV) 等。在我国，由植原体引起的泡桐丛枝病对泡桐栽培影响十分普遍。病毒侵染致使泡桐高度降低、茎生长降低、叶片失绿变褐内卷，严重者植株死亡。

(2) 脱毒技术　泡桐主要采用茎尖培养与高温处理脱毒。

①茎尖培养　泡桐茎尖培养的技术要点如下：a. 外植体选择。用于获得组培苗的材料，包括具有发芽能力的种根、休眠枝条、春季新发的嫩芽条以及其他生长季节的枝条。其中以种根和休眠芽、室内水培萌条芽及春季自然萌条芽作为组培外植体的材料效果较好。生长季节，特别是雨季从树上采集枝条常因微生物污染较重而成功率降低。b. 外植体消毒。泡桐外植体常采用 75% 酒精和 0.1% $HgCl_2$ 进行消毒，处理时间长短因材料老嫩程度而异。严冬过后，将从大树上采回的主干上萌条截段长约 50cm，下端浸水催出长 1～2cm 新芽后剪下，清理外表老叶，用清水冲洗后在超净工作台上用 0.1% $HgCl_2$ 处理 7～8min 后，经无菌水洗 3～4 次即可放入培养瓶中培养。如果春后直接从树上采回萌芽长 3～5cm，去叶在自来水下冲洗，用 75% 酒精作表面消毒 3～4s，然后用 0.1% $HgCl_2$ 溶液浸泡 8～10min。无菌水洗 3～4 次，截成小段或整个小芽培养。c. 茎尖剥离与接种。在超净工作台上，将消毒处理后的泡桐枝条用解剖针仔细剥掉芽的外层叶片，直到露出芽原基。用解剖刀切取芽最顶端长 0.2mm 左右、带一对叶原基的芽组织，接种到诱导培养基 White＋1.0mg/L 6-BA 上，每瓶接一个芽原基。d. 培养。接种的茎尖置于 (25±2)℃，光强 2500lx，光照 12h/d 条件下培养。诱导培养 35 天后，当愈伤组织上丛生芽长到 3～4cm 高、有 4～6 对小叶时，将新生芽从愈伤组织上剪下，切成一对叶一节，转接到增殖培养基 MS＋0.5mg/L 6-BA＋0.1mg/L IBA 上培养，培养条件同上。

②热处理　当愈伤组织产生小苗后，将小苗转接到新鲜培养基上，置于光照培养箱中培养，温度控制在 38～40℃、光照强度 3000lx 左右、光照时间 12h/d 处理约 30 天。

(3) 病毒检测　泡桐病毒检测可以通过电镜、血清试剂盒测定、PCR 技术、迪纳染色、苯胺蓝染色（检测泡桐丛枝病类菌原体 MLO）和 DAPI (4′, 6-diamidino-2-phenyindole. dihydrochloride, 4′,6-二脒基-2-苯基吲哚二盐酸盐）荧光显微镜检测等进行。

(4) 脱毒苗繁育　泡桐试管芽苗在 MS 基本培养基上，在没有细胞分裂素和生长素存在的条件下均可形成根，只是生根慢、根细长。在 1/2MS＋0.1mg/L NAA＋0.1mg/L IBA 上培养，生根率可达 90% 以上。当幼苗长至 3～4cm 高时即可进行炼苗移栽。移栽前在室内揭开瓶盖炼苗 2～3 天。移栽时向瓶内倒入一定量的清水并轻轻摇动以松动培养基，然后用长镊子或小钩小心取出幼苗放置在清水中洗净培养基，栽植在苗床或营养袋中。苗床或营养袋中的土壤以沙质壤土为好，也可用山泥、火烧土和河沙以1∶1∶1组成的营养土。栽植后浇透水，并用塑料薄膜保湿（RH＞85％），温度控制在25～30℃，20天后揭去薄膜。当幼苗长出1～2对新叶时，喷施0.2％尿素。经1～2个月的精心管理，幼苗长至15～20cm时即可出圃。

小　结

　　植物在生长过程中几乎都要遭受病毒及类似病毒微生物不同程度的危害，有的种类甚至同时受到数种病毒和类似病毒微生物的危害，给农业生产造成巨大损失。在自然条件下，病毒及类似病毒一旦侵入植物体内就很难根除。在目前的技术条件下，培育和栽培无病毒种苗是防治作物病毒及类似病毒病害的根本措施。获得优良品种的无病毒种质最有效的途径是脱毒处理。植物脱毒是指通过各种物理或化学的方法将植物体内有害病毒及类似病毒去除而获得无病毒植株的过程。通过脱毒处理而不再含有已知的特定病毒的种苗称为脱毒种苗或无毒种苗。获得无病毒苗木的方法较多，主要有热处理、茎尖培养、微体嫁接和抗病毒剂的应用等。茎尖培养和热处理是脱除植物病毒的两条重要途径。热处理脱毒的效果受处理温度和时间以及病毒种类的影响，而茎尖培养脱毒成功概率与茎尖大小直接相关。对木本植物而言，当茎尖培养得到的植株难以生根时则可采用微体嫁接的方法来培育无病毒苗。通过不同途径脱毒处理所获得的材料必须经过严格的病毒检测和农艺性状鉴定证明确实是无病毒存在，又是农艺性状优良的株系才能作为无病毒种源在生产上应用。常用的病毒检测有生物学检测、血清学检测和分子生物学检测等方法。生物学检测主要是根据指示植物对某种或某几种病毒及类似病原物或株系具敏感反应并表现明显症状进行判定，是应用最早和最广泛的检测植物病毒的方法。血清学检测是根据抗原与抗体特异结合所形成的抗原-抗体复合物来判断病毒的有无，具有快速、灵敏和操作简便等特点。近年来发展的分子生物学方法如双链核糖核酸分析、核酸杂交技术和聚合酶链式反应等直接检测病原性核糖核酸，更具有检测的特异性和准确性。通过热处理、茎尖培养、微体嫁接以及热处理结合微体嫁接等方法培养无病毒苗木已在很多作物的常规生产上得到了应用，并给农业生产带来了巨大的经济效益。

思　考　题

1. 培育无毒苗木有何意义？什么叫无病毒苗？
2. 热处理为什么可以去除部分植物病毒？热处理方法分为几种，常用的是哪一种？
3. 为什么用茎尖培养形成的试管苗一般是无毒的？
4. 获得无病毒苗的方法有哪些？常用的脱毒方法是哪些？
5. 如何保证脱毒苗确实是无毒的？常用的检测病毒的方法有哪些？
6. 无病毒苗的繁育与常规苗的繁育有何差异？怎样保存和利用无毒苗？

第13章

植物体细胞无性系变异及筛选

自 20 世纪初以来，尤其是 20 世纪 60 年代以来，植物组织与细胞培养发展迅速，已能使近千种植物的组织、细胞或原生质体，经过离体培养再生完整植株。同时发现，在原有性状基本保持稳定的前提下，经过植物组织、细胞培养普遍引起丰富的变异。一个组织培养周期内可产生 1%～3% 的无性系变异，有时甚至高达 90% 以上，某一具体性状的变异率在 0.2%～3%，远远高于自然突变率。何为体细胞，例如番茄体细胞染色体数为 $2n=2x=24$，性细胞（精子或卵子）的染色体数为 12，体细胞是相对于性细胞而言；无性系是指在植物组织和细胞培养中，由愈伤组织、细胞或原生质体形成的一系列的无性繁殖后代（再生植株）叫无性系。植物体细胞组织或细胞培养物在培养阶段发生变异，从而导致再生植株发生遗传改变的现象叫做体细胞无性系变异（somaclonal variation）。对各种植物体细胞无性系变异株后代的分析证明，其绝大多数变异是可遗传的。对于组织培养和细胞培养的一些应用领域如工厂化育苗、细胞融合、基因遗传转化、次生代谢产物生产、人工种子生产和种质资源保存等，这种不确定性变异对种质真实性、纯度以及产品质量等都有直接的不利影响。但对这些产生于植物组织、细胞培养阶段的变异进行有目的的筛选与培养，可获得突变细胞系或突变体植株。体细胞无性系变异已发展成为植物种质资源创新和选育新品种的重要途径。

13.1 植物体细胞无性系变异的来源

体细胞无性系变异有两种来源，一是外植体中已存在的，在再生植株中表现出来的变异；二是组织、细胞培养过程中培养条件所诱导产生的变异（图 13-1）。了解外植体细胞遗传变异产生的原因和诱导培养细胞突变的因素，有助于控制和利用体细胞无性系变异。

13.1.1 源于外植体的变异

13.1.1.1 外植体原有变异

有些体细胞无性系变异发生在组织培养之前，即在接种的外植体中包含了一些已经变异了的细胞，这些细胞经过组织培养再生为变异的植株。同时在植物体细胞中经常出现内多倍性，结果在二倍体植株的组织中包含一些多倍体细胞和非整倍体细胞，由它们再生出多倍体或非整倍体植株，如 Torrey(1965) 观察到，培养体细胞倍性混杂的豌豆根时，首批产生的四倍体细

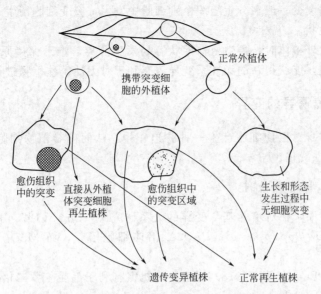

图 13-1　外植体或愈伤组织再生植株的遗传变异来源
（引自 Bhojwani 和 Razdan，1996）

胞来自于外植体中的四倍体细胞。在烟草茎髓组织和单倍体天竺葵茎节间等的培养初期也观察到二倍体和四倍体的有丝分裂。在植物的体细胞分裂分化过程中时常发生体细胞联会现象，如菠萝与甘蔗杂种，则由不同体细胞再生的植株便会出现无性分离（变异）现象。

　　不同物种再生植株的变异频率有很大差别。同一物种不同品种无性系变异的频率也有差别，Larkin 等（1984 年）比较了不同小麦品种的变异频率，其中"Yaqui 50E"最容易产生体细胞无性系变异。朱至清等比较了两个纯合的小麦花粉株系，其中株系"13-7"易变异，而株系"45-1"则相对稳定。在燕麦上也观察到品种"Lodi"比"Tippecanoe"容易产生体细胞无性系变异。引起这种差异的原因目前尚不清楚，可能与不同材料的背景以及基因组对外界因子的敏感程度有关。同一植株不同器官的外植体对无性系变异率也有影响，如在菠萝上，来自幼果的再生植株几乎百分之百地出现变异，而冠芽的再生植株变异率只有 7%，说明从分化水平高的组织产生的无性系比从分生组织产生的更容易出现变异。

　　每一种植物的染色体组或基因组在有性繁殖过程中是稳定不变的，以保持物种的稳定性。在个体生长和发育过程中，顶端分生组织，如根尖和茎尖细胞的倍性一般比较稳定，而分化成熟的组织和器官，如皮层和髓等，其细胞核中 DNA 水平有很大的变化，如拟南芥植株的不同器官和组织中，细胞核的多倍体比例不一样。其幼芽和幼叶中 2C（C 表示单倍体核基因组的 DNA 质量）细胞的比例大，而叶龄长的叶片中 2C 细胞比例小，并有较高倍性的细胞如 16C 和 32C。培养有高倍性细胞的外植体，当这些细胞脱分化、分裂生长时，有可能出现多倍体的培养细胞。

13.1.1.2　嵌合体细胞

　　在外植体中引起培养细胞出现变异的另一个原因是，外植体突变细胞与正常细胞组成的嵌合体，特别是茎顶端分生组织嵌合体。嵌合体可以是染色体数目变异的嵌合体，也可以是基因突变嵌合体。染色体数目变异的嵌合体仅发生在少数杂种和新育成的多倍体品种上。例如，甘蔗无性系 H50-7209 的嵌合体染色体数为 $2n=108\sim128$，其茎尖以及其他成熟组织是由各种不同染色体数目的非整倍体细胞组成的嵌合体。由这些外植体诱导的愈伤组织一般都会增强染色体数目的变异。基因突变一般在分生组织个别细胞中发生，突变细胞衍生来源的组织或器官可能会出现新的变异性状。

培养嵌合突变的外植体时，再生植株性状容易发生分离，难于保持原品种的性状。但是，通过培养嵌合体细胞，能获得新的无性系变异，有利于对无性繁殖植物进行品种改良。

13.1.2 离体培养诱导的变异

植物组织培养本身对植物细胞产生一种胁迫作用，从而诱导植物细胞发生遗传和外遗传（非核遗传）的适应性变化。

13.1.2.1 培养基和培养条件

在基本培养基方面，在对培养基与变异的关系研究中，Singh(1975) 指出，B5 培养基适合于纤细单冠菊（*Haplopappus gracilis*）二倍体细胞培养，而 MS 培养基适合于四倍体细胞。

在无机盐方面，Furner 等（1978）报道，有机氮有利于毛曼陀罗二倍体和四倍体的增殖，无机氮只促进单倍体的分裂。

培养基中的外源激素是诱导体细胞无性系变异的重要因子之一。关于组织培养物的多倍性与培养基中 2,4-D 之间的关系研究较多。Sunderland(1977 年) 观察到，在含有 2,4-D 的培养基中，纤细单冠菊的悬浮培养物在 6 个月之内可由完全二倍体状态变为完全四倍体状态。如果以 NAA 取代培养基中的 2,4-D，这种变化就要慢得多。Deambrogio 和 Dale(1980 年) 曾用大麦做过比较研究，发现再生植株中的变异特性，如不育性和白化苗，只出现在从 2,4-D 含量高的培养基再生的植株上。Kallak 和 Yarvekylg(1971) 在豌豆的培养细胞中观察到，2,4-D 浓度和多倍化程度之间呈负相关。据此，有些学者认为 2,4-D 是多倍性发生的一个直接诱导因素，有些学者则认为，2,4-D 的作用只是有选择地促进多倍体细胞的分裂。与 2,4-D 相似，较高浓度的 NAA 也能有选择地促进二倍体细胞的有丝分裂。在每升含有 0.02mg 激动素和 1.00mg NAA 的培养基上建立起来的纤细单冠毛菊幼苗愈伤组织，保存 80 天后，其中多数细胞为二倍体，少数为四倍体，八倍体细胞十分罕见。Bennici 等（1971）观察到，随着这两种生长调节物质浓度的增加，多倍体细胞有丝分裂的频率相应减少。因此，他们认为较低浓度的生长调节物质能够有选择地刺激多倍体细胞的有丝分裂，而较高浓度的生长调节物质则能抑制多倍体细胞的有丝分裂。不过，在蚕豆子叶愈伤组织中，核的状态却不受培养基中激素的影响。

培养基的物理状态和环境条件也影响培养细胞的倍性变化。在物理状态方面，如三叶胶细胞悬浮培养的温度也与突变率有关。在培养温度方面，如 Binns 和 Meins(1980) 发现，烟草愈伤组织在 35℃下二倍体占优势，同一培养物放在 25℃下，核型不稳定并以四倍体细胞为主。

13.1.2.2 植株再生的途径

植物组织或细胞培养过程中器官可通过不定芽或体细胞胚胎发生两种方式再生植株。通常认为，后者的遗传稳定性优于前者。例如，香蕉品种 Grande Naine，通过体细胞胚胎途径再生植株的变异率是 36%，通过茎尖繁殖的变异率为 53%。Shchukin 等（1998）的三次实验结果肯定体细胞胚再生植株的变异率（7.9%、2.6%和 1.6%）低于茎尖繁殖的试管苗变异率（10.4%、3.6%和 2.3%）。Vasil（1982）提出，由体细胞胚胎发生形成的植株不会发生变异，因为只有未经过畸变的细胞才能形成胚状体。他发现大黍愈伤组织经胚胎发生形成的大量植株未出现变异。然而在烟草花药培养和小麦、玉米等体细胞胚胎发生方面的研究表明，由胚状体再生的植株也存在无性系变异。如果变异的基因不干扰体细胞胚胎发生，从理论上讲，形成的胚状体及由它们产生的植株仍可能出现变异。Humault 和 Destoaret（1990）在茴香叶柄体细胞胚胎再生植株的研究中，进一步证明了通过体细胞胚胎再生植株也会产生大量变异。

13.1.2.3 培养时间和继代培养频率

长期培养的愈伤组织和悬浮细胞，其变异率高。随着愈伤组织培养的时间增加，核型变异的细胞增加，再生植株的变异率增加。研究表明，大蒜、玉米、燕麦和三倍体黑麦长期培养的愈伤组织再生植株的非整倍体和染色体结构变异的频率高。但愈伤组织和悬浮细胞继代的时间间隔越短，细胞的遗传性越稳定。许多农作物的培养细胞通过频繁的继代，使细胞二倍体频率明显增加。纤细单冠菊悬浮细胞每 2 天继代一次，300 天培养过程中二倍体和四倍体细胞的比率一直保持不变，分别为 93％和 7％。

然而，在试管苗快速繁殖中，继代间隔时间短，增殖率高，则变异率增加。Smith 和 Drew（1990）报道，凤梨扦插和分株繁殖为每年 4～5 株，利用组织培养每月繁殖试管苗达到 30～50 株，变异率很大。而将试管苗繁殖率降低到每月 4 株时，变异率降低到 5％。此外，变异率也随继代次数的增加而增大，如 Rodrigues 等（1998）将香蕉品种"Nainco"茎尖繁殖的试管苗经过 5 次、7 次、9 次和 11 次继代培养后，体细胞无性系变异频率分别为 1.3％、1.3％、2.9％和 3.8％。

13.1.2.4 选择压力

选择压力是指培养细胞或组织对特殊培养条件如致病毒素、盐浓度和特殊化学物质等的耐受力。一般认为，直接选择单基因性状的细胞系比选择多基因性状的细胞系更容易成功，在细胞水平上表现的选择性状不等于在再生植株水平上也能表现。Mccoy（1986）报道了对苜蓿细胞耐乙基硫氨酸、盐和真菌培养提取物的选择，只有抗病性状在再生植株整株水平上表达。Rabata 等（1988）发现了一个烟碱产量极高的细胞系，但其再生植株烟碱含量与正常植株相等，从再生植株诱导的愈伤组织烟碱含量能达到原细胞系的高水平。

在离体培养的选择压力消失后变异性状的保持是有条件的。Hammerschlag 等（1991）分离出抗野油菜黄单胞菌（*Xanthomonas campestris var. pruni*）的桃无性系，一些无性系能持续 2 年表达抗病能力，而其他无性系抗病性状只能瞬间表达。大野青春（1985）报道了离体培养基因纯合突变自交多代能够保持性状遗传变异的稳定性，而非自交方式性状不能够稳定遗传的现象。他发现诱导水稻种子愈伤组织再生植株中 0.018％的矮秆突变体，该矮秆性状在自交 8 代后，仍然作为纯合突变而稳定遗传。然而，当与其他正常再生植株或原初对照正反交之后，矮秆性状消失，而且在 F_2、F_3 和 F_4 代中再也看不见矮秆性状了。Cullis 和 Cleary（1986）报道，亚麻（*Linum usitatissimum*）组织培养中，从一株再生植株产生的后代，后代之间重复序列的 DNA 含量彼此也有不同。

13.2 植物体细胞无性系变异的遗传学基础

13.2.1 染色体变化

13.2.1.1 染色体数量变异

在 20 世纪 60 年代，人们就注意到了愈伤组织细胞的染色体变异现象。为了便于观察和获得明确无误的结果，早期研究者选用染色体大而数目少的物种作为研究材料。体细胞无性系变异中最常见的变化是染色体数目变化。迄今积累的大量资料证明，愈伤组织细胞染色体数目发生变异是相当普遍的现象，见表 13-1。

表 13-1 一些植物体细胞愈伤组织或悬浮细胞的染色体数目变化

物种	供体染色体数	培养物	培养细胞染色体数	参考文献
Arabidopsis thaliana	10	愈伤组织	10～60	Negrutiu 和 Jacob,1978
Crepis capillars	6	愈伤组织	3,5,6,7	Sacristan,1971
Daucus carrota	18	悬浮细胞	9,18,36,72	Mitra 等,1960
Haplopappus gracillis	4	悬浮细胞	4～16	Singh 和 Harvey,1975
Hordeum vulgare	14	愈伤组织	26～51	Orton,1980
Hordeum vulgare	14	悬浮细胞	12～44	Orton,1980
Hordeum jubatum	48	愈伤组织	20～30	Orton,1980
Hordeum jubatum	48	悬浮细胞	19～83	Orton,1980
Lilium longiflorum	24	愈伤组织	24,24+	Sheridan,1975
Lolium perenne	14	愈伤组织	18～50	Norstog 等,1969
Nicotiana tabacum	48	愈伤组织	40～221	Fox,1963
Oryza sativa	24	愈伤组织	12,24,36,48,60	Guha 等,1970；Niizeki 和 Onono,1971
Triticum aestivum	42	愈伤组织	26～84	Shimada 等,1969
Gynura medica	20	愈伤组织	10～20	范三微等,2012
Musa itinerans Cheesman	22	胚性悬浮细胞	6～72	洪林等,2012
Dimocarpus longan Lour.	30	胚性愈伤组织	15～60	林秀莲等,2009

染色体数目变化分整倍体和非整倍体两类，整倍体如 2 倍体、3 倍体、4 倍体、5 倍体等；非整倍体在自然界一般不发生，但在植物细胞培养中则常常发生。如粉蓝烟草（*Nicotiana glauca*）髓组织接种在含 2,4-D 的培养基中 2～6 天，细胞中出现大量的核碎裂，产生大小不一的数个细胞核。这些细胞进行正常的有丝分裂就会产生染色体数目变化很大的细胞。这种现象在红花菜豆胚柄培养和蚕豆（*Vicia faba*）子叶初期培养中也观察到。

13.2.1.2 染色体结构变异

在培养的细胞及再生植株中常可观察到多种染色体结构的变化，如染色体桥、双着丝粒染色体、染色体断片甚至微核的出现等。据 Skivin 等报道，玉米再生植株中染色体结构的变化主要是染色体断裂后所引起的缺失以及黏合后出现的易位、倒位、重排等。各种染色体结构的重排都会引起遗传物质的损失，引起表型变异。染色体断裂会影响到邻近的基因，特别是那些转录调控基因，如果重新结合或转移到不同的位置上，会影响到距离较远基因的功能。还阳参（*Crepis capillaris*）植物有长、中、短三对染色体，长期培养细胞中长染色体结构变化率是 47.0%，中等长度的卫星染色体为 82.3%，短染色体为 64.6%。纤细单冠菊二倍体悬浮培养细胞在有丝分裂过程中产生了无着丝点片段、微染色体、缺失染色体、双着丝点染色体和染色体环的异常结构。燕麦（*Avena sativa*）再生植株后代有染色体缺失、重复和易位现象。

染色体结构变化也会导致染色体数目的增加。一个研究的特例是，棉枣儿（*Scilla siberica*）三倍体（$2n=3x=18$）愈伤组织中染色单体大量碎裂，产生的染色体只有原大小的 1/10。愈伤组织再生植株每个细胞具有原 DNA 的 20%～30%，但是染色体数目显著增加

$(2n＝30～40)$。

13.2.2　基因突变

基因突变有隐性单基因或多基因突变和显性单基因或多基因突变。隐性突变在体细胞无性系R_0代中不能表达，但能在自交后代中观察到。番茄叶愈伤组织再生植株中 13 个基因突变体，通过传统的遗传互补测验确定了突变基因的性质和在染色体上的定位。果实黄色、橘红色和果梗无缝是单隐性基因突变，分别定位在 3 号、10 号和 11 号染色体上，而枯萎病抗性是单显性基因突变，位于 11 号染色体。Sebastian 和 Chaleff（1987）报道，用乙基亚硝基脲诱变3500 粒大豆（$Glycine\ max$）种子，从 5000 棵 M_1 代植株得到的 M_2 代中选择出了耐受轮作氯磺隆（chlorsulfuron）残效的 4 个大豆突变系。4 个突变型都是由单个隐性基因所决定。Masha（1993）等以除草剂为选择剂，从原生质体培养中分离出一个耐受磺酰脲类除草剂和咪唑啉酮类除草剂的油菜（Brassica napus）自发突变体，其培养种子萌发的幼苗对绿磺隆的耐受能力比敏感的对照高 250～500 倍，是单个显性基因的突变所引起的。Brettel（1986）从5 株玉米未成熟胚培养的愈伤组织再生植株中发现一株突变体。该株的乙醇脱氢酶（ADH）电泳酶谱是杂合的，在自交后代中分离出突变型和正常型。纯合突变型的分子生物学鉴定结果表明，外显子 b 上有一对碱基突变，导致 ADH1 蛋白中一个缬氨酸残基取代了一个谷氨酸残基。

13.2.3　基因扩增

有的细胞无性系抗性增加是某些基因扩增的结果。Donn 等（1984）从 phosphinothricin除草剂存在的紫花苜蓿悬浮培养细胞中得到了具有比野生型高 20～100 倍抗性的无性系。抗性提高是由于谷氨酰胺合成酶（GS）基因扩增了 4～11 倍，引起谷氨酰胺合成酶增加 3～7 倍的结果。该除草剂是 GS 的竞争抑制剂。Goldsbrough 等（1990）发现抗草甘膦（glyphosate）除草剂致死浓度的普通烟草细胞系是由于 5-烯醇式丙酮酰-莽草酸-3-磷酸合成酶（EPSPS）水平提高所致。至少有编码 EPSPS 的两个基因扩增，使得 EPSPS 的 mRNA 水平升高。扩增强度随草甘膦用量增加而提高，从而使细胞内 EPSPS 酶的水平保持稳定。Steinrucken 等（1986）报道，矮牵牛耐受草甘膦细胞系中 EPSPS 的含量异常提高，原因是编码该酶的基因扩增的结果。

愈伤组织和培养细胞生长过程中也出现基因扩增的现象。Escandon 等（1989）研究了两种灌木状的酢浆草（$Oxalis\ glaucifolia$ 和 $O.\ rhombo$-$ovata$），比较了它们叶片和愈伤组织培养物细胞中的 5 个核基因，即编码组蛋白 H3 和编码组蛋白 H4、核糖体 25S RNA、核酮糖二磷酸羧化酶（RuBP 羧化酶）小亚基和泛素的基因，发现愈伤组织培养物中 5 个基因都出现扩增，只是不同品种和不同基因之间有所差别。

13.2.4　细胞质基因变异

离体培养条件也使线粒体 DNA 环状构象和分子结构发生变化。Hanson（1984）和Newton（1988）分别发现烟草培养细胞线粒体 DNA（mtDNA）限制性酶切片段模型的变化。在这些研究结果中，大多数 mtDNA 为扩增后的环形 DNA 分子结构。Hartman（1989）报道，小麦再生植株的 mtDNA 变化极大，而且变化程度受组织培养时间长短的影响。Rode 等（1988）指出，小麦非胚性愈伤组织和胚性愈伤组织非体细胞胚发生部位的细胞与胚细胞相比，丢失了大约 8kb 的 mtDNA 片段。Li 等（1988）报道，可育的野生烟草原生质体培养两次之后可分离出细胞质雄性不育（CMS）植株。通过分析 CMS 植株，发现一种 40kb 线粒体 DNA 编码的多肽消失。

叶绿体基因组相对比较保守。常见的变化是花药愈伤组织再生植株，特别是单子叶植物花药培养，白化苗发生的频率较高。Day 和 Ellis（1985）报道，水稻花药培养来源的白化苗丢失了70％的叶绿体基因组。Dunford 和 Walden（1991）在分析 5 株大豆小孢子体细胞胚胎再生的白化苗时，发现 4 株苗的叶绿体基因组上专一的限制性酶切片段缺失或变化。Sun 等（1979）发现，水稻白化苗中 16S 或 23S RNA 很少或缺乏，Rubisco 蛋白水平显著减少。因为 rRNA 为叶绿体DNA（cpDNA）转录，所以叶绿体 rRNA 减少应为 cpDNA 碱基分子缺失的结果。

13.2.5 转座因子活化

转座因子是能在基因组中移动和修饰基因表达的 DNA 序列。转座因子插入到新的基因位点引起邻近基因转录特性不稳定地抑制或修饰。病毒感染、温度、染色体断裂和遗传背景等因素会影响转座因子的删除，删除转座因子的体细胞无性系变异回复到野生型状态。植物组织培养的胁迫环境能激活沉寂的转座因子。

玉米再生植株携带活化的 Ac 转座因子，而母本植株中没有检测到 Ac 因子。类似地，Evola 等（1984）观察到半数玉米再生植株具有活化的 Spn 转座因子。苜蓿白花体细胞无性系再生的植株中，有 20％以上的植株表现野生型紫花的性状。遗传分析指出，这种回复突变涉及到转座因子的作用。James 和 Stadler（1989）研究了玉米一种活化的增变基因原种和一些自交系杂交 n 代的胚性愈伤组织培养物，全部愈伤组织系都保持 Mu 因子的高拷贝数，其中超过半数的愈伤组织系没有 Mu 因子的修饰。在 38％的无性系中出现新的 Mu 纯合的限制酶片段，而在有失活的 Mu 因子的对照中却没有出现新的 Mu 因子。

13.2.6 DNA 甲基化

Phillips（1990）认为，大多数组织培养诱导的突变直接或间接地与 DNA 甲基化状态的改变有关。基因 DNA 甲基化的程度与基因的表达呈反相关。

Schwartz 和 Dennis（1986）以及 Chomet 等（1987）的实验证明，Ac 转座因子以极高的频率在活化和钝化之间循环，活化是由于 Ac 转座因子甲基化基本上消失，钝化是由于该因子完全甲基化。Dennis 和 Brettle（1990）把 Ac 转座因子活性循环的一种状态引入无 Ac 转座因子活性的组织培养后，该因子活性是正常水平的 80 倍。活性增加与该因子 5′-端甲基化程度降低一致。已有关于玉米、烟草和胡萝卜等组织培养再生植株甲基化程度发生显著变化的报道。玉米再生植株的甲基化状态能够稳定遗传。

13.3 植物体细胞无性系的筛选

细胞突变体的筛选最早始于 1959 年，米尔彻斯（G. Melchers）在金鱼草悬浮细胞培养中获得了温度突变体。1970 年，卡尔森（P. S. Carlson）、宾丁（H. Binding）和海默（Y. M. Heimer）等分别分离出烟草营养缺陷型细胞、矮牵牛抗链霉素细胞系及烟草抗苏氨酸细胞系。迄今为止，已经在 15 个科、45 个种的植物细胞培养中筛选出 100 多个细胞突变体或变异体，其中包括水稻、小麦、玉米、高粱、大麦、燕麦、甘蔗、大豆、亚麻、番茄、大蒜、马铃薯、胡萝卜、苜蓿、烟草、向日葵等重要经济作物。筛选出的突变体有抗病细胞突变体、抗氨基酸及其类似物细胞突变体、逆境胁迫抗性突变体、抗除草剂细胞突变体及营养缺陷型细胞突变体等。

从组织水平和细胞水平上筛选突变体，较之整体植物有许多优点，可同时从大量细胞中筛选到所需要的特性，如 1mL 细胞培养物有几十万到几百万个个体，一个培养瓶中的细胞相当于成百上千亩土地上种植的植物，能高度利用空间；一个细胞的平均分裂周期不足一天，大大缩短了筛选周期；由于条件可控制，细胞可重复生长在相同的环境下，因而可进行重复的选择程序；由于突变体是来自细胞，可更加严格地确定突变体的特性。这些都是在整体植株水平上进行筛选所无可比拟的。

13.3.1　突变细胞离体筛选的方法

在马铃薯切
片上培养的
晚疫病病
原菌

突变细胞离体筛选是通过在培养基中添加选择剂筛选所需的变异。依据筛选目标性状的不同，可以采用不同的选择剂，包括氨基酸及其类似物、病原菌毒素、抗生素、除草剂、盐、重金属等。不同植物种类对不同选择剂使用的适宜浓度不同，通常以使 90% 以上的培养物致死的浓度为选择剂适宜浓度。其方法可分为正选择法和负选择法，又可分为直接选择法和间接选择法。

（1）正选择法和负选择法　正选择又包括一步选择和逐步筛选。一步选择，又称致死浓度筛选，是指在确定选择剂致死浓度后，将培养物分批培养在含此选择剂（浓度）的培养基上。筛选存活培养物，再转移到正常培养基上扩大增殖，最后诱导再生植株。逐步筛选是指在培养基中逐渐增加选择剂的浓度，最后把筛选的存活培养物继代增殖。为了防止悬浮细胞数量在选择过程中越来越少，每次继代的时间要逐渐延长，以保证静止期细胞的数量相似。但培养物体积保持不变。

负选择法，也叫富集选择法。在负选择实验中，选择对象是在一定选择压的作用下不能生长的那些细胞，而能够生长的细胞被淘汰。负选择适用于对营养缺陷型突变体的选择。以利用负选择法分离烟草营养缺陷型突变体为例，先把经过诱变处理的单倍体细胞培养在一种基本培养基中 96h，于是有营养缺陷型的细胞不能继续生长，只有野生型细胞生长旺盛。这时把 BudR(5-溴脱氧尿苷)加入培养基，置于暗处培养 36h。由于 BudR 只能与活跃生长的细胞中的 DNA 结合，并使与它结合的 DNA 获得光敏特性，因此当把培养物再转到光下时，BudR 的光解就引起了能在基本培养基上生长的那些野生型细胞的 DNA 的严重损伤。营养缺陷型细胞不结合 BudR，因此不是光敏的。当把所有这些悬浮细胞植板于完全培养基上以后，只有突变细胞能够繁殖，再经过二倍化处理，最后即可得到纯合二倍体的营养缺陷型再生植株。营养缺陷型突变体通过互补作用对于体细胞杂种的选择具有重要价值。

（2）直接选择法和间接选择法　直接选择是指所用的选择剂正是以后在整体植株水平上突变表现型的作用对象。如以 NaCl 为选择剂选择耐盐突变体等。直接选择也属正选择。直接选择法主要用于抗性突变体的选择，用生长抑制剂如抗生素、代谢类似物、某些金属及非金属离子等，来分离培养植物细胞，从中选择对生长抑制剂具有抗性的突变细胞。其具体方法是：初始平板培养，要选择一个抑制细胞生长的起始密度，即最低有效密度，然后在这种起始密度下，选择能存活、生长的细胞团，在具有一系列浓度梯度的抑制剂中进一步培养，最终可将能耐受最高生长抑制剂的突变细胞团选择出来。但是，如果目标表现型并不具有选择上的优势，则需采用间接选择法。其中所加的选择剂不是突变表现型对其直接表现抗性的物质。该法主要用于营养缺陷型突变体、温度敏感型突变体及抗旱细胞突变体等的筛选，也可用于抗病突变体的筛选。如通过对抗氯酸盐细胞的选择而分离出硝酸还原酶（NR）缺失突变细胞系，硝酸还原酶能把氯酸盐培养基上具有硝酸还原酶活性的野生型细胞杀死，只有硝酸还原酶缺失突变体能够生存。利用制霉菌素（Nistatin）筛选番茄抗晚疫病突变体等都属于间接选择法。

13.3.2　体细胞无性系变异筛选的程序

13.3.2.1　材料的准备

通过植物组织或细胞培养获得供试材料，可采用叶片、茎尖等外植体，也可以采用愈伤组织、悬浮培养细胞和原生质体等作为细胞抗性突变体筛选的材料。

13.3.2.2　离体培养组织或细胞的突变诱导

采用物理或化学方法诱导植物组织或细胞培养物产生基因突变。

13.3.2.3　细胞抗性突变体选择

将诱变处理过的材料，在含有选择剂的培养基中培养。如筛选抗病突变体在培养基中加入细菌、真菌毒素，抗盐突变体筛选加入不同浓度的 NaCl 进行筛选。

13.3.2.4　抗性细胞系形成及分化培养

所获得的抗性愈伤组织转入新的培养基中进行分化培养；悬浮培养细胞转入新的固体培养基中增殖，获得愈伤组织后进行分化培养，从而产生抗性再生植株。

13.3.2.5　再生植株的抗性鉴定

对抗性愈伤组织分化培养获得的再生植株进行抗性鉴定，如抗病、抗虫、抗盐、抗低温、抗高温和抗旱鉴定等。

13.3.2.6　抗性植株农艺性状研究及遗传规律分析

R_0 代的田间观察：从愈伤组织再生的植株叫做 R_0 代。田间生长的 R_0 代植株可能产生形态学或农艺性状上的变异。这些变异主要是由染色体变异或显性基因突变引起的。那些由隐性基因突变引起的变异要等到 R_1 代才会表现出来。因此 R_0 代植株需要分株留种，以便在 R_1 代观察隐性性状的变异和统计突变性状的分离情况。

在 R_1 代选择有用细胞变异株：在 R_1 代各类变异，包括显性和隐性的变异都得到显现，这时可以在田间选择具有优良农艺性状的变异株，并对变异性状遗传规律进行初步分析。

13.3.3　影响细胞突变体筛选效果的因素

13.3.3.1　亲本材料

亲本材料选用应注意以下几点：①选用优良的、仅存在个别缺点需要改进的基因型。②以选择试验的目的决定亲本材料的种类，例如，要选择对玉米小斑病小种 C 的抗性，就必须采用 C-型细胞质雄性不育的玉米细胞系。③选容易筛选符合需要的细胞突变体及再生能力高的植物。④选用染色体数目稳定的细胞系。因为非整倍体的细胞系难以进行遗传和生化分析。⑤离体选择隐性突变的试验中应尽量使用单倍体材料。单倍体可使隐性突变在当代就表现出来，但单倍体细胞在体外培养不稳定，容易产生多倍体。因此，如果试验的目的是获得一个显性突变或细胞质突变，则最好选择二倍体细胞系，它在体外稳定，也方便进行遗传和生化分析。

13.3.3.2　培养方式

用来进行细胞突变体筛选的主要方法有愈伤组织培养、细胞固体培养、细胞悬浮培养和原生质体培养等4种。愈伤组织容易获得，操作方便，但生长速度慢，容易出现嵌合体；对于部分植物来说，可以采用细胞固体培养的方法，但应用较少；细胞在悬浮培养过程中生长较为迅速，但应注意在培养体系中，大小不一的细胞团与单细胞共存，过大的细胞团由于其内层细胞所处的环境与外层细胞有较大的差别，内、外层细胞所受到的选择压力可能不同，不利于优良细胞的筛选，一般可以用适当孔径的筛网过滤，以除去较大的细胞团；原生质体是用于筛选突变体的理想材料，因其接受诱变剂和选择剂均匀，因此不存在嵌合体。

13.3.3.3　细胞生长速度

细胞的生长速度可能会影响离体分离突变体的成败。一些抗代谢产物在培养基中只有很短的半衰期。如果有关的细胞系生长很慢，那么抗代谢产物可能在敏感细胞死亡前降解。因此，敏感的突变体可能会在不允许其生长的条件下存活下来。生长缓慢的细胞也容易发生染色体数目和结构的变化，这些变化可能使植株再生困难或不可能再生，尤其是当在培养体系中累积了非整倍体时更是如此。即使不需要再生植株，非整倍体也会使生化分析复杂化。

13.3.3.4　选择压力

选择压力可以一次性施加，也可以逐步施加。在有些离体选择试验中，选择压力的施加方式对最终的选择效果可能没有影响。但在一些情况下，选择压力的施加方式直接影响选择的成败。例如，如果某个细胞在试验开始有一个线粒体发生了突变，就整个细胞来说，多数线粒体都是正常的，那么它的突变表现型的作用必然很弱，这时如果突然施加一个强大的选择压力，这个细胞很可能和正常细胞一样被淘汰。但是在一个比较温和的选择压力之下，这个细胞就有可能幸存下来。然后，随着选择压力的逐渐增加，这个细胞系内的突变线粒体的比例也逐渐增加，突变表现型随之增强，最终可以被选择出来。因此，对一个细胞器基因突变的选择，最好采用逐步施加选择压力的方式。

13.3.4　体细胞无性系变异的鉴定

尽可能及早地选择变异性状，尽量缩小细胞在离体培养中的时间是非常重要的。因为培养期延长会使异常苗数量增加。为了减少再生植株快速繁殖的工作量，有必要对突变体植株进行早期鉴定。

体细胞突变体的分析很大程度上依据外部形态特征。R_0 植株的形态筛选通常用于选择显性基因和纯合基因表达的性状。形态水平上体细胞无性系变异的程度通常用植株百分数来表示，如植株高度、抽穗日期、结实数、开花时间、育性、花果颜色、产量、耐盐性、抗病等。De Kierk 等（1990）提出，体细胞无性系群体变异程度可以用测定标准差（SD）来分析特定的数量性状。Jackson 和 Dale（1989）发现，由于体细胞无性系变异使基因型杂合程度加强，再生植株的自交后代各种数量性状的 SD 增加。SD 分析数量性状的优点是：①分析需要的植株数量较少，仅为 20～30 株；②短时间内能评估大量植株；③SD 分析相对于其他分析方法更灵敏。

除此之外，蛋白质电泳、同工酶酶谱等生物化学性状分析，染色体数目和形态变化观察，以及 RAPD、RFLP、AFLP、SSR 等分子标记技术均可用于鉴定体细胞无性系变异。

13.3.5　几种体细胞突变体筛选技术

13.3.5.1　氨基酸和氨基酸类似物抗性突变体的选择

筛选抗氨基酸及其类似物突变体，通常是在培养经诱变处理或不经诱变处理的无性系（芽、悬浮细胞、花粉粒等）的培养基中加入特定种类和浓度的氨基酸或其类似物作为选择压，筛选、培养获得抗性突变体。加入到培养基中作为选择压的物质通常对植物的细胞生长有抑制作用。现以苜蓿乙硫氨酸抗性变异细胞系的筛选为例说明其方法。

（1）材料选择　紫花苜蓿经空间诱变后的材料。

（2）愈伤组织的诱导及继代培养　于生长季节取紫花苜蓿花序为外植体进行愈伤组织诱导。其诱导培养基为 MS＋水解酪蛋白 500mg/L＋酵母提取物（YE）250mg/L＋2,4-D 2.0mg/L＋6-BA 0.5mg/L＋蔗糖 30g/L＋琼脂 7g/L，在（25±1）℃、散射光条件下培养。获得的愈伤组织在诱导培养基上继代培养，每 3 周继代一次。

（3）反复筛选　抗性变异细胞系的筛选采用多步正筛选法。将继代 3 次后生长旺盛的苜蓿愈伤组织分割成约重 50mg 的均匀小块，接种于添加乙硫氨酸筛选剂的 MS 培养基（同诱导培养基）上。在一定浓度的筛选剂上筛选 2 代，每代 28 天，再将存活的愈伤组织转入高筛选剂浓度的培养基继续筛选。在最高浓度上再筛选 3 代，然后将具有抗性的愈伤组织转入不含乙硫氨酸的培养基上继代增殖 3～4 代，再转入含乙硫氨酸胁迫的培养基上继代 2 次，以杀死生理适应性细胞。将抗性系在无胁迫条件下培养 9 个月后，进行鉴定及植株再生。

（4）抗性测定与稳定性鉴定　将筛选得到的抗性细胞系转入分别含有 L-乙硫氨酸和 DL-甲硫氨酸的 MS 培养基上（其余成分同愈伤组织诱导培养基），于（25±1）℃条件下培养 28 天后，测定细胞的鲜重相对生长率。每处理设 3 次重复。计算相对生长率。此外，将苜蓿抗性系愈伤组织接种于添加 Lys、Thr、Ile、Leu 和 Lysd-Thr 各 10mmol/L 的培养基上，于（25±1）℃条件下，培养 28 天后测定各自的鲜重相对生长率。相对生长率计算公式如下：

相对生长率(%)＝（胁迫处理条件下愈伤组织鲜重增加倍数/无胁迫条件下愈伤组织鲜重增加倍数）×100%

依据相对生长率评估其抗性和稳定性。

（5）生化分析　对抗性细胞系进行游离氨基酸含量、过氧化物酶同工酶与酯酶同工酶分析。

13.3.5.2　抗病细胞突变体的选择

抗病细胞突变体筛选可以采用直接选择法，也可以采用间接选择法。在直接选择法中，利用病原菌毒素作为抗病性的筛选压力，必须满足下列条件：①毒素应在发病中起关键作用，能引起典型症状；②病原物在寄主植物体内外产生的毒素是一致的；③细胞水平上与整株水平上对毒素的反应一致。目前已发现能产生毒素的病原物（包括真菌、细菌）约 100 种左右。现以烟草野火病抗性细胞系的筛选为例，简要介绍其筛选方法。

（1）无菌试管苗培养　将供试烟草种子用 70%酒精浸泡 30～60s，用 0.1% $HgCl_2$ 灭菌 8～10min，再用无菌水冲洗 4～5 次，播种于 MS 培养基（不含激素）上让其发芽成苗。

（2）愈伤组织的诱导　取生长 20～30 天的植株幼叶，切成小块，接种于 MS＋2,4-D 2.0mg/L＋6-BA 0.1mg/L（简称 MSⅠ）的培养基上诱导产生愈伤组织。

（3）悬浮细胞培养　将愈伤组织转移至 MSⅠ液体培养基中进行振荡培养，愈伤组织分散成单细胞或小细胞团的悬浮培养细胞，每 10～15 天继代一次，继代 4～5 次后，可用于抗病细胞突变体筛选。

（4）病菌的分离和培养　野火病菌采自烟草发病植株。用稀释分离法分离病原菌。经人工接种烟草确定其病原菌，划线培养于马铃薯葡萄糖斜面上，4～6℃冰箱中保存。

（5）粗毒素滤液的制备　病菌接种于马铃薯葡萄糖液体培养基中，25℃条件下培养8h，培养液经离心去沉淀获得野火病菌粗毒素滤液，滤液以25％～30％的含量加入筛选培养基。

（6）抗病细胞突变体筛选　将适量悬浮培养细胞铺平转接于含野火病菌粗毒素的MSⅠ培养基上进行筛选，或置于含野火病菌粗毒素的MSⅠ液体培养基中进行浅层筛选培养。34～40天后，将存活愈伤组织转移至相同培养基上进一步筛选，经两次筛选后得到的抗性愈伤组织在MS+2,4-D 0.1mg/L+6-BA 2.0mg/L培养基（简称MSD）上诱导植株再生。

（7）再生植株及其后代的抗病性鉴定　抗性愈伤组织再生植株在MS+NAA 0.1mg/L培养基上生根后，移植到土壤中栽培，待长至7～8片叶时人工接种野火病菌进行抗病性鉴定。其方法是：将野火病菌先划线于马铃薯葡萄糖琼脂培养基上，在25℃下培养2周，取适量病原菌于无菌水中，摇匀，针刺接种第2或第3节幼叶，每叶接种5个病斑；接种后注意保湿，3～4天后测量病斑周围黄色晕圈直径大小，作为植株抗病性的指标，即黄色晕圈越大，植株对野火病菌的抵抗力越弱，反之越强。根据鉴定结果，选择对野火病菌表现抗性的植株自交繁种，单株收获成熟种子。

抗性植株自交后代抗病性鉴定采用苗期喷雾接种的方法进行。其方法是：将收获的种子进行播种、移栽，苗期定量喷雾接种野火病菌溶液于第2或第3节幼叶背面，接种后保持湿度，4～5天后，调查发病情况并统计接种叶片上出现的病斑数。

13.3.5.3　抗除草剂细胞突变体的选择

自从赞克（Zenk）于1974年首先从单倍体烟草的细胞悬浮培养物中筛选出抗2,4-D的细胞系以来，应用离体培养法培育抗除草剂作物品系已取得了较大进展。现以玉米抗除草剂细胞系的筛选为例，介绍其筛选方法。

（1）胚性愈伤组织的诱导　玉米自交授粉9～10天后，取穗剥离幼胚（大小约1～2mm），在诱导培养基上培养7～8天后，用镊子将已膨大的幼胚夹碎，以促进愈伤组织产生。挑取长势好、松脆、淡黄色的愈伤组织，进行继代培养，14天左右继代一次。培养温度为（25±3）℃，光照10～12h/d，光照强度800～1000lx。

（2）选择剂浓度的确定　将胚性愈伤组织转移到分别加有0mg/L、1.0mg/L、2.0mg/L、3.0mg/L、4.0mg/L、5.0mg/L、6.0mg/L氯磺隆的培养基上培养，定期观察，20天后统计愈伤组织的存活率，确定半致死浓度。

（3）抗性愈伤组织的筛选及植株再生　将胚性愈伤组织转移到加有半致死浓度除草剂的继代培养基上进行筛选，3周后，选择生长正常的愈伤组织继续筛选，连续筛选3代。诱导抗性愈伤组织在含除草剂的分化培养基上再生植株。将再生植株移栽、定植，观察植株的形态特征和生长发育情况。

（4）再生植株后代的抗性鉴定　将再生植株自交结实的种子与对照种子播种到花盆中，四叶期小苗喷施20mg/L的氯磺隆溶液，2周后观察植株生长状态的变化。

13.3.5.4　抗盐细胞突变体的筛选

应用细胞培养技术筛选耐盐突变体的研究已取得了重要进展，先后在水稻、烟草、甘蔗、苜蓿、芦苇、马铃薯、甜橙、柠檬、葡萄等几十种作物上获得了一批可遗传的抗盐突变体。现以筛选杜鹃抗盐细胞突变体的实例，简要介绍其方法。

(1) 诱变处理　分别用 5Gy、10Gy、15 Gy、20Gy 的 γ 射线处理杜鹃试管苗叶片，确定最佳剂量和处理时间。

(2) 杜鹃耐盐突变体的筛选　将用 Y 射线处理过的杜鹃试管苗叶片分别接种于含 0.1%、0.3%、0.5% 和 1.0%NaCl 的 MS 培养基上，培养基附加不同浓度的 6-BA、ZT，蔗糖浓度为 30g/L，琼脂为 6.5g/L，每种培养基 10 瓶，每瓶接种 3 片叶。接种叶片置于温度（20±2）℃，光强 800~1200lx，光照 10~12h/d 下培养。诱导不定芽的分化，连续继代选择 6 次，筛选耐盐突变不定芽，再将突变不定芽转入附加不同浓度 IBA 的 MS 培养基上诱导生根，再生植株。

(3) 耐盐突变体的鉴定　将耐盐突变体离体叶片转入不含 NaCl 的培养基上，培养 1 个月后，再转入含相应浓度 NaCl 的培养基上，观察其抗盐稳定性。取变异株的叶片，测定其可溶性糖、游离氨基酸、脯氨酸及 K$^+$ 和 Na$^+$ 含量，分析其抗盐性。

13.3.5.5　抗其他逆境细胞突变体的筛选

体细胞突变体筛选技术还应用于其他逆境如抗低温、高温和抗旱突变体的筛选。张明鹏和野查舍克（C. B. Rajasheker）应用悬浮培养获得了葡萄抗寒细胞突变系。林定波用 γ 射线处理和细胞选择相结合的方法获得了抗寒锦橙悬浮细胞系并再生植株，苏恩（Z. Sun）等筛选获得了水稻抗寒突变体。特若林德（Trolinder）等（1991）获得了棉花耐高温（40℃、50℃）的突变植株。黑舍（Heyser）和拿波斯（Nabors）将 15% 的 PEG 加入培养基中，选择出番茄抗旱细胞突变体。人们采用 20Gy 的紫外线处理紫花苜蓿的胚性悬浮细胞系，筛选出对 15%PEG（水势约 1.1×10^{6}Pa）耐受性细胞系 6 个，并获得了一批再生植株。现以耐旱烟草和耐低温茄子细胞突变体筛选为例，简要介绍其筛选方法。

(1) 筛选耐旱烟草细胞突变体

① 单倍体愈伤组织的诱导　以烟草（*Nicotiana tabacum* L.）烤烟型品种 K326 为试验材料，选取花粉发育时期为单核晚期的花蕾，置于垫有湿滤纸的培养皿内，在 5℃ 冰箱内处理 2~3 天后，除去萼片，在 70% 酒精中预消毒 0.5min，再放入 1%NaClO 溶液中消毒 10min，以无菌水洗涤 3~4 次，剥开花瓣，取出花药接种在添加 3.0g/L 活性炭的 Nitsch 培养基上，置于（28±2）℃、光照强度 2000~4000lx 条件下培养。诱导获得单倍体植株，并将单倍体植株的叶切成小块，接种到加有 8.0mg/L 吲哚乙酸的 Nitsch 培养基上，诱导产生愈伤组织。

② 抗性突变体的诱导　选取培养三周左右的单倍体愈伤组织用于诱变处理。将诱变材料放入无菌三角瓶中，分别加入 0.1%、0.2%、0.3%、0.4%、0.5%、0.6% 的硫酸二乙酯（DES，用磷酸缓冲液配成，pH 值为 7.0），充分振荡，室温放置 2h 后，吸出诱变剂，以无菌水冲洗 3~4 次，再以无菌吸水纸吸干水分，接入不含激素的 MS 培养基中，培养 2 周后计算成活率，计算半致死剂量。以半致死剂量处理烟草单倍体愈伤组织后，进行突变体筛选。其中，愈伤组织成活率计算公式如下：

愈伤组织成活率(%)=(成活的愈伤组织块数)/(接种的愈伤组织块数)×100%

③ 抗性突变体的筛选　将经半致死剂量 DES 处理后恢复增殖的愈伤组织置于含 15%PEG 6000 的筛选培养基上培养，培养基成分为 MS+2,4-D 2.0mg/L+KT 2.0mg/L+蔗糖 2.0%，pH 值为 5.8。2 周后，测定 PEG 对愈伤组织生长的影响，以鲜重增加百分比为指标。将筛选出的愈伤组织转移到相同的新鲜培养基上继代。未经诱变处理的愈伤组织接种在同样的培养基上作对照。

④ 抗性突变体的生理特性测定　将愈伤组织置于三角瓶中，以 15%PEG 6000 处理 3h，用蒸馏水冲洗 4 次，用于测定电导率与丙二醛含量。

（2）筛选耐低温茄子细胞突变体

① 花药愈伤组织的诱导　在植株初花期从生长健壮的植株上采集即将开放的花蕾，用自来水冲洗 4h、75％酒精浸泡 30s、无菌水清洗 3 次，然后用 0.1％的 $HgCl_2$ 消毒 4min，再用无菌水清洗 3～5 次。用镊子取出花药，接种于诱导愈伤组织的 MS＋2,4-D 0.2mg/L＋KT 0.2mg/L 的培养基上，诱导发生愈伤组织。

② 突变体的诱导　花药接种后在 0～1℃、5～6℃ 及 10～11℃ 三种低温与常温（25～26℃）条件下昼夜交替培养，即每天常温光照培养 12h、低温暗培养 12h。低温与常温交替培养 7 天后，转为连续常温培养，诱导突变体的发生。

③ 突变体的筛选　将低温胁迫与常温交替培养诱导产生的愈伤组织，每块分割成两份，一份用于耐低温性鉴定，另一份继续培养。愈伤组织的耐低温性鉴定采用电导率法。其方法是：准确称取 0.1g 从各处理分割下来的愈伤组织置 5～6℃ 冰箱低温处理 24h，将处理的愈伤组织置 50mL 小烧杯中，加入 10mL 无离子水在室温下浸泡 20h，然后用电导率仪测定每一处理样品浸出液的电导率。测定过的样品煮沸 15min，再用无离子水精确地补足至原来容量，置室温下浸泡 20h 后第 2 次测定其电导率，并计算出组织伤害率作为筛选耐低温性的指标，组织伤害率的计算公式如下：

$$伤害率＝（低温处理电导率/煮沸电导率）×100％$$

④ 分化培养及再生植株的耐冷性鉴定　将筛选出的耐低温性愈伤组织转接到分化培养基上进行培养，经分化培养获得再生植株。用直径 1cm 的打孔器从再生植株上选基部 3 张叶片取样进行耐低温性鉴定，鉴定方法与愈伤组织的耐低温性鉴定相同。

（3）筛选耐热马铃薯细胞突变体　宁志怨等 2009 年报道了耐热马铃薯细胞突变体的筛选，并获得了耐热的无性系。其筛选方法如下：

① 愈伤组织的诱导　以马铃薯费乌瑞它试管苗为供试材料，取其茎段（不含有腋芽）置于含有 MS＋0.5～3.0mg/L 6-BA＋0.1mg/L NAA 的培养基上，待茎段两端长出愈伤组织后，切取愈伤组织将其接种在相同的诱导培养基上，放置于培养温度为（25±2）℃、光强度为 2500lx、光周期为 16h/d 的光照培养室中，20 天为 1 个世代进行继代增殖培养。

② 马铃薯愈伤组织的耐羟脯氨酸筛选　将诱导产生的马铃薯愈伤组织接种在含有 0.2～2.0mg/mL（10 个梯度，每个梯度之间相隔 0.2mg/mL）HYP 的 MS＋0.5mg/L 2,4-D＋0.5mg/L 6-BA 的培养基上，每个处理设 10 瓶，每瓶 10 块愈伤组织。在培养基上进行培养淘汰后，将存活的愈伤组织继续在原培养基上进行连续多代培养筛选，20 天为 1 个世代，用褐变作为伤害的判断指标，以保证鲜活增殖多的愈伤组织块作为入选对象。

③ 植株再生率的测定　将增殖较多的愈伤组织分别接种于含有 MS＋1.0～5.0mg/L 6-BA＋0.1mg/L NAA＋5.0mg/L GA 的分化培养基上进行植株再生，然后分别统计植株再生率。植株再生率计算公式如下：

不同分化培养基的植株再生率＝（已经长出小植株的愈伤组织的数目）/（供试的愈伤组织的总数）×100％

④ 马铃薯变异株的热胁迫筛选　将上述产生的马铃薯变异株通过培养和快速繁殖后形成的群体分成两部分，一部分用于保存，另一部分置于温度为 39℃ 的光照培养箱中进行高温胁迫处理，再将高温胁迫处理后存活的突变株置于培养温度为（25±2）℃、光强度为 2500lx、光周期为 16h 的光照培养室中进行恢复培养和快速繁殖后，再将所形成的群体分成两部分，一部分用于保存，另一部分置于 40℃ 光照培养箱中进行高温胁迫处理，以此类推，直至温度升高至 45℃，从而筛选出耐热性较高的变异株系。

小　结

　　植物体细胞组织或细胞培养物在培养阶段发生变异，从而导致再生植株发生遗传改变的现象叫做体细胞无性系变异。它有两种来源：一是外植体中已存在的，在再生植株中表现出来的变异；二是组织、细胞培养过程中培养条件所诱导产生的变异。这些变异大多数是可以遗传的，变异的遗传基础表现在突变体细胞中染色体的数量及结构、基因的突变和扩增、细胞质基因的变异、转座因子的活化、DNA 的甲基化等各个方面。

　　突变体细胞无性系是通过在培养基中增加选择压的方式进行筛选。选择方法有正选择法和负选择法，以及直接选择法和间接选择法。正选择法是指在确定选择剂致死浓度后，将培养物分批培养在含此选择剂（浓度）的培养基上。筛选存活培养物，再转移到正常培养基上扩大增殖，最后诱导再生植株。它包括一步选择和逐步筛选两种方法。负选择法也叫富集选择法，选择的对象是在一定选择压的作用下不能生长的那些细胞，而能够生长的细胞被淘汰。负选择法适用于对营养缺陷型突变体的选择。直接选择法是指所用的选择剂正是以后在整体植株水平上突变表现型的作用对象。间接选择法在培养基中所加的选择剂不是突变表现型对其直接表现抗性的物质，主要用于营养缺陷型突变体、温度敏感型突变体及抗旱细胞突变体等的筛选。

　　体细胞无性系变异的筛选包括材料的准备、离体培养组织或细胞的突变诱导、细胞抗性突变体选择、抗性细胞系形成及分化培养、再生植株的抗性鉴定和抗性植株农艺性状研究及遗传规律分析等过程。影响细胞筛选效果的因素有亲本材料、培养方式、细胞生长速度和选择压力的施加方式等。体细胞突变体的分析很大程度上依据外部形态特征，除此之外，染色体数量和结构变异、蛋白质电泳、同工酶酶谱等生物化学性状分析，以及 RAPD、RFLP、AFLP、SSR 等分子标记技术均可用于鉴定体细胞无性系变异。

思　考　题

1. 植物体细胞无性系变异的意义是什么？
2. 简述植物体细胞变异发生的遗传学基础。
3. 简述和比较突变细胞离体筛选的方法及其特点。
4. 简述体细胞无性系变异筛选的程序。
5. 简述影响突变细胞离体筛选的因素。
6. 简述体细胞无性系变异的鉴定方法。

第14章

次生代谢产物生产和生物转化

植物体内含有大量的次生代谢产物如类萜、酚类和生物碱等，其中有很多是药物、香料和色素的重要来源，但其含量低、提取困难、结构复杂、不易人工合成等，这些特点严重限制了次生代谢产物的工业化生产。植物细胞具有全能性，单个离体细胞含有生产次级代谢产物所必需的全部遗传和生理基础，只要处于适宜的条件下，这种全能性就会表达出来，所以可以利用植物细胞培养代替整个植株来生产具有重要价值的次级代谢产物，其主要步骤包括细胞的大量培养、次生物质的生产、分离与纯化等。

14.1　细胞的大量培养

细胞大量培养的目的是利用生物反应器为次生代谢产物的生产获得大量遗传稳定、同步分裂、增殖迅速并且能大量积累次生代谢产物的细胞，而生物反应器则是细胞培养所用的装置，其作用是为细胞生长和代谢提供一个适宜的环境。

14.1.1　培养系统

根据所用反应器的不同，植物细胞大量培养常用的系统可以分为悬浮培养系统和固定化培养系统。

14.1.1.1　悬浮培养系统

悬浮培养系统的原理与第7章介绍的细胞悬浮培养基本一致，但大规模培养所采用的生物反应器及控制技术则要复杂得多。按搅拌系统的不同，植物细胞悬浮培养系统所使用的生物反应器可分为机械搅拌式反应器和非机械搅拌式反应器。

（1）机械搅拌式反应器　是具有搅拌装置的反应器（图14-1），常用于微生物发酵。植物细胞培养采用该系统可以直接借鉴其经验进行研究和控制。其主要优点是混合效果好，并能够避免细胞团沉降，提高悬浮效果，适用于对剪切力（shear）耐受能力较强的植物细胞系。剪切力是指反应器内流体运动对细胞和细胞团的切割与破损力。但由于个体大、细胞壁僵硬且具有较大的液泡，使得大多数植物细胞对剪切力比较敏感。如果将搅拌器的桨叶由叶轮式改为螺旋式，则既可以保持较好的搅拌效果，而且其剪切力也不会破坏植物细胞。另外，通过对细胞在搅拌式反应器中进行长期驯化，也可以提高细胞对剪切效应的耐受程度。

　　（2）非机械搅拌式反应器　针对机械搅拌式反应器对植物细胞的剪切作用较大的问题，人们又发展了利用气流和气泡进行搅拌的非机械搅拌式反应器。鼓泡式反应器（图 14-2）是利用从反应器底部通入的无菌空气所产生的大量气泡进行供氧和搅拌，而气升式反应器是利用通入反应器的无菌空气形成的上升气流来进行供氧和搅拌，包括内旋式和外旋式两种（图 14-3）。它们均无搅拌装置，优点是剪切力较低，对植物细胞的伤害较小；缺点是搅拌不均匀，尤其是在细胞密度较高时混合效率下降，并且过量通气对细胞的生长有阻碍作用。

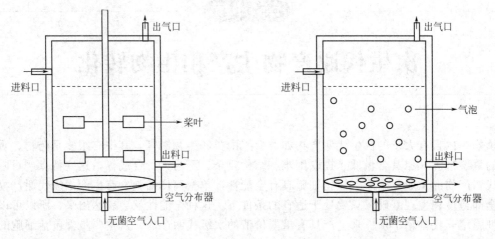

图 14-1　机械搅拌式反应器模式图　　　　　　图 14-2　鼓泡式反应器模式图

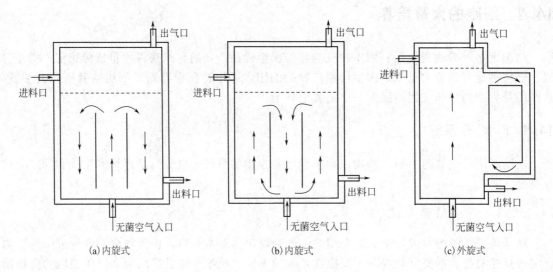

(a)内旋式　　　　　　(b)内旋式　　　　　　(c)外旋式

图 14-3　气升式反应器模式图

　　利用悬浮培养系统进行植物细胞大量培养的优点是：有利于细胞与培养基中的营养物质和气体充分接触；温度、pH 值、养分浓度等培养条件易于控制；适于在连续密闭的系统中进行，减少了污染的概率；缺点是大的剪切力对植物细胞有伤害。另外，由于悬浮培养收获的是快速生长的细胞，其中的次生代谢产物含量较低，因此在生产中应当采用"两步法"：第一步先扩大细胞生物量，第二步再促进次生代谢产物的合成。这两步通常应在不同的生物反应器中进行。

14.1.1.2　固定化培养系统

利用物理或化学手段将游离细胞限制于特定空间或表面的培养技术称为细胞固定化培养,所依据的原理是密集而有一定程度分化的、生长缓慢的细胞能比分散而无结构的、生长迅速的细胞积累更多的次生代谢产物。如果把细胞固定在支持物上,使它们之间密切接触,并形成一定的理化梯度,这样就形成了类似整体植株分化组织的状态,通过培养基的循环供应,一方面可以保障细胞的营养需要,另一方面又可以避免由于代谢产物的累积而对细胞代谢造成的反馈抑制。为了提高次生代谢产物的生产效率,固定化培养通常设计成连续培养系统,经固定的细胞就像是生物催化剂,新鲜培养基流进去,含有产物的培养基流出来,再进行产物的分离提纯。

固定化培养系统中植物细胞的固定方式可分为包埋式固定和吸附式固定两大类。

(1) 包埋式固定　即将细胞包埋在多孔载体内部而制成固定化细胞的方法,可分为凝胶包埋法和半透膜包埋法。凝胶包埋法是应用最广的方法,将细胞固定在凝胶的微孔中进行生长、繁殖和新陈代谢,所用载体主要有琼脂、藻酸盐、明胶、聚丙烯酰胺、光交联树脂等。半透膜包埋法是利用生物高分子材料将细胞包裹成数微米至数百微米的微小球囊,培养基的养分和代谢产物等小分子物质可以通过细胞外面的微囊半透膜进行交换。常用的生物高分子材料有多聚赖氨酸/海藻酸、壳聚糖/海藻酸盐等。

(2) 吸附式固定　即将细胞吸附在固体吸附剂表面而使细胞固定化的方法。吸附法制备固定化植物细胞,是将植物细胞吸附在多孔陶瓷、多孔玻璃、多孔塑料等的大孔隙或裂缝之中,或吸附在中空纤维的外壁。吸附法制备固定化植物细胞操作简便易行,对细胞的生长、繁殖和新陈代谢没有明显的影响,但吸附力较弱,细胞容易脱落,使用受到一定限制。

固定化细胞培养的反应器包括流化床、填充床和膜反应器等三类。

(1) 流化床反应器　利用培养液和无菌空气流动的能量将固定化植物细胞悬浮在液体培养基中 (图 14-4)。其优点是固定化细胞和气泡在培养液中悬浮翻动,混合效果好;缺点是剪切力较大,放大比较困难。所谓反应器的放大,是指以实验室研究设备中的试验数据为依据,设计制造大规模的反应装置系统,以进行工业规模的生产。

(2) 填充床反应器　即将固定化植物细胞置于填充床反应器中堆叠在一起,静置不动,通过培养基的流动提供所需的养分和氧气,同时带出各种代谢产物 (图 14-5)。其优点是单位体积的细胞密度大,细胞能紧密接触,次生物质产量较高;缺点是混合效果差、传质效率低,培养条件不易控制。此外,填充床底层细胞所受到的压力较大,容易变形或者破碎,为了减少底层细胞所受的压力,可以在反应器中间用托板分隔成两层或多层。

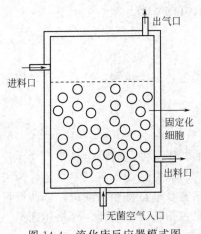

图 14-4　流化床反应器模式图

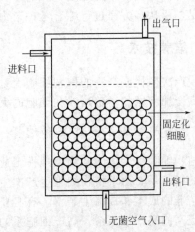

图 14-5　填充床反应器模式图

（3）膜反应器 即将植物细胞固定在具有一定孔径和选择透性的膜上，营养物质可以通过膜渗透到细胞中，细胞产生的次生代谢产物通过膜释放到培养液中（图 14-6）。根据细胞在膜上的位置，膜反应器分为两种：一种是细胞固定在膜的外表面，培养基从中空纤维管的内膜中循环通过；另一种是将细胞裹在超滤膜内侧，养分和产物可通过膜交换，而细胞始终留在膜内。其优点是膜设备可重复利用，降低了成本；膜设备中流体流动与放大关系不大，减小了放大的困难；利用膜的分离功能，产品的生产与分离可同时进行，降低了产品的反馈抑制。其缺点是氧气供给和二氧化碳排出比较困难；膜会阻碍产物的扩散；构建膜反应器的成本较高。

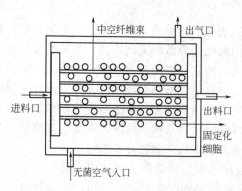

图 14-6　中空纤维反应器模式图

与悬浮培养系统相比，利用固定化系统进行植物细胞大量培养的优点有：细胞浓度高、分化适宜、生长速度慢，细胞间接触良好，有利于次生代谢产物的合成；剪切力作用小，对植物细胞的伤害少；可以通过更换培养液在同一反应器内进行细胞增殖和次生代谢产物的生产；固定化植物细胞容易与培养液分离，利于产品的分离纯化。其缺点是只适用于目的次生代谢产物能分泌到胞外的植物细胞。

最近又发展起来一种两相培养系统，这种培养系统是在培养体系中加入水溶性或脂溶性的有机物，或者是具有吸附作用的多聚化合物（如大孔树脂），使培养体系形成上、下两相，细胞生长与次生物质合成在水相中进行，次生物质从细胞中分泌出来后转移到有机相。这样不仅减少了产物的反馈抑制作用，使其含量提高，而且通过有机相的不断回收及循环使用，有可能实现植物细胞的连续培养，使培养成本下降。建立植物细胞两相培养系统一般来说必须满足以下几个条件：①添加的有机物质或多聚化合物均对植物细胞无毒害作用，不影响细胞的生长与次生物质的合成；②产物能较容易地被有机物质吸附或者被有机相溶解；③两相能较容易分离，这对于大规模培养尤为重要；④有机物质或多聚吸附不吸收培养基中的有效成分。

由于不同的培养系统和反应器都有各自的特点，进行植物细胞大量培养时，要结合植物细胞的特点来选择合适的反应器。一般来说，应该考虑的因素包括：反应器的供氧能力；反应器内流体的剪切力对植物细胞的影响；高细胞浓度时的混合效果；控制培养条件的能力；控制细胞聚集的能力；放大的难易程度等。对于特定的植物细胞和特定的反应器来说，以上条件不可能同时满足，要从多方面进行综合考虑，力争取得良好的效果。

14.1.2　培养技术

用于生产次生代谢产物的植物细胞大量培养技术包括三个步骤，分别是高产细胞系的建立和选择、高产细胞系的增殖培养和细胞的大量培养。

14.1.2.1　高产细胞系的建立和选择

实现植物细胞次生代谢产物大规模工业化生产的首要条件是获得生长快、次生代谢产物合成能力强的细胞系。由于植物细胞生产次生代谢产物的能力往往不高且不稳定，为了降低植物细胞大量培养的成本和提高生产率，有必要对相关细胞系进行诱变和筛选，以获得目的产物含量大幅度提高的高产细胞系。高产细胞系的建立主要包括基因型选择、外植体选择、愈伤组织选择、培养条件优化、高产细胞系诱导与筛选等步骤。

（1）基因型选择　如果在某种植物的提取物中发现了目的代谢产物，那么首先要做的工作是大量收集这种植物的种质资源，以从中筛选目的代谢产物含量最高的植株或基因型。

（2）外植体选择　不同外植体诱导愈伤组织的能力和诱导的愈伤组织合成次生代谢产物的能力均不同，所以外植体的选择非常重要。一般认为，次生代谢产物高的外植体诱导出的愈伤组织，其生产次生代谢产物的能力也高。

（3）愈伤组织选择　得到愈伤组织后的最初几代培养中有可能发生体细胞无性系变异，生产次生代谢产物的能力并不稳定，经过几周甚至几年的继代培养，才能得到遗传稳定的愈伤组织。

（4）培养条件优化　筛选最佳培养条件，包括培养基组成如用于去分化、再分化的矿质元素组成、碳源选择、激素配比等，培养条件如温度、光照、通气等。

（5）高产细胞系诱导　有时候通过愈伤组织筛选并不能得到理想的高产细胞系，这就需要对现有的细胞系进行诱导。诱导方法有物理诱导和化学诱导两种。物理诱导主要是采用 X 射线、γ 射线、中子、α 粒子、β 粒子、紫外线等辐射植物细胞；化学诱导主要是采用秋水仙素、对氟苯丙氨酸（PFP）、5-甲基色氨酸、草甘膦和生物素等化学诱变剂来处理植物细胞。也可以用环境胁迫作为选择压来诱导对环境胁迫具有抗性的细胞系。近年来，随着分子生物学技术的发展，利用基因工程技术对植物细胞体内基因进行调控来提高代谢产物产量是目前一种先进的应用方法。通过运用基因沉默技术抑制竞争性代谢途径，使更多的前体物质流向目的产物的通路；也可以通过上调次生代谢产物合成过程中关键酶基因的表达量，增加细胞次生代谢产物的累积，筛选出高产、稳产的细胞系。

（6）高产细胞系筛选　主要有目测法和测定法。前者是指从愈伤组织的颜色来初步判断其目的代谢产物含量高低的一种筛选方法，适用于目的产物为色素或虽为无色物质，但加入某种物质后能产生颜色反应的植物细胞；后者是指用植物化学或生物化学的方法如高效液相色谱法（HPLC）、放射免疫法（RIA）、酶联免疫法（ELISA）、流式细胞测定法（flow cytometry）和薄层色谱分析法（TLC）等测定次生代谢产物的含量，从而筛选出含量高的细胞系。

目前筛选高产细胞系常用的是色谱、光谱定量分析，如紫外-可见分光光度法（UV-VIS）、HPLC 和核磁共振等分析技术在细胞培养的状态下就能提供细胞的定性定量信息。然而，到目前为止，在高产细胞系的筛选上尚无一种普遍的、行之有效的方法，需要根据所培养的植物细胞种类分别进行研究。

14.1.2.2　高产细胞系的增殖培养

高产细胞系的增殖培养又称为"种子"培养，是指对高产细胞系进行多次扩大繁殖，以便获得足够多的细胞用作大量培养时的接种材料。增殖培养并不是要收获代谢产物，而是以获得大量快速增长的细胞为主要目的，所以一般采用悬浮培养。根据培养方式的不同，可以分为分批培养、半连续培养和连续培养 3 种类型。

（1）分批培养　是指在培养过程中，一次性加入培养液，在一定条件下培养一段时间后，一次性放出培养液的培养方式。分批培养方式较为简单、方便，受微生物感染的机会相对较少，是目前植物细胞悬浮培养最常用的方式之一。其缺点是生长周期长，设备利用率低。

（2）半连续培养　是指在培养过程中，每隔一段时间从反应器中放出大部分培养液，保留小部分培养液作为下一培养周期的种子细胞，同时补充新鲜培养液的培养方式。半连续培养可以提高设备利用率，并适当提高单位体积反应器的产量。但在添加新鲜培养液时容易发生微生物污染。

（3）连续培养　是指在培养过程中，以一定的流量连续地添加培养基，同时以相同的流量从系统中放出培养基，保持反应器内细胞密度、产物浓度以及物理状态上的相对平衡。该培养方式可以显著提高设备利用率，在固定化细胞培养中经常采用。在连续添加培养液时，要特别注意防止微生物的污染。

14.1.2.3　大规模培养体系的建立

大规模培养体系的建立是指用生物反应器进行细胞培养，并对各项培养参数进行优化，为目的次生代谢产物的工业化生产做好准备。

利用植物培养细胞生产次生物质的基本策略可总结如图 14-7 所示。

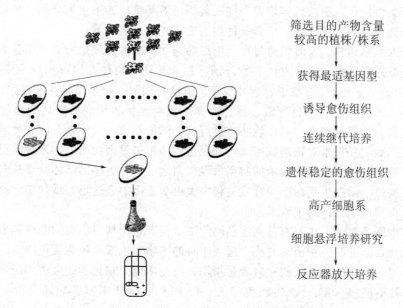

筛选目的产物含量
较高的植株/株系

获得最适基因型

诱导愈伤组织

连续继代培养

遗传稳定的愈伤组织

高产细胞系

细胞悬浮培养研究

反应器放大培养

图 14-7　利用植物培养细胞生产次生物质的基本策略

（引自 Bourgaud 等，2001）

14.1.2.4　影响植物细胞大量培养与次生物质生产的因素

影响植物细胞大量培养与次生物质生产的因素很多，内因包括植物细胞的特性、外植体和愈伤组织的生理状态等，外因主要包括营养条件、培养条件、前体物质、诱导剂和抑制剂等。

（1）植物细胞特性　植物细胞生产次生代谢产物的能力不仅与基因型有关，还与培养细胞的分化程度存在正相关，在生长迅速、高度分散的细胞悬浮培养系统中，细胞所处的环境既无极性也无梯度，虽然可以获得迅速增长的生物量，但只有在细胞生长的相对静止期才能积累较多产物，这说明慢速生长、分化或部分分化的组织或组织团块，才能生产较多的次生物质。

（2）外植体和愈伤组织生理状态的影响　许多研究者都从高产的植株采集培养材料，希望高产特征能传递到培养的细胞中。但是含量高的部位或组织并不一定是真正合成产物的地方，可能只是产物运输或积累的地方。这是一个不太容易判断的情况，在实际操作时，要多取几个部位或组织进行比较培养，最后选择产物合成部位的组织作为诱导愈伤组织的起始外植体。

在选择愈伤组织时，要考虑到细胞的分散性。一个良好的悬浮细胞培养体系必须细胞分散性好、细胞团小、生长迅速、均一性好。因此，一般用颗粒细小、疏松易碎、外观湿润、亮白或淡黄色的愈伤组织，用于进一步的单细胞分离和大量培养。

（3）营养条件　不同的植物细胞在生长和次生代谢产物生产方面对培养基中营养条件的要

求各不相同，营养物质的种类不适宜、浓度过高或者过低都会影响到次生代谢产物的产量和质量，所以为了取得最佳的培养效果，很有必要对培养基中的碳源种类及浓度、氮源总量及 NO_3^--N 与 NH_4^+-N 的比例、磷元素的浓度、激素的种类及配比甚至无机营养进行筛选优化。

（4）培养条件 不同的植物细胞生长可能对温度、光质、光强、pH 值、溶解氧速度、接种密度等培养条件有不同的要求，特定植物细胞在增殖生长阶段和生产次生代谢产物阶段所需的培养条件可能也不相同。所以，在培养和设计反应器时要为不同的植物细胞和细胞生长的不同阶段设定不同的培养条件，为细胞生长和次生代谢产物的合成创造最佳的环境条件。

（5）合成前体 前体是指处于目的次生代谢产物合成途径上游的物质，可以在相关酶的催化下转化为目的产物。所以在培养体系中加入目的产物的前体物质，可以大大增加酶促反应的速度，从而提高目的次生代谢产物的产量。

（6）激发子 植物次生代谢产物的合成具有全能性和多条代谢途径，凡能引起植物产生次生代谢产物的胁迫因子统称为激发子，它是一类特殊的触发因子，它能够开启合成次生代谢产物过程中关键酶的活性，并刺激表达，提高次生代谢产物的含量。激发子的类型很多，可分为生物激发子和非生物激发子两种，前者包括真菌菌丝体、酵母提取液、植物细胞壁碎片、植物生长调节剂等，后者有紫外照射、金属离子等。

（7）抑制剂 有些目的次生代谢产物在合成时存在支路途径，这样并不是所有的前体物质都会转化为目的产物。如果在培养基中添加支路途径的抑制剂，则可使代谢流更多地流向目的次生代谢产物。

（8）目的代谢产物 当目的产物积累到一定程度后，就会对酶促反应过程产生反馈抑制作用，因此如何能及时地将目的代谢产物从培养体系中移走，对于提高目的产物的产量是至关重要的。

14.2 天然化合物的生产

利用植物细胞进行天然化合物的生产，在目的次生代谢产物的大规模培养体系建立起来后，接下来的任务是对培养体系进行放大，实现工业化生产，然后对目的代谢产物进行分离提纯。

14.2.1 生物反应器的放大

生物反应器的放大是指在反应器的设计与操作上，将用于植物细胞培养和次生物质生产实验室的小型反应器及其培养参数放大为工业规模的反应器和相应的培养参数，使得细胞和次生物质在放大前后分别具有相似的生长和生产模式。

14.2.1.1 放大的原理与标准

由于生物反应器的类型很多，使用的培养体系也有差异，因此，并没有一种通用的放大方法，应根据各自的特点进行。但是，不管是什么类型的反应器，放大时由于培养体积加大，流体动力学发生变化，就会出现气-液两相间物质交换不足、反应器内温度不均一、热量不能及时排出等问题。为了把这些问题对目的产物产量的影响降到最低，在反应器进行放大培养时必须遵循相似性原理。所谓相似性，是指如果两个不同的培养系统能用相同的微分方程来描述，并具有相同的外形特征，那么两个系统将具有相同的行为方式。以机械搅拌式反应器为例，为了达到这种行为方式上的相似性，放大时必须遵循以下标准：①几何相似。要求反应器在放大前后的几何尺寸比例要大致相似。②搅拌功率恒定。放大前后反应器内单位体积的搅拌功率要保持恒定，保证良好的混合效果。③传氧速度恒定。放大前后要有恒定的传氧系数。传氧系数对于机械搅拌式反应器的放大是一个非常关键的参数。④桨叶叶端速度恒定。这样可以保证放大前后反应器对植物细胞的剪切力保持不变。⑤混合时间恒定。混合时间是指在一个给定的反应器中，从开始混合到特定混合程度所需的时间。混合时间对反应器内维持均匀的环境十分重要。

尽管生物反应器放大时遵循了相似性原理，但要到达完全相似是不可能的。所以，要从大量的实验数据中找出影响放大过程的主要问题，在着重解决主要问题的同时兼顾其他次要问题。在没有把握的时候，需要经过多级的中间实验，每级只放大很低的倍数，采用所谓的逐级实验放大方法。

14.2.1.2 反应器参数的检测与控制

生产过程中，为了达到稳产高产、降低原材料消耗、节省劳动力、实现安全生产，必须利用各种传感器和其他检测手段对反应器的参数进行检测和控制。应重点检测、控制的参数如下：

（1）温度 不同的植物细胞都有各自细胞生长和产物合成的最适温度，所以反应体系的温度必须控制在最适温度范围内。可利用循环冷源或热源对温度进行调控。

（2）pH值 不同的植物细胞都有各自细胞生长和产物合成的最适pH值范围，可利用加入酸碱调节剂的方法对其进行调节。

（3）空气流量 为了保证混合效果和溶解氧速率，必须有一定的空气流量，但如果流量过大，会引起泡沫增多等不良现象，可通过减小或加大空气入口和出口的阀门来调节。

（4）搅拌转速 其对混合时间、传氧速率、剪切力大小等都会产生影响，因此测量和控制搅拌转速具有重要意义，可通过改变驱动电机发动机进行控制。

（5）溶解氧浓度 细胞生长和代谢都需要一定水平的溶解氧浓度，可通过调节通气量、压力和搅拌转速将溶解氧浓度保持在合适的范围内。

（6）泡沫高度 植物细胞培养时，会有不同程度的泡沫产生，如果泡沫过高，会减少细胞的有效反应空间，甚至从排气口溢出，严重影响正常生产。加入消泡剂或者调节压力、搅拌转速和通气量可控制泡沫高度。

（7）压力 反应器内适度的压力是保证溶解氧浓度、混合效果和气-液两相间物质传递的重要因素，调节尾气阀门的开度可改变反应器内的压力。

14.2.2 目的产物的分离纯化

目的次生代谢产物分离纯化的步骤首先是将产物从细胞中释放出来，然后采用一定的溶剂进行提取，再利用现代生化分离技术，使目的产物与杂质分开，从而获得符合研究或使用要求的具有一定纯度的次生代谢产物。

14.2.2.1 产物的释放

在大多数情况下，植物细胞的次生代谢产物贮存在液泡中，释放量很少或根本不释放。由于悬浮培养系统收获的是植物细胞，可以通过细胞破碎的方法将次生产物释放出来。而固定培养系统收获的是培养液，因而不能采用细胞破碎的方法，只能在收获之前将代谢产物从细胞中诱导释放出来。

细胞破碎的方法包括机械破碎法、物理破碎法、化学破碎法和酶促破碎法等。

（1）机械破碎法　利用外力产生的高剪切力使细胞破碎的方法。按照所使用的器械不同，可分为捣碎法、研磨法、匀浆法。

（2）物理破碎法　利用温度、压力和超声波等物理因素使细胞破碎的方法。其中，利用温度、压力突然变化使细胞破碎的方法分别称为温度差破碎法和压力差破碎法；利用超声波的高强度声能输入产生的冲击波和剪切力使细胞破碎的方法称为超声波破碎法。

（3）化学破碎法　利用化学试剂改变细胞膜透性或破坏细胞膜结构的方法。有机溶剂可以改变细胞膜透性，如苯、甲苯等；而表面活性剂可以破坏细胞膜结构，如十二烷基磺酸钠（SDS）、Triton X-100 等。

（4）酶促破碎法　利用生物酶将细胞壁和细胞膜消化溶解的方法。常用的酶有纤维素酶、半纤维素酶和果胶酶等。

次生代谢产物要从液泡释放到细胞外，必须穿过液泡膜和细胞膜两道障碍。因此，诱导产物释放的关键是瞬时增加二者的通透性，使产物能够从细胞中释放出来，同时还要保持细胞的活力。常用的诱导产物释放的方法有改变培养条件、理化方法和加入诱导剂等。

（1）改变培养条件　包括改变 pH 值、激素成分和离子成分等。一些次生代谢物是与 H^+ 通过反向运输跨膜传递的，细胞膜两侧的 pH 差可控制运输的方向；激素也对代谢产物的运输具有调控作用；细胞代谢过程中产生的氧化酶能分解某些分泌出来的次生代谢物，如加入重金属离子抑制这些氧化酶的活性，则可以提高次生代谢产物的产量。

（2）理化方法　二甲基亚砜（DMSO）等有机溶剂能与细胞膜中的有机成分脂类等相互作用，引起膜透性的增加。但 DMSO 对细胞活性有一定破坏作用，浓度过高的处理可引起细胞内蛋白质的渗出，这种现象可通过在低浓度 DMSO 中进行预培养得到避免或减轻。甘露醇等有机渗透剂产生的高渗作用能使膜通透性发生改变，导致物质的渗漏。超声波、电穿孔、高压电场脉冲和高压冲击等物理方法也可以增加膜的渗透性。

（3）加入激发子　不仅能够促进植物细胞次生代谢产物的合成，还可以通过促进代谢物载体蛋白的合成来促进次生代谢物的释放。由于激发子促进代谢物的合成和分泌，又能保持细胞结构的完整，因此该方法被认为是一种较好的方法。

14.2.2.2　产物的分离和纯化

目的次生代谢产物从细胞中释放出来以后，必须同培养基和其他杂质分离开来并进行纯化。根据产物性质的不同，可以采用不同的分离纯化方法。常用的有过滤法、离心法、沉淀法、萃取法和色谱法等。

（1）过滤法　是压力推动的分离方法，采用多孔介质来分离直径不同的组分。根据孔径大小，该方法所用滤膜可分为三类，微孔膜（微滤）孔径为 $0.1 \sim 10 \mu m$，主要用于分离固体颗粒如细胞、细胞碎片和蛋白质沉淀物等；超滤膜（超滤）孔径为 $0.001 \sim 0.1 \mu m$，主要用于分离蛋白质、多糖和核酸等大分子物质；反渗透膜（反渗透）孔径为 $<0.001 \mu m$，主要用于抗生素、氨基酸等小分子物质脱除水分。

（2）离心法　所依据的原理是不同组分之间由于密度不同，因而具有不同的沉降速度。根据离心力（用分离因数 α 表示）的大小，该方法可分为低速离心（$\alpha < 3000$）、高速离心（$3000 \leqslant \alpha \leqslant 50000$）和超速离心（$\alpha > 50000$）三种。生物技术产品分离所用的大部分是高速离心机。

（3）萃取法　在包含目的产物的混合液中加入与其互不相溶或不完全混溶的液体（萃取剂），利用溶质和杂质在两种液体之间不同的分配关系而实现分离的方法称为萃取法，也叫抽提法。

① 有机溶剂萃取　以有机溶剂为萃取剂。按溶质在两种液体之间的分配原理不同，分为物理萃取和化学萃取。物理萃取是利用溶质在两种液体的溶解性质不同而进行萃取；化学萃取是通过萃取剂和溶质之间的化学反应如络合反应等，使溶质进入萃取剂。常用的有机溶剂有乙醇、甲醇、氯仿等。由于有机溶剂对蛋白质和酶等生物活性分子有破坏作用，所以该方法并不适合这些物质的分离。

② 双水相萃取　向水中加入两种不同的水溶性高分子化合物，当满足分相条件（如一定的化合物浓度）时，可分成两相，称为双水相。常用的双水相系统有 PEG/葡聚糖和 PEG/无机盐系统，其萃取依据是溶质在两水相间的选择性分配。由于不含有机溶剂，并且 PEG 对蛋白质有稳定作用，所以双水相系统适合酶等蛋白质类生物大分子的萃取。

③ 水蒸气蒸馏萃取　有些代谢产物可以随水蒸气蒸馏而保持完整，可采用此方法，如大蒜素、丹皮酚等挥发性物质。

④ 超临界萃取　利用超临界流体进行萃取的方法。超临界流体是物质处于临界温度和临界压力之上的一种流体状态，具有气-液两重性的特点，其萃取能力与有机溶剂相当，主要取决于流体密度。超临界流体具有显著的非理想流体的特性，当压力或温度变化时，密度会发生明显改变，因此可通过调节压力和温度来控制其对溶质的萃取和释放。常用的超临界流体为 CO_2，具有无害、无腐蚀、价格便宜等优点。

（4）沉淀法　是指通过改变溶液参数或添加某种物质使目的产物从溶液中沉淀析出的方法，常用的有盐析沉淀、等电点沉淀、溶析沉淀、金属盐沉淀等。

① 盐析沉淀　在溶液中加入一定浓度的中性无机盐，破坏蛋白质等生物大分子表面的水分子层，使其疏水区域暴露出来，蛋白质分子在疏水作用力下相互聚集而沉淀，称为盐析沉淀。沉淀后可用脱盐处理进行纯化。

② 等电点沉淀　当溶液 pH 值等于蛋白质等两性物质的等电点时，两性物质的溶解度最小。通过调节溶液 pH 值到等电点附近而使两性物质沉淀的方法称为等电点沉淀。

③ 溶析沉淀　在溶液中加入与水互溶的有机溶剂，使水的活度降低，目的产物的溶解能力下降而沉淀的方法称为溶析沉淀。常用的有机溶剂有乙醇、丙酮、异丙醇、甲醇等。

④ 金属盐沉淀　利用植物次生代谢产物与某些金属离子反应，形成沉淀而与杂质分离的方法。常用的金属盐有铅盐、钙盐和钡盐等。生成金属盐沉淀后，再采用适当的方法使金属离子生成更难溶的金属盐而释放出目的次生代谢物质。

（5）色谱法　也叫层析法，所依据的原理是混合液中不同组分在固定相和流动相（也称洗脱相）之间有不同的分配系数，当流动相经过固定相时，各组分以不同的速度移动，从而使目的产物得到分离。分配系数是指一种物质在两种互不相溶溶剂中的溶解达到平衡时，该物质在两种溶剂中的浓度比。分配系数与该物质的分子大小、形状、极性等因素有关。常用的色谱法有柱色谱、纸色谱、离子交换色谱、亲和色谱和凝胶色谱等。

① 柱色谱　利用吸附剂对不同物质的吸附力不同而使各组分分离的方法。吸附剂装入色谱柱后，将含有目的代谢产物的混合液灌入柱中让其进入柱身，然后用洗脱剂洗脱，首先被洗脱的是吸附力较弱的，然后才是吸附力较强的，这样就会把不同的组分分离开来。

② 纸色谱　利用各组分在两相中的分配系数不同而使各组分分离的方法。以滤纸为支持物，以滤纸纤维的结合水为固定相，与水不相溶的有机溶剂为流动相。有机溶剂在滤纸上流动经过样品时，样品各组分就会在两相之间不断地进行分配。由于各组分的分配系数不同，所以移动速率不同，从而达到分离的目的。

③ 离子交换色谱　利用离子交换剂的可解离基团对各种离子的亲和力不同而达到分离目的的方法。蛋白质等两性分子在溶液的 pH 值偏离其等电点时，会带有一定的电荷，可利用此

方法进行分离。离子交换剂按可解离基团的性质，分为阳离子交换剂和阴离子交换剂；按承载可解离基团的基质，分为离子交换树脂、离子交换纤维素和离子交换凝胶等。

④ 亲和色谱　利用生物大分子与其底物、辅基、抗体等的专一性结合而达到分离目的的方法。适用于酶类物质的分离。

⑤ 凝胶色谱　又叫分子排阻色谱、分子筛色谱。它是以多孔凝胶为固定相，利用流动相中所含组分的分子量不同而达到分离的方法。大分子物质不能进入凝胶微孔而通过凝胶颗粒间的孔隙快速流出，小分子物质因为进入凝胶微孔而流速较慢，从而达到分离的目的。

14.2.2.3　产物的浓缩与干燥

目的次生代谢产物分离出来之后，可能仍然含有一部分杂质或者浓度太低，达不到进一步加工的要求，所以还需要进行浓缩。常用的浓缩方法是蒸发浓缩，通过加热或者减压的方法使溶剂部分蒸发而使产物的浓度提高。有些产物还要求进一步通过干燥降低溶剂的含量而制成干粉，以便于贮存和运输。干燥方法有真空干燥、冷冻干燥、喷雾干燥、气流干燥和吸附干燥等，其原理都是将溶剂由液态甚至固态变为气态迅速蒸发而得到干燥的产品。

14.3　生物转化

以上介绍了植物细胞将无机营养合成次生物质的过程，除此之外，植物细胞还可以通过生物转化的方法来生产次生代谢产物。所谓生物转化，也称生物催化，是指利用植物离体培养细胞、固定化细胞或从细胞中分离得到的酶等，对外源底物进行结构修饰而获得价值更高或者植物本身不能合成的产物的技术。其本质是一种酶促反应，是细胞中的某种酶对外源底物进行修饰的结果，既不同于将简单底物组装为复杂产物的生物合成过程，也不同于将复杂底物分解为简单产物的生物降解过程。

14.3.1　生物转化的原理

生物转化的本质是一种酶促反应，因而其转化原理就是利用植物细胞内酶类的作用特点对外源底物进行结构修饰。植物细胞内含有多种酶类，根据其作用特点，可将生物转化反应分为糖基化反应、羟基化反应、氧化还原反应和水解反应等多种类型。

14.3.1.1　糖基化反应

糖基化反应的特殊之处在于可以产生新的糖苷，将水不溶性化合物转化为水溶性化合物（图 14-8）。植物细胞在这点上显得尤其重要，因为微生物细胞和化学合成很难完成这个反应。植物细胞可使外源底物如酚、苯丙酸以及它们的类似物发生糖基化反应。丁酸是肿瘤细胞体外增殖的有效抑制剂，对急性白血病有很好的防治效果，但由于在哺乳动物体内的半衰期较短而

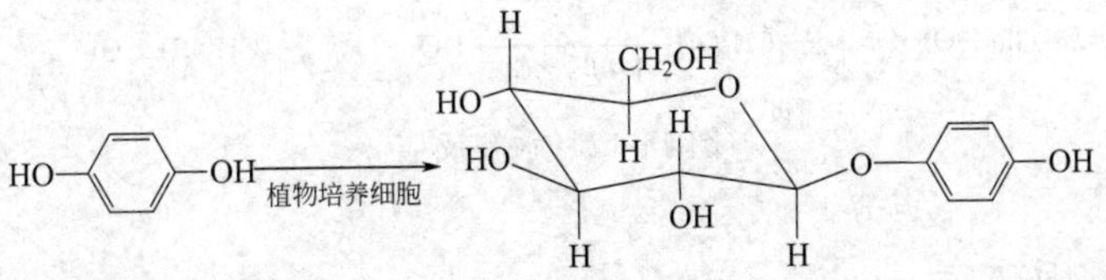

图 14-8　糖基化反应

使其应用受到限制。利用烟草（*Nicotiana plumbaginifolia*）的悬浮培养细胞将丁酸糖基化后转化为 6-*O*-丁酰基-D-葡萄糖后，它的半衰期大大延长。

14.3.1.2 羟基化反应

植物细胞可以在 C=C 双键丙烯位上引入羟基基团，并且具有区域选择性和立体选择性，甚至能区分不同的手性对映体。利用这个特点可以在外源底物分子的不同位置引入羟基对其进行生物转化（图 14-9）。例如，利用银杏细胞悬浮培养体系对紫杉烷类化合物 sinenxan A（SIA）进行生物转化时，可以将底物选择性地进行 C9 位的羟基化，反应生成的羟基均为 α 构型。长春花的悬浮培养细胞可将香叶醇、橙花醇以及左旋和右旋香芹酮通过其戊基侧链羟基化为一系列的单羟基化异构体，再转化为抗真菌的代谢物 5-*β*-羟基新二羟基香芹醇。

14.3.1.3 羟基的氧化反应

醇可以被植物细胞转化成相应的酮（图 14-10），而一些植物细胞具有手性对映体的选择性氧化能力，这对于手性化合物的生产是非常有用的。烟草培养细胞可以对单环和双环单萜醇进行选择性氧化，这些细胞能够识别甲烷-2-醇、双环庚烷-2-醇、双环庚烷-3-醇衍生物的对映结构体，从而对其羟基基团进行选择性氧化。

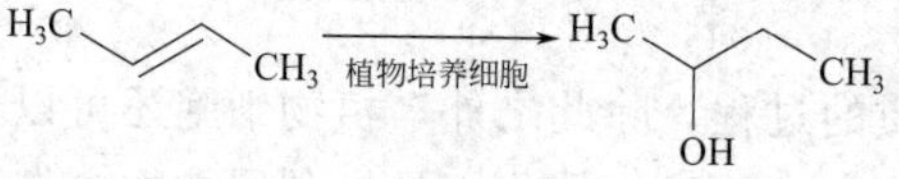

图 14-9 羟基化反应

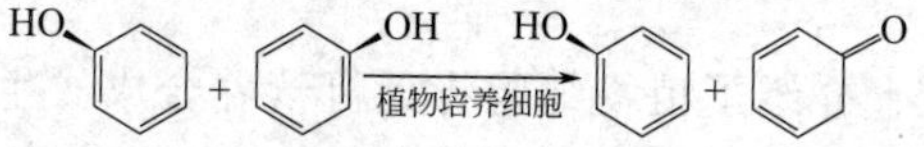

图 14-10 羟基的选择性氧化反应

14.3.1.4 羰基的还原反应

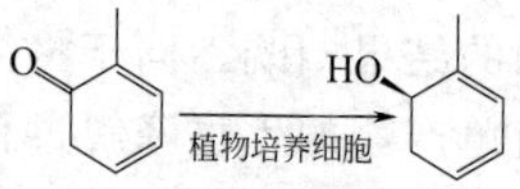

植物培养细胞可以将酮和醛还原为相应的醇，在这个反应中，氢可以定向地从背面攻击羰基，使之发生还原反应，产生在羟基基团位置上具有（*S*）-手性的醇（图 14-11）。如（1*R*，4*S*）-薄荷酮和（1*R*，4*R*）-葛缕薄荷酮可以被烟草细胞立体选择性地还原。但烟草细胞只能选择性地将 *p*-薄荷-2-酮转化为相应的醇，而不能转化 *p*-薄荷-3-酮。

图 14-11 羰基还原反应

14.3.1.5 水解反应

手性对映体选择性的水解作用对于外消旋混合物的旋光拆分十分有用，少根紫萍培养细胞就是通过对（*RS*）-1-苯乙基乙酸及其衍生物的对映体选择性水解生成 *R* 构型醇的。长春花、桔梗悬浮细胞培养体系也可以通过水解反应对天麻素进行生物转化，生成苷元即对羟基苯甲醇（图 14-12）。植物细胞还可以利用选择性水解对目的化合物进行纯化。鹿角苔等苔藓植物的悬浮细胞可以将 *R* 构型乙酰衍生物转化成 *R* 构型醇，但对 *S* 构型乙酰衍生物却没有作用。

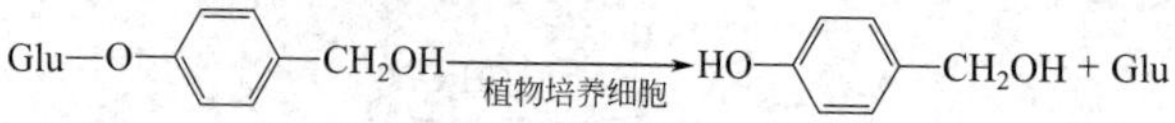

图 14-12 水解反应

14.3.1.6 环氧化反应

C=C 双键可经氧化反应形成环氧化物质，这对于具有细胞毒性的倍半萜的结构修饰是非常有用的。乙酸松油酯能够在烟草悬浮细胞培养体系中环氧酶的作用下，C＝C 双键发生环化作用生成环氧化物（图 14-13），此环氧化物可继续水解生成二醇。胡椒薄荷的悬浮细胞能将（—）-(4R)-异胡椒酮转化生成三个羟基化衍生物和两个环氧化衍生物。

14.3.1.7 C＝C 双键的还原反应

植物培养细胞的酶系统可以给底物的 C＝C 双键加氢，将其还原成饱和的 C—C 单键（图 14-14）。如烟草的培养细胞可以将香芹酮靠近羧基的 C＝C 双键选择性地还原，但如果第 1 位碳原子被甲基或乙基修饰的话，那么这个 C＝C 双键不能被还原。

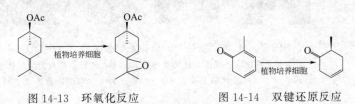

图 14-13 环氧化反应　　　　图 14-14 双键还原反应

除了以上这些基本的反应类型外，还有硝基还原反应、共轭反应、聚合反应、甲基化/去甲基化反应、酯化反应和加氧反应等许多反应类型。在一个生物转化过程中，可能不止一个反应类型在起作用，而是多个反应类型的联合作用。

14.3.2 生物转化的方法

除以上所介绍的植物细胞悬浮培养系统和固定化植物细胞培养系统可以用来进行生物转化外，另外一种非常重要的植物生物转化系统是毛状根转化系统。

14.3.2.1 悬浮细胞转化系统与固定化细胞转化系统

以上介绍的在培养体系中加入目的产物的前体物质，可以大大提高目的次生代谢产物的产量。这实际上就是应用了生物转化的原理，通过对前体物质的修饰作用来生产目的代谢产物。

长春花、银杏、桔梗、东北红豆杉、商陆等植物的悬浮细胞可以通过羟基化作用、C＝C 双键的还原作用、羧基的还原作用、分子重排和水解作用，将便宜的、广泛存在的植物产物桉烷内酯类化合物山道年转化为 11 种具有重要生物功能的化合物，其中有 4 种为植物本身不能合成的。用海藻酸钙包埋的固定化细胞可以通过对羧基的手性选择性还原，将 2-苯甲酰基吡啶转化为具有止痛和抗痉挛功能的 α-苯基-2-吡啶甲醇。

14.3.2.2 毛状根转化系统

毛状根转化系统也叫发状根转化系统。发根农杆菌感染植物后，其 Ri 质粒中的 T-DNA 会整合到植物细胞基因组 DNA 中，T-DNA 中的生长素合成酶基因在植物细胞内表达。高浓度的生长素诱导植物感染细菌处的细胞分化出多分枝且生长迅速的不定根，这种不定根称为毛状根。毛状根培养就是利用发根农杆菌侵染植物，使植物产生特定的形态学变化并且诱导大量的毛状根进行培养。

对于有用次生产物在根部合成的植物来说，由于毛状根具备根系统的特征，次生代谢途径能够得到完整表达，其次生代谢产物的含量不低于甚至高于正常根系统所产生的次生代谢产物。通过对所获得的大量毛状根无性系的筛选，可以获得快速生长和次生代谢产物含量高的毛状根无性系（图 14-15）。

图 14-15 彩图

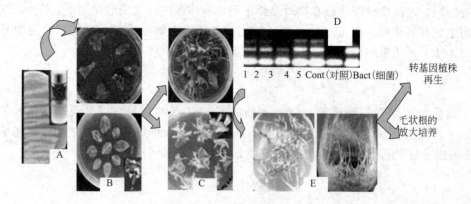

1 2 3 4 5 Cont(对照)Bact(细菌)

转基因植株再生

毛状根的放大培养

图 14-15 用于次生代谢产物生产的植物毛状根无性系（引自 Goel 等，2011）
A-细菌悬浮液；B-细菌与植物外植体共培养；C-侵染位点发生毛状根；
D-毛状根无性系的分子检测；E-毛状根的培养

利用毛状根进行植物次生代谢物质生产，其本质是器官培养。相对于细胞培养来说，毛状根的生长速度更快；分化程度高，产生次生物质能力更强；培养过程中，不须加入激素，属于生长激素自养型；很多情况下，不需要光照；由于起源于单个细胞，毛状根的遗传和生化合成稳定性高，次生物质产量稳定；可通过基因工程方法，增加次生物质的合成能力。许多来自植物根部的次生代谢物质被证明不能由细胞培养系统生产，而可以通过毛状根培养系统来生产，但对于有效成分产生在茎、叶等地上部分的植物则不宜采用毛状根培养系统。

由于结构特征和代谢产物定位合成的特点，毛状根大量培养所用的生物反应器类型与细胞培养有所不同。毛状根大量培养系统常用的反应器有液相反应器、气相反应器和混合反应器三种类型。

（1）液相反应器　毛状根浸泡在培养基中。常用的反应器有搅拌式反应器、气升式反应器等，缺点是由物质传输限制所引起的 O_2 缺乏会限制毛状根生长。

（2）气相反应器　毛状根固定在反应器中，营养液（培养基）通过喷雾的形式供给毛状根，常用的有薄雾反应器和喷淋床反应器等。其中薄雾反应器的液滴大小在 $0.5 \sim 30 \mu m$，喷淋床反应器的液滴要更大些。气相反应器的缺点是如果没有人工管理，毛状根将无法在反应器中保持均匀分布。

（3）混合反应器　将上述两种反应器结合起来使用。毛状根首先在液相反应器中进行培养，使其均匀分布，并固定在反应器内。培养两周，待根团密度增加到一定程度后，将反应器转换为喷淋床反应器，使毛状根暴露在气体中。这样就充分利用了液相反应器和气相反应器的优点而克服了二者的缺点。

毛状根培养系统更多地用于生物转化，生产在植物根部合成的有用次生代谢产物。野生濒危植物毛喉鞘蕊花的毛状根可以将甲醇、乙醇和丙醇分别转化为相应的 β-D-吡喃葡萄糖苷，胡萝卜的毛状根则可以选择性地还原手性酮，将苯乙酮转化为 S-苯乙醇。何首乌悬浮培养的毛状根可以将对苯二酚转化为 4-羟基苯-β-D-吡喃葡萄糖苷（熊果苷），用于皮肤美白。

14.3.3　影响植物生物转化的因素

同生产次生代谢产物一样，利用植物细胞培养和毛状根培养进行生物转化的效率也受到转化系统、细胞系/毛状根系、培养基和培养环境等条件的影响，但外源底物是生物转化不可忽视的一个重要影响因素。

14.3.3.1　底物结构

由于植物细胞或毛状根的酶系统具有手性选择性，因而外源底物能否被顺利转化与其立体结构有很大的关系。例如，烟草的培养细胞利用羟基氧化反应可以将（1*S*，2*S*，4*R*）-莰醇或（1*S*，2*R*，4*R*）-异莰醇转化为相应的酮，但不能转化（1*S*，2*R*，4*S*）-莰醇或（1*S*，2*S*，4*S*）-异莰醇。另外，植物细胞或毛状根对外源底物的转化效率还与底物的极性有关。底物极性越大，对植物细胞的毒性越大，就越容易被植物细胞转化，这是因为植物细胞对外源底物具有解毒功能。

14.3.3.2　底物浓度

尽管植物细胞对于外源底物具有解毒作用，但如果外源底物的浓度超过植物细胞的承受能力，同样会引起植物细胞的功能紊乱甚至死亡。因此，对于特定的植物细胞或毛状根生物转化系统，必须摸索研究其最适底物浓度范围，以获得最大的转化效率。如利用长春花悬浮培养的细胞将乙酸香叶酯转化为香叶醇，最适底物浓度范围为 $80 \sim 200 mg/L$，低于 $80 mg/L$ 或高于 $200 mg/L$，转化效率都会大大降低。

14.4　次生代谢产物的生产与应用

植物的次生代谢产物，如萜类、生物碱、芳香类物质等是药物、香料和色素的重要来源。但由于植物母体植株的次生代谢物质的含量很低，大量提取容易造成生态环境的破坏，再加上化学合成难度较大等因素，这些有用次生代谢产物的工业化生产受到了严重限制。根据细胞全能性原理，利用植物细胞培养大规模生产次生代谢产物是解决这一问题的有效途径，目前已经在制药工业和食品工业等方面得到了广泛应用。

14.4.1　次生代谢产物生产在制药工业中的应用

植物次生代谢产物中很大一部分可用作药物，因此有关次生代谢产物生产在制药工业中的应用研究较多。目前利用植物细胞培养或毛状根培养生产，用于制药工业的次生代谢产物主要有人参皂苷、长春花生物碱、紫杉醇等。

14.4.1.1　人参皂苷的生产

人参皂苷属于三萜类皂苷（图 14-16），是人参的主要有效成分之一，对人体神经系统、心血管系统、内分泌系统、免疫系统等都具有广泛的生物活性。目前用于生产人参皂苷的主要方法是毛状根培养系统。

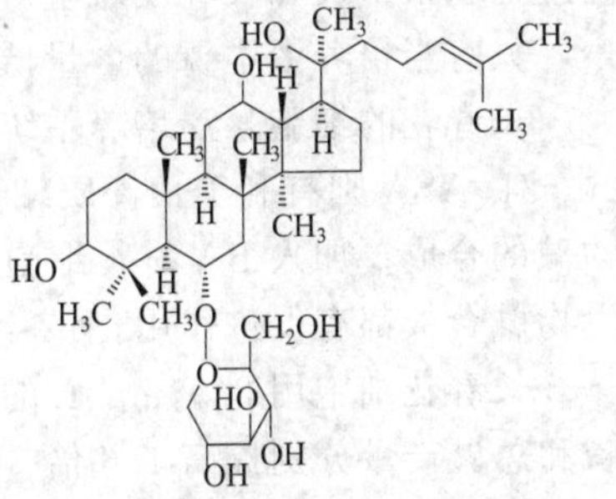

图 14-16　人参皂苷的化学结构式

（1）培养基　人参毛状根培养和皂苷生产以 3/4SH 或 B₅ 为基本培养基。发根根瘤菌（*Rhizobium rhizogenes* KCTC2744 质粒能诱导人参愈伤组织产生毛状根，培养基中充足的氮有利于培养物的增长，相对较少的碳元素有利于皂苷的积累。

在培养基中添加诱导剂、创造胁迫环境能明显提高皂苷产量。添加茉莉酸及其衍生物能激发原人参二醇型皂苷合成酶的信号转导，从而促进悬浮培养物中人参皂苷的产生和积累；添加水杨酸（SA）不仅能促进不同单体皂苷的积累，还能促进皂苷向细胞外分泌；添加乙酰水杨酸（ASA）能抑制毛状根的生长而促进皂苷的积累；添加酵母提取物（YE）或 1.435g/L AgNO$_3$ 可以促进皂苷总量和单体皂苷的积累，并促进皂苷向细胞外分泌；CaCl$_2$ 在较低浓度下（111mg/L）明显促进总皂苷和单体皂苷的积累，但随着浓度的增高这种促进作用呈下降趋势；在细胞进入稳定增长期的前 2 天添加新鲜培养基的同时，加入 33～55g/L 的山梨糖醇形成渗透胁迫，可以将单位体积的人参皂苷产量提高 3.5 倍。

（2）培养条件　反应器中气体成分的组成对人参毛状根生长和皂苷积累也有明显影响。10～20mg/L 的乙烯能促进毛状根的生长，但对人参皂苷的积累无明显作用；如果 CO$_2$ 浓度过高，则可能引起培养基 pH 值降低而抑制皂苷的合成；O$_2$ 对毛状根的生长和皂苷的积累有明显的促进作用，其最适浓度为 40%。

人参毛状根生长的最适温度条件是白天 25～30℃、晚上 13～20℃，而皂苷合成和积累的最适温度条件是白天 25℃、晚上 13～20℃。黑暗条件有利于毛状根的生长，而荧光条件更利于皂苷的合成与积累。所以，同细胞培养一样，由于毛状根生长和次生代谢产物合成要求的环境条件不同，毛状根培养也可分为两个阶段，第一阶段是促进生长，第二阶段是促进次生代谢产物的积累。

14.4.1.2　长春花生物碱的生产

长春花生物碱是从长春花中提取的生物碱的总称，有 100 余种，按其化学结构可分为二聚吲哚生物碱、单吲哚生物碱及其他类生物碱，主要包括长春碱（图 14-17）、长春质碱、长春新碱、去甲长春碱等。药理研究表明，长春花生物碱具有抗肿瘤、抗病毒、利尿、降血糖等功效，长春花也因此成为重要的抗肿瘤植物资源。由于长春花植株的各个部位都可以产生生物碱，所以细胞培养系统和毛状根系统都可以用来生产长春花生物碱。

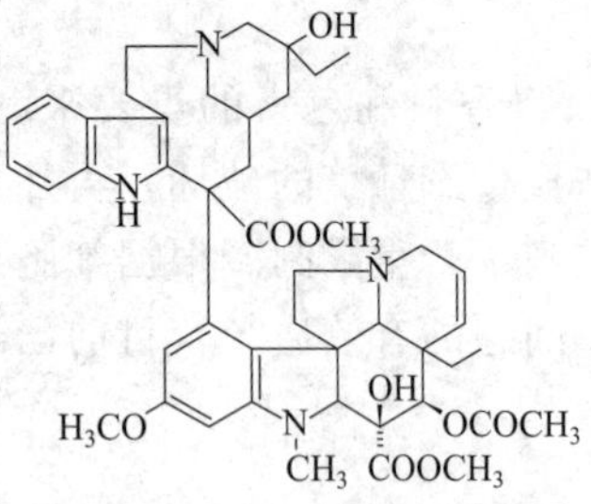

图 14-17　长春碱的化学结构式

（1）培养基　长春花的毛状根可以在不含激素的 MS 固体或液体培养基中保持稳定且生长迅速，如果在 1/2MS 培养基上以蔗糖为碳源、以水解乳蛋白为氮源则会生长得更好，生物碱的合成也明显增加。另外，在培养基中加入硝酸盐，可以同时促进毛状根生长和长春质碱生产；加入铵盐或磷酸盐，能促进毛状根生长但抑制长春质碱的积累，只有当培养液中磷的含量低于某一临界值时，细胞内才会大量地合成生物碱。

长春花的细胞悬浮培养系统中加入 1mg/L 乙酰水杨酸（ASA）有利于阿玛碱积累，加入 2mg/L ASA 则有利于长春质碱积累；加入 2,4-D 和 NAA 能促进细胞生长，而强烈地抑制生物碱的合成；加入 BA 时，细胞产量下降，但能诱导生物碱的合成；加入 IAA 对细胞生长和生物碱合成都有促进作用。

长春花细胞用 2.98mg/L 的硝普钠（SNP，NO 的释放剂）处理，可以使阿玛碱、长春质碱和总碱产量分别提高 1.6 倍、2.9 倍和 1.8 倍；培养基中加入不同的真菌抽提物作诱导剂可以分别将阿玛碱、蛇根碱和长春质碱等不同种类的吲哚生物碱的产量提高 2～5 倍；加入 500mg/L 的生物碱合成前体 L-色氨酸有利于发根生长和生物碱合成。

（2）培养条件　培养液的 pH 值变化对长春花细胞的生长影响不大，但能影响生物碱的合成。光照能抑制阿玛碱的积累，而提高蛇根碱和长春质碱的产量。以白光为对照，蓝光对细胞生长和生物碱积累均有促进作用，而红光、黄光影响程度在白光之下，绿光则有明显的抑制作用。27～35℃时，细胞生长基本上保持恒定，35℃时，细胞生长最快。

长春花细胞的大规模培养可采用悬浮培养和固定化培养，悬浮培养的反应器可使用搅拌式反应器和气升式反应器，固定化培养可利用聚氨酯泡沫固定细胞。在悬浮培养过程中，通气状况和剪切力是影响生物碱生成的主要因素。而在固定化培养过程中，可利用培养液和细胞液泡间 pH 值的差异和增大培养液的渗透压来促使胞内生物碱的胞外释放。

14.4.1.3 紫杉醇的生产

紫杉醇是红豆杉属植物的二萜类次级代谢物（图 14-18），能阻止癌细胞的增殖，是最有效的抗癌药物之一。细胞悬浮培养系统、两相培养系统、固定化细胞培养系统都可以用来生产紫杉醇。

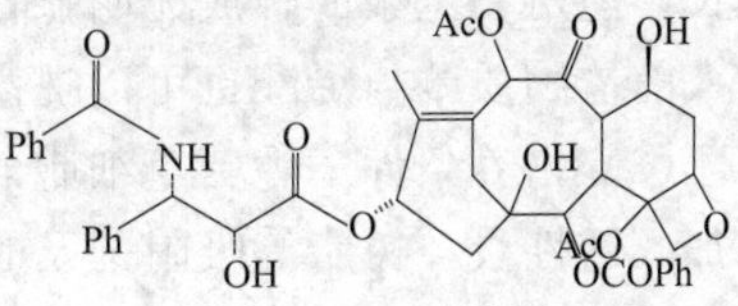

图 14-18　紫杉醇的化学结构

（1）培养基　生产紫杉醇通常使用基本的或改良的 B_5 培养基，多以蔗糖为碳源，其最佳浓度在培养细胞时为 20g/L、在生产紫杉醇时为 40g/L。氮源可用硝酸盐，但浓度不宜过高，否则会降低次生产物产量。细胞产量在培养基 pH 值为 5～7 时变化不大，但 pH 大于 8 时明显降低。在培养中加入 1g/L 活性炭或 60mg/L 水解乳蛋白或 1g/L 植酸，能有效防止红豆杉细胞培养过程中出现的褐变现象。培养基中的 2,4-D 浓度为 1.0～2.5mg/L 时，利于细胞生长；而在 0.5～1.0mg/L 时，利于紫杉醇合成。

紫杉醇的合成前体包括羟甲基戊酸、乙酸和苯丙氨酸，向培养基中添加这些物质也能提高紫杉醇产量。在处于指数生长期末期的红豆杉培养细胞中加入 2% 的橘青霉菌菌丝体的粗提物，能够促进紫杉醇合成。加入 17ng/L 的油菜素内酯（BR）能使紫杉醇的产量提高一倍。在培养基中加入 226μg/L 的茉莉酸甲酯（MJ）也能大幅提高细胞中的紫杉醇含量。在适宜浓度的水杨酸诱导下，紫杉醇的产量提高了近 3 倍，但也有人认为水杨酸并不能诱导紫杉醇积累；在悬浮培养中添加 4mg/L 的 $CuCl_2$ 促进了紫杉醇的合成。

（2）培养条件　24℃培养一段时间后再升温到 29℃继续培养，紫杉醇含量可达到最大值并能保持较长时间，黑暗条件下比光照条件下的细胞生长量和紫杉醇积累量均能提高 3 倍左右。

机械搅拌式反应器、气升式反应器、鼓泡式反应器和流化床反应器等均可用于红豆杉细胞的大规模培养。固定化培养时可用海藻酸钠和聚乙烯醇的混合双载体进行包埋。反应器内高浓度 O_2 促进细胞生长，低浓度 O_2 促进紫杉醇生产，高浓度 CO_2 抑制紫杉醇合成，适量的乙烯也有助于紫杉醇的合成，最佳组合为 O_2 10%、CO_2 0.5%、乙烯 5mg/L。如果在培养过程中补充含碳源的培养基，也可以大幅度提高细胞干重及紫杉醇的含量。

如果采用两相培养系统，可用超声波、DMSO、稀土化合物等处理促进紫杉醇向胞外的释放，再用松油醇、油酸和邻苯二甲酸二丁酯、树脂等作第二相进行萃取。

14.4.2 次生代谢产物生产在食品工业中的应用

一些天然食品添加剂如香料、色素和辛辣味物质等虽然可以从栽培植物中提取，但由于含量低、提取工艺复杂，很难满足市场需求。而利用植物细胞培养可以大量生产这些次生物质，以下介绍几个比较成功的实例。

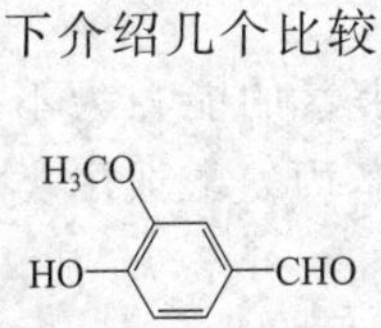

图 14-19　香兰素的
化学结构式

14.4.2.1 香兰素的生产

香兰素，又名香草醛（图 14-19），是世界上用得最广的香料香荚兰的主香成分，主要作为食品和化妆品的配香原料，还可作为神经系统的兴奋剂和补肾药。利用悬浮细胞培养系统、固定化细胞培养系统都可进行香兰素的生产和生物转化。

（1）培养基　香荚兰的细胞培养以 MS 作为基本培养基，以 5% 蔗糖为碳源有助于细胞生长和香兰素产生；以 KNO₃ 作氮源能促进细胞生长和香兰素生产，但以 NH₄NO₃ 为氮源则二者都受到抑制。2,4-D 能抑制香兰素的产生，而 NAA 则能促进香兰素的产生，细胞分裂素能部分缓解 2,4-D 对香兰素产生的抑制作用。

在培养基中加入未经高温处理的黑曲霉能促进香兰素的产生，加入苯丙氨酸也能促进细胞生长，但对香兰素的合成无明显作用；加入阿魏酸能减缓细胞生长，但能促进香兰素的合成；加入前体物质苯丙烯酸也可以提高香兰素的产量。

（2）培养条件　香荚兰细胞的大规模培养可以采用分批培养或者固定化培养。在培养系统中加入活性炭、树脂等吸附剂及时移走香兰素，可以减少其对反应过程的反馈抑制作用，明显提高香兰素的产量。活性炭用量增加，香兰素产量也增加。

辣椒细胞的悬浮培养系统和固定化培养系统都可以将原儿茶醛和咖啡酸转化为香兰素，但在固定化培养系统中转化效率分别是悬浮培养系统的 1.8 倍和 1.65 倍，而且原儿茶醛的转化效率要高于咖啡酸。另外，在辣椒的固定化细胞培养系统中加入 S-腺苷基甲硫氨酸（SAM）能将原儿茶醛的转化效率再提高 2.5 倍。

14.4.2.2　辣椒素的生产

辣椒素又称辣椒碱（图 14-20），是从青椒果实中提取出的一种极度辛辣的香草酰胺类生物碱。低纯度的辣椒素是优良的食品添加剂，与辣椒红色素混合后，可用作火锅底料、微波炉食品等的调味剂；高纯度的辣椒素可以用于医药工业。辣椒素还可应用于饮食保健、生物农药、化工以及军事等多个领域。

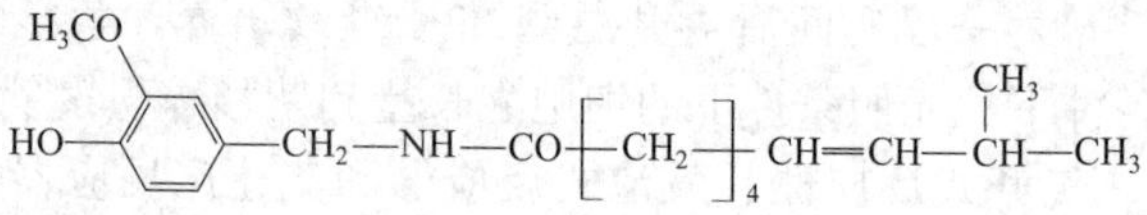

$$HO\underset{H_3CO}{\underset{|}{\bigcirc}}\!-\!CH_2\!-\!NH\!-\!CO\!-\!(CH_2)_4\!-\!CH\!=\!CH\!-\!CH(CH_3)\!-\!CH_3$$

图 14-20　辣椒素的化学结构式

（1）培养基　辣椒细胞培养可用 MS 培养基，在培养体系中加入腐胺可以促进辣椒悬浮细胞的生长和辣椒素的合成，加入多胺活性抑制剂 DFMA（二氟甲基精氨酸）则抑制细胞生长和辣椒素合成；加入前体物质如苯丙氨酸等可提高辣椒素的产量。辣椒素的合成与细胞的生长成反比例关系，因而在培养体系中加入细胞生长抑制剂可促进辣椒素的合成。

辣椒素合成过程中的一些前体物质也参与了蛋白质等物质的合成，也易于向细胞外释放，因此，固定化细胞培养体系的辣椒素产率要高于悬浮细胞培养体系，但仍达不到辣椒果实中的积累量，这可能与辣椒素合成酶的活性不高有关。因此，如何提高该酶在细胞培养过程中的活性是提高辣椒素产量的关键。有人发现利用固定化的辣椒胎座生产辣椒素，产量比果实中提高了数倍。

（2）培养条件　具有 PFP（对氟苯丙氨酸）抗性的辣椒细胞系生产辣椒素的能力为不抗 PFP 细胞系的 8 倍以上，这是因为前者可以产生大量的辣椒素合成前体物苯丙氨酸或酚类复合物，从而促使辣椒素大量合成。

辣椒的悬浮细胞和固定化细胞可以将异丁子香酚、原儿茶醛和咖啡酸转化为辣椒素，其中咖啡酸的转化效率要高于原儿茶醛。肉桂酸和香草基胺也可经辣椒固定化细胞转化为辣椒素，其中香草基胺的转化效率更高。

14.4.2.3 花青素的生产

花青素（图 14-21）是自然界分布比较广泛的天然色素之一，主要存在于植物的花瓣和果实中，可用作食品添加剂中的色素。目前，玫瑰茄、草莓、葡萄等多种植物的培养细胞已经被用来生产花青素。

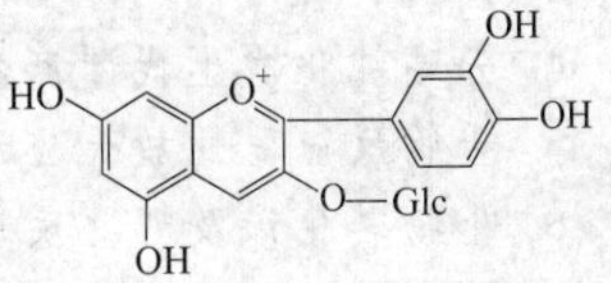

（1）培养基 花青素的生产使用 MS 培养基，不同植物可以根据各自的特点对培养基成分进行优化。一般来说，高磷能够促进细胞生长，而低磷能够促进花青素的产生。此外，降低氮源中 NO_3^- 与 NH_4^+ 的比例能够增加草莓悬浮细胞中产色素细胞的比率。碳源中，蔗糖和葡萄糖适合玫瑰茄悬浮细胞生

图 14-21 花青素的化学结构式

长，而麦芽糖有利于花青素的积累。利用喜树悬浮培养细胞生产花青素，激素与碳源的最佳配比为激动素 $0.43\mu g/L$、$2,4$-D $0.44\mu g/L$、蔗糖 $99.6 g/L$。

（2）培养条件 培养基 pH 值对细胞生长影响不大，但较酸的环境更有利于花青素的形成。增加光照尤其是蓝光及其附近波长的光可以提高花青素的积累量。通过增加蔗糖浓度创造的高渗环境能够增加草莓悬浮细胞中产色素细胞的比率。葡萄悬浮细胞培养基中加入诱导剂 MJ 可以提高花青素产量，如果同时添加 MJ 和合成前体苯丙氨酸或添加 MJ 结合增加光照，花青素的增产效果会更好。

甘薯悬浮细胞培养中添加前体物质香豆酸不仅可以将花青素的总量提高 2 倍，而且可以使未酰基化的花青素转化为单酰基、双酰基花青素衍生物。$14 mg/L$ 的 Ce(IV) 可以诱导马铃薯培养细胞花青素合成基因的表达，从而提高花青素的产量。$45℃$ 的热激处理可提高草莓花青素向细胞外的分泌率，处理后再用高浓度 Ca^{2+} 处理可保持细胞的活性。

小　　结

植物次生代谢产物可作为医药、香料、色素等的重要来源，在制药工业、食品工业等方面都有广泛的应用。由于这些物质在植株体内的含量极低，直接提取或人工合成存在很大的困难，因此，常用植物细胞代替植株进行工业化生产。

植物细胞大量培养系统有悬浮培养和固定化培养两种，前者使用机械搅拌式、气升式和鼓泡式等反应器；后者使用流化床、填充床和膜反应器等反应器。培养技术主要包括高产细胞系的建立和选择、增殖培养和细胞的大量培养等三个步骤。影响植物细胞大量培养与次生物质生产的内因包括细胞特性、外植体和愈伤组织的生理状态等，外因包括培养条件、前体物质、诱导剂和抑制剂等。

植物细胞的放大培养要遵循相似性原理。提取纯化次生产物时，首先要利用物理、化学或酶促的方法破碎细胞或通过改变培养条件、理化条件处理、使用诱导剂等方法将次生物质从细胞中诱导出来。然后采用过滤、离心、萃取、沉淀、色谱等方法进行纯化，最后进行浓缩与干燥。

生物转化是利用植物培养细胞对底物进行修饰而生产目的产物的方法，其反应类型包括糖基化、羟基化、羟基氧化、羧基还原、水解、环氧化、C＝C 双键加氢还原等。生物转化常用的转化系统包括悬浮系统、固定化系统和毛状根系统等。

思 考 题

1. 植物细胞大规模培养有哪些培养系统？各有何优缺点？
2. 影响植物细胞培养和次生物质生产的因素有哪些？
3. 如何将目的代谢产物从细胞中诱导释放出来？
4. 分离纯化次生代谢产物的方法有哪些？
5. 生物反应器的放大应遵循什么原理和标准？
6. 生物转化涉及哪些反应类型？
7. 利用植物细胞培养生产次生产物在工业上的应用现状如何？

第15章

植物种质资源的离体保存

种质（germplasm）是指亲代通过生殖细胞或体细胞直接传递给子代并决定固有生物性状的遗传物质。植物种质资源（plant germplasm resources）即为携带各种不同遗传物质的植物总称，又称遗传资源或基因资源，包括本地种质资源、外地种质资源、野生种质资源、人工创造的种质资源。

种质资源保存（germplasm conservation）是指在天然或人工创造的适宜环境条件下，贮存植物种质，使其保持生命力与遗传性的技术。植物种质资源保存方法有原境保存（*in situ* conservation）和异境保存（*ex situ* conservation）两类。原境保存是将植物的遗传材料保存在它们的自然环境中，包括建立自然保护区、天然公园等。异境保存是将植物的遗传材料保存在不是它们的自然生境的地方，包括异地保存如种质圃、种植园等田间基因库（field gene bank），以及种质（种子）库、花粉库等离体基因库（*in vitro* gene bank）等。具体保存方法有四种：种植保存、贮藏保存、离体保存和基因文库保存。原生境保存和异地保存需要大量的土地和人力资源，成本高，且易遭受各种自然灾害的侵袭。种子库只能保存种子植物形成的"正常型"种子，对于"顽拗型（recalcitrant）"、脱水敏感（desiccation-sensitive）的种子，以及无性繁殖植物则难于保存，而且种子库仅能保存基因，而不能保存特定的基因型材料。

基于上述原因，Henshaw 和 Morel(1975) 首次提出植物种质离体保存（conservation *in vitro*）的概念，它是指对离体培养的小植株、器官、组织、细胞或原生质体等种质材料，采用限制、延缓或停止其生长的处理使之保存，在需要时可重新恢复其生长，并再生植株的方法。其优点是：①所占空间少，节省人力、物力和土地；②有利于国际间的种质交流及濒危物种抢救和快繁；③需要时，可以用离体培养方法很快大量繁殖；④避免自然灾害引起的种质丢失。而其缺点是：①对于限制或缓慢生长的处理，需定期转移，连续继代培养；②易受微生物污染或发生人为差错；③多次继代培养可能造成遗传性变异及材料的分化和再生能力的逐渐消失。常用的离体保存方法有限制生长保存（slow growth conservation）和超低温保存（cryopreservation），前者适合中短期保存，后者用于长期保存。

15.1 限制生长保存

限制生长保存是指改变培养物生长的外界环境条件或培养基成分，以及使用生长抑制物质，使细胞生长速率降至最低限度，而达到延长种质资源保存的方法。限制离体培养物生长速度的方法有低温、提高渗透压、使用生长延缓剂或抑制剂、改变光照条件、降低氧分压和干燥等。这些方法的基本原理相类似，即严格控制某种或某几种培养条件，限制培养物的生长，只允许其以极慢的速度生长。但应用这些方法时必须注意：①为了降低培养基水分的蒸发速度，要注意贮存容器的类型和密闭方式。②有较大的变异可能性，必须定期对保存材料进行细胞学、遗传学和生产性状的鉴定。

15.1.1 低温保存

降低培养温度是植物组织培养物缓慢生长保存最常用的方法之一。这对中、短期种质的贮存是非常合适的，一旦要利用这些种质，只要把培养物转移到常温（正常）下培养，即可迅速恢复生长。正确选择适宜低温是保存后高存活率的关键。研究表明，一般是在 1～9℃（一些热带、亚热带植物在 10～20℃）下培养，并同时提高培养基的渗透压，抑制培养物的生长，继代培养时间间隔数个月至 1 年以上。但是不同植物乃至同一种植物不同基因型对低温的敏感性不一样。植物对低温的耐受性不仅取决于基因型，也与其生长习性有关。多数植物的培养体最佳生长温度为 20～25℃，当降至 0～12℃时生长速度明显下降，如草莓茎培养物在 4℃的黑暗条件保持其生活力长达 6 年之久，期间只需每 3 个月加入几滴新鲜的培养液。葡萄茎尖培养物在 9℃下连续保存多年，每年仅需继代一次。芋头茎培养物在 9℃黑暗条件下保存 3 年，仍有 100%的存活率。铁皮石斛试管苗在 4℃黑暗条件下连续保存 12 个月，成活率可达 100%。冬凤兰原球茎在 5℃黑暗条件下能保存 18 个月以上，成活率达 90%。少数热带种类最佳生长温度为 30℃，一般在 15～20℃时可降低生长速度。如四季橘花培试管苗，在 20℃下，不需要继代培养，可保存 8 年之久，但在 15℃下培养，保存时间反而明显缩短，并发生落叶等症状。

15.1.2 高渗透压保存

提高培养基的渗透压可抑制培养材料的生长。最常用的方法是在培养基中加入蔗糖、甘露醇、山梨醇等，这类化合物是惰性物质，不易被外植体吸收，抑制外植体生长的作用持久。如在马铃薯茎尖研究中，培养物在含有 ABA 和甘露醇或山梨醇的培养基上保存 1 年后，转移至 MS 培养基上生长正常。此外，还可以通过增加培养基中琼脂的用量来提高渗透压。如猕猴桃离体种质保存研究中，在离体茎尖培养成功后，把琼脂的浓度由原来的 0.55%提高到 0.8%～0.9%，延缓离体培养物的生长，可使继代的时间延长到 3～6 个月。高渗化合物提高了培养基的渗透势负值，造成水分逆境，降低细胞扩大生长所必需的膨压，使细胞吸水困难，减弱新陈代谢，延缓细胞生长，同时细胞壁酶的活性受到抑制，生长受阻，减少了养分消耗，达到限制培养物生长的目的。研究表明，不同植物培养物保存适宜的渗透物质含量不同，但试管苗保存时间、存活率、恢复生长率受培养基中高渗物质含量影响的变化趋势基本相同，呈抛物线形。因此，适宜浓度的高渗物质对特定培养物高质量、长时间的保存是必要的。

15.1.3 生长抑制剂保存

生长抑制剂是一类天然的或人工合成的外源激素，具有很强的抑制细胞生长的生理活性，可延长其继代周期。研究表明，完善和调整培养基中的生长调节剂配比，特别是添加生长抑制剂，不仅能延长培养物在试管中的保存时间，而且能提高试管苗素质和移植成活率。目前，常用的生长抑制剂有氯化氯代胆碱（矮壮素，CCC）、丁酰肼（B9）、PP333、高效唑（S3307）、ABA、三碘苯甲酸（TIBA）、膦甘酸、甲基丁二酸等。这些生长抑制剂可单独使用，也可与其他激素混合使用，如马铃薯茎尖培养物在含有 ABA 的培养基上保存 1 年后，生长健壮，转移到 MS 培养基上生长正常。高效唑能显著抑制葡萄试管苗茎叶的生长，适宜试管苗的中长期保存。而多效唑与 6-BA、NAA 配合使用，也能明显抑制水稻试管苗上部生长，促进根系发育，延长常温保存时间。

15.1.4 降低氧分压保存

Caplin（1959 年）首先提出用低氧分压保存植物组织培养物。其原理是，通过降低培养容器中氧分压，改变培养环境的气体状况，能抑制培养物细胞的生理活性，延缓衰老，从而达到离体保存种质的目的。如果培养容器内的氧分压过低，则会产生毒害作用。Dorion（1994 年）研究表明，桃与柠檬杂种茎尖培养物在 0℃、低氧 0.20%～0.25% 条件下保存 12 个月，不仅全部成活，而且后期再生能力强。Bridgen 等（1981 年）研究表明，在烟草离体茎尖和愈伤组织保存时，把培养容器内可利用的氧气降低到 60%，6 周内培养物生长量减少了 60%～80%，但氧的含量如果降得过低，烟草离体培养的茎尖和愈伤组织生长速度会急剧下降，而产生毒害。

15.1.5 干燥保存法

干燥保存法是指将植物材料经无菌风、真空、硅胶或高浓度糖等进行干燥预处理，适度脱水，移入适宜的低温、低湿下，进行植物种质资源保存的方法。其一般程序如下：

（1）预处理 预处理的目的是对植物材料进行适度脱水。目前常采用的脱水方法有干燥脱水和高浓度蔗糖预处理。干燥脱水方法有胶囊化处理和脱水处理。胶囊化处理是将愈伤组织块等放在灭菌的明胶中，然后密封，这一胶囊可在未经灭菌实验室中放置几天进行干燥。脱水处理是指直接将植物材料置于层流橱，在无菌空气流或真空中干燥脱水。高浓度蔗糖处理是将培养基中的蔗糖浓度增高到 171.2g/L 或更高，预培养 2～4 周，可提高干燥培养物的存活率。此外，先经高浓度蔗糖预处理，再使用无菌空气或硅胶等干燥脱水的方法也可提高存活率。Dumet 等（1993）在高浓度蔗糖（250g/L）的培养基中将 7 个油棕榈品种的体细胞胚预培养 7 天后，经 10h 干燥脱水（无菌空气流或硅胶干燥），使体细胞胚含水量降至 37%～44%，不同程度地提高了存活率。

（2）贮藏 常将经过预处理的植物材料贮藏在 0℃ 以上，甚至室温环境。Arumugam 等（1990）将足叶草（*Podophyllum hexandrum*）体细胞胚胶囊化处理后，贮藏 4 个月不继代，仍能正常成苗。

15.2 超低温保存

超低温保存是指在 −80℃（干冰温度）到 −196℃（液氮温度）甚至更低温度下保存生物或种质的方法。1973 年，Nag 和 Street 首次使保存在液氮中的胡萝卜悬浮细胞恢复生长，促进了植物种质超低温保存的研究和应用。迄今为止，用超低温保存成功的植物已超过 100 种，涉及保存的种质材料有原生质体、悬浮细胞、愈伤组织、体细胞胚、胚、花粉胚、花粉、茎尖（根尖）分生组织、芽、茎段、种子等。

15.2.1 超低温保存的原理

植物的正常生长、发育是一系列酶反应活动的结果。植物细胞处于超低温环境中，细胞内自由水被固化，仅剩下不能被利用的液态束缚水，酶促反应停止，新陈代谢活动被抑制，植物材料将处于"假死"状态。如果在降温、升温过程中，没有发生化学组成的变化，而物理结构变化是可逆的，那么，保存后的细胞能保持正常的活性和形态发生潜力，且不发生任何遗传变异。

在生物样品降温过程中，细胞外的水首先结冰，由于细胞膜阻止细胞外的水进入细胞内，细胞内水处于超冷，这样便产生了细胞内外蒸气压差，细胞按其蒸气压梯度脱水。脱水速度与程度主要取决于冷冻速度和细胞膜对水的透性。当降温速度适宜时，脱水和蒸气压变化保持平衡，胞内溶液冰点将平稳降低，从而避免了胞内结冰。如果降温速度过慢，细胞脱水过度，可能导致以下损伤发生：①胞内高含量溶液可能会引起"溶液效应"；②液态水减少可能引起细胞膜系统不稳定；③细胞体积可能减少到细胞成活的最小临界值，胞外水被固化，脱水不能使细胞产生质壁分离，有弹性的细胞壁将产生阻止细胞体积减少的拉力，结果造成膜损伤；④如果降温速度过大，或水外流速度和蒸气压变化不平衡，细胞内结冰，也会引起机械损伤；⑤降温速度非常大时，细胞迅速通过冰晶生长危险温度区，细胞就不会死亡。但是，如果生物材料经高含量的渗透性化合物处理后，快速投入液氮，这时由于水溶液含量太高而不能形成冰晶，细胞保持无定形状态，这种状态水分子不会发生重组，不会产生结构和体积变化，保证了细胞复苏后的活力。因此，植物种质超低温保存应采取如下措施：①选择细胞内自由水少、抗冻能力强的植物材料；②采取一些预处理措施，提高植物材料的抗冻能力；③在冷冻过程中尽量减少冰晶的形成，避免组织细胞过度脱水；④在解冻过程中避免冰晶的重新形成以及温度冲击导致的渗透冲击（osmotic stress）等。

15.2.2 超低温保存的基本程序

超低温保存的基本程序包括植物材料或培养物的选取、预处理、冷冻处理、冷冻贮存、解冻和再培养等（图 15-1）。这些程序虽因植物种类和细胞类型而异，但它们依据的基本原则是完全相同的。

图 15-1　植物离体材料超低温保存的基本程序

15.2.3 超低温保存的方法与技术

15.2.3.1 植物材料的选择

研究表明，材料选择应综合考虑培养物的再生能力、变异性和抗冻性。此外，合适的生理状态和细胞的年龄对超低温保存也有较大的影响。一般来说，培养细胞处于指数生长早期，具有丰富稠密、未液泡化的细胞质，细胞壁薄，体积小等特点，比在延迟期和稳定期细胞耐冻能力强。常用的保存材料类型有芽及茎尖分生组织、幼胚与胚状体、悬浮培养细胞与愈伤组织、原生质体和花粉等。

15.2.3.2 植物材料的预处理

预处理的目的是使材料适应将要遇到的超低温环境，除去延迟期和稳定期的细胞，提高分裂相细胞比例，减少细胞内自由水含量，增强细胞抗寒力，避免细胞内在冷冻过程中形成大冰晶，造成伤害。常用的方法有低温锻炼和加入冷冻保护剂。

（1）低温锻炼　低温锻炼对某些植物材料，尤其是对低温敏感植物的超低温保存显得尤为重要。在低温锻炼过程中细胞膜结构可能发生变化，蛋白质分子间双硫键减少，巯基含量提高，而细胞内蔗糖及其类似的具有低温保护功能的物质也会积累，从而增强了细胞对冷冻的耐受性。不同材料适宜处理的温度与时间不同。通常是将保存的材料放在 0℃ 左右温度下处理数天至数周。也有人认为分不同温度组进行变温处理效果会更好。

（2）加入冷冻保护剂　冷冻保护剂种类很多，归纳起来有两类：一类是渗透型冷冻保护剂，多为小分子中性物质，在溶液中易结合水分子发生水合作用，使溶液黏性增加，弱化水的结晶过程，达到保护的目的。常见的如二甲基亚砜（DMSO）、各种糖、糖醇等物质。另一类是非渗透型冷冻保护剂，是聚合分子物质，能溶于水，但不能进入细胞，它使溶液呈过冷状态，从而起到保护作用。此类冷冻保护剂对快速、慢速冷却均有保护效果。常见的有 PVP、PEG、葡聚糖、羟乙基淀粉等。方法是提高培养基中糖的含量或添加甘露醇、山梨醇、脱落酸、脯氨酸、二甲基亚砜、2,4-D 等物质培养几天，增强细胞的抗冷能力。对多数植物来说，DMSO 是最好的保护剂，用于培养细胞的适宜浓度是 5%～8%，浓度太高（10%～15%）会干扰 RNA 和蛋白质代谢，但也有一些植物可耐受 5%～20% 的浓度。实际操作时，为了使保护剂的毒性效应降至最低限度，常把几种冷冻保护剂混合使用，使各种冷冻保护剂相互协调、共同作用，降低冷冻保护剂的毒性，提高细胞存活率和再生能力。为了防止细胞的渗透冲击，保护剂应慢慢加入（30～60min）。

（3）在玻璃化之前，通常会选择用一定浓度的冷冻保护剂处理材料，此称为装载过程。该过程可增加细胞内保护剂的含量，减少对细胞的伤害。装载溶液一般采用甘油和蔗糖混合液，或者为 60%PVS$_2$（300g/L 甘油＋150g/L 聚乙二醇＋150g/L 二甲基亚砜＋0.4mol/L 蔗糖＋MS），少数采用高于或低于 60%PVS$_2$。装载时间随选择材料的不同而不同，一般在 20～60min。有些材料如杨树的茎尖、黑杉胚状体和马铃薯茎尖等不进行装载，冻存后也能成活。

15.2.3.3　冷冻方法

冷冻方法有慢冻、快冻、分步冷冻、干冻、玻璃化冷冻等。

（1）慢冻法　采用逐步降温的方法，以（0.5～1）℃/min 的降温速度，从 0℃ 降到 -40～-30℃，然后投入液氮，或者以此降温速度连续降温到 -196℃。逐步降温过程可以使细胞内水分有充足的时间不断流到细胞外结冰，从而使细胞内水分含量减少到最低限度，达到良好的脱水效果，避免细胞内结冰。这种方法适合于液泡化程度较高的植物材料，如悬浮细胞、原生质体等。

（2）快冻法　该方法是将材料从 0℃ 或从其他预处理温度直接投入液氮或其蒸气相中，其降温速度可达 300～1000℃/min。快速降温可使细胞内的水还未形成冰核，就降到了 -196℃ 的安全温度，从而减小了细胞内结冰的危险。此方法简单，不需复杂、昂贵的设备，比较适用于高度脱水的植物材料，如种子等。

（3）分步冷冻法　通常是以（0.5～1）℃/min 的降温速度，从 0℃ 降到 -40～-30℃，在 -40～-30℃ 预冻一段时间，然后再浸入液氮。或者将经保护剂处理的材料在 0℃ 预处理后，依次通过不同温度的冰浴，如 -10℃、-15℃、-23℃、-40℃ 等，一般每级约停留 5min，然后浸入液氮。这种方法可以使保存材料细胞内充分脱水，避免因细胞内结冰而导致不可逆伤害的出现。

（4）玻璃化冷冻法　在冷冻前，使用高浓度的冷冻保护剂，即玻璃化液在 25℃或 0℃处理一段时间，然后投入液氮保存，此时冷冻保护剂和被保存材料一同进入玻璃化状态。当冷冻保护剂（如甘油、DMSO、丙二醇等）的浓度为 40%～60%时，较容易形成玻璃态。玻璃化法简单易行，省时省力，在植物的超低温保存研究中得到了广泛应用，但保护液中的一些成分对植物材料的毒害作用较大，并且较难在同一时间内处理大量的材料。另外，脱水胁迫作用也影响保存的存活率。

（5）包埋/脱水法　该法是基于人工种子技术，结合超低温保存需要，将包埋和脱水相结合而产生的。用海藻酸盐包埋茎尖，在含高浓度蔗糖的液体培养基中脱水后，再用无菌风或硅胶处理，使其进一步脱水，然后进行超低温保存。此方法容易掌握，脱水过程缓和，脱水程序简化，一次能处理较多材料，不使用对细胞有毒的冷冻保护剂，但在一些植物中，成苗率低，与玻璃化法相比，组织恢复生长较慢，脱水所需时间长。

（6）包埋/玻璃化　它是结合玻璃化法和包埋/脱水法的优点建立起来的，在超低温保存中得到应用。与包埋/脱水法的不同之处在于用玻璃化溶液处理代替了干燥过程，进行材料脱水处理，然后将海藻酸钠凝胶珠与新换的玻璃化溶液一同浸入液氮保存。该方法具有能同时处理大量材料、操作简单、脱水时间短、成苗率高等特点。

15.2.3.4　解冻及洗涤

解冻方法有快速解冻法和慢速解冻法。一般认为，快速化冻能使材料迅速通过冰熔点的危险温度区而防止降温过程中所形成的晶核生长对细胞的损伤，因而比慢速解冻效果好。通常做法是，把样品放入 37～45℃水浴中解冻（该温度下解冻速度一般为 500～700℃/min），一旦冰完全融化后，立即移开样品以防热损伤和高温下保护剂的毒害。但是，有人认为脱水处理后干冻材料宜在室温下缓慢解冻。慢速解冻通常做法是，把材料置于 0℃或 2～3℃的低温下慢慢融化。慢速解冻适宜细胞含水量较低的材料，如木本植物的冬芽。

除了干冻处理的生物样品外，解冻后的材料一般都需要进行洗涤，以清除细胞内的冷冻保护剂。一般是在 25℃下用含 10%蔗糖的基本培养基大量元素溶液洗涤两次，每次间隔不宜超过 10min。对于玻璃化冻存材料，化冻后的洗涤很重要，这一过程不仅除去了高含量的保护剂（其对细胞有毒性），而且也是一个后过渡，以防渗透损伤。但在某些材料研究中发现，不经洗涤直接投入固体培养基，数天后即可恢复生长，洗涤反而有害。如玉米冷冻细胞不宜洗涤后立即进行培养，应将解冻后的样品直接置于琼脂培养基上培养，1～2 周后培养物即可正常生长。香蕉的超低温保存也不需经过专门的洗脱保护剂的步骤。

15.2.3.5　再培养与鉴定评价

化冻和洗涤后，应立即将保存的材料转移到新鲜培养基上进行再培养。鉴定常用染色法，如 FAD（荧光素）双醋酸酯染色法、TTC（氯化三苯基四氮唑）还原法、Evan's 蓝法等。由于染色法是根据细胞内某些酶与特定的化合物反应生成的颜色来判别酶的活性，因此，不能反映细胞真正的活力。最可靠的方法是基于花粉发芽率及其授粉结实率；种子萌芽率及小苗生长发育状态；离体繁殖器官、组织形态发生能力；愈伤组织的鲜重增加、颜色变化及植株分化率；细胞数目、体积和鲜重、干重增加，铺展系数、有丝分裂系数等生长和分裂指标；生理活性维持，次生代谢能力的恢复，原生质体形成能力等。其中存活率是检测保存效果的最好指标。存活率的计算公式如下：

存活率(%)＝重新生长细胞(或器官)数目/解冻的细胞(或器官)数目×100%

进一步评价超低温保存后材料的恢复效果包括细胞物理结构和生化反应变化，以及遗传特性的保持。目前已有一系列测试超低温保存材料的物理结构和生化反应变化的方法，如冷冻细胞的超微结构观察；气相色谱法分析保存后材料释放的烃产量；红外分光光度计（infra-red spectroscopy）检测细胞的生活力；PCR 技术检测保存后再生植株特定基因的存在；核糖体 DNA 分子探针研究保存后再生植株的限制性片段长度多态性（restriction fragment length ploymorphisms，RFLP）；用流式细胞仪（flow cytometry）检测细胞倍性等。

15.2.4　离体保存种质的完整性

种质保存的目标是在最大限度地延长保存时间的同时，保持种质遗传的完整性，并能够重新恢复生长、繁殖。影响超低温保存材料遗传稳定性的因素有很多，主要有体细胞无性系变异和保存材料及保存方法等。

（1）体细胞无性系变异　对于植物种质资源的离体保存尤其是缓慢生长保存而言，体细胞无性系变异是影响离体保存种质遗传稳定性和完整性的主要因素。事实上，对培养物进行长时间的离体保存，培养基物理和化学参数的改变以及延长继代培养的时间都会促使发生各种类型的体细胞无性系变异。一般而言，超低温保存的种质的遗传稳定性是较高的。这是由于保存期间植物材料中所有的细胞分裂和代谢活动均中止且继代培养的次数最少。但再生的小植株之前经受了一系列不同处理，如外植体培养、预培养、冷冻保护剂处理、冷冻、解冻、恢复和对再生小植株的增殖等，对离体保存种质的遗传稳定性都可能产生影响。

Swartz(1991 年)对香蕉不同的体细胞无性系变异进行了归纳和整理，根据其来源分为 3 个类型：由外植体本身的异质性造成的变异；离体快速繁殖过程中染色体发生变化而导致的变异；香蕉组培苗短时期发育的变化，即后生效应，但是这种变化不具有遗传性。影响香蕉体细胞无性系变异发生的因素主要有基因型、培养基成分尤其是生长调节物质的含量，以及继代培养次数等。

（2）保存材料与保存方法　在离体种质保存中，保存材料和保存方法与保存种质的遗传变异和再生能力密切相关。一般来说，种子、花粉、胚以及由胚或实生苗获得的试管培养物的遗传变异较大，但种子、胚、茎芽、茎尖和分生组织、试管苗等作为保存材料容易再生、恢复生长和繁殖，而采用愈伤组织、悬浮细胞、花粉等材料则不易再生植株。从理论上来讲，只要存在细胞分裂和生长，都可能产生变异。因此，在选择离体种质保存方法时，应尽量限制保存种质的生长。

目前，人们还难以使长期保存、保持遗传完整性、容易恢复生长和再生三者统一，其主要问题是：采用限制或延缓生长的试管培养保存法时，一般需频繁继代才能长期保持，造成遗传不稳定，并且增加工作量；采用超低温保存法时，冷冻损伤影响成活再生，并且没有普遍适用的冷冻程序；在考虑保存方便和再生能力的同时，往往忽视材料本身的遗传稳定性。因此，进行植物离体种质保存，在注意选择保存材料的基础上，应着重解决以下问题：①寻找长期不需继代的限制生长试管保存法；②寻找不损坏或损伤小的超低温保存法；③研究限制生长的生理机制，特别是各种限制生长因子对保存物生长代谢的影响，找出既能最大限度减缓生长，又不造成保存物走向衰亡的"可忍受"生理指标，为施加适宜的限制因子提供依据；④研究培养物对冷冻和解冻的生理生化反应，探索减少冻害损伤的方法；⑤研究保存材料与方法对保存种质在分子、细胞和个体水平上对遗传完整性的影响。

15.3 不同植物的离体保存技术

15.3.1 大田作物离体保存技术

作物种质资源的离体保存受到了广泛关注，并取得了令人瞩目的成就。常用的离休保存材料有原生质体、悬浮细胞、愈伤组织、体细胞胚、胚、花粉胚、花粉、茎尖（根尖）分生组织、芽、茎段、种子等。现以马铃薯和小麦为例，简要介绍大田作物离体保存的方法与技术。

15.3.1.1 马铃薯种质离体保存技术

马铃薯（*Solanum tuberosum* L.）属茄科茄属双子叶植物，栽培马铃薯为同源四倍体无性繁殖作物，繁殖器官体积大，含水量高，贮藏过程中易发芽，需年年田间种植，占用土地面积大，还易受病毒侵染造成退化。采用组织培养技术建立无菌试管苗保存马铃薯种质具有许多优点，免去了大田种植保存的费工费时与种性退化，贮藏空间小，繁殖系数高，便于提供原种，便于地区间发放和国际间交流等。李玖玲（2018）对马铃薯的离体保存的主要技术如下：

（1）马铃薯试管苗的培育　将马铃薯茎段接种在 MS＋IAA 0.5mg/L＋KT 0.1mg/L 的培养基上，置光照强度 1600～3000lx、14h/d，温度 23～27℃下培养。

（2）离体培养　添加不同浓度的生长抑制物质（如矮壮素、山梨醇、丁酰肼），可以达到延长保存的目的。

在培养基中添加浓度为 400mg/L 的矮壮素，连续保存 5 个月的存活率还可以达到 97.33%，但当浓度超过 1000mg/L 时，马铃薯试管苗的成活率会随着时间的延长而降低。

山梨醇可以降低培养基水势，影响马铃薯试管苗的生长与发育，且其还可以增大试管苗成活率。浓度为 20mg/L 的山梨醇最适宜保存离体马铃薯，当山梨醇浓度达到 30mg/L 时，马铃薯成活率开始降低，而当达到 40mg/L 时，马铃薯还会出现死亡现象。

丁酰肼也可以抑制马铃薯试管苗的生长，浓度越大的丁酰肼对马铃薯的抑制作用越明显，但会降低马铃薯试管苗的成活率。连续保存 120 天后，不添加丁酰肼的马铃薯试管苗会全部死亡，而添加浓度为 50mg/L 的丁酰肼时，马铃薯试管苗会部分成活，但成活率也很低。添加丁酰肼最适浓度为 20mg/L 时，马铃薯试管苗的成活率可达到 94.67%。

15.3.1.2 小麦试管苗超低温保存技术

小麦（*Triticum aestivum* L.）是单子叶植物，是一年生或越年生草本植物，是世界上最重要的农作物之一。我国是世界最早种植小麦的国家之一，作为我国重要的农作物，其产量和种植面积均居于栽培谷物的前列。小麦颖果富含淀粉、蛋白质、脂肪等，除供人类食用外，还可被用作动物饲料等。因此，对小麦种质资源进行保存具有重要的意义。卢杰（2015）的小麦超低温保存技术如下所述。

（1）种子消毒　选择饱满、整齐、大小均一的小麦种子，用自来水冲洗。将小麦种子放在灭菌过的一次性培养皿中，在超净工作台用浓度为 0.1% 的 $HgCl_2$ 处理 15min，然后用无菌水冲洗 3 次，每次 30s；把种子转移到新的培养皿上，用 75% 的酒精浸泡 30s，再用无菌水冲洗 3 次，每次 30s。

（2）预培养　把种子接种到灭菌的玻璃培养皿中，每个培养皿中大约放入 100 颗种子，加入无菌水，水面稍露出种子、不完全浸没，用封口膜封口，放入 25℃ 培养箱中培养，等小麦种子稍露出芽后，把小麦种子芽朝上放置到灭菌后的滤纸上，滤纸置于培养皿中，放入 25℃培养箱中培养。

（3）预处理 选择相同大小的小麦茎尖，切去小麦根部组织，留下茎尖与茎尖基部。加入冷冻保护剂（6％蔗糖＋16％DMSO），在 4℃冰箱存放 3h。

（4）超低温保存 预处理后，采用梯度降温法：0℃，停留存放 30min；−7℃，停留存放 1h；−20℃，停留存放 1h；迅速转移放入−80℃冰箱，停留存放 1h 后迅速投入液氮。

（5）解冻 取出经超低温保存的材料，在 40℃快速解冻，用无菌滤纸吸去残液。

（6）再培养 解冻后将材料接种到不加激素的 MS 培养基上暗培养 2 天，温度为 25℃，然后转到正常光照条件下培养，观察其成活率与生长状态。

15.3.2 园艺植物离体保存技术

离体保存是园艺植物种质保存中最有效的方法之一，目前，已对园艺植物的多种材料，如愈伤组织、幼胚、胚状体、芽、茎尖分生组织、茎段、试管苗、悬浮细胞、花药、花粉、原生质体和短命种子等进行了离体保存。现以软枣猕猴桃、菊花、大蒜离体保存为例，简要介绍其保存技术。

15.3.2.1 软枣猕猴桃休眠芽超低温保存技术

软枣猕猴桃（*Actinidia arguta* L.）为我国珍贵的抗寒果树资源，系猕猴桃科（Actinidiaceae）猕猴桃属（*Actinidia*）的大型落叶藤本植物。软枣猕猴桃抗性极强，且营养丰富，富含维生素 C，具有重要的营养价值和经济价值，是猕猴桃属中具有重要利用价值的物种之一，是猕猴桃品种改良的重要种质资源。为减少优异资源流失、资源保存成本以及积累变异的风险，软枣猕猴桃休眠芽超低温保存技术应运而生，这对于软枣猕猴桃种质资源保存具有重要意义。白晓雪（2020）的软枣猕猴桃休眠芽超低温保存技术如下所述。

（1）材料灭菌 取出软枣猕猴桃"魁绿"休眠枝条，用自来水冲洗干净后，剪成长约 2cm 的单芽茎段，先用洗洁精浸泡清洗 30min，期间每 10min 搅动 1 次，再用自来水冲洗 30min。转移到超净工作台上，单芽茎段先进行剥皮处理，将休眠枝条的外皮全部剥掉，再用 75％酒精浸泡 30s 进行表面消毒，无菌水冲洗 4～5 次，之后用 0.1％HgCl₂ 振荡灭菌 30min，无菌水冲洗 4～5 次，剥取休眠芽进行玻璃化法超低温保存。

（2）预培养 剥取的休眠芽接种到 0.3mol/L 蔗糖＋1mol/L 甘油的预培养液中振荡培养 2 天。

（3）预处理 无菌条件下将休眠芽转入 2mL 冻存管中，每管 10 芽，常温下处理 20min。

（4）玻璃化处理与冷冻保存 0℃条件下用 PVS₂ 脱水 120min，换新鲜 PVS₂ 后迅速投入液氮冻存。

（5）解冻与洗涤 取出后立即放入 38℃水浴中解冻 2min，用含 1.2mol/L 蔗糖的 MS 洗涤 3 次，每次 10min。

（6）恢复培养 用无菌纸将洗涤液吸干，接种到 MS＋2mg/L 6-BA＋0.02mg/L NAA 的恢复培养基上，暗培养 3 天后置于光下培养。

（7）再生植株的倍性鉴定 以未经超低温保存的"魁绿"休眠芽发育成的植株为对照，鉴定经玻璃化超低温保存后休眠芽再生植株的倍性水平。取 1cm 的幼嫩叶片放在干净的培养皿中，加入 0.4mL Partec HR-A 裂解液，用刀片切碎组织。5min 后，用 100μm 的滤网将样品过滤到小试管中，然后加入 1.6mL Partec HR-B 溶液（DNA 染色液）。黑暗保存 2min 后，将样品放入 Partec 倍性分析仪进行分析。

15.3.2.2　菊花离体试管保存技术

菊花〔*Chrysanthemum* × *morifolium*（Ramat.）Hemsl.〕为菊科菊属多年生宿根花卉，原产中国，是我国十大传统名花之一。菊属40余种，其中在我国分布的有20余种，种质资源十分丰富，但是栽培菊花遗传基础复杂，后代性状分离，难以通过种子保存种质资源，现在收集保存的2200余份菊花及其近缘种材料主要为资源圃保存。利用圃地保存的方法工作量大、工序冗繁、费时费工，且易感染病虫害，极端自然灾害对其影响也非常大，品种间发生混乱以及品种丢失的现象也不可避免，因此，开展菊花种质资源的超低温离体保存研究具有非常重要的现实意义和可行性，同时，也为菊花种质保存、利用、改良、培育新品种和基础研究奠定了基础。张艳秋（2016）的菊花茎尖玻璃化法超低温保存技术如下所述。

（1）材料选取　选取无病虫害、生长旺盛、腋芽饱满且未萌发的菊花嫩茎，将其剪成1.5～2.0cm的小段，每个小段留有1个腋芽。用洗衣粉水刷洗茎段，再用流水冲洗30min。然后在超净工作台上，用70%酒精消毒30s，再用0.1%$HgCl_2$消毒5min，用无菌水冲洗3～5遍。

（2）继代培养　将无菌苗接种至诱导培养基（MS＋BA 0.1mg/L＋NAA 0.1mg/L＋琼脂5.5g/L＋3%蔗糖）上，1周后将萌发的腋芽切下进行继代培养，培养温度为25℃，光照12h/d，光照强度2000～3000lx。

（3）预培养与预处理　将茎尖剥离，茎尖大小为1.5～2.0mm，然后将其接入蔗糖浓度为0.25mol/L的培养基中，预培养3天，用装载溶液处理40min。

（4）玻璃化保护剂处理　在0℃条件下用玻璃化PVS_2溶液（MS＋300g/L甘油＋150g/L PEG＋150g/L DMSO＋0.4mol/L蔗糖）处理60min。

（5）冷冻保存　玻璃化处理后，将茎尖转入5～10mL冻存管中，于液氮中保存。

（6）化冻洗涤　将水浴后的茎尖用洗液（MS＋1.2mol/L蔗糖的液体培养基）洗涤3次，每次10min，直至茎尖漂浮在液体表面。

（7）恢复培养和检测茎尖成活率　将茎尖接种到恢复培养基MS＋BA 0.2mg/L＋NAA 0.1mg/L＋琼脂5.5g/L＋3%蔗糖中，暗培养3天后光照培养，10天后统计存活率。

15.3.2.3　大蒜茎尖玻璃化法超低温保存技术

大蒜（*Allium sativum* L.）是我国重要的蔬菜作物之一，在我国栽培广泛，遍布全国各地，是我国出口创汇的重要蔬菜作物。大蒜主要靠播种蒜瓣繁殖，用种量大，生长周期长，田间繁殖易受气候、栽培条件和病虫害影响，造成品种混杂、退化，甚至丢失。离体保存植物种质资源安全、可靠、无病虫危害，是大蒜种质理想的保存方法。利用超低温保存技术长期安全保存大蒜种质资源及建立大蒜离体保存基因库，对大蒜资源的保存和利用具有极其重要的意义。刘晓雪（2019）的大蒜茎尖超低温保存技术如下所述。

（1）材料选择　以G064大蒜茎盘诱导产生的不定芽为试材，选取培养5～7周、假茎粗2～3mm的单个不定芽为材料，剥取长度约为2mm，包含2～4个叶原基和基部短缩茎组织的茎尖。

（2）预培养　将大蒜茎尖在MS＋6.5g/L琼脂＋0.5mol/L蔗糖固体培养基上预培养4天，温度（23±1）℃、光照12h/d、光照强度60μmol/（m²·s）。预培养后，将茎尖转移至MS＋2mol/L甘油＋0.6mol/L蔗糖的装载溶液于室温（24±1）℃培养20min。

（3）脱水和冷冻　将经过预培养的茎尖浸入植物玻璃化保护剂PVS_2中，在0℃条件下干燥脱水 0.5h。然后将 10 滴（每滴约 5μL）PVS$_2$ 溶液滴在铝箔条上，每滴溶液包含一个茎尖材料，将铝箔条装入冷冻管并迅速浸入液氮冷冻。

（4）解冻和洗涤　将载有冷冻茎尖的铝箔条于室温下浸入 MS 液体培养基＋1.2mol/L 蔗糖溶液进行快速解冻，10min 后换新鲜溶液继续洗涤。

（5）恢复培养　将解冻后的茎尖接种在恢复培养基 B$_5$＋0.1mg/L NAA＋2.0mg/L 6-BA，pH6.5，添加 30g/L 蔗糖和 6.5g/L 琼脂上暗培养 4 天，再转入正常光照下培养。

（6）茎尖存活率及再生率评价　茎尖存活率为恢复培养 10 天后，变绿茎尖数占保存茎尖总数的百分比；再生率为恢复培养 30 天后，再生出正常嫩芽（长度大于 5mm 且至少有一个叶片再生）的茎尖占保存茎尖总数的百分比。

15.3.3　林木植物离体保存技术

许多林木植物是顽拗型种子植物，其种子含水量很高，忌干燥与低温，对脱水和低温十分敏感，即使在合适的条件下也只能贮存几周到几个月的时间。此外，用于营养繁殖的芽和茎尖，也经常会遇到种质退化与保存的问题。大量研究表明，离体超低温保存是林木长期保存植物种质的最有效方法之一。

15.3.3.1　红豆杉悬浮细胞超低温保存技术

红豆杉 [*Taxus wallichiana* var. *chinensis*（Pilg.）Florin]，又名紫杉，常绿乔木，高 5～15m，是第四纪冰川后地球上仅存的 56 种珍稀植物中最为珍贵的药材树种之一，为世界天然珍稀树种。其在我国已濒临灭绝，属于"国家一级保护树种"。红豆杉中含有紫杉醇、紫杉碱、紫杉宁、紫杉酚、钙、铁、锌等多种对人体有益的成分和微量元素，具有多种经济用途。紫杉醇可用于临床治疗癌症。利用试管苗保存，往往由于红豆杉细胞长期的继代培养会导致体细胞变异和紫杉醇合成能力的下降。因此，红豆杉悬浮细胞的超低温保存技术，便成为红豆杉无性高产紫杉醇细胞株系种质保存的重要途径，王胡军（2017）的技术如下所述。

（1）预培养　取第 7 次继代后培养 12 天的悬浮细胞为材料，接种到添加 0.7mol/L 蔗糖和 50g/L DMSO 的 B5 液体培养基中预培养 2 天。

（2）预处理和脱水　悬浮细胞在 200g 条件下离心 5min 后，将悬浮细胞分离出来，在 60％的玻璃化保护剂 PVS4 中预处理 30min，然后在 200g 条件下离心 5min，将上清液即 60％ PVS4 去除，加入预冷到 0℃的 100％ PVS4，并在 0℃脱水 40min。

（3）冷冻　经脱水处理的细胞在 200g 条件下离心 5min，将 100％ PVS4 去除，添加一定量预冷到 0℃的新鲜 100％ PVS4，然后转移到冷冻管中，旋紧摇匀后迅速将冷冻管投入液氮中。

（4）解冻和洗涤　冷冻管取出后，在 37℃水浴 60s 后迅速取出，加入含 1.2mol/L 蔗糖的 B5 培养基，室温下洗涤 30min 除去 100％ PVS4。

（5）细胞存活率的检测　细胞活力的测定采用 TTC（氯化三苯基四氮唑）法检测。1mL 悬浮细胞在 200g 条件下离心 5min，加入 0.4％ TTC 溶液和 pH7.0 Na$_2$HPO$_4$-NaH$_2$PO$_4$ 缓冲液各 0.5mL，25℃黑暗条件下静置处理 16h，去除 TTC 溶液，用蒸馏水洗涤细胞 3 次，加入 4mL 的 95％乙醇，60℃水浴脱色 30min，期间摇动试管 1～2 次，室温下静置一段时间至细胞完全无色，取上清液在 485nm 下测定相对吸光度。

存活率计算公式为：

$$TTC 存活率(\%)=冻存后细胞 TTC 值/冻存前细胞 TTC 值×100\%$$

15.3.3.2 红松胚性愈伤组织的超低温保存技术

红松（*Pinus koraiensis* Sieb. et Zucc.），作为阔叶红松林的建群种，是我国东北东部山区极其重要的珍贵乡土优质用材林和坚果经济林树种。因此开展红松种子资源保存的研究具有重要的意义。彭春雪（2019）的红松胚性愈伤组织保存技术如下所述。

（1）愈伤组织诱导　取未成熟种子浸泡在75%的酒精中处理2min，以10%的NaClO溶液处理15min，再以无菌水冲洗3～5次；剥去种皮后，以3%的双氧水消毒8min，再以无菌水冲洗3～5次后，得到无菌的种子用于愈伤组织诱导。

（2）继代培养　将胚性愈伤组织转移到增殖培养基中，增殖培养基为DCR+0.5mg/L 2,4-D+0.1mg/L 6-BA，其中附加3%蔗糖、500mg/L L-谷氨酰胺、500mg/L 酸水解酪蛋白、6.5g/L琼脂，pH为5.8，暗培养，2周继代一次。

（3）预培养　取3g在增殖培养基上培养7～10天长势良好的红松胚性愈伤组织，放入无菌的锥形瓶中，加入含有0.4mol/L山梨醇溶液的DCR培养基溶液12mL，在生物摇床上处理18h，温度保持在25℃，100～125r/min振荡暗培养。

（4）冷冻保护剂预处理　在培养基溶液中加入10%的DMSO，置于冰水混合物中1.5h，其间振荡3～4次。

（5）降温冷冻保存　预冷处理后，将胚性愈伤组织悬浮液摇匀分装至1.8mL的冷冻管中，拧紧盖子后将冷冻管置于梯度降温盒内（4℃冰箱预冷），将梯度降温盒置于−82℃冰箱内2h，取出后迅速将冷冻管置于液氮中保存。

（6）愈伤组织复苏　材料经液氮保存后，取出后立即投入37℃水浴中解冻，冷冻管中胚性愈伤组织悬浮液解冻后，用移液枪将悬浮液均匀铺撒于滤纸上，将铺满材料的滤纸置于灭菌脱脂棉或滤纸上吸除多余水分，随后转移至增殖培养基上培养。1天后，更换新鲜培养基，以彻底除去DMSO，25℃下暗培养。

（7）细胞存活率检验　细胞存活率测定采用TTC定量分析法，将去除DMSO后的胚性愈伤组织转移至10mL离心管中，加入0.2%的TTC溶液5mL，置于25℃的避光培养箱中染色4h后，用移液枪吸去TTC溶液，再用无菌蒸馏水冲洗3次，去除蒸馏水后，加入5mL 95%的酒精于60℃水浴30min，冷却后取上清液，于485nm波长下读取OD值。

计算公式为：

$$细胞存活率=低温处理后愈伤OD值/未经低温处理的愈伤OD值×100\%$$

15.3.4　药用植物离体保存技术

15.3.4.1　黄芪离体试管保存种质资源的技术

黄芪（*Astragalus mongholicus*）也称黄耆，是豆科黄芪属植物。黄芪根可以入药，具补气固表、利尿、排脓、生肌、加强毛细血管抵抗力等功效，可以加强人的免疫系统，并且可以作为免疫刺激剂、利尿剂、抗糖尿病药等治疗多种疾病。由于人们过度的商业开发和收集将其用于中草药工业，这种药用植物的自然资源大大减少，因此对黄芪种质资源的离体保存具有重要的意义。伊明华（2015）对其进行的离体保存技术如下所述。

（1）体外培养　首先将种子浸入70%乙醇中20s，然后浸入0.1%的HgCl$_2$中12min，再用无菌蒸馏水洗涤3次。最后将种子接种到1/2MS+3.5g/L琼脂的培养基上，培养温度为（25±1）℃，光照14h/d，光强为36μmol/(m^2·s)，种子在一周后发芽并形成小植株。然后，用一个腋芽将小苗切成节段（长度为1～2cm），在补充有2mg/L KT、1mg/L α-萘乙酸、30g/L蔗糖和

7.5g/L 琼脂的 MS 培养基上于（25±1）℃、光照 14h/d、光照强度 36μmol/(m²·s) 下培养。每间隔 4 个星期将单节茎节段继代到新鲜培养基中。从培养 20 天的小苗（高 3～5cm）的茎上切下约 1mm 长的腋生芽尖，用于冷冻保存。

（2）玻璃化处理　将切下的茎尖悬浮在无钙 MS 无机培养基中，无机培养基中添加 2% 的海藻酸钠和 0.4mol/L 的蔗糖。用 1mL 无菌宽口移液管吸取包括茎尖在内的混合物，然后分配到补充有 0.4mol/L 蔗糖的 0.1mol/L CaCl₂ 溶液中，在 25℃ 下至少 1min 即可形成直径约为 4mm 的小珠，每个小珠含一个茎尖。

（3）预培养　将包埋成海藻酸钙凝胶珠的茎尖在 MS＋1mg/L 6-BA＋0.05mg/L NAA＋0.75mol/L 蔗糖的液体培养基中于 25℃ 预培养 3 天。

（4）装载和保存　预培养后将小珠在无菌纸上进行干燥，在 2mol/L 甘油＋0.4mol/L 蔗糖装载液中于 25℃ 装载 90min 并再用 PVS₂ 在 0℃ 下处理 120min，然后直接投入液氮。

（5）洗涤　冷冻保存后，在 37℃ 水浴中化冻 2～3min，并用 MS＋1mg/L 6-BA＋0.05mg/L NAA＋1.2mol/L 蔗糖的液体培养基洗涤 3 次，每次 10min。

（6）再培养　将小珠在无菌滤纸上干燥，转入 MS＋1mg/L 6-BA＋0.05mg/L NAA 的固体培养基上进行再生培养。培养温度为（25±1）℃，暗培养 3 天后进行光照培养，光照 14h/d，光照强度 36μmol/(m²·s)。茎尖的再生率接近 80%。

15.3.4.2　罗汉果花粉超低温保存技术

罗汉果（*Siraitia grosvenorii* L.）为葫芦科植物，秋季果实由嫩绿色变深绿色时采收，晾数天后，低温干燥。罗汉果常生于山坡林下及河边湿地、灌木丛中，在我国分布于江西、湖南、广东、广西、贵州等地。其具有清热润肺、利咽开音、滑肠通便的功效，用于肺热燥咳、咽痛失音、肠燥便秘。在自然条件下罗汉果花粉的寿命仅能存活 1～2 天，使用冰箱低温保鲜贮藏运输，也只能延长至 4～5 天，这给罗汉果育种等工作带来极大不便。罗汉果花粉超低温保存及其花粉生活力快速测定方法，为解决罗汉果生产中存在雌雄花期不遇、雄花资源分布不均、人工点花劳动强度大以及花粉作为罗汉果种质保存的材料提供了一套简便、可行的技术。郭丽霞（2020）的罗汉果花粉超低温保存技术如下所述。

（1）花粉采集与预处理　新鲜花朵含有大量水分，采集花朵后，将花瓣去掉，剪下花药及花粉。然后将花粉放入装有无水氯化钙的干燥器内，密封脱水 72h。

（2）超低温贮藏　采用液氮（－196℃）保存花粉，即花粉密封后直接投入液氮中。以干燥花粉保存在超低温冰箱（－86℃）及低温冷藏（－18℃）作为对照。

（3）花粉化冻方式　为减少花粉在化冻过程中的伤害，提高化冻后花粉活力，经超低温保存的花粉，分别采用流水冲洗 30min、逐级升温（先置于家用冰箱－18℃ 保存 12h，4℃ 保存 12h，常温 1h）、38℃ 水浴化冻 30min 共 3 种方式进行化冻。

（4）花粉生活力测定　花粉在低温、干燥、黑暗等条件下代谢活动会降低，罗汉果花粉超低温保存技术就是通过创造花粉代谢强度低的环境来延长花粉的寿命，达到花粉保存的目的。在使用这些花粉之前，需要做花粉生活力的鉴定。花粉生活力鉴定方法有田间授粉鉴定法、染色鉴定法、离体花粉萌发法。染色法采用 MTT 染色法，将 MTT（噻唑蓝）配制成染色液，染色液为明黄色，花粉淡黄色。在凹玻片上滴一滴 MTT 染色液，用镊子蘸取少量花粉放入染色液中搅拌均匀，1～5min 后即可用肉眼观察或在显微镜下观察变色。以花粉染成黑色、深紫色、紫红色、粉红色为染色。

（5）花粉超低温保存　新鲜花粉经无水氯化钙脱水 72h（低于含水量 30%）后密封保存在超低温冰箱（－86℃）。使用花粉前可采用水浴加热（38℃）方式化冻。授粉前使用 MTT 染色法即可快速鉴定花粉生活力。贮藏 1 年的罗汉果花粉,通过人工授粉当年的开花雌株,结实率在 80%~95%。

15.3.4.3 短瓣石竹离体保存技术

短瓣花(*Brachystemma calycinum* L.)又名土牛膝(壮)、抽筋藤(瑶)、太极草、短瓣花等,是石竹科短瓣花属植物。其分布于广西、四川、贵州、云南、西藏,是重要的珍稀药用植物之一。短瓣石竹以带根全草入药,具有清热解毒、祛风除湿、利尿、舒筋活络的功效,用于风湿跌打、手足痉挛、尿淋、腰膝无力等症。经组织培养正常生长的短瓣石竹试管苗植株较细,培养过程中叶片易枯萎脱落,因此对短瓣石竹无菌苗进行长期保存并确保试管苗质量尤为重要。韦莹(2020)的短瓣石竹离体保存技术如下所述。

(1)试管苗培养 使用以短瓣石竹当年生幼嫩茎段为外植体成功诱导出的无菌苗。将培养30 天的短瓣石竹无菌苗在超净工作台上剪切成 1.5~2cm 的带芽茎段,接种到不同处理的培养基上。

(2)离体培养 以 MS、1/2MS、1/4MS 为培养基,添加 30g/L 蔗糖和 65g/L 琼脂,pH 为 5.8,每瓶接种 6 株;以 1/2MS 为基本培养基,添加不同浓度的蔗糖和 65g/L 琼脂,pH 为 5.8,每瓶接种 6 株;在 1/2MS 基本培养基上,分别添加不同浓度的生长抑制剂[PP333(多效唑)、CCC(矮壮素)、甘露醇、ABA(脱落酸)]、30g/L 蔗糖和 65g/L 琼脂,pH 为 5.8。培养环境为光照时间 12h/d,光照强度 1500lx,培养温度(23±2)℃。

在不添加任何植物生长抑制剂的情况下,在 MS、1/2MS 培养基中培养的植株存活率均达80%以上,1/4MS 次之。经过 6 个月的保存后,存活率逐渐下降。25~30g/L 的蔗糖浓度最适宜用于短瓣石竹离体保存。添加浓度为 1.0~1.5mg/L 的 PP333,培养 120 天后存活率仍然达到 92%以上;甘露醇添加浓度为 2.0~3.0mg/L 的 1/2MS 培养基可以延长短瓣石竹无菌苗的保存时间,连续保存 180 天后仍然有 60%以上的成活率。添加 1.5mg/L ABA,培养 90 天后,试管苗成活率高达 95.8%,但连续培养 6 个月后降至 54.2%。

(3)培养条件 在 1/2MS+PP333 1.0~1.5mg/L+蔗糖 25g/L 的培养基中,试管苗能保存 120 天,恢复培养后生长正常,成活率达 90%以上。

小 结

植物种质离体保存是指对离体培养的小植株、器官、组织、细胞或原生质体等种质材料,采用限制、延缓或停止其生长的处理使之保存,在需要时可重新恢复其生长,并再生植株的方法。常用的离体保存方法有限制生长保存和超低温保存,前者是指改变培养物生长的外界环境条件或培养基成分,以及使用生长抑制物质,使细胞生长速率降至最低限度,而达到延长种质资源保存的方法,包括低温、提高渗透压、使用生长延缓剂、降低氧分压和干燥等方法;后者是指在-80℃(干冰温度)到-196℃(液氮温度)甚至更低温度下保存生物或种质的方法。在超低温条件下保存材料,可以大大减慢甚至终止代谢和衰老过程,保持生物材料的稳定性,最大限度地抑制生理代谢强度,减少遗传变异的发生。超低温保存的基本程序包括植物材料或培养物的选取、预处理、冷冻处理、冷冻贮存、解冻和再培养等。这些程序虽因植物种类和细胞类型而异,但它们依据的基本原则是完全相同的。

超低温保存是低温生物学中较为崭新的领域,存在着许多需要解决的问题。首先,超低温保存是一个非常复杂的过程,不同植物、同一植物不同类型的材料,其超低温保存的难易有可能不同,所以在进行超低温保存前,要根据材料本身的特性,进行预培养条件的研究。其次,超低温保存过程涉及一系列的胁迫，对不同基因型的材料产生选择效应，因此关于超低温保存后材料的遗传稳定性，还需要进一步研究。最后，低温生物学是建立在低温工程技术基础之上的，不同的生物材料超低温保存时要求不同的降温和复温程序。随着计算机技术的发展，微机控制的降温仪成为超低温保存技术的一个关键设备；为了达到理想的低温保存效果，还必须研究样品的热学性能，研究其热分析和热控制的问题，进而确定其合理的降温程序。总之，人们在种质超低温保存技术上已取得了长足的进展，相信随着理论和技术的不断完善，超低温保存必将在植物遗传资源的保存实践中发挥重要的作用。

思 考 题

1. 植物种质资源离体保存有哪些方法？
2. 什么是限制生长保存？限制生长保存技术的主要途径有哪些？
3. 什么是超低温保存？超低温保存的原理是什么？
4. 比较限制生长保存法和超低温保存法对遗传变异性的影响。
5. 影响离体保存遗传完整性的主要因素有哪些？
6. 影响种质离体保存遗传稳定性的因素有哪些？如何减少种质离体保存过程中的变异？
7. 简述菊花离体试管保存技术要点。

第16章

植物单倍体培养

单倍体（haploid）是指具有配子染色体组成的细胞或个体，对其进行基因组加倍可以快速获得纯合的双单倍体（double haploid，DH）。单倍体和双单倍体在作物育种、遗传分析、基因工程、分子生物学及物种进化等方面都有重要的意义，是近年来植物领域的一大研究热点。自然界自发产生单倍体的频率很低，通常仅为 $0.001\% \sim 0.01\%$，远远不能满足育种的需要。因此，长期以来人工诱导单倍体一直受到植物育种工作者的重视。人工诱导单倍体培养主要包括花药培养、游离小孢子培养和未受精子房及胚珠培养，其中花药培养和小孢子培养是人工诱导作物孤雄产生单倍体的两种关键性技术。应用花药培养和游离小孢子培养可迅速得到纯合的双单倍体，大大加速育种进程，同时花药培养和游离小孢子培养还被广泛应用于作物的诱变育种、基因转化、遗传分析、雄核和胚胎发育研究等方面。

16.1 单倍体的起源

16.1.1 自然界自发产生单倍体

单倍体是大多数低等植物（如真菌、苔藓）生命的主要阶段。高等植物中自然出现的单倍体几乎都是由于生殖过程的不正常产生的，如孤雌生殖、孤雄生殖、无融合生殖等。孤雌生殖（parthnogenesis）是自然产生单倍体的主要方式，它是由卵细胞未经受精而发育成单倍体的孢子体，现已在禾本科、茄科、葫芦科、百合科等36科370多种植物中发现了孤雌生殖现象。孤雄生殖（patrogenesis）比较少见，它是精子进入卵细胞后，卵核退化，由精核单独发育成单倍体的孢子体，迄今，在活体内发现雄核发育成单倍体的例子有烟草、屋顶黄鹤菜、金鱼草、球茎大麦、栽培大麦和月见草属植物等。无融合生殖（apomixia），又称无配子生殖，是由胚囊中卵细胞外的其他细胞如反足细胞或助细胞发育成单倍体，常见于柑橘属、高粱属等植物。此外，在大麦、玉米、棉花、葱属等植物的根尖或珠心组织中也偶有发生体细胞减数分裂（somatic meiosis）产生单倍体细胞的现象，但概率非常低。

16.1.2 人工诱导产生单倍体

人工诱导产生单倍体主要有离体孤雌生殖和离体孤雄生殖两种形式。离体孤雌生殖是指离体培养未受精的子房或胚珠，诱发卵细胞单性发育成植株，诱发频率一般较低。离体孤雄生殖是指离体培养花粉或花药，诱导小孢子发育成单倍体植株，诱发频率相对较高。20 世纪 60 年代中期，印度学者 Guha 和 Maheshwari 采用花药培养方法，首次获得了毛叶曼陀罗的大量单倍体植株。此后，花药培养和小孢子（花粉）培养成为人工获得植物单倍体的主要途径。据不完全统计，迄今利用花粉（药）培养获得单倍体的植物已达 42 属 250 种以上，遍及粮食作物、果树、蔬菜、花卉及经济作物。

　　人工诱导单倍体也可以通过远缘杂交、延迟授粉、X 射线照射花粉授粉、化学处理、温度处理等方法获得。例如，通过给甘蓝型油菜（*Brassica napus*）授以白菜（*B. rapa*）的花粉，可以获得少量甘蓝型油菜的单倍体；利用球茎大麦（*Hordeum bulbosum*）的花粉给大麦授粉可以获得大麦的单倍体；小麦（*Triticum aestivum*）去雄后延迟 7～9 天授粉，或用 0.5% 的 DMSO 处理小麦去雄后 4～10 天的幼穗，均可产生单倍体；辐射处理的花粉诱导单倍体技术已成功用于获取烟草（*Nicotiana tabacum*）、洋葱（*Allium cepa*）、黄瓜（*Cucumis sativus*）、苹果（*Molus pumila*）、康乃馨（*Dianthus caryophyllus*）等植物的单倍体。

　　单倍体诱导系是目前限于在玉米（*Zea mays*）上普遍使用的单倍体诱导技术，Coe(1959 年)发现玉米自交系 Stock6 能高频诱导母本植株产生单倍体种子，对 Stock6 进行改良获得了一批优良玉米单倍体诱导系，诱导率高达 11%～16%。

　　近年来在拟南芥（*Arabidopsis thaliana*）上开发了一种着丝粒介导染色体消失、通过种子来生产单倍体的方法，该方法涉及对一种着丝点特异性组蛋白 CENH3 用基因工程方法进行处理，然后与野生型杂交，类似于种间杂交或诱导系诱导，在胚胎发育早期转基因亲本的染色体被选择性丢失，从而获得父本或母本的单倍体。由于 CENH3 广泛存在于真核生物中且具有高度进化保守性，理论上该着丝粒介导法同样适用于其他植物产生单倍体后代。科研人员在香蕉（*Musa nana*）、木薯（*Manihot esculenta*）、棉花（*Gossypium* spp.）、水稻（*Oryza sativa*）、大豆（*Glycine max*）、甜菜（*Beta vulgaris*）等作物上开展了相关试验。然而这种方法的工作原理尚未完全解析，还值得深入探索。

16.2　离体条件下的小孢子发育

16.2.1　活体小孢子发育过程

　　花粉是花粉粒的总称，花粉粒是由小孢子发育而成的雄配子体。在自然条件下，被子植物雄配子的形成过程是：由花药中分化出孢原组织（archesporium）→进一步分化成为花粉母细胞（pollen mother cell，PMC）→经过减数分裂形成四分孢子（tetraspore）→进而发育形成单核（mononuclear）花粉粒→有丝分裂形成二核（binuclear）花粉粒（1 个大的营养核和 1 个小的生殖核）→生殖核再经过一次有丝分裂形成三核（trinuclear）成熟花粉粒（1 个营养核和 2 个生殖核）或称雄配子体（gametogony）（图 16-1）。植物种类不同，第二次有丝分裂的时间也不同，一些植物在开花、授粉前只发育到二核花粉粒时期，它们的第二次有丝分裂是在授粉之后、花粉管萌发、生殖核进入花粉管后才进

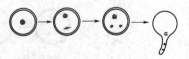

图 16-1　小孢子正常发育过程
（引自周维燕，2003）

行分裂的。

16.2.2 离体小孢子发育途径

在离体培养条件下，由于改变了花粉原来的生活环境，花粉的正常发育途径受到抑制，花粉粒（小孢子）不再像正常发育过程中那样经两次有丝分裂形成成熟的雄配子体，而是像胚细胞一样持续分裂增殖。根据对多种植物花药或花粉培养的观察，发现离体小孢子的发育途径主要有对称发育途径（B途径）和不对称发育途径（A途径）两类。

（1）对称发育途径（B途径）　小孢子第一次有丝分裂为均等分裂，形成两个大小相似的细胞。这两个细胞若是同步分裂，则大多数以胚状体的形式形成花粉胚；若不同步分裂，其中一个停止分裂，另一个经过相当长时间的持续分裂，则形成愈伤组织；若进行多次核分裂的同时，发生核融合，其结果产生多倍体植株（图16-2）。

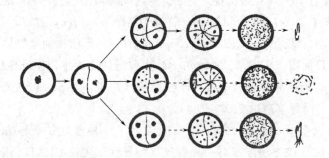

图 16-2　对称发育途径
（引自周维燕，2003）

（2）不对称发育途径（A途径）　同自然情况一样，小孢子第一次有丝分裂为不均等分裂，在花粉内形成一个较大的营养核和一个较小的生殖核。根据两个核进一步的发育状况，该途径又分为营养细胞发育途径（A-V途径）、生殖细胞发育途径（A-G途径）、营养细胞和生殖细胞并发发育途径（A-VG途径）3种（图16-3）。

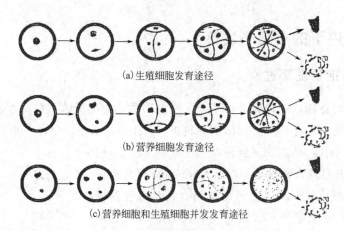

(a)生殖细胞发育途径

(b)营养细胞发育途径

(c)营养细胞和生殖细胞并发发育途径

图 16-3　不对称发育途径
（引自周维燕，2003）

① A-V途径　生殖细胞经几次分裂后停止分裂，由营养细胞继续分裂，形成多细胞（或称多核）花粉，进一步发育形成愈伤组织或胚状体。

②A-G途径　营养细胞经几次分裂后停止分裂，由生殖细胞继续分裂，形成多细胞（或称多核）花粉，进一步发育形成愈伤组织或胚状体。

③A-VG途径（又称E途径）　营养细胞和生殖细胞分别进行持续分裂，形成多细胞（或称多核）花粉，进一步发育形成愈伤组织或胚状体。

不论哪种发育途径，若在细胞分裂的初期发生核内有丝分裂或核融合等，则会导致染色体加倍，产生二倍体、三倍体、四倍体和非整倍体等非单倍体植株（图16-4）。

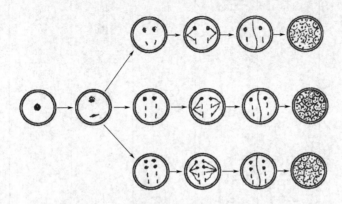

图16-4　核内复制或融合引起加倍，形成二倍体、三倍体、四倍体

(引自周维燕，2003)

16.2.3　离体小孢子发育的影响因素

影响离体小孢子发育的因素主要有供体植株的基因型、供体植株的生长条件和生理状态、供体植株的年龄、小孢子发育时期、培养基成分和培养条件等。

（1）供体植株的基因型　供体植株的基因型是影响花药和小孢子（花粉）培养的最重要的因素之一。研究发现，在许多植物的花药和小孢子（花粉）培养过程中，由于植物的种类不同，对其诱导形成花粉植株的难易程度存在很大差异。一般来说，裸子植物比较困难，而被子植物相对比较容易；同一物种不同品种间甚至同一品种的不同株系间，花药和小孢子（花粉）培养的难易程度也大不相同，如曹鸣庆等（1993）对17个不同基因型的大白菜进行小孢子培养，结果表明，有两个基因型的产胚量最高，平均约为350个/蕾，其他基因型的产胚量大都在2个/蕾左右。申书兴等（1999）的研究表明，早熟类型的大白菜小孢子培养一般比较容易，而晚熟类型的则相对比较困难。陈肖师等（1988）对17个甜椒品种进行花药培养，胚状体诱导率最高的为6.8%、最低的仅为0.3%。对不同类型的水稻花药培养表明，愈伤组织诱导率和绿苗分化率由大到小的顺序为糯型、粳×籼杂种、粳型、籼型杂交稻、籼型。

（2）培养基成分　基本培养基对花药、小孢子（花粉）培养的影响很大。不同植物种类及品种间所需的培养基成分存在很大差异。MS、Miller和Nitsch培养基应用较为普遍。有些植物只需很简单的培养基，例如烟草的花药培养，即使在仅含有蔗糖和螯合铁的溶液中，也可诱导部分花粉启动、形成少量的胚状体。而对于大多数植物来说，则需要较为复杂的培养基成分，如适合水稻、小麦和玉米等的为N_6培养基；适于大麦的为FHG培养基；适用小麦的为C_{17}、BAC和马铃薯培养基（表16-1）。与MS培养基相比，N_6、C_{17}培养基降低了氨离子浓度、调整了铵态氮和硝态氮比例；在MS培养基中NH_4^+为20.62mmol/L，N_6培养基中NH_4^+为7.01mmol/L；铵态氮和硝态氮比值由MS培养基中的0.52降低为0.25。

表 16-1　禾本科植物常用的几种花药或花粉培养基的组成　　　　单位：mg/L

培养基成分	培养基					
	MS	FHG	N_6	C_{17}	BAC	马铃薯培养基①
KNO_3	1900	1900	2830	1400	2600	1000
NH_4NO_3	1650	165	—	300	—	—
$(NH_4)_2SO_4$	—	—	463	—	400	100
KH_2PO_4	170	170	460	400	170	200
$CaCl_2 \cdot 2H_2O$	400	440	166	150	600	—
$MgSO_4 \cdot 7H_2O$	370	370	185	150	300	125
$NaH_2PO_4 \cdot 4H_2O$	—	—	—	—	150	—
$FeSO_4 \cdot 7H_2O$	27.8	—	27.8	27.8	—	27.8
$Na_2\text{-}EDTA \cdot 2H_2O$	37.3	40	37.3	37.3	—	37.3
Sesq uetrene330Fe	—	—	—	—	40	—
KCl	—	—	—	—	—	35
$MnSO_4 \cdot 4H_2O$	22.3	22.3	4.4	11.2	5.0	—
$ZnSO_4 \cdot 7H_2O$	8.6	8.6	1.5	8.6	2.0	—
H_3BO_3	6.2	6.2	1.6	6.2	5.0	—
KI	0.83	0.83	—	0.83	0.8	—
$Na_2MoO_4 \cdot 2H_2O$	0.25	0.25	—	—	0.25	—
$CuSO_4 \cdot 5H_2O$	0.025	0.025	—	0.025	0.025	—
$CoCl_2 \cdot 6H_2O$	0.025	0.025	—	0.025	0.025	—
肌醇	100	100	—	—	2000	—
盐酸硫胺素	0.4	0.4	1.0	1.0	1.0	1.0
维生素 B_6	0.5	0.5	0.5	0.5	0.5	—
烟酸	0.5	0.5	0.5	0.5	0.5	—
甘氨酸	2.0	—	2.0	2.0	—	—
谷氨酰胺	—	730	—	—	—	0.5~1.0g/L
水解酪蛋白	—	—	500	300	—	—
蔗糖	30000	—	60000	90000	60000	90000
葡萄糖	—	—	—	—	17500	—
麦芽糖	—	62000	—	—	—	—
Ficoll-400	—	200000	—	—	300000	—
pH	5.7	5.6	5.8	5.8	6.2	5.8

① 马铃薯培养基含10%马铃薯水提物。

　　① 蔗糖对花药和小孢子（花粉）培养是必要的　蔗糖一是为培养物提供必需的碳源，二是调节培养基的渗透压、维持培养物的正常生长发育。不同的植物种类，所需的蔗糖浓度有所不同。一般来说，单子叶植物比双子叶植物需要更高的蔗糖浓度，如烟草、甜椒等双子叶植物，花药培养的常用蔗糖浓度为3%；而小麦、水稻、玉米、大麦等单子叶植物，花药培养的常用蔗糖浓度为6%～15%。

　　② 无机盐的成分以铵盐和铁盐较多　朱至清等（1975）在水稻的花药培养中指出，适当

降低铵盐浓度，有利于花粉分裂形成愈伤组织，并由此设计了适宜水稻花药培养的 N_6 培养基。Nitsch（1972）的研究指出，在各种无机成分中，铁对烟草花粉胚的发育是最不可少的，在无铁或铁的含量低于临界浓度的培养基中，花粉胚的发育停止在球形胚阶段。

③ 氨基酸对花药和小孢子（花粉）培养是有益的　常用的氨基酸主要有丝氨酸、脯氨酸、天冬氨酸和谷氨酰胺等。如有研究发现，在大麦花药培养时，谷氨酰胺对花粉植株的形成和生长有明显的促进作用，培养基中添加 745mg/L 谷氨酰胺，其绿苗率达到 46.4%；在小麦花药培养中发现，培养基中添加谷氨酰胺等，能有效地提高花粉胚的数量和质量。

④ 植物激素种类、水平和配比对绝大多数植物的花药和小孢子（花粉）培养起着决定性作用　它不仅影响小孢子的分裂，还影响着其后的生长和发育方式。一般来说，较高的生长素浓度有利于形成愈伤组织；适当降低生长素浓度、提高细胞分裂素浓度则有利于器官分化和胚状体的形成。

⑤ 活性炭有助于胚状体的发生　如在玉米花药培养中，培养基中添加 0.5% 的活性炭，愈伤组织或胚状体的诱导率提高约 1 倍。在大白菜小孢子培养中，活性炭在 0.005～0.01mg/mL 范围内，对小孢子胚产量和质量的提高有比较明显的作用，如添加 0.01mg/mL 活性炭的胚胎产量较不加活性炭对照提高了 20.93%，子叶型胚产量提高了 63.6%，其作用可能主要是由于活性炭吸附了在培养过程中所产生的有毒物质。但活性炭量超过 0.02mg/mL 时，则会对小孢子胚的发生和发育产生明显的抑制作用。

⑥ 培养基的 pH 值一般为 5.8　但有些植物的花药和小孢子（花粉）培养对 pH 值要求不一样，如油菜花药培养中，有报道以 pH6.2 的效果为最好。

（3）供体植株的生长条件和生理状态　供体植株的生长条件（如光周期、光强、温度和矿质营养）和生理状态也能影响花药或小孢子（花粉）培养。一般来说，幼年植株的花药或小孢子（花粉）反应能力较好，取开花初期或盛期的花药或小孢子（花粉）比开花末期的花药或小孢子（花粉）更为适当。在烟草中，短光周期（8h）和高光强（16000lx）有利于花粉培养；在大麦中，低温（18℃）和高光强（20000lx）培养的效果较好；据 Sunderland（1978）报道，对烟草植株进行氮饥饿处理可提高花药培养效果；对小麦、水稻、大麦等禾本科植物而言，大田植株比温室植株的花药愈伤组织的诱导率高、主茎穗比分蘖穗的高。

（4）小孢子的发育阶段　在花药或小孢子（花粉）培养过程中，小孢子所处的发育时期是影响培养效果的重要因素。只有处于一定发育阶段的小孢子，才能对外界刺激较为敏感，从而改变其发育途径，由配子体转向孢子体方向，产生愈伤组织或胚状体。不同植物的小孢子对外界刺激反应的敏感时期是不同的，因此，适宜培养的时期也是不同的。如水稻、烟草、南洋金花等，花药培养的适宜时期为单核中期到双核期；大白菜等芸薹属植物，以单核靠边期为佳；葡萄则更要早些，以四分孢子时期为宜。就多数植物来说，单核期到双核早期一般都是比较适宜的（表 16-2）。

表 16-2　不同植物花药或花粉培养的取材时期

发育时期	物种	发育时期	物种
四分孢子期	葡萄等	单核中期到双核期	水稻、烟草、甘蓝、南洋金花等
单核早中期	石刁柏、油菜、大麦、天仙子、马铃薯等	四分孢子-双核早期	玉米等
单核晚期	荔枝、茄子、青椒、小麦、大白菜等		

小孢子发育时期与花蕾大小、花药长度等外观性状有密切关系（表 16-3）。因此，确定花粉的发育时期，可在接种前取不同大小的花蕾，剥出花药，采用醋酸洋红染色、压片镜检的方法，确定花粉的发育时期，并找出花粉的发育时期与花蕾或幼穗大小、颜色等外观性状的对应

关系或花瓣和花药的长度比值，然后再以这些形态指标，判断小孢子发育时期，这样不仅能达到准确取材的目的，而且能够做到及时快速地取材，提高工作效率。

表 16-3　二倍体、四倍体大白菜花蕾大小及小孢子发育时期对胚胎发生的影响（申书兴等，1999）

基因型	花瓣/花药（长度比）	花蕾长度（±0.2）/mm	小孢子发育时期所占比例/%			每皿胚状体产量/(个/皿)
			单核中期	单核靠边期	双核期	
9402	1/3	2.0	82	15	3	15b
(4×)	1/2	3.0	28	60	12	63a
	2/3	4.0	5	30	65	11c
9405	1/3	2.0	89	11	0	34b
(4×)	1/2	3.2	35	55	10	179a
	2/3	4.0	0	25	75	29c
9409	1/3	2.5	92	8	0	19c
(4×)	1/2	3.8	20	62	18	131a
	2/3	4.2	0	28	72	24b
9410	1/3	2.0	95	5	0	6b
(4×)	1/2	3.0	23	60	17	47a
	2/3	4.0	0	20	80	0c
丰抗 70	1/3	2.0	75	20	5	21b
(2×)	1/2	3.0	25	54	21	155a
	2/3	4.0	0	20	80	14c

注：小写字母 a、b、c 表示 $P<0.05$ 水平的差异显著性。

（5）预处理　对花蕾或花药进行预处理，能有效地促进花粉愈伤组织或胚状体形成，提高培养的成功率。常用的预处理措施主要是低温处理和热激处理。低温预处理是指在培养之前，将材料置低温条件（0～14℃）下处理一段时间后再进行接种。热激处理则是指将接种后的花药或花粉置于高温条件（一般为 30～35℃）下培养一段时间，然后再移至正常温度下继续培养。预处理的适宜温度和时间，因不同物种或基因型而异。如水稻为 5～10℃，3～12 天；小麦为 1～5℃，2～7 天；玉米为 4～8℃，7～14 天；柑橘为 3℃，5～10 天。在许多十字花科芸薹属植物中发现，将游离小孢子在 30～35℃下热激处理 1～3 天后，再转入 25℃下培养，可大大提高胚状体的诱导率。

此外，还有一些如离心处理、渗透压处理、饥饿处理等理化方法，它们对某些植物的花药和花粉培养也具有一定的促进作用。

（6）培养条件

① 温度　培养的最适温度因物种而异。花药和花粉培养的温度一般以 25℃为宜，但也有些植物对温度有特殊的要求。如烟草花药在 27℃下，培养的效果最好，产生的单倍体植株比22℃时产生的多。

② 光照　诱导愈伤组织或胚状体一般不需要光照，但光照有助于器官的分化。虽然在某些植物中，无论有无光照都能形成花粉植株，但在光照下植株的形成频率较高，生长也更健壮。

③ 植板密度　小孢子（花粉）培养中，接种的花粉密度和分化培养时愈伤组织或细胞团植板密度对植株生根有很大的影响。Davies 等（1998）对大麦花粉的培养表明，适宜的接种

密度为每毫升 $5×10^4$ 个小孢子至 $1×10^5$ 个小孢子，当密度低于 $5×10^4$ 个/mL 时，愈伤组织的诱导频率显著下降；在固体诱导培养基上愈伤组织块植板密度为 12.5 块/cm² 和 25 块/cm² 时，其绿苗再生情况显著高于 5 块/cm² 和 50 块/cm²。

（7）花药壁　花药壁的最内一层是绒毡层，它是小孢子发育所需营养的主要来源。有证据表明，花药壁对花粉胚的形成具有促进作用。在大麦花粉培养中，若使用培养过大麦花药 7 天之久的培养基，则能显著地提高花粉胚的形成频率，花药浸提液也能促进花粉胚的形成；组织学研究也证实了花药壁在花粉胚发育中的作用，在烟草花药培养中，只有原来贴靠着花药壁的花粉粒，才能顺利发育成花粉胚；在天仙子花药培养中，也同样看到，只有处在药室外围紧靠绒毡层的花粉能够发育成胚。

16.2.4　花粉植株形态发生方式

花粉植株的形态发生主要有胚胎发生途径和愈伤组织发生途径两种（图 16-5），胚胎发生途径亦称直接发生途径，愈伤组织发生途径也称间接发生途径。

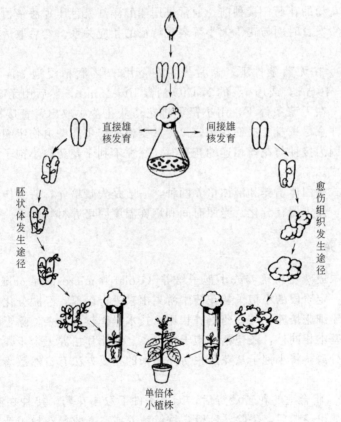

图 16-5　花药培养与花粉植株的形态发生

（Reinert 等，1977）

（1）胚胎发生途径　小孢子的发育行为与合子（受精卵）的发育行为相似，经历球形胚、心形胚、鱼雷形胚、子叶形胚等各个阶段，不同之处只是前者没有胚柄，而后者具有胚柄。

（2）愈伤组织发生途径　小孢子经过多次分裂，形成一种无序生长的薄壁细胞团，即花粉愈伤组织，然后再由愈伤组织分化出胚状体或不定芽。与胚胎发生途径相比，愈伤组织发生途径更为普遍。

对多数植物种类来说，花粉的形态发生常常是两种方式同时存在，既可经愈伤组织途径成苗，又可经胚状体途径成苗。

16.3 花药培养和花粉培养

16.3.1 花药培养

花药（anther）是花丝顶端膨大呈囊状的部分，是花的雄性生殖器官，由药壁组织（2n）、药隔组织（2n）和花粉粒（1n）组成。花药培养（anther culture）是指在离体条件下，对发育到一定阶段的完整花药进行培养，诱导其小孢子改变发育进程，形成单倍体胚或愈伤组织，进而分化成苗的过程。花药培养属于器官培养，技术操作比较简单。

花药培养的具体方法可分为以下几个步骤：

（1）取材　准确地取材是花药培养成功的基础。实验表明，培养内含减数分裂期至双核期花粉的花药，均有可能诱导形成单倍体植株，但最佳时期则依植物种类或品种不同而异，大多数为单核中、晚期花粉的花药。接种前，通常先用醋酸洋红染色压片法镜检，以确定花粉的发育时期，并找出花粉发育时期与花蕾大小等表观特征的相应关系。然后取适宜时期的花蕾作为接种材料。

（2）材料灭菌　在无菌条件下，通常先将花蕾用70%酒精浸泡30s左右，再用0.1% $HgCl_2$ 表面消毒8～10min，或用1%的 $NaClO$ 消毒10～15min，然后用无菌水冲洗3～5次。

（3）接种培养　在无菌条件下，用小镊子将花药从花蕾中取出，直接接种到诱导培养基上。取花药时，应注意尽量避免损伤花药，以免从受伤处产生药壁愈伤组织；另外还要注意彻底去除花丝部分，因为接种与花丝相连的花药时，往往不利于花药内小孢子的启动，以及愈伤组织或胚状体的形成。

花药培养的方式有固体培养和液体培养两种，一般是先暗培养，待愈伤组织形成后，再转入光照条件下培养，促进器官分化。光照时间和培养温度因培养材料而异。

16.3.2 花粉培养

花粉培养，即未成熟花粉培养或小孢子培养（isolated microspore culture），是指在离体条件下，将发育至一定阶段的小孢子从花药中游离出来进行培养，经脱分化、再分化后成苗的过程。花粉培养属于细胞培养，与花药培养相比，技术操作较为复杂，除了材料的选择和材料的灭菌与花药培养基本相同外，还包括小孢子的分离、纯化和培养三个步骤。

（1）小孢子的分离　将小孢子从花药中游离出来的主要方法有自然散落法、挤压法和机械法3种。

① 自然散落法　将合适的花蕾消毒后，无菌条件下取出花药，接种在液体培养基中，当花药自然开裂、释放出花粉后，去除花药壁，继续培养或离心收集花粉用新鲜培养基制成一定密度后进行培养。此法操作简单，不需专门仪器，并可以连续收集，曾在大麦、小麦、玉米、水稻上成功采用，但效率低，易受花药组织影响。

② 挤压法　花药消毒后，置无菌培养皿或小烧杯中，加入少量小孢子提取液或培养液，用平头玻棒或注射器内管轻轻挤压或研磨使花粉释放出来，经级联过筛，除去组织碎片，低速离心，使小孢子沉淀，清洗几次后，制成小孢子悬浮液用于培养。此法简便易行，是小量分离小孢子常用的方法，但不适宜大规模游离小孢子的操作。大白菜、小白菜、甘蓝、菜薹等十字花科作物常用此法，禾本科作物如大麦、小麦、玉米、水稻等也有采用。

③ 机械法 有磁搅拌法和小型搅拌器法两种。磁搅拌法是将花药置于有小孢子提取液或培养液的三角瓶中，放入一根磁棒，置磁力搅拌器上，低速旋转使花粉释放出来。该法分离花粉比较彻底，但对花粉有不同程度的机械损伤。小型搅拌器法，又为超速旋切法，是将花药放入小型搅拌器中，加入适量的小孢子提取液或培养液，通过高速运转，带动花蕾或花药高速运动而破碎，从而使小孢子游离出来。该法操作方便，重复性好，所需时间短，小孢子得率和成活率高，可一次处理大量材料，在油菜上被广泛采用，并被用于玉米、大麦、小麦等禾谷类作物中。

（2）小孢子的纯化 小孢子分离出来以后，需要经过纯化才能获得纯净的花粉。纯化的一般方法是将分离出的小孢子用不同孔径的尼龙网膜级联过筛，去除杂质，然后于 500～1000r/min 低速离心收集小孢子，去掉上清液，再加入小孢子清洗液，重悬小孢子，再低速离心，重复清洗 2～3 次，最后倒出上清液，向离心管中加入液体培养基，调整到一定密度，进行分装、培养。由于各种作物小孢子的相对密度不同，需经过摸索调整后才能获得理想的小孢子得率和成活率。一些研究中还使用了聚果糖（percoll）或聚蔗糖（ficoll）甚至蔗糖配成不连续梯度对得到的小孢子群体进行纯化，以获得同步性较高的群体。

（3）小孢子的培养 小孢子培养与细胞、原生质体的培养方法基本相同，主要有浅层培养、平板培养、双层培养、看护培养、悬滴培养、条件培养等方法。其中，浅层培养和平板培养两种方法较为常用。

16.3.3 小孢子培养的优越性

与花药培养相比，小孢子培养的优越性主要体现在以下几个方面：①排除了药壁、药隔、花丝等体细胞组织的干扰，获得的再生植株都是来源于单倍体的小孢子（花粉）；②花药培养中，有时会由于花药中的某些物质而影响小孢子的启动分裂，而花粉培养则不存在这种问题；③花粉培养中，由于小孢子是游离的单倍体细胞，能均匀地接触外部环境条件（如化学、物理诱变），因此是研究转化和诱变的理想材料；④便于系统观察小孢子在离体条件下的生长发育过程，是发育研究的极好材料体系；⑤小孢子培养从每个花药中能获得更多的再生植株。

16.4 未受精子房与胚珠培养

多数被子植物的成熟胚囊中，含有 1 个单倍体的卵细胞、2 个单倍体的助细胞、3 个单倍体的反足细胞和 1 个由两个极核融合形成的 2n 中央细胞。离体条件下胚囊细胞不经受精而发育成单倍体胚和植株的过程，被称为"雌核发育"，其类似于孤雌生殖，但又不同于孤雌生殖。孤雌生殖是体内发育，在假受精的刺激下，仅仅针对卵细胞的发育；而雌核发育是体外发育，并未授粉和受精，不仅包括卵细胞的发育，还包括助细胞和反足细胞的无配子生殖，以及大孢子起源的胚胎发生。通过对未受精的子房或胚珠进行离体培养，可以诱发单倍体，这对于那些花药、花粉培养难于成功的植物来说，是人工获得单倍体的一条重要途径，也为研究孤雌生殖或无配子生殖的细胞胚胎学提供了稳定的实验体系。

据统计，目前利用未受精子房或胚珠进行过离体培养，成功获得单倍体植株的物种已遍布 10 科 25 种，其中在禾本科、茄科、百合科、葫芦科及菊科等物种中研究较多。研究表明，通过未受精的子房或胚珠培养，胚囊中的单倍体细胞都有可能诱导形成单倍体植株，但以哪一类细胞为主则因不同植物种类而异。如向日葵（*Helianthus annuus*）主要从卵细胞发育而来，水稻（*Oryza sativa*）主要从助细胞发育而来，而葱属（*Allium* L.）植物主要起源于反足细胞。

16.4.1　未受精子房培养

未受精子房培养是指将开花前 1～5 天的子房从母体上分离下来，在无菌条件下进行培养，并获得单倍体植株的过程。由于子房存在性细胞和体细胞 2 种细胞，它们都可产生胚状体或愈伤组织，进一步发育成植株。因此若想通过子房培养获得单倍体植株，就必须设法控制不同组织的细胞分裂，为单倍体的细胞分裂创造良好条件。用于未授粉子房培养的培养基有 MS、B_5、Miller、N_6、Nitsch 等，基本培养基的选择虽然不是诱导植物孤雌生殖的决定因素，但培养基的成分对离体子房的生长发育和成熟有很大影响。研究表明，NH_4^+ 浓度明显影响棉花未受精胚珠离体纤维的诱导率，如在仅含有无机盐和蔗糖的简单培养基上培养离体子房，子房虽能正常生长，但形成的胚比自然条件下的要小，在培养基中添加 B 族维生素后，可获得正常大小的果实。未受精子房培养一般以蔗糖作为碳源，不同植物所需浓度有所差异。在某些植物上发现提高蔗糖浓度往往能抑制体细胞愈伤组织增生，促进雌核发育，如杨树、向日葵等。另外，要想诱导未受精子房中的胚囊单倍体组织发生，需要在培养基中加入一定浓度的外源激素，如大麦子房培养中，加入 2,4-D 0.5mg/L＋NAA 1.0mg/L＋KT 1.0mg/L，可诱导单倍体细胞产生胚状体。

16.4.2　未受精胚珠培养

未受精胚珠培养是在授粉前摘取子房，经表面消毒灭菌后，取出胚珠，进行离体培养，并获得单倍体植株的过程。一般来说，未授精胚珠培养时，胚囊发育的各个时期均可诱导培养，但以接近成熟时期的八核胚囊更易成功。由于胚囊的分离和观察都较难，通常以开花的其他习性或形态指标与胚囊发育的相关性来确定取材时期。与未受精子房培养相比，未受精胚珠培养的难度更大一些，对培养基和培养条件的要求更高一些。未受精胚珠培养的培养基多用White、Nitsch、MS、N_6 等，培养基要求附加 NAA、BA、TDZ(thidiazuron) 等激素，以诱导未受精胚珠发育成单倍体植株。如闵子扬等（2016）在南瓜的未授粉子房和胚珠培养中使用MS＋0.04mg/L TDZ 培养基，胚状体诱导率最高，且形成的正常胚状体有利于成苗。离体培养发育中，培养基的渗透压非常关键，尤其是对刚分离接种的胚珠，一般采用较高的蔗糖浓度，随着胚珠的发育，可以逐渐降低蔗糖浓度。

16.4.3　未受精子房、胚珠培养的影响因素

（1）基因型　单倍体的自然发生受基因控制，是可遗传的性状。大量研究表明，供体材料的基因型是影响未授粉子房和胚珠离体培养成功的关键因素。Lxu 等（1990）对甜菜 1300 个基因型的培养研究表明，有大约半数的基因型能产生单倍体，频率为 0%～13%。在甜瓜中，王林（2009）用甜瓜 3 种生态类型的品种进行未受精胚珠离体培养，发现品种不同不仅影响着离体培养的诱导效果，也影响着发育的途径。

（2）生长环境　植株的生长环境和季节有时对单倍体的诱导有一定影响。如生长在温室和培养箱里的甜菜，比田间的植株更容易培养诱导单倍体，夏季单倍体产量为 3.5%～4.5%、冬季为 1.0%。魏爱民等（2007）研究了供体植株栽培方式和栽培季节对黄瓜未授粉子房离体培养的影响，认为种植在塑料大棚中的供试材料单倍体胚胎发生率和成苗率都明显高于露地材料，并且温度相对较高的季节单倍体胚胎发生率和成苗率较高。

（3）生长调节剂　对激素的反应因不同植物种类而异。如 BA 对甜菜单倍体的发生有明显促进作用，当培养基中 BA 的含量为 2.0mg/L 时，单倍体产生频率最高，比对照提高 7.5%；

但对于向日葵来说，无激素比有激素的效果更好。TDZ 是目前常用于未授粉子房和胚珠培养的生长调节剂，被认为在外植体愈伤形成到体细胞胚胎发生的过程中起到关键的诱导作用。Gémes-Juhász 等（2002）、王璐等（2008）、王烨等（2015）研究表明培养基中添加一定浓度的 TDZ 可以提高黄瓜胚状体的诱导率。

（4）子房发育阶段的影响　子房发育阶段的选择与子房内胚囊的发育时期相关，它是影响未授粉子房培养成功的关键因素之一。在花药或花粉培养过程中一般认为花粉处于单核中、晚期时，培养效果最佳，能够响应外界的刺激启动雄核发育。在未授粉子房和胚珠离体培养中，研究者发现取样的时间范围多在开花前 2 天到开花当天。不同发育阶段的子房中成熟胚囊的比例有差异，而不同发育时期的胚囊可能对外界刺激的响应不同，哪个发育阶段的胚囊更适宜诱导出苗，还有待研究。

（5）预冷和热激处理　与离体花粉培养相同，未受精子房和胚珠体外培养期间对供体进行某些物理处理（例如预冷、热激和黑暗）可能对胚诱导产生显著影响。有研究表明，4℃下预处理 4 天的西葫芦、甜瓜胚珠反应效果更好，胚形成率增高，但也有研究认为这种处理方式会降低未受精胚珠的胚发生潜能。Rakha 等（2012）报道了预冷处理对葫芦科 6 种杂种的雌核发育有负面影响。龚思等（2019）认为 4℃ 低温预处理并不能提高西瓜胚状体诱导效率。另外，在胚诱导期间进行热激处理，对于单倍体胚胎形成可能有益。有研究发现，黄瓜诱导培养期以 32℃ 热激处理 2～4 天，胚诱导率（18.4%）和植株再生率（7.1%）最高。南瓜子房胚诱导前在 35℃ 下热处理 6 天，可以显著增强胚胎形成的潜力。

16.5　单倍体植株鉴定及染色体加倍

16.5.1　单倍体植株鉴定方法

无论是花粉和花药培养还是未受精子房或胚珠离体培养获得单倍体，其诱导频率都是比较低的，且再生出的植株往往是单倍体、双单倍体及其他倍性植株的混合群体。需要对获得的再生植株的倍性进行快速而准确的鉴定，以便尽早筛选出单倍体植株。目前鉴定植株倍性可以通过形态学观察、染色体计数、流式细胞仪测定及分子标记等方法进行。

（1）形态学鉴定　不同倍性的植株在外部形态上有比较明显的差别，主要表现在植株的生长势，根、茎、叶、花、果实、种子等器官的形态、颜色、大小，以及结籽率等。一般来说，单倍体植株瘦弱，叶片窄小，花器官小，高度不育；多倍体植株生长势强，叶片肥大，除二倍体外育性降低。该方法鉴定单倍体简单、直观，但部分材料需在植株生长发育较晚时期才能鉴定，使育种材料不能得到充分利用。

（2）细胞学鉴定　叶片保卫细胞的大小、单位面积上的气孔数目及保卫细胞中叶绿体的数目与倍性具有高度的相关性，可作为植株倍性鉴定指标。如单倍体茄子叶片气孔大小为 $18.11\mu m \times 11.45\mu m$，二倍体的为 $21.09\mu m \times 17.76\mu m$。

（3）染色体计数　在显微镜下，直接检查植株根尖或茎尖细胞染色体数目，或观察花粉母细胞减数分裂终变期的染色体数目及联会方式，是鉴定植株倍性的最有效和最可靠的方法之一。采用此方法不仅可以准确鉴定出单倍体、二倍体、三倍体、四倍体等整倍体植株，还可以鉴定出单体、三体等非整倍体植株。

（4）流式细胞仪测定　流式细胞仪（flow cytometry，FCM），也称倍性分析仪，可以定量地测定叶片单个细胞中的 DNA 含量。随着倍性的增加，DNA 含量呈倍性增加趋势，根据 DNA 含量曲线图可判断细胞的倍性水平。该方法快速准确，用 $1cm^2$ 的叶片就很容易鉴定植株的倍性及其是否为混倍体，数据重复性好，特别适用于样品较多的倍性检测分析。

（5）生化或分子标记鉴定法

① 生化标记鉴定　主要是运用同工酶进行鉴定。该标记是一种共显性标记，若等位基因纯合时，表现在酶谱带上仅有一条酶带，等位基因杂合时则呈现不同的酶带。根据这一原理，选择某一同工酶为杂合表现型的植株作为花药供体，分析再生植株的酶谱即可确定是来自母体组织还是花粉。由于同工酶鉴定结果受植株个体发育阶段、取材部位等因子的影响，多态性检出率较低，应用上具有一定局限性。

② 分子标记鉴定　各种分子标记技术，如 RFLP（限制性片段长度多态性）标记、RAPD（随机扩增多态性）技术、AFLP（扩增片段长度多态性）技术、SSR（简单重复序列）标记等作为遗传育种的重要手段得到广泛应用，特别是在遗传理论研究（基因定位、基因图谱）、染色体同源性鉴定、物种系统发育及分类学上亲缘关系鉴定中发挥了很大作用。

16.5.2　单倍体植株的染色体加倍

单倍体植株弱小、不育，没有直接的利用价值，只有经过染色体加倍，使之成为二倍体的可育植株，才能应用于育种工作中。单倍体植株的染色体加倍主要有以下三种途径。

（1）自然加倍　在诱导形成单倍体植株的过程中，往往有一些植株会自然加倍。据研究，自然加倍的频率因植物种类和培养方式而有所不同。如烟草花药培养中，花粉植株的自然加倍率为 1% 左右。而在白菜小孢子培养中，有的基因型花粉植株自然加倍率达到 70% 以上。另外，单倍体植株还存在低频率的自然结籽现象，这也可达到自然加倍的目的。

（2）人工诱导加倍　尽管在花药和小孢子（花粉）培养中，单倍体可以自然加倍成二倍体，但对自然加倍率较低的一些植物来说，仅靠单倍体的自然加倍，不能满足育种实践的要求，还必须对其进行人工诱导加倍。尽管用于诱导染色体加倍的方法有多种，如摘心、变温处理等，但目前用得较多和较有效的方法是用秋水仙素溶液处理，处理的时期可以是小孢子培养初期、不定芽分化期，也可以是单倍体植株生长发育期。前者是把秋水仙素直接加入到培养基中，后两者是用秋水仙素溶液浸蘸或涂抹生长点，常用的秋水仙素浓度为 0.1%～0.4%。如用 0.2%～0.4% 的秋水仙素处理烟草的生长点 24～48h，加倍率达 35%；用 0.5% 的秋水仙素处理黄瓜的生长点 40～42h，加倍率达 87.5%。

（3）从愈伤组织再生二倍体植株　单倍体愈伤组织培养过程中会有一定频率的核内有丝分裂（没有核分裂的染色体复制）及花粉核的融合，形成二倍体细胞。切取单倍体植株的茎、叶等组织置于含有一定比例的生长素和细胞分裂素的培养基上进行培养，使其通过愈伤组织、器官分化途径再生植株，这样利用单倍性细胞的不稳定特性，经过再培养过程往往可以获得较高比例的加倍植株。

16.6　不同植物的单倍体培养技术

16.6.1　大田作物单倍体培养技术

16.6.1.1　水稻花药培养技术

水稻（*Oryza sativa* L.）花药培养技术是最早应用于生产中的生物技术之一。自 20 世纪 70 年代开展花药培养育种研究以来，在培养基的筛选、激素配比和有关细胞全能性、花药培养特性的遗传学等基础研究方面做了大量工作，同时，紧密结合生产实践，在水稻新品种选育方面，取得了令人瞩目的成果。水稻花药培养技术流程如下：

（1）取材　水稻花药成功的关键之一是取到处于小孢子单核靠边期的花药。一般当颖花为浅绿色，花药伸长至颖壳 2/5～1/2 时，花粉分化处于单核中、晚期。此时取材较好。但在实际操作中考虑到污染、后续处理、接种、培养等因素，无法对每一个幼穗都观察颖壳颜色和花药的长短，因此可以依据剑叶的叶枕到第 2 叶的叶枕距离来取材。这种依据"叶枕距"取材的可靠性因品种或基因型的不同而有差异。一般黏稻主穗的叶枕距在 15cm 左右、粳稻在 12cm 左右、感光型或生育期长的品种在 20cm 左右为宜。也可根据水稻的生育期而定，一般在穗苞破口前 1～2 周取材为宜。取材一般在晴天中午进行。由于早稻在高温季节抽穗，在中午取材，稻穗易干枯失水，可改在傍晚取材。

（2）低温预处理　取回的幼穗，用 75% 酒精表面消毒后，以纱布包裹、塑料袋封闭，置于 8～10℃ 下冷处理 7～10 天。

（3）愈伤组织诱导　幼穗经表面消毒杀菌和冲洗后，在无菌条件下，将小穗表面吸干，取出 6 枚花药，接种到愈伤组织诱导培养基（N6 基本培养基＋5% 的蔗糖＋0.7% 的琼脂粉＋2,4-D 1～2mg/L＋NAA 2～5mg/L，pH5.8～6.0）上，每个三角瓶（100mL）接种 60 枚花药。培养温度 25～28℃，在无光照条件下培养，待愈伤组织形成后，转入光照（14h/d）条件下继续培养。

（4）植株再生　当花粉愈伤组织直径在 0.5～3.0mm 时，转入分化培养基（MS 基本培养基＋3% 的蔗糖＋0.7% 的琼脂粉＋BA 2mg/L＋NAA 0.2～0.5mg/L，pH5.8～6.0）。每个三角瓶（150mL）中接种 4～5 块愈伤组织。

（5）壮苗　当绿苗长至 3～4cm 时，转入壮苗培养基（1/2MS＋微量无机盐＋全量铁盐＋IAA 0.1～0.2mg/L＋多效唑 2mg/L）中，每个三角瓶（250mL）接种 2～3 株。

（6）移栽　壮苗后的绿苗长至 7～8cm，并有一条以上长 2cm 左右的根时，移栽入人工气候箱中，温度为 25℃ 左右，光照 14h/d。

水稻花药培养会产生大量的白化苗，有的甚至达 80%～90%，这成为水稻花药培养研究和育种的重要障碍。因此，白化苗的成因及其控制途径的研究成为人们关注的问题。研究发现，白化苗的形成主要发生在花粉的脱分化阶段，此时是基因突变的敏感期。所以在愈伤组织形成时，温度等条件对愈伤组织的质量有着重要的影响，温度较高会增加染色体的断裂和丢失，从而增加产生白化苗的频率，尤其是在愈伤组织旺盛分裂阶段，温度升高的影响就更为严重。

材料的基因型是影响水稻花药培养难易的重要因素。在栽培稻中，花药培养难易的顺序为：爪哇稻＞粳籼杂种＞粳稻＞籼籼杂种＞籼稻。

16.6.1.2　油菜小孢子培养技术

油菜（*Brassica napus* L.）小孢子培养的目的是用于突变体筛选、提高隐性基因选择效率、群体遗传分析、基因型快速纯合及转基因受体材料等的研究。其主要的技术要点如下：

（1）取材及预处理　最适于培养的小孢子发育时期为单核期和二核早期。此期小孢子与花蕾形态指标的关系因不同的种、品种及栽培条件而异。一般情况下，主花序和上部第一分枝花序的花蕾长度在 2.0～3.0mm 大小时为宜。用解剖镜观察可见花药为淡绿色透明状。花药接种前，进行 1～5 天的低温（4～5℃）预处理，对花粉的发育、胚状体的产量都有影响，可促使花粉细胞脱分化，提高胚状体的诱导率。

（2）灭菌　将采集的花蕾用 70% 的乙醇消毒 20～30s，转入 7% 的 NaClO 溶液中浸泡 10～15min，然后用无菌水洗涤 3 次，每次 5min。

（3）小孢子游离　将消毒好的花蕾置于小烧杯中，加入含 10%～15% 蔗糖的 B5 培养液（作为小孢子提取液，pH5.8～6.0）用玻棒将小孢子挤压出，通过 300 目尼龙网膜过滤到离心管中，于 800r/min 下离心 2min，去掉上清液；再加入 B$_5$ 培养液，于 1000r/min 下离心 1min，去掉上清液；再加 B$_5$ 培养液，于 1000r/min 的转速下离心 1min，重复 2 次，最后倒出上清液，向离心管中加入少量 NLN 液体培养基（用于诱导小孢子胚状体形成，13％蔗糖，附加 2，4-D 0.1mg/L），分装到 60mm×15 mm 的培养皿中培养，以 Parafilm 膜封口。平均每皿中具有含有 2 个花蕾的小孢子。

（4）培养　先置于 30℃培养 7 天，然后在（24±1）℃的黑暗条件下培养。当肉眼可见胚状体时，转移到摇床上继续培养（45r/min，24℃，黑暗）。当胚状体发育到鱼雷晚期或子叶期时，从培养液中取出胚状体，转移到含 2％蔗糖的 B$_5$ 或 1/2MS 固体培养基上继续培养，培养温度 24℃，16h 的弱光照。3～4 周后能够发育成带根、茎、叶的小植株。

（5）染色体加倍　在小孢子植株中，20％～30％可自发加倍，依据形态观察，挑选出已加倍的植株。利用秋水仙素对未加倍的单倍体小孢子植株进行人工染色体加倍，其加倍可采用以下方法。

① 移栽后加倍　利用 0.1％～0.4％秋水仙素注射花蕾，或浸泡单倍体植株的基部，并剪去植株地上部使其重新生长。

② 加倍后移栽　再生小植株转入附加 0.01％～0.5％秋水仙素的 B$_5$ 培养基中，培养一定时间后移栽。

③ 游离小孢子处理　用含 0.5％秋水仙素的 NLN 培养液处理小孢子 15h 或含 0.01％～0.05％秋水仙素的 NLN 培养液处理 48h，然后用不含秋水仙素的 NLN 培养液洗 2 次，再进行培养。

实验表明，三种加倍方法中，以第三种方法加倍效率最高，加倍成功率达 80％～90％，且嵌合体和多倍体很少。

16.6.2　园艺植物单倍体培养技术

16.6.2.1　白菜小孢子培养技术

白菜是十字花科（Brassicaceae）芸薹属（*Brassica*）芸薹种（*B. rapa*）中一类重要的叶菜类蔬菜，其种类繁多、适应性广、生长迅速、营养丰富，深受人们的喜爱。白菜类蔬菜杂种优势明显。在选育杂交种的过程中首先要获得纯合的具有配合力高且稳定特点的自交系，采用传统的选育方法和手段需要 6～8 代的连续自交和选择。若采用单倍体育种的方法，只需要经过 1～2 个有性世代即可获得基因型纯合的自交系。目前，小孢子培养技术在白菜等芸薹属蔬菜上应用最为成功。赵建军（2005）的白菜小孢子培养技术流程如下：

（1）供体植株　将待取花蕾的植株在开花前放置于 12～15℃的人工气候室内，湿度为 55％～60％，保持植株健壮。第 1～3 朵花蕾展开时，该花序用于小孢子培养。为了重复操作，供体植株多次取样并且长高后可以截断主茎，1～2 周后主茎滋生出新的分枝并开花后，再次使用。

（2）取材和灭菌　取单核靠边期或双核早期的花蕾（3.0～3.8mm），最好冰上操作；以 70％乙醇浸 30～60s，2％ NaClO 消毒 10min；以无菌水洗 3 次，分别为 1min、4min 和 10min。

（3）小孢子分离和胚诱导　离心机预冷至 4℃；将花蕾置于灭菌离心管中，加 NLN13 液体培养基，压挤分离小孢子，以双层尼龙膜过滤；滤液于 100g 离心 3～4min，去上清，加 NLN13 再离心，重复 3 次；加 NLN13 至合适浓度（4×10^4 个小孢子/mL），分装于 6cm 培养皿，每皿 3mL；31℃暗培养 2 天，转至 25℃静置暗培养。经过高温激化，胚状体迅速发育，采用 4′,6-二脒基-2-苯基吲哚（4′,6-diamidino-2-phenylindole，DAPI）染色细胞核 DNA 后镜检小孢子发育阶段。10 天后胚开始出现。

（4）胚发芽和植株再生　暗培养 21 天后，将子叶期胚转到 B₅ 培养基上，在 22℃、16h 光照条件下培养，2～3 周诱导芽出现后，在 MS 固体培养基上继代 1～2 次，待再生株长成 4～5 片叶子的健壮苗，即可驯化移栽（图 16-6）。

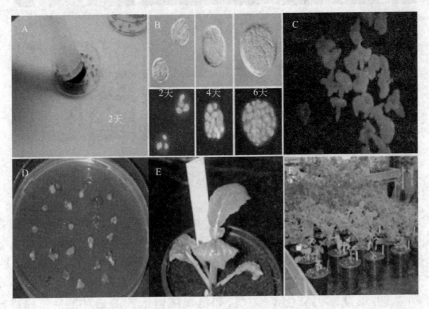

图 16-6　小孢子培养获得 DH 群体的基本过程
A—小孢子分离；B—胚状体诱导初期（2 天、4 天、6 天）；C—胚的产生（14 天后）；
D—胚发芽；E—幼苗驯化；F—群体培养

16.6.2.2　黄瓜未授粉子房离体培养技术

黄瓜（*Cucumis sativus* L.）F₁ 代因其显著的杂种优势在生产中广泛应用，但利用常规育种手段获得纯合亲本的过程漫长。通过单倍体染色体加倍获得基因型纯合的双单倍体（DH）能缩短育种时间。另外，DH 系可有效用于基因功能的研究和遗传图谱的构建中，同时其作为诱变育种的材料，还可以提高筛选的正确率。未授粉子房离体培养诱导胚囊细胞发育的雌核途径是获得黄瓜单倍体、双单倍体更为有效的方法。周霞等（2020）的黄瓜未授粉子房离体培养技术流程如下：

（1）取材和预处理　以开花前 1～2 天的子房为试验材料，4℃ 预冷处理 1～2 天。

（2）消毒灭菌　除去花冠和子房表面刺瘤，用自来水冲洗 5～6 遍后置于超净工作台，用 75％乙醇消毒 30～40s，无菌水洗 1～2 次，依据子房状态用 1％NaClO 溶液消毒 13min 左右，期间不断摇晃，之后用无菌水冲洗 3 次。

（3）接种培养　将灭菌子房放在滤纸上吸干表面水分，再将其横切成 1～2mm 的薄片，或者纵切成 2～4 条长 1cm 左右的子房段，接种到诱导培养基上。33℃黑暗培养 2 天，然后转入 25℃、光照强度 2000lx、16h/8h（光/暗）条件下培养。

（4）植株再生　培养 10 天后将表面有明显胚状结构产生的子房切片或条段部分转接到分化培养基上进行培养。培养 40 天时，子房产生有根和芽分化的组织，培养 55 天时该组织分化出完整的幼苗，60 天时幼苗生长并出现侧枝和卷须，70 天时再生植株完成驯化移栽（图 16-7）。

图 16-7 彩图

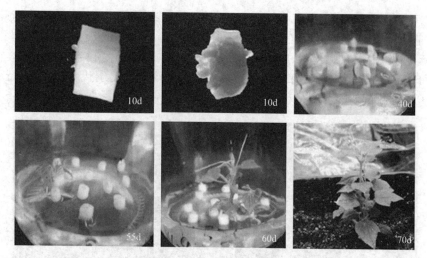

图 16-7　黄瓜未授粉子房培养获得再生植株

16.6.2.3　红掌花药培养技术

红掌（*Anthurium andraeanum*）因其花形独特、花色艳丽丰富、花期长而具有极高的观赏和经济价值，是世界花卉贸易中仅次于热带兰的第二大热带花卉，深受消费者喜爱。开展红掌育种方法研究，对加快选育具有自主知识产权的红掌新品种具有重要的现实意义。田丹青等（2020）探究了低温预处理、培养基配方等对红掌花药培养的无菌花药获得、愈伤组织诱导等的影响，并通过根尖染色体压片法和流式细胞术检测法对再生植株进行倍性鉴定，获得了红掌单倍体材料（图 16-8），其主要技术流程如下：

图 16-8 彩图

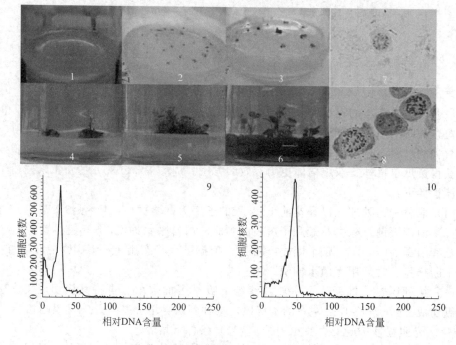

图 16-8　红掌花药培养过程及倍性鉴定

1—花药接种；2—花药膨大；3—愈伤诱导；4—增殖培养；5—分化培养；
6—生根培养；7，9—单倍体；8，10—二倍体

（1）取材和预处理　以红掌品种"阿拉巴马（Alabama）"和"燕尾红（Swallowtail red）"为试验材料，选择小孢子发育时期为单核靠边期的花序，用酒精棉擦洗花序表面后放入培养瓶中，于6℃低温条件下处理1天，以不处理作为对照。

（2）消毒灭菌　将花序用自来水冲洗3～5min，加少量洗洁精，轻轻搓洗片刻后，放在自来水下面冲洗掉表面污染物和洗洁精，然后在超净工作台上用75％酒精浸泡30s，取出后再放入0.1％HgCl$_2$溶液中摇晃消毒10～15min，倒掉HgCl$_2$溶液，用无菌水反复摇晃洗涤5次后备用。

（3）接种　将备用的花序用刀片横切，用解剖针剥出花药后，接种到1/2N$_6$＋2mg/L 2,4-D＋0.5mg/L 6-BA＋3％蔗糖＋2％葡萄糖＋6g/L琼脂的诱导培养基中，每个处理接种3瓶（一个花序接3瓶），每瓶约接50个花药，3次重复。

（4）增殖和分化　在诱导培养基上培养4个月后，将诱导产生的愈伤组织转接到MS基本培养基＋1.0mg/L 6-BA＋30g/L蔗糖的增殖培养基中，经继代培养至愈伤组织进入快速增殖期；将快速增殖期的愈伤组织接种到MS基本培养基＋1.0mg/L 6-BA＋30g/L蔗糖的分化培养基上，诱导分化成芽。

（5）生根和移栽　当芽长至2cm时，从愈伤组织上切下并转接到1/2MS基本培养基＋1g/L活性炭＋20g/L蔗糖的生根培养基上诱导生根，长成幼苗；当幼苗长至4～5cm时，将该幼苗从培养瓶移栽到大棚72孔穴盘中炼苗。

（6）倍性鉴定　采用根尖常规压片技术及嫩叶流式细胞仪测定DNA相对含量技术对获得的再生植株进行倍性鉴定。

16.6.3　林木植物单倍体培养技术

16.6.3.1　毛刺槐花药培养技术

毛刺槐（*Magnolia sieboldii* K. Koch），又名毛洋槐，落叶灌木，原产北美，为豆科刺槐属植物。毛刺槐外观优美，花红色或淡紫色，大而美丽，是适宜黄土高原种植的园林绿化树种。曹晓燕等（2003）首次报道了毛刺槐花药的培养，其技术流程如下：

（1）花粉发育时期鉴定　用醋酸洋红染色检查花粉发育时期，选用花粉发育处于单核中期或中晚期的花蕾。

（2）灭菌　将新采摘的花蕾用自来水冲洗干净，以滤纸吸干残留水分后，投入75％酒精中浸泡30s，再放入0.1％HgCl$_2$溶液中消毒15min，用无菌水冲洗3～5次。

（3）愈伤组织诱导　在超净工作台上剥取花药，去掉花丝，接种在MS培养基（含3％～9％的蔗糖、0.6％的琼脂粉，附加BA 3.0mg/L＋2,4-D 0.1mg/L，pH6.5）上诱导愈伤组织。培养温度（26±1）℃，光照强度3000lx，每天光照约10～14h。1周后可观察到部分花药体积膨大，发生纵裂，形成黄绿色的愈伤组织。愈伤组织生长旺盛，4周后，直径可达5mm。

（4）不定芽的分化　当愈伤组织直径达4～5mm时，转到分化培养基上，每月转接1次，诱导不定芽的分化。分化培养基为MS培养基附加BA 3.0～5.0mg/L。培养温度（26±1）℃，光照强度3000lx，每天光照约10～14h。3个月后，可见部分愈伤组织上形成绿色的芽点，并进一步分化形成不定芽或芽丛。

（5）根的诱导及植株再生　当不定芽长到2～3cm时，将其切下，转入MS附加IBA 1.0mg/L的培养基上诱导生根。一般1～2周后可由幼苗基部形成不定根。

16.6.3.2　北京杨花药培养技术

　　杨树遗传背景异常复杂，高度杂合的遗传背景成为杨树育种和基因组研究的瓶颈。杨树花药培养首先由 Wang 等（1975）报道，通过花粉愈伤组织的器官分化等诱导获得了单倍体植株。自此开始花药培养便成为产生杨树单倍体植株的主要途径。北京杨（*P.* × *beijinggensis*）为青杨和钻天杨的杂交后代，是 1949 年后林业界第一次用人工杂交育种方法育成的杨树新品种，是优良的用材林、防护林、行道树和"四旁"绿化树种。李英（2013）建立了北京杨花药培养诱导单倍体的再生体系（图 16-9），主要技术流程如下：

图 16-9 彩图

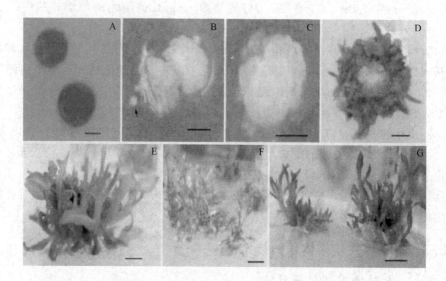

图 16-9　北京杨花药培养愈伤组织诱导和不定芽再生过程

A—单核靠边期的小孢子；B，C—5 周左右观察到有愈伤组织形成；D—愈伤组织表面观察到有不定芽形成；
E—无根苗的茎部短缩、叶片分化过密；F—无根苗的节间过长，叶片窄且长；
G—形态正常的无根苗。比例尺：A 为 10μm；B~G 为 1cm

　　（1）供试材料　2011 年 1 月和 2013 年 4 月，剪取带有饱满花芽的北京杨雄株的花枝，置于室温（24±1）℃，光照条件为 16h 光照、8h 黑暗的环境下水培。

　　（2）小孢子发育时期确定　水培期间，每隔一段时间摘取花芽，用镊子轻轻剥去花芽鳞片，观察并记录柔荑花序的形态和花药的颜色，同时采用卡宝品红染色法对花药小孢子发育时期进行显微鉴定，探索北京杨花芽外观形态与花粉发育时期之间的对应关系，选取小孢子发育时期处于单核靠边期的花药。

　　（3）花药消毒和灭菌　将北京杨柔荑花序取下，用毛笔轻轻将其花芽外部的尘土和杂物拂去；接着用 70% 的酒精浸洗花芽，时间分别设置 30s 和 1min，分别记为处理组 A 和处理组 B；再将其浸入浓度为 8% 的 NaClO 溶液中进行表面灭菌，处理时间梯度为 1min、2min、3min 和 4min 以及空白对照（仅用酒精灭菌处理）；最后用无菌水冲洗 3~5 次。

　　（4）花药的接种与培养　将已灭菌花芽的鳞片轻轻剥去，取柔荑花序的中部花药，均匀地接种到培养基，接种密度为一个培养皿 30 个花药，至少 3 次重复。用封口膜将接种后的培养皿封好，后置于（24±1）℃、60%~65% 的相对湿度下暗培养，培养时间为 8 个月，期间每一个月将花药转移到新鲜的相同配方的培养基中，培养条件不变。

　　（5）不定芽的分化　以 MS 培养基作为不定芽分化诱导的基本培养基，含 3% 的蔗糖和

0.55%的琼脂，分别添加不同浓度的 NAA 和 BA 及 GA₃，pH5.8。待愈伤组织长到直径约2cm 的时候，将其转移至上述不定芽分化诱导培养基中，每个培养瓶转接一个愈伤组织。每个处理至少重复 3 次。培养温湿度及光周期同上，光照强度约为 $48\mu mol/(m^2 \cdot s)$。

（6）根的诱导　待丛生芽高为 2cm 的时候，沿着茎基部将其从愈伤组织切离，转接至上述生根诱导培养基（1/2MS 作为基本培养基，含 2%的蔗糖和 0.55%的琼脂，分别添加不同浓度的 IBA，pH5.8）中。每个处理至少重复 3 次。培养条件同上。

（7）倍性鉴定　采用流式细胞仪测定 DNA 相对含量及根尖染色体计数法进行倍性鉴定。

16.6.4　药用植物单倍体培养技术

16.6.4.1　博落回花药培养技术

博落回 [*Macleaya cordata* (Willd) R. Br.] 是罂粟科博落回属植物，含有数种异喹啉类生物碱，是一种很重要的药用植物。此外，博落回的生物量较大，燃烧值较高，是一种重要的能源物质。随着博落回产品的开发，市场对博落回的需求量日益增加，野生博落回资源捉襟见肘。如何提高博落回特别是博落回中生物碱的产量，成为一个亟待解决的问题。通过博落回花药离体培养技术产生的双单倍体群体，是进行博落回良种繁育、获得高生物碱含量品种的重要育种途径。宋锡帅（2014）的博落回花药培养技术要点如下（图 16-10）：

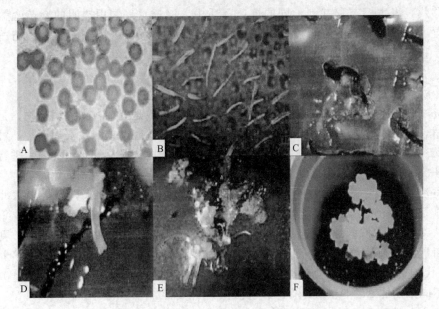

图 16-10 彩图

图 16-10　博落回花药培养
A—处于单核靠边期的花药；B—开始膨大的花药；C—愈伤组织；D—子叶型胚；
E—再生苗；F—转移入土壤 21 天的花培苗

（1）供试材料处理　博落回植株进入开花期后，为保持其一直处于开花状态，有足够的花蕾使用，要定期用酒精消毒的剪刀剪去博落回已开放的花，摘取花序中上部未开放、颜色翠绿、外观鲜嫩的花蕾备用。

（2）花蕾外部形态与花药发育时期的确定　对博落回花蕾形态特征包括长度、直径、颜色、开放程度、剥开花被后花药的颜色 5 个方面的性状进行测量和记录，同时将对应的花药进行切片观察发育时期，确定花蕾的外观性状和花药各发育时期的对应关系。

（3）花蕾预处理及消毒　选取处于单核中期至靠边期的花蕾，4℃低温下预处理 2 天，用酒精浸泡和 0.1％的 HgCl₂ 进行消毒，无菌水清洗。

（4）花药接种及培养　用无菌解剖刀及尖头镊子撕开博落回的花被取出其花药，切掉花丝，再将博落回的花药一枚一枚地接种到培养基（最适培养基为 MS 基本培养基，附加 1.0mg/L GA₃、0.15mg/L KT、3％蔗糖和 0.8％植物凝胶）上，置于 35℃进行高温热激处理 2～4 天，然后转入 25℃的恒温培养箱中进行无光照培养。40 天后调查各处理的博落回花药愈伤组织形成情况。

（5）愈伤组织增殖　挑选出体型较大（玉米粒大小）、形态比较完整、颜色翠绿的愈伤组织，接种到愈伤组织增殖培养基（MS＋KT 0.5mg/L＋2,4-D 0.1mg/L）上进行增殖培养，每皿接种 3～5 块，培养条件为 25℃、光照 2000lx、光照时间 18h/d。40 天后观察和统计愈伤组织增殖情况。

（6）胚状体诱导　把进行愈伤组织增殖后转绿的愈伤组织转入添加了不同激素组合的胚状体诱导培养基上进行胚状体诱导培养，温度和光照条件同愈伤组织增殖培养。期间视培养基中愈伤组织的生长和分化情况，大约 30 天换培养基一次。每 28 天调查一次愈伤组织转化成胚状体及胚状体的生长情况并统计胚状体的诱导率大小。

（7）生根　将刚长出幼根、生长势基本相同的再生苗转接入 MS 基本培养基附加不同激素水平的培养瓶中，每瓶接入 1 棵再生苗，培养条件为 25℃、光照 200001x。

（8）炼苗移栽　将生根苗移栽到不同的炼苗基质中，浇透水，并用透明的育苗盒盖住小苗，保证盒内湿度不低于 80％，在温度（25±2）℃、光照强度为 3000lx 下培养，小苗适应培养环境两周后，移除育苗盒，进行正常的水肥管理。

16.6.4.2　三七花药培养技术

三七［*Panax notoginseng*（Burkill）F. H. Chen ex C. H.］是五加科人参属植物，是我国传统名贵中药材，享有人参之王、南国神草之美誉。三七生态适应性差，生长周期长，种子寿命短。三七的花药培养对加快三七育种进程具有非常重要的作用。段承俐等（2004）进行了三七的花药培养研究，培养的基本程序如下：

（1）培养方法　取花粉发育时期为单核中期的花蕾，低温预处理 8 天，以自来水冲洗干净，先浸入 70％乙醇中消毒 1min，再浸入加有适量表面活性剂（Tween20）的 0.1％ HgCl₂ 中消毒 10min，以无菌水冲洗 4～5 次，再以无菌滤纸吸干多余水分，在无菌条件下，剥取花药进行接种，每瓶接种 20 个左右的花药。将培养物置于 25～27℃的恒温培养箱中暗培养，每隔 30～40 天继代培养 1 次。采用 MS 培养基作为基本培养基，蔗糖浓度 6％，琼脂 0.8％，pH5.8，附加不同浓度的 2,4-D、BA 和 IAA 等激素。

（2）培养结果　接种 7 天后，花药开始膨大；15 天后，花药逐渐变为黄褐色；培养 30 天左右，开始出现肉眼可见的愈伤组织；45～80 天，是愈伤组织形成的高峰期；愈伤组织多为浅黄色或白色，生长缓慢，一般质地较紧密，表面有小突起。

不同浓度的 2,4-D、BA 和 IAA 对三七花药的愈伤组织诱导有比较明显的影响。试验表明，最佳的激素配比为 2,4-D 2.0mg/L、BA 1.5mg/L、IAA 0.5mg/L，其中，2,4-D 的影响最大，BA 次之，IAA 的影响最小。

小　结

单倍体培养主要包括花药培养、小孢子（花粉）培养和未受精子房及胚珠培养，其中花药和小孢子（花粉）培养是人工诱导单倍体的主要途径。从严格的组织培养意义上讲，花药培养属于器官培养，小孢子（花粉）培养属于细胞培养，但两者的目的都是为了获得单倍体。离体条件下，小孢子发育途径主要有对称和不对称发育两种途径；花粉植株的发生方式主要有胚胎发生和愈伤组织发生两种。影响花药、小孢子（花粉）培养的因素主要有基因型、植株生长条件和生理状态、花粉发育时期、预处理、培养基和培养条件等，其中基因型是最关键的影响因素之一。小孢子（花粉）的分离与培养具有多种方式。影响未受精子房和胚珠培养的因素主要有基因型、生长环境、植物激素等。单倍体植株的倍性可通过植株外部形态、细胞学、DNA相对含量及分子水平进行有效鉴定。单倍体植株需经过加倍成为双单倍体植株，以便作进一步的研究应用。

思　考　题

1. 名词解释：单倍体；花药培养；花粉培养；未受精子房及胚珠培养。
2. 花药培养和小孢子（花粉）培养有何异同？
3. 与花药培养比较，小孢子（花粉）培养的优点有哪些？
4. 影响花药和小孢子（花粉）培养的主要因素有哪些？
5. 影响未受精子房及胚珠培养的主要因素有哪些？
6. 单倍体倍性鉴定的方法有哪些？
7. 如何对单倍体植株进行诱导加倍？

第17章

植物体细胞杂交

植物体细胞杂交（plant somatic hybridization）又称原生质体融合，是指将两个不同来源的植物体细胞原生质体通过融合培育杂种植株的技术。应用植物体细胞杂交技术可以克服远缘杂交不亲和的障碍，打破物种之间的生殖隔离，扩大杂交亲本范围，实现基因在物种间的转移和遗传物质重组，培育新品种和创造新物种。植物体细胞杂交对丰富种质资源、保持和促进生物多样性具有重大的意义。

体细胞杂交包括原生质体的制备、原生质体的融合、杂种细胞的筛选、杂种细胞的培养、杂种细胞植株的再生以及杂种植株的鉴定等环节。

17.1 原生质体融合

原生质体融合（protoplast fusion），亦称体细胞杂交（somatic hybridization），为克服植物有性杂交不亲和性、打破物种之间的生殖隔离、扩大遗传变异等提供了一种有效手段。Kuster 在 1909 年最早报道了植物原生质体的偶发融合现象。自此，许多研究者利用不同的方法实现了植物原生质体融合，并获得了体细胞杂种。植物原生质体融合可分为自发融合（spontaneous fusion）和诱导融合（induced fusion）两种。

17.1.1 自发融合与诱导融合

在酶解分离原生质体的过程中，有些相邻的原生质体能彼此融合形成同核体（homokary-on），每个同核体包含 2 个至多个核 [图 17-1(a)～(c)]，这种原生质体融合叫做自发融合，它是由不同细胞间胞间连丝的扩展和粘连造成的。在由幼嫩叶片和分裂旺盛的培养细胞制备的原生质体中，常见到这种自发的多核融合体（multinucleate protoplasts）。自发融合常常是人们所不期望的，在用酶溶液处理之前先使细胞受到强烈的质壁分离药物的作用，则可打断胞间连丝，减少自发融合发生的频率。

在体细胞杂交中，彼此融合的原生质体应是不同来源的，即应形成异核体（heterokaryon），否则是无意义的。为了实现诱导融合，需要使用适当的融合剂，首先将不同的原生质体聚集到一起，然后使其粘连，从而实现原生质体融合。这种原生质体融合叫做诱导融合。

20 世纪 70 年代以来，为了融合植物原生质体，研究者们尝试过各种融合方法，如用 $NaNO_3$、人工海水、明胶、高 pH-高 Ca^{2+}、聚乙二醇（PEG）、聚乙烯醇等处理的化学融合

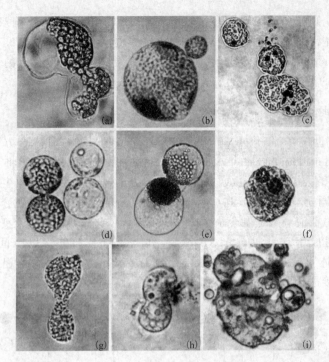

图 17-1　植物原生质体融合

(Bajaj 和 Davey，1974)

(a) 在酶处理液中单倍体烟草品种 White Burley 的叶肉细胞原生质体自发融合；(b) 由几个叶肉细胞原生质体融合形成的特大原生质体（图中的小原生质体为正常原生质体）；(c) 单倍体烟草的单核、双核以及多核原生质体；
(d) NaNO₃ 处理后烟草叶肉细胞原生质体与小麦悬浮细胞原生质体的粘连；(e) 原生质体开始融合；
(f) 融合形成的双核原生质体；(g) NaNO₃ 处理后开始融合的 2 个花粉母细胞原生质体；
(h) 2 个花粉原生质体的融合，可看到清晰的双核；(i) 酶解过程中由
多个花粉原生质体融合形成的巨大原生质体

法，以及用机械法诱导粘连、电刺激等物理融合法。目前最常用的植物原生质体融合法主要有 PEG-高 Ca^{2+}-高 pH 化学融合法和电融合法（electro fusion）两种，这两种方法的双核异核体（binucleate heterokaryon）形成频率较高。

17.1.1.1　PEG-高 Ca^{2+}-高 pH 化学融合法

Kao 等（1974）发现，用含有高浓度 Ca^{2+}（0.05mol/L $CaCl_2 \cdot 2H_2O$）的强碱性溶液（pH 9～10）清洗 PEG，比用培养基清洗能产生更高的融合频率，从而将 PEG 融合法与高 Ca^{2+}-高 pH 融合法结合在了一起，建立了 PEG-高 Ca^{2+}-高 pH 融合法。其做法是：①将两种不同的原生质体以适当的比例混合后，用细吸管滴于培养皿底部，使其形成小滴状；②在原生质体小滴上及其周围轻轻加上 PEG 溶液，处理 10～30min，使原生质体粘连融合；③用高 Ca^{2+} 和高 pH 溶液清洗 PEG，再用培养基清洗去高 Ca^{2+} 和高 pH 溶液。

对于植物原生质体融合来说，PEG-高 Ca^{2+}-高 pH 融合法是一种较为成功的方法。例如在豌豆-大豆的原生质体融合中，使用这一方法时异核体的形成率可达 50％，而单独使用高 pH-高 Ca^{2+} 法只能形成 4％～5％的异核体。

有不少因素影响原生质体的融合效率，主要包括：①PEG 分子量。PEG 分子量大于 1000 时，才能诱导原生质体发生紧密的粘连和高频率的融合，一般使用的 PEG 分子量为 1500～6000，质量分数范围为 15％～45％。②原生质体密度。原生质体密度过低，融合率也低；而

原生质体密度过高，则会出现大量的多重融合现象（multifusion），影响双核异核体的形成。一般来说，原生质体密度为 10^6 个/mL 左右为宜。③温度。适当高温（35～37℃）能提高融合率。Burgess 和 Fleming（1974）报道，高温特别有利于高度液泡化的原生质体的融合。④PEG清洗。PEG 的清洗应逐步进行，剧烈的清洗将减少异核体。

17.1.1.2 物理融合法——电融合法

电融合法是 20 世纪 70 年代末 80 年代初开始发展起来的一种融合方法，是由 Senda 等（1979），以及 Zimmermann 和 Scheurich（1981）建立的。其做法是：①将分离得到的原生质体用 0.5mol/L 甘露醇溶液洗涤 1 次（1200r/min，4min 离心）；②收集原生质体，用这种洗涤液将原生质体密度调至（2～8）× 10^4 个/mL，再以适当比例混合两融合亲本的原生质体；③将混合原生质体悬浮液滴入电融合小室中 [图 17-2（a）]，先给两极以交变电流，使原生质体沿着电场方向排列成串珠状（pearl chain）[图 17-2（b）]，再给以瞬间高强度的电脉冲（pulse），使原生质体膜局部破损而导致融合 [图 17-2（c）]；④电融合处理后，将融合产物移入培养基中，可直接进行培养。

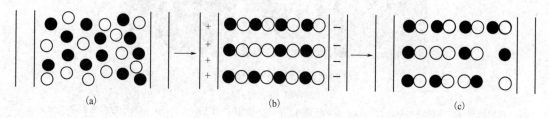

图 17-2　植物原生质体电融合示意图
（a）在融合小室中的混合原生质体；（b）原生质体沿着电场方向排列
成串珠状；（c）在电脉冲作用下原生质体发生融合

许多因素影响原生质体电融合效率，包括原生质体密度、电极液中 $CaCl_2 \cdot 2H_2O$ 浓度、交变电流的强弱、电脉冲的大小以及脉冲期宽度与间隔等。电融合率一般为 20%～50%，在一些实验中可达 100%。另外，来源不同的原生质体对融合条件也有不同的要求。电融合的优点是：①操作简便、快速，融合同步性好，可在显微镜下观察融合全过程，整个过程的各种参数容易控制；②一次可融合大量原生质体，特别适合于大量融合研究；③融合产物多数只包含 2～3 个原生质体，在各种参数适宜的情况下，还可进行特异融合；④电融合不使用任何融合剂，无任何毒害作用，因而融合细胞无需重复洗涤，可直接用于培养。另据郭文武等（1998）报道，电融合过程中的电刺激还有促进柑橘细胞分裂和植株再生的作用。但是，电融合需要较贵的电融合仪，而且确定适宜的融合条件比较费时，因此目前仍不如 PEG 融合法使用广泛。

17.1.2 对称融合与非对称融合

原生质体融合主要有对称融合和非对称融合两种类型。对称融合（symmetric fusion）是指融合时，双方原生质体均带有核基因组和细胞质基因组的全部遗传信息，是植物体细胞杂交最初采用的融合方法（图 17-3），目前也广泛应用。用这一方法，已经获得了许多有性杂交不亲和的种属间体细胞杂种。例如，利用此方法已经成功地将马铃薯野生种的抗逆性、抗虫性、抗病性等基因转移到栽培种中，使体细胞杂交成为马铃薯商业化育种的新途径。Thieme 等（2008）用此法获得了马铃薯与龙葵（*Solanum nigrum*）的抗晚疫病的种间体细胞杂种。

Jelodar(1999)用此法获得了水稻与盐生野生稻（*Porteresia coarctata*）的耐盐性属间杂种。Yang 等（2009）用此法获得了甘薯与三裂叶薯（*Ipomoea triloba*）的抗旱性种间体细胞杂种。

一般来说，对称融合多形成对称杂种，其结果是在导入有用基因的同时，也带入了亲本的全部不利基因，因此需要多次回交才能除去进入杂种中的不利基因，而且一些不利性状因与所需性状紧密连锁而无法去除，导致育种效率降低。同时，种间杂种不育是体细胞杂交中存在的一个相当普遍的现象，尤其在亲缘关系较远的情况下。因为，虽然通过体细胞杂交可以克服有性杂交障碍，但在体细胞水平上，仍会表现一定程度的不亲和，这就引起了分化、生长、发育受阻，影响生根以及生殖器官的形成。

非对称融合（asymmetric fusion）是指一方亲本（受体，recipient）的全部原生质与另一方亲本（供体，donor）的部分核物质及胞质物质重组，产生非对称杂种。非对称杂种是一个广泛的概念，相对于对称杂种来说，至少亲本一方有部分染色体被消除；相对于胞质杂种来说，即使亲本一方染色体全部消除，仍保留着该亲本的某些核基因控制的性状。因为非对称融合只有供体方的少量染色体转入受体方细胞，故更有希望克服远缘杂交的不亲和性，并且得到的杂种植株可能更接近试验所要求的性状，减少回交次数甚至免去这一步骤便能达到改良作物的目的，使育种周期大大缩短。

非对称融合需要在融合前对一方原生质体（供体）给予一定的处理，如使用纺锤体毒素、染色体浓缩剂、γ射线、X射线、紫外线等，使其染色体部分破坏后用于体细胞杂交。这些处理可能会打断或破坏亲本一方完整的染色体结构，提高易位和片段杂交的可能性，从而实现遗传重组，最终将某些特定基因引入到非对称杂种中去。非对称融合的一种典型情况，就是将一方原生质体用碘乙酰胺（IAM）处理，抑制其细胞质，使其不能分裂；另一方原生质体用 X 射线等照射，破坏其细胞核（染色体），使其也不能进行分裂。然后将这两种原生质体进行融合，这样即可获得具有一方细胞质而具有另一方细胞核的杂种（图 17-4）。例如，用 Chinsurah BoroⅡ细胞质雄性不育种作为供体亲本，用水稻品种"日本晴"作为受体亲本。BoroⅡ的种子由来的原生质体用 X 射线照射使其失活，"日本晴"的原生质体用 IAM 处理，然后通过电融合法进行融合，由融合产物再生的植株为杂种（2n＝24），并且能够正常抽穗开花，但为雄性不育。将其与"日本晴"再回交获得了种子，由种子发育来的植株是雄性不育的。

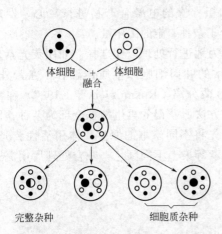

图 17-3　植物原生质体的对称融合示意

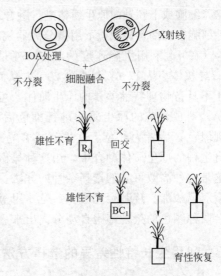

图 17-4　通过非对称融合生产水稻细胞质雄性不育系示意

17.2　杂种细胞的选择

如何有效地鉴别和选择杂种细胞，一直被视为体细胞杂交成功的关键。在经过融合处理后的原生质体群体中，既有未融合的双亲的原生质体，也有同核体、异核体和各种其他的核质组合。只有异核体是未来杂种的潜在来源，但在这个混合群体中只占一个很小的比例，一般为 0.5%～10%。

杂种细胞的选择方法大致可分为 3 种类型：①利用或创造各种缺陷型或抗性细胞系，用选择培养基将互补的杂种细胞选择出来；②利用或人为地造成两个亲本间原生质体的物理特性差异，从而选出杂种细胞；③利用或人为地造成细胞生长或分化能力的差异，从而进行选择。这三种方法在实际应用时往往相互配合，具体做法视实验对象而定。

17.2.1　互补筛选法

细胞系互补包括叶绿素缺失互补、营养缺陷互补、抗性互补等。前两种为隐性性状，后一种为显性性状，其互补原理是一致的。当非等位隐性基因控制的两个突变体细胞融合后，由于每一个亲本细胞贡献一个正常的等位基因，纠正了亲本对方的缺陷，使得杂种细胞表现正常。当两个抗性系的原生质体融合时，每一个亲本的药物敏感性被亲本对方的抗性所掩盖，因而两个单抗的亲本融合后产生双抗的杂种细胞，用相应的选择培养基就能将杂种细胞选择出来。

17.2.2　利用物理特性差异的选择方法

原生质体的物理特性，如大小、颜色、漂浮密度等也可作为选择的依据。例如，叶肉细胞与培养细胞的颜色有显著差异，在融合处理后可在显微镜下用显微分离（microisolation）的方法，将杂种细胞逐个挑出。Gleba 和 Hoffmann(1978) 在拟南芥和油菜之间合成了一个属间杂种，方法是将油菜的叶肉原生质体与拟南芥培养细胞的原生质体融合，然后由 3～5 日龄的培养物中，用微吸管将单个融合产物分离出来，分别置于 "Cuprak" 培养皿中进行培养。亲本原生质体在最初所用的培养基上不能正常生长，这就相当于加入了选择压。Sundberg 等 (1986) 利用甘蓝叶肉细胞和培养细胞或下胚轴的原生质体进行融合，根据前者含有叶绿体、后者具有浓密的细胞质来鉴别杂种细胞，在倒置显微镜下用微分离器挑出单个细胞进行微培养，获得了体细胞杂种植株。郭文武等 (1998) 利用沉降速度的不同，对橘柚和粗柠檬的电融合产物进行离心，发现离心4min 双核异核体率从 17.6% 提高到 29%，从而减少了杂种鉴定的工作量。

对于不具备物理特性差异的原生质体，可以人为地进行处理以便选择。如用荧光素双醋酸酯（FDA）对白化苗的原生质体进行染色后与正常的叶肉细胞原生质体融合，在紫外光下，前者呈现绿色，后者为红色，这样就很容易进行显微分离。Rusmussen 等 (1997) 在对马铃薯与其野生种的原生质体融合中，用这种显微分离方法所获得的再生植株全部为杂种，因而他们认为这是一种高效可靠的选择杂种的方法。也可先将不同亲本的原生质体用活性荧光染料，如荧光素双醋酸酯、羟基荧光素、7-羟-6-甲氧香豆素等染上不同颜色，融合处理后用流式细胞仪将杂合两种颜色的杂种细胞自动分离出来。

17.2.3　利用生长特性差异的选择方法

原生质体的植株再生能力是广为应用的选择依据。在种内、种间与属间的体细胞杂交实验中，只要亲本一方能再生植株，杂种细胞就能再生植株。因而可将原生质体的植株再生能力看作为显性性状，用来淘汰无再生能力的一方亲本。与其他选择方法相结合，将能再生的一方亲本淘汰，就可选出杂种植株。

Brewer 等（1999）在遏蓝菜（*Thlaspi arvense*）和欧洲油菜的体细胞杂交中，观察到一部分小细胞团浮在液体培养基表面，而另一些则黏贴在培养皿壁上。随后的 AFLP 分析表明，由漂浮的细胞团再生的植株绝大部分都是体细胞杂种。因此，可以根据杂种细胞与双亲细胞这种生长特性的不同来进行早期选择。向凤宁等（1999）在小麦与 3 种近缘属间禾草的体细胞杂交中发现，融合克隆的生长速度大于未融合的双亲，存在着"杂种优先生长"的现象。这种生长速度的差异就可以用作选择的依据。刘庆昌等（1998）将无再生能力的甘薯品种的原生质体与具有较高再生能力的野生种三裂叶薯（*Ipomoea triloba*）、瘤梗番薯（*Ipomoea. lacunosa*）、五爪金龙（*Ipomoea. cairica*）等的原生质体以 2∶1 的比例混合后，用 PEG 融合法进行融合，以使野生种的原生质体得到充分融合，然后用野生种原生质体培养体系进行培养，获得的再生植株中大多数是种间体细胞杂种。

细胞在培养基上的生长差异还可以人为地产生。如利用一些代谢抑制剂处理原生质体以抑制其分裂。常用的抑制剂有碘乙酸（IA）、碘乙酰胺（IOA）和罗丹明-6-G(R-6-G) 等。R-6-G 是抑制线粒体氧化磷酸化，而 IA 和 IOA 则是抑制糖酵解过程。线粒体氧化磷酸化和糖酵解都是发生在细胞质中产生能量的过程，因此处理后的原生质体由于得不到能量的供应而使其生长发育受阻。只有当受到处理的原生质体与细胞质完整的原生质体融合，代谢上得到互补，才能正常生长。

17.3 杂种细胞的培养及再生

杂种细胞的培养方法与原生质体培养方法相似，其过程如图 17-5 所示。值得一提的是，前面所介绍的杂种细胞选择方法只是在体细胞杂交的一部分研究中适用。在不少情况下，由于缺乏合适的选择系统，或者选择系统使用起来非常复杂，往往对杂种细胞不加以选择，而是将含有异核体、同核体、未融合的原生质体等的融合产物直接进行混合培养，待再生出植株后再对其杂种性状进行鉴定，以确定真正的体细胞杂种。

17.3.1 杂种细胞培养的方法与技术关键

与原生质体的培养方法类似，融合之后的杂种细胞培养可以采用液体培养、固体培养和固液结合培养等方法。培养方法对于杂种细胞的生长和分裂非常重要，不同的植物杂种细胞应采用不同的培养方法。一般认为，对于容易分裂的杂种细胞，采用液体浅层和液体浅层-固体平板双层培养系统即可获得较好的结果。对于难以分裂的杂种细胞，采用

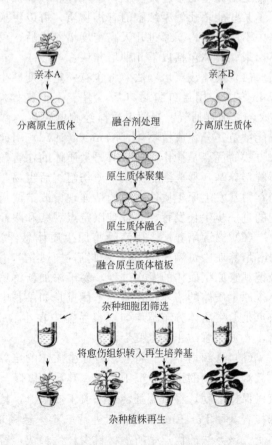

图 17-5　植物体细胞杂交与杂种植株再生过程示意
(Reinert&Bajaj, 1977)

琼脂糖包埋、液体浅层-固体平板双层和看护培养系统效果较好。

17.3.1.1 固体培养法（琼脂糖包埋法）

用于固体培养的介质最常见的是琼脂糖，也可以使用质量不同的琼脂。应该注意的是原生质体无细胞壁保护，培养基温度需冷却到45℃才能注入原生质体。将悬浮在液体培养基中的原生质体与热融并冷却至45℃的含琼脂或琼脂糖的培养基等量混合，迅速轻轻摇动，使原生质体均匀地分布于培养基中。琼脂浓度的选择应该是使与原生质体混合后形成较软的琼脂凝胶，将其转移到培养皿中，冷却后原生质体将包埋在琼脂培养基中，最后用石蜡膜密封后倒置培养。该方法的优点是：原生质体被彼此分开并固定了位置，可以避免原生质体集聚和细胞间有害代谢产物的影响；有利于对单个原生质体的胞壁再生和对细胞团形成的全过程进行定点观察；易于统计原生质体的分裂频率和植板效率。其缺点是：对操作要求较严格；在原生质体悬浮液与琼脂或琼脂糖培养基混合时温度必须合适，太高时会影响原生质体活力，太低时培养基凝固较快原生质体分布不均匀；原生质体的生长发育比液体浅层法较慢；一旦被固定下来，将之转移到别的培养基就需要用手工操作。目前该方法在常规培养时较少采用。

17.3.1.2 液体培养法

这是目前原生质体培养中广泛采用的方法。其优点是：①经过几天培养之后，可用有效的方法把培养基的渗透压降低；②稀释和转移操作较容易；③如果原生质体群体中的突变组分产生了某些能杀死健康细胞的有毒物质，可以更换培养基；④一些品种的原生质体在琼脂化培养基中不能分裂；⑤经过几天高密度培养之后，可把细胞密度降低，或可把特别感兴趣的细胞分离出来。具体包括以下几种培养法：

（1）液体浅层培养法　将含有一定密度原生质体的液体培养基在培养皿底部铺一薄层，厚1mm左右，用封口膜封口后，置于人工气候箱中，静置培养。培养期间每日轻轻摇动2～3次，以加强通气。当原生质体经胞壁再生，并形成细胞团后，立刻转至固体培养基上培养，方能增殖并分化成植物体。Kameya(1972)用此法使胡萝卜根原生质体产生细胞团和胚状体。该方法的优点是操作简便，对原生质体的伤害较小，通气性好，代谢物易扩散，并且易于补充新鲜培养基，形成细胞团或小愈伤组织后也易于转移。其缺点是原生质体在培养基中分布不均匀，常常发生原生质体之间的粘连现象或造成局部原生质体的密度过高而影响原生质体再生细胞的进一步生长发育，并且难以定点观察和跟踪单个原生质体的生长发育过程。

（2）微滴培养法　用滴管将原生质体悬浮液分散滴在培养皿底部，每滴 $50～100\mu L$，在6cm培养皿中可滴5～7滴，密封后进行培养，每5～7天加一次。该方法的优点是可用倒置显微镜观察原生质体的发育过程，易于添加新鲜培养基，可用于较多组合的实验或进行融合体及单个原生质体的培养；还有一个优点是如果其中1滴或几滴发生污染，不会殃及整个实验。其缺点是原生质体分布不均匀，容易集中在小滴中央，微滴容易挥发而造成培养基成分浓度过高，必须注意防止失水变干。

（3）悬滴培养法　将悬浮有原生质体的培养液用滴管均匀地在无菌且干燥的培养皿盖中滴上数滴，每滴的量在 $40～100\mu L$，其数目以滴与滴之间不相接触为原则。皿底内加入少量培养液以保持湿度，将皿盖翻转过来盖于皿底上，培养皿盖被用作培养皿，培养小滴就能在盖子上悬挂着，用 Parafilm 膜封口后进行培养。悬滴培养法能培养比常规微滴方法较少的原生质体小滴。该方法的优点是所需材料少，生长快，容易添加新鲜培养基，不易污染，并且由于液滴的体积小，在一个培养皿中可以做很多种培养基的对照实验。该方法有利于原生质体的低密度培养，但和微滴培养法有类似的缺点，可用在液滴上覆盖矿物油的办法解决蒸发问题。

17.3.1.3　液体浅层-固体平板双层培养法

液体浅层-固体平板双层培养法是在培养皿的底部先铺一薄层含琼脂或琼脂糖的固体培养基，然后在固体培养基上，加入适宜原生质体胞壁再生和细胞分裂的液体培养基，再按一定的细胞密度注入原生质体制备液，以液体培养和固体培养相结合的方法培养原生质体并使其植株再生的方法。该方法的优点是：固体培养基中的营养成分可以缓慢地释放到液体培养基中，以补充培养物对营养的消耗；同时培养物产生的一些有害物质也可被固体培养基吸收，从而更有利于培养物的生长；使培养基保持很好的湿度，不易失水变干；还可以定期（3~4周/次）注入新鲜培养基；原生质体细胞壁生长速度和分裂速度很快。另外，在下层固体培养基中如果添加一定量的活性炭，可有效吸附培养物所产生的有害物质，促进原生质体的分裂及细胞团的形成。但此方法不易观察原生质体发育过程。因为植物原生质体对培养密度比较敏感，一些学者在双层培养的基础上又发展了一些低密度的培养方法。

17.3.2　杂种植株再生

原生质体融合之后，要经历杂种植株再生的过程。实际操作中，由于缺乏合适的选择系统，或者选择系统使用起来非常复杂，往往对杂种细胞不加以选择，而是将含有异核体、同核体、未融合的原生质体等的融合产物直接进行混合培养，待再生出植株后再对其杂种性进行鉴定，以确定真正的体细胞杂种。

17.3.3　杂种植株的核型

在各种体细胞杂种中，只有少数几种是双二倍体，其染色体数恰为两个亲本染色体数之和。现在还难以断定是否近缘物种间通过体细胞杂交所产生的就会是真正的双二倍体。即使在两个有性杂交亲和的亲本之间产生的体细胞杂种中，也会出现染色体数不正常的现象。这表明，由于核质之间的互作导致了与有性杂种不同的结果。有证据表明，染色体数偏差的另一个原因是两个以上的原生质体发生了融合。

17.4　体细胞杂种的鉴定

由融合产物再生出植株后，必须对其杂种性进行鉴定，以证实体细胞杂种的真实性，并分析其与亲本之间的区别与联系。目前常用的体细胞杂种的鉴定方法主要有形态学鉴定、细胞学鉴定和分子生物学鉴定等。

17.4.1　形态学鉴定

形态学鉴定是最常用的鉴定方法，是利用杂种植株与双亲在表现型上的差异进行比较分析。叶片大小与形状、花的形状与颜色、叶脉、叶柄、花梗及表皮毛状体等都可用作鉴定的指标。但是，仅依据形态学特征常常不能正确判断杂种的真实性，因为细胞在长期的培养过程中有时会发生体细胞无性系变异，也会出现各种各样的形态变异。因此，形态学鉴定只能作为参考指标，必须与其他鉴定方法相结合。

17.4.2　细胞学鉴定

细胞学鉴定方法包括经典细胞学鉴定方法和分子细胞学鉴定方法。经典细胞学鉴定方法是指通过对植株染色体数目、形态等的细胞学观察来鉴定体细胞杂种。其中对染色体数目的观察最为常用。一般来说，对称体细胞杂种的体细胞染色体数为融合双亲体细胞染色体数目之和；非对称杂种染色体数在受体染色体数和双亲染色体数目之和之间。根据染色体数目进行鉴定时，也要考虑体细胞无性系变异的影响。如果融合双亲染色体形态差异较大，通过染色体形态观察也可以鉴别杂种。

目前用于体细胞杂种鉴定的分子细胞学方法是基因组原位杂交（genomic in situ hybridization，GISH）。GISH 是利用各染色体组 DNA 同源性程度的差异，对某一染色体或某个物种的染色体组 DNA 进行标记，同时用适量的另一物种总 DNA 作封阻，以减少或消除探针 DNA 与非同源或部分同源 DNA 的交叉杂交，提高了探针 DNA 与同源 DNA 杂交的机会。

17.4.3　分子生物学鉴定

常用的鉴定植物体细胞杂种的分子生物学方法有限制性内切酶片段长度多态性（RFLP）、随机扩增多态性 DNA 标记（RAPD）、扩增片段长度多态性（AFLP）、简单重复序列标记（SSR）等。

RFLP 是指一个物种或品种的 DNA 片段长度多态性，反映了 DNA 序列中核苷酸排列顺序的差异。用限制性内切酶酶切两融合亲本及再生植株 DNA，通过琼脂糖凝胶电泳分离大小不同的 DNA 片段，转移凝胶中的 DNA 到尼龙膜或硝酸纤维素膜上，用放射性同位素或生物素标记的探针进行 Southern 杂交，经放射自显影后即可进行杂种的鉴定。用于分析的探针有寡核苷酸探针和单拷贝探针。用单拷贝探针虽费时、费力，但却是除测序外鉴定基因组差异的最灵敏的方法之一。

RAPD 是在 PCR 基础上发展起来的分子标记技术。它以基因组 DNA 为模板，以 1 个随机的寡核苷酸序列（通常为 10 个碱基）为引物，通过 PCR 扩增反应，产生不连续的 DNA 产物，扩增产物经琼脂糖或聚丙烯酰胺凝胶电泳后，用 EB 或银染，以检测 DNA 序列的多态性。RAPD 是目前应用最为广泛的杂种鉴定方法之一，它既可以鉴定对称杂种，也可以鉴定非对称杂种，而且特别适合于对大量再生植株的初步筛选鉴定。

AFLP 是先将植物基因组 DNA 经限制性内切酶双酶切后，形成分子量大小不等的随机限制性片段，然后连上 1 个接头，根据接头的核苷酸序列和酶切位点设计引物，进行特异性扩增，最终通过聚丙烯酰胺凝胶电泳将这些特异的限制性片段分离出来，从而显示出扩增片段长度多态性。

SSR 是高等生物基因组中普遍存在的 1～6 个碱基组成的简单重复序列，亦称微卫星 DNA（micro satellite DNA）。因其重复次数不同而造成每个基因座的多态性。微卫星位点两侧的序列是相当保守的单拷贝序列，因此可以根据两侧序列设计一对引物进行 PCR 扩增，然后经聚丙烯酰胺凝胶电泳或高浓度琼脂糖凝胶电泳分离扩增产物，经 EB 或银染，从而精确地检测出特定位点微卫星的长度多态性。这种长度差异反映了不同基因型个体在特定微卫星位点的多态性。

此外，流式细胞仪目前在杂种鉴定中的应用也很广，由于其效率较高，经常被用作对大量材料的初步筛选。流式细胞仪也常用来鉴定杂种的倍数性及非对称杂种染色体的丢失。

值得注意的是，在进行体细胞杂种鉴定时，为了获得确切证据，往往需要同时进行多种水平上的多种方法的鉴定。

17.5　细胞质杂种

在植物和低等的真核生物中，双亲的配子都能为合子提供等量的细胞质，但是双亲之一细胞质的基因经常被选择性地破坏或失活，所以遗传方式还是功能性单亲遗传。而在体细胞杂交中，杂种却拥有两个亲本的细胞质基因组。因而，后一种杂交途径就为研究双亲细胞器的互作提供了一个独特的机会。从实用上考虑，应用细胞融合技术，有可能使两种来源不同的核外遗传成分（细胞器）与一个特定的核基因组结合在一起，这种杂种叫做细胞质杂种（cybrid）。

在原生质体能够完全融合的情况下，胞质杂种可以通过以下几个途径产生：①1个正常的原生质体与1个胞质体融合；②1个正常的原生质体与1个核失活的原生质体融合；③在异核体形成之后2个核中有1个消失；④在较晚的时期染色体选择性地消除。

17.6 几种植物体细胞杂交的成功实例

17.6.1 马铃薯野生种与栽培种原生质体融合与培养

马铃薯现有的栽培种遗传背景狭窄，亲缘关系近，后代变异仅停留在近交水平，所以常规育种很难选育出优良抗性品种。在马铃薯的野生种中含有大量的抗病基因和特殊基因，这为马铃薯育种提供了丰富的基因库。然而生产上应用的普通马铃薯基本为四倍体，野生种为二倍体，由于胚乳平衡数（EBN）的差异，很多野生种与栽培种存在杂交障碍，常规育种技术不能满足现在的育种需要。利用体细胞杂交技术可以克服马铃薯栽培种和野生种（*Solanum pinnatisectmumgn*）间由于倍性不同引起的生殖隔离，将野生种的优良基因导入栽培种以改良品种性状。马铃薯原生质体融合培养是利用细胞杂交技术进行育种的基础。马铃薯野生种叶片原生质体的分离、培养和融合程序如下（图17-6）：

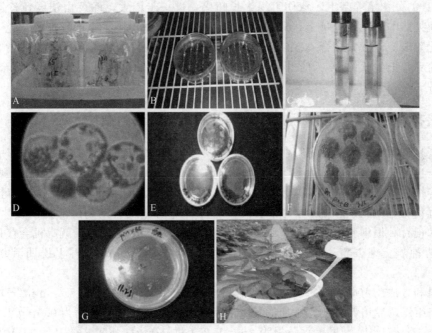

图17-6 彩图

图17-6 马铃薯野生种叶片原生质体的分离、培养和融合
A—融合亲本；B—离解中的叶片；C—纯化的双亲原生质体；D—显微镜下的原生质体；E—液体浅层培养
2周的原生质体；F—形成愈伤的融合体；G—分化出芽尖的融合体；H—杂种植株

（1）材料和方法 选用马铃薯野生种（*Solanum pinnatisectmumgn*）和栽培种"下寨65"无菌苗，通过单节切段扩繁于不含任何激素的MS培养基中继代培养，取培养21天的试管苗上部充分展开的3～4张叶片，切成3cm宽的细长条带放入10mL酶解液中。酶解液成分为纤维素酶（OnozukaR-10）、果胶酶（Y-23）、离析酶（Macerozyme R-10）、3mmol/L MES

[2-(N-吗啉)乙磺酸]、2%PVP、0.2%BSA、0.35mol/L 甘露醇。将含有叶片的酶解液置于 25℃、40r/min 的恒温摇床中黑暗中解离 12～14h。

酶解液用 100 目的尼龙膜过滤到 10mL 离心管中，于 600r/min 离心 5min，弃上清液，缓慢加入 2mL MR（原生质体洗液，含有 63.75%甘露醇）混合均匀后，缓缓加入到含 7mL 23%的蔗糖溶液的 10mL 离心管中，600r/min 离心 6min。将液体中环状原生质体吸出，用 MPS（原生质体漂洗培养基）再次将其悬浮，600r/min 离心 5min，重复 2 次，得到的沉淀物即为纯化的原生质体。调整原生质体的终密度为 $2×10^5$ 个/mL，用于原生质体融合。

电融合仪为 Eppendorf Multiporator 4308 型融合仪，融合室为 250μL 螺旋型铂金电极，间距 0.2mm。电融合液的组成为：0.35mol/L 甘露醇＋0.2mmol/L $CaCl_2$，pH 值为 5.8，高温灭菌。将双亲的原生质体按 1∶1 比例混合进行融合。基本融合参数为交变电压 80V/cm，成串时间 10s，直流脉冲 1000V/cm，作用时间 60μs，脉冲 1 次。

将约 0.1mm 的增大的细胞团从 MPS 培养基中转入增殖培养基，增殖培养基含有 0.4mg/L 细胞分裂素（6-BA）和 1mg/L NAA。选取直径大于 3mm 的愈伤组织，置于芽分化培养基中进行植株再生，培养基中激素组成为 0.5mg/L IAA＋2.5mg/L Zeatin。

（2）结果与分析 电融合的细胞培养反应迅速，培养后 24h 细胞开始膨大，而 PEG 融合的细胞需要 48～72h 才开始膨大，培养至第 10 天时统计细胞的植板率，电融合细胞的植板率为 33.6%，显著高于化学融合方式的 20.8%。

愈伤组织接种到不同的分化培养基上以后，愈伤组织形态特征表现出差异，只有在 NAA 浓度为 1mg/L 的分化培养基上，愈伤组织生长旺盛，进一步增大，颜色由浅绿色逐渐变为鲜绿，而在其他处理的分化培养基上，愈伤组织均生长缓慢，并出现了不同程度的黄化现象。

在芽分化阶段，以激素组合 0.5mg/L IAA＋2.5mg/L Zeatin 的诱导分化效果最好，愈伤组织在分化培养基上生长约 60 天时开始分化形成小芽，平均的分化频率达 16.7%，显著好于其他分化处理。

17.6.2 紫花苜蓿与百脉根原生质体培养及不对称体细胞杂交

紫花苜蓿号称"牧草之王"，不仅适应性强、产草量高，而且营养丰富，还能形成根瘤进行固氮，是全世界栽培最悠久、面积最大、利用最广泛的豆科牧草之一，但其仍有一些品质尚待改良，如青饲易造成家畜臌胀病，耐寒性不强，耐酸性和耐牧性差等。而百脉根耐酸性强，号称"瘠地苜蓿"，又因其植株及叶片富含缩合单宁，能防止反刍动物臌胀病的发生。因此，利用生物技术把百脉根细胞中控制单宁缩合的遗传基因转移至紫花苜蓿，就有机会获得抗臌胀病的新型苜蓿种质。现以苜蓿和百脉根原生质体融合产物的分离和再生说明其培养程序（图 17-7）。

（1）材料和方法 剪取供试材料无菌苗下胚轴（0.5cm 长）及子叶（0.5mm 宽）分别接种于 MS 愈伤组织诱导培养基上，添加的植物生长调节剂：清水紫花苜蓿为 0.5mg/L 2,4-D＋1mg/L NAA＋1mg/L BA，里奥百脉根为 2mg/L 2,4-D＋2mg/L KT。每 15～20 天进行选择继代，继代 4～5 次后，获得质地良好、结构致密的淡绿色愈伤组织，用于原生质体的酶解。

选择继代培养第 12 天、未经预处理的愈伤组织，在甘露醇浓度为 0.55mol/L 的酶液组合下进行酶解。将 1g 愈伤组织放入装有约 10mL 混合酶液的三角瓶（50mL）中，在 25℃黑暗条件下，于 30～50r/min 的摇床上振荡。经过一定时间的酶解，取酶解材料分别经 100 目、400 目无菌尼龙网筛过滤，除去未酶解完全的组织和细胞团，滤液经 50r/min 离心 10～12min 收集原生质体。收集到的原生质体用 CPW-10 酶溶剂（细胞-原生质体清洗液）悬浮，再离心，重复 2 次。最后用原生质体培养液洗涤 1 次，得到纯化的原生质体。

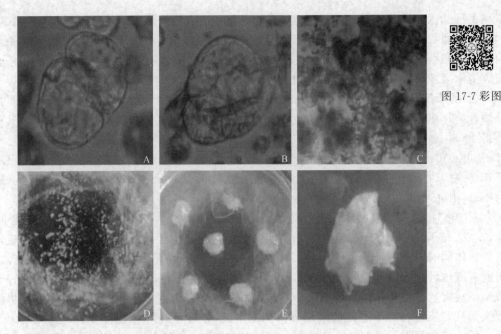

图 17-7 彩图

图 17-7　苜蓿和百脉根原生质体融合产物的分离和再生

A—苜蓿和百脉根原生质体融合产物的第一次分裂；B—苜蓿和百脉根原生质体融合产物的第二次分裂；
C—苜蓿和百脉根原生质体融合产物再生的细胞团；D—苜蓿和百脉根原生质体融合后再生的小愈伤组织；
E—苜蓿和百脉根原生质体融合后再生的愈伤组织；F—苜蓿和百脉根融合后再生愈伤组织萌发出胚状体

　　将经洗涤的原生质体重新悬浮于液体培养基中，调整密度为 2.0×10^5 个/L。吸取 2～3mL 悬浮液于直径为 60mm 的培养皿中，分别进行液体浅层静置培养和固液＋固体培养。液体培养基采用 KM8P(Kao and Michayluk) 培养基，附加相应的激素组合、100mg/L 水解酪蛋白、100mg/L 水解乳蛋白、1％蔗糖、0.4mol/L 甘露醇，pH 值 5.8，经 $0.22\mu m$ 微孔滤膜过滤灭菌。固液＋固体培养时先在培养皿底部浅铺一薄层 MS 固体培养基，再将悬浮于 KM8P 液体培养基中的原生质体滴于其上进行暗培养。依生长情况逐渐降低甘露醇浓度。待形成肉眼可见的培养物时，立即将其转入 MS 培养基，置于 12h 光照、12h 黑暗的条件下培养。

　　选用 IAM-R-6G 互补代谢抑制系统对融合的双亲进行处理。其中清水紫花苜蓿原生质体悬浮于 3mmol/L 的 IOA 溶液中，里奥百脉根原生质体悬浮于 $50\mu g/mL$ 的 R-6G 溶液中，在 25℃ 分别处理 5min，然后离心 5min(50r/min)，收集原生质体，用 CPW-10 酶溶剂洗涤 2 次，再用各自的液体培养基洗涤 1 次。

　　经钝化的亲本原生质体均悬浮于 $CaCl_2$ 洗液中，密度均调至 2.0×10^5 个/L。先将 PEG 融合液滴加到直径为 6cm 的培养皿底部，呈分隔开的小液滴。将两种原生质体等体积混合，在相邻小液滴之间滴加混合液，使液滴之间连通，室温下静置 10min 诱导融合。在液滴边沿缓慢加入 1mL 高 pH、高 Ca^{2+} 洗液，10min 后缓慢吸出所有液体，如此操作 4～5 次。培养皿底部沉积的原生质体先用 $CaCl_2$ 洗液洗涤 2 次，再用选择培养基洗涤 2 次，最后加入 2mL 新鲜液体培养基，进行固液＋固体培养。培养基中添加的植物激素浓度为 1.0mg/L 2,4-D＋0.5mg/L NAA＋2mg/L KT，继代并诱导分化。PEG 浓度设为 30％、35％、40％，统计异源融合率以确定最适的融合剂浓度。

　　(2) 结果与分析

　　① 酶解时间对原生质体分离效果的影响　随着酶解时间的延长，两种牧草原生质体的产量均呈先增大后降低的趋势，里奥百脉根的产量高于清水紫花苜蓿，而清水紫花苜蓿的活力高

于里奥百脉根。酶解 10h，清水紫花苜蓿的产量和活力均达最大值，分别为 9.80×10^5 个/g 和 84.2%。酶解 12h，里奥百脉根的产量达最大值，为 3.14×10^6 个/g，活力为 60.0%；酶解 14h，活力达最大值为 65%，但产量较 12h 时降低了 12.9%。综合考虑原生质体的分离效果，适宜清水紫花苜蓿和里奥百脉根的最佳酶解时间分别为 10h 和 12h。

② 酶液组合对原生质体分离效果的影响　对于两种牧草原生质体的分离效果而言，并不是酶种类越多越好。清水紫花苜蓿原生质体的产量和活力在 4 号酶液组合下最高，其酶液组成为纤维素酶（Cellulase Onozuka R-10）2%、果胶酶（Pectinase Y-23）0.5%、崩溃酶（Driselase）0.3%；里奥百脉根原生质体的产量和活力在 2 号酶液组合下最高，其酶液组成为纤维素酶（Cellulase Onozuka R-10）2%、果胶酶（Pectinase Y-23）0.5%、半纤维素酶（Hemicellulose）0.3%。

对 PEG-高 Ca^{2+}-高 pH 法进行了改良，先加入 PEG 融合剂，然后再添加混合的原生质体，在荧光倒置显微镜下发现，发出不同荧光的原生质体经诱导融合后立即开始接近，融合后的异核体同时发出两种颜色的荧光。将高 pH、高 Ca^{2+} 洗液加入融合液中 10min 后，立即吸出所有液体，这样重复操作 4~5 次，以保证最大程度地将 PEG 融合剂尽快移出，置于倒置显微镜下观察，原生质体恢复成球形。收集经洗涤的培养皿底部沉积的原生质体后，将融合产物放入固液双层培养基中进行前期培养。PEG 浓度对融合效果有显著影响，PEG 浓度较低时，原生质体聚集缓慢，异源融合率低；PEG 浓度较高时，混合在一起的原生质体紧密粘连，质膜受损严重，破碎比例增大。30% 的 PEG 浓度对清水紫花苜蓿和里奥百脉根原生质体融合最为适合，异源融合率可达 3.1%。

经 IOA-R-6G 互补代谢抑制系统对融合的双亲进行处理后，未经融合的原生质体和其同源融合的细胞在固液培养基上均不能再生愈伤组织，只有异源融合后的原生质体可持续分裂，生长成愈伤组织。融合后的异核体在培养至第 3~4 天时可见再生细胞的第 1 次和第 2 次细胞分裂，1 周左右可观察到多个再生的小细胞团，2 周后持续分裂的细胞团形成肉眼可见的黄绿色小愈伤组织芽。1 个月左右，愈伤组织直径可达 0.5cm，此时将这些愈伤组织转入含 2,4-D、NAA 和 KT 的培养基上进一步进行增殖和分化，部分愈伤出现了绿色的芽状体，但始终未能分化长出小苗，个别再生愈伤则出现水渍化现象，终止发育。

17.6.3　茶树叶片和胚根原生质体的分离及 PEG 诱导融合

茶树［*Camellia sinensis* (L.) O. Ktze.］是山茶科山茶属的多年生木本植物，是重要经济作物，生长周期长，采用传统的有性杂交选育新品种时，周期长、工作量大、效率低。生物技术的应用可以帮助解决这些难题。其中植物原生质体培养及融合技术可为茶树的品种改良及新品种培育开辟一条新的途径。

（1）材料和方法　选用福鼎大白茶种子、恒温避光培养的茶苗和自然生长的福鼎大白茶嫩叶及拟南芥幼苗用作试验材料。试验试剂包括纤维素酶（cellulose R-10）、离析酶（macerozyme R-10）、果胶酶（pectolase Y-23）、MES（吗啉乙磺酸）、BSA（牛血清蛋白）、甘露醇（mannitol）、葡萄糖（glucose）、KCl、NaCl、$CaCl_2$、$MgCl_2$、KOH 等。

将新采收的福鼎大白茶树的果实去掉外壳得到种子。在塑料盆内铺设 10cm 厚的混合土壤（河沙：泥炭土：蛭石 = 2：2：1，混合），在其表面均匀撒布适量新鲜茶树种子，再盖以 1~2cm 厚混合土壤，并浇适量水以保持土壤湿度。将塑料盆放在人工气候箱中（23℃恒温，黑暗，湿度 60%）。20~25 天之后茶树种子破壳生胚根，34~37 天之后萌芽，然后相继长出真叶。取生长 5~10 天的健康嫩白的幼胚根尖部分，以及 23℃恒温培养的茶树幼苗 5 周以内叶龄的健康嫩叶和茶园里生长的茶树 5 周以内叶龄的健康嫩叶作为原生质体分离的来源（图 17-8）。

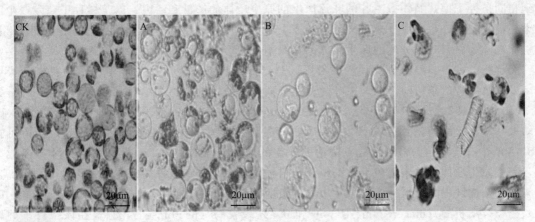

图 17-8　不同材料分离获得的茶树原生质体
CK—分离自拟南芥的叶片；A—分离自黑暗处理的茶树幼嫩实生苗的幼嫩叶；
B—分离自种子萌发产生的幼嫩胚根；C—分离自正常茶园
生长的茶树的一芽三叶

图 17-8 彩图

　　取福鼎大白茶种子萌发产生的乳白色幼胚根的尖端 2cm 部分，斜切成长椭圆形薄片，每份 0.5g 幼胚根薄片放入盛装有酶解液（1.5% 纤维素酶、0.3% 离析酶、0.5% 果胶酶、0.4mol/L 甘露醇、20mmol/L KCl、20mmol/L MES、0.1mol/L CaCl$_2$、1.0g/L BSA 的混合酶液）的玻璃培养皿（60mm）中，并将其放在转速为 50r/min 的摇床上，于 23℃恒温环境中酶解 5～9h；取种子萌发培育的茶苗嫩叶和在茶园里采摘的嫩叶，切成 0.5mm 左右宽的细丝，以每份 0.5g 放入盛装有酶解液（1.5% 纤维素酶、0.1% 离析酶、0.5% 果胶酶、0.4mol/L 甘露醇、20mmol/L KCl、20mmol/L MES、0.1mol/L CaCl$_2$、1.0g/L BSA 的混合酶液）的玻璃培养皿中，在转速为 55r/min 的摇床上，23℃恒温酶解 5～9h。

　　收集含原生质体的酶解液（用孔径 100μm 滤网过滤除去未完全消化的残渣），转入 2mL 圆底离心管中，在 15g 的条件下离心 4min，吸去上清液；加入 1.5mL W 缓冲液（2mmol/L MES、125mmol/L CaCl$_2$、5mmol/L KCl、154mmol/L NaCl、5mmol/L 葡萄糖），再在 15g 条件下离心 4min，吸去上清液，重复清洗 1 次；将 10mL 裂解液按上述方法处理后得到的浓缩细胞收集在一只离心管中，加入 0.8mL W 缓冲液，冰上静置 15min，吸去上清液，加入等体积 MMg 缓冲液（4mmol/L MES、0.4mol/L 甘露醇、15mmol/L MgCl$_2$）后得到纯净的原生质体。

　　将 10mL 含原生质体分离液纯化浓缩至 1mL，吸取 200μL 于培养皿中，静置 15min，再添加等体积 PEG 液（20%、30%、40%、50%PEG6000），在 20℃室温下作用 20min，诱导原生质体融合。用高 pH、高钙溶液（0.1mol/L CaCl$_2$、0.1mol/L 山梨醇、1mol/L Tris，pH9.5）稀释 PEG 诱导融合后的原生质体，第 1 次加 0.125mL，静置 5min；第 2 次加 0.25mL，第 3 次加 0.5mL，第 4 次加 1.25mL，每次间隔 5min，最后吸去上清液。取融合后的细胞液于显微镜下观察。

　　（2）结果与分析　原生质体产量和活力的高低与分离材料的来源及其生理状态有着密切的关系。选取茶树的幼嫩叶、幼嫩胚根和遮光、恒温等不同处理的茶树幼苗的不同组织，进行茶树原生质体分离体系的优化试验。结果切成细条的茶树幼嫩叶片的酶解效果是良好的，大部分叶片可被降解，可以获得大量游离的原生质体。

　　以模式植物拟南芥的幼嫩叶片为对照，三种不同材料中，暗处理的幼嫩叶片分离出来的原生质体的产量和活力都是最高的，可产生大量游离的、圆球形的、具有活力的原生质体，可以达到相同条件下模式植物拟南芥的叶片产生的原生质体的产量和活力；以茶树种子萌发产生的幼嫩胚根为材料，也可以分离出高活力的原生质体，但是产量低于前者；而以在茶园正常生长的一芽三叶为材料时，分离的原生质体的状况不佳，产量低且会产生大量的碎片。

裂解酶的种类、酶组合及其浓度对不同材料分离出的原生质体的产量和活力都有较大影响。以黑暗处理的茶树幼苗的幼嫩叶为材料分离原生质体的最适酶组合及用量为 1.5％纤维素酶（cellulase R-10）、0.1％离析酶（macerozyme R-10）、0.5％果胶酶（pectolase Y-23）；茶树幼嫩叶片在该酶解液组合中裂解 7h 后，分离获得的原生质体产量和活力最高，产量可达 8.8×10^6 个/g。用台盼蓝染色的方法检测获得的原生质体的活力，只有细胞碎片才被染成蓝色，完整原生质体基本未着色，数据统计分析结果显示，分离获得的茶树原生质体活力可高达88％。以茶树胚根为材料分离的原生质体的最适酶组合及用量为 1.5％纤维素酶（cellulase R-10）、0.3％离析酶（macerozyme R-10）和 0.5％果胶酶（pectolase Y-23），在该条件下酶解 8h，胚根分离原生质体的产量和活力最高，产量可达 3.2×10^6 个/g；用台盼蓝染色的方法检测到分离获得的原生质体活力可达89％。

对分离纯化后的茶树原生质体的融合条件进行了优化，采用 PEG6000 化学诱导的方法。在含高 pH(9.5)、高钙（0.2mol/L $CaCl_2$）的 40％PEG6000 溶液的条件下，利用茶树幼嫩叶片和胚根为材料分离获得的原生质体可发生接触及融合，并且融合的比例可以达到 10％（图 17-9）。

图 17-9 彩图

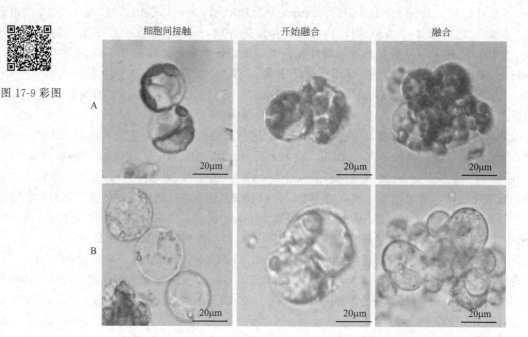

图 17-9 茶树原生质体的融合
A—茶树幼嫩叶片原生质体的融合过程；B—茶树幼嫩胚根原生质体的融合过程

17.6.4 马铃薯与茄子原生质体融合

体细胞杂交技术不仅能够克服有性生殖障碍，而且可以有效地同时转移核基因与胞质基因，促使优良性状在种内、种间、属间得到整合，从而获得有性杂交无法得到的优良种质资源，丰富现有栽培种资源的遗传背景。青枯病是茄科植物的重要细菌性病害，其危害在马铃薯上仅次于晚疫病。目前我国马铃薯栽培品种缺少青枯病抗性资源，而存在于相关种中的优良抗性资源由于有性杂交不亲和又难以利用。因此，利用对称及非对称融合技术，将抗青枯病茄子优良抗性基因染色体片段整合到马铃薯栽培种中，创制抗青枯病马铃薯新资源。同时期望利用非对称融合技术转移马铃薯染色体片段到茄子中，建立马铃薯染色体片段导入系，为马铃薯遗传基础研究搭建新平台。以下是马铃薯与茄子原生质体融合培养再生过程（图 17-10）。

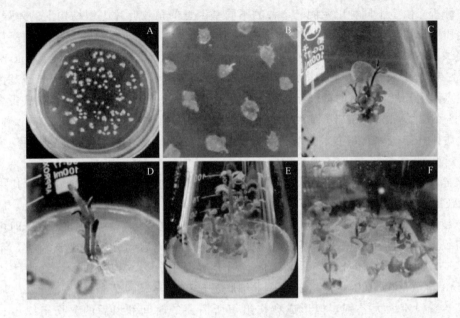

图 17-10 彩图

图 17-10　马铃薯与茄子原生质体融合培养再生过程
A—融合原生质体形成愈伤组织；B—融合后愈伤组织形成再生芽；C—杂种株系 PE3-4 转移至
1/2MS 培养基生根；D—生根杂种株系 PE60-10；E—15 个月末生根的
杂种株系 PE 60-2；F—培养 15 个月后生根的杂种株系 PE 60-2

（1）材料和方法　马铃薯二倍体栽培种 AC142、AC004、AC143、AC239 等；二倍体野生种 *S. chacoense*（C9701）；马铃薯四倍体栽培品种"中薯 2 号"无性系 8♯；本地红茄 E508。

茄子种子室内萌发后的试管苗节间继代保存，使用 MS 基本培养基（3％蔗糖，0.7％琼脂）。马铃薯材料使用 MS 基本培养基（4％蔗糖，0.7％琼脂）节间继代保存。试管苗材料每 4～5 周继代 1 次，培养温度 23℃，每天光照 16h，光照强度为 $60\mu mol/(m^2 \cdot s)$。原生质体分离使用的马铃薯和茄子试管苗在含有 2％蔗糖的 MS 培养基中分别培养 3 周和 4 周。

取培养 3 周的马铃薯试管苗叶片，20℃黑暗条件下以 FM 处理液（周宇波等，2001）预处理 48h。随后马铃薯叶片转移至 CM 处理液，4℃黑暗预处理 24h，同时取 4 周茄子试管苗叶片，4℃黑暗条件下以 CM 预处理 24h。CM 预处理完毕，融合亲本叶片切成小片并加入酶解液，其组成为 1/10RA、3g/L 纤维素酶（Yakult，Tokyo，Japan）、6.5g/L 果胶酶（Sigma）、20g/L PVP、0.2％ BSA、3mmol/L MES、0.3mol/L 甘露醇，pH5.8。酶解后的溶液用 $100\mu m$ 尼龙网过滤。分离纯化后的原生质体用 63.5g/L 甘露醇＋0.2mmol/L $CaCl_2$ 悬浮漂洗。原生质体融合前，亲本融合密度调整为 $2\times10^5/mL$。亲本原生质体体积按 1∶1 混合，取 $250\mu L$ 细胞悬浮液加入至电融合池中进行融合（Eppendorf Multiporator 4308，Germany）。基本融合参数为：交变电压 100V/cm，成串时间 20s，直流脉冲 1100V/cm，作用时间 $60\mu s$，脉冲 1 次。

原生质体在 CM-I 液体培养基中 25℃黑暗培养。细胞壁形成后 2～6 天观察到细胞分裂，10～15 天后添加新鲜的 CM-I 液体培养基。黑暗培养 3～4 周，原生质体在液体培养基中诱导成直径 1～2mm 小愈伤组织后，将其转移至固液双层培养基中培养 2～3 周（25℃，16h 光照），固体培养基为 CM-II，上层液体培养基为 CM-I。待愈伤组织在固体培养基 CM-II 中增殖至 5mm 以上后转移到分化培养基中获得再生芽。再生芽从愈伤组织切下后在 MS 或 1/2MS 培养基中生根并继续生长。

（2）结果与分析　由于不同种以及同一个种的不同基因型的植物叶片组织结构上的差异，从而导致在原生质体分离去壁酶解过程的条件会有一定差异。为了确定供试材料适宜的酶解条件，根据前期试验的酶浓度，取相同量的叶片组织，在 3g/L 纤维素酶（Yakult，Tokyo，Japan）＋6.5g/L 果胶酶（Sigma）同一酶浓度条件下，对 7 个马铃薯基因型和 1 个茄子基因型进行酶解，重点确定其最佳酶解时间。结果显示，相对马铃薯栽培种而言，来自马铃薯野生种 S.chacoense 的无性系 C9701 和茄子基因型的酶解时间短，适宜酶解时间为 11～11.5h，并且收集到的原生质体产量较高。5 个来自马铃薯栽培种 S.tuberosum 的无性系酶解时间均比 C9701 和茄子要延长 1h。

原生质体培养反应显示，所有基因型均能够在培养 1 周内启动首次细胞分裂，其中 8♯、AC142、AC239 启动分裂时间较早，一般在 3～5 天，其他基因型要推迟 1～2 天。启动第一次细胞分裂较早的 3 个基因型，形成小愈伤组织的时间也较短，一般在 2～3 周即可见有微小愈伤组织形成，且在液体培养基中培养反应较好，细胞启动分裂后生长较快，不易褐化。尽管 C9701 的原生质体分离产量高，但其培养过程中分裂的细胞较少，细胞团生长较缓慢。AC143 与 AC004 原生质体培养过程中细胞易破碎。与马铃薯相比，茄子原生质体培养初期与马铃薯没有太大差别，但形成愈伤组织所需要的时间和以后的愈伤组织生长速度比马铃薯要慢很多。

原生质体融合产物在 CM-I 液体培养基中培养，融合细胞培养 3～4 天开始第一次细胞分裂，3～4 周后形成 1～2mm 的小愈伤组织。小愈伤组织随后转移至固液双层培养 2～3 周，再转至 CM-II 固体培养中继续增殖 3～4 周，至愈伤组织 5mm 大小后将其转移到分化再生培养基中。共挑选 377 个生长旺盛的愈伤组织进行分化再生培养，培养 5 个月后获得第一个再生芽，80％的再生芽在 7～11 个月之间分化。再生芽生长至 1cm 左右从愈伤组织上剪下，转至 MS 或 1/2MS 培养基中生根。377 个愈伤组织中，有 75 个愈伤组织分化得到 171 个再生芽，成功获得再生植株 117 个，其他 54 个再生芽为白化或畸形植株。按照分化的愈伤组织计算，分化率为 19.89％。

选用 15 个马铃薯 SSR 标记引物和 6 个茄子 SSR 标记引物，对 117 个融合再生株系进行了分析，以确定融合株系是否为体细胞杂种。在 15 个马铃薯 SSR 标记引物中，有 6 个引物同时也可以扩增出 1 个茄子的特异带型（图 17-11）。在 86 个株系中有 3 个株系（PE29-1、PE29-4、PE57-4）不同程度扩增出特异带，表明这三个株系为体细胞杂种。

分别选取了 7 个体细胞杂种（4 个六倍体、1 个四倍体、2 个非整倍体），采用 GISH 方法对体细胞杂种的基因组组成进行分析。结果显示 4 个六倍体杂种均含有 48 条马铃薯染色体和 24 条茄子染色体。在倍性分析中呈现非整倍体体细胞杂种株系 PE60-10 的 GISH 结果显示，该株系中包含 3 类染色体，一是 54 条马铃薯染色体，二是 16 条茄子染色体，另外还有 7 个重排染色体。在非整倍体体细胞杂种株系 PE60-13 中有 2 个重排染色体，17 条茄子染色体，55 条马铃薯染色体（图 17-12）。

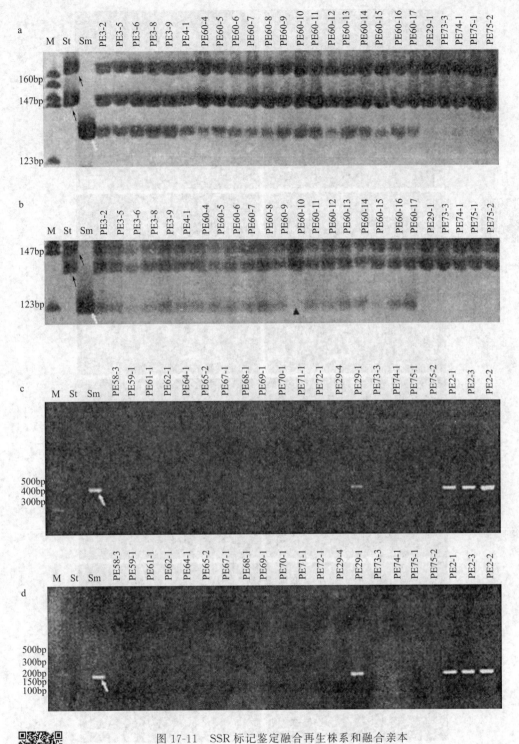

图 17-11　SSR 标记鉴定融合再生株系和融合亲本

a—马铃薯 SSR 引物 STI024 扩增图谱；b—马铃薯 SSR 引物 STI003 扩增图谱；c—茄子 SSR 引物 emb01001 扩增图谱；d—茄子 SSR 引物 emi02F16 扩增图谱；M—pBR322 plasmid DNA digested by MspI（a，b），DL 500DNA Marker（c，d）；St—马铃薯栽培种亲本 AC142；Sm—茄子亲本 E508；黑色箭头指示马铃薯特异带型，白色箭头指示茄子特异带型

图 17-11 彩图

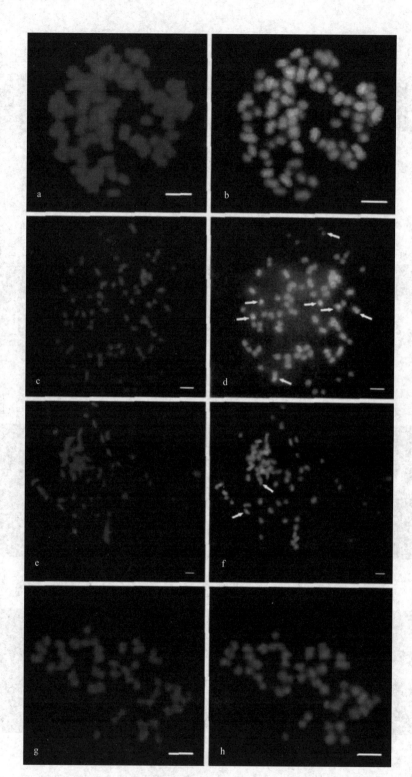

图 17-12 彩图

图 17-12 体细胞杂种有丝分裂染色体 GIS1 分析
a，b—杂种 PE3-4（六倍体）；c，d—杂种 PE 60-10（非整倍体）；e，f—杂种 PE60-13（非整倍体）；
g，h—杂种 PE29-1（四倍体）；绿色代表来源于茄子的染色体，红色代表来源于马铃薯的染色体；
箭头指示重排染色体（标尺为 5μm）

对 11 个生根正常的体细胞杂种株系进行青枯病抗性评价，伤根接种 21 天进行萎蔫级别评价。结果显示，接种无菌水的植物均未出现萎蔫症状，马铃薯栽培种 8♯、3♯、AC142 呈现较高的萎蔫级别（3.08～3.49），而茄子亲本 E508 具有较高的青枯病抗性（WD＝1.08）。体细胞杂种的萎蔫级别分布在 0.27～2.99 之间（图 17-13）。11 个杂种中有 9 个株系抗性水平相对较高，其抗性与茄子亲本类似。萎蔫级别最低的株系为 PE4-1（0.27），抗性显著高于抗性亲本，其次为 PE3-4（0.75）和 PE3-2（0.75）。

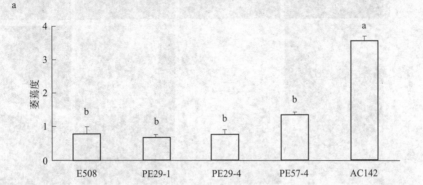

图 17-13 彩图

图 17-13　青枯病生理小种 1 号接种体细胞杂种 14 天后的萎蔫指数（a）与萎蔫症状（b）
相同字母表示在水平 $p < 0.05$ 差异不显著，垂直线表示标准误差。AC142—栽培种感病融合亲本；
E508—抗病融合亲本；PE29-1、PE29-4 和 PE57-4 呈现的抗性水平与抗性亲本类似

试验获得的马铃薯-茄子体细胞杂种试管苗，在形态上更接近于马铃薯亲本。选取再生较早，生长比较正常的 11 个杂种株系，温室钵栽种植 50 天后观察，结果显示，移栽杂种株系表型与试管苗表型基本一致，整体偏向于马铃薯亲本，但在叶片形态和生长习性上各有差异（图 17-14）。

图 17-14 彩图

图 17-14 体细胞杂种及亲本形态

a—茄子融合亲本 E508；b—马铃薯融合亲本 AC142；c—体细胞融合杂种 PE29-1；d—体细胞融合
杂种 PE60-13；e～h—上排图植株茎秆，杂种显示的紫色茎和茎秆毛和茄子亲本一致

小　　结

通过本章内容介绍，学习了原生质体融合的基本概念、基本方法和应用，杂种细胞的选择、杂种细胞的培养及再生的基本方法和技术，体细胞杂种的鉴定方法，并且还介绍了马铃薯野生种与栽培种原生质体融合与培养、紫花苜蓿与百脉根原生质体培养及不对称体细胞杂交、茶树叶片和胚根原生质体的分离及 PEG 诱导融合，以及马铃薯与茄子原生质体融合创制新资源研究等四个研究实例。

思　考　题

1. 什么是植物体细胞杂交？
2. 植物杂种细胞有何特点？
3. 简述植物杂种细胞的主要筛选方法。
4. 鉴定植物体细胞杂种的方法有哪几种？
5. 植物体细胞杂交有哪些主要应用？

第18章

植物遗传转化

植物遗传转化（plant genetic transformation）是应用分子重组技术、细胞组织培养技术或种质系统转化技术，有目的地将外源基因或 DNA 片段插入到受体植物基因组中，并使其稳定地整合表达与遗传的过程。将外源基因导入植物，可以有效提高其产量、品质和抗病、抗逆性，是植物基因工程的重要组成部分。自 1983 年世界首例转基因植物——转基因烟草诞生以来，全世界已在 200 多种植物中利用遗传转化的方法实现基因转移。植物遗传转化技术可以克服物种之间的遗传屏障，扩大可利用资源的范围，按照人们的愿望创造出自然界原来没有的生命形式，以满足人类的需求。与常规育种方法相比，它具有以下一些特点：对植物基因型和表现型的改变只作用于目标性状，更有针对性，可有效加快育种进程；可以克服传统育种中不同生物之间的生殖隔离等限制，扩大可利用的资源库；可以创造出自然界所没有的新种质。目前植物遗传转化技术创建的很多新品种有利于应对包括虫害在内的生物胁迫，有些已推广应用，并产生了巨大的经济效益和社会效益。

18.1 植物遗传转化的方法

可供选择的植物遗传转化方法很多，大体上分为 3 类：第一类是外源裸露基因的直接导入法，指通过物理或化学方法直接将外源目的基因导入植物基因组中，物理方法包含电穿孔转化法、基因枪转化法、激光微束穿孔转化法、体内注射法、超声波法等；化学方法有 PEG 和脂质体介导转化法等，其中基因枪转化法是广泛应用于单子叶植物的遗传转化。第二类是载体介导的转化方法，指通过将目的基因连接在植物表达载体上，随着载体 DNA 的转移而将外源目的基因整合到植物基因组中的方法，该方法主要包括农杆菌介导（*Agrobacterium* mediated transformation）和病毒介导的转化法，其中农杆菌介导的转化方法操作简便、成本低、转化率高，广泛应用于双子叶植物的遗传转化中。第三类是种质转化系统法，包括植物原位真空渗入法和花粉管通道法等。

18.1.1 农杆菌介导法

18.1.1.1 原理

（1）根癌农杆菌的特性及功能　农杆菌属于革兰阴性细菌，在土壤中含量极为丰富，目前作为遗传工程载体的农杆菌分为根癌农杆菌和发根农杆菌，以根癌农杆菌应用更为广泛。根癌农杆菌适宜的生长温度是 25～30℃，适宜的 pH 为 6.0～9.0。在自然状态下，根癌农杆菌广泛侵染双子叶植物的受伤部位，据不完全统计，约有 93 属 643 种双子叶植物对根癌农杆菌敏感。裸子植物同样具有敏感性，能诱发肿瘤。一般认为单子叶植物对农杆菌无敏感性，但近年来有报道，农杆菌对有些单子叶植物也有侵染能力，目前农杆菌转化已在水稻（Hiei 等，1994）、玉米（Arencibia 等，1998）、小麦（Cheng 等，1997）、意大利黑麦草（Bettany，2003）等植物上取得成功。不仅如此，农杆菌还可以侵染 50 多种真菌（Michielse，2005）。

早在 1907 年，Smith 和 Townsent 就发现植物冠瘿瘤是由农杆菌诱发的。但直到 1974 年，才由比利时根特大学的 Zeanen 等观察到农杆菌中的一类巨型质粒，它能从病株转移到无病株，并引起无病株得病，称其为致瘤质粒（tumor-inducing plasmid），简称 Ti 质粒。后研究发现凡丢失 Ti 质粒的农杆菌，其致瘤能力则完全丧失，从而证明 Ti 质粒就是 Braun 假说中的肿瘤诱导因子。此后一系列研究结果进一步证明冠瘿瘤的产生、冠瘿碱的合成和其他一些功能都是由 Ti 质粒携带的遗传信息决定的。目前，Ti 质粒的结构已经清楚。依据 Ti 质粒诱导的植物冠瘿瘤种类的不同，Ti 质粒可以分为 4 种类型：章鱼碱型（octopine type）、胭脂碱型（nopaline type）、农杆碱型（agropine type）和农杆菌素碱型（agrocinopine）或琥珀碱型（succinamopine）。其中章鱼碱型和胭脂碱型 Ti 质粒较为常见。

Ti 质粒是一类双股共价闭合的环状 DNA 大分子，根据其功能的不同，各种 Ti 质粒均可分为以下 4 个区：①T-DNA 区（transfer-DNA region）。T-DNA 是农杆菌侵染植物细胞时，从 Ti 质粒上切割下来转移植物细胞的一段 DNA，该片段上的基因与肿瘤的形态和冠瘿碱的合成有关。②Vir 区（virulence region），也称毒性区。该区段上编码的基因能激活 T-DNA 转移，使农杆菌表现出毒性。T-DNA 区与 Vir 区在质粒上彼此相邻，合起来约占 Ti 质粒 DNA 的 1/3。③Con 区（region encoding conjugations），也称接合转移编码区。该区段存在与细菌间接合转移有关的基因（tra），调控 Ti 质粒在农杆菌间转移。冠瘿碱能激活 tra 基因，诱导 Ti 质粒转移。④Ori 区（origin of replication），也称复制起始区。该区段基因调控 Ti 质粒的自我复制。

（2）T-DNA 导入植物基因组的分子机理 农杆菌 Ti 质粒的 T-DNA 导入植物基因组的整个过程可以分为 6 步，包括：①农杆菌对受体的识别；②农杆菌的附着；③毒性区基因的诱导表达；④转移复合体的形成；⑤T-DNA 的加工与转运；⑥T-DNA 整合到寄主基因组等（图 18-1）。

农杆菌基因组 DNA 和 Ti 质粒编码的与转移整合相关的蛋白质研究已比较清楚：趋化性是农杆菌对植物受体识别的基础。农杆菌的许多菌株是高度移动的，能被许多糖和氨基酸所吸引。受伤的植物组织产生的一些糖类、氨基酸类、酚类物质吸引农杆菌向受伤组织富集。当根癌农杆菌附着于植物细胞后，T-DNA 区段的 Vir 区基因在接受植物细胞产生的创伤信号分子后，首先是 VirA 编码一种结合在膜上的化学受体蛋白。VirA 蛋白可直接对植物产生的酚类化合物感应。当酚类物质（如乙酰丁香酮）与感应位点结合后，引起 VirA 蛋白构象发生变化，其 C 端活化。C 端有激酶的功能，使蛋白上的组氨酸残基发生磷酸化，从而激活 VirA 蛋白。被激活的 VirA 蛋白可以转移其磷酸基至 VirG 蛋白，使 Vir 族蛋白活化。当 VirG 蛋白活化后，以二聚体或多聚体形式结合到 Vir 启动子的特定区域，从而成为其他 Vir 基因转录的激活因子，打开 VirB 等基因簇。VirB 基因编码的蛋白可以充当跨膜通道的角色，帮助 T-DNA 完成第一步跨膜转运，进入植物细胞。

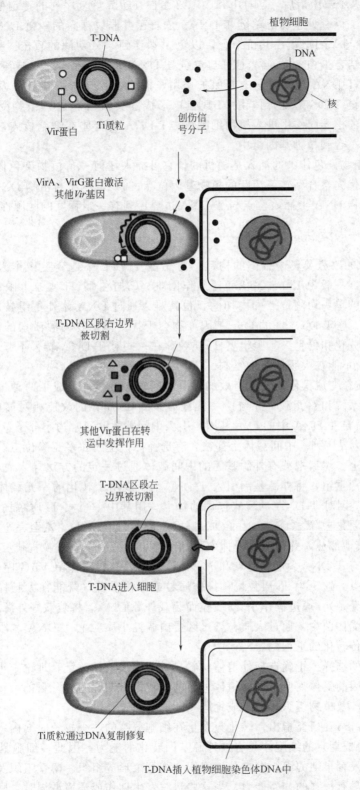

图 18-1 彩图

图 18-1　T-DNA 导入植物基因组的分子机理示意

Vir 基因操纵子被激活后，VirD1 和 VirD2 蛋白在边界重复序列的特定位点上（一般认为在末端第 3 和第 4 碱基处）切下单链 T-DNA。农杆菌并非以裸露的单链 DNA 转入植物细胞，而是 T 链的 $5''$ 端与 VirD2 蛋白共价结合，以免 $5''$ 端受到 $5''$ 外切酶的攻击。另外，VirE2 蛋白具有单链 DNA 结合蛋白的功能，通过与单链 T-DNA 非共价结合，形成细长的核酸-蛋白质丝，可能在单链 T-DNA 转移过程中起保护作用，抵抗 $3'$ 和 $5'$ 外切核酸酶及内切核酸酶的降解。加工好的单链 T-DNA 复合体由 VirB 蛋白形成的类接合孔进入植物受体细胞，然后由 VirD2 和 VirE2 的核导向作用进入植物细胞核。T-DNA 复合体在细胞核内被运输到整合位点后，打开包裹，整合到植物基因组中。

T-DNA 在植物染色体中的插入是随机的，它可插入任何一条植物染色体。但插入位点常有以下特点：①优先整合到转录活跃的植物基因位点；②T-DNA 与植物 DNA 连接处富含 A、T 碱基对；③植物 DNA 上插入位点与 T-DNA 边界序列有一定程度的同源性。

18.1.1.2　程序与方法

(1) Ti 质粒的改造及表达载体的构建　野生型 Ti 质粒不适合直接作为植物基因工程载体：①质粒过大（一般为 $180\sim240$kb），操作困难。②野生型 Ti 质粒上限制酶的切点过多，难以找到可利用的单一切割位点的内切酶，也就难以通过 DNA 体外重组技术向野生型 Ti 质粒导入外源基因。③T-DNA 区的 Onc 基因产物会干扰受体植物内源激素的平衡而诱发肿瘤，阻碍转化细胞的分化和再生。④野生型 Ti 质粒存在一些对 T-DNA 转移不起任何作用的序列。⑤野生型 Ti 质粒不能在大肠杆菌中复制。

为了使 Ti 质粒变成操作简便、有效的外源基因转移载体，形成了两种植物转基因载体策略，即一元载体系统和双元载体系统。一元载体系统 Ti 质粒的改造相对简单，具体做法是：去除野生型 Ti 质粒 T-DNA 中的 Onc 基因，引入中间载体（通常为小分子量的 *E. coli* 质粒），保留 T-DNA 的边界序列。中间载体上往往含有选择标记基因和多克隆位点。首先将外源基因装载到中间载体上，然后把载有外源基因的中间载体通过一定的方法导入农杆菌，利用 Ti 质粒与小质粒的同源重组，将外源基因引入 T-DNA，制成用于转化的一元载体。双元载体系统充分利用了 *vir* 基因对 T-DNA 的反式作用的特点，用其中一个大 Ti 质粒提供 *vir* 基因功能，改造该质粒时主要是去除 T-DNA 上的 Onc 基因（也称卸甲过程），甚至完全消除 T-DNA，保留 Ti 质粒上的其他部分，并保留在受体农杆菌菌体中。另一个小质粒提供 T-DNA 进行转移，小质粒一般只带有 T-DNA、复制起点和选择标记基因，有些仍保留 VirG 序列，并在 T-DNA 上引入多克隆位点。这个小 Ti 质粒也称操作质粒或穿梭质粒（既能在大肠杆菌中存在，同时也能在农杆菌中繁殖）。通过操作小 Ti 质粒而装载外源 DNA。将装载好外源基因的 Ti 质粒重新导入到合适的受体菌中，通过大质粒 Vir 区蛋白调控小质粒上 T-DNA 区段的转移，从而获得能用于植物遗传转化的工程菌。

(2) 外植体的选择　正确选择外植体材料是转基因成功的关键，理论上讲，任何植物组织都可以作为转基因的受体，但不同外植体材料的转化率有明显差异。目前，作为转基因的外植体材料很广泛，涉及植物组织、器官或细胞系。

1997 年 Villemont 研究指出，转化只发生在细胞分裂的一个较短时期内，只有处于细胞分裂 S 期（DNA 合成期）的细胞才具有被外源基因转化的能力。因此，细胞具有分裂能力是转化的基本条件。发育早期的组织，如分生组织、维管束形成组织、薄壁组织及胚、雌配子体和雄配子体等，都具有很强的分裂能力。当这些组织发生创伤或环境诱导时，则加速分裂，即处于转化的敏感期。因此，应首选那些生长旺盛、分生能力强、发育早期的细胞、组织和器官作为外植体，如子叶、下胚轴、幼叶、茎尖等。不同外植体比如普通白菜上，带柄子叶的转化效率可以达到 80％（侯喜林，2008），而下胚轴的转化效率几乎为零（吕艳艳，2010）。相对难以再生的南瓜属蔬菜也多以子叶节作为外植体。另外，再生频率还受到外植体的基因型、外植体培养时间等多重因素影响。如曹家树等（2000）研究认为，青梗白菜再生频率高于白梗类型。

（3）预培养　外植体的预培养与外植体的转化有明显关系，每种外植体均有其最佳预培养时间，预培养时间太长会降低外植体的转化率，一般以 2～3 天为宜。

外植体的预培养主要有以下作用：①促进细胞分裂，使受体细胞处于更容易整合外源DNA的状态。②田间取材的外植体通过预培养起到驯化作用，使外植体适应离体培养的条件。③有利于外植体与培养基平整接触。外植体在开始培养过程中，由于迅速生长而出现上翘和卷曲，使农杆菌的接种切面离开培养基，进一步使农杆菌生长受抑制而难以实现受体的转化。

（4）接种及共培养　外植体的接种是指把农杆菌工程菌株与外植体的侵染部位充分接触，使外植体表面富集农杆菌。常用的方法是将外植体浸泡在预先准备好的工程菌株中，浸泡一定时间（1～30min）后，去除多余的菌液，然后置于诱导愈伤组织或不定芽分化的固体培养基上，在外植体细胞分裂、生长的同时，农杆菌在外植体切口面也增殖生长，两者共同培养的过程称之为共培养（coculture）。

农杆菌与外植体共培养在整个转化过程中是非常重要的环节，因为农杆菌的附着、T-DNA的转移和整合都是在这个时期内完成。因此，掌握共培养技术和条件是转化成功的关键。前人研究认为，农杆菌附着外植体表面后并不能立刻进行转化，只有在创伤部位生存 8～16h 后的菌株才能诱发肿瘤。因此，共培养时间必须长于 8～16h。但如果共培养时间过长，可能会由于农杆菌的过度生长而使植物细胞死亡。一般共培养时间为 3 天。共培养时，可以使用低盐培养基，并在培养基中添加较高浓度的生长素类激素和 AS(乙酰丁香酮) 等诱导物，以促进 T-DNA 的转移，提高转化效率。

（5）转化细胞的选择培养和高频再生　转化细胞的选择培养和再生直接关系到转化芽的获得。一般而言，在非选择培养基上，非转化细胞由于其生长的优势，使得转化细胞处于选择劣势而淘汰，转化难以成功。为了有利于转化细胞的选择，一般在载体构建时，在转化载体上加上选择标记基因。这样，在选择培养中加入与之相应的选择压力就可以抑制非转化细胞的生长，而对转化细胞的生长无抑制作用，从而起到选择效果。选择压应根据植物的特性来定，比较敏感的植物要使用较低浓度的抗生素。所以在制定选择方案之前要先做抗生素敏感试验。

转化频率与培养基密切相关。培养基的选择主要与受体植物的遗传背景有关。在选择培养基时，要考虑到受体植物的特性，根据前人的有关资料进行预研，主要考虑培养基的无机盐浓度、合适的蔗糖浓度和有机附加物以及激素的种类等。一般认为，同一物种和同一植物不同组织器官的培养基有类同性，组织培养所需营养成分与田间栽培有相似性。

（6）外源基因的整合和表达鉴定　遗传转化后所获得的再生植株是否为转基因植株，外源基因是否进行了整合，整合的位点拷贝数如何等，回答这些问题需要经过一系列的鉴定过程。转基因植物的检测主要包括两方面内容：第一，对转化植株进行分子生物学鉴定，常用Southern 杂交验证外源基因在受体染色体上的整合位点和拷贝数，Northern 杂交分析外源基因在受体细胞中的转录情况，Western 杂交分析外源基因在翻译水平是否表达；第二，对转基因植株进行表型性状鉴定，通过田间表现情况确定外源基因是否进行正常表达。

18.1.1.3　优缺点

农杆菌介导法是目前应用最广泛、转化机理研究最清楚的遗传转化方法之一。该方法在进行植物细胞转化上具有以下优点：①转化频率较高。由于 T-DNA 在转移过程中受 VirE2、

VirD2 蛋白的保护和定向作用，以 DNA-蛋白复合体的形式进入细胞中，因此，能使 T-DNA 免受 DNase 的降解，而其他方法中 DNA 则是以裸露方式进入植物细胞，易受核酸酶的降解。②转移的外源片段较大。研究表明，T-DNA 可以容纳长达 50kb 的异源 DNA 并完整地转移到植物细胞中。③整合的外源基因多为单拷贝。转化获得的单拷贝植株遗传稳定性好，并且多数符合孟德尔遗传规律，能直接为遗传育种提供新种质。④整合到植物基因组的外源基因可以定向表达。根据人类的需要，在 T-DNA 上连接上特异启动子，可以使外源基因在再生植株的各种组织器官中特异性表达。

但该转化方法也有以下两点不足：①受体植物基因型限制，农杆菌侵染的寄主范围主要限制在双子叶植物，虽然有一些单子叶植物的转化获得成功，但多数单子叶植物不易产生感受态细胞，转化较为困难；就算是同一个种的植物，受其不同品种的影响，其转化效率也有较大的差异。②由于农杆菌是一个生物有机体，其功能受环境及其作用对象的影响比其他理化方法复杂，以致转化受植物材料的影响比较大。

18.1.2 基因枪法

18.1.2.1 原理

基因枪（particle bombardment）介导的植物遗传转化是通过一种外来的动力系统，高速发射包裹有重组 DNA 的金属颗粒，将目的基因直接打入受体细胞中，在受体细胞体内完成外源基因的整合、表达的方法。基因枪最早在 1987 年由美国康奈尔大学的 Sonford 研制并应用。转化的载体多数是以 pUC 系列质粒为基础构建的。它们通常具有细菌复制原点及抗性选择标记，具有可在植物中表达的启动子、终止子、调控序列以及植物抗性选择标记（如除草剂、潮霉素等抗性）基因。

目前使用的基因枪根据动力系统不同可分为 3 类：火药式（gunpowder）、气动式（gas-powder）和放电式（electric discharge）。它们的共同特点是在高压下，将金属微粒和包被 DNA 高速导入受体细胞或组织进行转化（图 18-2）。来自外界的高压气体沿着气体桶高速前进，到达桶底时，击破桶底的爆破片继续前进，当遇到载有重组 DNA 和金属微粒的大载体时，推动载体和金属微粒一起前进，在经过阻挡板时，大载体被阻挡板拦截，而包裹有重组 DNA 的金属微粒继续前进，到达载物台，以高速轰击载物台上的样品，进入到受体细胞中，并在受体细胞中完成外源 DNA 的重组。

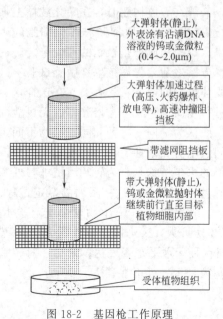

图 18-2 基因枪工作原理

大弹射体(静止)，外表涂有沾满DNA溶液的钨或金微粒(0.4～2.0μm)

大弹射体加速过程(高压、火药爆炸、放电等)，高速冲撞阻挡板

带滤网阻挡板

带大弹射体(静止)，钨或金微粒抛射体继续前行直至目标植物细胞内部

受体植物组织

18.1.2.2 程序与方法

基因枪转化的操作可分为金粉的制备、轰击子弹的制备和轰击操作 3 个过程。

（1）轰击微弹的制备　目前制作微弹的金属微粒一般多用金粉或钨粉。钨粉价格相对低廉，容易制备。但钨粉与 DNA 结合时间过长会引起 DNA 降解，同时会形成对植物有害的氧化膜。金粉无上述缺点，但金粉在水中趋向形成不可逆的结块，需现配现用，且价格昂贵。金属微粒的大小及用量对转化有一定的影响。微粒的直径一般以 0.6～4μm 为宜，可根据不同的材料加以选择。另外，金属微粒大小的选择还应和其他的轰击条件相匹配。一般而言，最适的金属微粒的大小及用量往往因组培条件和转化系统的不同而异。

在制备轰击微弹时，对 DNA 的纯度和浓度要求较高。高纯度 DNA 射入受体细胞后整合到植物基因组的概率更高。但 DNA 的浓度过高会使金属微粒凝聚成块，同时，金属微粒对 DNA 的吸附能力还存在一个饱和值。DNA 常用浓度为 1g/L。在制备微弹时，为使 DNA 较好地附着在微弹上，常需添加一定浓度的 DNA 沉淀剂，如 $CaCl_2$、亚精胺（spermidine）、PEG 等。Duchesne 在转化云杉愈伤组织时发现，$CaCl_2$ 的效果较 PEG 好，可得到更多 GUS（β-葡萄糖苷酸酶基因）表达的愈伤组织。而对 Ca^{2+} 的来源，Perl（1992 年）在转化小麦时发现，使用 $Ca(NO_3)_2$ 优于 $CaCl_2$，但王鸿鹤等在转化香蕉时的结果却相反，说明不同的外植体对 Ca^{2+} 来源的要求并不相同。此外，不同型号的基因枪对沉淀剂的选择也不相同，PDS-1000/He 需要 PEG 的参与，ACCELLTM 则不需要。一般 $CaCl_2$ 的最适浓度在 210.9～266.4g/L，亚精胺浓度介于 1.12～11.17g/L，PEG 则选用 25%PEG 4000。

（2）基因枪轰击参数　主要包括微弹速度、射程、膛内真空度、轰击次数等。微弹速度、射程和真空度的选择决定微弹的穿透力。植物组织中只有某些特定的细胞层才具有再生能力，微弹射中这些细胞才有意义。Jarl 比较了不同射入条件发现，氦气压力为 351kPa（51psi，1psi＝6894.76Pa）、射程为 17cm、真空度在 $0.8kgf/cm^2$（$1kgf/cm^2$＝98kPa）、释放时间为 60min 是对大麦胚适宜的轰击参数，此时 GUS 瞬间表达的频率最高。但瞬间表达的条件在应用到稳定转化时往往被过分强调，要获得稳定的转化子还要考虑轰击条件对植株再生的影响。小麦上应用最多的是 $0.6\mu m$ 和 $1.0\mu m$ 的金粉颗粒，射程一般为 6～12cm，氦气压力一般在 650～1550psi 之间。但也有人认为，较低的轰击压 650～1100psi 可使外源基因的瞬时表达量明显增高（Rasco-Gaunt S，1999；赵虹，2001）。Alfonso-Rubi 等研究发现，水稻种子愈伤瞬间表达的最佳轰击条件反而使转基因植株的比例下降。轰击次数也同样会影响到转化效率和再生频率 2 个方面，轰击次数的增多，一方面使瞬间表达频率提高，但也会造成对细胞伤害的增大，因此，一般以不超过 3 次为宜。

（3）受体材料　在基因转化中起主导作用的是植物本身，因此受体细胞生理状态对转化有重要的影响。这些因素包括外植体种类、细胞生理状态、细胞再生能力、轰击前后的培养条件及细胞是否处于感受态等。Clarke 等认为，开花后 7～10 天的小麦胚乳最适于作轰击材料；黄大年等以明恢 63 开花后 10～12 天的幼胚为实验起始材料，发现幼胚诱导来源的愈伤组织转化频率最高。Hamada（2017）则认为，虽然小麦可以进行遗传转化的组织有根、成熟胚、花药、幼穗、幼胚和茎分生组织等多种类型，但幼胚再生性能最好。因此，现在小麦基因枪介导的遗传转化多以再生能力强的基因型的幼胚为材料。

在轰击前后对外植体进行渗透处理有助于提高转化频率。Nandadeva 等比较了蔗糖、麦芽糖、甘露醇、山梨醇 4 种不同渗透剂对水稻胚性细胞转化的影响，发现甘露醇的处理可得到最高的 GUS 表达频率，蔗糖效果最差，且 4 种渗透剂都随使用浓度的增大而使转化频率增高；但稳定转化子的结果则相反，用蔗糖处理得到了最高的转化频率，而浓度对转化结果的影响不显著。一般认为，渗透处理使细胞发生质壁分离，从而减少了轰击时由细胞质溢出造成的细胞损伤。但也有报道认为，在渗透浓度较高、预处理时间较长的情况下，渗透处理对转化有负作用。

（4）轰击样品　在进行样品轰击时，首先要调节轰击的压力，再调整样品与小载体之间的距离，最后在真空条件下进行轰击，每样品重复 2～3 次。处理后的样品立即转入培养。

18.1.2.3　优缺点

基因枪转化法有以下优点：①无宿主限制。对单、双子叶植物，动物、微生物都适用。目前已广泛应用于烟草、大豆、水稻、小麦、衣藻等生物的遗传转化中。②受体类型广泛。基因枪的受体可以是原生质体、叶片、悬浮细胞、茎段、根段、子叶、下胚轴、种子胚、幼穗、幼胚、成熟胚、愈伤组织、花粉细胞、子房等，几乎所有具有潜在分生能力的组织、器官和细胞。③质粒构造简单。目的基因可以在大肠杆菌中直接克隆并扩增，简化了质粒的构建。④可控度高，操作简便、快速。根据实验需要可调节微弹的速度和浓度，以较高的命中率把 DNA 微粒载体射入特定受体细胞。

该方法也有以下几点局限性：①仪器设备、轰击微弹的制备等较为昂贵；②整合的外源基因拷贝数不易控制，多为多拷贝数整合，易出现转基因沉默，后代的遗传稳定性差；③轰击过程对细胞损伤较大，常会造成转化细胞死亡；④外源 DNA 的整合机理等理论问题不清楚。

18.1.3 其他常用的转化方法

（1）植株原位真空渗入法　即在一定真空条件下，用农杆菌菌株感染植物成株或幼苗，在转化植株当代（T_0）采收种子（T_1），利用标志基因对采收的 T_1 种子进行抗抗生素筛选，并经分子检测后确定转基因植株的一种基因转移的非组织培养新方法，这种方法叫植株原位真空渗入法（*In-planta Agrobacterium* mediated transformation with vacuum infiltration，简称 Vi）。这种方法最早由 N.Bechtold 等（1993）在拟南芥上进行 Basta 的遗传转化时获得了成功。随后，巩振辉等（1996）以拟南芥为试材，在对这种简便、易行的非组织培养方法进行了深入细致的研究后，对该方法进行了优化，并将其成功地应用于大白菜、小白菜、白菜型油菜、芥菜型油菜、甘蓝型油菜、菜薹、芥菜等经济作物中，后续又应用到苜蓿等植物中（Bai 等，2013；Parvin 等，2015）。目前，植株原位真空渗入法在芸薹属植物，尤其是模式植株拟南芥上得到了广泛应用，已成为这些植物遗传转化研究中应用最多，也是最重要的方法之一。它除具有农杆菌介导法所具有的全部优点外，最突出的优点有以下几点：①操作简便，在一般实验室均可进行。②转化率高，一般转化率可达 1.0%～11.2%，即在转化当代植株上每采收 100 粒种子，就可获得 1～11.2 株转基因植株。相信随着这一转化体系的完善，将会解决长期以来经济作物转化率低、难以发挥基因工程在作物品种改良中的重要作用的关键问题。③避开了组织培养中体细胞变异对目的基因正确表达的干扰。同时，也为一些组织培养不易成苗的植物种类提供了基因转移的有效新方法。④由于转基因植株的筛选是筛选转化植株当代（T_0）所发育的成熟种子（T_1），而不是筛选转化植株当代（T_0），故无嵌合现象，克服了组织器官及种子作为转化受体常出现的嵌合性高的弊端。同其他转化方法一样，植株原位真空渗入法也有不足之处。其主要不足是目前该方法仅限于拟南芥和芸薹属植株。相信随着研究的深入，这种方法将会表现出更大的潜力。

（2）PEG 法　PEG 介导的遗传转化由 Daver 于 1980 年所创。其原理是 PEG、多聚 L-鸟氨酸（pLo）、磷酸钙等细胞融合剂类物质，在高 pH 条件下可诱导原生质体摄取外源 DNA 分子，使细胞膜之间或 DNA 与膜之间形成分子桥，促使外源 DNA 进入受体细胞。该方法具有以下优点：①不受植物种类的限制；②操作简单，成本低，无需昂贵的仪器设备；③可以避免嵌合转化体的产生。但该方法需要受体为原生质体，由于目前很多植物的原生质体再生困难，转化率低，从而使该法的应用受到了限制。

（3）脂质体介导法　脂质体（liposomes）法是根据生物膜的结构和功能特性，人工用脂类如磷脂等化合物合成的双层膜囊包装外源 DNA 分子或 RNA 分子，导入原生质体或细胞，以实现遗传转化的技术。其优点是：①细胞毒性低，包容量大；②适用植物种类广泛，重复性高，操作简单；③可保护 DNA 免受核酸酶的降解作用；④对植物病毒 RNA 的转化具有较高的转化率。不足之处在于需要以原生质体作为受体，不适宜原生质体再生困难的植物。

（4）电击法 1985年，Fromm等首次使用电击法（electroporation）成功地将氯霉素乙酰转移酶 *cat* 基因导入玉米原生质体。其原理是利用高压电脉冲的作用，在原生质体质膜上形成瞬间通道，从而促进外源DNA的摄取。细胞膜可视为一个电容器，其静息膜电位约为 100mV。当细胞处于一个外加电场（V）下，膜电位增高；当V升高到一定值时，膜被击穿形成微孔。间隔一段时间后，微孔关闭复原，称"可逆击穿"。在微孔开启期间，细胞外环境中的核酸便会穿孔由细胞质进入到细胞核，整合在染色体上。电击处理时，脉冲的最大电压和脉冲持续的时间是影响转化效率的两个主要因素，其他因素如 Ca^{2+} 浓度、pH、质粒DNA的浓度等对转化率也有影响。因此，使用前，应优化各项转化参数。电击法的主要优点有：①无宿主限制；②操作简便；③可直接在带壁的植物组织和细胞上电击穿孔，将外源DNA直接导入植物细胞，提高了植物细胞的存活率。但存在转化效率不高、设备较昂贵等不足。如果将电击法与PEG转化法、脂质体法和激光微束法等技术结合使用，该法的转化效率可大大提高。

（5）体内注射法 体内注射转化法是利用一定的注射器将外源基因直接注入到已固定的植物细胞或组织中，从而实现基因转移、获得转基因再生植株的技术，包括直接注射法（direct injection）和显微注射法（microinjection）。直接注射法所用外源DNA量大，注射部位可以是子房、穗基、分蘖节等，而显微注射法注射部位多是植物受体细胞的细胞核或细胞质。注射用的微针通常用拉针机制备，针尖直径以 $0.5\mu m$ 为宜，一次注入细胞质中的DNA量为 $1.0\sim9\mu g/mL$，这一方法最早仅用于原生质体，现已发展到DNA直接注射花粉粒、卵细胞、子房等。该方法的优点是：①无宿主限制；②可将DNA直接注射入核，转化效率高。但转化子绝对数目少，且存在设备昂贵、操作烦琐等弊端。

（6）浸渍法 将植物的种子、胚、胚珠、子房、花粉粒、幼胚、幼穗、悬浮细胞培养物等浸泡在含外源DNA的溶液中，利用植物细胞自身的物质转运系统，通过渗透作用将外源DNA直接导入受体细胞的方法称浸渍法（germ cell soaking method）。该法操作简单、快速，易于接受，但分子生物学方面的证据不足，转化效率较低。

（7）碳化硅纤维介导法 将受体细胞与碳化硅纤维和外源DNA混合共培养，振荡，使碳化硅纤维对细胞进行穿刺，介导外源DNA导入的方法称碳化硅纤维介导法（silicon carbide fiber-mediated method）。Kaeppler等（1990）最早利用该方法实现了植物细胞的转化。该法不受受体材料的限制，操作简单、快速，成本低廉，在玉米、烟草和真核藻类上获得成功，具有良好的应用前景，但在转化较大的组织时往往仅限于表层细胞，且有许多参数尚待进一步研究。

（8）高渗法 胡新喜等以番茄愈伤组织和水稻愈伤组织为转化受体，以pBG和pBI121为外源DNA，以蔗糖和甘露醇为渗透剂，对植物高渗转基因技术进行了研究。结果表明，高渗转化后愈伤组织 *Gus* 基因瞬间表达率为 38.9%，经抗性筛选，获得番茄和水稻Basta抗性愈伤组织，番茄Basta抗性愈伤组织经分化培养后，共得到29个Basta抗性芽，证明植物高渗转基因技术得到初步建立。但该方法在其他植物上应用的相关报道还很少。

（9）激光微束穿刺法 激光束穿刺法（laser microbean），指将激光聚焦成微米级的微束照射细胞或组织后，活细胞在光化学和热化学的作用下形成可逆性穿孔，外源基因可以顺着渗透压梯度通过该孔道进入受体细胞内并整合到植物基因组DNA上，从而实现基因转移的方法。该方法无宿主限制，单、双子叶植物都可进行转化，受体的类型广泛，但存在设备昂贵、转化率较低等问题。

（10）超声波介导法 将超声波技术应用于基因转移具有重要意义。虽然对于转化的机制还不是十分清楚，具体的方法及条件还有待进一步探索与完善，但它具有不需要复杂昂贵的仪器设备、操作简便、有较高的转化率等优点，值得推广应用。与电穿孔法转化一样，超声波转化技术具有应用的普遍性，不受物种特异性的限制。更重要的是，超声波可用于转化小块植物组织，有望解决单子叶植物农杆菌介导遗传转化所面临的困难，可大大缩短转基因植物再生所需要的时间。

18.2　转化植株的检测

对植物进行基因转化后，外源基因是否进入植物细胞，进入植物细胞的外源基因是否整合到植物染色体上，如何整合、整合的外源基因是否表达？这一系列的问题只有通过外源基因的整合鉴定和外源基因表达的检测才能阐明，检测转基因植物的方法有多种，按生化过程分整合鉴定和表达检测，按检测对象分报告基因检测和目的基因检测。

18.2.1　报告基因检测

报告基因是一类表达产物非常容易被检测的基因，其表达产物及产物的类似功能在未转化的细胞内并不存在，因而可以快速报告细胞、组织、器官或植株是否被转化。报告基因大多是一些酶的编码基因，利用加入相应的底物，根据酶活性是否存在，从而确定报告基因是否被转化。目前主要的报告基因有 β-葡萄糖苷酸酶基因（β-Glucuronidase，Gus）、新霉素磷酸转移酶基因（$Npt\,\mathrm{II}$）、潮霉素抗性基因（Hgr）、胭脂碱和章鱼碱合成酶基因以及氯霉素乙酰转移酶基因（Cat 基因）等（表 18-1）。

表 18-1　转基因植物研究中使用的主要标记基因

基因	基因编码的产物	选择试剂	基因来源
$Npt\,\mathrm{II}/Aph\,\mathrm{II}$	新霉素磷酸转移酶 II	卡那霉素、新霉素、Geneticin(G418)、巴龙霉素	大肠杆菌（*Escherichia coli*）
Neo	氨基葡萄糖苷磷酸转移酶 II	氨基羟丁基卡那霉素 A（即 BBK 8）、氨基葡萄糖苷	转座子 Tn5
Bar/Pat	草丁膦乙酰转移酶	草甘膦、草丁膦、双丙氨膦	链霉菌（*Streptomyces hygroscopicus*）
Bla	β-内酰胺酶	青霉素、氨苄青霉素	大肠杆菌
$aadA$	氨基葡萄糖苷腺苷转移酶	链霉素、壮观霉素	弗氏志贺菌（*Shigella flexneri*）
Hpt	潮霉素磷酸转移酶	潮霉素 B	大肠杆菌
$Npt\,\mathrm{III}$	新霉素磷酸转移酶 III	氨基羟丁基卡那霉素 A（即 BBK 8）、卡那霉素、新霉素、Geneticin(G418)、巴龙霉素	*Streptococcus faecalis* 的 R 质粒
$Epsps/AroA$	5-烯醇丙酮酰莽草酸-3-磷酸	草甘膦	农杆菌 CP4（*Agrobacterium* CP4）、玉米（*Zea mays*）、矮牵牛（*Petunis hybrida*）
Gox	草甘膦氧化还原酶	草甘膦	无色杆菌小种 LBAA（*Achrombacter* LBAA）
Bxn	溴苯腈水解酶	溴苯腈	肺炎克雷伯菌（*Klebsiella pneumoniae* var. *iozaenae*）

基因	基因编码的产物	选择试剂	基因来源
Als	乙酰乳糖合成酶	磺酰脲类除草剂、咪唑啉酮	拟南芥（*Arabidopsis thaliana*）、烟草（*Nicotiana tabacum*）、甘蓝型油菜（*Brassica napus*）
Cat	氯霉素乙酰转移酶	氯霉素	转座子 Tn9、噬菌体 P1
Tdc	色氨酸脱羧酶	4-甲基色氨酸	长春花（*Catharaanthus roseus*）
UidA/gus	β-葡糖苷酸酶	葡糖苷酸	大肠杆菌
NptI	新霉素磷酸转移酶 I	卡那霉素、新霉素、Geneticin（G418）、氨基葡萄糖苷	转座子 Tn601、大肠杆菌
Gent	庆大霉素乙酰转移酶	庆大霉素	细菌
Strl/Spc/Spt	链霉素磷酸转移酶	链霉素	转座子 Tn5
Dhfr	二氢叶酸还原酶	氨甲喋呤	细菌质粒 pR67

抗生素抗性基因的酶活性检测主要是利用这类酶能将底物抗生素乙酰化或磷酸化的特性，通过放射自显影进行检测。而 gus 基因的检测主要是利用 gus 基因的编码产物 β-葡萄糖苷酶能催化裂解一系列的 β-葡萄糖苷，产生具有发光团或荧光的产物（蓝色化合物），用分光光度计、荧光计或组织化学法可对 gus 活性进行定量和空间定位分析。

近年来，绿色荧光蛋白基因（*Gfp*）作为一种新型的报告基因在植物遗传转化中得到应用，并且表现出更大的优越性。*Gfp* 的检测不需要底物，也不使用同位素，GFP 融合蛋白可同时保持 GFP 的荧光和目标蛋白的活性，其表达产物对细胞无毒害作用，不影响细胞的正常功能，而且其生色团的形成无种属特异性，只需要有紫外光或蓝光照射，其表达产物就可以发出绿色荧光，这不仅便于活体检测，而且可以作为细胞内基因表达调控和蛋白定位的有效标记。

由于 GFP 发射光谱仅仅局限在 440～529nm，细胞内成像时背景较高，不能够有效解决活体生物皮下更深的荧光标记问题。1999 年，Matz 首次报道红色荧光蛋白（RFP）。红色荧光蛋白与绿色荧光蛋白联用，激发和发射波长范围更宽。后来科学家们对红色荧光蛋白进行了研究，极大地完善了其多样性。目前至少有 6 种不同类型的红色荧光蛋白，mCherry 因其光稳定性更强、具备良好的单体特性、细胞毒性低等优点被许多实验所选择。黄色荧光蛋白（YFP）同样来自维多利亚多管水母，是绿色荧光蛋白的一种突变体。目前有三种改良的黄色荧光蛋白，即 Citrine、Venus 和 Ypet。

报告基因检测法，材料用量少，检测方便，可以在试管苗阶段，甚至对愈伤组织进行检测，了解转化早期的信息，便于及时优化实验方案。但整合到植物染色体上的 T-DNA 不一定是完整的，可能缺失部分序列，因此，利用报告基因检测到的阳性植株，不能说明目的基因完整整合到了植物染色体上。

18.2.2 分子杂交检测

杂交检测法主要有 Southern、Northern 和 Western 杂交。Southern 杂交用于检测和分析外源基因的整合情况。用标记的外源目的基因的同源序列作为探针，与转化植株的总 DNA 进行杂交，检测植物基因组 DNA 中的目的序列。Northern 杂交以标记的外源目的基因的同源序列作为探针与转化植物的总 RNA 进行杂交，是在转录水平上的分子鉴定方法。而 Western 杂交用来检测外源目的基因是否翻译成蛋白质。将聚丙烯酰胺凝胶上分辨出的蛋白质固定在固体支持物上（如硝酸纤维素膜、尼龙膜），放在蛋白质溶液中温育，封闭非特异性位点，然后，用含有放射性标记或酶标记的特定抗体杂交，抗原-抗体结合，通过放射自显影或显色观察。

18.3 不同植物的遗传转化技术

18.3.1 大田作物的遗传转化技术

18.3.1.1 油菜的遗传转化技术

油菜是一种重要的油料作物，主要有甘蓝型油菜、白菜型油菜和芥菜型油菜。甘蓝型油菜（*Brassica napus*，AACC，$2n=38$）生产了全球约15%的食用油（Gracka 等，2016；Yu 等，2016），也是目前转基因植物中研究最多的一类植物。在国外，至少有 40 个转基因油菜品种已经在美国、加拿大等国商业化生产。这些品种主要是抗虫和抗除草剂转基因油菜品种，近几年，也出现了改善营养品质的转基因油菜，比如高油酸的品种（ISAAA，2018）。目前，虽然我国还不容许转基因油菜商业化种植，从国外进口油菜籽也只作加工油料，但油菜的转基因研究相当活跃，技术也比较成熟。人们利用遗传转化技术，在油菜中进行转化的基因除抗除草剂基因外，还有抗病基因、耐重金属基因、改变脂肪酸组成基因、改变种子蛋白基因、影响次生代谢物基因、影响繁殖特性基因、可作医药和工业产品基因以及启动子调节基因等。

研究表明，适宜油菜的受体系统包括子叶、下胚轴受体系统，原生质体受体系统，小孢子受体系统等，其中以子叶节、下胚轴、茎段为受体，具有简便、快速、转化率高等优点。此外，小孢子本身具有单细胞性和单倍体双重特点，因此用它作为转化受体进行外源基因导入，不仅有利于基因表达，还可以加速转基因材料的纯合，缩短育种年限。

常用的选择标记基因和报告基因有新霉素磷酸转移酶基因、潮霉素磷酸转移酶基因、二氢叶酸还原酶基因、除草剂基因（Bar）等。应用的转化方法主要有农杆菌介导转化法和外源基因直接导入法，前者应根据不同的基因型选择适宜的培养基；后者应用较多的有电击法、PEG法、显微注射法、基因枪法、激光微束穿刺法、真空渗入遗传转化法和花粉介导法等。油菜遗传转化应注意以下问题。

（1）建立高频再生体系，提高外源基因转化率 目前所获得的转基因油菜植株，大部分都是经过了大量的重复实验后仅得到的几个转化体克隆。一些转化受体如小孢子、叶绿体等的转化率一般在 1% 以下。因此，改进或建立新的基因转化方法、提高转化率、建立高效的基因转化系统仍是今后有待解决的问题。

（2）强化外源基因表达调控研究 目前在油菜的遗传转化中，外源基因的插入整合是随机的，其表达水平、表达的部位及时间也大多难以控制。此外，还存在外源基因的随机插入及拷贝数高而引起转基因沉默现象。因此，应加强油菜生长发育机理、特定启动子、植物偏好密码子、外源基因定点插入等方法技术的研究。

18.3.1.2 棉花的遗传转化技术

棉花遗传转化方法主要有农杆菌介导法、花粉管通道法和基因枪法。转化的目的基因包括抗虫、抗除草剂、抗病、抗旱、耐盐性、雄性不育和纤维品质、纤维颜色改良等基因。但如今研究较多并取得进展的主要为抗虫、抗除草剂和纤维改良性状。我国利用转基因技术，相继培育出单价 Bt 抗虫棉品种和双价（含 *Bt* 基因和 *CpTI* 基因）抗虫棉品种后，现在进行抗棉蚜虫、抗棉花枯萎病和抗黄萎病的几丁质酶基因等的转基因研究。2015 年，国产转基因抗虫棉已占 99% 以上的市场份额，打破了美国抗虫棉的垄断。

花粉管通道法由周光宇等（1983）首先提出，经验证是一种十分简便、有效的植物转基因技术，不受棉花品种基因型的限制，在我国棉花转基因中应用广泛。该方法一般利用微注射法、柱头滴加法、花粉匀浆法及子房注入法等导入外源基因。具体操作如下：

（1）DNA的提取与纯化　目的基因的提取采用常规的DNA提取、纯化方法一般可以达到注射要求，注射物中不能含有其他蛋白质和RNA。必要时可以进行酶切处理。

（2）微量注射　棉花进入花期后即可进行注射。一般每天早晨在棉花授粉后20~24h进行注射，将已制备的外源DNA溶液用微量注射器在受精后的子房顶端纵向下插到胚座0.5cm处。注入的外源DNA即可经花粉管通道进入胚囊转化胚细胞，然后用保铃液涂抹花的基部。

（3）种子的鉴定　收取种子后，繁殖，进行田间试验，并进行必需的生物鉴定、分子检测等。

农杆菌介导法是世界上基因转化使用最多的方法，随着棉花组织培养体系的成熟，农杆菌介导法转化棉花被越来越广泛应用，所用的外植体包括子叶、下胚轴、叶柄和根等的细胞和组织。其基本流程如下：

（1）外植体的获得　选取饱满、脱绒的或未经脱绒的棉花种子，用手术刀剥去种壳，在75％的酒精中表面灭菌30~60s，再转入0.1％的氯化汞中灭菌5~8min，以无菌水冲洗3~5次，直接播种于含1/2MS＋2％蔗糖的培养基中（7％的琼脂固化），于28℃±2℃暗培养3天，再光培养2天，获得无菌苗。截取下胚轴，切成5~7mm的小段，平放于愈伤诱导培养基上，诱导愈伤组织形成。对于愈伤组织的诱导可根据不同基因型采用不同的培养基，多数采用MS＋KT＋IBA。

（2）农杆菌侵染液的制备　取过夜培养的菌液，用分光光度计测量菌液的OD_{600}值，并用LB培养液调整到OD_{600}＝0.3~0.5之间备用。

（3）侵染及选择　在愈伤组织诱导培养基上挑选大量生长旺盛、淡黄色的愈伤组织，继代培养5天作为侵染的外植体。将准备好的愈伤组织转入OD_{600}值约为0.3的农杆菌侵染液中，浸泡5~10min，用无菌滤纸吸干愈伤表面菌液，转入MS附加乙酰丁香酮（AS）或无AS的培养基上进行共培养。19℃下共培养38~48h后，将愈伤组织在灭菌水中清洗2~3次，用灭菌滤纸吸干愈伤组织上残存的液体。转入选择培养基中，进行暗培养。当抗性芽长出后转入生根培养基中诱导生根。

18.3.2　园艺植物的遗传转化技术

18.3.2.1　黄瓜遗传转化

黄瓜的组织培养和遗传转化技术自问世以来，通过后续研究者们不断改良优化，在抗病、抗逆、果实品质改良、生长发育等基因的遗传转化工作中取得了丰硕的成果。基因型是影响黄瓜再生频率的重要因素，不同品种的黄瓜再生能力差异较大，高的可以达到97％。苗龄有选择1~4天的，也有选择5~7天的，苗态要求子叶抱合未完全展开或子叶直立完全展开和未经光照培养的苗子（柴里昂，2020）。外植体类型主要有子叶、子叶节、下胚轴、上胚轴等，其中使用最多的为子叶和子叶节。

在黄瓜遗传转化中，除影响植株再生的条件之外，质粒载体的构建、菌株类型、细菌侵染浓度、感染时间、共培养时间、酚类物质的分泌、筛选抗生素类型等均在转化过程中起重要作用。侵染时的条件是转化成功的关键之一，目前在黄瓜农杆菌介导的转化研究上普遍采用的方法是先预培养几天，然后进行农杆菌侵染、共培养几天后再进行抗性再生筛选。一般来说，将农杆菌菌液培养至OD_{600}为0.6~0.8后，重新悬浮稀释至OD_{600}为0.2~0.3进行侵染，时间

3～6min，共培养 2～5 天。筛选时多用卡那霉素和潮霉素，抑制根癌农杆菌生长采用头孢霉素（cefotaxime，Cef）和羧苄青霉素（carbenicillin，Cb）。

在一些对农杆菌和抗生素比较敏感的植物中，共培养后经常采用延迟筛选培养，使外植体免受抗生素和农杆菌的共同作用，7～10 天后，再加入抗生素进行抗性筛选培养。用这种方法能有效克服褐化，提高诱导和分化频率。但如果延迟时间过长，往往会出现较多的假阳性植株，因此，掌握延迟筛选时间长短很重要。

研究者也一直在探索避开组织培养的简单、有效的转化途径，如电击法、基因枪法、花粉管通道法和 Floral dip 方法等。但这些方法虽操作简单，转化率却相对较低，转化机理尚不清楚。随着分子生物学技术的不断发展，黄瓜转基因技术也会得到不断优化，黄瓜的离体再生和遗传转化体系会越来越完善。表 18-2 列出了部分黄瓜遗传转化的方法与结果。

表 18-2　黄瓜遗传转化的方法与结果

转入方法	基因	转化结果	参考文献
发根农杆菌介导	*Gus*	转化植株	Trulson 等，1986
发根农杆菌介导	*Npt* II	毛状根	施和平等，1998
发根农杆菌介导	*Gus*、*Npt* II	转化植株	冯斌等，2000
根癌农杆菌介导	*Gus*	转化植株	Chee 等，1990
根癌农杆菌介导	*Gus*	转化植株	Sarmento 等，1992
根癌农杆菌介导	*Gus*、*Npt* II	转化植株	Tabei 等，1994
根癌农杆菌介导	*Gus*、*Npt* II	转化植株	Nishibayashi 等，1996
根癌农杆菌介导	*Chi*、*Npt* II	转化植株	Raharjo 等，1996
根癌农杆菌介导	*Thaumatin* II	转化植株	Szwacka 等，1996
根癌农杆菌介导	*Chi Npt* II	转化植株	Tabei 等，1998
根癌农杆菌介导	*Gus*、*Npt* II	转化植株	Vasudevan 等，2002
根癌农杆菌介导	*Sod* I	转化植株	Lee 等，2003
根癌农杆菌介导	*Npt* II *CMV*-0 *cp*	转化植株	王慧中等，2000
根癌农杆菌介导	*Bar*	转化植株	陈峥等，2001
根癌农杆菌介导	*Bar*	转化植株	金红等，2003
根癌农杆菌介导	*ABP* I	转化植株	白吉刚等，2004
根癌农杆菌介导	*DREB* 1A	PCR 检测阳性植株	纪巍等，2005
根癌农杆菌介导	*EQKAM*	抗性植株	魏爱民等，2006
根癌农杆菌介导	*ACS* I	转化植株	李泠等，2007
根癌农杆菌介导	*MADS-box*	转化植株	赖来等，2007
根癌农杆菌介导	*Thaumatin* II	转化植株	Zawirska-wojtasiak 等，2009
根癌农杆菌介导	*Sgfp-tyg*	转化植株	Selvaraj N. 等，2010
花粉管通道	黄瓜 DNA	变异植株	董伟等，1992
花粉管通道	黄瓜 DNA	新品系	邓立平等，1995
花粉管通道	菠萝 DNA	变异植株	陈秀蕙等，1998
花粉管通道	*Gus*	Gus 表达	李远新等，2000
花粉管通道	复合结构域蛋白酶抑制剂基因	转化植株	张文珠等，2009
Floral dip 法	*GAD-GLP-*I	转化植株	王翠艳等，2008
根癌农杆菌介导	转化酶抑制子基因 INH	转化植株	王学斌等，2013
根癌农杆菌介导	*CsEXP*10	转化植株	李艳华，2016

18.3.2.2 花椰菜遗传转化

花椰菜属于十字花科芸薹属甘蓝种的一个变种，具有良好的再生能力，但不同基因型的再生能力存在较大的差异。因此，其适用的再生培养基也各不相同，主要有 MS、B5 和 MS 盐 B_5 维生素培养基等，涉及的激素种类和配比也不同。

在外植体的选择上，大多选用下胚轴，因其再生能力强，再生率最高可达 100%。但也有报道认为，花椰菜子叶再生率虽然显著低于下胚轴，但其转化率却明显高于下胚轴，故认为花椰菜子叶为最佳转化受体（表 18-3）。此外，一些学者采用根、花茎、花粉、原生质体和种子等均获得了再生植株。

表 18-3 花椰菜遗传转化的外植体与转化方法

外植体	转化方法	报告基因	参考文献
下胚轴	根癌农杆菌介导	$Npt\,II$	杨业华,1988
下胚轴	根癌农杆菌介导	$Npt\,II$	华学军等,1992
花茎	根癌农杆菌介导	$Npt\,II$	Chen 等,1992
原生质体	根癌农杆菌介导	$Npt\,II$	Eimert 等,1992
子叶	根癌农杆菌介导	Gus	陈晓邦等,1995
子叶/叶片	发根农杆菌介导	$Npt\,II$	Christey 等,1997
子叶/下胚轴	根癌农杆菌介导	反义 $Bcp\,I$	Prem 等,1998
下胚轴	根癌农杆菌介导	Ti	Ding 等,1998
下胚轴	发根农杆菌介导	农杆碱	David 等,1998
下胚轴	根癌农杆菌介导	$Npt\,II$	蔡荣旗等,2000
下胚轴	根癌农杆菌介导	$Npt\,II$	徐淑平等,2002
子叶/下胚轴	根癌农杆菌介导	$Npt\,II$	Lv Lingling 等,2004
下胚轴	根癌农杆菌介导		陈银华等,2005
带柄子叶	根癌农杆菌介导	Gus	于娅等,2010
下胚轴	根癌农杆菌介导	$Npt\,II$	张永侠等,2011

在转化方法上，虽有电转化、PEG 介导和微弹轰击等 DNA 直接转化方法的报道，但农杆菌介导法仍是最常用的方法。预培养多将下胚轴切段水平置于诱导培养基上，侵染的适宜菌液浓度为 $OD_{600}\,0.1\sim0.5$，时间 $3\sim6min$，共培养 2 天。

18.3.3 林木植物的遗传转化技术

自从 Parson 等证实外源基因在林木细胞中表达和杨树可以进行遗传转化以来，在林木遗传转化技术研究方面，人们已开展了大量工作，在抗虫、抗病、抗寒、耐盐碱等方面均有所涉及。目前已掌握了杨树、白桦、桉树、落叶松、核桃、苹果、柑橘、沙田柚等树种的外源基因转化技术，成功建立了多个树种遗传转化系统。其主要转化方法是使用农杆菌介导法，使用根癌农杆菌直接侵染受伤植物器官或者以种子实生苗、试管苗或继代苗作为外植体，人为地在整株植株上造成创伤，然后把根癌农杆菌接种在创伤面上，或用针头注射到植物体内进行侵染转化，其他还有原生质体法和附体叶腋直接感法。转化的基因主要在抗病、抗除草剂、耐盐、耐旱、耐冻、耐高温、缩短童期、改善果实品质等方面。目前，我国的转 Bt 基因抗虫欧洲黑杨经原农业部生物基因工程安全委员会批准后，已进入大田释放阶段。现以柑橘为例，简要介绍其遗传转化技术。

(1) 外植体　取 25~30 天苗龄无菌实生苗的上胚轴为外植体。由成年态材料的腋芽和节间茎段获得的转基因植株可以缩短转基因株系的评价周期,成年态材料也是研究的热点,目前已建立了甜橙、葡萄柚、四季橘、香橼、酸橙和枳橙等成年态材料的遗传转化和再生体系。

(2) 农杆菌侵染　将上胚轴横切成 0.8~1cm 的切段,预培养 1~2 天,置于农杆菌菌液 (OD_{600} = 0.4~0.6) 中侵染 15min,期间轻微振荡。

(3) 共培养与分化培养　用无菌滤纸吸干附着在上胚轴表面的菌液,水平放置于附加一定浓度的乙酰丁香酮的分化培养基中,26℃黑暗条件下共培养 3~4 天。以无菌水洗 4 次,用 400mg/L 的头孢霉素洗一次。以无菌滤纸吸干水分后,转入附加抗生素和头孢霉素的分化培养基上诱导生芽。

(4) 诱导生根与移栽　当抗性芽伸长到 1cm 时,用解剖刀自基部切下,转移到附加抗生素的生根培养基中诱导生根。1~2 周后取生长良好的抗性苗移栽到装有营养土的花盆中。

18.3.4　药用植物的遗传转化技术

药用植物遗传转化主要采用农杆菌介导法,由于再生体系和转化体系缺乏,成功获得转基因植株的研究较少,仅有青蒿(冯丽玲,2007)、罗汉果(曾雯雯,2015)和丹参(化文平,2016)等数种植物。基因枪介导法在白术(毛碧增,2008)和野甘草(Kota Srinivas,2016)上有报道。花粉管通道法转基因育种尚未见有研究报道。

农杆菌介导的转化系统中,针对转化受体的不同,所用方法也各异,归纳起来有以下三种:①直接注射法。用活化细菌反复注射受体 2~3 次,受体一般是整株的幼苗。但完整植株能合成抗菌物质,一般不易转化,所以感染整株发育旺盛的植株难以产生毛状根。②接种感染法。把外植体切成片段,用活化农杆菌涂抹、注射、浸泡。这种方法操作简便、易行,最为常用。③共培养法。受体是悬浮的细胞或原生质体。将悬浮液与活化细菌共培养 1~5 天后除菌,在含有抗生素的培养基上培养获得转化的细胞克隆。常用于转化已再生壁的原生质体而获得毛状根,但采用这种方法的原生质体再生植株困难,因而对许多重要的植物仍不适用。

小　　结

植物遗传转化是指将外源基因转移到植物体内并稳定地整合表达与遗传的过程。植物遗传转化的方法很多,如农杆菌介导法、基因枪法、植株原位真空渗入法、PEG 法、脂质体介导法、电击法、显微注射法、浸渍法、碳化硅纤维介导法、高渗法、激光微束穿刺法和超声波介导法等,其中应用最为普遍的是前 2 种方法。农杆菌介导法的基本程序主要包括表达载体的构建、外植体的选择、预培养、接种及共培养、转化细胞的选择培养和高频再生,以及外源基因的整合和表达鉴定等。其主要优点是转化频率较高、外源片段较大、整合的外源基因多为单拷贝,但多不适宜单子叶植物。基因枪法是通过一种外来的动力系统,高速发射包裹有重组 DNA 的金属颗粒,将目的基因直接打入受体细胞中,在受体细胞体内完成外源基因的整合、表达的方法。其基本程序主要包括金粉的制备、轰击子弹的制备、轰击操作与植株再生等。基因枪法具有无宿主限制,受体类型广泛,操作简便、快速和可控度高等优点,主要不足在于仪器设备、轰击微弹的制备等较为昂贵,整合的外源基因拷贝数不易控制,以及再生植株瞬时表达频率高,而遗传稳定性差等。遗传转化技术的前景诱人,但还有很多亟待解决的问题,如遗传转化的效率低、外源基因在转基因植株中的时空表达特性及在后代中的稳定遗传性、转基因植株田间释放和转基因食品的安全性等，已经引起了广泛关注。相信在科学家的不懈努力下，植物遗传转化技术将不断发展和完善，必将为生物技术发展带来新的生机与活力。

思　考　题

1. 植物遗传转化的方法有哪些？
2. 农杆菌转化的分子机理是什么，优缺点如何？
3. 举例说明农杆菌介导转化的基本程序。
4. 基因枪法转化的基本原理是什么？
5. 园艺植物遗传转化现状如何？

附 录

附录1 《植物组织培养》(第3版) 课程素养目标

教学章	教学内容	思政元素	育人成效
1 绪论	无菌操作技术	人生态度	无菌操作技术是细胞培养的关键技术，培养基或器械灭菌不彻底是细胞污染的首要原因，由此引出"良好的开始是成功的一半"之严谨、认真的科研思想，任何事都要提前做好准备工作；操作过程不能急于求成，做事情要循序渐进，遵章守规，细节决定成败；实验结束，要做好清理工作，强调做事有始有终
	植物组织培养的发展简史	开拓进取创新意识	从1902年Haberlandt首次进行离体细胞培养实验的"理论探索和开创阶段"，到1933年我国科学家李继侗和沈同利首次用加有银杏胚乳提取物的培养基成功培养了银杏的胚，再到20世纪60年代至今的"迅速发展与应用"，无不体现出学科发展由0到1、再到无限的不断进取与创新的科学精神，培养学生开拓进取的精神和创新意识
2 植物组织培养的基本原理	植物细胞全能性和植物细胞分化与脱分化	科学思维家国情怀	培养学生用辩证唯物主义观点分析事物，调动积极性、创造性，促进组织培养科技的进步，推动组织培养产业的发展，推进我国农业产业现代化。只有国家强盛，组织培养才会有长足发展，激发学生的爱国思想
	植物形态建成	团队协作和谐创新	培养学生运用不同角度的思维方式来进行愈伤组织的诱导、分析植物离体形态发生的影响因素，思考问题和分析问题，团队成员优势互补，协调创新发展
3 植物组织培养实验室的布局及设备	植物组织培养实验室的布局	节能降耗，实现可持续发展	通过讲授培养室的设计，指出植物生长对光照和温度的要求，引导学生通过小组讨论如何设计一个既满足植物组织培养最佳的温度和光照条件，又能充分利用自然光照，达到节能的培养室。从而激发学生的创新意识和兴趣，引导学生树立节能降耗、可持续发展的理念
	植物组织培养实验室的设备	科技发展推动了人类文明的进步	在讲授高压灭菌设备、紫外灯等灭菌设备、超净工作台操作过程中，延伸到近代因为人类认识到了细菌和病毒等是医学手术失败率高的罪魁祸首后而发明的这些灭菌设备，所以才能在无菌条件下开展手术。加上抗生素的发现与应用，极大地降低了医学手术的感染率，也使植物组织培养成为了现实，从而促进了人类文明的进步，培养学生的科技创新思维

教学章	教学内容	思政元素	育人成效
4 植物组织培养的 基本技术	培养基的选择	创新思维	由于组织培养的材料来源广泛，不同的物种、组织器官、共生菌种类、生长状态及年龄等因素都会对实验结果造成影响，因此在实施过程中会面临很多问题，因此要因地制宜根据具体情况提出思路和方法，将传统配方和创新思维相结合
	灭菌技术	工匠精神	植物材料的灭菌是植物组织培养工作中的重要环节，它既要求将外植体表面的微生物彻底杀死，又要求尽可能减少伤害外植体组织和表层细胞，因此，通过灭菌技术操作培养学生严谨踏实的工匠精神和精益求精的工作态度
5 植物器官培养	植物器官培养	科技的力量	通过植物器官培养的讲授，使学生了解到科技的力量，植物的每一器官都可以通过组织培养的技术，经过脱分化、再分化等一系列过程，最终发育成完整的植株。要求学生在培养期认真观察外植体的变化，外植体如何在离体的情况下分化成愈伤组织，然后生芽、长根等，引导学生了解农业行业中的科技含量，通过每天观察让学生体会科技如何转化成生产力，增强学生的专业自豪感，也进一步激发学生为农业产业"发光发热"的斗志
	炼苗	科研的严谨	炼苗过程中，组培苗很容易失水死亡。为了提高幼苗成活率，应注意温度、湿度等生长因子的控制，这样可以使学生意识到植物生长环境的重要性
6 植物组织培养 技术	植物分生组织培养和植物愈伤组织培养	创新思维 创新精神	通过茎尖分生组织培养方法的讲授，培养学生独立思考、严谨操作的能力，引导学生努力追求学术创新，培养学生解决实际问题的能力以及树立严谨踏实的工匠精神，引导学生以强农兴农为己任，树立学农、知农、爱农的时代精神，增强使命感和责任感
	其他组织培养	开拓创新	让学生了解薄层组织培养、髓组织培养、韧皮组织培养的实例，培养学生开拓创新的职业品格和行为习惯
7 植物细胞培养	植物单细胞分离	人与社会的关系	细胞是构成生物有机体的基本结构单位，单细胞从生命有机体分离以后很难存活。引申为社会成员素质的不断提高是社会发展的重要基础，推动和实现人的多方面发展是社会发展的根本目的
	细胞培养	教书育人 人才培养	每一个完整的细胞通过一定技术手段都可以培育成完整植株，这正如教书育人，通过学校和家庭的培育可使学生成为各个领域的人才，在社会上发挥自己的作用。因此高等教育要以人为本、因材施教
8 植物原生 质体培养	原生质体分离	工匠精神	通过讲解植物原生质体分离中对材料、酶、反应温度等条件的要求，使学生在掌握基本知识的同时，培养学生敬业、精益、专注等优良的品格和追求卓越的工匠精神
	原生质体培养	辩证思维	通过对植物原生质体培养中"植板密度"概念及要求的讲解，使学生掌握"植板密度"概念，了解植板密度不能过高和过低的原因。同时，联系辩证思维的内涵，使学生知道世间万物之间是互相联系、互相影响的，在观察问题和分析问题时，要学会以动态发展的眼光来看问题，要在联系和发展中把握认识对象，在对立统一中认识事物
9 植物胚培养	胚培养可克服杂种败育	科技的力量	胚是植物个体生命的起点，远缘杂交的胚在母体无法正常结籽，通常早期败育夭亡。利用胚培养技术可以有效解决这一问题，以培育植物新物种或新类型
	影响幼胚培养的因素	科学的严谨性	影响成功的因素很多，影响幼胚培养的因素包括胚龄（适宜的取材时期）、营养成分（适宜的培养基）、培养条件、胚柄有无等，既要总揽全局，又要重点突出，还要把握细节

教学章	教学内容	思政元素	育人成效
10 植物离体快繁	植物离体快繁的意义	生态理念	引导学生了解植物离体快繁的意义，增强学生的生态意识，学会用生态的理念开展植物快繁研究
	植物离体快繁的方法	生态理念 职业道德	引导学生掌握植物离体快繁的方法，培养学生的生态理念，树立正确的人生观和世界观
	植物离体快繁中存在的问题及解决途径	创新思维 工匠精神	引导学生从不同的角度和思维来解决植物离体快繁中存在的问题，激发学生的创新精神，培养学生严谨、踏实的工作态度
	植物无糖离体快繁技术	生态理念 创新思维	引导学生了解植物无糖离体快繁技术，培养学生的生态理念，增强学生的创新思维能力
	不同植物的离体快繁技术	创新思维 职业道德	引导学生了解不同植物的快繁技术，提高学生的创新能力，树立爱岗敬业、勤于研究、乐于探索的职业道德
11 人工种子	人工种子概念与意义	自豪感	以中国研究者在人工种子研究上取得的成就增强民族自豪感
	人工种子制备方法和技术	工匠精神	人工种子制备过程涉及很多步骤，每个步骤均要认真、精细、一丝不苟，需要扎实的能力、严谨的态度、精细的技艺才能实现
	人工种子贮藏与萌发	学无止境，探索不停	以人工种子存在的物种限制性、成本高、栽培技艺需要改善等知识内容的讲解，说明虽然人工种子已取得重要成就，但仍有很多需要解决的问题，研究还需继续与深入
12 植物脱毒苗培育	脱毒的意义	粮食安全	栽培脱毒作物可以去除病毒的危害，对粮食安全具有重要作用
		保护环境	栽培脱毒作物可以减少化学药剂的使用，有利于环境保护
13 植物体细胞无性系变异及筛选	植物体细胞无性系变异的来源	生态文明 美学思想 生物起源	使学生掌握植物体细胞无性系变异源于外植体的变异和离体培养诱导的变异。培养学生爱护环境的生态文明思想。从细胞的变异看到微观世界的美丽，增强学生的美学思维方式，了解植物的起源与进化
	植物体细胞无性系变异的遗传学基础	辩证唯物主义 历史唯物主义 绝对论 相对论	让学生掌握植物无性系变异的来源，包括染色体结构和数量变异的类型、基因突变、基因扩增、细胞质基因变异、转座因子活化和DNA甲基化等都是植物体细胞无性系变异的来源和基础。使学生学会辩证思维，变是绝对的，不变是相对的，学会用辩证唯物主义的观点思考问题
	植物体细胞无性系的筛选	方法论 逻辑推理 观察比较 分析论证	使学生掌握突变细胞离体筛选的方法、体细胞无性系变异筛选的程序、影响细胞突变体筛选效果的因素、体细胞无性系变异的鉴定和几种体细胞突变体筛选技术。使学生掌握方法论的内涵，掌握对于科学认知要采取逻辑推理、观察比较和分析论证等方法
14 植物次生代谢产物生产和生物转化	植物细胞培养	生态思想	以动物细胞培养为例，通过动物细胞培养人造肉以期解决由非洲猪瘟导致的猪肉价格上涨问题，使学生理解细胞工程在日常生产和生活中的应用，提高学生的学习兴趣和社会责任感
	细胞工程技术	礼仪道德 崇尚科学	以"基因编辑婴儿事件"为反面教材，告诫学生任何科学研究都必须遵循自然的发展规律，科学研究只是揭示自然的奥秘，不能且绝不允许改变自然本身的进程，更不允许以获得名利为目的的虚构事实和触碰伦理道德底线，要求学生树立正确的科研观、人生观、价值观和世界观
	高产细胞系的建立和选择	敬业思想 工匠精神	通过介绍袁隆平院士跋山涉水选育杂交水稻和诺贝尔医学奖获得者屠呦呦六十年如一日开发挖掘抗疟疾药物青蒿素等的坚持不懈的科研精神，教育学生做科学研究必须要有耐心并持之以恒，要树立正确的科研观和人生观，不要被一时的失败打倒

教学章	教学内容	思政元素	育人成效
15 植物种质资源的离体保存	种质资源的概念以及保存方法	农业"芯片"的晶圆——种质资源	提升我国科研实力，掌握核心技术
	种质资源离体保存技术	保护我国稀有品种和濒危品种资源	增强学生生态文明建设的意识，树立学生国家和民族自豪感
16 植物单倍体培养	人工诱导产生单倍体	从事务本质上分析解决问题的科学方法	针对植物生长发育过程的两个世代（孢子体世代和配子体世代），使学生了解单倍体产生的本质，掌握人工诱导产生单倍体的途径，并激发学生探究新的诱导途径的兴趣
	离体条件下的小孢子发育	内因和外因的辩证关系	活体条件下小孢子按配子体发育途径形成配子体，但小孢子作为细胞具有发育成完整植株的潜力，这是内因。离体条件下通过外部条件控制可以改变其原有发育途径，使其沿孢子体途径发育。同时因基因型不同，小孢子诱导可形成不同倍性植株。从而使学生了解内因是根本，是决定因素，外因是变化的条件，外因通过内因起作用
	花药花粉培养	爱国情怀 民族自豪感	讲授花培专家朱至清、孙敬三、胡道芬等的开创性工作，使学生了解培养成功的单倍体近1/4植物种类的花粉植株是在我国首次培养成功的，我国花粉花药培养处于国际领先水平，增强学生的爱国情怀与民族自豪感
		严谨细致的科研态度	通过讲解花药花粉培养的具体操作过程及注意事项，如取材天气、取材时期、消毒、接种、培养基选择等，使学生认识到科研工作的每个细节均需精益求精、严谨细致，任何细节的马虎疏漏都可能导致实验失败
17 植物体细胞杂交	原生质体融合	创新思维	引导学生了解有关原生质体融合的原理和应用，通过原生质体融合技术创制作物新种质，造福人类
	几种植物体细胞杂交的成功实例	工匠精神	引导学生了解几种植物体细胞杂交的成功实例，创造出具有互补性状的新种质，促进作物改良进程
18 植物遗传转化	植物遗传转化的方法以及转化植株的检测	科学精神 创新理念	通过遗传转化方法的进步和转化植株检测的发展培养学生不断追求、不断攀登的科学精神，培养学生细心观察和勇于创新的理念。通过遗传转化步骤的详细介绍培养学生精益求精的科学追求。通过遗传转化方法优缺点的分析培养学生应多方面看待事物
	几种植物遗传转化的技术	科学精神 民族自豪感	通过抗虫棉实现品种自主，打破垄断，培养学生的民族自豪感和孜孜以求的科学精神

附录2　植物组织培养常见的英文缩略语

缩略词	英文名称	中文名称
A；Ad；Ade	adeine	腺嘌呤
ABA	abscisic acid	脱落酸
AC	activated charcoal	活性炭
BAB，6-BA	6-benzylaminopurine	6-苄氨基嘌呤，6-苄基腺嘌呤
CCC	chlorocholine chloride	氯化氯胆碱（矮壮素）
CH	casein hydrolysate	水解酪蛋白

缩略词	英文名称	中文名称
CM	coconut milk	椰子汁
CPW	cell-protoplast washing	细胞-原生质体清洗液
2,4-D	2,4-dichlorophenoxyacetic acid	2,4-二氯苯氧乙酸
DAPI	4',6-diamidino-2-phenylindole dihydrochloride	4',6-二脒基-2-苯基吲哚二盐酸盐
DMSO	dimethyl sulfoxide	二甲基亚砜
DNA	deoxyribonucleic acid	脱氧核糖核酸
EDTA	Ethylene Diamine Tetraacetic Acid	乙二胺四乙酸
ELISA	enzyme linked immunosorbent assay	酶联免疫吸附测定
FDA	fluorescein diacetate	二乙酸荧光素
GA	gibberellic acid	赤霉素
gus	β-glucuroidase	β-葡萄糖醛酸苷酶基因
hpt	hygromycin phosphotransferase	潮霉素磷酸转移酶基因
IAA	indole-3-acetic acid	吲哚乙酸
IBA	indole-3-butyric acid	吲哚丁酸
2ip	6-(γ,γ-dimethylallylamino) purine	N6 异戊烯基腺嘌呤
KT	kinetin	激动素
LH	lactalbumin hydrolysate	水解乳蛋白
LN	liquid nitrogen	液氮
lx	lux	勒克斯（照度单位）
ME	malt extract	麦芽浸取物
mol	mole	摩尔
NAA	α-naphthalene acetic acid	萘乙酸
NOA	β-naphthoxyacetic acid	β-萘氧乙酸
npt II	neomycin phosphotransferase II	新霉素磷酸转移酶 II
PCR	polymerase chain reation	聚合酶链式反应
PCV	packed cell volume	细胞密实体积
PEG	polyethylene glycol	聚乙二醇
PG	phloroglucinol	间苯三酚
pH	hydrogen ion concentration	酸碱度，氢离子浓度
PVP	polyvinylpyrrolidone	聚乙烯吡咯烷酮
RAPD	random amplified polymorphic DNA	随机扩增多态性 DNA
RFLP	restriction fragment length polymorphism	限制性片段长度多态性
Ri	root inducing plasmid	Ri 质粒
RNA	ribonucleic acid	核糖核酸
rpm，r/min	rotation per minute	每分钟转数
SSR	simple sequence repeat	简单重复序列
T-DNA	transferred DNA	转移 DNA
TDZ	thidiazuron	苯基噻二唑基脲
Ti	tumor-inducing plasmid	Ti 质粒
TIBA	2,3,5-triiodobenzoic acid	三碘苯甲酸
YE	yeast extract	酵母提取物
ZT	zeatin	玉米素

附录3 植物组织培养基常用化合物的分子式及分子量

类别	化合物	分子式	分子量
大量元素	硝酸铵	NH_4NO_3	80.04
	硫酸铵	$(NH_4)_2SO_4$	132.15
	氯化钙	$CaCl_2 \cdot 2H_2O$	147.02
	硝酸钙	$Ca(NO_3)_2 \cdot 4H_2O$	236.16
	硫酸镁	$MgSO_4 \cdot 7H_2O$	246.47
	氯化钾	KCl	74.55
	硝酸钾	KNO_3	101.11
	磷酸二氢钾	KH_2PO_4	136.09
	磷酸二氢钠	$NaH_2PO_4 \cdot 2H_2O$	156.01
微量元素	硼酸	H_3BO_3	61.83
	氯化钴	$CoCl_2 \cdot 6H_2O$	237.93
	硫酸铜	$CuSO_4 \cdot 5H_2O$	249.68
	硫酸锰	$MnSO_4 \cdot 4H_2O$	223.01
	碘化钾	KI	166.01
	钼酸钠	$Na_2MoO_4 \cdot 2H_2O$	241.95
	硫酸锌	$ZnSO_4 \cdot 7H_2O$	287.54
	乙二胺四乙酸二钠	$Na_2EDTA \cdot 2H_2O (C_{10}H_{14}N_2Na_2O_8 \cdot 2H_2O)$	372.25
	硫酸亚铁	$FeSO_4 \cdot 7H_2O$	278.03
	乙二胺四乙酸铁钠	$FeNa \cdot EDTA (C_{10}H_{12}FeN_2NaO_8)$	367.07
维生素和氨基酸	抗坏血酸(维生素C)	$C_6H_8O_6$	176.12
	生物素(维生素H)	$C_{10}H_{16}N_2O_3S$	244.31
	泛酸钙(维生素B_5之钙盐)	$(C_9H_{16}NO_5)_2Ca$	476.53
	氰钴胺素(维生素B_{12})	$C_{63}H_{88}CoN_{14}O_{14}P$	1357.64
	叶酸	$C_{19}H_{19}N_7O_6$	441.40
	烟酸(维生素B_3;维生素PP)	$C_6H_5NO_2$	123.11
	盐酸吡哆醇(维生素B_6)	$C_8H_{11}NO_3 \cdot HCl$	205.64
	盐酸硫胺素(维生素B_1)	$C_{12}H_{17}ClN_4OS \cdot HCl$	337.29
	肌醇	$C_6H_{12}O_6$	180.13
	L-盐酸半胱氨酸	$C_3H_7NO_2S \cdot HCl \cdot H_2O$	175.64
维生素和氨基酸（氨基酸）	甘氨酸	$C_2H_5NO_2$	75.07
	L-谷氨酰胺	$C_5H_{10}N_2O_3$	146.15
	丝氨酸	$C_3H_7NO_3$	105.07
	脯氨酸	$C_5H_9NO_2$	115.14
	还原型谷胱甘肽	$C_{10}H_{17}N_3O_6S$	307.33
糖和糖醇类	果糖	$C_6H_{12}O_6$	180.15
	葡萄糖	$C_6H_{12}O_6$	180.15
	蔗糖	$C_{12}H_{22}O_{11}$	342.31
	山梨醇	$C_6H_{14}O_6$	182.17
	甘露醇	$C_6H_{14}O_6$	182.17
植物生长激素（生长素类）	p-CPOA(对氯苯氧乙酸)	$C_8H_7O_3Cl$	186.59
	2,4-D(2,4-二氯苯氧乙酸)	$C_8H_6O_3Cl_2$	221.04
	IAA(吲哚-3-乙酸)	$C_{10}H_9NO_2$	175.18
	IBA(3-吲哚丁酸)	$C_{12}H_{13}NO_2$	203.23
	NAA(α-萘乙酸)	$C_{12}H_{10}O_2$	186.20
	NOA(β-萘氧乙酸)	$C_{12}H_{10}O_3$	202.20
细胞分裂素类	Ad(腺嘌呤)	$C_5H_5N_5 \cdot 3H_2O$	189.13
	AdSO₄(硫酸腺嘌呤)	$(C_5H_5N_5)_2 \cdot H_2SO_4 \cdot 2H_2O$	404.37
	BA或BAP(6-苄基腺嘌呤或6-苄氨基嘌呤)	$C_{12}H_{11}N_5$	225.26
	2iP(6-γ,γ-二甲基丙烯嘌呤或N-异戊烯氨基嘌呤)	$C_{10}H_{13}N_5$	203.25
	激动素(6-呋喃甲基腺嘌呤)	$C_{10}H_9N_5O$	215.21
	玉米素(异戊烯腺嘌呤)	$C_{10}H_{13}N_5O$	219.25
	TDZ(N-苯基-N'-1,2,3-噻二唑-5-脲)	$C_9H_8N_4OS/C_9H_{14}N_4SO$	220.2/226.31
赤霉素类	GA_3(赤霉酸)	$C_{19}H_{22}O_6$	346.37
其他化合物	ABA(脱落酸)	$C_{15}H_{20}O_4$	264.31
	秋水仙素	$C_{22}H_{25}NO_6$	399.43
	间苯三酚	$C_6H_6O_3$	126.11

附录 4　温湿度换算表

（一）三种温度换算表

	摄氏度（℃）[$t/℃=5/9(F-32)$]	绝对温度（K）	华氏度/（℉）[$t/℉=9/5t/℃+32$]
℃	$t/℃$	$t/℃+273.15$	$1.8t/℃+32$
K	$K-273.15$	K	$1.8K-459.4$
℉	$556F-17.8$	$0.556+255.3$	$t/℉$

（二）蒸汽压力与蒸汽温度对应表

蒸汽压力/atm	高压表读数		蒸汽温度	
	大气压/atm	磅力每平方英寸/psi	摄氏度/℃	华氏度/℉
1.00	0.00	0.00	100.0	212
1.25	0.25	3.75	107.0	224
1.50	0.50	7.52	112.0	234
1.75	0.75	11.25	115.0	240
2.00	1.00	15.00	121.0	250
2.50	1.50	22.50	128.0	262
3.00	2.00	30.00	134.0	274

备注：1atm=1 标准大气压=101325Pa；1psi=1lb/in² =1 英镑/平方英寸=6894.76Pa。

（三）摄氏干湿度计相对湿度换算表

温度	干湿球温差＝（干球温度－湿球温度）/℃									
	1	2	3	4	5	6	7	8	9	10
0℃	81	63	45	28	11					
2℃	84	68	51	35	20					
4℃	85	70	56	42	28					
6℃	86	73	60	47	35	23	10			
8℃	87	75	63	51	40	28	18	7		
10℃	88	76	65	54	44	34	24	17	4	
12℃	89	73	68	57	48	38	29	20	11	17
14℃	90	79	70	60	51	42	33	25	17	9
16℃	90	81	71	62	54	45	37	30	22	15
18℃	91	82	73	64	56	48	41	34	26	20
20℃	91	83	74	66	59	51	44	37	30	24
22℃	92	83	76	68	61	54	47	40	34	28
24℃	92	84	77	69	62	56	49	43	37	31
26℃	92	85	78	71	64	58	50	45	40	34
28℃	93	85	78	72	65	59	53	48	42	37
30℃	93	86	79	73	67	61	55	50	44	39

附录 5　常用培养基的配方（1）

单位：mg/L

成分	培养基名称								
	Tukey (1934)	Nitsch (1951)	Randolph & Cox(1960)	Straus (1960)	White (1963)	Rijven (1952)	Heller (1953)	Rangaswamy (1961)	MS(Murashige 和 Skoog,1962)
KNO_3	300	125	80	80	80	149		80	1900
$CaCl_2$	375								
$MgSO_4 \cdot 7H_2O$	370	125	730	530	720		250	360	370
KH_2PO_4	414	125							170
$Ca(NO_3)_2 \cdot 4H_2O$		500	280	325	300			260	
$CuSO_4 \cdot 5H_2O$		0.025	0.025	0.025	0.001	0.1		0.05	0.025
$Na_2MoO_4 \cdot 2H_2O$		0.025	0.025	0.025				0.05	0.25
柠檬酸铁		10	2	10		50		10	
$MnSO_4 \cdot 4H_2O$		3	3	3	7	0.4	0.1	3	22.3
$ZnSO_4 \cdot 7H_2O$		0.05	0.5	0.5	3	0.2	1.0	0.5	8.6
蔗糖	20000				20000	20		20000	30000
琼脂	10000				10000				10000
pH	6.0				5.6				5.8
KCl			65	65	65		750		
Na_2SO_4			200	200	200			200	
$NaH_2PO_4 \cdot H_2O$			165	165	16.5		125	165	
H_3BO_3			0.1	0.5	1.5	0.4	1.0	0.5	6.2
$NiSO_4 \cdot H_2O$				0.044					
$Fe_2(SO_4)_3$					2.5				
MoO_3					0.0001				
肌醇					100				100
烟酸					0.3			1.25	0.5
盐酸硫胺素					0.1			0.25	0.1
盐酸吡哆素					0.1			0.25	0.5
甘氨酸					3			7.5	2
$Ca(NO_3)_2 \cdot H_2O$						168			
$CaCl_2 \cdot 2H_2O$							75		440
$NaNO_3$							600		
KI							0.01		0.83
$CoCl_2 \cdot 6H_2O$							0.03		0.025
$NiCl_2 \cdot 6H_2O$							0.03		
$FeCl_3 \cdot 6H_2O$							1.0		

续表

成分	培养基名称								
	Tukey (1934)	Nitsch (1951)	Randolph & Cox(1960)	Straus (1960)	White (1963)	Rijven (1952)	Heller (1953)	Rangaswamy (1961)	MS(Murashige 和 Skoog,1962)
NaCl								65	
泛酸钙								0.25	
NH_4NO_3									1650
$FeSO_4 \cdot 7H_2O$									27.8
$Na_2\text{-EDTA} \cdot 2H_2O$									37.25

附录6　常用培养基的配方(2)

单位：mg/L

成分	培养基名称								
	LS (Linsmaier & Skoog,1965)	Miller (1963)	Tulecke (1964)	Knop (1965)	ER (Eriksson, 1965)	Gamborg (1966)	T(Bourgig 和 Nitsch, 1967)	WS(Woiter 和 Skoog, 1966)	H(Bourgig 和 Nitsch, 1967)
KNO_3	1900	1000	80	250	1900	1000	1900	170	950
$MgSO_4 \cdot 7H_2O$	370	35	760	250	370	250	370		185
KH_2PO_4	170	300		250	340		170		68
$Ca(NO_3)_2 \cdot 4H_2O$		347	280	1000					
$CuSO_4 \cdot 5H_2O$	0.025		0.02		0.0025	0.25	0.025		0.025
$Na_2MoO_4 \cdot 2H_2O$	0.25				0.025	0.25	0.25		0.25
柠檬酸铁			5						
$MnSO_4 \cdot 4H_2O$	22.8	4.4	0.8		2.23	10	25	27.8	25
$ZnSO_4 \cdot 7H_2O$	8.6	1.5	0.5			3		9	10
蔗糖	30000	30000		2000	40		10000		20000
琼脂	10000	10000					8000		8000
pH		6.0			5.8		6.0		5.5
KCl		65	900			300		140	
Na_2SO_4			200					425	
$NaH_2PO_4 \cdot H_2O$			300			90		35	
H_3BO_3	6.2	1.6	0.2		0.63	3	10	1.6	10
MoO_3			0.01						
肌醇	100								100
烟酸		0.5							5
盐酸硫胺素	0.1	0.1							0.5
盐酸吡哆素		0.1							0.5
甘氨酸		2							2
叶酸									0.5

成分	培养基名称								
	LS (Linsmaier & Skoog,1965)	Miller (1963)	Tulecke (1964)	Knop (1965)	ER (Eriksson, 1965)	Gamborg (1966)	T(Bourgig 和 Nitsch, 1967)	WS(Woiter 和 Skoog, 1966)	H(Bourgig 和 Nitsch, 1967)
生物素									0.05
$CaCl_2 \cdot 2H_2O$	440				440	150	440		166
$NaNO_3$			1800						
KI	0.83	0.8	0.5			0.75		3.2	
$CoCl_2 \cdot 6H_2O$	0.025		0.01		0.0025	0.25			
NH_4NO_3	1650	1000			1200		1650	50	720
$FeSO_4 \cdot 7H_2O$						13.9			
$Na_2\text{-EDTA} \cdot 2H_2O$						18.6			
$Fe\text{-}Na_2\text{-EDTA}$①	5mL/L				5mL/L		5mL/L	5mL/L	5mL/L
Na-Fe-EDTA		32							
Zn(螯合的)					15				
$Na(PO_5)_n$						30			
$(NH_4)_2SO_4$						200			

附录7 常用培养基的配方（3）

单位：mg/L

成分	培养基名称						
	B5(Gamborg 等,1968)	SH(Schenk 和 Hildebrandt, 1972)	DPD(Durand J Et,1973)	Nitsch (1972)	N_6(朱至清等, 1974)	麦基一号(山东省昌潍地区农业科学研究所, 1974)	C_{17}(王等, 1980)
KNO_3	3000	2500	1480	950	2830	950	300
$MgSO_4 \cdot 7H_2O$	500	400	340	185	185	185	325
KH_2PO_4			80	68	400	275	150
$CuSO_4 \cdot 5H_2O$	0.25	0.2	0.015	0.025		0.025	0.012
$Na_2MoO_4 \cdot 2H_2O$	0.25	0.1	0.1	0.25		0.25	0.012
柠檬酸铁							3.0
$MnSO_4 \cdot 4H_2O$	10	10	5.0	25	4.4	22.3	0.5
$ZnSO_4 \cdot 7H_2O$	3	10	2.0	10	1.5	8.6	0.25
蔗糖	20000	30000		20000	50000	50000	
琼脂	10000		10000	10000	1000	8000	
pH	5.5	5.8	5.8		5.8	5.8	
KCl							150
$NaH_2PO_4 \cdot H_2O$	150						100

成分	培养基名称						
	B5(Gamborg等,1968)	SH(Schenk和Hildebrandt,1972)	DPD(Durand J Et,1973)	Nitsch(1972)	N₆(朱至清等,1974)	麦基一号(山东省昌潍地区农业科学研究所,1974)	C₁₇(王等,1980)
H_3BO_3	3	5.0	2.0	10	1.6	6.2	5.0
肌醇	100		100	100		100	
烟酸	1	4.0		5	0.5		
盐酸硫胺素	10	4.0		0.5	1.0	0.4	
盐酸吡哆素	1	0.7		0.25	0.5		
甘氨酸			1.4	2			
叶酸			0.4	0.5			
生物素			0.04	0.05		0.5	
甘露醇			54651				
$CaCl_2 \cdot 2H_2O$	150	200	570	166	166	220	250
KI	0.75	1.0	0.25		0.8	0.83	0.1
$CoCl_2 \cdot 6H_2O$	0.25	0.1	0.01			0.025	0.012
NH_4NO_3			270	720		825	200
$FeSO_4 \cdot 7H_2O$		15					
$Na_2\text{-}EDTA \cdot 2H_2O$		20					
$Fe\text{-}Na_2\text{-}EDTA$①	5mL/L		5mL/L	5mL/L	5mL/L	5mL/L	
$Fe\text{-}Na_2\text{-}ED\,TA$							17.5
$(NH_4)_2SO_4$	134				460		
$NH_4H_2PO_4$		300					

①螯合铁盐配制法：称 5.57g $FeSO_4 \cdot 7H_2O$ 和 7.45g Na_2EDTA，溶于 1L 蒸馏水中，制成铁盐母液。配制 1L 培养基，量取螯合铁盐母液 5mL。

参 考 文 献

Raja C B, 张明鹏, 1992. 利用悬浮培养进行葡萄细胞抗寒性筛选的研究. 园艺学报, 19 (2): 5.

白吉刚, 等, 2004. 生长素结合蛋白基因转化黄瓜的研究 [J]. 中国农业科学, 02: 263-267.

白克智, 于赛玲, 陈维纶等, 1979. 无藻满江红 (*Azolla*) 和满江红鱼腥藻 (*Anabaena azollae*) 的分离与培养. 科学通报, (14): 664-666.

白淑霞, 等, 1998. 植物人工种子高质量体细胞胚胎发生的研究 [J]. 河北农业大学学报, 21 (1): 97-100.

白晓雪, 等, 2020. 软枣猕猴桃休眠芽超低温保存技术研究 [J]. 果树学报, 37 (08): 1247-1255.

蔡荣旗, 等, 2000. 根癌农杆菌介导 Bt 杀虫基因对花椰菜的转化初报 [J]. 天津农业科学, 04: 9-12.

曹家树, 等, 2000. 提高白菜离体培养植株再生频率的研究. 园艺学报, 6: 452-454.

曹鸣庆, 等, 1993. 基因型和供体植株生长环境对大白菜游离小孢子胚胎发生的影响 [J]. 华北农学报, (4): 1-6.

曹晓燕, 等, 2003. 毛刺槐花药培养及再生植株的获得 [J]. 西北植物学报, 23 (3): 456-459.

曹有龙, 等, 1999. 枸杞髓组织离体培养及高频率植株再生的研究 [J]. 广西植物, (3): 239-242, 292.

曾雯雯, 2015. 罗汉果遗传转化体系的建立与 CS 基因的转化研究 [M]. 广西大学.

柴里昂, 等, 2020. 根癌农杆菌介导的黄瓜转基因研究进展 [J]. 生物工程学报, 36 (4): 643-651.

陈劲枫, 2018. 植物组织培养与生物技术 [M]. 北京: 科学出版社.

陈克贵, 张义正, 1999. 甘薯细胞悬浮培养的建立及其生长研究 [J]. 应用与环境生物学报, 5 (3): 275-278.

陈薇, 黄瑞心, 1980. 番红花组织培养. 植物生理学通讯, (01): 25-26.

陈晓邦, 等, 1995. 农杆菌介导的 Intron-GUS 嵌合基因转入花椰菜获得转基因植株 [J]. 植物学通报, S1: 50-52+60.

陈肖师, 1988. 甜椒花药培养及 "塞花一号" 的育成 [J]. 中国蔬菜, (3): 5-7.

陈秀蕙, 等, 1998. 菠萝 DNA 导入黄瓜的初步研究 [J]. 海南大学学报 (自然科学版), 01: 62-68.

陈秀玲, 等, 2001. 水塔花人工种子的研究 [J]. 佛山科学技术学院学报 (自然科学版), 19 (3): 78-80.

陈绪中, 罗正荣, 2004. '罗田甜柿' 胚乳培养获得十二倍体再生植株 [J]. 园艺学报, (5): 589-592.

陈彦羽, 2016. 玉露人工种子制备研究 [J]. 林业建设, (5): 47-49.

陈银华, 等, 2005. 花椰菜 ACC 氧化酶基因的克隆及其 RNAi 对内源基因表达的抑制作用 [J]. 遗传学报, 07: 764-769.

陈峥, 等, 2001. 提高黄瓜农杆菌遗传转化体系再生频率的研究 [J]. 天津农业科学, 04: 47-49.

程治英, 王锦亮, 刘道华, 等, 1983. 马兜铃茎段组织培养 [J]. 植物生理学通讯, (05): 44.

程治英, 王锦亮, 蒙桂英, 1984. 美登木的茎段培养 [J]. 植物生理学通讯, (02): 38.

邓立平, 等, 1995. 外源基因导入黄瓜获得突变新品系 [J]. 遗传, 02: 33.

翟应昌, 周志坚, 李倘弟, 1984. 金合欢属的组织培养和植株再生 [J]. 植物生理学通讯, (4): 32-33.

董建军, 等, 2019. 花生不同发育时期种胚离体培养研究 [J]. 河南农业大学学报, 53 (01): 22-27.

董伟, 等, 1992. 外源 DNA 注射黄瓜子房后代性状的变异 [J]. 西南农业学报, 01: 25-29.

段承俐, 等, 2004. 三七花药培养的研究 (Ⅰ) 愈伤组织的诱导 [J]. 云南农业大学学报 (自然科学), 19 (5): 510-513.

段炼, 等, 2014. 一种快速高效的水稻原生质体制备和转化方法的建立 [J]. 植物生理学报, 03: 351-357.

范三微, 董丽辉, 凌庆枝, 等, 2012. 药用植物灵菊七愈伤组织诱导及其染色体数目稳定性研究. 广东农业科学, 39 (11): 3.

冯斌, 等, 2000. 发根农杆菌 A4 转化黄瓜获得发状根再生植株 [J]. 辽宁师范大学学报 (自然科学版), 02: 171-174.

冯丽玲, 2007. 青蒿反义鲨烯合酶基因转化培育青蒿素高产植株的研究 [M]. 广州中医药大学.

付双彬, 等, 2021. 虎头兰白化茎诱导、再生及人工种子制作 [J]. 分子植物育种, 19 (17): 5793-5799.

龚思, 等, 2019. 西瓜未受精子房离体培养技术 [J]. 中国瓜菜, 32 (5): 17-21.

巩振辉, 等, 1996. 拟南芥基因转移新方法——真空渗入法的研究 [J]. 西北植物学报, 16 (3): 277-283.

顾淑荣, 等, 1985. 枸杞胚乳植株的诱导 [J]. Journal of Integrative Plant Biology, (1): 106-109.

顾淑荣, 等, 1991. 枸杞胚乳愈伤组织细胞的悬浮培养及无丝分裂的活体观察 [J]. Journal of Integrative Plant Biology, (6): 478-481, 499.

郭丽霞, 等, 2020. 罗汉果花粉超低温贮藏及其生活力测定 [J]. 中国南方果树, 49 (01): 81-84.

郭文武, 邓秀新, 史永忠. 柑橘细胞电融合参数选择及种间体细胞杂种植株再生. 植物学报, 1998, 5: 3-5.

郭长禄, 等, 2005. 银杏幼胚离体培养再生植株的研究 [J]. 园艺学报, 1: 105-107.

郝慧, 2005. 枣树离体授粉、受精及子房培养研究 [D]. 山西大学.

洪林, 文泽富, 程昌凤, 等, 2012. 砧木对柠檬幼树生长及叶片矿质元素积累的影响 [J]. 西南农业学报, 25 (5): 7.

侯佩, 等, 2006. 麻疯树胚乳愈伤组织诱导及其污染消除 [J]. 应用与环境生物学报, (2): 264-268.

侯喜林，等，2008. 不结球白菜与黑斑病菌互作中病程相关蛋白基因的诱导表达 [A]. 中国园艺学会十字花科蔬菜分会学术研讨会暨新品种展示会.

胡芳名，等，2004. 枣树人工种子的研制 [J]. 林业科学，(06)：181-184.

胡家金，等，1998. 美味猕猴桃原生质体培养及植株再生技术研究 [J]. 湖南农业大学学报，24 (3)：184-190.

胡尚连，尹静，2018. 植物细胞工程 [M]. 北京：科学出版社.

华学军，等，1992. Bacillus thuringiensis 杀虫基因在花椰菜愈伤组织的整合与表达 [J]. 中国农业科学，04：82-87.

化文平，等，2016. 干涉丹参 SmORA1 对植物抗病和丹参酮类次生代谢的影响 [J]. 中国农业科学，49 (03)：491-502.

黄钦才，1984. 紫薇腋芽培养. 植物生理学通讯，(03)：44.

黄绍兴，等，1995. 木薯淀粉对人工胚乳性能及对人工种子发芽率的影响 [J]. 生物工程学报，11 (1)：39-44.

纪巍，等，2005. 不同启动子调控的 DREB1A 基因对黄瓜的遗传转化 [J]. 东北农业大学学报，04：442-447. DOI：10.19720/j.cnki.issn.1005-9369.2005.04.010.

姜绍通，等，2006. 磷对霍山石斛类原球茎悬浮培养细胞生长和多糖合成的影响. 生物工程学报，22 (4)：613-618.

蒋钟仁，等，1982. 大蒜试管受精的研究简报 [J]. 园艺学报，(3)：50-72＋75-76.

金红，等，2003. 抗除草剂转基因黄瓜的获得及 T₁ 植株抗性鉴定 [J]. 华北农学报，18 (01)：44-46.

赖来，等，2007. 农杆菌介导的 MADS-box 基因转化黄瓜初步研究 [J]. 上海交通大学学报（农业科学版），04：374-382.

李海林，等，2019. 柑桔胚乳培养体系的建立与优化 [J]. 现代园艺，(7).

李晋华，等，2018. 小黄姜人工种子技术探索 [J]. 分子植物育种，16 (24)：8148-8154.

李玖玲，2018. 矮壮素、脱落酸、山梨醇、丁酰肼植物生长抑制剂对马铃薯种质离体保存的影响分析 [J]. 南方农机，49 (10)：130.

李泠，等，2007. 黄瓜离体培养再生技术及农杆菌介导的 ACS1 转化 [J]. 上海交通大学学报（农业科学版），01：17-23＋29.

李启任，陈善娜，1985. 栀子花茎段组织培养 [J]. 植物生理学通讯，(04)：40.

李守岭，2007. 刚果 12 号桉（Eucalyptus 12ABL）胚乳离体培养及植株再生的研究 [D]. 华南热带农业大学.

李涛，等，2000. 流式细胞术分析交变应力作用对植物细胞周期同步化的影响 [C]. 全国现代生物物理技术学术讨论会.

李文祥，1984. 玉米未成熟胚乳培养出植株 [J]. 植物杂志，(3)：12.

李小玲，等，2020. 美容杜鹃人工种子制备关键技术及萌发研究 [J]. 江西农业学报，32 (2)：38-43.

李修庆，1989. 胡萝卜人工种子基本制作流程的建立 [J]. 植物学报，31 (9)：673-677.

李艳华，2016. 黄瓜离体再生和农杆菌介导的遗传转化体系的建立与优化 [D]. 河南科技学院.

李玉珠，师尚礼，2015. 紫花苜蓿与百脉根原生质体培养及不对称体细胞杂交. 核农学报，29 (1)：40-48.

李远新，等，2000. 黄瓜授粉后外源基因直接导入技术研究 [J]. 华北农学报，02：89-94.

林定波，等，2000. 体细胞无性系变异及其在果树新种质创造中的应用 [J]. 山东农业大学学报（自然科学版），(02)：221-226.

林静芳，董茂山，黄钦才，1980. 白杨派树种的组织培养. 林业科学，(S1)：58-64＋154.

林静芳，董茂山，黄钦才，1981. 春榆组织培养苗移植成功. 林业科技通讯，(05)：2-4.

林珊珊，2006. 相思树离体培养与人工种子制作 [D]. 福建农林大学.

林秀莲，赖钟雄，2009. 龙眼胚性愈伤组织限制生长保存及其染色体数目变异. 热带作物学报，30 (10)：1488-1494.

刘国民，1997. 绿色黄金苦丁茶 [J]. 植物杂志，(2)：15.

刘敏，舒金生，1983. 景天、白兰花和雪松的组织培养 [J]. 植物生理学通讯，(06)：38-39.

刘清琪，毛文岳，1983. 怀庆地黄胚珠试管受精的研究 [J]. 遗传学报，10 (2)：128-132，169.

刘庆昌，米凯霞，周海鹰，等，1998. 甘薯和 Ipomoea lacunosa 的种间体细胞杂种植株再生及鉴定 [J]. 作物学报，5：3-5.

刘庆昌，吴国良，2010. 植物细胞组织培养 [M]. 第 2 版. 北京：中国农业大学出版社.

刘淑琼，1987. 石刁柏胚乳愈伤组织的诱导及植株的再生 [J]. Journal of Integrative Plant Biology，(4)：373-376＋464.

刘淑琼，刘佳琪，1980. 桃胚乳愈伤组织的诱导和胚状体的形成 [J]. Journal of Integrative Plant Biology，(2)：198-199.

刘淑琼，母锡金，1981. 马铃薯离体胚乳培养的研究 [J]. Journal of Integrative Plant Biology，(1)：72-74.

刘晓雪，2019. 大蒜种质超低温保存体系建立及其脱毒效应分析 [D]. 西北农林科技大学.

卢杰，2020. 微藻、草莓和小麦的超低温保存条件的建立与 DNA 直接转化探究 [D]. 河北经贸大学.

罗紫娟，1985. 银杏茎段的组织培养 [J]. 植物生理学通讯，(01)：35-36.

吕艳艳，等，2010. 不结球白菜亮白叶再生体系的优化 [J]. 中国农学通报，26 (23)：93-96.

马丽，2007. 玉米自交系幼胚高效再生系统的建立 [J]. 西北农业学报，6：85-89.

毛碧增，等，2008. 基因枪转化双价防卫基因获得抗立枯病白术 [J]. 中草药，39：99-102.

梅兴国，等，2001. 高产紫杉醇红豆杉细胞系的紫外诱变筛选 [J]. 华中科技大学学报：自然科学版，29（A01）：4.

孟树兰，等，2004. 马铃薯人工种子生产技术探索 [J]. 中国马铃薯，18（3）：169-170.

闵子扬，等，2016. 南瓜未授粉子房离体培养及植株再生 [J]. 植物学报，51（1）：74 - 80.

母锡金，刘淑琼，1997. 植物的幼胚培养 [J]. 植物杂志，（5）：40.

母锡金，等，1977. Induction of callus from apple endosperm and differentiation of the endosperm plantlet [J]. Science in China，Ser. A，（3）：370-376＋409.

穆瑢雪，等，2018. 猕猴桃胚乳培养研究 [J]. 安徽农业科学，46（1）：59-60.

倪德祥，易莹，张丕方，1987. 凤尾鸡冠花茎段培养和快速繁殖 [J]. 植物生理学通讯，（01）：29-30.

宁志怨，董玲，陈静娴，等，2009. 马铃薯耐热无性系离体筛选的初步研究 [J]. 分子植物育种，7（6）：4.

牛玉璐，2004. 植物人工种子技术及应用前景 [J]. 衡水师专学报，6（2）：35-37.

潘瑞炽，2000. 植物组织培养 [M]. 广州：广东高等教育出版社.

彭春雪，2019. 红松体胚成熟培养与胚性愈伤组织保存研究 [D]. 东北林业大学.

彭德芳，1981. 糖槭组织培养研究结果简报 [J]. 植物生理通讯，（01）：56.

彭晓军，王永清，2002. 枇杷胚乳愈伤组织诱导和不定芽发生的研究 [J]. 四川农业大学学报，（3）：228-231.

彭章，童华荣，梁国鲁，等，2018. 茶树叶片和胚根原生质体的分离及 PEG 诱导融合 [J]. 作物学报，44（3）：463-470.

祁业凤，刘孟军，2004. 枣的胚败育及幼胚培养研究 [J]. 园艺学报，31（1）：78-80.

秦新民，1988. 桂花的组织培养 [J]. 植物生理学通讯，（03）：55.

冉景盛，1998. 日本珊瑚树腋芽人工种子的初步研究 [J]. 重庆师范学院学报（自然科学版），15（3）：78-81.

任江萍，等，2005. 大麦幼胚离体培养条件的建立 [J]. 麦类作物学报，6：33-36.

任艳蕊，等，2009. 芥蓝-菜心种间三倍体 CCA 的合成及细胞学研究 [J]. 植物遗传资源学报，10（2）：230-235.

申书兴，等，1999. 四倍体大白菜小孢子植株的获得与倍性鉴定 [J]. 园艺学报，（4）：232-237.

施和平，等，1998. 发根农杆菌对黄瓜的遗传转化 [J]. 植物学报，05：85-88.

石荫坪，等，1985. 枣胚乳三倍体的细胞学——中国果树资源细胞学研究之六 [J]. 武汉植物学研究，（4）：389-396.

适宜，等，1985. 烟草生活胚囊及胚囊原生质体的分离 [J]. Journal of Integrative Plant Biology，（4）：337-344＋449-451.

宋锡帅，2004. 博落回花药离体培养诱导单倍体植株的研究 [D]. 长沙：湖南农业大学.

孙海宏，王芳，叶广继，2018. 马铃薯野生种 *Solanum pinnatisectmumgn* 与栽培种下寨 65 原生质体融合与培养研究. 江苏农业科学，46（18）：21-23.

孙雪梅，等，2007. 二倍体马铃薯原生质体的游离与培养 [J]. 西北农业学报，16（4）：152-156.

谈晓林，等，2011. 百合不同离体授粉方法的杂交结实研究 [J]. 西南农业学报，24（1）：270-274.

谭文澄，1984. 茄属六种植物的组织培养 [J]. 植物生理学通讯，（01）：38-39.

谭文澄，1984. 铁树茎段的组织培养 [J]. 植物生理学通讯，（02）：34-35.

汤绍虎，等，1994. 甘薯人工种子研究 [J]. 作物学报，20（6）：746-751.

唐巍，欧阳藩，1998. 马铃薯离体再生及人工种子研究 [J]. 广西植物，18（1）：65-69.

田丹青，等，2020. 红掌花药培养及单倍体植株的鉴定 [J]. 分子植物育种，18（21）：7149-7154.

田立忠，徐爱菊，2000. 高粱 [*Sorghum bicolor*（L.）Moench] 未成熟胚培养的研究 [J]. 辽宁师范大学学报（自然科学版），（4）：395-402.

田良涛，2011. 乌桕胚乳三倍体植株再生与转基因研究 [D]. 湖北大学.

汪福源，等，2012. 白术人工种子制作技术研究 [J]. 安徽农业科学，40（2）：731-732.

王翠艳，等，2008. 用 floral dip 法对黄瓜遗传转化的初步研究 [J]. 生物学通报，02：9-12.

王大元，张进仁，1978. 从胚乳培养再生三倍体柑桔植株 [J]. 中国科学，（4）：452-455＋476.

王胡军，2017. 东北红豆杉悬浮细胞放大培养研究 [D]. 吉林大学.

王慧中，等，2000. 转基因甜瓜植株的获得及其抗病性 [J]. 植物保护学报，02：126-130.

王劲，等，1997. 烟草脱外壁花粉人工萌发与离体授粉实验系统的建立 [J]. Acta Botanica Sinica，（5）：405-410＋495.

王敬驹，等，1982. 小黑麦杂种胚乳的离体培养研究 [J]. Journal of Integrative Plant Biology，（5）：420-425＋500.

王凯基，张丕方，倪德祥，等，1981. 海岸红杉离体茎培养中植株形成的细胞组织学研究 [J]. 复旦学报（自然科学版），（02）：168-176.

王莉，等，1984. 枸杞胚乳培养得到完整植株 [J]. 植物生理学通讯，（2）：33.

王林，2009. 甜瓜未受精胚珠离体培养研究 [D]. 武汉：华中农业大学.

王璐，等，2008. 不同因素对黄瓜未受精子房胚状体诱导的影响 [J]. 西北农业学报，17（4）：267-270.

王文国，等，2006. 植物人工种子包被与储藏技术研究进展 [J]. 种子，25（2）：51-55.

王侠礼，2004. 植物人工种子研究概况 [J]. 中国种业，9：41-42.

王学斌，等，2013. 潮霉素浓度和农杆菌浸泡时间对黄瓜外植体再生的影响 [J]. 沈阳农业大学学报，44（02）：143-147.

王烨，等，2015. 黄瓜未受精胚珠离体培养及单倍体植株再生 [J]. 园艺学报，42（11）：2174 - 2182.

韦莹，等，2020. 植物生长抑制剂对短瓣石竹离体保存的影响 [J]. 中药材，43（01）：24-27.

卫志明，等，1991. 悬铃木叶肉原生质体培养再生植株 [J]. Acta Botanica Sinica（植物学报：英文版），33（11）：6.

魏爱民，等，2007. 供体植株栽培季节和栽培方式对黄瓜未受精子房离体培养的影响 [J]. 西北农业学报，16（5）：141-144.

魏爱民，等，2006. 影响农杆菌介导的黄瓜抗虫基因遗传转化体系的因素研究 [J]. 天津农业科学，03：1-3.

魏琴，等，2000. 枸杞髓组织培养中体细胞胚胎发生与过氧化物酶同工酶分析 [J]. 广西植物，（2）：168-171，203.

温伟，等，2010. 油松成熟胚的不定芽诱导及植株再生 [J]. 辽宁林业科技，5：17-18.

吴元立，严学成，1998. 银杏成熟胚乳培养的细胞组织学观察 [J]. 果树科学，（4）：327-331.

向凤宁，夏光敏，周爱芬，等，1999. 普通小麦与无芒雀麦不对称体细胞杂交的研究 [J]. 植物学报，5：3-5.

肖颖，王刚，2006. 适于制作人工种子的一品红体细胞胚的培养 [J]. 园艺学报，33（1）：175-178.

邢小黑，等，1995. 水稻籼粳杂种人工种子制备的研究 [J]. 作物学报，21（1）：45-48.

徐淑平，等，2002. 根癌农杆菌介导 B.t. 基因和 CpTI 基因对花椰菜的转化 [J]. 植物生理与分子生物学学报，28（3）：193-199.

徐阳，等，2017. 甜柿幼胚抢救体系优化研究 [J]. 生物学杂志，34（4）：110-115.

许萍，等，1997. 烟草表皮细胞薄层培养系统中多种组织器官发生的研究 [J]. 武汉植物学研究，15（1）：1-4.

薛建平，等，2005. 半夏人工种子贮藏技术的研究 [J]. 中国中药杂志，30（23）：1820-1823

杨乃博，1980. 五种药用植物的试管繁殖试验. 植物生理学通讯，（06）：44-46.

杨业华，1988. 利用农杆菌转化花椰菜组织的研究 [J]. 华中农业大学学报，01：1-6.

叶树茂，等，1980. 小麦试管受精的研究——Ⅰ. 小麦雌蕊离体授粉结籽 [J]. 实验生物学报，（3）：13-19.

尹怀约，龙和珍，张建平，1988. 无花果的组织培养 [J]. 植物生理学通讯，（03）：54.

尹明华，等，2015. 药用植物黄芪离体培养茎尖的包埋脱水法和包埋玻璃化法超低温保存 [J]. 植物分类与资源学报，37（06）：767-778.

于娅，等，2010. 影响花椰菜农杆菌介导转化因素的研究 [J]. 植物遗传资源学报，11（03）：320-325. DOI：10.13430/j.cnki.jpgr.2010.03.021.

喻艳，2013. 马铃薯与茄子原生质体融合创制新资源研究 [D]. 武汉：华中农业大学.

詹忠根，等，2001. 植物非体细胞胚与人工种子 [J]. 种子，6：28-29.

张存智，等，2006. 枣树胚乳愈伤组织诱导和细胞学观察 [J]. 甘肃农业大学学报，（3）：48-51.

张芬，等，2018. 芸薹属植物原生质体培养研究进展 [J]. 分子植物育种，16（2）：546-551.

张明科，等，2002. 蔬菜作物人种子研究进展 [J]. 西北农业学报，11（4）：121-126.

张丕方，倪德祥，王凯基，等，1986. 南蛇藤茎段培养中芽的形态发生 [J]. 复旦学报（自然科学版），（02）：151-156.

张琴，等，2000. 西番莲胚乳愈伤组织诱导和三倍体植株再生 [J]. 西南农业大学学报，（5）：398-399＋418.

张文珠，等，2009. 黄瓜农杆菌介导法与花粉管通道法转基因技术 [J]. 西北农业学报，18（01）：217-220.

张艳秋，等，2016. 菊花茎尖玻璃化法超低温保存技术研究 [J]. 北方园艺，（05）：128-132.

张永侠，等，2011. 农杆菌介导的 BtcrylⅠa 基因转化花椰菜的研究 [J]. 中国农业科技导报，13（01）：15-19.

赵虹，等，2001. 影响基因枪转化小麦的几个因素 [J]. 四川大学学报（自然科学版），04：570-574.

赵惠祥，1983. 锦丰梨胚乳植株的诱导及其倍性 [J]. 植物学通报，（2）：40-41.

赵建军，2005. 白菜类作物重要农艺性状的遗传分析 [D]. 北京：中国农业科学研究院.

赵沛基，等，2003. 云南红豆杉离体胚的培养 [J]. 植物生理学通讯，（4）：327-329.

郑涛，王凤英，王永泰，等，1982. 白兰瓜茎段和叶片的组织培养 [J]. 植物生理学通讯，（04）：31-32.

周丽艳，等，2008. 制作工艺对甘薯人工种子萌发的影响 [J]. 种子，27（7）：32-34.

周维燕，2003. 植物细胞工程原理与技术 [M]. 北京：中国农业大学出版社.

周霞，等，2020. 黄瓜未授粉子房离体培养获得胚囊再生植株 [J]. 园艺学报，47（3）：455 - 466.

朱登云，李浚明，1996. 被子植物胚乳培养研究的历史与现状 [J]. 农业生物技术学报，（3）：205-216.

朱至清，等，1975. 通过氮源比较试验建立一种较好的水稻花药培养基 [J]. 中国科学，（5）：484-490.

庄东红，石田雅士，1995. 柿树胚乳培养及其再生植株染色体倍性变化的研究 [J]. 汕头大学学报（自然科学版），（1）：42-47.

ADRIANI M，et al，2000. Effect of different treatments on the conversion of *Hayward* kiwifruit synthetic seeds to whole plants following encapsulation of in vitro-derived buds [J]. New Zealand journal of crop and horticultural science, 28 (1): 59-67.

ALATAR A A, et al, 2017. Two-way germination system of encapsulated clonal propagules of *Vitex trifolia* L.: an important medicinal plant [J]. The journal ofhorticulturalscienceand biotechnology, 92: 175-182.

ALEJANDRO S ESCANDON, 1989. Differential amplification of five selected genes in callus cultures of two shrubby Oxalis species [J]. Plant science, 63 (2): 177-185.

ANANTHAN R, et al, 2018. In vitro regeneration, production, and storage of artificial seeds in *Ceropegia barnesii*, an endangered plant [J]. In vitro cellular & developmental biology, 54: 553-563.

AQUEA F, et al, 2008. Synthetic seed production from somatic embryos of *Pinus radiata* [J]. Biotechnology letters, 30: 1847-1852.

ARENCIBIA A, et al, 1998. An efficient protocol for sugarcane (*Saccharum officinarum* L.) transformation mediated by *Agrobacterium tumefaciens* [J]. Transgenic research, 7: 213-222.

ARNOLD S VON, ERIKSSON T, 1976. Factors influencing the growth and division of pea mesophyll protoplasts [J]. Plant physiology, 36: 192-196.

ARNOLD S VON, ERIKSSON T, 1977. A revised medium for pea mesophyll protoplasts [J]. Plant physiology, 39: 257-260.

ARUMUGAM N, et al, 1990. In: Abstr Ⅶth Intl Cong Plant Tissue and Cell Culture [J]. Amsterdam: 243.

ASHIHARA H, et al, 1988. Profiles of enzymes involved in glycolysis in *Catharanthus roseus* cells in batch suspension culture [J]. Journal of plant physiology, 133: 38-45.

ASHIHARA H, UKAJI T, 1986. Inorganic phosphate absorption and its effect on the adenosine $5'$-triphosphate level in suspension cultured cells of *Catharanthus roseus* [J]. Journal of plant physiology, 124: 77-85.

ATTIA A O, et al, 2018. Synthetic seeds as in vitro conservation method for Al-Taif rose plant (*Rosa damascena trigintipetala* Dieck) [J]. Biosearcheresearch, 15: 1113-1119.

BADR-ELDEN A M, 2018. New approaches for reducing the cost of the synthetic seeds storage using sugarcane bagasse and different additives to the gel matrix for sugarcane plant: *in vitro* [J]. Egyptian journal of botany, 58: 1-10.

BAJAJ Y P S, DAVEY M, 1974. The isolation and ultrastructure of pollen protoplasts [M]. Linskons H F. Fertilization in Higher Plants. Amsterdam, 73-80.

BAJAJY P, et al, 1980. Production of triploid plants from the immature and mature endosperm cultures of rice [J]. Theoretische and angewandte genetik, 58 (1): 17-18.

BAJAJ Y P S, GILL M S, 1997. In vitro induction of haploidy in cotton. Jain S M, Sopory S K, Veilleux R E. In Vitro Haploid Production in Higher Plants [M]. Current plant science and biotechnology in agriculture. Springer, Dordrecht.

BALATKOV V, et al, 1977. Seed formation in *Narcissus pseudonarcissus L.* After placental pollination in vitro [J]. Plant science letters, 8 (1): 17-21.

BALATKOV V, TUP J, 1968. Test-tube fertilization in *Nicotiana tabacum* by means of an artificial pollen tube culture [J]. Biologia plantarum, 10 (3): 266-270.

BASKARAN P, et al, 2017. *In vitro* propagation via organogenesis and synthetic seeds of *Urginea altissima* (L. f.) Baker: a threatened medicinal plant [J]. 3 biotech, 8: 18.

BAYLISS M W, 1977. Factors affecting the frequency of tetraploid cells in a predominantly diploid suspension culture of *Daucus carota* [J]. Protoplasma, 92: 109-115.

BEHREND J, MATELES R I, 1975. Nitrogen metabolism in plant cell suspension cultures: i. effect of amino acids on growth [J]. Plant physiology, 56: 584-589.

BENELLI C, 2016. Encapsulation of shoot tips and nodal segments for in vitro storage of "Kober 5BB" grapevine rootstock [J]. Horticulturae, 2: 10.

BENSON E E, 1994. In Plant Cell Culture -A Practical Approach [M]. Dixon R A, Gonzales R A. Oxford University Press.

BETTANY A, et al, 2003. *Agrobacterium tumefaciens*-mediated transformation of *Festuca arundinacea* (Schreb.) and *Lolium multiflorum* (Lam.) [J]. Plant cell reports, 21: 437-444.

BHOJWANI S S, RAZDAN M K, 1996. Plant tissue culture: Theory and Practice, a Revised Edition [M]. Studies in Plant Science, 5: ix.

BIANYUN Y U, et al, 2016. Multi-trait and multi-environment QTL analysis reveals the impact of seed colour on seed composition traits in *Brassica napus* [J]. Molecular breeding, 36 (8): 1-20.

BLACKHALL N W，et al，1994. In Plant Cell Culture -A Practical Approach ［M］. Dixon R A，Gonzales R A. Oxford University Press.

BOMHOFF G，1976. Octopine and nopalinesis and break-down is regulated by Ti plasmid ［J］. Molecular and general genetics，145：177-178.

BOURGAUD F，et al，2001. Production of plant secondary metabolites：a historical perspective ［J］. Plant science，161：839-851.

BRAR D S，KHUSH G S，1994. Cell and tissue culture for plant improvement. In：Mechanism of plant growth and improved productivity ［M］. Modern approaches. （Ed. Basra AS） Marcel Dekker Inc. ，New York，Basel，Hong Kong. 229-278.

BREWER E P，1999. Somatic hybridization between the zinc accumulator *Thlaspi caerulescens* and *Brassica napus* ［J］. Theoretical and applied genetics，99 （5）：761-771.

BRIDGEN M P，STABY G L，1981. Low pressure and low oxygen storage of *Nicotiana tabacum* and *Chrysanthemum × morifolium* tissue cultures. Plant Science Letters，22：177-186.

BRODELIUS P，et al，1979. Alqinate beads used for plant cell immobilization for biotransformation and secondary metabolite production ［J］. FEBS Letters，103：93-97.

BROWN D C W，THORPE T A，1995. Crop improvement through tissue culture ［J］. World journal of microbiology and biotechnology，11：409-415.

BURGESS J，FLEMING E N，1974. Ultrastructural observations of cell wall regeneration around isolated tobacco protoplasts ［J］. J cell sci，14：439-449.

CAPLIN S M，1959. Mineral Oil Overlay for Conservation of Plant Tissue Cultures ［J］. American journal of botany，46 （5）：324-329.

CARLSON P S，1972. Parasexual interspecific plant hybridization ［J］. Proceedings of the national academy of sciences of the united states of America，69 （8）：2292-2294.

CARRIER D J，et al. 1990. Nutritional and hormonal requirements of *Ginkgo biloba* embryo-derived callus and suspension cell culture ［J］. Plant cell reports，8：635-638.

CARRIER D J，et al. 1996. Formation of terpenoid products in *Ginkgo biloba* L. cultured cells ［J］. Plant cell reports，15：888-891.

CASTA O C I，DEPROFT M P，2000. In vitro pollination of isolated ovules of *Cichorium intybus* L. ［J］. Plant cell reports，19 （6）：616-621.

CHAN MT，et al，1993. *Agrobacterium*-mediated production of transgenic rice plants expressing a chimeric alphaamylase promoter betaglucuronidase gene ［J］. Plant molecular biology，22：491-506.

CHARLTON，W A，1965. Bud Initiation in Excised Roots of *Linaria vulgaris* ［J］. Nature，207 （4998）：781-782.

CHEE，1990. Transformation of Cucumis sativus tissue by *Agrobacterium tumefaciens* and the regeneration of transformed plants ［J］. Plant cell reports，9：245 - 248.

CHEN J T，et al，1999. Direct somatic embryogenesis on leaf explants of *Oncidium* Gower Ramsey and subsequent plant regeneration ［J］. Plant cell，19：143-149.

CHEN J，1987. Transposition of Ac from the P locus of maize into unreplicated chromosomal sites ［J］. Genetics，117 （1）：109-116.

CHENG M，et al，1997. Genetic transformation of wheat mediated by *Agrobacterium tumefaciens* ［J］. Plant physiology，115 （3）：971-980.

CHOPRA R N，1962. Plant Embryology-A Symposium. 170，CSIR.

CHOPRA RN，1962. Effect of some growth substances and calyx on fruit and seed development of *Althaearosea* Cav. In：Plant embryology—A symposium. Council of scientific and industrial research，New Delhi：170-181.

CHRISTEY M C，et al，1997. Regeneration of transgenic vegetable brassicas （*Brassica oleracea and B-campestris*） via Ri-mediated transformation ［J］. Plant cell reports，16 （9）：587-593.

COCKING E C，1960. Enzymatic degradation of cell wall for protoplast formation ［J］. Nature，187：927-929.

COE JR E H，1959. A line of maize with high haploid frequency ［J］. American naturalist，93 （873）：381-382.

COLLIN H A，1987. In Aduances in Botanical Research，Vol. 13 ［M］. Callow J. London：Academic Press.

COLLIN H A，EDWAADS S，1998. Plant cell culture ［M］. Oxford：BIOS Scientific Publishers.

CONNETTRJ，Hanke D E，1987. Changes in the pattern of phospholipid synthesis during the induction by cytokinin of cell division in soybean suspension cultures ［J］. Planta，170：161-167.

CROSSWAY A, et al, 1986. Integration of foreign DNA following microinjection of tobacco mesophyll protoplasts [J]. Molecular and general genetics, 202: 179-185.

CULLIS C A, Cleary W, 1986. Rapidly varying DNA sequences in flax [J]. Canadian journal of genetics &cytology, 28 (2): 252-259.

DA SILVA J A T, 2012. Production of synseed for hybrid Cymbidium using protocorm-like bodies [J]. Journal of fruit and ornamental plant research, 20: 135-146.

DA SILVA J A T, MALABADI R B, 2012. Factors affecting somatic embryogenesis in conifers [J]. Journal of forestry research, 23: 503-515.

DAY A, ELLIS T, 1985. Deleted forms of plastid DNA in albino plants from cereal anther culture [J]. Current genetics, 9 (8): 671-678.

DEAMBROGIO E, DALE P. J, 1980. Effect of 2,4-D on the frequency of regenerated plants in barley and on genetic variability between them [J]. Cereal research communications, 8 (2): 417-423.

DENNIS E S, Brettell R, 1990. DNA methylation of maize transposable elements is correlated with activity [J]. Philosophical transactions of the royal society of London, 326 (1235): 217-229.

DHIR R, et al, 2014. Improved protocol for somatic embryogenesis and calcium alginate encapsulation in *Anethum graveolens* L.: a medicinal herb [J]. Applied biochemistry and biotechnology, 173: 2267-2278.

DHIR R, SHEKHAWAT G S, 2013. Production, storability and morphogenic response of alginate encapsulated axillary meristems and genetic fidelity evaluation of in vitro regenerated *Ceropegia bulbosa*: a pharmaceutically important threatened plant species [J]. Industrial crops and products, 47: 139-144.

DONN G, 1984. Herbicide-resistant alfalfa cells: an example of gene amplification in plants [J]. Journal of molecular and appliedgenetics, 2 (6): 621-635.

DORION N et al, 1994. Effects of temperature and hypoxic atmosphere on preservation and further development of in vitro shoots of peach ('Armking') and peach × almond hybrid ('GF 677') [J]. Scientia horticulturae, 57 (3): 201-203.

DULIEU H L, 1963. Surlafecondation in vitro chezle *Nicotiana tabacum* L. [J]. Compt. Rend, 256: 3344-3346.

DUMET D, et al, 1993. Cryopreservation of oil palm (*Elaeis guineensis* Jacq.) somatic embryos involving a desiccation step [J]. Plant cell reports, 12: 352-355.

DUNFORD R, WALDEN R M, 1991. Plastid genome structure and plastid-related transcript levels in albino barley plants derived from another culture [J]. Current genetics, 20 (4): 339-347.

EIMERT K, et al, 1992. Transformation of cauliflower (*Brassica oleracea* L. var. *botrytis*)—an experimental survey [J]. Plant molecular biology, 19: 485-490.

EVOLA S V, 1983. The use of genetic markers selected in vitro for the isolation and genetic verification of intraspecific somatic hybrids of *Nicotiana tabacum* L [J]. Molecular and general genetics MGG, 189 (3): 441-446.

FRAME B R, et al. 1995. In Current Issues in Plant Molecular and Cellular Biology [M]. Terzi M, Cella R, Falavigna A. The Netherlands: Kluwer Academic Publishers.

FROMM M, et al. 1985. Expression of genes transferred into monocot and dicot plant cells by electroporation [J]. Proceedings of the national academy of sciences of the united states of America, 82 (17): 5824-5828.

FURNER I J, et al, 1978. Plant regeneration from protoplasts isolated from a predominantly haploid suspension culture of *Datura innoxia* (Mill.) [J]. Plant science letters, 11 (2): 169-176.

GANTAIT S, et al, 2015. Synthetic seed production of medicinal plants: a review on influence of explants, encapsulation agent and matrix [J]. Acta Physiologiae Plantarum, 37: 98.

GANTAIT S, et al, 2017 a. Impact of differential levels of sodium alginate, calcium chloride and basal media on germination frequency of genetically true artificial seeds of *Rauvolfia serpentina* (L.) Benth. ex Kurz [J]. Journal of applied research on medicinal and aromatic plants, 4: 75-81.

GANTAIT S, et al, 2017. Artificial seed production of *Tylophoraindica* for interim storing and swapping of germplasm [J]. Horticultural plant journal, 3: 41-46.

GAUATERET R J, 1934. In vitro culture of cambial tissues of different trees and shrubs failed [J]. Comptes rendus de l' Académie des sciences (Paris), 198: 2195-2196.

GAUTHERET R J, 1939. Successful continuously growing cambial cultures of carrot and tobacco [J]. Comptes rendus de l" Académie des sciences (Paris), 208: 118-120.

GAUTHERET R J, 1942. Observation of secondary metabolites in plant callus cultures [J]. Bulletin de la société de chimie biologique，41：13.

GAUTHERET R J，1985. In Cell culture and Somatic Cell Genetics of Plants ［M］. Vasil I. London：Academic Press.

GEMES-JUHASZ A，et al，2002. Effect of optimal stage of female gametophyte and heart treatment on in vitro gynogenesis induction in cucumber (*Cucumis sativus* L.) ［J］. Plant cell reports，21 (2)：105 - 111.

GENGENBACH B G，1977. Development of maize caryopses resulting from *in-vitro* pollination ［J］. Planta，134 (1)：91-93.

GENGENBACH B G，GREEN C E，1975. Positive selection of maize callus culture resistant to *Gelinthosporium maydis* ［J］. Crop science，15：645-649.

GHANBARALI S，et al，2016. Optimization of the conditions for production of synthetic seeds by encapsulation of axillary buds derived from minituber sprouts in potato (*Solanum tuberosum*)　［J］. Plant cell，tissue and organ culture，126：449-458.

GLEBA YY，HOFFMANN F，1978. Hybrid cell lines *Arabidopsis thaliana* ＋ *Brassica campestris* asexual hybrid no evidence for specific chromosome elimination ［J］. Molecular and general genetics，165 (3)：257-264.

GOEL MK，et al. 2011. Elicitor-induced cellular and molecular events are responsible for productivity enhancement in hairy root cultures：an insight study ［J］. Applied biochemistry and biotechnology，165：1342-55.

GOULD J，et al，1991. Transformation of *Zea mays* L. using *Agrobacterium tumefaciens* and the shoot apex ［J］. Plant physiology，95 (2)：426-434.

GRACK A，et al，2016. Flavoromics approach in monitoring changes in volatile compounds of virgin rapeseed oil caused by seed roasting ［J］. Journal of chromatography A，1428：292-304.

GUHA S，JOHRI B M，1966. *In vitro* development of ovary and ovule of *Allium cepa* L ［J］. Phytomorphology，16 (3)：353-364.

GUHA S，MAHESHWARI S C，1964. In vitro production of embryos from anthers in Datura ［J］. Nature，204：497.

HABERLANDT G，1902. First but unsuccessful attempt of tissue culture using monocots ［J］. Sitzungsber akad. wiss. wien，math. -naturwiss. KI，111：69-92.

HAMADA H，et al，2017. An in planta biolistic method for stable wheat trasformation ［J］. Scientific reports，7 (1)：4.

HAMMERSCHLAG F A，et al，1991. Phenotypic stability of bacterial leaf spot resistance in peach regenerants under greenhouse and field conditions ［J］. Hortscience，26 (6)：725.

HANNIG B，1904. First attempt in embyo culture of selected Crucifers ［J］. Botanische zeitung. 62：45-80.

HANSON M R，1984. Stability，variation，and recombination in plant mitochondrial genomes via tissue culture and somatic hybridization ［J］. Oxford survey ofplant molecular andcell biology，1：33-52.

HAQUE S M，GHOSH B，2016. High-frequency somatic embryogenesis and artificial seeds for mass production of true-to-type plants in *Ledebouria revoluta*：an important cardioprotective plant ［J］. Plant cell，tissue and organ culture，127：71-83.

HAQUE S M，GHOSH B，2017. Regeneration of cytologically stable plants through dedifferentiation，redifferentiation，and artificial seeds in *Spathoglottis plicata* Blume. (Orchidaceae) ［J］. Horticultural plant journal，3：199-208.

HE D G，et al，1988 A comparison of epiblast callus and scutellum callusinduction in wheat：the effect of embryo age，genotype and medium ［J］. Plant science，57：225-233.

HESS D，WAGNER G，1974. Induction of haploid parthenogenesis in Mimulus luteus by in-vitro pollination with foreign pollen ［J］. Zeitschrift für pflanzenphysiologie，72 (5)：466-468.

HEYSER J W，NABORS M W，1981. Growth，water content，and solute accumulation of two tobacco cell lines cultured on sodium chloride，dextran，and polyethylene glycol ［J］. Plant physiology，68 (6)：1454-1459.

HIEI Y，et al，1994. Efficient transformation of rice (*Oryza sativa* L.) mediated by *Agrobacterium* and sequence analysis of the boundaries of the T-DNA ［J］. Plant Journal，6：271-282.

HOLM，et al，1994. Regeneration of fertile barley plants from mechanically isolated protoplasts of the fertilized egg cell ［J］. The plant cell，6：4531-4543.

HU G，et al，2015. In vitro regeneration protocol for synthetic seed production in upland cotton (*Gossypium hirsutum* L.) ［J］. Plant cell，tissue and organ culture，123：673-679.

HUNAULT E，DESMARKT P，1990. Field assessment of somaclonal variation during somatic embryogenesis in bitter Fennel ［J］. Bulletin de la société botanique de France，137 (3-4)：45-49.

IKEDA K，et al，1987. Role of insulin in the stimulation of renal 25-hydroxyvitamin D3-1 alpha-hydroxylase by phosphorus deprivation in rats ［J］. Metabolism，36：555-557.

INOMATA N, 1979. Production of interspecific hybrids in *Brassica campestris* × *B. oleracea* by culture in vitro of excised ovaries [J]. Japanese journal of breeding, 29: 115-120.

ISSAKA MAGHA M I, 1993. Characterization of a spontaneous rapeseed mutant tolerant to sulfonylurea and imidazolinone herbicides [J]. Plant breeding, 111 (2): 132-141.

JACKSON J A, DALE P J, 1989. Somaclonal variation in *Lolium multiflorum* L. and *L. Temulentum* L. [J]. Plant cell reports, 8 (3): 161-164.

JAMES M G, STADLER J, 1989. Molecular characterization of Mutator systems in maize embryogenic callus cultures indicates Mu element activity *in vitro* [J]. Theoretical and applied genetics, 77 (3): 383-393.

JAVED S B, et al, 2017. Synthetic seeds production and germination studies, for short term storage and long distancetransport of *Erythrina variegata* L.: a multipurpose tree legume [J]. Industrial Crops and Products, 105: 41-46.

JELODAR N B, 1999. Intergeneric somatic hybrids of rice [*Oryza sativa* L. (+) *Porteresia coarctata* (Roxb.) Tateoka] [J]. Theoretical and applied genetics, 99: 570-577.

JENSEN C J, 1977. In Applied and Fundamental Aspects of Plant Cell, Tissue and Organ Culture [M]. Reinert J, Bajaj Y P S. Heidelberg: Springer-Verlag.

JOHRI B M, BHOJWANI S S, 1970. Embryo morphogenesis in the stem parasite *Scurrula pulverulenta* [J]. Annals of botany, 34 (3): 685-690.

JOHRO B M, 1963. Female gametophte. In Maheshwari, P. (ed.): Recent adavces in the embryology of angiosperms [M]. Intl. Toc. PI. Morphol. Delhi, 69-103.

JONES J D, 1996. Stability and expression of amplified EPSPS genes in glyphosate resistant tobacco cells and plantlets [J]. Plant cell reports, 15 (6): 431-436.

KAEPPLER H F, et al, 1990. Silicon carbide fiber-mediated DNA delivery into plant cells [J]. Plant cell reports, 9 (8): 415-418.

KAMADA H, 1985. Artificial seeds. In: Tanaka (ed) Practical technology on the mass production of clonal plants [C]. Tokyo: CMC Publisher.

KAMEYA T, HINATA K, 1970. Induction of haploid plants from pollen grainsof brassica [J]. Japanese journal of breeding, 20 (2): 82-87.

KAMEYA T, HINATA K, 1970. Test-tube fertilization of excised ovules inBrassica [J]. Japanese journal of breeding, 20 (5): 253-260.

KAMEYA T, UCHIMIYA H, 1972. Embryoids derived from isolated protoplasts of carrot [J]. Planta, 103 (4): 356-360.

KANTA K, 1960. Intra-ovarian Pollination in *Papaver rhoeas* L. [J]. Nature, 188 (4751): 683-684.

KANTA K, SWAMY N, MAHESHWARI P J N, 1962. Test-Tube Fertilization in a Flowering Plant [J]. Nature, 194 (4835): 1214-1217.

KAO K N, MICHAYLUK M R, 1974. Method for high frequency intergeneric fusion of plant protoplasts [J]. Planta, 115: 355-367

KATO A, et al, 1977. Requirements of PO_4^{3-}, NO_3^-, SO_4^{2-}, K^+, and Ca^{2+} for the growth of tobacco cells in suspensions culture [J]. Journal of fermentation technology, 55: 207-212.

KATO K, et al, 1972. Liquid suspension culture of tobaco cells [M]. Osaka: societyof fermentation technology: 689-695.

KHAN M I, et al, 2018. In vitro conservation strategies for the Indian willow (*Salix tetrasperma* Roxb.), a vulnerable tree species via propagation through synthetic seeds [J]. Biocatalysis and agricultural biotechnology, 16: 17-21.

KHOR E, et al, 1998. Tow-coat systems for encapsulat ion of *Spathoglottis plicata* (Orchidaceae) seeds and protocorms [J]. Biotechnolgy and bioengineering, 59 (5): 635-639.

KIMBALL S L, et al, 1975. Influence of osmotic potential on the growth and development of soybean tissue cultures [J]. Crop science, 15: 750-752.

KITTO S L, JANICK J, 1982. Polyox as an artificial seed coat for asexual embryos [J]. Horticultural Science, 17: 448.

KNUDSON L, 1922. Asymbiotic germination of orchid seeds [J]. Botanical gazette, 73: 1-25.

KOMAMINE T A, 1978. Composition of the cell wall formed by protoplasts isolated from cell suspension cultures of *Vinca rosea* [J]. Planta, 140: 227-232.

KOTA SRINIVAS, et al, 2016. Biolistic transformation of *Scoparia dulcis* L. [J]. Physiology andmolecularbiologyof plants, 22 (1): 61 - 68.

KRANZ E, et al, 1991. In vitro fertilization of single, isolated gametes of maize mediated by electrofusion [J]. Sexual plant reproduction，4（1）：12-16.

KRENS F A，et al，1982. In vitro transformation of plant protoplasmid DNA [J]. Nature，296：72-74.

KUSTER E，1909. Uber die verschmelzung nackter protoplasten [J]. Berichte der deutschen botanischen gesellschaft，27：589-598.

KUTNEY J P，1995. In Current Issues in Plant Molecular and Cellular Biology [M]. Terzi M，Cella R，Falavigna A. Dordrecht：Kluwer Pcademic Publishers.

LI，1988. Genetic male sterility in rape（*Brassica napus* L.）conditioned by interaction of genes at two loci [J]. Canadian journal of plant science，68（4）：1115-1118.

LAIBACH F Z，1925. Embryo culture for interspecific crosses in *Linum* Spp [J]. Botany，17：417-459.

LAMPE L，MILLS C O，1933. Growth and development of isolated endosperm and embryo of maize [J]. Abs Papers Bot Soc，Boston.

LAMPTON R K，1952. Developmental and experimental morphology of the ovule and seed of *Asimina triloba* [D]. Ph. D. thesis，Univ. Michigan，Ann Arbor，MI：104.

LANGRIDGE W H，et al，1985. Electric field mediated stable transformation of carrot protoplasts with naked DNA [J]. Plant cell reports，4（6）：355-359.

LARKIN P J，et al，1984. Heritable somaclonal variation in wheat [J]. Theoretical and applied genetics，67（5）：443-455.

LARKIN P J，SCOWCROFT W R，1981. Introduction of the term somaclonal variation [J]. Theoretical and applied genetics，60：197-214.

LARUE C D，1949. Cultures of the endosperm of maize [C]. The botanical society of America，36：798.

LIU Q C，et al，2001. Efficient plant regeneration from embryogenic suspension cultures of sweet potato [J]. In vitro cellular developmental biology plant，37：564-567.

LOGEMANN H，Bergmann L，1974. Influence of light and medium on the plating efficiency of isolated cells from callus cultures of *Nicotiana tabacum* var. "Samsun" [J]. Planta，121：283-292.

LUX H，et al，2006. Production of haploid sugar beet（*Beta vulgaris* L.）by culturing unpollinated ovules [J]. Plant breeding，104：177-183.

MAHESHWARIN，1961. In vitro culture of excised ovules of *Papaver somniferum* L. [J]. Phytomorphology，11：307-314.

MAHESHWARI P，KANTA K，1961. Intra-ovarian Pollination in Eschscholzia Californica Cham.，*Argemone mexicana* L. and *A. ochroleuca* Sweet [J]. Nature，191（4785）：304.

MALIK A A，et al，2011. Efficiency of SSR markers for determining the origin of melon plantlets derived through unfertilized ovary culture [J]. Horticultural science，（45）：27-34.

MARTON L，et al，1979. In vitro transformation of cultured cells from *Nicotiana tabacum* by *Agrobacterium tumefaciens* [J]. Nature，277：129-131.

MATZ M V，et al，1999. Fluorescent proteins from nonbioluminescent *Anthozoa* species [J]. Nature biotechnology，17（10）：969-973.

MCCOY T J，SMITH L Y，1986. Interspecific hybridization of perennial Medicago species using ovule-embryo culture [J]. Theoretical and applied genetics，71（6）：772-783.

MEINS F J R，et al，1980. Variation in the competence of tobacco pith cells for cytokinin-habituation in culture [J]. Differentiation，16：71-75.

MELCHERS G，et al，1978. Somatic hybridization of tomato and potato [J]. Carlsberg research communications，43：203-218.

MICHIELSE C B，et al，2005. Agrobacterium-mediated transformation as a tool for functional genomics in fungi [J]. Current genetics，48（1）：1-17.

MILLER C，et al，1955. Discovery，structure and synthesis of Kinetin [J]. Journal of the American chemical society，77：2662-2663.

MIZUKAMI H，et al，1977. Effect of nutritional factors on shikonin derivative formation in *Lithospermum* callus cultures [J]. Phytochemistry，16：1183-1186.

MOGHAIEB R，et al，1999. Plant regeneration from hypocotyls and cotyledon explant of tomato（Lycopersicon esculentum Mill.）[J]. Soil Science & Plant Nutrition，45：639-646.

MONNIER M，1978. Culture of zygotic embryos [J]. Frontiers of plant tissue culture，6：277-286.

MOREL G，MARTIN C，1952. First successful micro-grafts [J]. Comptes rendus de l" académie des sciences（Paris）. 235：

1324-1325.

MOREL G, 1960. Vegetative propagation of orchids by meristem culture [J]. Am/orchid soc/bull/, 29: 495-497.

MURASHIGE T, SKOOG F, 1962. Development of MS medium [J]. Plant physiology, 15: 473-497.

NAG K K, et al, 1973. Carrot embryo genesis from frozen cultured cells [J]. Nature, 245: 270-272.

NAKANO H, et al, 1975. Plant Differentiation in Callus Tissue Induced from Immature Endosperm of *Oryza sauva* L. [J]. Zeitschrift fur pflanzenphysiologie, (5): 444-449.

NEGRUTIU I, JACOBS M, 1977. *Arabidopsis thaliana* as a model system in somatic cell genetics II. Cell suspension culture [J]. Plant science letters, 8: 7-15.

NEGRUTIU I, JACOBS M, 1978. Factors which enhance in vitro morphogenesis of *Arabidopsis thaliana* [J]. Zeitschrift für pflanzenphysiologie, 90 (5): 423 - 430.

NEWTON K J, 1988. Plant mitochondrial genomes -organization, expression and variation [J]. Annual review of plant biology, 39: 503-532.

NISHI A, 1994. In Aduances in Plant Biotechnology, Vol. 4 (ed. D. Y. Ryu) [M]. Elsevier Science, Amsterdam, The Netherlands.

NISHIBAYASHIS, et al, 1996. Transformation of cucumber (*Cucumis sativus* L.) plants using *Agrobacterium tumefaciens* and regeneration from hypocotyl explants [J]. Plant cell reports, 15: 809 - 814.

NITSCH J P, 1972. Haploid plants from pollen [J]. Z. Pflanzenzucht, 67: 3-8.

NITSCH J T, NITSCH C, 1969. Haploid plants from pollen grains [J]. Science, 163 (3862): 85-87.

NOGUCHI M, et al, 1977. Cultivation of tobacco cells in 20,000 L Bioreactors. Plant Tissue Culture & its Biotechnological Application [M]. Berlin: Springer Verlag.

NOGUCHI M, et al. 1977. Improvement of growth rates of plant cell cultures. In: Barz W. , Reinhard E. , Zenk M. H. (eds) Plant Tissue Culture and Its Bio-technological Application. Proceedings in life sciences. Springer, Berlin, Heidelberg.

NORSTOG K, 1973. New synthetic medium for the culture of premature barley embryos. Vitro, 8: 307-308.

NORTONJ P, BOLL W G, 1954. Callus and shoot formation from tomato roots in vitro [J]. Science, 119 (3085): 220 - 221.

OKAMURA S, 1980. Binding of colchicine to a soluble fraction of carrot cells grown in suspension culture [J]. Planta, 149: 350-354.

OLIVEIRA M M, et al, 1991. Plant regeneration from protoplasts of long-term callus cultures of *Actinidia deliciosa* var. *deliciosa* cv. Hayword (Kiwifruit) [J]. Plant cell reports, 9 (11): 643.

ORTON T J, 1980. Comparision of salt tolerance between *Hordeum vulgare* and *H. jubatum* in whole plants and callus cultures [J]. Zeitschrift für pflanzenphysiologie, 98 (2): 105-118.

OVERBEEK J VAN, et al, 1941. Coconut milk used for growth and development of very young *Datura* embryos [J]. Science, 94: 350-351.

PAN Z G, et al, 2005. Sive congress symposium proceedings "thinking outside the cell": optimized chemodiversity in protoplast-derived lines of st. john' s wort (*Hypericum perforatum* L.) [J]. In Vitro cellular & developmental biology, 41: 226-231.

PARIS P B, et al, 1953. Effect of amino acids, especially asrartic and glutamic acid and their amides, on the growth of Datura Stramonium Embryos in Vitro [J]. Proceedings of the national academy of sciences of the united states of America, 39 (12): 1205-1212.

PASZKOWSKI J, et al, 1984. Direct gene transfer to plants [J]. EMBO Journal, 3 (12): 2717-2722.

PATEL A V, et al, 2000. A novel encapsulation technique for the production of artificial seeds [J]. Plant cell reports, 19: 868-874.

PHILLIPS R L, 1990. Genomic Reorganization Induced by Plant Tissue Culture [J]. Springer Netherlands.

PIERIK R L M, 1987. In vitro culture of higher plants [M]. Martinus Nijhoff Publishers, Dordrecht, Netherlands.

POPIELARSKA-KONIECZNA M, 2005. In vitro pollination of isolated ovules of sunflower (*Helianthus annuus* L.)[J]. Acta Biologica Cracoviensia Series Botanica, 47: 85-92.

POTRYKUS I, et al, 1985. Molecular and general genetics of a hybrid foreign gene introduced into tobacco by direct gene transfer [J]. Molecular and general genetics, 199 (2): 169-177.

PRAKASH A V, et al, 2018. Calcium alginate encapsulated synthetic seed production in *Plumbago rosea* L. for germplasm exchange and distribution [J]. Physiology and molecular biology of plants, 24: 963-971.

RAGHAVAN V, 1977. Applied aspects of embryo culture. In: Reinert J, Bajaj YPS (eds) Applied and fundamental aspects of plant cell, tissue and organ culture [M]. Springer, Berlin, Heidelberg, New York, pp. 375 - 397.

RAHARJO S, et al, 1996. Transformation of pickling cucumber with chitinase-encoding genes using *Agrobacterium tumefaciens* [J]. Plant cell reports, 15 (8): 591-596.

RAKHA M T, et al, 2012. Evaluation of regenerated strains from six cucurbita interspecific hybrids obtained through anther and ovule in vitro cultures [J]. Aust J crop sci, 6 (1): 23-30.

RAM H Y M, Satsangi A, 1963. Induction of cell divisions in the mature endosperm of *Ricinus communis* during germination [J]. Current Science, 32 (1): 28-30.

RANGA SWAMY N S, 1959. Morphogenetic response of citrus ovules to growth adjuvants in culture. Nature, 183: 735-736.

RANGA SWAMY N S, 1971. Overcoming self-incompatibility in Petunia axillaris. III. Two-site pollinations *in vitro* [J]. Phytomorphology, 21: 284-289.

RASCO-GAUNT S, et al, 1999. Analysis of particle bombardment parameters to optimise DNA delivery into wheat tissues [J]. Plant cell reports, 2: 118-127.

RASMUSSEN J O, 1997. Regeneration and analysis of interspecific asymmetric potato -*Solanum* ssp. hybrid plants selected by micromanipulation or fluorescence-activated cell sorting (FACS) [J]. Theoretical and applied genetics, 95: 41-49.

REDENBAUGH K, et al, 1984. Encapsulation of somatic embryos for artificial seed production [J]. In vitro, 20: 256-257.

REDENBAUGH K, et al, 1986. Somatic seeds: encapsulation of asexual plant embryos [J]. Biotechnology, 4: 797.

REDINBAUGH M G, Campbell W H, 1991. Higher plant responses to environmental nitrate [J]. Physiologia plantarum, 82: 640-650.

REINERT J, BAJAJ Y P S, 1977. Plant cell, tissue and organ culture [J]. Berlin: Springer-Verlag.

RICHARD I S, et al, 1986. Molecular analysis of a somaclonal mutant of maize alcohol dehydrogenase [J]. MGG molecular & general genetics, 202 (2): 235-239.

ROBINS R J, et al, 1987. Uncharacteristic alkaloid synthesis by suspension cultures of cinchona pubescens fed with L-tryptophan [J]. Plant cell tissue & organ culture, 9: 49-59.

RODE A, 1988. Evidence for a direct relationship between mitochondrial genome organization and regeneration ability in hexaploid wheat somatic tissue cultures [J]. Current genetics, 14 (4): 387-394.

SACHARR, KAPOOR M, 1959. In vitro culture of ovules of *Zephyranthes* [J]. Phyto morphology, 9: 147-156.

SARMENTO, et al, 1992. Factors influencing *Agrobacterium tumefaciens* transformation and expression of kanamycin in pickling cucumbers [J]. Plant cell tissue and organ culture, 31 (3): 185-193.

SCHWARTZ D, DENNIS E, 1986, Transposase activity of the Ac controlling element in maize is regulated by its degree of methylation [J]. Molecular andgeneral genetics MGG, 205 (3): 476-482.

SEBASTIAN S A, CHALEFF R S, 1987. Soybean mutants with increased tolerance for sulfonylurea herbicides [J]. Crop science, 27 (5): 948-952

SEHGAL C B, 1974. Growth of barley and wheat endosperm in cultures [J]. Current science, 43 (2): 38-40.

SELVARAJ N, et al, 2010. Evaluation of green fluorescent protein as a reporter gene and phosphinothricin as the selective agent for achieving a higher recovery of transformants in cucumber (*Cucumis sativus* L. cv. *Poinsett*76) via *Agrobacterium tumefaciens* [J]. In vitro cellulr and developmental biology-plant, 46 (4): 329-337.

SENDA M, 1979. Induction of cell-fusion of plant-protoplasts by electrical-stimulation [J]. Plant and cell physiology, 20: 1441-1443.

SHAH D M, 1986. Engineering herbicide tolerance in transgenic plants [J]. Science, 233 (4762): 478-481.

SHARMA P, RAJAM M V, 1995. Genotype, explant and position effects on organogenesis and somatic embryogenesis in eggplant (*Solanum melongena* L.) [J]. J exp bot, 46: 135-141.

SHARP W R, et al, 1972. The use of nurse culture in the development of haploid clones in tomato [J]. Planta, 104: 357-361.

SHILLITO, et al, 1983. Agarose plating and a bead type culture technique enable and stimulate development of protoplast-derived colonies in a number of plant species [J]. Plant cell reports, 2: 244-247.

SHIVANNA K R, 1965. In vitro fertilization and seed formation in *Petunia violacea* Lindl [J]. Phytomorphology, 15: 183-185.

SIDDIQUE I, BUKHARI N, 2018. Synthetic seed production by encapsulating nodal segment of *Capparis decidua* (Forsk.), in vitro regrowth of plantlets and their physio biochemical studies [J]. Agroforestry systems, 92: 1711-1719.

SINGH B D, HARVEY B L, 1975. Cytogenetic Studies on *Haplopappus gracilis* Cells Cultured on Agar and in Liquid Media [J]. Cytologia, 40 (2): 347-354.

SINGH, B D, 1975. Effects of physical condition of medium on karyotypes of cell-populations in vitro [J]. Nucleus, 18: 61-65.

SKÁLOVÁ, D, et al. 2010. Optimizing culture for *in vitro* pollination and fertilization in *Cucumis sativus* and C. [J]. Actabiologica cracoviensia s. botanica, 52 (1): 111-115.

SMITH D W, et al, 1988. Experimental measurement of resource competition between planktonic microalgae and macroalgae (seaweeds) in mesocosms simulating the San Francisco Bay-Estuary, California [J]. Hydrobiologia, 159: 259-268. •

SMITH M K, DREW R A, 1990. Current applications of tissue culture in plant propagation and improvement [J]. Functional plant biology, 17 (3): 267-289.

SOSNOWSKA K, CEGIELSKA-TARAS T, 2014. Application of in vitro pollination of opened ovaries to obtain *Brassica oleracea* L. ×*B. rapa* L. hybrids [J]. In vitro cellular & developmental biology -Plant, 50 (2): 257-262.

SRIVASTAVA P S, 1971. In vitro Induction of Triploid Roots and Shoots from Mature Endosperm of *Jatropha panduraefolia* [J]. Zeitschrift für Pflanzenphysiologie, 66 (1): 93-96.

SRIVASTAVA P S, 1973. Formation of triploid 'plantlets' in endosperm cultures of *Putranjrva roxburghit*. Z Pflanzenphysiol, 69: 270-273.

SUN C S, 1979. The deficiency of soluble proteins and plastid ribosomal RNA in the albino pollen plantlets of rice [J]. Theoretical and applied genetics, 55 (5): 193-197.

SUNDBERG E, GLIMELIUS K, 1986. A method for production of interspecific hybrids within Brassiceae via somatic hybridization, using resynthesis of Brassica napus as a model [J]. Plant science, 43 (2): 155-162.

SUNDERLAND N, 1977. In Reinert J, Bajaj YPS (eds) Applied and fundamental aspects of plant cell, tissue , and organ culture [M]. Springer, Berlin, Heidelberg, New York.

TABEI, et al, 1998. Transgenic cucumber plants harboring a rice chitinase gene exhibit enhanced resistance to gray mold (*Botrytis cinerea*) [J]. Plant cell reports, 17 (3): 159-164.

TAMEYA T, UCHIMIYA H, 1972. Embryoids derived from isolated protoplasts of carrot [J]. Planta, 103 (4): 356.

THIEME R, 2008. Novel somatic hybrids (*Solanum tuberosum* L. plus *Solanum tarnii*) and their fertile BC1 progenies express extreme resistance to potato virus Y and late blight [J]. Theoretical and applied genetics, 116: 691-700.

TORREY J G, 1963. Cellular patterns in developingroots [J]. Symposia of the society for experimental biology, 17: 285 - 314.

TROLINDER N L, SHANG X, 1991. In vitro selection and regeneration of cotton resistant to high temperature stress [J]. Plant cell reports, 10 (9): 448-452.

TRULSON A J, et al, 1986. Transformation of cucumber (*Cucumis sativus* L.) plants with *Agrobacterium rhizogenes* [J]. Theoretical and applied genetics, 73: 11-15.

TUKEY H B, 1933. Artificial culture of sweet cherry embryos [J]. Journal ofheredity, 4: 7-12.

UPADHYA M D, et al, 1975. Isolation and culture of mesophyll protoplasts of potato (*Solanum tuberosum* L.) [J]. Potato research, 18: 438-445.

USHA S V, 1965. In vitro pollination in *Antirrhinum majus* L. [J]. Current Science, 34: 511-513.

VILLALOBOS V M, et al, 1995. Ex situ conservation of plant germplasm using biotechnology [J]. Biotechol, 11 (4): 375-382.

WANG C, et al, 1975. Induction of pollen plants of Populus [J]. Acta bot sin, 17: 56-62.

WHITE P R, 1932. Plant tissue cultures. A preliminary report of results obtained in the culturing of certain plant meristems, Archiv für experimentelle zellforschung, 12: 602.

WIDHOLM J M, 1976. Selection and characterization of cultured carrot and tobacco cells resistant to lysine, methionine, and proline analogs [J]. Canadian journal of botany, 54: 1523-1529.

WINTON L L, 1970. Initiation of firm white Aspen callus under different light environments [J]. Aspen bibliography, Paper 5559.

WITHNER C L, 1943. American Orchid Society Bulletin 11: 261. Maheshwari N, 1958. In vitro culture of excised ovules of *Papaver somniferum*. Science, 127 (3294): 342.

YANG Y F, 2009. Development and evaluation of a storage root-bearing sweetpotato somatic hybrid between *Ipomoea batatas* Lam (L.). and I. triloba L. [J]. Plant cell, Tissue and organ culture, 99 (1): 83-89.

ZAWIRSKA-WOJTASIAKR, et al, 2009. Aroma evaluation of transgenic, thaumatin II-producing cucumber fruits [J]. Journal offood science, 74 (3): 204-210.

ZENK M, et al, 1975. Anthraquinone production by cell suspension cultures of *Morinda citrifolia* [J]. Planta medica, 28: 79-101.

ZENKTELER M, 1967. Test-tube fertilization of ovules in *Melandrium album* Mill. with pollen grains of several species of the Caryophyllaceae family [J]. Experientia, 23 (9): 775-776.

ZIMMERMANN U, SCHEURICH P, 1981. High frequency fusion of plant protoplasts by electrical fields [J]. Planta, 151: 26-32.

ZYCH M, et al, 2005. Micropropagation of *Rhodiola kirilowii* plants using encapsulated axillary buds and callus [J]. Acta biologica cracoviensia s. botanica, 47: 83-87.